“十二五”普通高等教育
本科国家级规划教材

面向21世纪课程教材

PUTONG WULIXUE JIAOCHENG LIXUE

普通物理学教程
力 学

（第四版）

漆安慎 杜婵英 原著
涂展春 修订

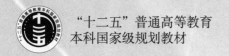

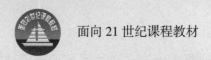

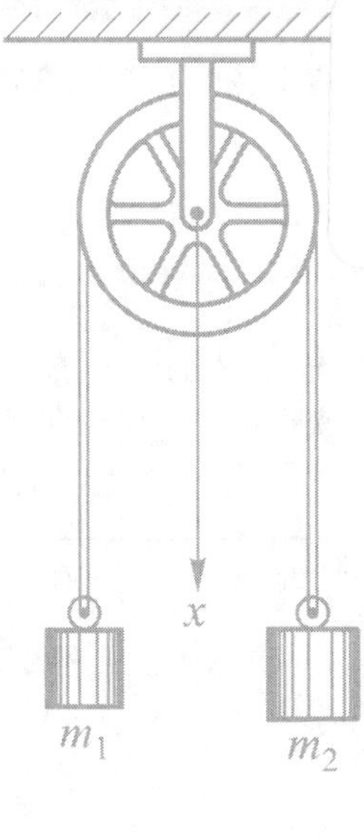

中国教育出版传媒集团
高等教育出版社 · 北京

内容提要

本书是“面向21世纪课程教材”和“十二五”普通高等教育本科国家级规划教材《普通物理学教程　力学》(第三版)的修订版。

本书保留了前面几版备受广大师生认可和好评的风格特点，即注重普通物理学的特点，在不涉及很深数学知识的情况下讲清概念、打牢基础，立足力学但不局限于力学，有意识地向读者介绍力学和物理学其他分支领域的联系，使学生在学习力学的同时，能对物理学整体有初步的了解。此次修订，对书中部分表述、说法做了与时俱进的调整，使内容更适合当前的学科发展和教学需要。

本书可作为高等学校本科物理类专业力学课程的教材，也可供其他专业师生和社会读者阅读参考。

图书在版编目(CIP)数据

普通物理学教程.力学/漆安慎，杜婵英主编.--4版.--北京：高等教育出版社，2021.12(2024.8重印)
ISBN 978-7-04-056419-8

Ⅰ.①普…　Ⅱ.①漆…②杜…　Ⅲ.①力学-高等学校-教材　Ⅳ.①O4

中国版本图书馆CIP数据核字(2021)第132362号

策划编辑　陶　铮　　责任编辑　陶　铮　　封面设计　张　志　　版式设计　杜微言
插图绘制　李沛蓉　　责任校对　窦丽娜　　责任印制　耿　轩

出版发行	高等教育出版社	网　　址	http://www.hep.edu.cn
社　　址	北京市西城区德外大街4号		http://www.hep.com.cn
邮政编码	100120	网上订购	http://www.hepmall.com.cn
印　　刷	北京市联华印刷厂		http://www.hepmall.com
开　　本	787mm×1092mm　1/16		http://www.hepmall.cn
印　　张	27.5	版　　次	1996年10月第1版
字　　数	590千字		2021年12月第4版
购书热线	010-58581118	印　　次	2024年8月第6次印刷
咨询电话	400-810-0598	定　　价	53.00元

物 料 号　56419-00

力学

汪德昭 

出版者的话

这是一本有历史、有故事的力学教材。

它的前身叫《力学基础》，出版于1982年。当时，这本书经过教育部理科物理教材编审委员会组织的评选和复审，从多部有实力的教材中脱颖而出，被推荐给全国的师范院校物理系使用，也可供综合性大学的物理专业的学生参考。这本书一经出版就广受好评，1987年，在国家教委举办的全国优秀教材评选中荣获国家教委一等奖。

世纪之交，全国上下开展了一场轰轰烈烈的“面向21世纪教学内容和课程体系改革”。作为力学课程教学领域的名师大家，本书的两位作者也积极投身这场教学改革实践。因此，他们的教改成果被列入“面向21世纪课程教材”，1996年，《普通物理学教程　力学》出版问世。这部教材融入了两位作者在力学课程耕耘多年，心血浇灌出的经验和体会，也沉淀了他们对物理学人才培养的思考和领悟。作者着眼于在“大物理”背景下教授力学，在体系上，从惯性参考系、动量守恒定律和万有引力定律出发展开经典力学的精彩画卷，对称性的思想贯穿其中。作者有感于引导学生关心实际现象的重要性，在书中还适时地向读者介绍力学在现代科学技术中的应用。

漆安慎和杜婵英均是北京师范大学物理系的教授、博士生导师。他们在基础物理教学工作中满怀热情、兢兢业业、造诣深厚、硕果累累。他们执教的大一新生的力学课，广受学生好评，引领无数学子步入恢宏壮丽的物理学殿堂。漆老师和杜老师为人虚怀若谷，对待学生真诚亲切、平易近人，是一代代学子心目中永远的榜样和恩师。漆老师和杜老师先后离世后，曾经学习漆、杜老师力学教材成长起来的中青年骨干教师，接过前辈衣钵，薪火相传，对教材进行了修订，为的是使经典教材与时俱进、历久弥新。

作为出版者，我们也深深地以能够出版优秀经典教材为荣，在推出《普通物理学教程　力学》（第四版）的同时，还推出它的配套电子教案和学习指导书，更好地为新时代的师生服务。

第二版前言

第一版前言

本书系《力学基础》的修订版，根据教学改革需要做了改进。改革是在较长时间积累中形成的。在1985年出版的《力学基础学习指导》①中，我们即曾尝试引入守恒律与对称性。自1985年，开始引入非线性混沌，后又制作了有关演示实验和CAI。借鉴马赫体系讲力学，始于20世纪初。1991年初，严子尚副教授寄来他的论文《建议从动量守恒开始讲动力学》②，并先后写信列举对《力学基础》的修改意见，促进我们力学体系的改革。经反复思考，我们初步确定改革方案。1991年，在国家教委高等学校物理学教学指导委员会普通物理教材建设组的会议上，我们汇报了体系改革涉及时空观、对称性、守恒律和非线性等方面的基本设想。1992年和1994年，在全国综合大学师范院校力学研究会上，我们与来自全国各地的同行专家反复讨论和征求意见，受益匪浅。在写作本书的过程中，我们参考了相当数量的中外文献，结合教学经验，反复修改，以形成可用的和具有我们自己特色的体系和表述。1993年，我们开始用现在的体系教力学，1995年做了改进。实践表明，这样做有利于用现代观点表述力学规律，且具有可行性。

本书着眼于从物理学整体教力学，在第一章介绍了从经典物理学到近代物理学的发展和当前物理学的成就，在能量部分则概述了人类认识能量概念的历史。从体系上，本书选择从惯性参考系、动量守恒定律和万有引力定律出发展开经典力学；由质点运动学开始至相对论简介，贯穿对称性的思想；选择了回旋加速器、查德威克发现中子和密立根油滴实验等近代物理学中的重大事件以体现经典力学的现代价值，使学生贴近物理学家的思想。我们感到引导学生关心实际现象很重要，因此选择了某些典型实验做较为详细的介绍；关于混沌的介绍也以实验为引导；注意介绍力学在现代科学技术（从微观粒子到宏观的生命体以至天体，从飞机到火箭，从汽车到建筑以至医学）中的应用。

我国物理学家在过去几十年中对世界物理学的发展做了不少贡献，在教材中应当得到反映，本书注意到了这一点，所谈内容基本上以《中国大百科全书》物理学卷（1987年）和力学卷（1985年）为准。该书出版已十年左右，故可能有些内容未得到反映。

力学中有一批木块、斜面和滑轮组合成的习题，它们似乎并不直接与实际科研或技术相联系，应该如何看待？第一，物理学的基本方法是分析现象，抽象出理想模型。那些木块、斜面、滑轮题是从实际提炼出的模型，对培养学生的基本分析、计算能力，是必要的。第二，过去对较有实际意义的习题开发不够，现在为使学生认识力学规律的价值，需安排联系现代科学技术的题目。第三，真正需要研究的实际问题，往往需要简

---

① 漆安慎，杜婵英.力学基础学习指导.北京：高等教育出版社，1985.

② 严子尚.建议从动量守恒开始讲动力学.教材通讯，1990(10).

化研究对象，运用一般物理原理做数量级估计，与实际对比，检验原来的设想，做进一步的研究。这是科学素养的一方面，过去教学中注意不够。我们介绍了费曼关于旧金山需要多少钢琴调音师等例子，也安排了此类例题和习题作为尝试。从《力学基础》到修订版，我们根据教学经验、搜集数据和社会调查，自己编了数十道例题、习题，其中一部分是比较联系实际的。

本书设大字和小字部分、选读和必读内容，大字部分比原《力学基础》少，以适应不同学生的兴趣和需要。

我们深深感谢全国综合大学师范院校力学研究会全体专家学者对本书出版所给予的长期的支持、友好的讨论和真诚的帮助。

我们感谢北京师范大学喀兴林、梁绍荣、梁灿彬、卢圣治、钟善基、赵擎寰、李宗伟、胡镜寰、李志安诸教授和专家有益的讨论。

我们感谢和北京大学蔡伯濂教授进行的有益的讨论，感谢王祖沣、孟昭震、吴铭磊诸专家和教授有益的讨论。

国家教委物理学教学指导委员会普通物理教材建设组负责人冯致光、赵凯华和梁绍荣等几位教授的支持使本书得以修订出版，作者衷心感谢他们的热情支持。作者衷心感谢高等教育出版社对本书出版的大力支持和做出的大量工作。

本书保留了原《力学基础》的图，又设计绘制了新图，感谢郑翔先生的计算机绘图。

汪德昭院士是德高望重的科学家。他在许多方面做出了重要贡献，在水声学方面的工作与力学有关。他与夫人李惠年教授早年毕业于北京师范大学和北京师范大学附属中学并曾执教于师大女附中(现为北京师范大学附属实验中学)。我们也有幸就读于诸校，故特请汪老题写书名，以为纪念。我们为此表示深深的感谢。又因修订版纳入“普通物理学教程”，成为其中一册，敬将所题书名置于内封后。

本书系国家教委普通高等教育“九五”国家级重点教材。

由于学识有限，本书误谬之处在所难免，请不吝赐教。

漆安慎、杜婵英识于北京 1996 年春

目　　录

应当多对新的、活的、与现象有直接关系的东西发生兴趣.

我所认识的一些著名物理学家,都很重视实际的物理现象.[②]

中国传统的学习方法是一种“透彻法”。懂得透彻很重要,但若对不能透彻了解的东西,就抗拒,这不好。“渗透法”学习的好处,一是可以吸收更多知识;二是对整个的动态,有所掌握。不是在小缝里,一点一点地学习.[③]

我曾对中国科技大学的同学们提出过“3P”:Perception、Persistence、Power,意思是:直觉、坚持、力量。要有科学的直觉意识去创造,用坚持不懈的努力去奋斗,以扎实的知识力量去克服困难.[④]

进了一个好的研究院,学生都不坏,都得了博士学位。过了15年,他们的成就可以很悬殊。所以悬殊绝不是他们的天分差得那么远,也绝对不是他们的技术差得那么多。最主要的是有的人走到一个正确的方向。这个方向在以后5年、10年或15年有了大发展,他和这个方向与之俱长,就可以有大成就.[⑤]

——杨振宁(1922—　)

---

①② 见《中国科技报》1986年8月4日.

③ 《青年文摘》1995年11月25日.

④ 张奠宙.杨振宁和当代数学.科学,1992,3:1.

⑤ 杨振宁.1994年10月7日在中央电视台“东方时空”节目中的谈话.这段话和科研关系更密切.鉴于21世纪的人才是创新的人才,故引于此供读者参考.

以上5段引文,本书作者已请杨振宁先生审阅,得到杨振宁先生复信许可.

第一章 物理学和力学

没有今日的基础科学，就没有明日的科技应用……可以想象，我们现在的基础科学将怎样地影响21世纪的科技文明.①

——李政道(1926—)

中国在很早，例如晋代，就有"物理"一词，泛指事物之理.1607年(明万历三十五年)，利玛窦(Matteo Ricci，1552—1610)和徐光启(1562—1633)翻译的欧几里得(Euclid，约前330—前275)《几何原本》前六卷出版.在徐光启所作序中，也谈到"物理"②.明末清初，方以智所著《物理小识(音zhì)》一书，含历法、医药、金石、器用及草木等，涉及内容甚为广泛③.自西方传来，希腊文写作 φυσικα，而英文写作 physics 的学科，由日本人译作"物理学"，又传入中国.

在西方发展起来的自然科学作为教学内容在19世纪中叶出现于我国课堂.最初，某些私立学校于1845年设格致课，"格致"来自《大学》中"致知在格物"，意为"穷究事物的原理以获得知识"④.该课最初含数学、物理、化学、动物、植物和矿物.1862年，公立学校同文馆成立，数学自格致课中分出，独立设课.1899年，京师大学堂又将化学分出.1902年，小学设不含数学的格致课，相当于今日的科学课；中学则分设物理、化学与博物.这里的"物理"已是从西方传入的物理学了.

力学是物理学的有机组成部分.学力学前，先要对物理整体及其发展有概括的了解.物理为定量的科学，建立在计量的基础上，计量涉及单位制、量纲以至参考系.本章将谈及这类问题，但侧重于与力学有关者.读者可参考第一章正文之后的"学习第一章的建议".

§1.1 发展中的物理学

本文先谈物理学的发展，再从20世纪有重大进展的若干领域中选出粒子物理学、宇宙早期演化和非线性系统的复杂行为三方面做概括性的介绍，从而帮助读者对物理

① 李政道.纪念中国国家自然科学基金会10周年座谈会上的讲话.科技导报，1992，10.
② 欧几里得.几何原本.利玛窦口译.徐光启笔录.手抄本.
③ 方以智.物理小识.于藻重订.康熙三年(1664)刻本.
④ 夏延章，唐满光，刘方元译注.四书今译.南昌：江西人民出版社，1986.

学有概括性的了解.

(一) 经典物理学与近代物理学

近代物理学的诞生始于 17 世纪后半期.伽利略(G.Galilei,1564—1642)、开普勒(J.Kepler,1571—1630)和牛顿(I.Newton,1643—1727)做出奠基性的贡献.1666 年,牛顿创立了微积分的基本概念,得到了后来以他名字命名的三大定律,可谓经典物理学的发端.1687 年,牛顿发表了《自然哲学的数学原理》.在这时期出现的重视观察实验、提供假设和运用逻辑推理的科学研究方法对后世影响深远.

18 至 19 世纪是物理学蓬勃发展的时期.焦耳(J.P.Joule,1818—1889)、迈尔(J.R. Mayer,1814—1878)、威廉・汤姆孙,即开尔文勋爵(原名 W. Thomson,Lord Kelvin 是其封号,1824—1907)和克劳修斯(R.Clausius,1822—1888)奠定了描述热现象的热力学的基础.玻耳兹曼(L.E.Boltzmann,1844—1906)和吉布斯(J.W.Gibbs,1839—1903)则开辟了关于热现象的宏观描述和微观描述间关系的统计物理学.这一时期,库仑(C.A.Coulomb,1736—1806)和法拉第(M.Faraday,1791—1867)等人对电磁学做出了巨大的贡献,后者初步建立了电磁场的概念.后来,麦克斯韦(J.C.Maxwell,1831—1879)建立了概括各种电磁现象的举世瞩目的麦克斯韦方程组,并预言了电磁波的存在.20 年后的 1888 年,由赫兹(H.R.Hertz,1857—1894)用实验证实了麦克斯韦的预言.

以牛顿定律为基础的经典力学、热力学与统计物理学,以及电磁学构成了经典物理学的大厦,至此,似乎人类对自然的认识已达到完美的境地.但就在 19 世纪和 20 世纪之交,物理学界有三大发现:伦琴(W.K.Röntgen,1845—1923)发现 X 射线、汤姆孙(J.J.Thomson,1856—1940)发现电子,以及贝可勒尔(A.H.Becquerel,1852—1908)和居里夫妇[①]发现放射性.物理学研究从宏观转向微观,经典物理学在新发现面前遇到困难.有远见的物理学家意识到将有新的突破.

在德国出生的爱因斯坦(A. Einstein,1879—1955)于 1905 年提出了狭义相对论,又于 1915 年提出了广义相对论,建立了崭新的时空观和引力理论,将相对性原理及对称性推广于全部基本物理学.物理学的另一次革命是普朗克(M.Planck,1858—1947)、爱因斯坦、玻尔(N.Bohr,1885—1962)、薛定谔(E.Schrödinger,1887—1961)、海森伯(W.K.Heisenberg,1901—1976)和狄拉克(P.A.M.Dirac,1902—1984)共同建立了量子理论.狭义相对论、广义相对论和量子理论,奠定了 20 世纪近代物理学的基础.在此基础上,粒子物理学、原子核物理学、原子与分子物理学、凝聚态物理学、等离子体物理学、天体物理学以至生物物理学均得到迅速的发展.[②③]

下面仅选三方面谈当前物理学的概况.

---

① 皮埃尔・居里(P.Curie,1859—1904),居里夫人(M.S.Curie,1867—1934).

② 陈毓芳,邹延肃.物理学史简明教程.北京:北京师范大学出版社,1986.

③ 洪明苑.物理学发展趋势:小、大、介、快、杂.科学,1995,47(4):9.

(二) 微观世界

1898 年，汤姆孙发现电子，卢瑟福(E.Rutherford，1871—1937)于 1914 年发现原子有带电的核并发现质子.随后，查德威克(J.Chadwick，1891—1974)于 1932 年发现中子.1934 年，汤川秀树(H.Yukawa，1907—1981)提出核子通过交换介子结合在一起，这一思想后来发展为四种基本相互作用的概念——即引力作用、电磁相互作用、弱相互作用和强相互作用.1927 年，狄拉克得出关于电子的方程，即狄拉克方程，它满足狭义相对论且能解释实验中已观测到的电子自旋可取 $+1/2$ 和 $-1/2$，预言存在正电子，并预言一切构成物质的粒子都具有反粒子.1932 年，安德森(C.D.Anderson，1905—1984)从宇宙射线中证实了正电子存在；1933 年，发现正负电子对的产生和湮没，这项实验工作，曾借鉴我国物理学家赵忠尧(1902—1998)的实验.1930 年，泡利(W.Pauli，1900—1958)预言了中微子的存在.王淦昌(1907—1998)对如何验证其存在提出了创造性的设想.后来，有人于 1953 年用实验证实了中微子的存在①，他的方法和王淦昌的设想有密切联系.在微观物理方面，李政道和杨振宁提出弱相互作用下宇称不守恒并于 1957 年获诺贝尔物理学奖.丁肇中(1936—)和里希特(B.Richter，1931—2018)分别独立发现 J/ψ 粒子，获 1976 年诺贝尔物理学奖.

现在已有数百种粒子被发现.按当前主流观点，物质均由轻子和夸克组成.有 6 种轻子，即电子、μ 子、τ 子、电子中微子、μ 子中微子和 τ 子中微子；每一种均有反粒子，共有 12 种.夸克有 6 味，即上、下、奇异、粲、底和顶夸克.每味又分红、蓝和绿 3 色.这里的"味"与"色"自然不具备味觉或视觉上的意义，相当于用编号标注不同性质.四种相互作用均有作为媒介的规范玻色子.电磁力以光子为媒介，弱相互作用的媒介为 Z^0 和 $W^{\pm}$ 粒子，强相互作用的媒介有 8 种胶子.还有 2013 年被实验证实的希格斯(P.W.Higgs，1929—)粒子.杨振宁和米尔斯(R.L.Mills，1927—1999)提出关于描述相互作用的规范理论，已被用于将弱相互作用、电磁相互作用统一起来.上面关于物质结构的认识虽需进一步探索，但它体现了人类关于物质结构的重大突破.②③④

(三) 宇宙的早期演化

"四方上下曰宇，古往今来曰宙".古今中外均关心宇宙时空的过去和未来.按经典物理的观点，自古至今，天体就按大家目前见到的这样运动，无所谓演化，或曰处于静态.由于 20 世纪广义相对论和粒子物理学的发展，以及射电天文学和空间技术的进步，人类对宇宙的认识发生了巨大变革，即宇宙处于动态，有它的开始、发展和演化.伽

---

① 张奠宙.杨振宁教授谈中国现代科学史研究.科学，1991，43(2)：83.

② Griffiths DJ. Introduction to Elementary Particles. New York: Harper & Row Publishers, Inc, 1987:46.

③ Rao BVN. Modern Physics. New Delhi: Wiley Eastern Limited, 1992:341.

④ 秦旦华，高崇寿.粒子物理学概要.北京：高等教育出版社，1988.

莫夫(G.Gamow,1904—1968)最早提出宇宙大爆炸假说.约138亿年前,宇宙差不多是个"点",经过一次大爆炸,达到难以想象的高温,高得连原子都不能存在,仅存在辐射和粒子.随着宇宙的膨胀,能量逐步分散且温度降低.如图1.1所示,大爆炸后的10^{-43} s前,称为普朗克时代.在这个时期,自然界的四种力是统一的,即只有一种力.到大爆炸后约10^{-43} s,发生了一次大变化,引力作用分离出来,称为大统一时代.物理学称气态凝为液态、液态凝为固态为相变.宇宙演化中的大变化也被称作相变.在大爆炸后约10^{-35} s的相变中,温度降至约10^{27} K,强相互作用分离出来,宇宙进入强子为主的时代.宇宙年龄达到约10^{-6} s时,温度降至约10^{13} K并进一步降低,核子与反核子相碰而湮没,例如质子与反质子湮没为光子和轻子.大爆炸模型认为,核子多于反核子,故仍有核子存在,正因如此才有今天的世界.到约10^{-4} s时,电子、μ子和中微子等轻子占主要地位,宇宙进入轻子时代.到10 s时,宇宙进入辐射为主的时代,更多能量包含在辐射中.大爆炸后2～3 min,是质子和中子形成核的时期,最初是轻核的形成.宇宙温度降至3 000 K以下,电子和原子核不具有足够的能量克服它们间的电磁力而形成原子.

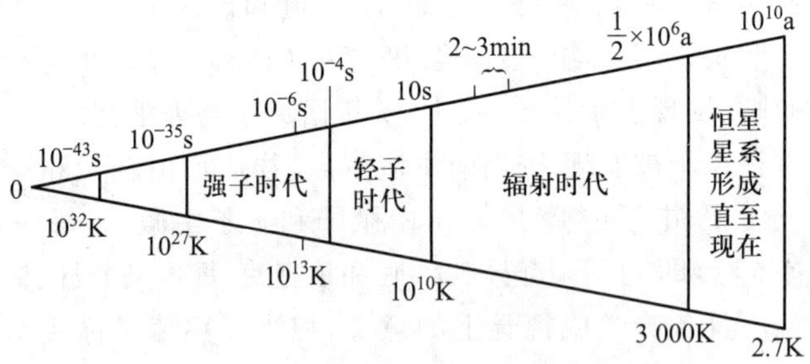

图1.1　标准宇宙模型的示意图

随着宇宙膨胀,温度进一步降低,随着各种物质、恒星、银河系和其他星系的形成,便进入当前的世界,而宇宙仍在膨胀.这便是目前被多数人认同的宇宙大爆炸标准模型.宇宙膨胀、宇宙中氦的丰度的测定结果,以及发现的宇宙空间温度约2.7 K的微波背景辐射这些观测事实均支持上述模型.这表明大爆炸模型确乎取得了很高成就.但这一模型也同样留下了若干疑难问题,有待人们去探索.[①②]

(四) 非线性系统的复杂行为

中学时,你已经学过弹簧的弹性力与其伸长量成正比,即呈线性关系.若伸长量超过一定限度,就不再是线性而是非线性关系.一旦系统出现非线性,便可能呈现复杂行为.这种复杂行为有时会表现为规则的时空或功能有序,有时也会表现为貌似无序的序.后者即指"混沌",§9.8中会讲到.复杂行为不仅能发生于物理和化学系统,也能发

---

① 霍金.时间的简明历史——从大爆炸到黑洞.张礼译.北京:清华大学出版社,1990.

② 李新洲.今日宇宙学.科学,1990,42(1):9.

生于生命和社会系统.

这种规则的序有时间周期震荡、空间周期震荡，以及时空有序即波动.目前研究较普遍的时空有序有形如同心圆的靶环波和螺旋波.在生命系统中，有一种圆盘网柱菌(dictyostelium discoideum)群体聚集运动时，便形成靶环波或螺旋波，如图1.2所示同心圆环即靶环波，螺旋形则指螺旋波.[①]再举一个例子，心脏的室颤和心脏表面的电螺旋波的传播状况有关.[②]关于物理学中波的概念，详见本书第十章.

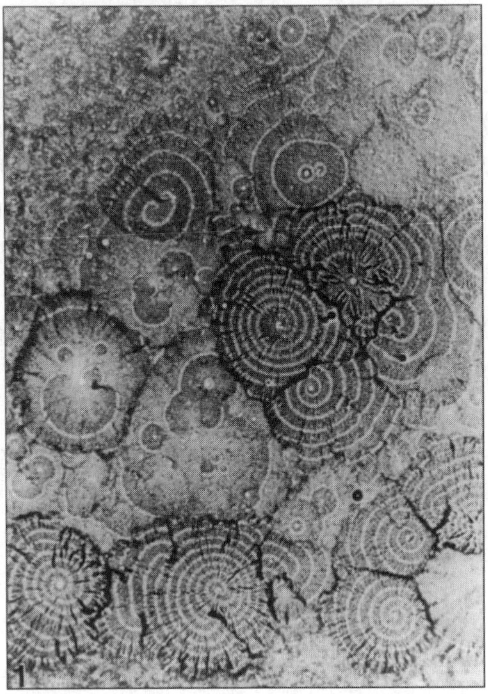

图1.2 圆盘网柱菌聚集运动形成的靶环波和螺旋波

物理学的研究对象不断发展.如早期力学研究地面上物体的运动，由于牛顿发现运动定律和万有引力定律，研究对象便扩大到天体.曾经，有人认为物理学不涉及使原子性质发生变化的化学反应.后来物理学不仅深入到原子且小到更深层的粒子.此外，物理学的研究对象大又大到宇宙.20世纪中期以来，固体物理学、液体物理学和分子物理学等均有长足进展.物理学还广泛用于化学、生物学、地学和环境科学.半导体物理学的研究促进了计算机的发展，使世界大为改观.20世纪，生命科学最重要的发现是1953年DNA分子双螺旋结构模型的提出.女物理学家富兰克林(R.E.Franklin，1920—1958)等于1952年制成高度定向的DNA结晶纤维，富兰克林还拍摄出清晰的X射线衍射照片，推算出DNA分子是双链同轴排列的螺旋结构，并测定了DNA螺旋体的直径和螺距.她的工作为沃森(J.D.Watson，1928—)和克里克(F.C.Crick，

① Durton A.Pacemaker activity during aggregation in Dictyostelium discoideum.Developmental Biology，1974，37:225.

② Gray R A，et al.Mechanisms of cardiac fibrillation.Science，1995，270:1222.

1916—2004)提出 DNA 双螺旋模型提供了至关重要的基础.[①]

§1.2 物理学科的特点

现在讨论物理学研究方法和对自然规律描述方面的特点.

(一) 物理学以实验为基础

就像其他自然科学领域一样,物理学家的任何新思想正确与否和正确到何种程度均需由实验检验.在物理学发展史中,人类很早就表现出观察和思辨的才能.然而,将实验作为研究的手段并将物理学视为实验科学,更是跨出重要的一步.古希腊的亚里士多德(Aristotle,前 384—前 322)学识渊博,发表过许多有创见的观点,例如认为物质与运动不可分,强调在观察的基础上以数学为模型建立严格的逻辑体系等.然而,他关于较重物体下落较快的论点并不正确.其实,如果做实验就不会得出这一结论.一位物理学史作者写道:"实验是亚里士多德伸手可及的事.取两块不同重量的石头并让它们落下,譬如说,一块石头比另一块重十倍,他不难看到,这块石头不会比另一块快十倍地降落."[②]其他古希腊人曾在实验研究方面取得很高成就,如阿基米德(Archimedes,前 287—前 212)关于浮力的实验和托勒密(C.Ptolemaeus,约 90—168)关于折射的实验等.到伽利略和牛顿时代,实验发挥了更大作用.物理学史上出现过许多做出重要贡献的实验物理学家.另一方面,做出重大贡献的理论物理学家也常常都是关心实验的.物理学发展至今,已不限于几个人在一间实验室里工作.荷兰的低温物理学家开默林-昂内斯(H.Kamerlingh - Onnes,1853—1926)建立的莱顿低温实验室是大规模科学实验室的开端,有自己的期刊传播研究成果.劳伦斯(E.O.Lawrence,1901—1958)和他的学生利文斯顿(M.S.Livingston)于 1931 年 12 月运转起第一台回旋加速器,后来建设了同步回旋加速器,不仅吸引物理学家,还有核化学家、核医学家到此工作,进行实验和医学的研究,发展为著名的劳伦斯伯克利实验室.大规模实验不仅需要科学家,还要有技术人员和财政支持,并需要科学工作者具备领导和组织才能.北京正负电子对撞机国家实验室亦属此列,非常著名的还有设于瑞士的欧洲核子研究中心(CERN)和美国斯坦福大学的直线加速器中心(SLAC)等.[③]

(二) 理想模型

物理学家面临的是一个错综复杂、五彩缤纷的世界.他们善于根据研究需要,找出

---

① 冯永康.生命科学史上的划时代突破——纪念 DNA 双螺旋结构发现 50 周年.科学,2003,55(2):39.

② 弗·卡约里.物理学史.戴念祖译,范岱年校.呼和浩特:内蒙古人民出版社,1981.

③ Galison P, et al. Big Science—The Growth of Large—Scale Research. Stanford: Stanford University Press,1992.

其中最本质的内容,建立理想模型.通过对理想模型行为的描述,揭示自然规律.

力学中的质点就是一种理想模型.研究地球公转时,如不涉及其自转引起的各局部运动的差别,其形状大小无关紧要,则可看作一个点.汽车行驶时,尽管发动机和传动机构进行复杂的运动,如仅研究汽车跑多远、快慢如何,其内部运动、刹车时的前倾以及转弯时的侧倾均可不考虑,则可把汽车看作一个点.质点即指具有质量的点.一般说来,若所研究的运动不涉及物体的转动和物体各部分的相对运动,往往可将物体视为质点.看起来很小的物体不一定能当作质点,而在有些问题中大如恒星亦可视作质点;在另一些问题中,小如原子亦须考虑形状大小.同一物体在这个问题中可当作质点处理,在另一个问题中却不能作为质点处理.

又如,卢瑟福原子的行星模型,位于中心的原子核犹如太阳,周围的电子就像行星.光曾被理想化为粒子束,也曾被视为波动.利用这些理想模型能揭示许多光的规律.爱因斯坦最终提出光子的理想模型,表明光既有波动性又有粒子性.上节我们又谈到物质微观世界的模型及宇宙演化模型.如理想模型的行为与实际相符合,则可作为自然规律的描述.如理想模型的行为和实际有差距,就需要修改模型.如理想模型与实验观察结果大相径庭,则预示人类的认识可能发生重大突破.

(三) 物理学的思考

物理学是一门以观察和实验为基础的学科.不少规律是从观察和实验总结出来的.然而,许多重大理论的发现,绝非简单的实验结果的总结.它需要直觉和想象力、大胆的猜测和假设,还需要合理的模型、深刻的洞察力、严谨的数学处理和逻辑思维,做出重大发现常常经历曲折的历史过程.

20 世纪理论物理取得的成就使初学者过多看重逻辑思维和数学推导.狄拉克崇尚数理美和逻辑推理,同时又表现为"直觉主义大师".[①]他的描述电子运动的方程出现负能解,直觉和想象力使他由此发现微观世界的另一侧面:自然界不仅存在带负电的电子,还存在着带正电的电子.他的直觉和想象为物理学发现了一个反粒子的世界.

物理学发展表明守恒律的重要性,维护守恒律成立甚至导致发现新粒子.例如泡利在研究 β 衰变时,为保证能量、动量、角动量的守恒,不仅放出 β 粒子,还应放出另一粒子,从而预言了后来称作中微子的存在.又如查德威克于 1932 年为维护动量守恒和能量守恒而发现了中子.

从对比和对称的考虑也能给物理学家带来启发.法国物理学家德布罗意(L.V.de Broglie,1892—1987)考虑到既然光的干涉衍射表现出波动性,光和实体物质交换能量又具有粒子性,两者可以统一于同一事物中,那么作为实体粒子,例如电子,是否也具有波动性与粒子性?经过反复研究,他提出了实体粒子也具有波粒二象性的假说.第十章驻波一节将讨论这一问题.

---

① Hovis R C, Kragh H, Dirac P A M. and the Beauty of Physics. Scientific American, 1993(5).

此外,量纲分析及数量级估计等均在物理学的思考中发挥作用.①

(四) 物理学理论

物理学是一门定量的科学,它的概念、定律、定理和结论需要用准确的语言并用数学形式表述出来,从而形成完整的理论体系.牛顿的《自然哲学的数学原理》是这方面的典范和良好的开端.欧几里得的《几何原本》严谨的逻辑体系对牛顿的《自然哲学的数学原理》及尔后科学的发展均有深远影响.

物理概念有些很直观,如速度、压强等;有些则比较抽象.举一个最简单的例子,动能 $mv^2/2$——质量与速度平方之积被2除,这是什么?物理学是通过概念间的关系揭示规律的.物体自由下落距离为 h,则 $\frac{1}{2}mv^2=mgh$.显然,描述这一规律非 $mv^2/2$ 莫属.可见,联系有关规律才能更好地理解概念.

在反映自然规律方面,物理学具有高度概括性和简明优美的特点.迄今为止,物理学认为物质存在有两种形式,即粒子和场;自然界有四种力,即强相互作用、弱相互作用、电磁相互作用和引力.动量守恒、角动量守恒、能量守恒和多种守恒律在物理学中有重要地位,而它们又可归结于多种对称性(与力学有关者详见§5.5).牛顿的动力学方程 $\boldsymbol{F}=m\boldsymbol{a}$ 无比简明,却可应用于小至石子大至天体.麦克斯韦将千变万化的电磁场概括为形式简洁,以他的姓命名的方程组.量子力学的薛定谔方程和爱因斯坦的引力场方程都具有简洁的数学形式.

物理学关心主宰自然界的普遍的基本规律.只要在有关定律、原理和理论的适用范围内,就可以把它们应用于各种领域.量子力学的创始人之一薛定谔于1944年出版了《什么是生命——生命细胞的物理面貌》一书,研究了生命组织、细胞增殖中的有丝分裂以至变异等生命现象和统计物理学、热力学等的关系.早在20世纪中期,人们就知道,致癌芳香族碳氢化合物的电子云分布和致癌有关,需要应用量子力学从电子水平去研究.当前,有越来越多的物理学家进入生物学和医学领域工作.这方面工作在进一步发展.②

§1.1谈到19世纪末,包含经典力学、热力学与统计物理和电磁学的经典物理得到充分的发展.20世纪则诞生了包含狭义相对论、广义相对论和量子力学的近代物理学.然而,近代物理学的出现并没有使经典物理学失去存在的价值.例如当质点速度降到远小于光速时,狭义相对论力学又回到牛顿的经典力学;量子效应不显著时则量子力学又回到经典力学;当引力较弱时,广义相对论的引力理论又回到牛顿的万有引力定律.广义相对论用于研究密度高达 $10^{12}\ \mathrm{kg/cm^3}$ 的中子星周围的引力、宇宙的演化和结构.还有,没有旧理论也不会产生新理论.爱因斯坦说过:"要是没有牛顿的明晰的体系,我们到现在为止所取得的收获就会成为不可能".③旧的理论为更全面的崭新的理

---

① 赵凯华.定性与半定量物理学.北京:高等教育出版社,1991.

② Phillips R et al. Physical Biology of the Cell. Garland Science, 2013.

③ 爱因斯坦.爱因斯坦文集(第一卷).许良英,范岱年编译.北京:商务印书馆,1976:404.

论开辟道路，而在新的理论体系中，原来的理论仍作为新理论的一种极限情况继续存在下去，仍在它适用范围内得到应用.

(五) 物理、技术和经济

物理学的发展大大推动了技术和社会生产力的发展.经典物理学的发展，使人类发明了蒸汽机、发电机和电动机，造出了火车、轮船、飞机，还掌握了无线电通信技术.现代物理学的发展使人类拥有原子能发电站、激光技术和半导体技术、大规模集成电路和电子计算机，使人类进入信息时代；核磁共振不仅是研究物理、化学和生物化学的工具，而且成为有效的医学诊断手段.技术的革新又推动经济的发展和生活水平与健康水平的提高.物理学和国防也有密切关系.邓稼先(1924—1986)为我国成功研制原子弹和氢弹做出了杰出的贡献.杨振宁谈到邓稼先等中国科学家的贡献时说他们“改变了中国人的自我观，改变了中国人的世界观”.

物理学属于基础科学范畴.除应用领域外，许多物理学家埋头于基础物理研究时，并非完全了解它对后世生活的影响.与技术研究明确解决实际问题的特点不同，物理学研究成果需由应用物理学家和技术专家加以转化才能为人类服务.另一方面，只有雄厚的经济基础和先进的技术，才能把物理学研究提高到新水平.重离子加速器、正负电子或重离子对撞机和中国天眼 FAST 等大规模科学实验设施均需先进的现代技术、可观的财政投入，以及有效的管理.

§ 1.3 时间和长度的计量

物理学是一门定量的学科.它通过物理量间的数量关系刻画自然的规律.所谓物理量的大小多少，即指规定一定单位，用该单位与研究客体相比所得的倍数.物理公式即这些量或倍数间的相互关系.因此，计量对物理学很重要.随着物理学的发展，对计量精度的要求越来越高，微观物理和激光技术的发展又为满足这种要求创造了条件，不断有关于长度、时间、质量，以及各种基本常量和物理量测量的研究文章在《物理评论》(Physical Review)或《计量学》(Metrologia)等杂志上发表.计量需要规定单位，本节介绍时间和长度的单位和计量；以后随课程的发展，再陆续介绍各种物理量的单位.

(一) 时间的计量

我国古代用刻漏计时.在一容器中保持恒定水位，由通道向另一容器注水使水面升高，水使浮子升起指示时间.北宋时期的沈括(1031—1095)曾设法减小温度影响黏性造成的误差,使计时达到较高精度①.伽利略发现摆的周期性,荷兰的惠更斯(C.Huygens,1629—1695)发明了擒纵机构保持摆的摆动,使得用摆这一周期性现象计时成为可能.经过不断改进,用于实验室精确的摆钟,其误差为一年仅几秒,它的相对误差达 $1/(60\times60\times24\times365)\approx10^{-7}$.

20 世纪初叶,人们开始利用石英晶体的压电效应计时,所谓压电效应指晶体可将机械变形振荡转变为电振荡.到 20 世纪 40 年代,石英钟已发展为主要的计时工具;每天的误差约 0.1 ms(毫秒),其相对误差为 $0.1\times10^{-3}/(60\times60\times24)\approx10^{-9}$.

20 世纪,原子物理学的发展表明:原子从一能级跃迁至另一能级发出或吸收的电磁波的频率很稳定.利用其振荡次数可计量时间.经过不断改进,现在采用铯-133 原子基态的两个超精细能级间跃迁所对应的辐射的 9 192 631 770 个周期的持续时间作为 1 s.用同样标准制成若干这样的铯原子钟,用不同钟测出值的差别除以被测时间称该计时的重现性.铯钟的重现性达 10^{-14}.②

国际计量大会(Conférence Générale des Poids et Mesures,缩写 CGPM)是协调世界各国计量标准的国际组织.它过去曾定义平均太阳日的 1/86 400 为 1 s.但地球自转因潮汐摩擦等原因而变慢,国际计量大会于 1960 年选择地球公转计时,即规定 1900 年回归年的 1/31 556 925.974 7 为 1 s.鉴于原子跃迁频率的稳定性,1967 年,第 13 届国际计量大会将铯-133 原子钟按上述定义为秒标准.物理学研究对象的时间尺度见表 1.1.

表 1.1

研究现象	时间尺度/s
宇宙的年龄	5×10^{17}
地月的年龄	1.5×10^{17}
人类的历史	1×10^{14}
人的寿命	$2\times10^{9}\sim3\times10^{9}$
免疫 B 细胞的平均寿命	3×10^{6}
波音 747 客机自北京飞至上海的时间	7×10^{3}
中子的寿命	9.3×10^{2}
人相邻两次心跳的时间间隔	8.0×10^{-1}
μ 子的寿命	2.2×10^{-6}
中性 π 介子的寿命	0.83×10^{-16}
核碰撞的时间间隔	1×10^{-22}
共振态的寿命*	$10^{-24}\sim10^{-23}$

* 两三个粒子碰撞短时间结合在一起的状态.

① 蔡宾牟,袁运开.物理学史讲义——中国古代部分.北京:高等教育出版社,1985:45.

② Itano W M, Ramsey N F. Accurate Measurement of Time.Scientific American, 1993,269:1.

(二) 长度的计量

18 世纪末,法国规定通过巴黎的子午线长度的 $1/(1\times10^7)$ 为 1 m(米).到 19 世纪末,一些国家在巴黎开会,公认米为通用的长度单位.按上面标准制成的铂铱合金米原器保存在巴黎国际计量局,它的强度高,温度和化学的稳定性都比较好,保证了较高的精确度.后来,随着测量精度的提高,发现通过巴黎子午线自北极至赤道的距离不是准确地等于 1×10^7 m,于是便以米原器为标准,规定 0.00 ℃时米原器端部细线间的距离为 1 m.然而,这样就违背了原来以自然数作为米标准的意图,用实物基准代替了自然常量.然而,自然界中很多物体的物理性质都会发生变化,以子午线为基础定义的米标准即为一例.与此相比,原子的某些性质却可以合理地假定它不随时间变化,于是便试图用自然界中的原子基准重新定义米单位,1960 年,第 11 届国际计量大会正式定义:米等于氪-86 原子的 $2p_{10}$ 和 $5d_5$ 能级之间跃迁所对应的辐射(橙红色)在真空中的 1 650 763.73个波长的长度.以此标准计量 1 m 的长度,复现的相对误差有可能达到 10^{-8}.①

1983 年,第 17 届国际计量大会考虑到已有长度计量标准已不能满足要求,重新规定米的定义:光在真空中传播(1/299 792 458) s 时间间隔内所经路径的长度②.之所以这样规定有其客观条件.首先,由于激光技术的发展,激光的频率和波长已非常稳定,且比氪-86 灯的波长更容易重现.其次,激光频率与波长的测量技术发展足以达到新米定义要求的精度.为保持真空中光速不变,1975 年,第 15 届国际计量大会曾推荐光速为 $c=299\ 792\ 458$ m/s.新的米定义恰好与此推荐协调一致.有好多方法均可复现新的米定义,相对误差仅 $\pm4\times10^{-9}$,这些方法包括测量光在给定时间内传播的距离和测量指定激光的频率和波长.第 17 届国际计量大会对多种复现方法均做了规定.规定多种复现方法还有个好处:可形成竞争态势,看谁复现得更好.表 1.2 给出了典型事物的空间尺度.天文学还用光年和秒差距描述距离.1 光年为光在真空中传播 1 年走过的距离,光年的缩写为 l.y.,1 l.y.$\approx9.46\times10^{15}$ m.秒差距记作 pc,1 pc$=$3.26 l.y.$=3.09\times10^{16}$ m.

表 1.2

对象	空间尺度/m
宇宙的直径	2×10^{26}
银河系的直径	1×10^{21}
太阳系的半径	6×10^{12}
太阳的半径	7×10^{8}

① 伊里奇,萨依然.国际单位制简介.北京:计量出版社,1983:17.

② Documents Concerning the New Definition of the Metre. Editor's note. Metrologia. 1984(19):163—177.

续表

对象	空间尺度/m
地月距离	3.8×10^{8}
地球的半径	6.4×10^{6}
珠穆朗玛峰的高度	8.84×10^{3}
人类身高	$1.5\times10^{0}\sim2.3\times10^{0}$
大肠杆菌 DNA 的长度	1×10^{-3}
艾滋病毒 HIV 的直径	1×10^{-4}
血液中红细胞的平均直径	7.5×10^{-6}
可见光的波长	5×10^{-7}
氢原子的直径	1×10^{-10}
原子核的直径	1×10^{-14}
质子的直径	1×10^{-15}

2018 年，第 26 届国际计量大会再次对米的定义进行了修订.米的定义更新为：当真空中光速 c 以 m/s 为单位表达时，将其固定数值取为 299 792 458 来定义米，其中秒用铯的频率来定义，2019 年 5 月 20 日起执行.

§1.4 单位制和量纲

在物理学中，仅规定时间、长度和质量的计量标准是不够的，还需要建立完整的单位体系.物理学方程式中出现的物理量最终将表现为以一定单位测出的数值.因此，物理方程式要和一定的单位规定相联系.这就牵涉到单位制和物理量的量纲问题.因本书限于力学，故重点谈力学中的单位和量纲.

(一) 基本单位和导出单位

根据前面讨论，显然，当说明某量为多少时，必须同时说明单位，否则没有意义.单位改变时，方程式也会变.例如中学学过的匀速运动公式 $s=vt$.设它们的单位分别为 km(千米)、km/h(千米/小时)和 h(小时)，并用方括弧标出单位，则有

$$s[\mathrm{km}]=v[\mathrm{km/h}]\cdot t[\mathrm{h}].$$

若将 s 的单位换为 m(米)，其他量单位不变，则因 s 的单位变小而测得数值变大，有

$$s[\mathrm{m}]=1\ 000v[\mathrm{km/h}]\cdot t[\mathrm{h}].$$

可见，单位变了，公式的形式也变了.但不管怎样选择单位，根据同一规律写出的物理公式的差别，仅仅表现于公式中出现不同的常数因子.若将公式写成

$$s=kvt \tag{1.4.1}$$

其中 k 表示一个待定的常数，则上式对任何单位规定都正确.

单位不同，k 将取不同数值，若令 $k=1$，则在一般情况下，公式最简单. 对于(1.4.1)式，若直接规定 m 为位移单位，s 为时间单位，又令 $k=1$，则根据公式必须规定[m/s]为速度单位. 若选择某物理量(如 s、t)直接规定其单位(如 m、s)，则该量称为基本量，其单位称作基本单位. 不直接规定其单位的物理量称为导出量，其单位需由该物理量和基本量的关系来决定，称为导出单位(如速度的单位 m/s). 不同的基本单位、导出单位和辅助单位就形成了不同的单位制.

(二) 国际单位制

1960 年，第 11 届国际计量大会通过了国际单位制(Le Système Internationale d'Unités，简称 SI)，制定了基本单位、导出单位和辅助单位，它选择 7 个量作为基本量，即长度、质量、时间、电流、温度、物质的量和发光强度. 其基本单位为 m(米)、kg(千克，公斤)、s(秒)、A(安培)、K(开尔文)、mol(摩尔)和 cd(坎德拉). 上节关于时间和长度的单位均属于国际单位制. 我国现在使用的量和单位按国家技术监督局 1993 年发布的中华人民共和国国家标准即 GB 3100～3102—93《量和单位》执行.①

用很大单位测很小的量或用很小单位测很大的量都不方便. 为使单位大小相济，适应不同问题的需要，在国际单位制中还规定了 20 个 SI 词头，用于构成国际单位的倍数单位. 于是，长度单位有厘米(cm)、毫米(mm)及千米(km)等；质量单位有克(g)等. SI 词头的名称及符号如表 1.3 所示.

表 1.3

词头符号	词头英文名称	数量级	词头中文名称
y	yocto	10^{-24}	幺[科托]
z	zepto	10^{-21}	仄[普托]
a	atto	10^{-18}	阿[托]
f	femto	10^{-15}	飞[母托]
p	pico	10^{-12}	皮[可]
n	nano	10^{-9}	纳[诺]
μ	micro	10^{-6}	微
m	milli	10^{-3}	毫
c	centi	10^{-2}	厘
d	deci	10^{-1}	分
da	deka	10^{1}	十

① 2018 年 11 月 16 日，国际计量大会通过决议，将千克、开尔文、安培、摩尔改由自然常量来定义. 至此，国际单位制中 7 个基本单位全部由基本物理常量来定义.

续表

词头符号	词头英文名称	数量级	词头中文名称
h	hecto	10^2	百
k	kilo	10^3	千
M	mega	10^6	兆
G	giga	10^9	吉[咖]
T	tera	10^{12}	太[拉]
P	pefa	10^{15}	拍[它]
E	exa	10^{18}	艾[可萨]
Z	zetta	10^{21}	泽[它]
Y	yotta	10^{24}	尧[它]

例如：1[am]$=10^{-18}$[m]，1[das]$=10$[s].

在国际单位制中，力是导出量，需要根据力和各基本量的关系式，即牛顿第二定律，来规定力的单位.我们规定使1 kg质量的物体产生1 m/s² 的加速度所需的力是1 N(牛顿)，这样，在 $F=kma$ 中，令 $k=1$，牛顿第二定律可表示为

$$F[\mathrm{N}]=m[\mathrm{kg}]\cdot a[\mathrm{m/s^2}].$$

显然，速度和加速度等也都是导出量.

在厘米克秒制中，以厘米、克和秒作为长度、质量和时间的单位，力的单位是 dyn(达因)，1 dyn 等于使1 g 质量的物体产生1 cm/s² 加速度所需的力.达因称作“具有专门名称的厘米克秒制单位”，国际计量委员会认为最好不与国际制并用.目前比较常见若以达因为力的单位，牛顿第二定律写作

$$F[\mathrm{dyn}]=m[\mathrm{g}]\cdot a[\mathrm{cm/s^2}].$$

达因与牛顿的关系是 $1\ \mathrm{N}=10^5\ \mathrm{dyn}$.

还有一种力单位，称千克力或公斤力，记作 kgf.按定义

$$1\ \mathrm{kgf}=9.806\ 65\ \mathrm{N},$$

可近似认为 1 kgf≈9.8 N.这个单位在历史上流传极广，在工程上常用，但目前国际计量委员会建议一般不用.

(三) 量纲式

导出单位取决于基本单位，以及导出量和基本量关系式的选择.导出单位对基本单位的依赖关系式称为该导出量的量纲式.例如，速度的量纲式为

$$\dim v=\mathrm{LT}^{-1},$$

它表示速度单位随长度单位增为 L 倍，随时间单位增为 1/T 倍.又如在国际单位制中，力的量纲式可写作

$$\dim F=\mathrm{LMT}^{-2},$$

即长度、质量和时间单位分别增为 L、M 和 T 倍时，力单位改变为原来的 LMT^{-2} 倍.一般说来，在国际单位制中物理量 A 与基本量的关系式

$$\dim A = L^p M^q T^r,$$

称为量纲式，其中 p、q 和 r 称作量纲指数，人们往往把上式右端 $L^p M^q T^r$ 称作左端量 A 的量纲.

有一种特例值得提出来.例如平面角 $\phi = \frac{s}{r}$，s 表示弧长，r 表示半径，ϕ 的单位称为弧度，国际符号为 rad，角度 ϕ 的量纲为 $\dim \phi = L^0 M^0 T^0$，称 ϕ 为量纲为一的量，显然，无论长度、质量和时间单位如何变，ϕ 的单位始终不变.

量纲服从的规律称为量纲法则，它有广泛的应用.这里仅提出常见的两条.

第一条：只有量纲相同的量，才能彼此相等、相加或相减.例如，从理论上推出匀变速直线运动位移、加速度和末速度的公式

$$v_x^2 = 2a_x \Delta x,$$

等式左右的量纲均为 L^2T^{-2}，故上式至少在量纲方面是正确的，可进一步通过其他方式(如实验)检验其正确性.若推出的公式不符合量纲法则，则该式必然是错误的.

第二条：指数函数、对数函数和三角函数的自变量应当是量纲为一的.例如 §2.3 例题中粒子的运动学方程为

$$x = C_1 - C_2 e^{-\alpha t},$$

αt 应为量纲为一，故 $\dim \alpha = T^{-1}$，若 α 的量纲与此不合，则上面公式必然有错.

至于有关量纲的其他方面的问题，随学习和讨论的需要将继续展开.

§1.5 数量级估计

词云："楼倚春江百尺高"①.东汉人用"一鬟五百万，两鬟千万余"②描写女子头饰的贵重.无论古今中外，人们总喜欢用 10 倍这一因子粗略地估计和区别不同量的大小.

在某一数中，可靠数字称作有效数字.它的个数称有效数字的位数.如 1.280 有四位有效数字，1.2×10^3 和 0.028 各有两位.大体估计某数时，常取整为一位有效数字乘以 10 的若干幂次，如 8×10^4，称为数量级估计.实际上，又将已估计的 8×10^4 以 10^5 代之.这种用 10 的若干次方表示的数常被称为数量级.

数量级在物理学中很重要.研究对象在空间尺度上属于不同数量级，便可能属于不同的研究领域.参考表 1.2，宇宙属于研究空间尺度在 10^{26} m 的量级的现象.而研究空间尺度为 10^{-15} m 至 10^{-10} m 的则属于粒子物理的范畴.自然，微观物理和对宇宙的研究之间又有密切联系.在和日常生活密切联系的大气物理学中，研究现象大至 10^3～

---

① 张先，浣溪沙.见：陈永品等，编.唐宋词选讲.北京：中国少年儿童出版社，1982.

② 辛延年，羽林郎.汉魏六朝诗选.余冠英选注.北京：人民文学出版社，1978.

10^4 km，其尺度可与地球半径相比拟，这是一般天气预报的基础.一些严重的灾害则与 $1\sim10^2$ km 的中小尺度的大气运动相联系.现在还发展出微大气物理学，它的空间尺度可达到 10^{-6} m.关于大、中尺度的大气运动，地球自转等因素起主导作用；至于微尺度的大气运动，地球自转因素可不计，而空气的黏性必须予以考虑.①

在对未知现象的探索中，数量级的估计常很有意义.意大利物理学家费米②(E. Fermi，1901—1954)曾给学生举了一个数量级估计的例子：旧金山需要多少钢琴调音师？当时旧金山有 70 万居民.按平均四口人一家，三家有一钢琴估计，则平均 12 人一架钢琴.如做数量级估计，可认为 10 人一架.虽说粗糙，但比一人一架或百人一架都准确得多.设一调音师大体一至两小时调一架，一天可调四五架.一台钢琴每半年至一年应该调一次，就算是一年.设一调音师一年工作 50 周，每周工作 5 天，每年可调 1 000 台钢琴.于是旧金山需 70 位调音师.这个估计虽不精确，但表明所需调音师远多于 10 个又远少于 1 000 个，已足够说明问题，甚至比更为精确的计算更具有参考价值.在费米夫人的回忆录③中，还曾记载了当第一颗原子弹被引爆时，费米撒出一些小纸片，它们被因爆炸引起的气浪卷走了.费米根据纸片漂过的距离估计爆炸威力，和经仪器测量计算出的数据相符.这是费米做数量级估计的另一个例子.④

物理学家对正在探索的问题做数量级估计，需要对有关事实和规律有很好的了解，以及在此基础上的假设.如果估计结果和在数量级上的预言比较符合，表明可能已抓到事物的一些本质，可以做进一步的研究.若估计结果与实验结果大相径庭，则往往需要对基本假设做根本性的改动.

§1.6　参考系、坐标系与时间坐标轴

任何物理过程都和时间空间相联系.为了定量地描述物体的运动，需要选定参考系、坐标系并确定时间坐标轴.对于牛顿的经典力学，其基础是绝对时空观，即时间是连续的、均匀的、不停息地流逝着的，空间也是连续的、均匀的、各向同性的，而物质、时间和空间彼此无关.因此，当描述运动时，分别独立地选择参考系和时间坐标轴，换句话说，时间的描述与所选择的空间参考系无关.

(一) 参考系和坐标系

古人就知道，物体是运动还是静止是相对而言的.东汉《尚书纬·考灵曜》云："地恒动不止而人不知，譬如人在大舟中，闭牖(音 yǒu，窗之意)而坐，舟行而不觉也."你乘坐飞机，看到周围的旅客和你面前的茶杯都是静止的，仅有机组人员往返走动.但就

---

① 温景嵩.比小尺度还小的世界——谈微大气物理学.百科知识，1995，2：36.

② 费米出生于意大利，后加入美国国籍.

③ 劳拉·费米.原子在我家中.何芬奇译.北京：科学出版社，1979：324.

④ 陈熙谋，胡望雨.估算杂谈.物理通报，1994，11：9.

地面上看，旅客和茶杯却在约 11 000 m 的高空以 800 多 km/h 的速度飞行.因此，为确切描述物体的位置和运动，应选择其他不变形的物体作为参考系.

为了定量描述运动，又在参考系上建立起坐标系，例如直角坐标系、极坐标系等.有时，还可以将坐标系固定于运动物体上，来描述物体相对于不动参考系的运动，但这种情况在本书中不常见.

我们时常选择地球为参考系.实验室常固定于地球上，故又称为实验室参考系.有时选择空间点和有方向的直线构造参考系和坐标系，例如研究人造卫星的运动时常采用以地心为坐标原点而自地心向恒星建立坐标轴，这样的参考系称作地心-恒星参考系.当研究行星运动时，又常以日心为坐标原点并自日心向恒星引出坐标轴，这便构造出日心-恒星参考系.

(二) 时间坐标轴

描述运动尚需建立时间坐标轴.坐标原点即计时起点.如何选择计时起点看讨论问题的方便而定，它不一定就是物体开始运动的时刻."时刻"指时间流逝中的"一瞬"，对应于时间轴上的一个点.时刻为正或负表明在计时起点以后或以前.质点在某一位置必与一定时刻相对应.时间间隔指自某一初始时刻至终止时刻所经历的时间，它对应于时间轴上的一个区间.质点位置变动总在一定时间间隔内发生.今后在不致引起混乱的情况下，"时间"一词有时指时间间隔，有时指时间变量.

谈到空间参考系和时间轴，便涉及时空观.牛顿认为："宇宙系统的中心是不动的"，又说："绝对空间是这样的，按照其本身的性质和与无论什么样的其他任何事物无关，永远保持静止……".在谈到时间时，牛顿提出："绝对时间是这样的，按其本身的性质与别的任何事物无关，平静地流逝着……".这里提到明确的绝对时空.但在另一方面，关于空间方面，牛顿又提出："相对空间是一些可以在绝对空间中运动的结构，……我们通过它与物体的相对位置感知它"；关于时间方面，牛顿认为："相对的、表象的和普通的时间是可感知和外在的对运动之延续的量度，它常被用以代替真实时间，如一小时、一天、一个月、一年".[①]由此可见，牛顿当时所主张的是绝对时空和相对时空相结合的时空观.[②]研究运动选择参考系是在可感知的相对空间中.时间坐标也选在可感知的相对时间中.当然，这里的相对丝毫不具备现代相对论的含义.其实，在经典力学中，有牛顿所说的"相对时空"已足够了.

§1.7 力学——学习物理学的开始

本书主要讨论经典力学——经典物理学和现代物理学的重要组成部分，同时也涉

---

① 牛顿.自然哲学之数学原理及其宇宙体系(Mathematical Principles of Natural Philosophy and his System of the World).王克迪据剑桥大学出版社 1934 年英文版译，袁江洋校.武汉：武汉出版社，1992.

② 阎康年.牛顿的科学发现与科学思想.长沙：湖南教育出版社，1989：361.

及狭义相对论和广义相对论的基本图像，使我们对力学有较全面的认识.

我国古代在力学方面有很多成就，在耕作器械、造船、建筑和机械等方面都有丰富的创造.墨翟(约前 468—前 376)对力学很有研究，对力和运动的定性关系已有正确的认识.秦代的李冰父子领导人民修建了著名的都江堰工程；汉代的张衡(78—139)制成了浑天仪和地动仪；三国时期的马钧制成了指南车和利用惯性原理的离心抛石机；在宋代出现了世界上第一支利用火药爆炸反推力而制成的火箭.我国古代力学主要是在应用技术方面有许多伟大的成就，而没能总结出较系统的科学理论，因而对经典力学理论的发展未曾做出更多的贡献.

在欧洲，正如前文所说，亚里士多德在力学方面并不成功.阿基米德在力学方面超过了亚里士多德，他在重心、杠杆和浮力方面均有建树，为静力学奠定了基础，在机械方面也有发明创造.在中世纪的漫长岁月中，力学和其他科学发展缓慢.15 世纪以后，欧洲开始了文艺复兴时期，商业、手工业、航海和军事工业纷纷兴起，力学进入了一个空前的发展阶段，在 15—18 世纪内，逐步建立了比较完整的系统理论.首先应提到哥白尼，他提出了日心说，引起宇宙观的大革命.开普勒总结行星运动之定律.伽利略研究了落体和斜面运动的规律，提出加速度的概念，并第一次正确认识到加速度与外部作用的关系，为动力学的发展奠定了基础.牛顿的《自然哲学的数学原理》无疑是物理学史上第一部划时代的著作.它第一次用实验、观察、假设和推理形成了完整的理论体系，揭示相互作用和运动的关系，而不限于对个别现象和过程的描述.牛顿发明了微积分，用来进一步刻画力学规律，从而使人们通过相互作用和运动状态的瞬时关系去认识全过程.另一点值得提出的是，他把神秘的天体和地球上日常现象都概括到统一的理论框架中.欧几里得的《几何原本》的公理化体系对后世影响深远.《自然哲学的数学原理》一书的写法有《几何原本》的影子.

“力学不独在物理学中占极重要的地位，并且对于天文学及各种工程学皆有极大的贡献.天文学中的天体力学，即解释各行星围绕太阳运动的学问，是一种根据于力学各定律的计算，它的理论结果与天文测量甚为吻合.至于各种工程学都与力学有关系，只是有深有浅而已.”①

力学不仅是物理学的一个有机组成部分，并且由于它在现代科学技术中的重要地位，它还发展成一门独立的学科，并含多种子学科，如材料力学、弹性力学、塑性力学、断裂力学、声学与超声波、海洋力学和语言声学等，不胜枚举.近代科学发展的重要特点之一是不同学科互相交叉.由我国著名科学家李四光(1889—1971)做出重要贡献的地质力学作为一门新的学科已经建立.生物力学利用经典力学研究骨骼、体液的流动和各类组织包括血管的黏弹性.运动生物力学则应用力学研究体育运动的新动作的可行性，以此提高运动成绩.

量子力学、狭义相对论和广义相对论对经典力学产生了冲击.然而它们并未否定经典力学，而是为经典力学确定了适用范围.在这个范围内，量子力学、狭义相对论和广义相对论将回到经典力学.经典力学的适用范围详见第五章、第六章.

---

① 周培源.理论力学.北京：人民教育出版社，1952.

人们对经典力学本身的认识也有发展.自 1687 年牛顿的《自然哲学的数学原理》发表以来，至今已 300 余年.中学时，我们就已经熟悉物体做直线运动，已知初速度和初位置，可以通过力根据牛顿第二定律算出加速度并可求物体今后任何时刻的速度和位置.运用微积分和矢量的数学工具，在原则上对任何运动均可根据初位置、初速度按牛顿定律确定任意时刻的运动状况.于是《自然哲学的数学原理》发表后约 280 年中，人们均认为牛顿定律是对运动确定性的描述，可对运动状态做出确定性的预测.然而，20 世纪后半叶非线性力学表明，牛顿运动定律描述的很多的运动都具有不可长期预测和不可重现的特征，即表现某种内在随机性.现在，确定性和随机性之间不可逾越的鸿沟有望消除，人们对经典力学的认识从整体上发生了重大的改变.这一问题将在第九章中介绍.

学习第一章的建议

力学是物理学的有机组成部分.第一章中所谈物理发展概貌和物理科学的特点是为了让同学们学习力学之前对物理有大概了解.物理是一个百花园，力学是其中一丛花.读第一章前两节相当于在空中鸟瞰百花园，到后面再仔细欣赏力学那丛花.既然是在空中的一瞥，自然不是仔细深究，也不可能完全理解，要靠今后不断学习才能逐步深入认识物理学.不过，首先进行一番鸟瞰还是有好处的——可以从更为全面的视角看待所学的力学.另一方面，在后文我们将看到力学在 20 世纪物理学发展中起作用的典型实例.这两节由同学们自由浏览即可.

时间和长度的计量、单位制和量纲、数量级估计，以及参考系坐标系等不仅对学力学而且对学习全部物理学都是最基本的内容，因此放在第一章.

思考题

1.1 国际单位制中的基本单位是哪些？

1.2 中学所学匀变速直线运动公式为 $s=v_0t+\dfrac{1}{2}at^2$，各量单位为时间：s(秒)，长度：m(米).若改为以 h(小时)和 km(千米)作为时间和长度的单位，上述公式将如何改变？若仅时间单位改为 h，公式将如何改变？若仅 v_0 单位改为 km/h，公式又将如何改变？

1.3 设汽车行驶时所受阻力 F 与汽车的横截面 S 成正比且和速率 v 之平方成正比.若采用国际单位制，试写出 F、S 和 v^2 的关系式；比例系数的单位如何？其物理意义是什么？

1.4 某科研得出

$$\alpha=10^{-29}\left(\frac{m}{m_1}\right)^2\left[1+10^{-3}\left(\frac{m_1}{m_2}\right)^3\frac{m_\mathrm{p}^2}{m_1}\right]$$

其中 m、m_1、m_2 和 m_p 表示某些物体的质量，10^{-3}、10^{-29}、α 和 1 的量纲为一.你能否根据量纲初步判断此结果是否正确？

第二章　质点运动学

运动只能理解为物体的相对运动.在力学中,一般讲到运动,总是意味着相对于坐标系的运动.

——爱因斯坦[①]

运动学的任务是描述随时间的推移,物体空间位置的变动,不涉及物体间相互作用与运动的关系.这一章讨论如何描述质点理想模型的运动,最后引入伽利略变换,它和物理学一条基本原理即相对性原理密切相关.

"正如伽利略所指出的那样,数学是物理学的自然语言".[②]牛顿和莱布尼茨(G.W. Leibniz,1646—1716)发明了微积分.牛顿正是因力学的需要而研究微积分的.矢量这一数学工具的引入能使对力学规律的描述简明且不依赖于坐标系的选择.将矢量和微积分结合起来刻画运动,既简明、准确,又具普遍性.我们正是以这一方式来研究质点运动的.

§2.1　质点的运动学方程

现在利用矢量这个数学工具就质点的一般运动建立位置矢量、质点的运动学方程的概念.

(一) 质点的位置矢量与运动学方程

图 2.1 表示以雷达站为参考系描写某时刻直升飞机的位置.为说明位置,可视飞机为质点,记作 P.在雷达站上任选一点 O 作为参考点.参考点和飞机的距离 OP 是描述飞机位置的重要因素,但还应指出它相对于 O 点的方位,于是引入位置矢量.由参考点引向质点所在位置的矢量为质点的位置矢量,如图 2.1 中$\boldsymbol{r}=\overrightarrow{OP}$所示.建立直角坐标系 $Oxyz$,令原点与参考点重合,位置矢量在直角坐标系 $Oxyz$ 中的正交分解形式为

$$\boldsymbol{r}=x\boldsymbol{i}+y\boldsymbol{j}+z\boldsymbol{k}, \tag{2.1.1}$$

---

① 爱因斯坦.爱因斯坦文集.许良英,范岱年编译.北京:商务印书馆,1976:182.

② 塞格莱.物理名人和物理发现.刘祖慰译.上海:知识出版社,1986.

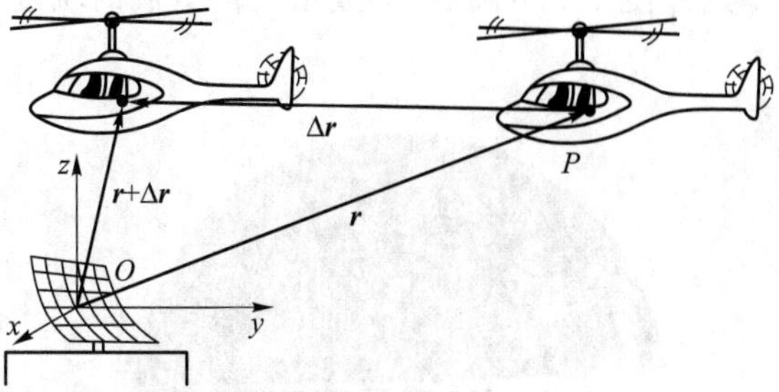

图 2.1 用位置矢量描述质点的位置

$\boldsymbol{i}$、$\boldsymbol{j}$、$\boldsymbol{k}$ 分别为 x、y、z 轴方向的单位矢量，x、y 和 z 称作质点的位置坐标，也可用来描述质点位置，还可用位置坐标表示位置矢量的大小和方向，其大小为

$$r=\sqrt{x^2+y^2+z^2};$$

位置矢量的方向余弦为

$$\cos\alpha=\frac{x}{r},\quad \cos\beta=\frac{y}{r},\quad \cos\gamma=\frac{z}{r},$$

它们之间有如下关系：

$$\cos^2\alpha+\cos^2\beta+\cos^2\gamma=1.$$

质点运动中的每一时刻，均有一位置矢量与之对应，即位置矢量 $\boldsymbol{r}$ 为时间 t 的函数

$$\boldsymbol{r}=\boldsymbol{r}(t) \tag{2.1.2}$$

称作质点的运动学方程，它给出任意时刻质点的位置.一旦我们得到运动学方程，则可以对质点的全部情况都了如指掌.(2.1.2)式的正交分解式为

$$\boldsymbol{r}=\boldsymbol{r}(t)=x(t)\boldsymbol{i}+y(t)\boldsymbol{j}+z(t)\boldsymbol{k}. \tag{2.1.3}$$

已知 $x(t)$、$y(t)$和 $z(t)$，即知 $\boldsymbol{r}(t)$，反之亦然，因此称标量函数

$$x=x(t),\quad y=y(t),\quad z=z(t) \tag{2.1.4}$$

为质点运动学方程的标量形式.

质点运动时描出的轨迹称质点运动的轨迹.位置矢量的矢端画出的曲线，称为位置矢量的矢端曲线，亦即质点的轨迹.设质点在平面 Oxy 上运动，运动方程为

$$x=x(t),\quad y=y(t), \tag{2.1.5}$$

消去 t，得

$$y=y(x), \tag{2.1.6}$$

此即质点的轨迹方程.其实，(2.1.5)式可看作以时间 t 为参量的质点轨迹的参量方程.

观察微观粒子的轨迹常很困难.威耳孙(C.T.R.Wilson，1869—1959)发明了云室，室中含过饱和乙醇蒸气.带电粒子快速穿过云室时，在其经过的路径上产生离子，使过饱和气以离子为核心凝结成液滴，从而记录带电粒子的轨迹.此外，气泡室中则装有过热液体，当带电粒子穿过并使原子电离后，形成由气泡组成的轨迹.图 2.2 表示云室中粒子的轨迹.

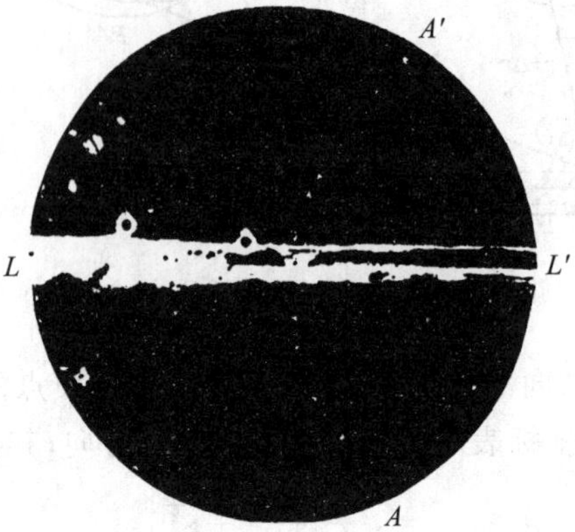

图 2.2　安德森于 1932 年用云室观察宇宙射线的轨迹 AA'.云室置于指向纸内的磁场中.LL'为铅板，粒子经铅板后减速，轨迹更为弯曲①.从轨迹特征可知观测到的是正电子，详见 § 3.5

［例题 1］　一质点的运动学方程为

$$\boldsymbol{r}=R\cos t\boldsymbol{i}+R\sin t\boldsymbol{j},$$

求以形式 $f(x,y)=0$ 写出的轨迹方程.

［解］　由运动学方程可知

$$x=R\cos t,\quad y=R\sin t.$$

这正是圆周的参量方程，可知轨迹为圆.消去 t，得

$$x^2+y^2=R^2.$$

(二) 位移——位置矢量的增量

以下引入位移矢量以描述质点在一定时间间隔内位置的变动.参照图 2.1，飞机在 t 至 $t+\Delta t$ 时间内自 P 飞至 Q，自质点初位置引向 Δt 以后的末位置的矢量（$\overrightarrow{PQ}$）称为时间 Δt 内的位移，记作 $\Delta\boldsymbol{r}$.显然，

$$\Delta\boldsymbol{r}=\boldsymbol{r}(t+\Delta t)-\boldsymbol{r}(t).\tag{2.1.7}$$

即位移定义为位置矢量的增量.

写出 Δt 始末的位置矢量在直角坐标系中的正交分解式：

$$\boldsymbol{r}(t+\Delta t)=x(t+\Delta t)\boldsymbol{i}+y(t+\Delta t)\boldsymbol{j}+z(t+\Delta t)\boldsymbol{k},$$

$$\boldsymbol{r}(t)=x(t)\boldsymbol{i}+y(t)\boldsymbol{j}+z(t)\boldsymbol{k}.$$

---

①　Griffiths D J. Introduction to Elementary Particles. New York：Harper & Row Publishers，Inc，1987：20.

二式相减得位移

$$\Delta \boldsymbol{r}=[x(t+\Delta t)-x(t)]\boldsymbol{i}+[y(t+\Delta t)-y(t)]\boldsymbol{j}+[z(t+\Delta t)-z(t)]\boldsymbol{k}=\Delta x\boldsymbol{i}+\Delta y\boldsymbol{j}+\Delta z\boldsymbol{k}. \quad (2.1.8)$$

这是位移在直角坐标系中的正交分解式,表明位移可由位置坐标的增量决定.

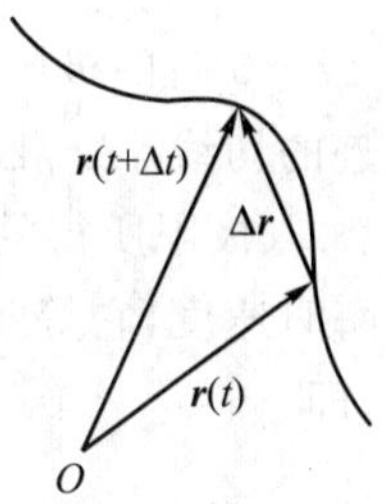

图 2.3 位移为位置矢量的增量

如图 2.3 所示,位移刻画质点在一段时间内位置变动的总效果.一般说来,不表示质点在其轨迹上所经路径的长度.一个有趣的例子是:运动员在 400 m 跑道上跑了两圈,但他在这段时间内的位移却是零!我们引入路程描述质点沿轨迹的运动:在一段时间内,质点在其轨迹上经过的路径的总长度叫路程.

§2.2 瞬时速度矢量与瞬时加速度矢量

为了全面描述质点的运动状态,还需要瞬时速度和瞬时加速度矢量的概念.

(一) 平均速度与瞬时速度

人类很早就关心物体运动的快慢.东汉时期的王充(27—约 97)在《论衡》中说:"日昼行千里,夜行千里.麒麟昼日亦行千里.然则日行舒疾,与麒麟之步,相似类也."舒疾指快慢.文中的意思指若均昼行千里,则快慢相同.从中可看出,刻画快慢需将时间和位移联系在一起.在现代力学中,质点位移 $\Delta \boldsymbol{r}=\boldsymbol{r}(t+\Delta t)-\boldsymbol{r}(t)$ 与发生这一位移的时间间隔 Δt 之比,称作质点在这段时间内的平均速度,记作 $\bar{\boldsymbol{v}}$,

$$\bar{\boldsymbol{v}}=\frac{\Delta \boldsymbol{r}}{\Delta t}=\frac{\boldsymbol{r}(t+\Delta t)-\boldsymbol{r}(t)}{\Delta t}. \quad (2.2.1)^{①}$$

或平均速度等于位置矢量对时间的平均变化率.

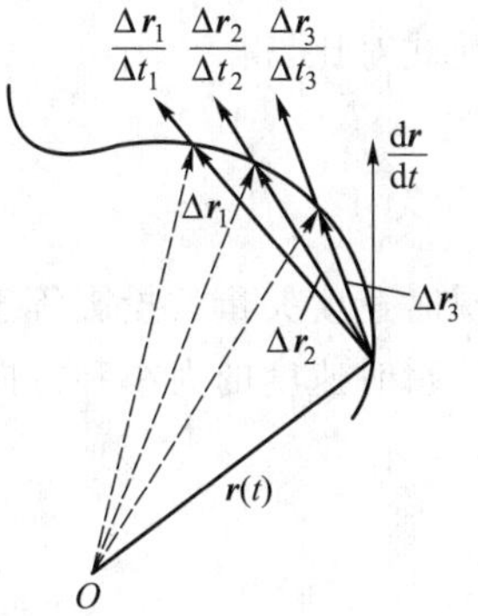

图 2.4 瞬时速度为平均速度当时间间隔趋于零时的极限

平均速度仅提供一段时间内位置总变动的方向和平均快慢,却不能精细地刻画质点在这段时间内发生的运动方向的改变和时快时慢的详细情况.显然,观察时间越短,平均速度越能精细地反映运动情况,如图 2.4 所示.或许我们可以借助极短时间内的平均速度来精细描述质点运动方向和快慢,但无论时间多短,总有比它更短的时间.要得到圆满的答案,就需要极限的概念.用极限研究问题在物理学中很普遍.

---

① (2.2.1)式中矢量 $\Delta \boldsymbol{r}$ 乘以标量 $1/\Delta t$ 仍得一矢量.见本书数学知识第二部分.

$\Delta t \to 0$ 时，有 $\Delta \boldsymbol{r} \to 0$. 比值 $\dfrac{|\Delta \boldsymbol{r}|}{\Delta t}$ 将无限接近于一个确定的数值，称作比值 $|\Delta \boldsymbol{r}|/\Delta t$ 当 $\Delta t \to 0$ 时的极限；与此同时，由图 2.4 知，$\Delta \boldsymbol{r}/\Delta t$ 的方向无限靠近 t 时刻质点所在处轨迹的切线. $|\Delta \boldsymbol{r}/\Delta t|$ 的极限值和切线方位反映了平均速度 $\Delta \boldsymbol{r}/\Delta t$ 当 $\Delta t \to 0$ 时的变化趋势.取极限所得的量不再属于某时间间隔，却与时刻 t 对应.我们定义：质点在 t 时刻的瞬时速度，它等于 t 至 $t+\Delta t$ 时间内平均速度 $\Delta \boldsymbol{r}/\Delta t$ 当 $\Delta t \to 0$ 时的极限，用 $\boldsymbol{v}$ 表示，即

$$\boldsymbol{v} = \lim_{\Delta t \to 0} \overline{\boldsymbol{v}} = \lim_{\Delta t \to 0} \frac{\Delta \boldsymbol{r}}{\Delta t}. \tag{2.2.2}$$

即质点的瞬时速度等于位置矢量对时间的变化率或一阶导数，记作

$$\boldsymbol{v} = \frac{\mathrm{d}\boldsymbol{r}}{\mathrm{d}t}.$$

在国际单位制中，速度单位为 m/s，其量纲为 LT^{-1}.与标量函数的导数相似，矢量函数的导数也是“比的极限”，但不同的是，它既有方向又有大小.瞬时速度的方向沿轨迹（或位置矢量矢端曲线）在质点所在处的切线并指向质点前进的方向，其大小

$$v = \lim_{\Delta t \to 0} \frac{|\Delta \boldsymbol{r}|}{\Delta t} = \left| \frac{\mathrm{d}\boldsymbol{r}}{\mathrm{d}t} \right| \tag{2.2.3}$$

反映质点在该瞬时运动的快慢，称为瞬时速率.

瞬时速度 $\boldsymbol{v}$ 在直角坐标系 $Oxyz$ 中的正交分解式为

$$\boldsymbol{v} = v_x \boldsymbol{i} + v_y \boldsymbol{j} + v_z \boldsymbol{k}.$$

将(2.2.3)式对时间求导数

$$\boldsymbol{v} = \frac{\mathrm{d}\boldsymbol{r}}{\mathrm{d}t} = \frac{\mathrm{d}x}{\mathrm{d}t}\boldsymbol{i} + \frac{\mathrm{d}y}{\mathrm{d}t}\boldsymbol{j} + \frac{\mathrm{d}z}{\mathrm{d}t}\boldsymbol{k}. \tag{2.2.4}$$

与前式对比，得

$$v_x = \frac{\mathrm{d}x}{\mathrm{d}t}, \quad v_y = \frac{\mathrm{d}y}{\mathrm{d}t}, \quad v_z = \frac{\mathrm{d}z}{\mathrm{d}t}.$$

即瞬时速度矢量的投影等于位置坐标对时间的一阶导数.

瞬时速度的大小和方向余弦可表示如下：

$$v = \sqrt{v_x^2 + v_y^2 + v_z^2},$$

$$\cos \alpha_v = \frac{v_x}{v}, \quad \cos \beta_v = \frac{v_y}{v}, \quad \cos \gamma_v = \frac{v_z}{v}.$$

瞬时速度和瞬时速率都与一定时刻对应，很难直接测量.在技术上常常用很短时间内的平均速度近似地表示瞬时速度，随着技术的进步，测量可以达到很高的精确度.

［例题 1］ 某质点的运动学方程为 $\boldsymbol{r} = -10\boldsymbol{i} + 15t\boldsymbol{j} + 5t^2\boldsymbol{k}$（单位：m、s）.求 $t=0$ 和 1 s 时，质点的速度矢量.

［解］ 因 $x=-10=$常量，故质点在距原点 10 m 处与 Oyz 平行的平面上运动．根据(2.2.4)式，

$$\boldsymbol{v}=15\boldsymbol{j}+10t\boldsymbol{k} \qquad (\text{单位：m/s、s})$$

$$v=\sqrt{225+100t^2},$$

$$\cos\alpha_v=0,\quad \cos\beta_v=\frac{15}{v},\quad \cos\gamma_v=\frac{10t}{v}.$$

当 $t=0$ s 时，$v=15$ m/s，

$$\cos\beta_v=1,\quad \cos\alpha_v=\cos\gamma_v=0.$$

$t=1$ s 时，$v=18.03$ m/s，

$$\cos\alpha_v=0,\quad \cos\beta_v=0.832,\quad \cos\gamma_v=0.555,$$

即

$$\alpha_v=90°,\quad \beta_v=33°42',\quad \gamma_v=56°18'.$$

如图 2.5 所示．

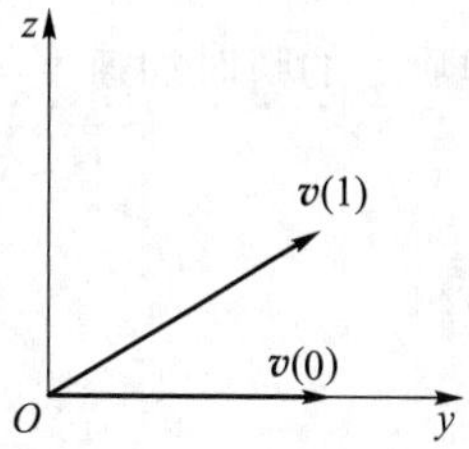

图 2.5 $t=0$、1 s 时的速度矢量

（二）平均加速度与瞬时加速度

质点运动时，瞬时速度的大小和方向都可能变化，为反映其变化的快慢和方向，需引入平均加速度和瞬时加速度．加速度的引入是力学发展中的大事，它为动力学的发展准备了条件．加速度的引入应归功于伽利略．①

如图 2.6(a)所示，设质点在 t 时刻的速度为 $\boldsymbol{v}(t)$，经 Δt 后速度变为 $\boldsymbol{v}(t+\Delta t)$，速度增量 $\Delta\boldsymbol{v}=\boldsymbol{v}(t+\Delta t)-\boldsymbol{v}(t)$ 与发生这一增量所用时间 Δt 之比 $\frac{\Delta\boldsymbol{v}}{\Delta t}$ 称为这段时间内的平均加速度，记作 $\bar{\boldsymbol{a}}$，

$$\bar{\boldsymbol{a}}=\frac{\Delta\boldsymbol{v}}{\Delta t}. \tag{2.2.5}$$

平均加速度与一定时间间隔相对应，其大小反映 Δt 内速度变化的平均快慢，其方向沿速度增量的方向．在 t 至 $t+\Delta t$ 时间内平均加速度 $\bar{\boldsymbol{a}}=\frac{\Delta\boldsymbol{v}}{\Delta t}$，当 $\Delta t\to 0$ 时的极限叫作

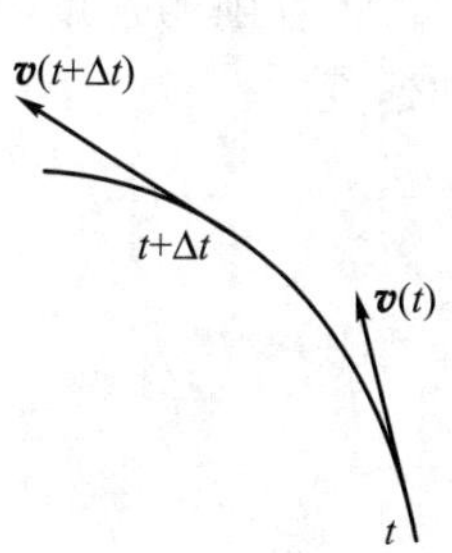

(a) 取 $\boldsymbol{v}(t+\Delta t)-\boldsymbol{v}(t)$ 与 Δt 之比可求平均加速度

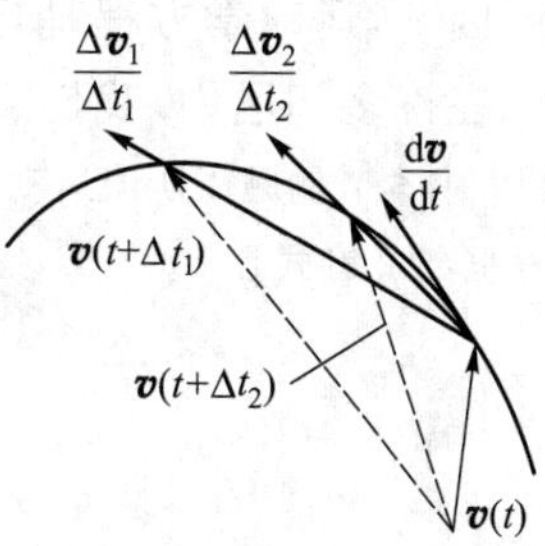

(b) 平均加速度 $\frac{\Delta\boldsymbol{v}_1}{\Delta t_1}$、$\frac{\Delta\boldsymbol{v}_2}{\Delta t_2}$、…的极限为瞬时加速度

图 2.6

① 有兴趣的读者请参考本章选读材料．

t 时刻的瞬时加速度，记作 $\boldsymbol{a}$，

$$\boldsymbol{a}=\lim_{\Delta t\to 0}\frac{\Delta \boldsymbol{v}}{\Delta t}=\frac{\mathrm{d}\boldsymbol{v}}{\mathrm{d}t},\tag{2.2.6}$$

即质点的瞬时加速度等于速度矢量对时间的变化率或一阶导数.又因

$$\boldsymbol{v}=\lim_{\Delta t\to 0}\frac{\Delta \boldsymbol{r}}{\Delta t}=\frac{\mathrm{d}\boldsymbol{r}}{\mathrm{d}t},$$

故得

$$\boldsymbol{a}=\frac{\mathrm{d}^2\boldsymbol{r}}{\mathrm{d}t^2}.\tag{2.2.7}$$

即瞬时加速度等于位置矢量对时间的二阶导数.在国际单位制中，加速度单位为 $\mathrm{m/s^2}$，其量纲为 $\mathrm{LT^{-2}}$.已知质点的运动学方程或速度，均可求出瞬时加速度.

瞬时加速度是矢量，其大小反映速度变化的快慢.参考图 2.6(b)，若令速度矢量均自一点出发，则速度矢量的矢端描出一条曲线，称为速度的矢端曲线.瞬时加速度的方向沿速度矢端曲线的切线，且指向与 t 增加相对应的方向.在不致引起混淆的地方，今后将瞬时加速度简称作加速度.

将(2.2.4)式对时间求导数，可得加速度在直角坐标系中的正交分解形式.

$$\boldsymbol{a}=a_x\boldsymbol{i}+a_y\boldsymbol{j}+a_z\boldsymbol{k},\tag{2.2.8}$$

$$a_x=\frac{\mathrm{d}v_x}{\mathrm{d}t}=\frac{\mathrm{d}^2x}{\mathrm{d}t^2},\quad a_y=\frac{\mathrm{d}v_y}{\mathrm{d}t}=\frac{\mathrm{d}^2y}{\mathrm{d}t^2},\quad a_z=\frac{\mathrm{d}v_z}{\mathrm{d}t}=\frac{\mathrm{d}^2z}{\mathrm{d}t^2}.$$

即瞬时加速度在坐标轴上的投影等于位置坐标对时间的二阶导数.加速度的大小和方向余弦由下式给出，

$$a=\sqrt{a_x^2+a_y^2+a_z^2},$$

$$\cos\alpha_a=\frac{a_x}{a},\quad \cos\beta_a=\frac{a_y}{a},\quad \cos\gamma_a=\frac{a_z}{a}.$$

已知质点运动学方程，即可经过求导数求出任意时刻的速度和加速度，即质点全部运动状况.因此，运动学方程是运动学的核心，但这并不意味着削弱速度、加速度概念的重要性.在许多问题中，我们直接关心的正是速度或加速度.

[例题 2] 求本节例题 1 所谈运动中质点的加速度矢量.

[解] 根据(2.2.8)式

$$\boldsymbol{a}=10\boldsymbol{k}.$$

$$a=10\ \mathrm{m/s^2},$$

$$\cos\alpha_a=\cos\beta_a=0,\quad \cos\gamma_a=1.$$

可见质点做 $a=10\ \mathrm{m/s^2}$ 的匀加速运动，加速度方向沿 z 轴.

§2.3 质点直线运动——从坐标到速度和加速度

在质点运动中，直线运动最简单又有普遍性.对这类问题，质点运动学方程仍是关

键.有了它,即可用微分法求速度和加速度,从而掌握全部运动情况.

(一) 运动学方程

为描述质点直线运动,最好选择仅含 Ox 坐标轴的坐标系,其原点位于参考系上的参考点,坐标轴与质点轨迹重合.仍用 $\boldsymbol{i}$ 表示沿 x 轴正方向的单位矢量,由(2.1.1)式,质点位置矢量为

$$\boldsymbol{r}=\boldsymbol{r}(t)=x(t)\boldsymbol{i}. \tag{2.3.1}$$

因 $\boldsymbol{i}$ 为常矢量,故当 $\boldsymbol{r}$ 随时间变化时,位置矢量的矢端与位置坐标 x 一一对应,实际上用标量函数 $x=x(t)$ 即可描述质点沿直线的运动,即

$$x=x(t) \tag{2.3.2}$$

为质点直线运动的运动学方程.

运动学方程即位置坐标作为时间的函数.例如线性函数,$x=a+bt$,二次函数 $x=a+bt+ct^2$ 或指数函数 $x=x_0\mathrm{e}^{-\alpha t}$ 等.它们的函数曲线分别为直线、抛物线或指数曲线等,如图 2.7 所示.

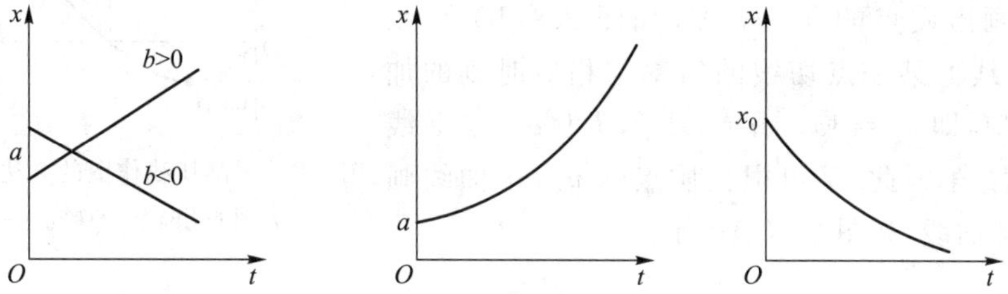

(a) $x=a+b$;$a>0$,$b>0$,或$b<0$　(b) $x=a+bt+ct^2$;a,$c>0$,$b=0$　(c) $x=x_0\mathrm{e}^{-\alpha t}$;$x_0$,$\alpha>0$

图 2.7

(二) 速度和加速度

根据(2.2.4)式,质点沿 x 轴运动的瞬时速度为

$$v_x=\frac{\mathrm{d}x}{\mathrm{d}t}. \tag{2.3.3}$$

v_x 的大小表示质点在瞬时 t 运动的快慢,其正负分别对应于质点沿 Ox 轴正向或负向运动.今后,在不致引起混淆的地方,将瞬时速度简称为速度.瞬时速度的绝对值即瞬时速率,可表示如下:

$$v=\left|\frac{\mathrm{d}x}{\mathrm{d}t}\right|. \tag{2.3.4}$$

伽利略首次通过物体沿斜面的运动研究匀加速运动并提出“加速度”的概念.这是

力学发展史的重大事件.只有用加速度描述运动状态的变化,才有可能揭示后面将讨论的动力学的基本规律.

根据(2.2.8)式,质点沿 x 轴运动的瞬时加速度为

$$a_x=\frac{\mathrm{d}v_x}{\mathrm{d}t}=\frac{\mathrm{d}^2x}{\mathrm{d}t^2}. \tag{2.3.5}$$

可见,质点沿直线运动的加速度又可定义为位置坐标对时间的二阶导数.

a_x 的正负不能说明质点做加速或减速运动.若加速度与速度的符号相同,质点做加速运动;若加速度与速度的符号相反,质点做减速运动.

图 2.8(a)给出某质点直线运动的 $x-t$ 图.图 2.8(b)和(c)描绘速度和加速度随时间的变化,称为 v_x-t 图和 a_x-t 图.根据(2.3.3)式和导数的几何意义,在质点的 $x-t$ 图上,曲线上某一点切线的斜率等于相应时刻的速度,即 $v_x=\frac{\mathrm{d}x}{\mathrm{d}t}=\tan\alpha$,$\alpha$ 为 $x-t$ 曲线切线的倾角.根据此式,可由质点的 $x-t$图画出质点的 v_x-t 图,如图 2.8(b)所示.v_x-t曲线上某一点切线的斜率与相应时刻的加速度对应,即 $a_x=\mathrm{d}v_x/\mathrm{d}t=\tan\beta$,$\beta$ 为 v_x-t 曲线切线的倾角.因此,又可根据质点的 v_x-t 曲线画出 a_x-t 曲线,如图 2.8(c)所示.

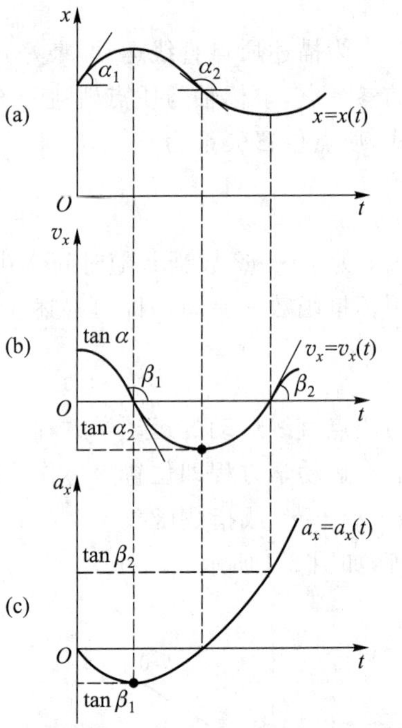

图 2.8　用画切线作图的方法也可根据 $x-t$ 图求出 v_x-t 和 a_x-t 曲线

(三) 匀速与匀变速直线运动

若运动学方程中位置坐标为时间的线性函数,可写作

$$x=x_0+v_xt, \tag{2.3.6}$$

x_0 和 v_x 为常量.等式两边对时间求导,有

$$\frac{\mathrm{d}x}{\mathrm{d}t}=v_x=\text{常量},$$

表明(2.3.6)式描述匀速直线运动.令 $t=0$,有 $x=x_0$,故 x_0 为质点初坐标.

质点位置坐标作为时间的二次函数可写作

$$x=x_0+v_{0x}t+\frac{1}{2}a_xt^2, \tag{2.3.7}$$

x_0,v_{0x}和 a_x 为常量.等号两侧对时间求导得

$$v_x=\frac{\mathrm{d}x}{\mathrm{d}t}=v_{0x}+a_xt, \tag{2.3.8}$$

再求导得

$$\frac{\mathrm{d}v_x}{\mathrm{d}t}=a_x=\text{常量}.$$

可见(2.3.7)式表示匀变速直线运动.设 $t=0$,有 $x=x_0$,$v_x=v_{0x}$.故 x_0 和 v_{0x} 表示初坐标与初速度.

将(2.3.7)和(2.3.8)两式中的 t 消去,则有

$$v_x^2-v_{0x}^2=2a_x(x-x_0). \tag{2.3.9}$$

(2.3.9)式给出了匀变速直线运动中速度、加速度和位移的关系.

(2.3.6)—(2.3.9)式与中学所学相似,但有不同.中学所学为位移、时间、速度和加速度等已知或未知的常量间的关系,是代数方程.但(2.3.6)—(2.3.9)式是变量间的函数关系.正因为是函数,才能做求导的运算.对于初入大学学习的同学,有意识地熟悉变量和函数是重要的.

当讨论自由落体、上抛下抛运动时,仅需沿竖直方向建立坐标系 Oy,将上式中 x 换成 y,a_x 换作重力加速度 g 即可,但应注意 a_x 可正可负而 g 总为正数,需在它前面加上适当的正负号.

(四) 宇宙年龄和大小的估计、测量重力加速度

物理学中不乏这样的事例:运用颇常见而简单的公式也能讨论大问题.大家知道,宇宙处于动态,运用匀速运动公式就能够根据哈勃(E.P.Hubble,1889—1953)定律估计宇宙的年龄和大小这样的大问题,可算是数量级估计的典型例子.

[例题 1] 哈勃是美国天文学家,他于 1929 年根据河外星云的资料指出:河外星云正远离我们而去,而且离我们越远,速率越大.用 r 和 v 表示距离和速率,有

$$v=H_0r,$$

其中 H_0 表示哈勃常量,上式称哈勃定律,是宇宙早期发生大爆炸的依据之一.观测所得哈勃常量相差较多①②,根据材料③,运用哈勃望远镜测得 $H_0=(80\pm17)\ \mathrm{km/(s\cdot Mpc)}$.试根据哈勃定律估计宇宙年龄和大小.

[解] 宇宙始于大爆炸,正在膨胀.为对宇宙年龄和宇宙大小做数量级估计,由哈勃定律得

$$t_0=r/v=H_0^{-1}.$$

因 $1\ \mathrm{Mpc}=10^6\ \mathrm{pc}\approx3.09\times10^{19}\ \mathrm{km}$,取 $H_0=80\ \mathrm{km/(s\cdot Mpc)}$,得

$$t_0\approx3.9\times10^{17}\ \mathrm{s}=1.2\times10^{10}\ \mathrm{a}.$$

即 120 亿年.宇宙膨胀速度与光在真空中的速度数量级差不多,我们假设宇宙以光速膨胀,得宇宙半径的数量级约为

$$\begin{aligned}R=ct_0&\approx3\times10^5\times3.9\times10^{17}\ \mathrm{km}\\&=1.2\times10^{23}\mathrm{km}\approx3.8\times10^3\ \mathrm{Mpc}\end{aligned}$$

最近的天文观测表明,宇宙当前处于加速膨胀阶段.如果仅仅考虑万有引力,不能解释加速膨胀

①③ Freedman W L, et al. Distance to the Virgo cluster galaxy M100 from Hubble Space Telescope observations of Cepheids. Nature, 1994, 371(27 Oct.): 757.

② Tanvir N R, et al. Determination of the Hubble constant from observations of Cepheid variables in the galaxy M96. Nature, 1995, 377(7 Sept.): 27.

行为.当前流行的观点认为,暗能量主导了加速膨胀行为.

研究地质、地震、勘探、气象和地球物理等领域都需要精确的重力加速度 g 值①.近年来测量重力加速度的一种方案叫作“对称自由下落”,它的原理涉及匀变速直线运动的规律.试取竖直向上的坐标系 Oy,(2.3.7)式变为

$$y=y_0+v_{0y}t-\frac{1}{2}gt^2 \tag{2.3.10}$$

负号的出现系因重力加速度与 y 轴反向.

[**例题 2**] 将真空长直管沿竖直方向放置.自其中 O 点向上抛小球又落至原处所用的时间为 t_2.在小球运动过程中经过比 O 点高 h 处.小球离开 h 处至又回到 h 处所用时间为 t_1.现测得 t_1、t_2 和 h,试决定重力加速度 g②.

[**解**] 将小球视为质点.建立以 O 为原点竖直向上的坐标系 Oy,如图 2.9 所示.测 t_2 时,质点初始坐标为 $y_0=0$,设其初速度为 $v_{0y}=v_2$.因小球回到 O 时终坐标亦为 $y=0$,按(2.3.10)式,有

$$0=0+v_2t_2-\frac{1}{2}gt_2^2.$$

同理,设测 t_1 时小球经 h 向上的速度为 $v_{0y}=v_1$,又有

$$h=h+v_1t_1-\frac{1}{2}gt_1^2.$$

小球自 h 高落至 O,按(2.3.9)式,有

$$v_2^2-v_1^2=2gh.$$

从上面三式消掉 v_1 和 v_2,即得

$$g=\frac{8h}{t_2^2-t_1^2}.$$

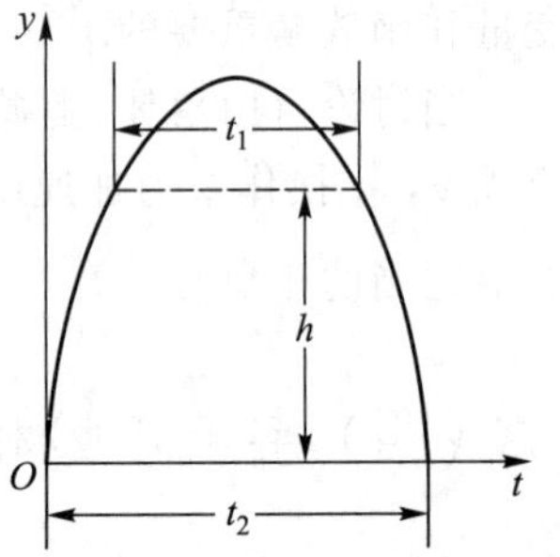

图 2.9 用“对称自由下落”方法测重力加速度的原理示意图

这把测 g 转化为测长度和时间.以稳定的氦氖激光为长度标准用光学干涉方法测距离,又用铷原子钟或其他手段测时间,并力求排除静电或弱磁场的干扰,能将 g 值测得很准确.我国是能够准确测量重力加速度的几个国家之一.1989 年,国际计量局③用不同方法对重力加速度进行了 43 694 次测量,得 g 之平均值为 9.809 259 748 $\mathrm{m/s^2}$,误差仅为 $\pm 7.4\times10^{-8}\ \mathrm{m/s^2}$.

下面再看一个与近代粒子物理有关的例子,它直接用微分法研究粒子运动.

[**例题 3**] 云室中充以不同气体时,粒子的运动学方程有不同的形式,设某云室中粒子的运动学方程为

$$x=C_1-C_2e^{-\alpha t},$$

粒子进入云室时开始计时,试描述此粒子在该云室中的运动状况.

[**解**] 由粒子的运动学方程可知粒子做直线运动,并能求出它的速度和加速度,根据

$$x=C_1-C_2e^{-\alpha t},$$

由速度定义,得

$$v_x=\frac{dx}{dt}=C_2\alpha e^{-\alpha t}.$$

根据加速度定义,得

---

① 李德禧.重力加速度绝对测定的新进展.物理,1992,21(10):583.

② Alasia F, et al. Absolute Gravity Acceleration Measurements: Experiences with a Transportable Gravimeter. Metrologia, 1982, 18: 221.

③ 国际计量局(缩写为 BIPM)位于法国巴黎附近的塞夫希.

$$a_x=\frac{\mathrm{d}v_x}{\mathrm{d}t}=-C_2\alpha^2\mathrm{e}^{-\alpha t}$$
$$=-\alpha v_x,$$

负号表示速度与加速度反向，粒子做减速运动，而且其速度随时间按指数规律减小.

$t=0$ 时，粒子进入云室，这时

$$x_0=C_1-C_2,$$

即粒子距坐标原点为 C_1-C_2；

$$v_{0x}=C_2\alpha$$

表明粒子以此速度进入云室；

$$a_{0x}=-C_2\alpha^2,$$

这是粒子进入云室时的加速度.

当时间足够长时，即 $t\to\infty$，

$$x_\infty=C_1,$$
$$v_{\infty x}=0,$$
$$a_{\infty x}=0.$$

结果表明粒子将无限接近于 $x=C_1$ 并静止于该处，质点位移趋于 $x_\infty-x_0=C_2$.

§ 2.4　质点直线运动——从加速度到速度和坐标

在可以做积分的条件下，给出质点加速度随时间的变化规律和初速度，即可求速度随时间的变化.如果还了解质点的初始坐标，可进一步求质点的运动学方程.

(一) 从速度到运动学方程和位移

已知质点速度，能否唯一地确定其运动学方程？例如，在同一条笔直公路上有两辆汽车在不同位置同时启动，但在任意时刻均有同样的速度.试问，两辆汽车的运动学方程是否相同？沿公路建立坐标系 Ox，在任意时刻两车具有不同的位置坐标，可见，它们的运动学方程不同，因此，仅知道速度，还不能唯一地确定运动学方程.

在什么条件下可由速度求运动学方程？质点速度是位置坐标对时间的导数，反之，位置坐标为速度的一个原函数.因常量的导数等于零，若只给出速度 $v_x(t)$，将得到无穷多个原函数，即无穷多个可能的位置坐标，它们之间只差一常量，所有可能的位置坐标称作速度的不定积分，记作

$$x=\int v_x(t)\mathrm{d}t=x(t)+C, \tag{2.4.1}$$

$x(t)$ 为 $v_x(t)$ 的某一原函数，C 表示任意常量.

若已知速度 $v_x(t)$，要唯一地确定 $x(t)$，尚需确定 C.为此，必须事先给出某一瞬时的位置坐标，叫作**位置坐标的初始条件**，一般形式为

$$t=t_0,\quad x=x_0. \tag{2.4.2}$$

x_0 叫作**初坐标**.注意：在给定的初始条件中，t_0 并不一定是运动开始时刻，也不一定是

计时起点.将(2.4.2)式代入(2.4.1)式,得

$$C=x_0-x(t_0).$$

代入(2.4.1)式,得

$$x=x_0+x(t)-x(t_0).$$

根据表示定积分与不定积分关系的牛顿-莱布尼茨公式,有

$$x(t)-x(t_0)=\int_{t_0}^{t} v_x(t)\mathrm{d}t,$$

于是

$$x=x_0+\int_{t_0}^{t} v_x(t)\mathrm{d}t. \tag{2.4.3}$$

可见,只要给定位置坐标的初始条件,便可根据质点的速度唯一地确定质点的运动学方程.

利用 $x-t$ 图,更容易懂得上述道理.已给 $v_x(t)$,可按不定积分求出一切可能的运动学方程,其图线如图 2.10 中虚线所示.由于同一时刻各虚线所描述的运动有相同的速度,即有相等的切线斜率,故各曲线的形状相同.而各可能坐标间则差一常量,各曲线在 $x-t$ 图上的位置高低不同.这时,只要给定初始条件(2.4.2)式,便能在众多的 $x-t$ 曲线中选出所求实线.这样,运动学方程便唯一地确定了.

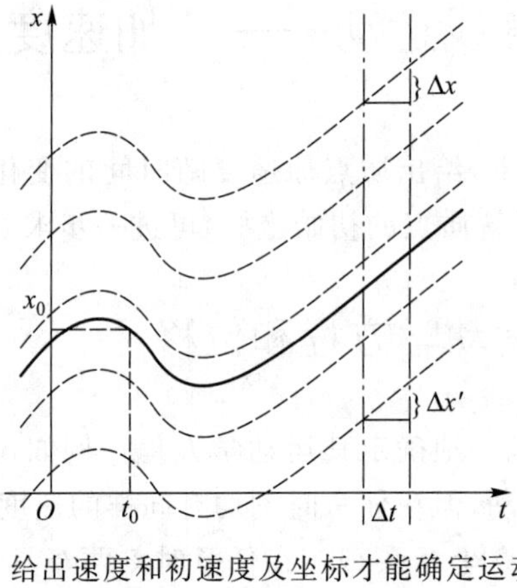

图 2.10 给出速度和初速度及坐标才能确定运动学方程

由(2.4.3)式还可得

$$\Delta x=x-x_0=\int_{t_0}^{t} v_x(t)\mathrm{d}t. \tag{2.4.4}$$

即质点的位移等于其速度在发生位移这一时间间隔内的定积分.显然,只要给定始末时刻,则可根据质点速度求出位移,并不需另加初始条件.这一点亦可由图 2.10 看出:对于各条 $x-t$ 曲线,不管坐标初始条件如何,在确定的时间间隔内的位移均相同,例如图中的 $\Delta x'=\Delta x$.

(二) 已知加速度求速度和运动学方程

若已知速度随时间变化的规律,即可求加速度.反之,已知质点加速度,能否唯一

地确定质点的速度？两辆汽车同时以同样的加速度运动，一辆车从静止开始加速，另一辆于中途在原来速度的基础上加速.显然，尽管它们的加速度相同，但各时刻的速度不同.所以，仅给定加速度，不能唯一地确定速度.不过，如果除加速度，又给定某一特定瞬时的速度，即指出在怎样的速度基础上加速，则速度随时间的变化规律就唯一确定了.

根据微积分的知识同样可知，因加速度 $a_x(t)$ 为速度 $v_x(t)$ 对时间的导数，所求速度必为加速度的某一原函数.原函数有无限多，可用加速度对时间的不定积分表示，即

$$v_x=\int a_x(t)\mathrm{d}t=v_x(t)+C_1, \tag{2.4.5}$$

C_1 为任意常量，v_x 为所有可能的速度中的一个.为唯一地确定速度，需定出常量 C_1.这就要求给定某瞬时质点的速度，即**速度的初始条件**

$$t=t_0,\quad v=v_{0x}, \tag{2.4.6}$$

v_{0x} 又称**初速度**.将此式代入(2.4.5)式，得

$$C_1=v_{0x}-v_x(t_0)$$

再代入(2.4.5)式，得速度随时间的变化规律为

$$v_x=v_{0x}+v_x(t)-v_x(t_0).$$

根据牛顿-莱布尼茨公式，得

$$v_x=v_{0x}+\int_{t_0}^{t}a_x(t)\mathrm{d}t. \tag{2.4.7}$$

进一步，又给出位置坐标的初始条件，则可按前述方法求运动学方程.

图 2.11 表示两汽车初速度、初坐标不同，仅加速度 $a_x(t)$ 相同从而运动学方程 $x(t)$ 不会相同的情况，表明给定加速度 $a_x(t)$ 连同初坐标和初速度方可确定运动学方程.然而，若放眼自然界异彩纷呈的多种运动，我们将发现仅有相对说来不太多的运动是可积分的，从而可按上述方法求出 $x(t)$ 的具体函数形式；众多情况下，即使给出加速度随时间变化的规律连同速度和坐标的初始条件，也不可能用积分法寻求质点长时间的运动行为.不过，我们在这里讨论的都是可以求积分的情况.

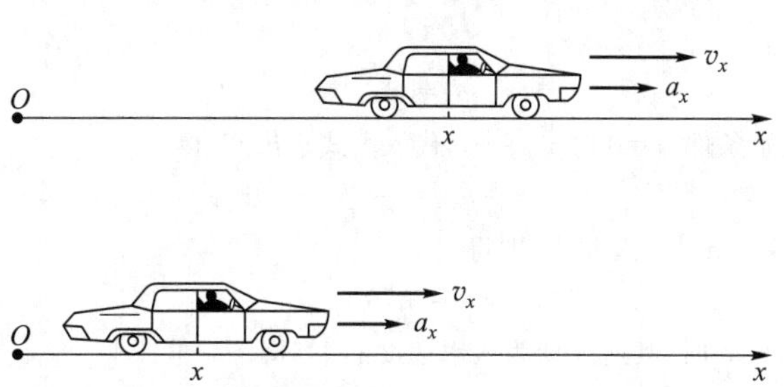

图 2.11 已知加速度连同速度的初始条件才能确定 $v_x(t)$

[例题 1] 跳水运动员沿竖直方向入水，接触水面时速率为 v_0，入水后地球对他的吸引和水的浮托作用相抵消，仅受水的阻碍而减速.自水面向下建立 y 轴，其加速度为 $a_y=-kv_y^2$，v_y 为速度，k 为常量.求入水后运动员速度随时间的变化.

[解] 设运动员为质点.根据已知条件有

$$\frac{\mathrm{d}v_y}{\mathrm{d}t}=-kv_y^2,$$

得

$$-v_y^{-2}\mathrm{d}v_y=k\mathrm{d}t.$$

设入水时为计时起点，$t=0$ 时 $v_y=v_0$.运动过程中 t 时刻速度为 v.将上式两侧分别以 v_y 和 t 为积分变量，以 $-v_y^{-2}$ 和 k 为被积函数，做定积分得

$$\frac{1}{v}-\frac{1}{v_0}=kt$$

或

$$v=\frac{v_0}{kv_0t+1}$$

可见运动员速度随时间减小且当 $t\to\infty$ 时，速度变成零.

下面就同样过程用不定积分法求运动员速度随其在水中深度变化而变化的情况.

*[**例题 2**] 运动会上跳水运动员自 10 m 跳台自由下落.入水后因受水的阻碍而减速.自水面向下建立坐标系 Oy，其加速度为 $-kv_y^2$，$k=0.4\ \mathrm{m}^{-1}$.求运动员速度减为入水速度的 1/10 时，运动员入水的深度.

[**解**] 设运动员以初速度零起跳，至水面之速度为

$$v_0=\sqrt{2gh}=\sqrt{2\times9.8\times10}\ \mathrm{m/s}=14\ \mathrm{m/s}.$$

在水中加速度为

$$\frac{\mathrm{d}v_y}{\mathrm{d}t}=-kv_y^2.$$

因落至不同位置，对应不同速度，故可视 v_y 为 y 的函数，即 $v_y=v_y(y)$.于是可写 $\frac{\mathrm{d}v_y}{\mathrm{d}t}=\frac{\mathrm{d}v_y}{\mathrm{d}y}\ \frac{\mathrm{d}y}{\mathrm{d}t}=\frac{\mathrm{d}v_y}{\mathrm{d}y}v_y$.代入上式得

$$\frac{\mathrm{d}v_y}{\mathrm{d}y}=-kv_y,$$

即

$$\frac{\mathrm{d}v_y}{v_y}=-k\mathrm{d}y.$$

做不定积分并化简得

$$v_y=C\mathrm{e}^{-ky}.$$

C 为积分常量.引入初始条件 $y=0$ 时 $v_y=v_0$，代入上式求出 C，得

$$v_y=v_0\mathrm{e}^{-ky}.$$

设 $v_y=v_0/10$，将 $k=0.4\ \mathrm{m}^{-1}$ 代入此式，即得

$$y=5.76\ \mathrm{m}.$$

即运动员深入水中 5.76 m 时，其速度变为入水速度的 1/10.

§2.5 平面直角坐标系、抛体运动

质点平面运动指质点在平面上的曲线运动.这时，质点经常改变运动方向.速度、加速度等物理量的矢量性更突出.如何选择坐标系的问题更加重要.下面主要介绍平

面直角坐标系和平面自然坐标系的应用.关于极坐标系只做扼要介绍.

(一) 平面直角坐标系

根据(2.1.3)式,质点平面运动的运动学方程在平面直角坐标系中可表示为

$$\boldsymbol{r}=\boldsymbol{r}(t)=x(t)\boldsymbol{i}+y(t)\boldsymbol{j}. \tag{2.5.1}$$

与直线运动不同,质点平面运动状况需要由两个独立标量函数 $x(t)$和$y(t)$决定.

将上式对时间求导数得

$$\boldsymbol{v}=v_x(t)\boldsymbol{i}+v_y(t)\boldsymbol{j},\quad v_x=\frac{\mathrm{d}x}{\mathrm{d}t},\quad v_y=\frac{\mathrm{d}y}{\mathrm{d}t}, \tag{2.5.2}$$

v_x 和 v_y 是质点的速度分量.速度矢量的大小和方向可表示为

$$v=\sqrt{v_x^2+v_y^2},\quad \cos\alpha_v=v_x/v,\quad \cos\beta_v=v_y/v, \tag{2.5.3}$$

α_v 和β_v 为速度矢量的方向角.质点加速度的分解形式为

$$\boldsymbol{a}=a_x(t)\boldsymbol{i}+a_y(t)\boldsymbol{j},\quad a_x=\frac{\mathrm{d}^2x}{\mathrm{d}t^2},\quad a_y=\frac{\mathrm{d}^2y}{\mathrm{d}t^2}. \tag{2.5.4}$$

其方向和大小为

$$a=\sqrt{a_x^2+a_y^2},\quad \cos\alpha_a=a_x/a,\quad \cos\beta_a=a_y/a. \tag{2.5.5}$$

α_a 和β_a 为加速度矢量的方向角.

反之,若给出质点位置坐标的初始条件 $t=t_0$,$x=x_0$ 和 $y=y_0$,根据(2.5.2)式,可得出

$$x=x_0+\int_{t_0}^{t}v_x(t)\mathrm{d}t,\quad y=y_0+\int_{t_0}^{t}v_y(t)\mathrm{d}t. \tag{2.5.6}$$

这表明对于质点平面运动,已知质点速度随时间的变化规律并且是可积的,再加上位置坐标的初始条件,也能全面描写质点的运动状态.

进一步,若给出速度的初始条件 $t=t_0$,$v_x=v_{0x}$ 和 $v_y=v_{0y}$,可用积分法由加速度 $a_x(t)$和 $a_y(t)$求出质点速度,

$$v_x=v_{0x}+\int_{t_0}^{t}a_x(t)\mathrm{d}t,v_y=v_{0y}+\int_{t_0}^{t}a_y(t)\mathrm{d}t \tag{2.5.7}$$

[例题 1] 一质点平面运动的加速度为 $a_x=-A\cos t$,$a_y=-B\sin t$,$A\neq B$,$A\neq 0$,$B\neq 0$.初始条件为 $t=0$,$v_{0x}=0$,$v_{0y}=B$,$x_0=A$,$y_0=0$.求质点轨迹.

[解] 由(2.5.7)式,得

$$v_x=v_{0x}+\int_{t_0}^{t}a_x(t)\mathrm{d}t=-A\int_0^t\cos t\mathrm{d}t=-A\sin t,$$

$$v_y=v_{0y}+\int_{t_0}^{t}a_y(t)\mathrm{d}t=B-B\int_0^t\sin t\mathrm{d}t=B\cos t.$$

根据(2.5.6)式,又有

$$x=x_0+\int_{t_0}^{t}v_x(t)\mathrm{d}t=A-A\int_0^t\sin t\mathrm{d}t=A\cos t,$$

$$y=y_0+\int_{t_0}^{t}v_y(t)\mathrm{d}t=B\int_0^t\cos t\mathrm{d}t=B\sin t.$$

分别用 A 和 B 除上面两式，得

$$\frac{x}{A}=\cos t,\quad \frac{y}{B}=\sin t.$$

取两式平方和，得

$$\frac{x^2}{A^2}+\frac{y^2}{B^2}=1.$$

这表明质点沿椭圆运动.

(二) 抛体运动

伽利略在《两门新科学的对话》中，藉萨尔瓦蒂(Salvati)在第四天的论述指出“抛体运动是由水平的匀速运动和沿竖直方向的自然加速运动组成的”[①].我们可以在各种不同坐标系中研究抛体运动.不过，令坐标轴与加速度垂直或平行往往带来方便.现在选择图 2.12 所示的平面直角坐标.用 x、y 表示抛体质点坐标，设抛体自原点抛出时为计时起点，速率为 v_0，其方向与 x 轴成 α 角，根据(2.3.6)式和(2.3.10)式，有抛体运动学方程

$$\begin{aligned}x&=(v_0\cos\alpha)t,\\ y&=(v_0\sin\alpha)t-\frac{1}{2}gt^2,\end{aligned}\tag{2.5.8}$$

或

$$\boldsymbol{r}=(v_0\cos\alpha)t\boldsymbol{i}+\left[(v_0\sin\alpha)t-\frac{1}{2}gt^2\right]\boldsymbol{j}.$$

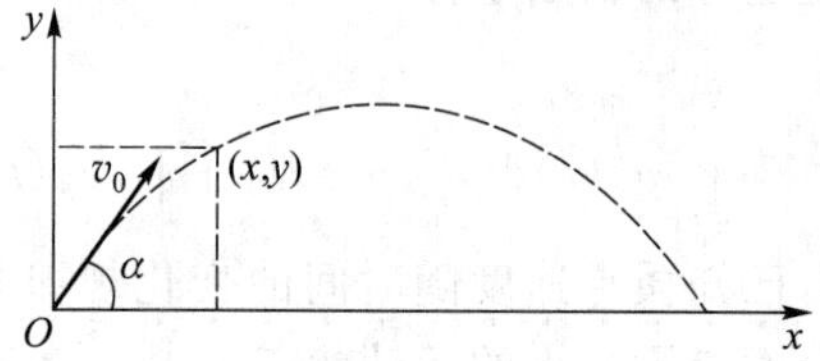

图 2.12 初速率和发射角决定沿抛物线运动的全部特征

由 $x=x(t)$ 和 $y=y(t)$ 消去 t，得到以 $y=y(x)$ 形式表达的轨迹方程

$$y=x\tan\alpha-\frac{g}{2v_0^2\cos^2\alpha}x^2.\tag{2.5.9}$$

根据解析几何知识，此方程代表抛物线.

以上讨论未涉及空气阻力影响.为什么这样做？伽利略说：“至于介质阻力导致的扰动，是值得考虑的，但考虑到它的多种多样的形式，不把它计入基本定律和精确描述中.”[②]伽利略还谈到对阻力的影响应视具体情况做不同形式的描述.

物体在空气中运动受到的阻力和物体本身的形状、空气密度，特别是物体速率有

---

① Galilei G. Dialogues Concerning Two New Sciences(Translated by Henry Crew & Alfonso de Salvio with an introduction by Antonio Favaro). New York: Dover Publications, Inc, 1914:245.

② Galilei G.Dialogues Concerning Two New Sciences(Translated by Henry Crew & Alfonso de Salvio with an introduction by Antonio Favaro).New York: Dover Publications, Inc,1914:252.

关.大体说来，物体速率低于 200 m/s 时，可认为阻力与物体速率的平方成正比；速率达到 400～600 m/s 时，空气阻力和速率 3 次方成正比；当速率很大时，阻力与速率更高次方成正比.物体的速率越小，抛体运动越接近理想情况.例如，不计空气阻力，某低速迫击炮弹的射程可达 360 m，实际上能达到 350 m.可见空气阻力的作用处于次要地位.再如加农炮弹速度大，不计空气阻力，射程能够达到 46 km，实际只能达到 13 km，这时空气阻力的作用不能忽视.

子弹、炮弹在空中实际上是沿所谓弹道曲线飞行的.弹道曲线和抛物线不同，由于空气阻力的影响，它的升弧和降弧不再对称，升弧长而平伸，降弧短而弯曲，如图 2.13 所示.

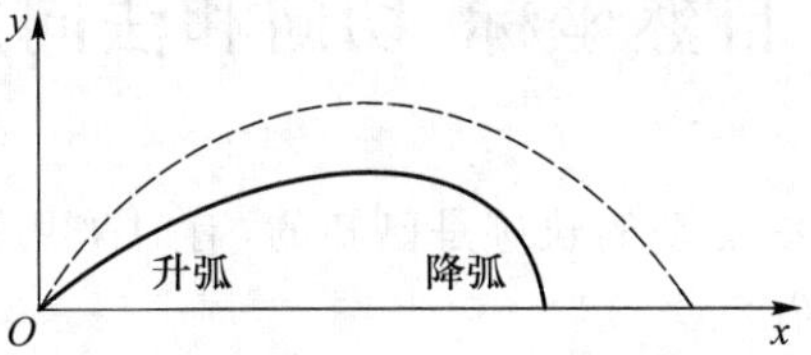

图 2.13 通过理想情况得出抛物线.以此为基础，进一步研究各种不同阻力对运动的影响

(三) 用矢量讨论抛体运动

对任何力学问题，总可以根据方便与否用不同方法研究，对抛体运动也是这样.

图 2.14 中，设抛体在 $t=0$ 时自 O 点抛出，则在时刻 t 时的矢量 $\boldsymbol{r}$，既是位置矢量，又是从计时起点开始计算的位移.现将位移 $\boldsymbol{r}$ 分解为沿初速度 $\boldsymbol{v}_0$ 方向和竖直向下方向的两个分位移 $\boldsymbol{r}_1$ 和 $\boldsymbol{r}_2$，相当于采用沿 $\boldsymbol{r}_1$ 为一坐标轴，沿 $\boldsymbol{r}_2$ 为另一坐标轴的所谓“斜坐标系”.质点沿 $\boldsymbol{r}_1$ 以 $\boldsymbol{v}_0$ 做匀速直线运动，故

$$\boldsymbol{r}_1=\boldsymbol{v}_0 t.$$

质点沿 $\boldsymbol{r}_2$ 以加速度 $\boldsymbol{g}$ 做自由落体运动，故

$$\boldsymbol{r}_2=\frac{1}{2}\boldsymbol{g}t^2.$$

质点的合位移为

$$\boldsymbol{r}=\boldsymbol{v}_0 t+\frac{1}{2}\boldsymbol{g}t^2. \tag{2.5.10}$$

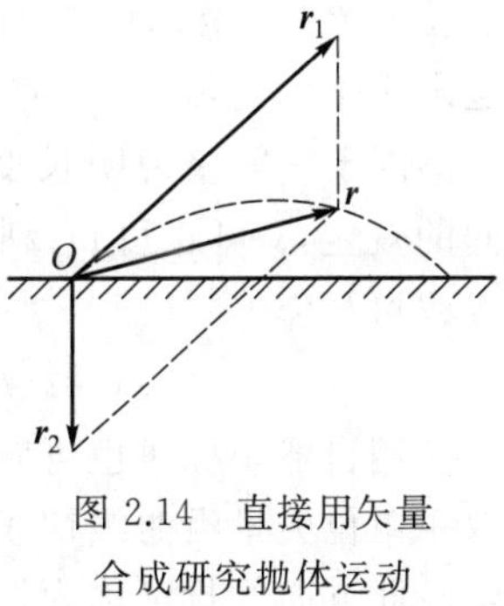

图 2.14 直接用矢量合成研究抛体运动

［**例题 2**］ 图 2.15 表示一演示实验.抛体发射前，瞄准高处 A 的靶子，采取措施使靶子在抛体发射的同时开始自由下落.那么，不管抛体的初速率怎样，抛体都能够击中靶子.这是为什么?

［**解**］ 没有重力加速度，靶子就不会落下来，抛体也必沿着瞄准的方向以初速率 v_0 匀速前进，并打中靶子.这时，抛体经过的位移 $\boldsymbol{r}_1$ 的大小等于 $v_0 t$，其中 t 为抛体从发射点到命中目标 A 点经过的时间.

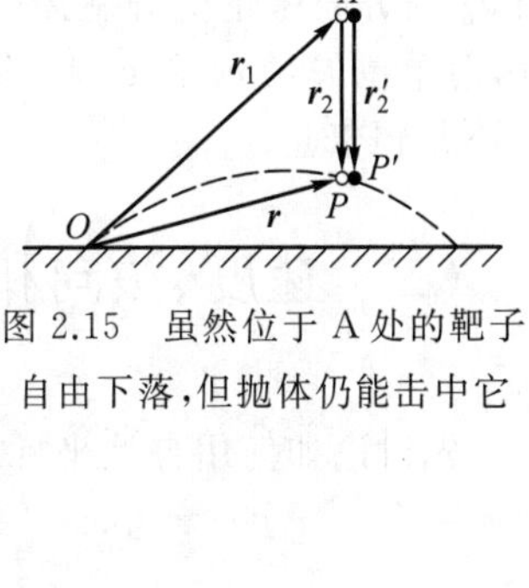

图 2.15 虽然位于 A 处的靶子自由下落，但抛体仍能击中它

在 t 时间内，抛体除了经过位移 $\boldsymbol{r}_1$ 外，还发生因重力加速度而引起的附加位移$\boldsymbol{r}_2=\frac{1}{2}gt^2$，抛体的总位移如(2.5.10)式所示，并最终达到 P 点.

与此同时，靶子自 A 点自由下落，并经历了位移 $\boldsymbol{r}_2'$，且大小等于$\frac{1}{2}gt^2$，并达到 P'点.因$\boldsymbol{r}_2=\boldsymbol{r}_2'$，所以 $AP=AP'$，P'点与 P 点重合，抛体击中了靶子，如图 2.15 所示.

方才的讨论没有对抛体的发射速率提出任何限制.如不考虑地面对靶子和子弹下落高度的限制，不管发射速率如何，都是可以命中的.

§2.6 自然坐标、切向和法向加速度

如质点在平面上沿曲线运动的轨迹是已知的，有时采用平面自然坐标系(以下简称自然坐标)描述质点位置.

(一) 自然坐标

一般来说，质点平面运动需用两个独立的标量函数描述，在平面直角坐标系中是 $x(t)$和 $y(t)$.但若质点轨迹 $y=y(x)$已知，则 x、y 中只有一个是独立的，仅用一个标量函数就能确切描述质点运动，这时，可选择自然坐标作为时间的函数描写质点运动.

如图 2.16 所示，$\boldsymbol{r}$ 为位置矢量.沿质点轨迹建立一弯曲的坐标轴，选择轨迹上一点 O'为原点，并用由原点 O'至质点位置的弧长 s 作为质点位置坐标，坐标增加的方向是人为规定的.若轨迹限于平面内，弧长 s 叫作平面自然坐标.自然坐标 s 不同于一般仅说明长度的弧长.根据原点与正方向的规定，s 可正可负.利用自然坐标，质点运动学方程可写作

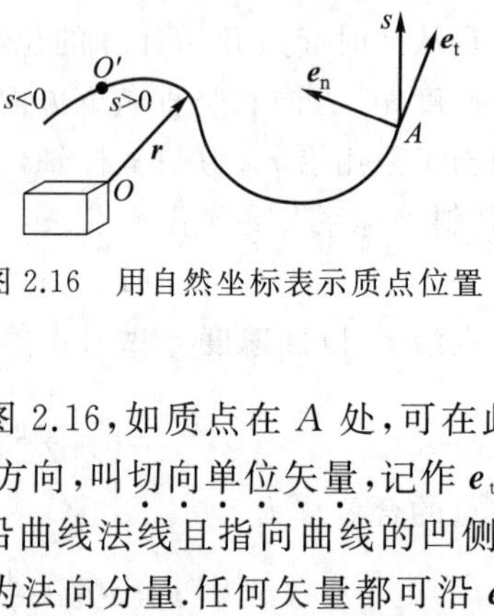

图 2.16 用自然坐标表示质点位置

$$s=s(t). \tag{2.6.1}$$

使用自然坐标时也可对矢量进行正交分解.参见图 2.16，如质点在 A 处，可在此处取一单位矢量沿曲线切线且指向自然坐标 s 增加的方向，叫切向单位矢量，记作 $\boldsymbol{e}_t$，矢量沿此方向的投影称为切向分量.另取一单位矢量沿曲线法线且指向曲线的凹侧，称为法向单位矢量，记作 $\boldsymbol{e}_n$，矢量沿此方向的投影称为法向分量.任何矢量都可沿 $\boldsymbol{e}_t$ 和 $\boldsymbol{e}_n$ 的方向做正交分解.值得注意的是：直角坐标系中沿坐标轴的单位矢量是恒矢量，但单位矢量 $\boldsymbol{e}_t$ 和 $\boldsymbol{e}_n$ 将随质点在轨迹上的位置不同而改变其方向.一般说来，$\boldsymbol{e}_t$ 和 $\boldsymbol{e}_n$ 不是恒矢量.

(二) 速度、法向和切向加速度

先讨论如何用自然坐标表示速度.根据定义 $\boldsymbol{v}=\lim\limits_{\Delta t\to 0}\frac{\Delta \boldsymbol{r}}{\Delta t}$，$\Delta t\to 0$ 时，$\Delta \boldsymbol{r}$ 的方向趋于

位移起点处的切线，其大小趋于对应的弧长$|\Delta s|$，如图 2.17 所示. 因此当$\Delta t\to 0$时$\Delta \boldsymbol{r}\to\Delta s\boldsymbol{e}_t$，$\Delta s$为正或负，则$\Delta\boldsymbol{r}$与$\boldsymbol{e}_t$的方向相同或相反. 因此

$$\boldsymbol{v}=\lim_{\Delta t\to 0}\frac{\Delta\boldsymbol{r}}{\Delta t}=\lim_{\Delta t\to 0}\frac{\Delta s}{\Delta t}\boldsymbol{e}_t=\frac{\mathrm{d}s}{\mathrm{d}t}\boldsymbol{e}_t.$$

令

$$v_t=\frac{\mathrm{d}s}{\mathrm{d}t}. \tag{2.6.2}$$

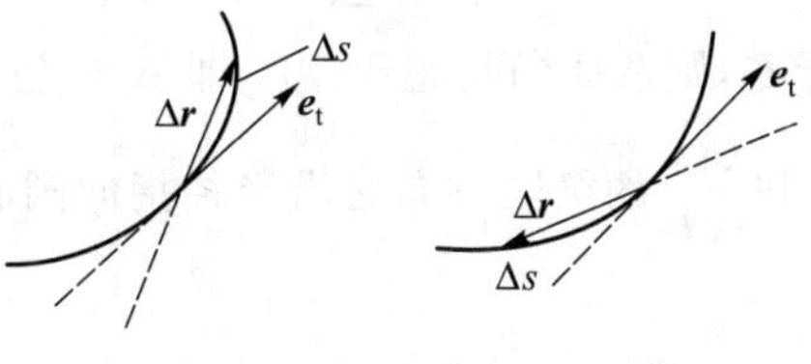

图 2.17 Δs为正或为负意味$\Delta\boldsymbol{r}$与$\boldsymbol{e}_t$方向相同或相反

v_t为速度在切向单位矢量方向的投影，得

$$\boldsymbol{v}=v_t\boldsymbol{e}_t. \tag{2.6.3}$$

v_t不同于速率v，v_t的正负反映运动方向. 因$\mathrm{d}t>0$，从而$\mathrm{d}s$与v_t符号相同，又s增加的方向与$\boldsymbol{e}_t$方向一致，故$v_t>0$时，质点沿$\boldsymbol{e}_t$方向运动；$v_t<0$时，质点逆$\boldsymbol{e}_t$而运动. 质点任何时刻的速度总沿轨迹切线，速度$\boldsymbol{v}$只有切向投影v_t，不存在速度法向分量，因此又有$|v_t|=v$.

我们首先就圆周运动讨论质点的法向加速度和切向加速度，然后推广至一般平面曲线运动. 如图 2.18(a)所示，为研究质点在时刻t在A点的加速度，可由t至$t+\Delta t$时间内的平均加速度入手. 设质点在A点的速度为$\boldsymbol{v}$. 经Δt后在B点的速度为$\boldsymbol{v}'$，$\Delta\boldsymbol{v}=\boldsymbol{v}'-\boldsymbol{v}$表示速度增量. 参考图 2.18(b)，在$\boldsymbol{v}'$上截出$AC=v$并连接$D$、$C$，便把$\Delta\boldsymbol{v}$分解为$\Delta_1\boldsymbol{v}$和$\Delta_2\boldsymbol{v}$. 根据加速度定义，有

$$\boldsymbol{a}=\lim_{\Delta t\to 0}\frac{\Delta\boldsymbol{v}}{\Delta t}=\lim_{\Delta t\to 0}\frac{\Delta_1\boldsymbol{v}}{\Delta t}+\lim_{\Delta t\to 0}\frac{\Delta_2\boldsymbol{v}}{\Delta t}. \tag{2.6.4}$$

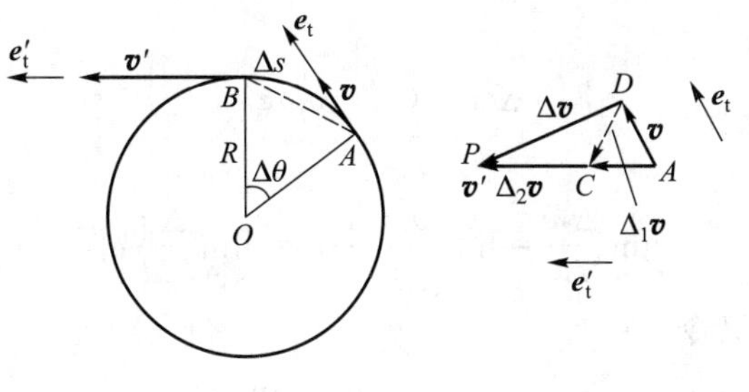

图 2.18 从平均加速度入手研究切向加速度和法向加速度

首先研究等号右方第一项. 显然，$\triangle ACD$和$\triangle OAB$均系等腰三角形. 因为$OA\perp$

AD，$OB\perp AC$，故$\angle CAD=\angle AOB$，这两个等腰三角形相似，因此

$$|\Delta_1 \boldsymbol{v}|=AB\cdot\frac{v}{R},$$

R 表示质点轨迹半径.于是(2.6.4)式右方第一项大小为

$$a_{\mathrm{n}}=\lim_{\Delta t\to 0}\frac{|\Delta_1 \boldsymbol{v}|}{\Delta t}=\frac{v}{R}\lim_{\Delta t\to 0}\frac{AB}{\Delta t}=\frac{v}{R}\lim_{\Delta t\to 0}\frac{|\Delta s|}{\Delta t}=\frac{v^2}{R},$$

式中 v 为质点在 A 处的速率.下面讨论 $\lim\limits_{\Delta t\to 0}\dfrac{\Delta_1 \boldsymbol{v}}{\Delta t}$的方向.当 $\Delta t\to 0$ 时，$\angle DAC\to 0$，若一个等腰三角形的顶角趋于零，则两底角均趋于 $90°$，即 $\Delta_1 \boldsymbol{v}$ 趋于与 $\boldsymbol{v}$ 垂直，并且在图上指向 $\boldsymbol{v}$ 的左侧.因此，$\Delta_1 \boldsymbol{v}$ 和$\dfrac{\Delta_1 \boldsymbol{v}}{\Delta t}$的极限方向必沿半径指向圆心，即沿 $\boldsymbol{e}_{\mathrm{n}}$ 的方向.于是，由上式得

$$\lim_{\Delta t\to 0}\frac{\Delta_1 \boldsymbol{v}}{\Delta t}=a_{\mathrm{n}}\boldsymbol{e}_{\mathrm{n}}=\frac{v^2}{R}\boldsymbol{e}_{\mathrm{n}}. \tag{2.6.5}$$

由此可见，做圆周运动的质点具有**指向圆心或沿法向单位矢量方向的加速度**$\dfrac{v^2}{R}\boldsymbol{e}_{\mathrm{n}}$，称为**向心加速度或法向加速度**，这是由于轨迹弯曲使速度方向发生变化引起的，是直线运动所没有的.

图 2.18 中，质点沿圆弧自 A 运动至 B，有时用$\overset{\frown}{AB}$对应的圆心角 $\Delta\theta$ 表示运动并将

$$\omega=\lim_{\Delta t\to 0}\frac{\Delta\theta}{\Delta t}$$

称作**角速率**.$\Delta\theta$ 的单位为弧度，记作 rad；ω 的单位为 rad/s 或1/s.再令$|\Delta s|=\overset{\frown}{AB}$，则$|\Delta s|=R\Delta\theta$，双方除以 Δt 并取极限，$\lim\limits_{\Delta t\to 0}\dfrac{|\Delta s|}{\Delta t}=\lim\limits_{\Delta t\to 0}\dfrac{R\Delta\theta}{\Delta t}$，左方即速率 v，右方为 ωR，故 $v=\omega R$.利用此式，法向加速度又可表示为

$$a_{\mathrm{n}}\boldsymbol{e}_{\mathrm{n}}=\omega^2 R\boldsymbol{e}_{\mathrm{n}}. \tag{2.6.6}$$

下面研究(2.6.4)式右方第二项.由图 2.18(b)可知，$\boldsymbol{v}'$和 $\Delta_2 \boldsymbol{v}$ 及矢量$\overrightarrow{AC}$均沿 $\boldsymbol{e}'_{\mathrm{t}}$的方向，且

$$\Delta_2 \boldsymbol{v}=(v'_{\mathrm{t}}-v_{\mathrm{t}})\boldsymbol{e}'_{\mathrm{t}},$$

于是

$$\lim_{\Delta t\to 0}\frac{\Delta_2 \boldsymbol{v}}{\Delta t}=\lim_{\Delta t\to 0}\frac{v'_{\mathrm{t}}-v_{\mathrm{t}}}{\Delta t}\boldsymbol{e}'_{\mathrm{t}}=\lim_{\Delta t\to 0}\frac{\Delta v_{\mathrm{t}}}{\Delta t}\boldsymbol{e}'_{\mathrm{t}}.$$

$\Delta t\to 0$ 时 $\boldsymbol{e}'_{\mathrm{t}}$趋于 $\boldsymbol{e}_{\mathrm{t}}$，又令

$$a_{\mathrm{t}}=\lim_{\Delta t\to 0}\frac{\Delta v_{\mathrm{t}}}{\Delta t}=\frac{\mathrm{d}v_{\mathrm{t}}}{\mathrm{d}t},$$

得

$$\lim_{\Delta t\to 0}\frac{\Delta_2 \boldsymbol{v}}{\Delta t}=a_{\mathrm{t}}\boldsymbol{e}_{\mathrm{t}}=\frac{\mathrm{d}v_{\mathrm{t}}}{\mathrm{d}t}\boldsymbol{e}_{\mathrm{t}}. \tag{2.6.7}$$

$a_t\boldsymbol{e}_t=\dfrac{\mathrm{d}v_t}{\mathrm{d}t}\boldsymbol{e}_t$ 称作切向加速度.这里$\dfrac{\mathrm{d}v_t}{\mathrm{d}t}$与$\dfrac{\mathrm{d}v}{\mathrm{d}t}$的意义不同,后者只反映速率的变化率.因 $\mathrm{d}t$ 总为正,a_t 与 $\mathrm{d}v_t$ 符号一致;$a_t>0$ 时,切向加速度与 $\boldsymbol{e}_t$ 同方向,$a_t<0$ 时,则与 $\boldsymbol{e}_t$ 方向相反;a_t 与 v_t 符号相同或相反表示质点运动越来越快或越来越慢.

根据(2.6.4)式、(2.6.5)式、(2.6.6)式和(2.6.7)式,得质点圆周运动的加速度等于法向加速度与切向加速度的矢量和,

$$\begin{aligned}\boldsymbol{a}&=a_n\boldsymbol{e}_n+a_t\boldsymbol{e}_t\\&=\frac{v^2}{R}\boldsymbol{e}_n+\frac{\mathrm{d}v_t}{\mathrm{d}t}\boldsymbol{e}_t\\&=\omega^2R\boldsymbol{e}_n+\frac{\mathrm{d}v_t}{\mathrm{d}t}\boldsymbol{e}_t.\end{aligned}\tag{2.6.8}$$

总加速度的大小为

$$a=\sqrt{a_n^2+a_t^2},$$

总加速度 $\boldsymbol{a}$ 的方向可用它和速度 $\boldsymbol{v}$ 的夹角 θ 来表示,

$$\tan\theta=\frac{a_n}{a_t},$$

如图 2.19 所示.

现将上述结果推广到一般平面曲线运动.在曲线轨迹上取任意三点,这三点决定一个圆,若两侧的点无限靠近中间的 A 点,则它们所决定的圆将无限接近极限圆,这个极限圆叫作曲线在 A 点的曲率圆,如图 2.20 所示.曲率圆的半径 ρ 叫作曲线在该点的曲率半径.这样,质点的曲线轨迹就可以看作由无穷多个圆组合而成.于是,仅需将圆半径 R 换作轨迹的曲率半径 ρ,(2.6.8)式即适用于一般曲线运动,即

$$\boldsymbol{a}=\frac{v^2}{\rho}\boldsymbol{e}_n+\frac{\mathrm{d}v_t}{\mathrm{d}t}\boldsymbol{e}_t.\tag{2.6.9}$$

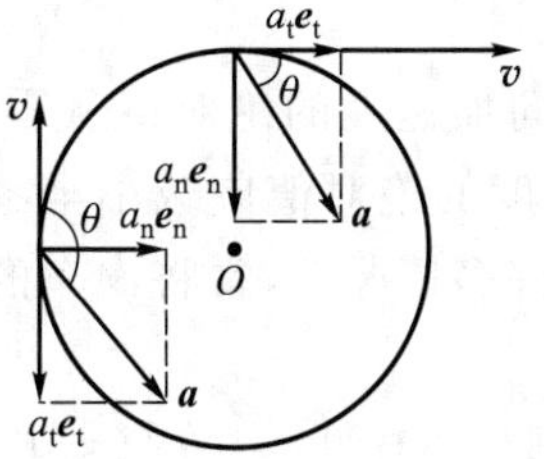

图 2.19 切向加速度、法向加速度和总加速度

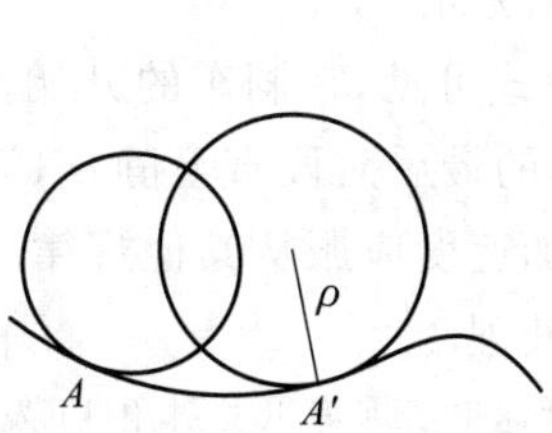

图 2.20 曲线上 A 点、A'点处的曲率圆和 A'处的曲率半径

描写曲线运动的物理量 s、v_t 和 a_t 可与直线运动中的 x、v_x 和 a_x 相比拟.s、v_t 和 a_t 之间的关系$v_t=\dfrac{\mathrm{d}s}{\mathrm{d}t}$和$a_t=\dfrac{\mathrm{d}v_t}{\mathrm{d}t}$,与 x、v_x 和 a_x 的关系亦相近,可见,采用自然坐标 s 和 v_t 这种表示法后,相当于把直线轨迹弯成曲线轨迹,只要相应调换符号,前文中质点直线运动的规律就可适用于描述曲线运动.

若质点沿曲线运动时速率不变,则质点做匀速率曲线运动.这时,只有法向加速度,(2.6.9)式变为

$$\boldsymbol{a}=\frac{v^2}{\rho}\boldsymbol{e}_{\mathrm{n}}. \tag{2.6.10}$$

如曲线为圆,则为匀速率圆周运动,此时

$$\boldsymbol{a}=\frac{v^2}{R}\boldsymbol{e}_{\mathrm{n}}=\omega^2R\boldsymbol{e}_{\mathrm{n}}. \tag{2.6.11}$$

质点运动的快慢不变而仍有加速度,这是曲线运动的重要特征.

[例题 1] 汽车在半径为 200 m 的圆弧形公路上刹车,刹车开始阶段的运动学方程为 $s=20t-0.2t^3$(单位:m、s).求汽车在 $t=1$ s 时的加速度.

[解] 根据加速度定义,

$$\boldsymbol{a}=a_{\mathrm{n}}\boldsymbol{e}_{\mathrm{n}}+a_{\mathrm{t}}\boldsymbol{e}_{\mathrm{t}},\quad a_{\mathrm{n}}=v_{\mathrm{t}}^2/R,\quad a_{\mathrm{t}}=\frac{\mathrm{d}^2s}{\mathrm{d}t^2};$$

$$v_{\mathrm{t}}=\frac{\mathrm{d}s}{\mathrm{d}t}=20-0.6t^2\quad(\text{单位:m/s、s})$$

所以

$$a_{\mathrm{n}}=\frac{(20-0.6t^2)^2}{R}\quad(\text{单位:m/s}^2\text{、s、m})$$

$$a_{\mathrm{t}}=-1.2t. \tag{2.6.12}$$

将 $R=200$ m 及 $t=1$ s 代入上述各式,得

$$v_{\mathrm{t}}=(20-0.6\times1^2)\ \mathrm{m/s}=19.4\ \mathrm{m/s},$$

$$a_{\mathrm{n}}=\frac{(19.4)^2}{200}\ \mathrm{m/s^2}\approx1.88\ \mathrm{m/s^2},$$

$$a_{\mathrm{t}}=-1.2\times1\ \mathrm{m/s^2}=-1.2\ \mathrm{m/s^2},$$

所以

$$a=\sqrt{a_{\mathrm{n}}^2+a_{\mathrm{t}}^2}=\sqrt{(1.88)^2+(-1.2)^2}\ \mathrm{m/s^2}\approx2.23\ \mathrm{m/s^2},$$

$$\tan\alpha=\frac{a_{\mathrm{n}}}{a_{\mathrm{t}}}\approx\frac{1.88}{-1.2}=-1.566\ 7,$$

$$\alpha\approx122°33',$$

α 为加速度与 $\boldsymbol{e}_{\mathrm{t}}$ 的夹角.

由(2.6.12)式可见,在刹车的开始阶段,切向加速度的绝对值从零开始逐渐增加.实际上,在刹车的最后阶段直至静止,切向加速度的绝对值应减小至零,对后一阶段,汽车的速度和加速度应服从其他规律.不过,在许多情况下,常将汽车的起步制动视作匀变速率运动处理.

[例题 2] 低速追击炮弹以发射角 45°发射,其初速率 $v_0=90$ m/s.在与发射点同一水平面上落地.不计空气阻力,求炮弹在最高点和落地点其运动轨迹的曲率半径.

[解] 将炮弹视作质点,不计空气阻力,炮弹做抛体运动,轨迹为抛物线.根据(2.5.8)式,在直角坐标系 Oxy 中,炮弹运动的速度与加速度为

$$\boldsymbol{v}=v_0\cos\alpha\boldsymbol{i}+(v_0\sin\alpha-gt)\boldsymbol{j},$$

$$\boldsymbol{a}=\boldsymbol{g}=-g\boldsymbol{j}.$$

(1) 在最高点

$$v_y=v_0\sin\alpha-gt=0,$$

$$\boldsymbol{v}=v_0\cos\alpha\boldsymbol{i}.$$

以投射处为坐标原点，按抛物线轨迹建立自然坐标，以质点运动方向为正方向.在最高点，切向单位矢量 $\boldsymbol{e}_t$ 与 $\boldsymbol{i}$ 方向一致，法向单位矢量 $\boldsymbol{e}_n$ 与 $\boldsymbol{j}$ 方向相反，故

$$v=v_0\cos\alpha,\quad a_n=g.$$

因为

$$a_n=v^2/R,$$

所以

$$R=v^2/a_n=(v_0\cos\alpha)^2/g.$$

把已知数据 $v_0=90\ \mathrm{m/s}$，$\alpha=45°$ 和 $g=9.8\ \mathrm{m/s^2}$ 代入上式，得

$$R=\frac{(90\times\sqrt{2}/2)^2}{9.8}\ \mathrm{m}=413.3\ \mathrm{m}.$$

(2) 在落地点

仍用(1)中所建立的自然坐标进行讨论，由抛体运动的性质可知，抛体在落地点的速率与发射速率相同，但其方向与 x 轴成 $-45°$ 角，故

$$\boldsymbol{v}=v_0\boldsymbol{e}_t,\quad v=v_0,$$

$\boldsymbol{e}_t$ 与 x 轴成 $-45°$ 角.所以

$$a_n=g\cos(-45°).$$

将以上结果代入

$$a_n=v^2/R,$$

所以

$$R=\frac{v^2}{a_n}=\frac{v_0^2}{g\cos(-45°)},$$

将已知数据代入，得

$$R=\frac{90^2}{9.8\times\sqrt{2}/2}\ \mathrm{m}\approx 1\ 169\ \mathrm{m}.$$

§2.7 极坐标系、径向速度与横向速度

(一) 极坐标系

为了描述质点平面运动，还可在该平面内建立极坐标系如图 2.21 所示.在参考系上取点 O，引有刻度的射线 Ox 称为**极轴**，即构成**极坐标系**.设质点运动至 A 点，引 OA，称 $r=OA$ 为质点的**径矢**；质点位置矢量与极轴所夹的角 θ 叫作质点的**辐角**，通常规定自极轴逆时针转至位置矢量的辐角为正，反之为负.r 和 θ 与平面上质点的位置一一对应，称为**质点的极坐标**.质点的运动学方程为

$$r=r(t),\quad \theta=\theta(t). \tag{2.7.1}$$

如将时间变量 t 视作参量，则上式可看作以参量方程形式给出的质点的轨迹方程；消去参量 t，轨迹方程的形式为

$$r=r(\theta). \tag{2.7.2}$$

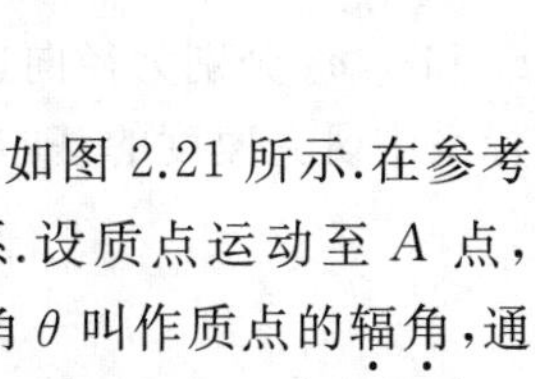

图 2.21 极坐标系

在极坐标系中亦可对矢量进行正交分解.仍参考图 2.21，质点在 A 处，沿位置矢量方向称作径向，沿此方向所引单位矢量叫**径向单位矢量**，记作 $\boldsymbol{e}_r$；与此方向垂直且指向 θ 增

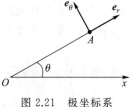

加的方向称为横向，沿此方向的单位矢量叫横向单位矢量，记作 $\boldsymbol{e}_\theta$. 任何矢量均可在 $\boldsymbol{e}_r$ 和 $\boldsymbol{e}_\theta$ 方向上做正交分解.

(二) 径向速度与横向速度

现在讨论质点平面运动速度在极坐标系中的正交分解式. 图 2.22 中，设于 $t\to t+\Delta t$ 时间内，质点自 $A(r,\theta)$ 点开始经历一微小位移 $\Delta\boldsymbol{r}$，称作元位移. 质点在 t 时刻的速度应为

$$\boldsymbol{v}=\lim_{\Delta t\to 0}\frac{\Delta\boldsymbol{r}}{\Delta t}.$$

现将 $\Delta\boldsymbol{r}$ 在 $\boldsymbol{e}_\theta$ 和 $\boldsymbol{e}_r$ 方向做正交分解. 当 $\Delta t\to 0$ 时，$\Delta\boldsymbol{r}$ 在 $\boldsymbol{e}_r$ 上的投影趋于矢径增量 Δr；与此同时，$\Delta\boldsymbol{r}$ 在 $\boldsymbol{e}_\theta$ 上的投影趋于 $\Delta\theta$ 角对应的弧长 $r\Delta\theta$，故

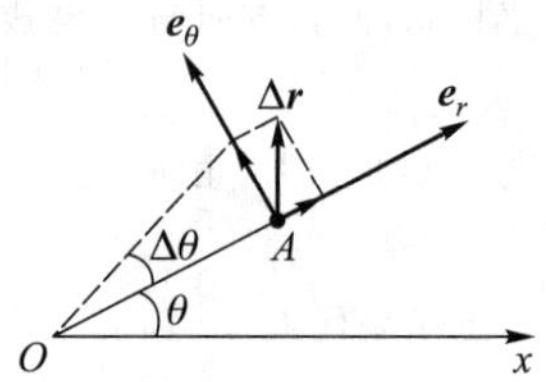

图 2.22 在极坐标系中表示位移

$$\begin{aligned}\boldsymbol{v}&=\lim_{\Delta t\to 0}\frac{\Delta\boldsymbol{r}}{\Delta t}\\&=\lim_{\Delta t\to 0}\frac{\Delta r}{\Delta t}\boldsymbol{e}_r+\lim_{\Delta t\to 0}r\frac{\Delta\theta}{\Delta t}\boldsymbol{e}_\theta.\end{aligned}$$

令速度的径向投影为 v_r：

$$v_r=\lim_{\Delta t\to 0}\frac{\Delta r}{\Delta t}=\frac{\mathrm{d}r}{\mathrm{d}t},$$

令速度的横向投影为 v_θ，

$$v_\theta=\lim_{\Delta t\to 0}r\frac{\Delta\theta}{\Delta t}=r\frac{\mathrm{d}\theta}{\mathrm{d}t},$$

将此两式代入前式，得

$$\boldsymbol{v}=v_r\boldsymbol{e}_r+v_\theta\boldsymbol{e}_\theta=\frac{\mathrm{d}r}{\mathrm{d}t}\boldsymbol{e}_r+r\frac{\mathrm{d}\theta}{\mathrm{d}t}\boldsymbol{e}_\theta$$

$v_r\boldsymbol{e}_r$ 和 $v_\theta\boldsymbol{e}_\theta$ 分别为径向速度和横向速度. 将速度分解为径向速度和横向速度，是在极坐标系中研究速度的基本方法.

§2.8 伽利略变换

行驶的舰艇射击岸上的固定目标时，如径直把炮筒对准目标，则无论如何也不能击中. 欲击中，必须令炮筒偏离目标. 在屋内看到窗外雨丝如帘，在你的面前垂下. 在行驶的汽车中，又会见到雨丝的帘幕似乎迎风飘起. 这些都属于在不同参考系下对运动做不同描述，需要研究不同描述间的关系.

(一) 伽利略变换

上面提出的问题涉及两个参考系. 可以选择某物体作为基本参考系. 如图 2.23 中

的 $Oxyz$，称为 O 系.还需选择另一相对于 O 系运动的参考系 $O'x'y'z'$，称为 O'系，且 O'点在 $Oxyz$ 中以速度 $\boldsymbol{v}$ 做匀速直线运动，两坐标系各对应坐标轴始终保持平行.就前面的例子而言，可选择河岸作为基本参考系，舰艇作为运动参考系.若认为方便，反过来亦无不可.

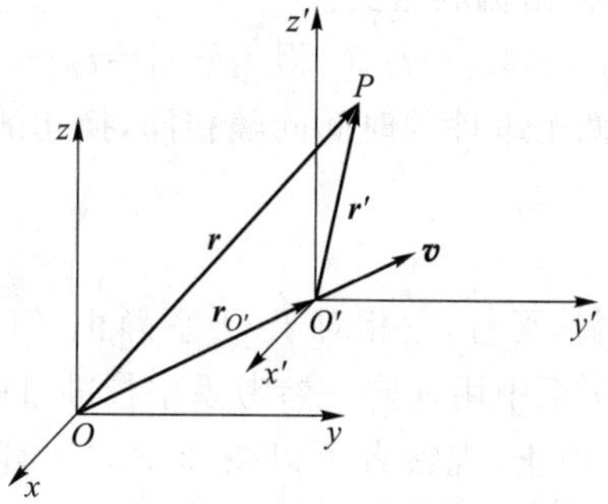

图 2.23 基本参考系和运动参考系

用 $\boldsymbol{r}$ 表示在基本参考系中观测到某质点 P 的位置矢量，$\boldsymbol{r}_{O'}$ 表示运动参考系参考点 O'对基本参考系的位置矢量，$\boldsymbol{r}'$描述质点相对于运动参考系的位置，在两个参考系中，测量长度的尺和测时的钟均曾在同一参考系中校准，并选择两坐标原点 O'与 O 重合作为计时起点.用 t 和 t'分别表示在 O 系和 O'系观测同一事件发生的时刻.在爱因斯坦提出相对论之前，人们认为 $t'=t$.因而又有 $\boldsymbol{r}_{O'}=\boldsymbol{v}t'=\boldsymbol{v}t$.又考虑到 $\boldsymbol{r}=\boldsymbol{r}_{O'}+\boldsymbol{r}'$，有

$$\boldsymbol{r}'=\boldsymbol{r}-\boldsymbol{v}t, \quad t'=t. \tag{2.8.1}$$

坐标形式为

$$\begin{gathered}x'=x-v_x t,\\ y'=y-v_y t, \quad z'=z-v_z t, \quad t'=t.\end{gathered} \tag{2.8.2}$$

这组自 O 系至 O'系的时空变换关系即**伽利略变换**.其逆变换为

$$\boldsymbol{r}=\boldsymbol{r}'+\boldsymbol{v}t, \quad t=t' \tag{2.8.3}$$

或

$$\begin{gathered}x=x'+v_x t,\\ y=y'+v_y t, \quad z=z'+v_z t, \quad t=t'.\end{gathered} \tag{2.8.4}$$

(二) 伽利略变换蕴含的时空观

伽利略变换蕴含着非常清晰的时空观，以下分三方面谈.

1. 关于同时性

设在 O 系中的观察者测得两个事件均于 t 时刻发生，二者可在同一地点或不同地点.用 t_1'和 t_2'表示在 O'系中测得这两个事件发生的时刻，根据伽利略变换：

$$t_1'=t, t_2'=t, \quad 即\ t_1'=t_2'.$$

这表明在 O'系中观测到两个事件也是同时发生的.同时性与观察者做匀速直线运动的状态无关,换句话说,同时性是绝对的.

2. 关于时间间隔

设在 O 系中观察者测得两个事件于 t_1 和 t_2 时刻相继发生.又用 t_1'和 t_2'表示 O'系中测得两个事件发生的时刻.由伽利略变换

$$t_1'=t_1, t_2'=t_2, \quad 得\ t_2'-t_1'=t_2-t_1.$$

即在两个参考系中观测到两个事件的时间间隔相同,换句话说,在伽利略变换下,时间间隔也是绝对的.

3. 关于杆的长度

在 O'系中放一杆与 x'轴平行,它相对于 O'系静止,但相对于 O 系以速率 v 沿 x 方向运动.分别在 O 系和 O'系中用在同一参考系中校准过的尺测量杆的长度.

既然杆在 O'系中处于静止,观察者可以按通常方法直接用尺测量杆长,用 x_1'和 x_2'表示在 O'系中量得杆两端的坐标,得杆长

$$\Delta x'=x_2'-x_1'.$$

至于在 O 系中测杆的长度,必须慎重对待.首先,不能让杆停下来测量,因我们正是关心杆的"静长度"和"动长度"的区别.在图 2.24 中,观察者所用的尺 $A'B'$相对于 O 系静止,但杆 AB 以速率 v 运动.我们把杆的 A 端对准刻度 A',以及杆的 B 端对准刻度 B'视作两个事件.令 x_1 和 x_2 分别表示刻度 A'和 B'在 O 系中的坐标,如两个事件同时,则运动杆的长度等于

$$\Delta x=x_2-x_1.$$

显然,若上述两个事件不同时,则坐标差不能表示杆的长度.根据前文同时的绝对性,为确保两事件同时,可采用图 2.24 所示的方法.在 A 和 B 以及 AB 中点 C 处放置反射镜,观察者可通过 O 系中望远镜观察 A'和 B'处发生的现象,并检测 A 对准 A'与 B 对准 B'是否同时.

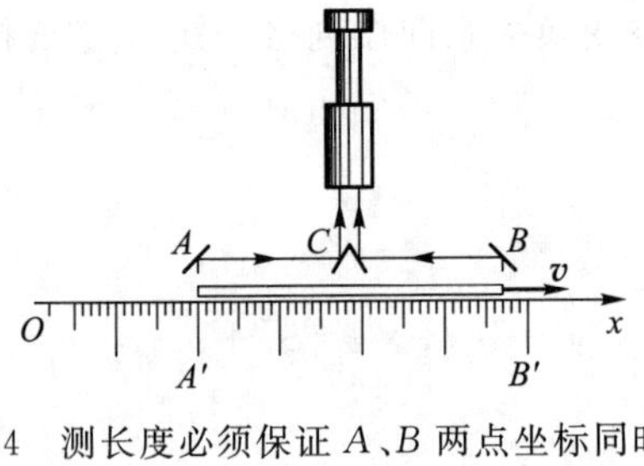

图 2.24 测长度必须保证 A、B 两点坐标同时测得

根据伽利略变换

$$x_1'=x_1-vt, \quad x_2'=x_2-vt,$$

所以

$$x_2'-x_1'=x_2-x_1,$$

$$\Delta x'=\Delta x.$$

表明在彼此做匀速直线运动的参考系中测量杆的长度,将得到同样的结果.换句话说,杆沿运动方向的长度与杆静止时相同.在伽利略变换下,杆的长度也是绝对的.总之,

在伽利略变换下,时间测量和空间测量均与参考系的运动状态无关,时间与空间亦不相联系.这是经典力学时空观的特点.现代的相对论认为,时空相关且与物质和运动相关,故从现代观点看,经典力学的时空观属于绝对时空观的范畴.

(三) 伽利略速度变换关系

将 $\boldsymbol{v}_{绝对}=\dfrac{\mathrm{d}}{\mathrm{d}t}\boldsymbol{r}(t)$,$\boldsymbol{v}_{牵连}=\dfrac{\mathrm{d}}{\mathrm{d}t}\boldsymbol{r}_{O'}(t)$和$\boldsymbol{v}_{相对}=\dfrac{\mathrm{d}}{\mathrm{d}t}\boldsymbol{r}'(t')$分别称作绝对速度、牵连速度和相对速度.因 $t'=t$,故$\boldsymbol{v}_{相对}=\dfrac{\mathrm{d}}{\mathrm{d}t}\boldsymbol{r}'(t)$.将(2.8.3)式对 t 求导数并引入这里定义的符号,即得

$$\boldsymbol{v}_{绝对}=\boldsymbol{v}_{牵连}+\boldsymbol{v}_{相对}, \tag{2.8.5}$$

此式表明绝对速度等于牵连速度与相对速度的矢量和,此即伽利略的速度变换关系.牵连速度和相对速度都是质点相对基本参考系的速度的组成部分,(2.8.5)式也代表部分和全体间的关系.

[**例题 1**] 如图 2.25(a)所示,甲舰自北向南以速率 v_1 行驶,乙舰自南向北以速率 v_2 行驶.当两舰连线和航线垂直时,乙舰向甲舰发射炮弹,发射速率为 v_0,求发射方向与航线所成的夹角.

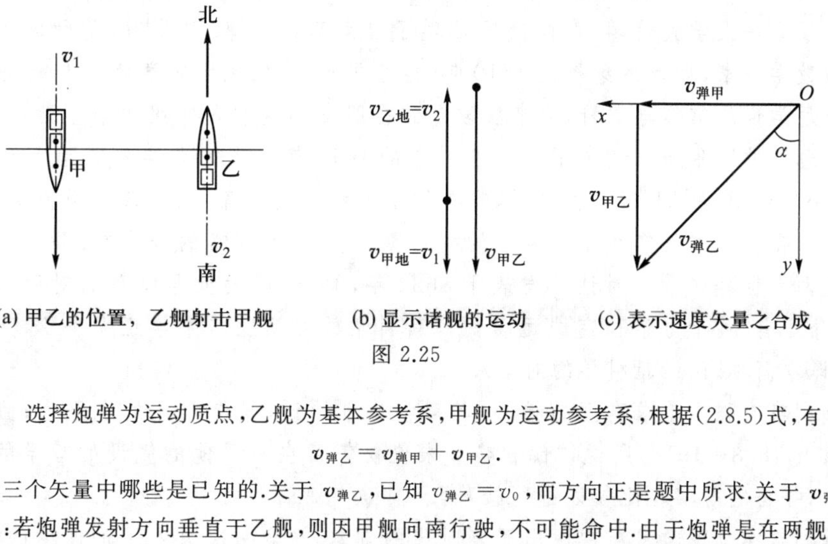

(a) 甲乙的位置,乙舰射击甲舰　(b) 显示诸舰的运动　(c) 表示速度矢量之合成

图 2.25

[**解**] 选择炮弹为运动质点,乙舰为基本参考系,甲舰为运动参考系,根据(2.8.5)式,有

$$\boldsymbol{v}_{弹乙}=\boldsymbol{v}_{弹甲}+\boldsymbol{v}_{甲乙}. \tag{2.8.6}$$

现在分析三个矢量中哪些是已知的.关于 $\boldsymbol{v}_{弹乙}$,已知 $v_{弹乙}=v_0$,而方向正是题中所求.关于 $\boldsymbol{v}_{弹甲}$ 可做如下讨论:若炮弹发射方向垂直于乙舰,则因甲舰向南行驶,不可能命中.由于炮弹是在两舰连线和航线垂直时发射的,甲舰船员总看到炮弹是垂直于甲舰舰身射来的,即 $\boldsymbol{v}_{弹甲}$ 与航线垂直,但其大小未知.至于 $\boldsymbol{v}_{甲乙}$,又涉及另一个相对运动问题.另选甲舰为运动物体,地面为基本参考系,乙舰为运动参考系,则有

$$\boldsymbol{v}_{甲地}=\boldsymbol{v}_{甲乙}+\boldsymbol{v}_{乙地}.$$

由已知条件,$v_{甲地}=v_1$,方向朝南,$v_{乙地}=v_2$,方向朝北,得

$$\boldsymbol{v}_{甲乙}=\boldsymbol{v}_1-\boldsymbol{v}_2,$$

如图 2.25(b)所示,矢量 $\boldsymbol{v}_1$ 与 $\boldsymbol{v}_2$ 之差即 $\boldsymbol{v}_{甲乙}$,$|\boldsymbol{v}_{甲乙}|=v_1+v_2$,方向朝南.由已知条件,可画出与(2.8.6)式对应的三角形,如图 2.25(c)所示,由速度三角形得

$$\cos\alpha=(v_1+v_2)/v_0,$$

其中 α 表示发射方向与乙舰舰尾方向所夹的角.若建立直角坐标系 Oxy,将诸矢量向坐标轴投影亦可求出上面结果.

(四) 加速度对伽利略变换为不变量

将(2.8.5)式对 $t'=t$ 求导数.因 $\boldsymbol{v}_{\text{牵连}}$ 是一个常矢量,故得

$$\boldsymbol{a}_{\text{绝对}}=\boldsymbol{a}_{\text{相对}},$$

即加速度对伽利略变换保持不变;或者说,加速度对伽利略变换为一不变量.物理学对经某种操作物理量或规律不变的现象颇感兴趣,称作物理量或规律对某种变换或操作有不变性或对称性.加速度对伽利略变换有不变性或对称性是我们遇到的第一个例子,在§5.4中我们将系统地谈这个问题.

选读材料

阅读材料:伽利略

[选读 2.1] 伽利略小传

伽利略于1564年(明嘉靖四十三年)生于意大利比萨.父母均系贵族.父亲研究音乐且长于数学.伽利略最初在比萨大学学医,但他喜欢数学,故未获医学学位.他25岁时受聘于比萨大学教数学,在此期间发现了自由落体定律.28岁时,他受聘于帕多瓦大学为数学专家,后为终身教授.1610年,他迁居比萨,任比萨大学数学专家.伽利略因对哥白尼学说的信仰与支持,后来仅被允许在朋友和监护人的照顾下生活,法律上是宗教裁判所的囚犯.他于牛顿出生的前一年的1642年1月逝世.在他逝世后350年,教皇于1992年10月31日发表讲话,宣布结束伽利略这一案件.有杂志报道说,教皇这样做是为在科学和信仰间建立融洽的关系奠定基础.伽利略的著作有《关于托勒密和哥白尼两大世界体系的对话》,发表于1632年,简称《两大世界体系的对话》,有汉译本,此外还有《关于力学和定域运动两门新科学的对话及其数学证明》① 发表于1638年,英译本简称《两门新科学的对话》.

伽利略有强烈追求真理的精神,其著作论证严谨,具有非凡的说服力;且如马赫(E.Mach,1838—1916)所说,"伽利略并未仅仅停留在关于他的假设的哲学的逻辑的论证上,并将它与实验比较以进行检验".②

伽利略在物理学发展中做出了划时代的贡献.他第一次引入了加速度的概念,得出匀变速运动的公式,正确指出落体运动的规律并将抛体运动分解为水平匀速运动和落体运动.他发现了惯性定律.他强调机械不省功.他发明了温度计,提出了测光速的方法,在音程和振动的关系方面取得了成绩.他发明了用长管和两透镜制成的望远镜,并用于观察月球上的山峰、木星及其卫星、太阳黑子及自转,以及金星和水星的盈亏,这些均支持了哥白尼的学说.

---

① 劳厄.物理学史.范岱年,戴念祖译.北京:商务印书馆,1978.

② Mach E.The Science of Mechanics.6th ed.La Salle, Illinois: The Open Court Publishing Co., 1974:163.

[选读 2.2] 伽利略与匀变速直线运动

伽利略通过自由落体和沿斜面的运动，首次发现匀加速运动.为避免自由下落过快引起的困难，伽利略假设球沿斜面滚动与自由下落服从同样的法则.他在斜面上画出刻度表示路程，用阿基米德的水钟(water clock，类似中国的刻漏)测量时间.如图 2.26(a)所示，伽利略画 OA 表示测出的时间，画矩形 $OAED$ 表示所测该时间内经过的路程，其宽 OD 则表示平均速率.自 OA 中点 C 画垂线与 DE 交于 P.假设物体在 OA 时间内速率与时间成正比，则连 OP 且延长得交点 B.伽利略认为 AB 即表示末速率.理由是因开始时速率低而少走的路程$\triangle ODP$ 应由后来速率增加而多走的路程$\triangle PEB$ 所补偿.用此法可测出各种时间间隔经过相应路程后获得的末速度 $A_iB_i(i=1,2,\cdots)$，将时间 OA_i 和末速度 A_iB_i 画于图 2.26(b).O、B_1、B_2……诸点恰好落在一条直线上.若在真实运动中速率不与时间成正比，则不可能得出 O、B_1、B_2……在一直线上的结果.伽利略称速率与时间成正比的运动为匀加速运动.若用 $v=bt$ 表示该正比关系，当 $t=1$ 时，b 便在数值上等于所谓"加速度".①

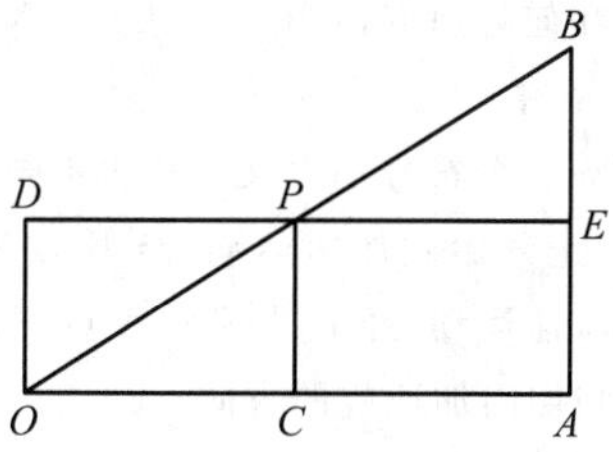

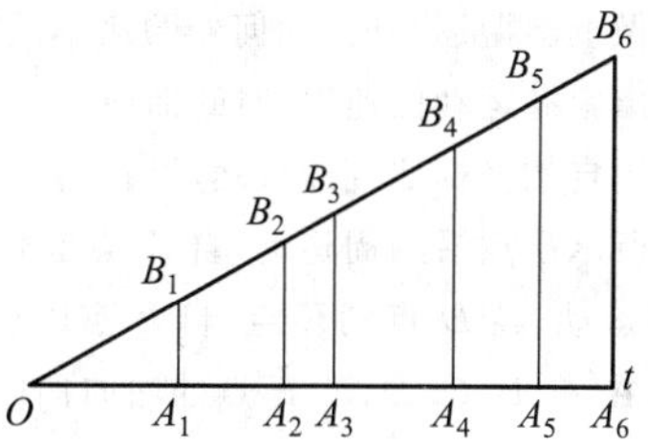

图 2.26 伽利略研究匀变速运动的图示

这尽管是 300 多年前的事，伽利略的智慧至今仍熠熠生辉，这里有大胆的假设、有推理，更有通过实验检验这些假设和推理，即使对当代的科学研究也富有教益.

思考题

2.1 质点位置矢量方向不变，质点是否一定做直线运动？质点沿直线运动，其位置矢量是否一定方向不变？

2.2 若质点的速度矢量的方向不变仅大小改变，质点做何种运动？速度矢量的大小不变而方向改变，质点做何种运动？

2.3 "瞬时速度就是很短时间内的平均速度"，这一说法是否正确？如何正确表述瞬时速度的定义？我们是否能按照瞬时速度的定义通过实验测量瞬时速度？

2.4 试就质点直线运动论证：加速度与速度同符号时，质点做加速运动；加速度与速度反号时，质点做减速运动.是否可能存在这样的直线运动，质点速度逐渐增加但其加速度却在减小？

2.5 设质点直线运动时瞬时加速度 $a_x=$常量，试证明在任意相等的时间间隔内的平均加速度相等.

① Cox J. Mechanics. Cambridge University Press，1904.

2.6 在参考系一定的条件下，质点运动的初始条件的具体形式是否与计时起点和坐标系的选择有关？

2.7 中学时，你曾学过 $v_t=v_0+at$，$s=v_0t+\frac{1}{2}at^2$，$v_t^2-v_0^2=2as$ 这三个匀变速直线运动的公式.你能否指出在怎样的初始条件下，可得出这三个公式.

2.8 试画出匀变速直线运动的 v_x-t 图和 a_x-t 图.

2.9 对于抛体运动，就发射角为 $0>\alpha>-\pi$；$\alpha=0,\pi$；$\alpha=\pm\frac{\pi}{2}$ 三种情况说明它们分别代表什么运动.

2.10 抛体运动的轨迹如图所示，试在图中用矢量表示它在 A、B、C、D、E 各点处的速度和加速度.

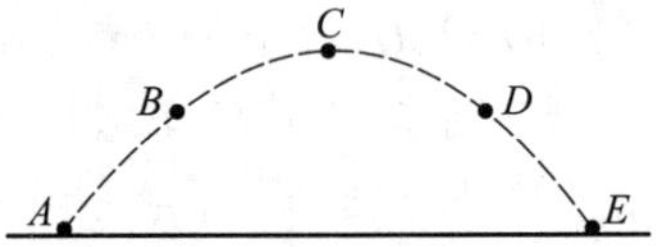

题 2.10 图

2.11 质点做上斜抛运动时，在何处的速率最大，在何处速率最小？

2.12 试画出斜抛运动的速率-时间曲线.

2.13 在利用自然坐标研究曲线运动时，v_t、v 和 $\boldsymbol{v}$ 三个符号的含义有什么不同？

2.14 如图所示质点沿圆周运动，自 A 点起，从静止开始做加速运动，经 B 点到 C 点；从 C 点开始做匀速圆周运动，经 D 点到 E 点；自 E 点以后做减速运动，经 F 点又到 A 点时，速度变成零.用矢量表示出质点在 A、B、C、D、E、F 点的法向加速度和切向加速度的方向.

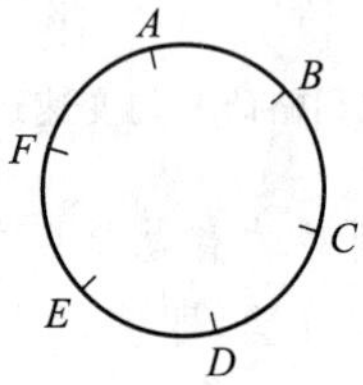

题 2.14 图

2.15 什么是伽利略变换？它所包含的时空观有何特点？

习题

2.1.1 质点的运动学方程为(1) $\boldsymbol{r}=(3+2t)\boldsymbol{i}+5\boldsymbol{j}$，(2) $\boldsymbol{r}=(2-3t)\boldsymbol{i}+(4t-1)\boldsymbol{j}$，求质点轨迹并用图表示(单位：m、s).

2.1.2 质点运动学方程为 $\boldsymbol{r}=\mathrm{e}^{-2t}\boldsymbol{i}+\mathrm{e}^{2t}\boldsymbol{j}+2\boldsymbol{k}$(单位：m、s). (1) 求质点轨迹；(2) 求自 $t=-1$ s 至 $t=1$ s 质点的位移.

2.1.3 质点运动学方程为 $\boldsymbol{r}=4t^2\boldsymbol{i}+(2t+3)\boldsymbol{j}$(单位：m、s).(1) 求质点轨迹；(2) 求自 $t=0$ s 至 $t=1$ s质点的位移.

2.2.1 如图所示，雷达站于某瞬时测得飞机位置为 $R_1=4\ 100$ m、$\theta_1=33.7°$，0.75 s 后测得 $R_2=4\ 240$ m、$\theta_2=29.3°$，R_1、R_2 均在竖直平面内.求飞机瞬时速率的近似值和飞行方向(α 角).

2.2.2 如图所示，一小圆柱体沿抛物线轨道运动.抛物线轨道为 $y=x^2/200$(单位：mm).第一次

观察到圆柱体在 $x=249$ mm 处，经过 2 ms 后，圆柱体移到 $x=234$ mm 处．求圆柱体瞬时速度的近似值．

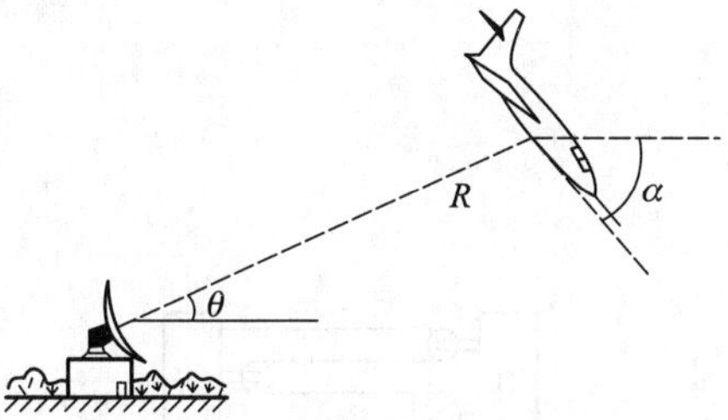

题 2.2.1 图

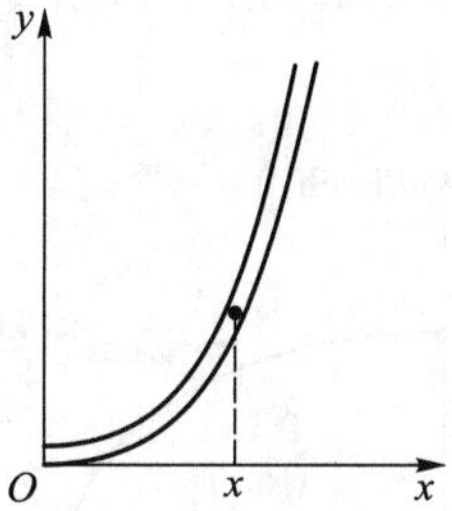

题 2.2.2 图

2.2.3 一个人在北京音乐厅内听音乐，他离演奏者 17 m．另一个人在广州听同一演奏的直播，广州离北京 2 320 km，收听者离手机 2 m，问谁先听到声音？声速为 340 m/s，电磁波传播的速率为 3.0×10^{8} m/s．

2.2.4 你乘波音 747 飞机自北京直飞到巴黎，如果不允许你咨询航空公司的问讯处，你能否估计大约用多少时间？如果能，试估计一下(自己找所需数据)．

2.2.5 火车进入弯道时减速．最初火车向正北以 90 km/h 速率行驶，3 min 后以 70 km/h 速率向北偏西 30°方向行驶．求火车的平均加速度．

2.2.6 (1) $\boldsymbol{r}=R\cos t\,\boldsymbol{i}+R\sin t\boldsymbol{j}+2t\boldsymbol{k}$(单位：m、s)，$R$ 为正常量．求 $t=0$、$\frac{\pi}{2}$ s 时的速度和加速度；(2) $\boldsymbol{r}=3t\,\boldsymbol{i}-4.5t^{2}\boldsymbol{j}+6t^{3}\boldsymbol{k}$．求 $t=0$、1 s 时的速度和加速度(写出正交分解式)．

2.3.1 如图所示，图中 a、b 和 c 表示质点沿直线运动三种不同情况下的 $x-t$ 图，试说明三种运动的特点(即速度、计时起点时质点的位置坐标、位于坐标原点的时刻)．

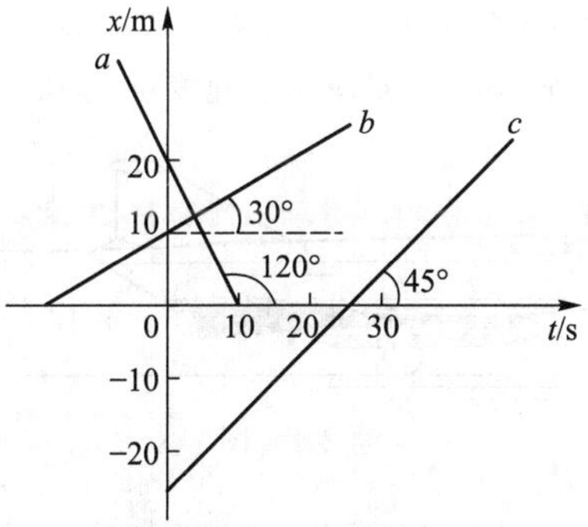

题 2.3.1 图

2.3.2 质点直线运动的运动学方程为 $x=a\cos t$，a 为正常量．求质点的速度和加速度并讨论运动的特点(有无周期性、运动范围、速度变化情况等)．

2.3.3 跳伞运动员的速度为

$$v=\beta\frac{1-e^{-qt}}{1+e^{-qt}},$$

v 竖直向下，β、q 为正常量．求其加速度，并讨论当时间足够长时(即 $t\to\infty$)，速度和加速度的变化趋势．

2.3.4 直线运行的高速列车在计算机的控制下减速进站．列车原运行速率为 $v_0=180$ km/h，其速率变化的规律如图所示.求列车行至 $x=1.5$ km 时加速度的大小.

2.3.5　如图所示,在水平桌面上放置 A、B 两物体,用一根不可伸长的绳索按图示的装置把它们连接起来.C 与桌面固定.已知物体 A 的加速度 $a_A=0.5\,g$.求物体 B 的加速度.(提示:运用绳不可伸长的条件.)

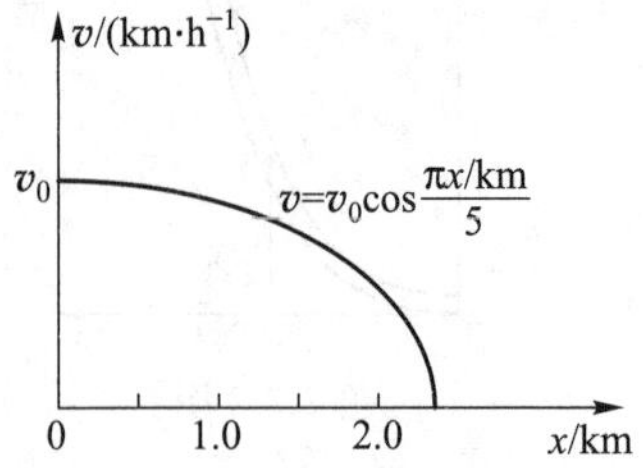

题 2.3.4 图

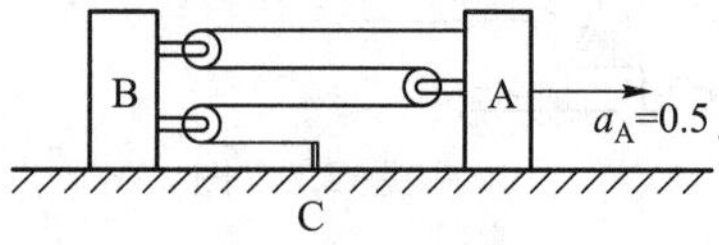

题 2.3.5 图

2.3.6　质点沿直线的运动学方程为 $x=10t+3t^2$(单位:m、s).(1) 将坐标原点沿 x 轴正方向移动 2 m,运动学方程如何?初速度有无变化?(2) 将计时起点前移 1 s,运动学方程如何?初始坐标和初速度都发生怎样的变化?加速度变不变?

以下四题用积分.

2.4.1　质点由坐标原点出发时开始计时,沿 x 轴运动,其加速度 $a_x=2t$(单位:cm/s²、s).求在下列两种情况下质点的运动学方程、出发后 6 s 时质点的位置、在此期间所走过的位移及路程:(1) 初速度 $v_0=0$;(2) 初速度 $\boldsymbol{v}_0$ 的大小为 9 cm/s,方向与加速度方向相反.

2.4.2　质点直线运动瞬时速度的变化规律为 $v_x=-3\sin t$(单位:m/s、s).求 $t_1=3$ s 至 $t_2=5$ s 时间内的位移.

2.4.3　一质点做直线运动,其瞬时加速度的变化规律为 $a_x=-A\omega^2\cos\omega t$.在 $t=0$ 时,$v_x=0$,$x=A$,其中 A、ω 均为正常量,求此质点的运动学方程.

2.4.4　如图所示,飞机着陆时为尽快停止采用降落伞制动.刚着陆即 $t=0$ 时速度为 v_0 且坐标为 $x=0$.假设其加速度为 $a_x=-bv_x^2$,$b=$常量.求飞机速度随时间的变化 $v_x(t)$.

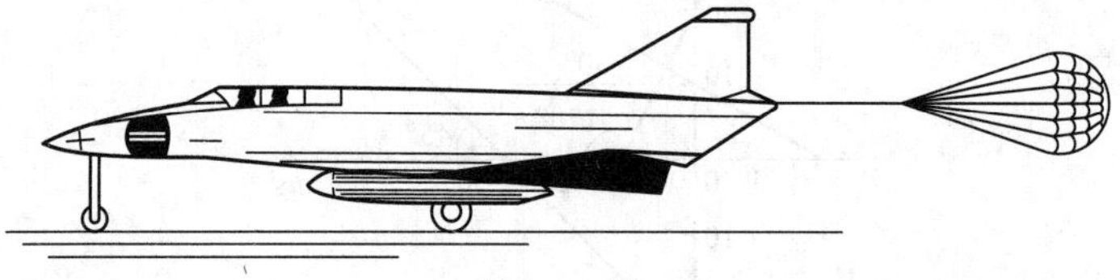

题 2.4.4 图

解以下四题中匀变速直线运动时应明确写出所选的坐标系、计时起点和初始条件.

2.4.5　在 195 m 长的坡道上,一人骑自行车以 18 km/h 的速度和 -20 cm/s² 的加速度上坡,另一自行车同时以 5.4 km/h 的初速度和 0.2 m/s² 的加速度下坡.问:(1) 经过多长时间两人相遇?(2) 两人相遇时,各走过多少路程?

2.4.6　站台上送行的人,在火车开动时站在第一节车厢的最前面.火车开动后经过 $\Delta t=24$ s,第一节车厢的末尾从此人的面前通过.问第七节车厢驶过他面前需要多长时间?火车做匀加速运动.

2.4.7　在同一竖直线上相隔 h 的两点以同样速率 v_0 上抛两颗石子,但在高处的石子早 t_0 被抛出.求这两颗石子何时何处相遇.

2.4.8　电梯以 1.0 m/s 的匀速率下降,小孩在电梯中跳离地板 0.50 m 高,问当小孩再次落到地板上时,电梯下降了多长距离?(本题涉及相对运动,亦可在学过§2.8 后做.)

2.5.1 质点在 Oxy 平面内运动，其加速度为 $\boldsymbol{a}=-\cos t\,\boldsymbol{i}-\sin t\boldsymbol{j}$，位置和速度的初始条件为 $t=0$ 时 $\boldsymbol{v}=\boldsymbol{j}$，$\boldsymbol{r}=\boldsymbol{i}$.求质点的运动学方程并画出轨迹(本题用积分).

2.5.2 如图所示，在同一竖直面内的同一水平线上的 A、B 两点分别以 30°、60°为发射角同时抛出两小球，欲使两小球相遇时都在自己的轨道的最高点，求 A、B 两点间的距离.已知小球在 A 点的发射速率 $v_A=9.8$ m/s.

2.5.3 如图所示，迫击炮弹的发射角为 60°，发射速率 150 m/s.炮弹击中倾角 30°的山坡上的目标，发射点正在山脚.求弹着点到发射点的距离 OA.

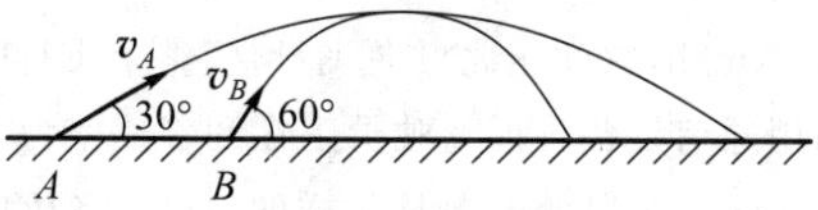

题 2.5.2 图

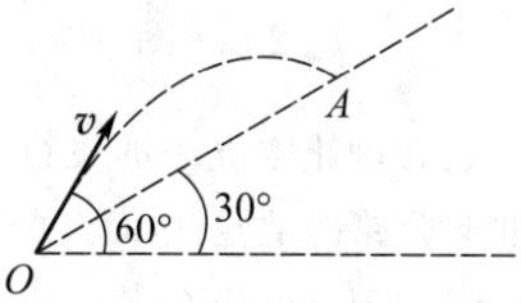

题 2.5.3 图

2.5.4 轰炸机沿与竖直方向成 53°俯冲时，在 763 m 的高度投放炸弹，炸弹在离开飞机 5.0 s 时击中目标.不计空气阻力.(1) 轰炸机的速率是多少？(2) 炸弹在飞行中经过的水平距离是多少？(3) 炸弹击中目标前一瞬间的速度沿水平和竖直方向的分量是多少？

2.5.5 雷达观测员正在监视一个越来越近的抛射体.在某一时刻，他得到这样的信息：(1) 抛射体达到最大高度且正以速率 v 沿水平方向运动；(2) 观测员到抛射体的直线距离为 l；(3) 观测员观察抛体的视线与水平方向成 θ 角.问：① 抛射体命中点到观测员的距离 D 等于多少？② 何种情况下抛体飞越观测员的头顶以后才击中目标？何种情况下抛体在未飞越观测员以前就命中目标？设地球表面为平面且观测员位于抛体轨迹所在的竖直平面以内.

2.6.1 如图所示，列车在圆弧形轨道上自东转向北行驶，在我们所讨论的时间范围内，其运动学方程为 $s=80t-t^2$(单位：m、s).$t=0$ 时，列车在图中 O 点.此圆弧形轨道的半径 $r=1\ 500$ m.求列车驶过 O 点以后前进至 1 200 m 处的速率及加速度.

2.6.2 如图所示，火车以 200 km/h 的速度驶入圆弧形轨道，其半径 R 为 300 m.司机一进入圆弧形轨道立即减速，加速度为 $2g$.问火车在何处的加速度最大？最大加速度是多少？

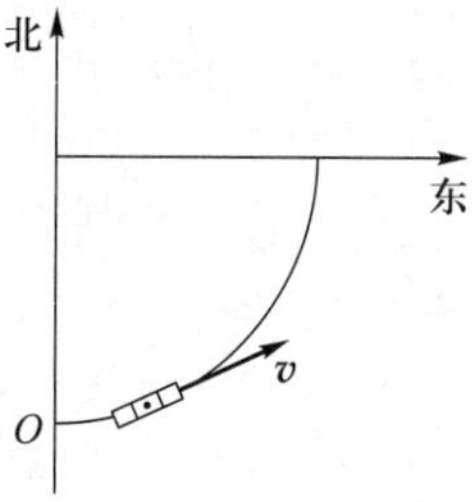

题 2.6.1 图

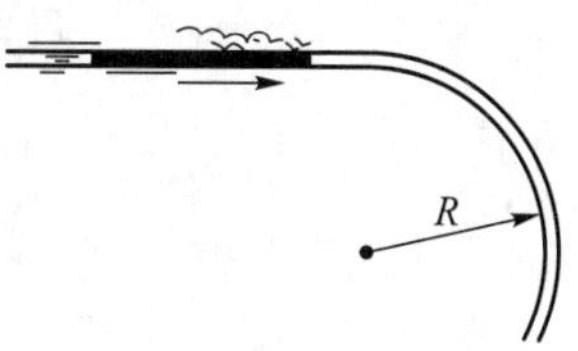

题 2.6.2 图

2.6.3 斗车在位于竖直平面内上下起伏的轨道运动.当斗车到达图中所示位置时，轨道曲率半径为 150 m，斗车速率为 50 km/h，切向加速度 $a_t=0.4\ g$.求斗车的加速度.

2.8.1 如图所示，飞机在某高度的水平面上飞行.机身的方向是自东北向西南，与正西夹 15°角，风以 100 km/h 的速率自西南向东北方向吹来，与正南夹 45°角，结果飞机向正西方向运动.求飞机相对于风的速度及相对于地面的速度.

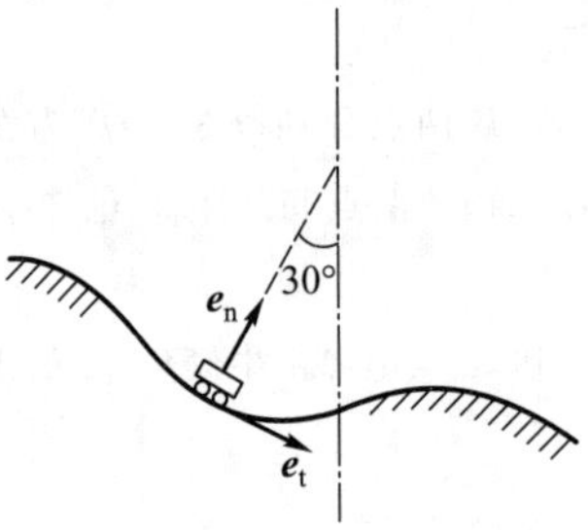

题 2.6.3 图

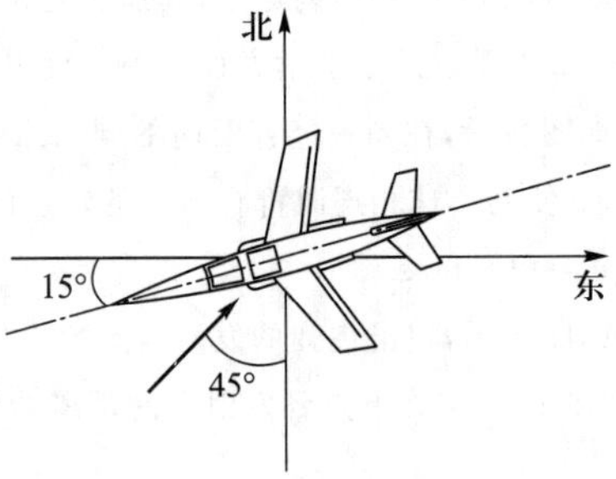

题 2.8.1 图

2.8.2 飞机在静止空气中的飞行速率是 235 km/h,它朝正北方向飞行,使整个飞行时间内都保持在一条南北向公路的上空.地面上的观察者利用通信设备告诉驾驶员正在刮着速率为 70 km/h 的风,但飞机仍能以 235 km/h 的速率沿公路方向飞行.(1) 风的方向是怎样的? (2) 飞机的头部指向哪个方向? 也就是说,飞机的轴线和公路成怎样的角度?

2.8.3 一辆卡车在平直路面上以恒速度 30 m/s 行驶,从此车上射出一个抛体.要求在车前进 60 m 时,抛体仍落回到车上原抛出点,问抛体射出时相对于卡车的初速度的大小和方向,空气阻力不计.

2.8.4 河的两岸互相平行.一船由 A 点朝与岸垂直的方向匀速驶去,经 10 min 到达对岸 C 点.若船从 A 点出发仍按第一次渡河速率不变但垂直地到达彼岸的 B 点,需要 12.5 min.已知 $BC=120$ m.求:(1) 河的宽度 l;(2) 第二次渡河时船的速度 $\boldsymbol{u}$;(3) 水流速度 $\boldsymbol{v}$.

2.8.5 如图所示,圆弧公路与沿半径方向的东西向公路相交.某瞬时汽车甲向东以 20 km/h 的速率行驶,汽车乙在 $\theta=30°$ 的位置向东北方向以速率 20 km/h 行驶.求此瞬时甲车相对乙车的速度.

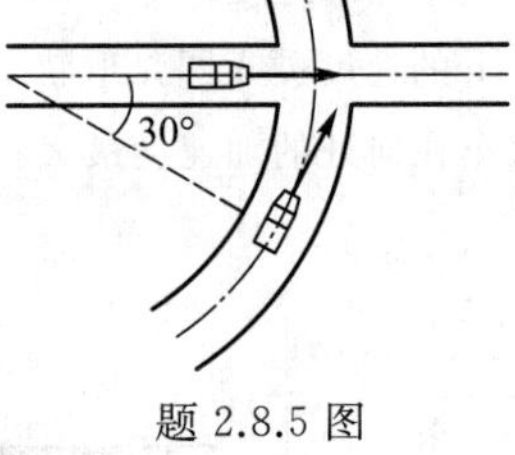

题 2.8.5 图

第三章　动量、牛顿运动定律、动量守恒定律

力学是关于运动的科学；我们说它的任务是：以完备而又简单的方式描述自然界中发生的运动.[①]

——基尔霍夫(G.R.Kirchhoff,1824—1887)

人们不要以为牛顿的伟大工作真的能够被这一理论或者任何别的理论所代替.作为自然哲学(指物理学)领域里我们整个近代概念结构的基础，他的伟大而明晰的观念，对于一切时代都将保持着它的独特的意义.[②]

——爱因斯坦

运动和物体相互作用的关系是人类几千年来不断探索的课题.即使在今天，已知运动求力的问题仍然不断被提到人们面前.怎样安排推力才能将火箭送上巧妙设计的轨道？这便是动力学问题.自牛顿发表他的《自然哲学的数学原理》以来，牛顿三定律成为动力学的基础.从质量的操作性定义和动量概念出发，更易清楚地建立牛顿运动定律的体系.《自然哲学的数学原理》已发表 300 余年，在这期间，人类对自然的认识已发生了天翻地覆的变化.例如，牛顿认为遥远的宇宙中心不动，后来马赫表示异议.法拉第提出物质存在除实体外，还有场.我们可以研究场的动量却无从谈作用于场的力，故动量比力更具有普遍意义.因此，我们从动量入手研究动力学.在此体系中，牛顿运动定律仍保持其应有的重要地位.本章还将讨论用冲量概念表述的动量定理和经典力学中的动量定理，以及动量守恒定律的常见形式.

§3.1　牛顿第一定律和惯性参考系

设想宇宙飞船远离诸星体，它的运动便不受其他物体的影响.于是提出一个理想模型：不受其他物体作用或离其他一切物体都足够远的质点称孤立质点.牛顿第一定律指出：孤立质点静止或做匀速直线运动.这样的运动常称为惯性运动.

静止或匀速直线运动都是相对某参考系而言.牛顿受宗教影响认为，宇宙中心不

① 基尔霍夫.力学讲义转引自劳厄.物理学史.北京：商务印书馆，1978：20.

② 爱因斯坦.爱因斯坦文集(第一卷).许良英，范岱年编译.北京：商务印书馆，1976：113.

动.方才所谈的参考系在宇宙中心.《自然哲学的数学原理》发表后约 200 年,马赫对此表示异议.1885 年,一位德国物理学家提出惯性参考系[①],即孤立粒子是相对于惯性参考系静止或做匀速直线运动的,或者说,相对于孤立粒子静止或做匀速直线运动的参考系为惯性参考系.惯性参考系简称惯性系.

其实,孤立粒子并不存在,也无上述意义下的精确的惯性参考系.某参考系是否可视为惯性系,从根本上讲要根据观察和实验.大量的观察和实验表明,研究地球表面附近的许多现象,在相当高的实验精度内,地球是惯性系;由于通常实验室建立在地球上,因此常将地球参考系称为实验室参考系或实验室坐标系.然而,从更高的精度看,地球并不是严格的惯性系,讨论某些问题时,以地球为惯性系会出现明显的偏差.讨论人造地球卫星的运动时,常选择以地心为原点,坐标轴指向恒星的地心-恒星坐标系,这是比地球精确的惯性参考系.在研究行星等天体的运动时,可选择以太阳中心为坐标原点、坐标轴自原点指向其他恒星的日心-恒星参考系,这是更精确的惯性系.

上文所谈总是在一定精度内视某参考系为惯性系.待将来学广义相对论时,将进一步讨论所谓局域惯性系的问题,那时,同学们会对这个问题有进一步认识.

讨论伽利略变换时,诸参考系间彼此做匀速直线运动.若质点相对于某惯性系做匀速直线运动或静止,则对于另一相对于该参考系静止或做匀速直线运动的参考系亦必静止或做匀速直线运动.故相对于惯性系做匀速直线运动的参考系亦为惯性系.发现一个惯性系,便有无穷多惯性系.

§3.2 惯性质量和动量

只有远离其他一切物体的"孤立"质点相对于惯性系才可能静止或做匀速直线运动.然而,孤立质点实为罕见,更多的情况是质点运动状态发生变化.因此需要研究质点运动状态变化的规律.

(一) 惯性质量

现在选择某一惯性参考系并在其中做下述实验.图 3.1(a)表示气桌,它包括平台与滑块.将平台调至水平,上面铺以白纸,两滑块置于其上.滑块内装电池.它一方面驱动薄膜泵向下喷气形成气垫,使滑块浮于台面上以避免干摩擦;另一方面则相等时间间隔地利用高压放电在滑块下面中心处打火花,在纸上形成斑点,如图 3.1(b)所示.当滑块沿水平方向运动时,可通过处于一直线上相邻斑点距离相等证明滑块做匀速直线运动;并测量相邻斑点的距离以确定滑块速率,斑点排列方位给出运动方向.令两滑块 1 和 2 以某初速度运动并碰撞,测出 1 和 2 的速度改变量 $\Delta \boldsymbol{v}_1$ 和 $\Delta \boldsymbol{v}_2$,如图 3.1(b)所示.改变滑块的初速度反复实验多次,发现各次 $\Delta \boldsymbol{v}_1$ 和 $\Delta \boldsymbol{v}_2$ 虽然不同,但总有

---

① 阎康年.牛顿的科学发现与科学思想.长沙:湖南教育出版社,1989:374—378.

$$\Delta \boldsymbol{v}_2 = -\alpha \Delta \boldsymbol{v}_1 \tag{3.2.1}$$

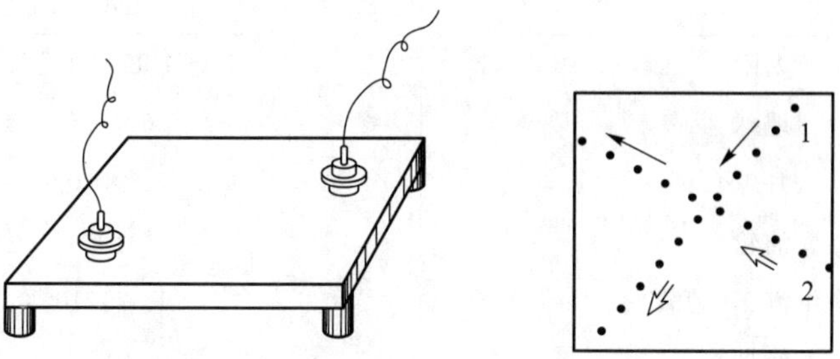

(a) 气桌实验的喷气滑块在平台上　　(b) 电火花在平台纸面上留下斑点

图 3.1

空心箭头和实箭头分别表示两滑块运动方向

其中 α 为常量.取其他滑块反复实验多次,仍有上式,只是 α 取值不同,α 与两个滑块有关.

为了揭示 α 的物理意义,令标准滑块与某滑块相互作用,并用 $\Delta \boldsymbol{v}_0$ 和 $\Delta \boldsymbol{v}$ 分别表示标准滑块与某滑块速度的改变量,将与两个滑块有关的 α 记作 m/m_0,有

$$m = m_0 |\Delta \boldsymbol{v}_0| / |\Delta \boldsymbol{v}| = |\Delta \boldsymbol{v}_0| / |\Delta \boldsymbol{v}| \,\mathrm{kg} \tag{3.2.2}$$

这便是某物体"质量的操作性定义",它把定义质量单位后经实验测出的 m 叫作质量.这源于马赫的思想.他在《自然哲学的数学原理》出版后 200 年发表的《力学科学》一书中①肯定了牛顿的成就,也提出他自己的质量定义及关于运动定律的表述.

从上面的讨论已可看出,两个物体相碰,m 大者较难改变运动状态或速度,m 小者则较容易.这使人们联想到惯性.惯性大者较难改变运动状态,惯性小者较容易改变运动状态.因此(3.2.2)式所定义的为惯性质量,并简称质量.2019 年 5 月 20 日生效的最新质量定义是:当普朗克常量 h 以单位 $\mathrm{J \cdot s}$ 表示,即以 $\mathrm{kg \cdot m^2 \cdot s^{-1}}$ 表示时,将其固定数值取为 $6.626\,070\,15 \times 10^{-34}$ 来定义千克,其中米和秒用真空中光速和铯的频率定义.

牛顿认为,质量即物体所含物质的多少.现在,物质的多少用物质的量说明,在国际单位制中,物质的量的单位为 mol(摩尔),物质多少和惯性质量目前已是不同的两种概念,不可混淆.表 3.1 列出若干种典型物体的质量.

表 3.1

研究对象	质量/kg
宇宙	10^{53}
星系团*	$10^{45} \sim 10^{47}$
星系*	$10^{36} \sim 10^{43}$

① Mach E. The Sciences of Mechanics. 6th ed. La Salle, Illinois: The Open Court Publishing Co, 1974: 303—304.

续表

研究对象	质量/kg
太阳	1.99×10^{30}
地球	6×10^{24}
月球	7.3×10^{22}
油轮	10^{8}
桑塔纳汽车(满载)	1.52×10^{3}
蜂鸟	10^{-2}
蚂蚁	10^{-5}
胰岛素分子	10^{-23}
氧原子	3×10^{-26}
质子	2×10^{-27}
电子	9.1×10^{-31}

* 星系由众多恒星、星际气体和尘埃物质构成.星系团由星系组成.

在经典力学中,质量为一常量,当质点速度可与光速相比时,经典力学应让位于相对论力学.这时,质量随速度增加而增加,即

$$m=\frac{m_0}{\sqrt{1-v^2/c^2}}. \tag{3.2.3}$$

式中 m_0 表示静止质量.v 和 c 分别表示质点速度和真空中光速,这些在第十二章还将谈到.

(二) 动量、动量变化率和力

根据上面讨论,可以通过气桌实验或其他实验测量任何质点的惯性质量和速度.

现在引入质点动量的概念.一个质点的质量与其速度的乘积定义为该质点的动量.动量是矢量,其方向与速度的方向相同.分别用 m、$\boldsymbol{v}$ 和 $\boldsymbol{p}$ 表示质点的质量、速度和动量,则

$$\boldsymbol{p}=m\boldsymbol{v}. \tag{3.2.4}$$

在国际单位制中,动量的单位是 kg·m/s(千克米每秒);在厘米克秒单位制中为 g·cm/s(克厘米每秒).动量的量纲是 LMT^{-1}.

通过两个质点在气桌上碰撞,发现对任何两个质点,均有

$$m_1\Delta\boldsymbol{v}_1=-m_2\Delta\boldsymbol{v}_2, \tag{3.2.5}$$

撇开气桌上的碰撞,对其他情况两个质点相互作用前后速度变化的研究表明上式亦成立.其实,若将时间间隔取得非常短,图 3.1(b)中质点动量亦是在连续变化的.现在用两个质点相互作用时间 Δt 除(3.2.5)式两侧,取 $\Delta t\to0$ 时的极限,得

$$\frac{\mathrm{d}}{\mathrm{d}t}(m_1\boldsymbol{v}_1)=-\frac{\mathrm{d}}{\mathrm{d}t}(m_2\boldsymbol{v}_2), \tag{3.2.6}$$

它表明当两个质点相互作用时，各自动量对时间的变化率大小相等、方向相反.考虑到动量随时间连续而光滑地变化，对上式求导是合理的.

以上讨论着眼于含 m_1 和 m_2 的质点系.现在分别考察两个质点.它们各自的运动状态都发生了变化，容易想到，运动状态的变化源于相互作用，m_1 运动状态变化是由于 m_2 对它的作用，m_2 运动状态变化是因为 m_1 对它的作用.现在引入力的概念描述该作用：力是一物体对另一物体的作用，将受力物体视为质点时，力可用受力物体动量的变化率来量度.动量是矢量，动量对时间的变化率和力也是矢量，力的方向沿受力物体动量对时间的变化率的方向.对于 m_1 和 m_2，分别用 $\boldsymbol{F}_{21}$ 和 $\boldsymbol{F}_{12}$ 表示 m_2 对 m_1 及 m_1 对 m_2 的作用力，根据(3.2.6)式，有

$$\boldsymbol{F}_{21}=k\frac{\mathrm{d}}{\mathrm{d}t}(m_1\boldsymbol{v}_1),\quad \boldsymbol{F}_{12}=k\frac{\mathrm{d}}{\mathrm{d}t}(m_2\boldsymbol{v}_2).$$

k 为比例常数.在国际单位制中，动量、时间和力的单位分别为 kg · m/s、s 和 N(牛顿)，则 $k=1$.力的量纲为 LMT^{-2}，于是

$$\boldsymbol{F}_{21}=\frac{\mathrm{d}}{\mathrm{d}t}(m_1\boldsymbol{v}_1),\quad \boldsymbol{F}_{12}=\frac{\mathrm{d}}{\mathrm{d}t}(m_2\boldsymbol{v}_2). \tag{3.2.7}$$

或一般地写作

$$\boldsymbol{F}=\frac{\mathrm{d}}{\mathrm{d}t}(m\boldsymbol{v}).$$

推广至一般情况，设有诸力 $\boldsymbol{F}_i(i=1,2,\cdots)$ 作用于质点 m，有

$$\sum\boldsymbol{F}_i=\frac{\mathrm{d}}{\mathrm{d}t}(m\boldsymbol{v})=\frac{\mathrm{d}\boldsymbol{p}}{\mathrm{d}t}. \tag{3.2.8}$$

其意为：质点动量对时间的变化率等于作用于该质点的力的矢量和，称为质点的动量定理.

(三) 牛顿运动定律

牛顿第一定律已如前述.在经典力学中，质点质量保持恒定，即不存在质量的相对论改变.故由(3.2.8)式得

$$\sum\boldsymbol{F}_i=m\boldsymbol{a}, \tag{3.2.9}$$

它表明质点的惯性质量与其加速度的乘积等于该质点所受合力.此即牛顿第二定律的常见形式，又称质点的动力学方程.

根据(3.2.6)式和(3.2.7)式又可得

$$\boldsymbol{F}_{21}=-\boldsymbol{F}_{12}, \tag{3.2.10}$$

两个力分别称为作用力和反作用力.(3.2.10)式即牛顿第三定律的数学表述.

牛顿运动定律在当代科学技术中有广泛的应用，但动量和动量守恒定律能应用于更广泛的自然现象中.上面表述的牛顿运动定律有其局限性.

在《自然哲学的数学原理》中，牛顿指出“运动的量是运动的度量，可由速度和物质之量共同求出”，又指出：“运动的变化正比于外力，变化的方向沿外力作用的直线方向”[①].可见牛顿第二定律最初形式是(3.2.7)式[②].它在相对论力学中仍旧正确，但牛顿第二定律的常见形式(3.2.9)式则因不计质量的相对论改变，仅适用于质点速率远小于光速的情况.

在经典的电磁理论中，粒子和场均有动量，带电质点间的相互作用以电磁场为媒介.将动量守恒定律应用于含两个带电质点和场组成的体系中，质点和场的动量均需计算在内.如在某过程中，该体系动量守恒，而场的动量发生了变化，两个带电质点的动量和也将改变.于是，两个质点各自动量的变化率将不再等值反向，牛顿第三定律不复成立.然而，两个静止点电荷间的相互作用力满足牛顿第三定律，这是因为电荷静止，静电场的动量未发生变化的缘故.

经典力学认为，只要两个物体存在，彼此之间立即存在万有引力.一旦两个电荷存在，立即存在静电力.若其中一个物体运动，则相互作用力立即同时改变并总保持等值反向.这称作超距作用.根据相对论，一切速率不得超过真空中的光速.若两个电荷中一电荷运动，便引起周围电场动量的改变，电荷所受电场力亦改变.这一改变需按光速在一定时间间隔后才影响另一电荷.考虑到场的存在，超距作用的观念显示出局限性.

远在约 2 400 年前，我国思想家墨翟曾对“力”做出了那个时代下的杰出的表述.他在《墨经》中写道：“力，刑之所以奋也”(见图 3.2).“力”指相互作用，“刑”指物体，“奋”指由静而动或由慢而快.全句含义明确，即相互作用改变物体运动状态.这比亚里士多德早约 100 年，比伽利略早 2 000 年.可惜加速度概念未在我国产生，也未能出现科学的运动定律.

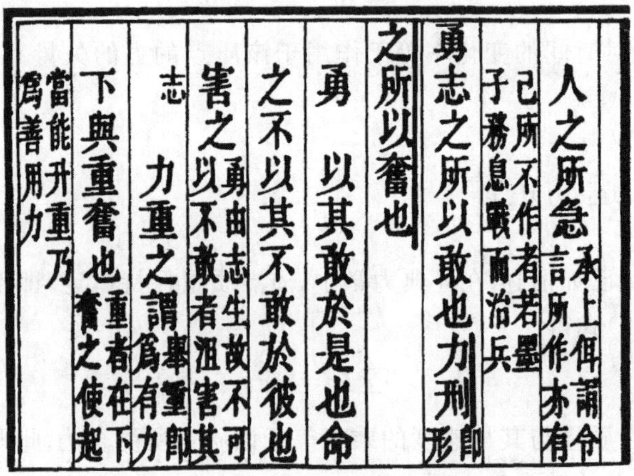
人之所急承上俱誦令言所作亦有
己所不作者若墨子務息戰而治兵
勇志之所以敢也力刑即形
之所以奮也
勇 以其敢於是也命
之不以其不敢於彼也
害之勇由志生故不可以不敢者沮害其
志 力重之謂舉重即爲有力
下與重奮也重者在下奮之使起
當能升重乃爲善用力

图 3.2 《墨经·经上》中“力刑之所以奋也”的论述，选自张之纯注《墨经》

清代学者李善兰(1811—1882)在将经典力学介绍给我国方面做出了重要贡献.他

① 牛顿.自然哲学之数学原理及他的宇宙体系.王克迪译，袁江详校.武汉：武汉出版社，1992:13.

② 将“运动的量”理解为现代意义的动量，本书作者注.

将当时一本外国力学书笔译为中文，书名为《重学》.他在书的序中指出："凡物不能自动，力加之而动，若动者不复加力，则以平速动；若动后恒加力，则以渐加速动."正是动力学的核心内容.

(四) 伽利略的相对性原理

上述讨论是在特定惯性系中进行的，故牛顿的动力学规律适用于该惯性系.当这一惯性系转变为另一惯性系时，牛顿第二、第三定律的形式将不发生改变.从下面的推导能清楚地看到这一点.

参考图 2.23，O'系相对于O系做匀速直线运动.两者均为惯性参考系.在O系中测得一质点的运动，其质量为m，加速度为$\boldsymbol{a}$，所受合力为$\sum \boldsymbol{F}_i$，有

$$\sum \boldsymbol{F}_i = m\boldsymbol{a},$$

又从O'系观测同一质点的运动，测得质点质量m'，加速度$\boldsymbol{a}'$和所受合力$\sum \boldsymbol{F}'_i$.对于经典力学，在不同惯性系中测出的质量相同，即$m'=m$.§2.8 已指出：质点加速度有伽利略不变性，即有$\boldsymbol{a}'=\boldsymbol{a}$.力取决于质点动量对时间的变化率，因$\boldsymbol{a}'=\boldsymbol{a}$，故质点对$O'$系和$O$系的动量变化率相同，从而$\sum \boldsymbol{F}'_i = \sum \boldsymbol{F}_i$.于是有

$$\sum \boldsymbol{F}'_i = m'\boldsymbol{a}'.$$

因在O'系和O系中测得的力相同，若在O系中有$\boldsymbol{F}_{12} = -\boldsymbol{F}_{21}$则在$O'$系中亦有$\boldsymbol{F}'_{12} = -\boldsymbol{F}'_{21}$.

可见，与牛顿第一定律一样，对于任何惯性参考系牛顿第二、第三定律都成立，或者说，任何惯性参考系在牛顿动力学规律面前都是平等的或平权的.

伽利略是一位伟大的学者，他早在牛顿运动定律之前就通过观察和实验论证了在力学规律面前任何惯性参考系都是平等的结论.

伽利略于 1632 年出版了《关于托勒密和哥白尼两大世界体系的对话》.这本书以三人谈话、辩论的方式写成，其中萨尔瓦蒂代表伽利略本人，另外两人代表亚里士多德派和中立派.四天的对话讨论了天体与地球、地球的公转与自转，以及潮汐等问题.在第二天的对话中，萨尔瓦蒂描述了这样一些现象："把你和一些朋友关在一条大船甲板下的主舱里，再让你们带几只苍蝇、蝴蝶和其他小飞虫，舱内放一只大水碗，其中放几条鱼.然后，挂上一个水瓶，让水一滴一滴地滴到下面的宽口罐里.船停着不动时，你留神观察，小虫都以匀速向舱内各方向飞行，鱼向各个方向随便游动，水滴掉进下面的罐子中，你把任何东西扔给你的朋友时，只要距离相等，向这一方向不必比另一方向用更多的力，你双脚齐跳，无论向哪个方向跳过的距离都相等.当你仔细地观察这些事情后（虽然当船停止时，事情无疑一定是这样发生的），再使船以任何速度前进，只要运动是匀速的，也不忽左忽右地摆动，你将发现，所有上述现象丝毫没有变化，你也无法从其中任何一个现象来确定，船是在运动还是停着不动.即使船运动得相当快，在跳跃时，你将和以前一样，在船底板上跳过相同的距离，你跳向船尾也不会比跳向船头来得远，虽然你跳到空中时，脚下的船底板向着你跳的相反方向移动.你把不论什么东西扔给你的同伴时，不论他是在船头还是在船尾，只要你自己站在对面，你也并不需要用更多

的力.水滴将像先前一样,滴进下面的罐子,一滴也不会滴向船尾,虽然水滴在空中时,船已行驶了很多拃[1].鱼在水中游向水碗前部所用的力,不比游向水碗后部来得大;它们一样悠闲地游向放在水碗边缘任何地方的食饵.最后,蝴蝶和苍蝇将继续随便地到处飞行,它们也绝不会向船尾集中,并不因为它们可能长时间留在空中,脱离了船的运动,为赶上船的运动显出累的样子……”[2]它表明:在船上关起门窗做力学实验,不可能根据所观察到的现象判断船是静止还是做匀速直线运动,运动得快还是慢.要想做到这一点,必须打开门窗,观察岸边的景色.用物理语言说,即不可能借助在惯性参考系中所做的力学实验来确定该参考系做匀速直线运动的速度.换句话说,在彼此做匀速直线运动的所有惯性系中进行力学实验,所总结出的力学规律都是相同的;对于描述力学规律来说,一切惯性系都是等价的.这叫力学的相对性原理或伽利略相对性原理(如图 3.3 所示).

图 3.3　伽利略相对性原理.船沿箭头方向匀速直线行进时,
自由落体并不“落后”,就像在地面上一样下落

20 世纪初,爱因斯坦建立了狭义和广义相对论,把相对性原理推广于全部物理学.

§ 3.3　主动力和被动力

自然界有四种力,又可进一步分成两类.万有引力和电磁力在物体相距较远时仍发挥作用,叫长程力.万有引力在天体层次的运动中起重要作用.电磁相互作用不仅在宏观现象并且在微观现象中发挥作用.另一类是强相互作用与弱相互作用,它们的作用距离很短,叫短程力.短程力只有在微观现象中才发挥明显作用.强相互作用的典型例子是把质子和中子约束在原子核里面的力,而原子核的 β 衰变则是弱相互作用的典型现象.恒星在其演化晚期,变成密度极高的白矮星、中子星或黑洞.中子星内部的密

---

① 拃(zhǎ):将手张开,从拇指到中指能达到的最大距离.

② 伽利略.关于托勒密和哥白尼两大世界体系的对话.上海外国自然科学哲学著作编译组译.上海:上海人民出版社,1974:242—243.

度高于 $2.4\times10^{14}\ g/cm^3$，在这里四种力均发挥重要作用.经典力学通常处理万有引力、电磁力和在微观机制上属于电磁力的弹性力和摩擦力.为便于力学的分析，以下分主动力、被动力两方面讨论.

(一) 主动力

重力、弹簧弹性力、静电力和洛伦兹力等有其“独立自主”的方向和大小，不受质点所受其他力的影响，处于“主动”地位，称为主动力.

1. 重力和重量

当质点以线悬挂并相对于地球静止时，质点所受重力的方向沿悬线且竖直向下，其大小在数值上等于质点对悬线的拉力.实际上，重力是悬线对质点拉力的平衡力.我们通常将地球视作惯性系，这时，重力即地球作用于质点的万有引力.地球并非严格的惯性系.考虑到这一点，重力和地球引力有微小差别，将在第六章讨论.重量则指重力大小.

用 $\boldsymbol{G}$ 和 m 分别表示质点所受重力和本身质量，根据牛顿第二定律，有

$$\boldsymbol{G}=m\boldsymbol{g} \quad 和 \quad G=mg. \tag{3.3.1}$$

可见，重力和重量与质量有关.但重量和质量不同.质量反映物体被当作质点相对于惯性系运动时的惯性.重量是物体所受重力的大小，属于相互作用的范畴.这是两者最本质的区别.物体总具有质量，但若失去重力作用，例如当星际飞船远离地球时，重量就没有意义了.因此，质量概念比重量概念更具有普遍性.

另一方面，在经典力学中，质量为常量，但重力和重量与重力加速度密切相关.重力加速度因高度而不同，例如在珠穆朗玛峰上的重力加速度比海平面处约少 3/1 000.此外，因地球呈略扁的球形，故重力加速度还与纬度有关.由于地球各部分的地质构造不同，也导致各处重力加速度的不同.

2. 弹簧弹性力

水平放置的弹簧一端固定，另一端与质点相连.它既不伸长也不缩短的状态叫自然伸展状态，以弹簧自由伸展时质点位置为坐标原点，沿弹簧轴线建立 Ox 系.x 表示质点坐标或对于原点的位移，用 F_x 表示作用于质点的弹性力在 x 轴上的投影.在 x 不太大的条件下，有

$$F_x=-kx, \tag{3.3.2}$$

即弹簧弹性力的大小与物体相对于坐标原点的位移成正比，负号表示方向与位移相反.比例系数 k 叫弹簧的弹性系数，与弹簧的匝数、直径、线径和材料等因素有关(见第八章选读材料).实际弹簧并非总满足上述关系，如需要 F_x 与 x 间严格的线性关系，还需通过实验找出线性区.

3. 静电场力和洛伦兹力

带电体周围存在电场.在电场内引入另一个带电质点，则它受电场力的作用.带电质点在电场中一点所受电场力 $\boldsymbol{F}$ 等于该质点的电荷量 q 与该点电场强度 $\boldsymbol{E}$ 的乘积，即

$$\boldsymbol{F}=q\boldsymbol{E}. \tag{3.3.3}$$

在国际单位制中，电荷量的单位为 C(库仑)，力的单位为 N(牛顿)，电场强度的单位为 N/C(牛顿每库仑).质点带正电，q 为正，$\boldsymbol{F}$ 与 $\boldsymbol{E}$ 方向相同；质点带负电，$\boldsymbol{F}$ 与 $\boldsymbol{E}$ 方向相反.

有电流的空间存在磁场.磁场对运动的带电质点也有力的作用，磁场用磁感应强度 $\boldsymbol{B}$ 表示.带电质点在磁场中受到的磁场力与质点所带电荷量 q、质点速度 $\boldsymbol{v}$，以及磁感应强度 $\boldsymbol{B}$ 有关，该力的大小为

$$F=qvB\sin\theta,$$

θ 表示矢量 $\boldsymbol{v}$ 与 $\boldsymbol{B}$ 所夹的角.若质点带正电，矢量 $\boldsymbol{v}$、$\boldsymbol{B}$ 和 $\boldsymbol{F}$ 的方向满足右手螺旋定则；如质点带负电，则力的方向与上述相反，见图 3.4(b).

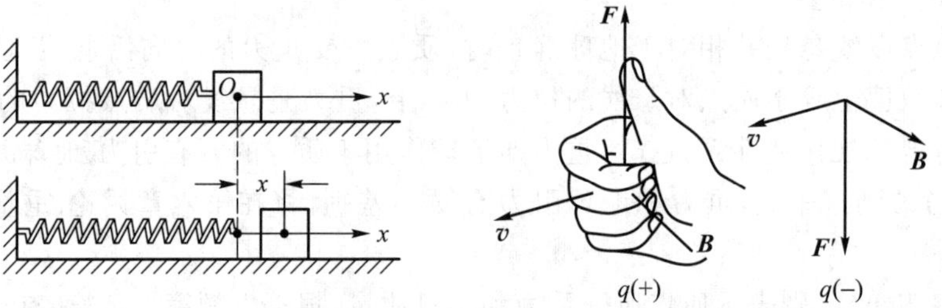

(a) 质点离开平衡位置，便受弹性力作用　　(b) 运动电荷在磁场中受力方向的示意

图 3.4

可以用矢量的矢积①表示磁场作用于带电质点的磁场力

$$\boldsymbol{F}=q\boldsymbol{v}\times\boldsymbol{B}. \tag{3.3.4}$$

在国际单位制中，上式各量的单位按顺序分别为 N(牛顿)、C(库仑)、m/s(米每秒)和 T(特斯拉，简称“特”).

若带电质点既受到电场力又受到磁场力，则合力为

$$\boldsymbol{F}=q\boldsymbol{E}+q\boldsymbol{v}\times\boldsymbol{B}, \tag{3.3.5}$$

称为**洛伦兹力**(有时也把 $q\boldsymbol{v}\times\boldsymbol{B}$ 称为洛伦兹力).

(二) 被动力或约束力

物体间的挤压力、绳内张力和摩擦力常常没有自己独立自主的方向和大小，要看质点受到的主动力及运动状态而定，从而处于“被动地位”.如体操运动员在吊环上做各种动作，吊绳内的张力将随时相应地变化.升降机中物体受到的支持力由重力和升降机的运动状态决定.在力学问题中，被动力常常作为未知力出现.

1. 绳内张力

在张紧的绳索上某处做与绳垂直的假想截面，将绳分成两段，这两段的相互拉力即该处绳的**张力**.张力是绳索因拉伸变形而产生的，但这时拉伸变形与绳的原长相比很小，处理问题时，常不考虑绳的伸长.

或问：不考虑绳的伸长，却又考虑因绳伸长导致的张力，岂不矛盾？图 3.5 表示机

① 见本书后面的数学知识.

船以绳索牵引拖船.机船长 L，绳原长 $L_{绳}$，牵引使绳伸长 $\Delta L_{绳}$.用 x_A 和 x_B 表示机船和拖船船头的坐标，有 $x_B=x_A+L+L_{绳}+\Delta L_{绳}$.因 $L_{绳}\gg\Delta L_{绳}$，故 $L_{绳}+\Delta L_{绳}\approx L_{绳}$.于是 $x_B=x_A+L+L_{绳}$，将上式对时间求导，得 $v_{Ax}=v_{Bx}$ 及 $a_{Ax}=a_{Bx}$.若从动力学考虑，机船受因螺旋桨旋转引起的水的推力 F_x.设绳内张力 F_T 且机船质量为 $m_{机}$，有 $F_x-F_T=m_{机}a_{Ax}$.一般说来，F_T 与 F 相比不可忽略.同类量才好相比.$\Delta L_{绳}$ 与 $L_{绳}$ 相比，可略去 $\Delta L_{绳}$；F_T 与 F_x 相比，不能得出不计 F_T 的一般结论.张力 F_T 取决于主动力 F_x 和运动状态 a_x，这是被动力的特征.

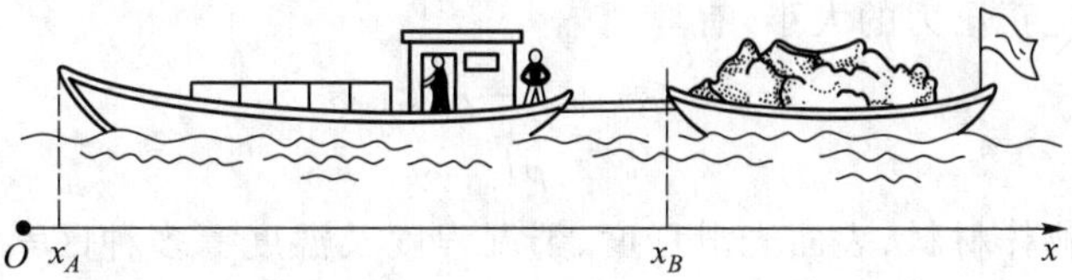

图 3.5　力与力相比，不可不计绳内张力.长度与长度相比，绳伸长比原长短很多，可不计

2. 支承面的支撑力

两物体接触并压紧，双方均因挤压而变形，变形后的物体均企图恢复原状而互相施与挤压弹性力，重物对支承面的压力和支承面作用于重物的支持力都属于这种力.对于互相压紧的两物体，可将相互作用分为两个分力，一个分力沿接触面切线方向，另一个分力与接触面垂直.前者属于摩擦力，后者即正压力，如果两个物体以理想光滑面接触，则仅有与接触面垂直的正压力或支撑力.物体和支承面的变形往往微乎其微，对受力情况无明显影响，通常忽略不计.

3. 摩擦力

固体间的摩擦叫作干摩擦.干摩擦力包含静摩擦力和滑动摩擦力.用力推水平面上的木箱，力气小了推不动，根据牛顿第二定律，地面必施与木箱沿两者接触面与推力大小相等方向相反的力，此即静摩擦力，如图 3.6(a)所示.静摩擦力没有独立自主的大小和方向，处于被动地位.其大小由物体所受主动力[如图 3.6(a)中推力]和物体运动状态而定.当静摩擦增至最大静摩擦 $F_{f0\max}$ 时，静摩擦力为滑动摩擦力所代替.

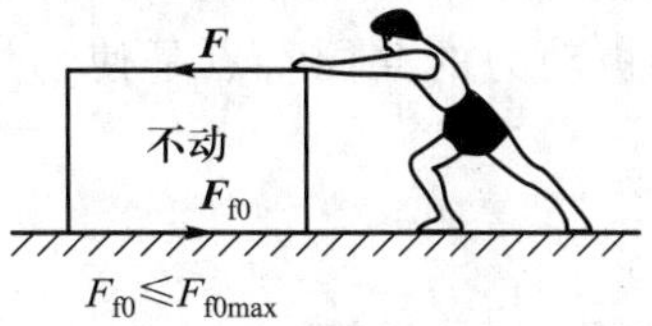

(a) 物体不动，推力F有多大，静摩擦力F_{f0}就有多大

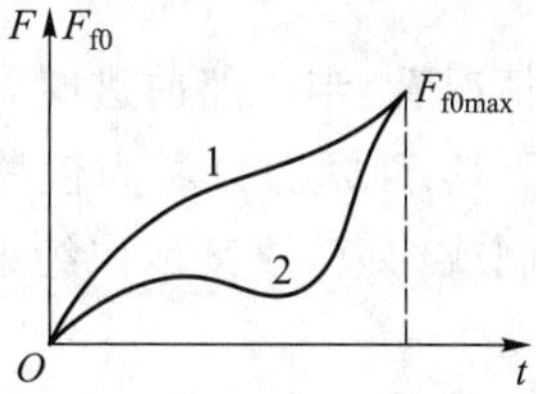

(b) 静摩擦力依主动力作用情况不同而以不同方式增至最大静摩擦力

图 3.6

摩擦力的机制颇耐人寻味.无论看起来多么光滑的表面，在显微镜下也是凹凸不平的.于是相互接触的物体彼此镶嵌.欲使两者沿接触面相对运动，就需超越此类相互

的阻隔.这种超越既可能不破坏表面的凸起,但发生轻微的上下跳跃,也可能使凸起断裂,产生的碎末又可能起到润滑使摩擦减小的作用.此外,对于表面极光滑的情况,两个表面间分子的吸引作用会使摩擦增大,例如将两块打磨光滑的金属块放在一起,欲使它们相对滑动会感到很困难.由此可见摩擦问题的复杂性.关于这方面新的专著屡见不鲜.

从基础研究看,大家仍采用库仑的经验公式.用 F_{f0}、F_f 和 F_{f0max} 分别表示静摩擦力、滑动摩擦力和最大静摩擦力,用 μ_0 和 μ 分别表示静摩擦因数和动摩擦因数,用 F_N 表示接触面上正压力的大小,有

$$F_{f0} \leqslant F_{f0max} = \mu_0 F_N, \tag{3.3.6}$$

$$F_f = \mu F_N, \tag{3.3.7}$$

其中 μ 和 μ_0 与物体材料、表面光滑程度、干湿程度及温度等多种因素有关,甚至并非常量.例如,有学者研究地震中断层间相对滑动的摩擦因数随接触面相对速度 v 的变化而变化,所用公式有 $\mu=(v+\alpha)^\beta$(α 和 β 为常量,$\alpha=3.308$,$\beta=-2.342$)和 $\mu=\mu'+\beta\ln(v/\alpha)$($\mu'$、$\alpha$ 和 β 为常量)等①.

一般计算中,仍视 μ_0 和 μ 为常量.表 3.2 给出若干材料间 μ_0 与 μ 的近似值.表面状况和相对速度诸因素均未考虑在内.一般说来,$\mu_0>\mu$.

表 3.2

材料	μ_0	μ
钢-钢	0.5	0.4
钢-木	0.5	0.4
钢-聚四氟乙烯	0.04	0.04
木-木	0.4	0.3
木-皮革	0.4	0.3
橡胶轮胎-水泥路面	1.0	0.7

前五项出自 Handbook of Mechanics, Materials and Structures. In: Blake I, Alexandre, ed. New York: John Wiley, 1985.

从以上情况看,当机船前进时,绳内张力使拖船一起运动.支承面对物体的支撑力保证物体不下落.静摩擦力尽力使物体静止.这些被动力的共同特点是使物体的运动受到某种限制或约束,故又称作**约束力**.

§3.4 牛顿运动定律的应用

作为基本文化素养,同学们已有运用牛顿运动定律解题的经验.如将物理作为专

① Poschel T, Herrmann H J. A Simple Model for Solid Friction. Physica A, 1993.198: 441—448.

业来学习，尚有进一步的要求.学物理时，善于把问题转化为理想模型并巧妙运用物理定律去研究是重要而又不易做到的事.再有，将可以视作质点的物体看作隔离体，分析它的受力情况，再运用牛顿运动定律求解是因为定律本身仅适用于质点，并且用力的概念说明质点运动状态的改变正是牛顿运动定律本身所要求的.此外，学习物理的一项基本训练是正确运用数学工具描述物理现象.要学会正确运用矢量和投影，学会运用矢量方程和投影方程，以及初步的微积分运算研究问题.这与同学们过去的知识相比进了一步.

(一) 质点的直线运动

对直线运动，用直角坐标系较方便.这时，牛顿第二定律写作：

$$\sum F_{ix}=ma_x,\quad \sum F_{iy}=ma_y,\quad \sum F_{iz}=ma_z. \tag{3.4.1}$$

牛顿第三定律的投影式为

$$F'_x=-F_x,\quad F'_y=-F_y,\quad F'_z=-F_z. \tag{3.4.2}$$

质点受力沿直线做加速运动在现代科学技术有重要应用.典型的例子之一是直线加速器.§1.2 提到的斯坦福大学的电子直线加速器长达 3 000 多米.许多医院利用电子加速器辐射(其原理后续课将学到)的光子为癌症病人做放射性治疗.加利福尼亚大学伯克利分校的重离子直线加速器(Hilac, Heavy Ion Linear Accelerator)能加速从氢到铀的各种离子.简单的直线加速器如图 3.7 所示.离子或电子经过一系列管状导体.导管的正负极性不断调换，使离子恰好经过两管之间时被加速.大体上说，若质点速率达到真空中光速的 1/10，便已不能用经典力学做精确的计算；若达到光速的 2/10～3/10，仅可用经典力学做近似的估计.加速器中被加速的离子速率往往很高，需要用相对论计算.至于汽车、舰艇和枪弹在枪膛中的加速运动用经典力学计算已足够精确.

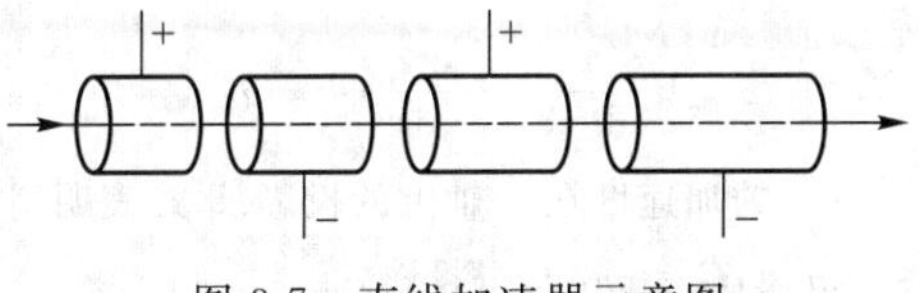

图 3.7 直线加速器示意图

[**例题 1**] 英国剑桥大学物理教师阿特伍德(G.Atwood, 1746—1807)，善于设计机巧的演示实验，他为验证牛顿第二定律而设计的滑轮装置，称为阿特伍德机①②，该机是最早出现的验证牛顿运动定律的最好的设备，于 1784 年发表于《关于物体的直线运动和转动》一文中如图 3.8(a)所示.物理学进行研究需建立理想模型.在理想模型中，重物 m_1 和 m_2 可视为质点；滑轮是"理想的"，即绳与滑轮的质量不计，轴承的摩擦不计，绳不伸长.求重物释放后物体的加速度及物体对绳的拉力.

[**解**] 选地球当作惯性参考系.取质点 m_1 和 m_2 为隔离体，受力如图 3.8(a)所示，$\boldsymbol{G}_1$ 和 $\boldsymbol{G}_2$ 为重力，$\boldsymbol{F}_{T1}$ 和 $\boldsymbol{F}_{T2}$ 表示绳对质点的拉力.用 $\boldsymbol{a}_1$ 和 $\boldsymbol{a}_2$ 表示两个质点的加速度，根据牛顿第二定律，有

$$\boldsymbol{G}_1+\boldsymbol{F}_{T1}=m_1\boldsymbol{a}_1,\quad \boldsymbol{G}_2+\boldsymbol{F}_{T2}=m_2\boldsymbol{a}_2.$$

① Cox J. Mechanics. Cambridge: Cambridge University Press, 1904: 140.

② 在战国时期的著作《墨经》中就有关于滑轮的记载.

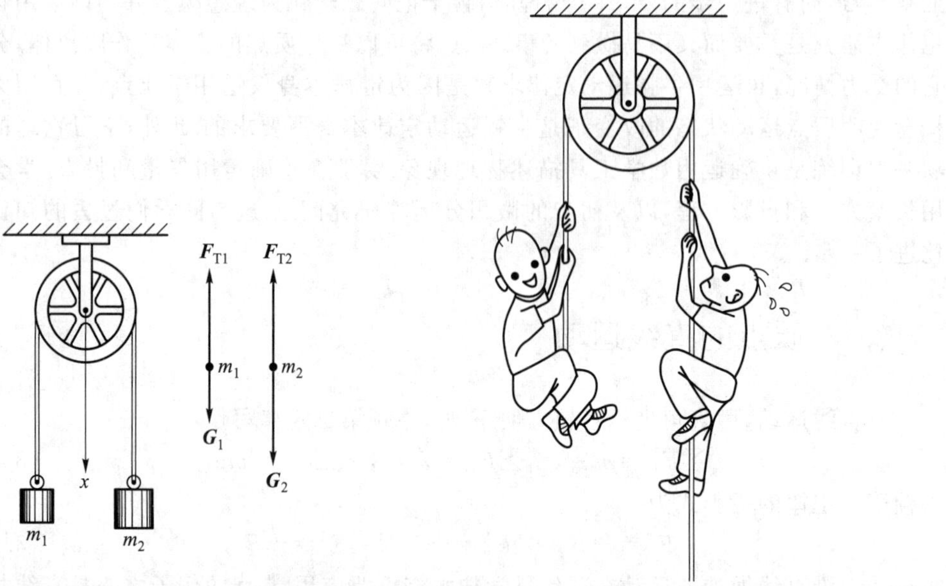

(a) 阿特伍德机，两质点的受力图和为应用牛顿运动定律进行计算而选择的坐标系 (b) 二人质量相同时，同时达到滑轮.尽管一人用力一人不用力，也是如此，只是用力者下面留下较长绳索

图 3.8

因不计绳质量，滑轮两侧绳的竖直段上各点张力相等.假若滑轮和绳的质量不计，又不计轴承摩擦，则为理想滑轮.这时，滑轮两侧张力相等(其道理见第七章的选读材料).于是有

$$\boldsymbol{F}_{T1}=\boldsymbol{F}_{T2}=\boldsymbol{F}_{T}.$$

建立坐标系 Ox.用 x_1 和 x_2 表示 m_1 和 m_2 的坐标，l 表示绳长，R 表示滑轮半径.因绳不可伸长，则

$$x_1+x_2+\pi R=l=\text{常量}.$$

对时间求两次导数，得

$$a_{1x}=\frac{\mathrm{d}^2x_1}{\mathrm{d}t^2}=-\frac{\mathrm{d}^2x_2}{\mathrm{d}t^2}=-a_{2x},$$

式中 a_{1x} 和 a_{2x} 分别表示 m_1 和 m_2 的加速度在 x 轴上的投影.此式表明滑轮两侧质点的加速度大小相等、方向相反.再考虑到 $\boldsymbol{G}_1=m_1\boldsymbol{g}$，$\boldsymbol{G}_2=m_2\boldsymbol{g}$，得投影式

$$m_1g-F_T=m_1a_{1x},$$

$$m_2g-F_T=m_2a_{2x}=-m_2a_{1x}.$$

求解，得

$$a_{1x}=-a_{2x}=\frac{(m_1-m_2)g}{m_1+m_2},$$

$$F_T=\frac{2m_1m_2}{m_1+m_2}g.$$

［讨论］ 若 $m_1>m_2$，a_{1x} 为正，a_{2x} 为负，表明 m_1 的加速度 $\boldsymbol{a}_1$ 与 x 轴正向相同；若 $m_1<m_2$，则 a_{1x} 为负，表明 m_1 的加速度与 x 轴正向相反；若 $m_1=m_2$，加速度为零.即加速度的方向大小均取决于 m_1 和 m_2.

在阿特伍德机实验中，可事先测定质量 m_1 和 m_2，又可通过实验测出物体下降或上升的距离，以及通过这一距离所用的时间从而求出加速度.若计算结果与实验结果一致，则牛顿第二定律得到验证.其优点是加速度小,易于测准.

将物体换成两名质量相等自同一高度爬绳的运动员,如图 3.8(b)所示,问谁先到达滑轮?将运动员视作质点.两名运动员所受向上的拉力相等,又因质量相同,受同样重力.因而对地面有相同的加速度.两名运动员最初静止于相同高度,右边的人加速向上爬,但二人应有相同的加速度,必同时到达滑轮.这与两运动员的力气大小没关系.

图 3.9(a)表示运动员持网球拍托球跑.开始加速时,运动员用水平力推球拍,问网球拍偏离水平多大角度,网球相对球拍静止.此问题可模型化为图 3.9(b),并形成下面例题.

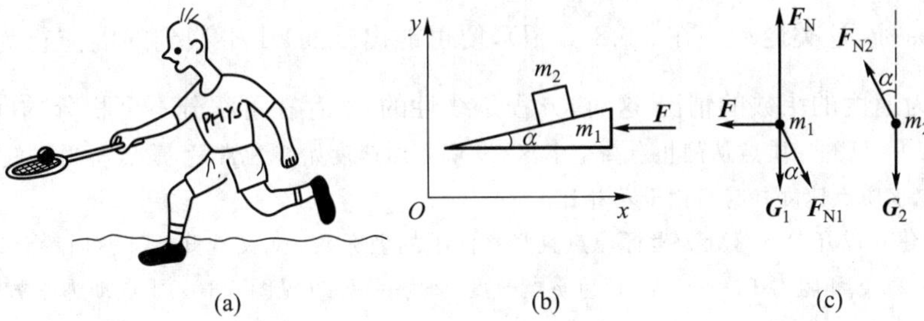

图 3.9 将托球跑问题转化为理想模型并研究其受力

[例题 2] 斜面质量为 m_1,滑块质量为 m_2,m_1 与 m_2 之间、m_1 与平面间均无摩擦,用水平力 $\boldsymbol{F}$ 推斜面.问斜面倾角 α 应多大,m_1 和 m_2 相对静止.

[解] 将 m_1 和 m_2 视为质点并作为隔离体,受力如图 3.9(c)所示.m_1 受推力 $\boldsymbol{F}$,支承面弹力 $\boldsymbol{F}_{\mathrm{N}}$,重力 $\boldsymbol{G}_1$ 和 m_2 的压力 $\boldsymbol{F}_{\mathrm{N1}}$;$m_2$ 受重力 $\boldsymbol{G}_2$ 和斜面的弹力 $\boldsymbol{F}_{\mathrm{N2}}$.考虑到 m_1 和 m_2 相对静止,具有共同的加速度 $\boldsymbol{a}$,根据牛顿第二、三定律,得

$$\boldsymbol{F}+\boldsymbol{F}_{\mathrm{N}}+\boldsymbol{G}_1+\boldsymbol{F}_{\mathrm{N1}}=m_1\boldsymbol{a},$$

$$\boldsymbol{G}_2+\boldsymbol{F}_{\mathrm{N2}}=m_2\boldsymbol{a},$$

$$\boldsymbol{F}_{\mathrm{N1}}=-\boldsymbol{F}_{\mathrm{N2}}.$$

建立坐标轴沿水平和竖直方向的坐标系 Oxy,对于 m_1 有

$$-F+F_{\mathrm{N1}}\sin\alpha=-m_1a,$$

对 m_2 有

$$-F_{\mathrm{N2}}\sin\alpha=-m_2a,$$

$$-m_2g+F_{\mathrm{N2}}\cos\alpha=0.$$

解方程得

$$\alpha=\arctan[F/(m_1+m_2)g].$$

可见力 $\boldsymbol{F}$ 越大,倾角也应越大;不难联想到当到达终点减速时,球拍应向另一侧倾斜.

顺便谈一点,质量为 m_2 的物体在静止斜面上下滑时对斜面的压力等于 $m_2g\cos\alpha$,而本题中 m_2 对斜面压力却等于 $m_2g/\cos\alpha$.这种不同反映了压力作为被动力的特点.由此还可进一步看到,"将斜面上物体所受重力分解为下滑力和正压力"的说法不正确.它不仅混淆了"重力沿与斜面垂直方向的分力"和"正压力"的不同性质,而且它们的大小也不一定相等.

(二) 变力作用下的直线运动

一般情况下,力可能是时间、质点位置或速度等的函数.这时,若已知运动而求力,因加速度与合力成正比,故仅需对运动学方程进行微分即可求解.若已知力求运动学

方程，则需做积分.现在讨论后一类问题.动力学方程为

$$m\frac{d^2x}{dt^2}=F_x\left(t,x,\frac{dx}{dt}\right). \tag{3.4.3}$$

按传统观点，若给出力、坐标和速度的初始条件，则问题相当于运动学中已知加速度求运动学方程，原则上可通过积分求解，从而确定质点过去、未来任何时刻的运动状态.按现代观点，若方程式右方为未知变量 x 或其导数$\frac{dx}{dt}$的非线性函数（例如 $F=x-x^3-\delta\frac{dx}{dt}+\gamma\cos\omega t$，这类运动将在§9.8 介绍），便可能出现§1.1 中谈到的混沌行为.本章只研究力仅为速度的函数的情况.这时，方程是线性的，不存在可积分不可积分的问题.

［**例题 3**］ 已知一质点从静止自高空下落，设重力加速度始终为常量，质点所受空气阻力与其速率成正比.求质点速度并与自由下落相比.

［**解**］ 建立以开始下落处为坐标原点且竖直向下的坐标系 Oy.又选开始下落时为计时起点.质点受重力 $\boldsymbol{G}=m\boldsymbol{g}$ 和阻力 $\boldsymbol{F}_f=-\gamma\boldsymbol{v}$，$\boldsymbol{v}$ 为质点速度，γ 为一常量（见图 3.10）.质点动力学方程为

$$m\frac{d\boldsymbol{v}}{dt}=\boldsymbol{G}+(-\gamma\boldsymbol{v}).$$

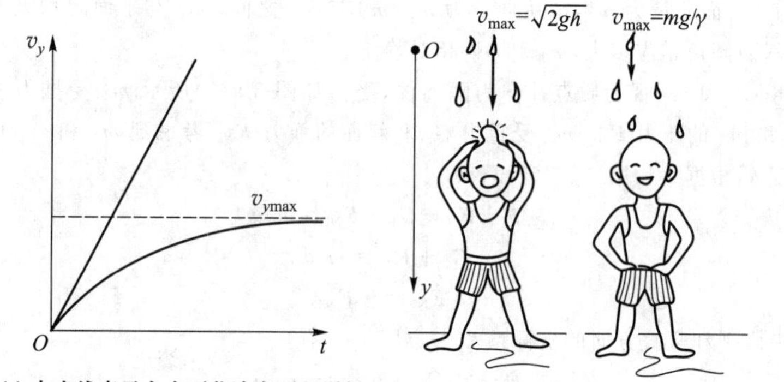

(a) 中直线表示自由下落速度不断增加，而曲线表示有阻力时，最后可达一极限——终极速度

(b) 两种情况对比

图 3.10

它在 y 轴的投影为

$$\frac{dv_y}{dt}=g-\frac{\gamma}{m}v_y. \tag{3.4.4}$$

该式可写作

$$-\frac{m}{\gamma}d\left(-\frac{\gamma}{m}v_y+g\right)\Big/\left(\frac{-\gamma}{m}v_y+g\right)=dt.$$

做不定积分，得

$$mg-\gamma v_y=Ce^{-\frac{\gamma}{m}t}.$$

常量 C 应由初始条件决定.因 $t=0$ 时，$v_y=0$，故 $C=mg$.于是

$$v_y=\frac{mg}{\gamma}(1-e^{-\frac{\gamma}{m}t}).$$

由此结果可知，质点自静止开始，速度逐步增加；当 $t\to\infty$时，$v_y\to mg/\gamma=$常量.$v_{ymax}=mg/\gamma$ 称为质

点的终极速度，与自由落体速度不断增加不同，如图3.10(a)所示，有阻力时的末速度与高度无关，但自由落体末速度与高度有关.$v_{y\max}$亦可由方程(3.4.4)直接得到：因速度增加阻力也增加，最后重力与阻力平衡，$mg=\gamma v_{y\max}$，直接求出 $v_{y\max}$.当速度很大时，阻力还可能与 v^2 成正比.若雨滴自高空自由下落，速度可达数百米每秒，对人类十分危险.因有空气阻力，才使人们得以享受栉风沐雨.阻力系数 γ 与物体的形状、大小，介质的性质有关.有人估计，人在空气阻力中下落的终极速度约 54 m/s.当跳伞运动员打开降落伞后，终极速度仅约 6.3 m/s.①

(三) 质点的曲线运动

将牛顿第二定律用于曲线运动，可选择直角坐标系或自然坐标等.如将质点的动力学方程向自然坐标的法线方向 $\boldsymbol{e}_{\mathrm{n}}$ 和切线方向 $\boldsymbol{e}_{\mathrm{t}}$ 投影，得

$$\sum F_{\mathrm{in}}=m\frac{v^2}{\rho},\quad \sum F_{\mathrm{it}}=ma_{\mathrm{t}}. \tag{3.4.5}$$

式中$\sum F_{\mathrm{in}}$表示各力在法线方向投影的代数和，称为法向力，$\sum F_{\mathrm{it}}$表示各力在切线方向投影的代数和，称为切向力，ρ 为曲率半径.对于圆周运动，用 r 表示圆周半径，得

$$\sum F_{\mathrm{in}}=m\frac{v^2}{r}=m\omega^2 r,\quad \sum F_{\mathrm{it}}=ma_{\mathrm{t}}. \tag{3.4.6}$$

这里，诸力在法线方向投影的代数和$\sum F_{\mathrm{in}}$，又称为向心力.

关于(3.4.5)式和(3.4.6)式，认为 mv^2/ρ 和 $m\omega^2 r$ 是向心力，是概念错误.它们是动量的变化率，是描写质点运动状态变化快慢的物理量.$\sum F_{\mathrm{in}}$才是法向力或向心力.还有，过去讨论直线运动，并没给物体所受合力按其作用另外起个名称.例如起重机向上加速起吊重物时，挂钩拉力 $\boldsymbol{F}_{\mathrm{T}}$ 和重力 $\boldsymbol{G}$ 的合力使物体产生向上的加速度.这时，并没把 $\boldsymbol{F}_{\mathrm{T}}$ 和 $\boldsymbol{G}$ 的合力 $\boldsymbol{F}_{\mathrm{T}}+\boldsymbol{G}$ 叫作"向上力"，我们也绝不会认为重物向上加速时，除受重力、拉力外，还受到一个"向上力".同理，重物减速上升时，也未把拉力、重力的合力叫作"向下力".在讨论匀速圆周运动时，却把产生加速度的合力起个特殊的名称"向心力"，使人容易误认为它是独立于各种力之外的某种东西，其实，向心力和所谓的"向上力""向下力"等都属于同一范畴，只不过是对合力另起个名称罢了.

(3.4.5)式和(3.4.6)式有数不清的应用.图 2.2 中，云室置于指向纸内的磁场中.宇宙射线的径迹为 AA'.粒子经过铅板而减速，旋转半径也从大变小.从粒子逆时针向右转表明粒子带正电荷；从径迹的曲率可知，粒子的质量极接近于电子.于是正电子的存在得到观测上的证实.狄拉克的预言得到证实，成为物理学史上的佳话②.

研究物质结构常用加速的粒子去撞击.各种加速器应运而生.劳伦斯于 1930 年在一篇德文文章的启发下首次制成回旋加速器③.图 3.11 表示两个 D 形空腔，中间有狭缝.狭缝中箭头表示交变电场.质子或氘核等自离子源 S 引出后，即被电场加速.一旦进入 D 形腔，便在均匀的、指向纸内的磁场中做匀速圆周运动.电场使粒子加速，也增加

---

① Beiser A. Modern Technical Physics. 6th ed. Massachusetts: Addison - Wesley Publishing Company, 1991:23.

② Griffiths D J. Introduction to Elementary Particles. New York: Harper & Row Publishers, Inc, 1987:20.

③ 塞格莱.物理名人和物理发现.刘祖慰译.上海：知识出版社，1986.

了它在D形腔内的回转半径.为使粒子一经狭缝便被加速,交变电场必须与粒子经过狭缝时同步.粒子速率增加,回旋半径也增大,高速粒子便由边缘 A 处引出.我们首先研究粒子在D形腔做半周圆周运动.粒子在磁场洛伦兹力作用下,根据(3.3.5)式,得动力学方程 $qvB=mv^2/r$.其中 q 和 m 表示粒子电荷量和质量,v 为粒子切向速度,r 为回转半径,B 为磁感应强度.由上式得

$$v=\frac{qBr}{m}. \tag{3.4.7}$$

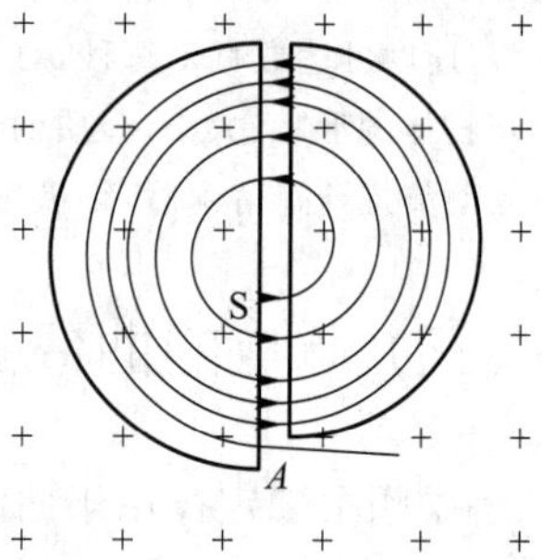

图 3.11 回旋加速器的基本原理

可见,粒子在 r 较大的圆周运动,速度较大.在该半周所经时间为

$$t=\frac{\pi r}{v}=\frac{\pi m}{qB}. \tag{3.4.8}$$

有趣的是,经半周的时间与速率和半径无关,因而等时间间隔地在狭缝使粒子加速即可.如果不计粒子经过狭缝的时间,则每转一周的时间为 $2t=2\pi m/qB$.故回旋加速器频率为

$$\nu=\frac{qB}{2\pi m}, \tag{3.4.9}$$

它仅与磁场、粒子的电荷量和质量有关.

由上述讨论可见,在粒子被引出之前最后一次加速是在最后半周之前.按(3.4.7)式计算粒子最终获得的速度,式中的 r 应指最后半周之前的回转半径.最妙的是,粒子被加速所获末速率仅与磁感应强度和D形腔半径有关而与缝隙处电场无关.电场强,粒子则少转几圈;电场弱,粒子则多转几圈.

劳伦斯最早制成的回旋加速器很小,可以托在手掌上.现在就半径仅为 $R=0.18$ m 的加速器做一计算.设 $B=1.7$ T,又知氘核质量和电荷量分别为 $m=3.35\times10^{-27}$ kg 和 $q=1.6\times10^{-19}$ C.根据上文公式可知,回旋加速器的频率为

$$\nu=1.6\times10^{-19}\times\frac{1.7}{2\times3.141\ 6\times3.35\times10^{-27}}\ \text{Hz}=1.3\times10^{7}\ \text{Hz},$$

最后运动至半径为 R 的圆周时,速率可达到

$$v=\frac{qBR}{m}=1.6\times10^{-19}\times1.7\times\frac{0.18}{3.35}\times10^{-27}\ \text{m/s}\approx1.46\times10^{7}\ \text{m/s}$$

通过计算,得到了加速粒子所获得速度大小的印象.如果粒子的速率与光速可比,便不可用经典力学.根据 $m=m_0/\sqrt{1-v^2/c^2}$,质量随速度的增加而增加,就不能等时间间隔地在狭缝加速粒子,回旋加速器频率必须随粒子回转半径逐步增加而降低.劳伦斯指导加利福尼亚大学辐射实验室建造了频率能变化的同步回旋加速器.现在,可以制造半径很大的回旋加速器.

［**例题 4**］ 某公园有一旋风游戏机,大致如图 3.12 所示.设大圆盘转轴 OO' 与竖直方向夹角 $\alpha=18°$,大圆盘匀速转动,角速度为 $\omega_0=0.84$ rad/s.离该轴 $R=2.0$ m 处又有与 OO' 平行的 PP',绕 PP' 转动的坐椅与 PP' 轴距离为 $r=1.6$ m.为简单起见,设转椅静止于大圆盘.设座椅光滑,侧向力全来

自扶手.又设两名游客的质量均为 $m=60$ kg.求游客处于最高点 B 和较低处 A 时所受座椅的力.

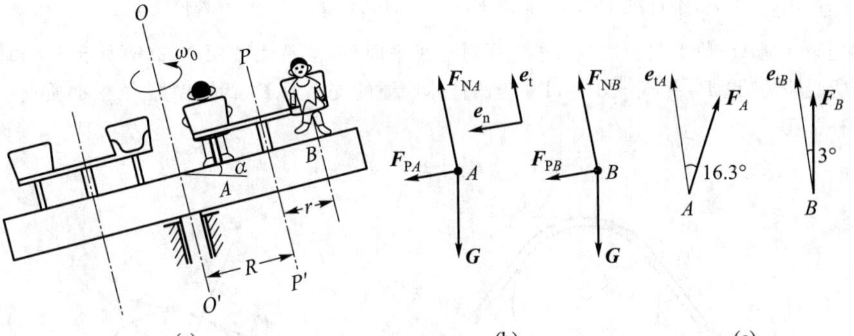

图 3.12 旋风游戏机和游客受力情况

[解] 因小转椅静止于大圆盘,故游客做圆周运动.A、B 二人受力分析如图 3.12(b)所示,$\boldsymbol{G}$ 表示重力,$\boldsymbol{F}_{PA}$ 和 $\boldsymbol{F}_{PB}$ 分别表示扶手施与的侧向力,$\boldsymbol{F}_{NA}$ 和 $\boldsymbol{F}_{NB}$ 表示座椅的支持力.根据牛顿第二定律,有

$$\boldsymbol{F}_{NA}+\boldsymbol{F}_{PA}+\boldsymbol{G}=m\boldsymbol{a}_A,$$

$$\boldsymbol{F}_{NB}+\boldsymbol{F}_{PB}+\boldsymbol{G}=m\boldsymbol{a}_B.$$

取单位矢量 $\boldsymbol{e}_{nA}$、$\boldsymbol{e}_{tA}$、$\boldsymbol{e}_{nB}$ 和 $\boldsymbol{e}_{tB}$ 与加速度平行或垂直,得

$$F_{PAn}+G\sin\alpha=m\omega_0^2(R-r),$$

$$F_{NAt}-G\cos\alpha=0,$$

$$F_{PBn}+G\sin\alpha=m\omega_0^2(R+r),$$

$$F_{NBt}-G\cos\alpha=0.$$

解之得

$$F_{PAn}=m[\omega_0^2(R-r)-g\sin\alpha],\quad F_{NAt}=mg\cos\alpha,$$

$$F_{PBn}=m[\omega_0^2(R+r)-g\sin\alpha],\quad F_{NBt}=mg\cos\alpha.$$

代入已知数,有 $F_{PAn}\approx-164.7$ N,$F_{NAt}\approx559$ N,$F_{PBn}\approx-29.3$ N 和 $F_{NBt}\approx559$ N.式中负号表示力与 $\boldsymbol{e}_n$ 方向相反.座椅作用于游客 A、B 的力分别为

$$F_A=\sqrt{F_{PAn}^2+F_{NAt}^2}\approx58.3\times10\text{ N},$$

与 $\boldsymbol{e}_{tA}$ 夹角约为 16.3°,

$$F_B=\sqrt{F_{PBn}^2+F_{NBt}^2}\approx56.0\times10\text{ N},$$

与 $\boldsymbol{e}_{tB}$ 夹角约为 3°,如图 3.12(c)所示.

(四) 质点的平衡

若质点保持静止或做匀速直线运动,则称质点处于平衡.因质点的加速度等于零,根据牛顿第二定律,有

$$\sum\boldsymbol{F}_i=0,\tag{3.4.10}$$

即当质点处于平衡时,作用于质点的合力等于零,叫质点的平衡条件.上式称质点的平衡方程.选择直角坐标系,则有投影方程

$$\sum F_{ix}=0,\quad\sum F_{iy}=0,\quad\sum F_{iz}=0.\tag{3.4.11}$$

[例题 5] 将绳索在木桩上绕几圈,能使绳的一端受到极大拉力,例如拴着一头牛,只要用很小的力拽住绳的另一端,即可将绳索固定,原因在哪里? 图 3.13(a)表示绳与圆柱体在 $\overset{\frown}{AB}$ 弧段上接触

且无相对滑动，$\overset{\frown}{AB}$ 对应的平面角 θ 称为包角.$\boldsymbol{F}_{T0}$ 和 $\boldsymbol{F}_T$ 分别表示 A 点和 B 点绳的张力.设绳与圆柱间的静摩擦因数为 μ_0；不计绳的质量.求在 $\boldsymbol{F}_{T0}$ 一定的条件下，$\boldsymbol{F}_T$ 的最大值 F_{Tmax}.

［解］ 在绳 $\overset{\frown}{AB}$ 段上假想地截取小弧段对应于平面角 $\mathrm{d}\theta$，受力如图 3.13(b)所示.$\boldsymbol{F}_T$ 和 $\boldsymbol{F}'_T$ 为小弧两端所受张力，设 $F'_T=F_T+\mathrm{d}F_T$，$\boldsymbol{F}_N$ 为圆柱体给绳的支撑力.$\boldsymbol{F}_0$ 为静摩擦力.根据质点平衡方程(3.4.10)式，得

$$\boldsymbol{F}_T+\boldsymbol{F}'_T+\boldsymbol{F}_N+\boldsymbol{F}_0=0.$$

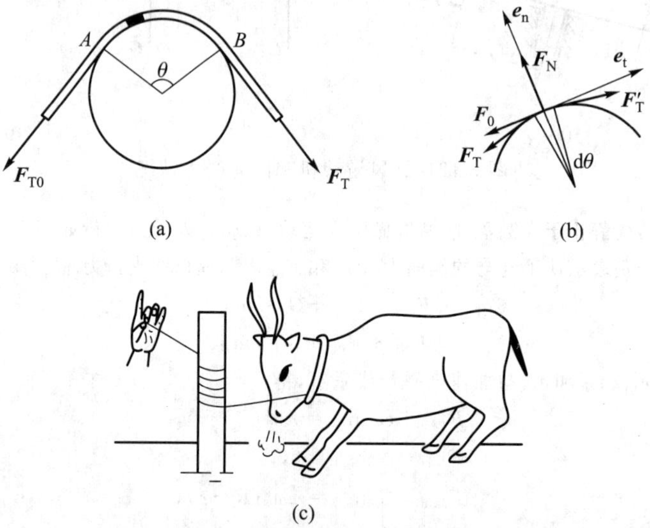

图 3.13　将绳在柱上绕几圈，可用小力拽住大负荷

取自然坐标 $\boldsymbol{e}_t$、$\boldsymbol{e}_n$，$\boldsymbol{e}_n$ 与 $\mathrm{d}\theta$ 的角平分线共线，如图 3.13(b)所示.做简化：设 $\boldsymbol{F}_0$ 与 $\boldsymbol{e}_n$ 垂直.将上式投影，并考虑到

$$F_0\leqslant F_{0\max}=\mu_0 F_N,$$

得

$$F_N-F_T\sin\frac{\mathrm{d}\theta}{2}-(F_T+\mathrm{d}F_T)\sin\frac{\mathrm{d}\theta}{2}=0,$$

$$-F_T\cos\frac{\mathrm{d}\theta}{2}-\mu_0 F_N+(F_T+\mathrm{d}F_T)\cos\frac{\mathrm{d}\theta}{2}\leqslant 0.$$

因 $\mathrm{d}\theta$ 取值很小，所以 $\sin\frac{\mathrm{d}\theta}{2}\approx\frac{\mathrm{d}\theta}{2}$，$\cos\frac{\mathrm{d}\theta}{2}\approx 1$，并略去二级无穷小量，得

$$F_N=F_T\mathrm{d}\theta,$$

$$\mathrm{d}F_T\leqslant\mu_0 F_N.$$

对这两式消去 F_N，得

$$\frac{\mathrm{d}F_T}{F_T}\leqslant\mu_0\mathrm{d}\theta,$$

此式描述小绳段上张力变化的规律.欲求有限长绳段上张力的变化规律，需对上式积分：

$$\int_{F_{T0}}^{F_T}\frac{\mathrm{d}F_T}{F_T}\leqslant\int_0^{\theta}\mu_0\mathrm{d}\theta,$$

$$\ln\frac{F_T}{F_{T0}}\leqslant\mu_0\theta,$$

$$F_{\mathrm{T}} \leqslant F_{\mathrm{T0}} e^{\mu_0 \theta}.$$

B 处最大张力可达

$$F_{\mathrm{Tmax}} = F_{\mathrm{T0}} e^{\mu_0 \theta}.$$

两张力之比按包角呈指数变化.例如,将绳在柱上绕两圈,$\theta = 4\pi$,$\mu_0 = 0.5$,则用 $F_{\mathrm{T0}} = 5$ N 的力即可抵抗另一端 $\boldsymbol{F}_{\mathrm{Tmax}} \approx 27 \times 10^2$ N 的力.

§3.5 非惯性系中的动力学

牛顿第二定律的适用范围是惯性系.物理学家总希望以最简明的方程概括最多的现象.本节将讨论如何在非惯性系中保持质点动力学方程的形式不变.这不仅开辟了另一条解决力学问题的途径,并且这一物理思想在广义相对论中得到发展:非惯性系和惯性系是等价的,相对性原理亦能推广于非惯性系.

(一) 直线加速参考系中的惯性力

若参考系相对于惯性系运动,固定于该参考系上直角坐标系的原点做变速直线运动,且各坐标轴的方向总保持不变,即为直线加速参考系.参照图 3.14,最初,小车静止,小球静止于小车内光滑的水平桌面上.后来,小车相对于地面以加速度 $\boldsymbol{a}$ 做直线运动,成为一个直线加速参考系.

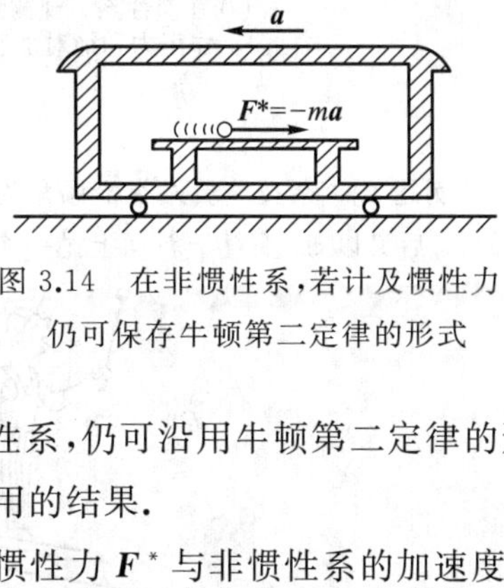

图 3.14 在非惯性系,若计及惯性力,仍可保存牛顿第二定律的形式

从地面上观察,因桌面光滑,小球在水平方向不受力,故相对于地面保持静止.我们以小车为参考系进行观察,小球不受力却以加速度 $-\boldsymbol{a}$ 相对于车身运动.这不符合牛顿第一定律.然而,以加速运动的车厢为参考系观察时,可设想有一个力 $\boldsymbol{F}^*$ 作用于小球,其方向与小车相对地面的加速度 $\boldsymbol{a}$ 的方向相反,其大小等于小球质量 m 与加速度 $\boldsymbol{a}$ 的乘积,即 $\boldsymbol{F}^* = -m\boldsymbol{a}$,该力称为惯性力.这样,对于非惯性系,仍可沿用牛顿第二定律的形式,即小球相对于车身的加速度 $-\boldsymbol{a}$ 是惯性力 $\boldsymbol{F}^*$ 作用的结果.

总之,在直线加速运动的非惯性系中,质点所受惯性力 $\boldsymbol{F}^*$ 与非惯性系的加速度 $\boldsymbol{a}$ 方向相反,且等于质点的质量 m 与非惯性系加速度 $\boldsymbol{a}$ 的乘积,即

$$\boldsymbol{F}^* = -m\boldsymbol{a}. \tag{3.5.1}$$

惯性力和相互作用力不同.首先,惯性力不是相互作用,不存在惯性力的反作用力;其次,无论在惯性系还是在非惯性系,都能观测到相互作用力,但只有在非惯性系中才观测到惯性力.

现在建立质点在直线加速参考系中的动力学方程.参考图 3.15(a),$Oxyz$ 和 $O'x'y'z'$ 分别是惯性系和非惯性系.两坐标系对应坐标轴总保持平行,O' 系相对于 O 系以加速度 $\boldsymbol{a}$ 运动.用 $\boldsymbol{r}$ 和 $\boldsymbol{r}'$ 分别表示质量为 m 的质点在 O 系和 O' 系中的位置矢量,$\boldsymbol{r}_{O'}$ 为 O'

系在O系中的位置矢量,有

$$\boldsymbol{r}=\boldsymbol{r}'+\boldsymbol{r}_{O'}. \tag{3.5.2}$$

按经典力学时空观,采用同一时间变量t描述O系和O'系中时间的推移.将上式对t求二阶导数,O'系无转动.从上式得

$$\boldsymbol{a}_{绝}=\boldsymbol{a}_{相}+\boldsymbol{a},$$

式中各量分别表示质点的绝对加速度、相对加速度和牵连加速度.对于O系,有$\sum\boldsymbol{F}_i=m\boldsymbol{a}_{绝}$,将上式代入,得$\sum\boldsymbol{F}_i-m\boldsymbol{a}=m\boldsymbol{a}_{相}$.其中$-m\boldsymbol{a}$即作用于质点的惯性力$\boldsymbol{F}^*$的数值,于是,

$$\sum\boldsymbol{F}_i+\boldsymbol{F}^*=m\boldsymbol{a}_{相}. \tag{3.5.3}$$

此式表明,在直线加速的非惯性系中,质点质量与相对加速度的乘积等于作用于此质点的相互作用力和惯性力的合力.上式即为质点在直线加速参考系中的动力学方程,参阅图3.15(b).下面关于杂技演员的例子将告诉我们(3.5.3)式带来的方便.

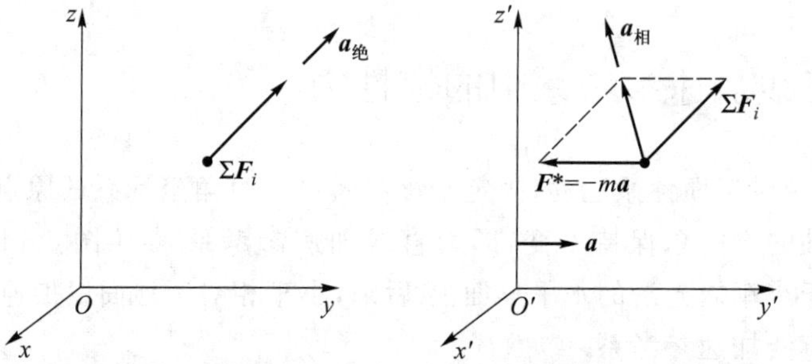

(a) 在惯性系,观测到相互作用力和绝对加速度　(b) 在平动非惯性系,观测到相互作用力、惯性力和相对加速度

图 3.15

［例题 1］　杂技演员站在沿倾角为α的斜面下滑的车厢内,以速率v_0垂直于斜面上抛红球,经时间t_0后又以v_0垂直于斜面上抛一个绿球.车厢与斜面无摩擦.参考图3.16(a).问两球何时相遇?

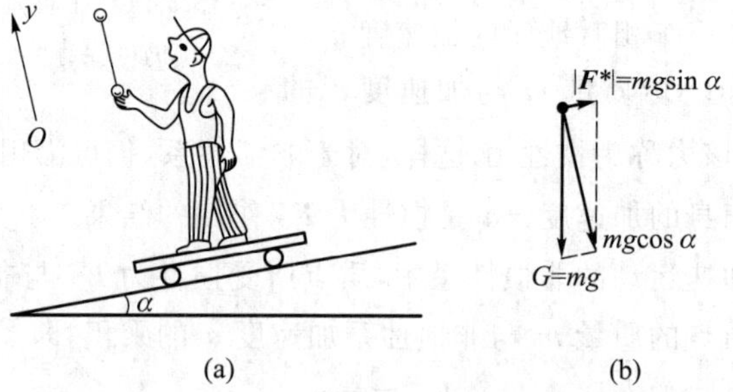

图 3.16　根据图(b),可知小球沿垂直于斜面方向以"重力加速度"$g\cos\alpha$做上抛运动.在非惯性系研究很简单

［解］　参考系车厢以加速度$g\sin\alpha$沿斜面运动,是直线加速非惯性系.被抛出小球受重力$\boldsymbol{G}=m\boldsymbol{g}$和惯性力,其大小为$mg\sin\alpha$,方向沿斜面向上;两者合力大小为$mg\cos\alpha$,方向与斜面垂直向下.可见在车厢参考系中,小球沿垂直于斜面方向以"重力加速度"$g\cos\alpha$做上抛运动.以出手高度为坐标原点建立坐标系Oy,以抛出红球时为计时起点.对红球有

$$y_1=v_0t-\frac{1}{2}gt^2\cos\alpha,$$

对绿球有

$$y_2=v_0(t-t_0)-\frac{1}{2}g(t-t_0)^2\cos\alpha.$$

两球相遇时 $y_1=y_2$,得相遇时间为

$$t_{遇}=\left(\frac{1}{2}+\frac{v_0}{gt_0\cos\alpha}\right)t_0$$

［讨论］ 因 $t=t_0$ 时才抛绿球,故应 $t_{遇}\geqslant t_0$.这要求 $\left(\frac{1}{2}+\frac{v_0}{gt_0\cos\alpha}\right)\geqslant 1$,即 $t_0\leqslant\frac{2v_0}{g\cos\alpha}$时解有意义,即必须在红球重返 $y=0$ 前抛出绿球.

（二）离心惯性力

参考图 3.17(a),圆盘以匀角速率 ω 绕竖直轴转动,在圆盘上用长为 r 的轻线将质量为 m 的小球系于盘心且小球相对于圆盘静止,即随圆盘一起做匀速圆周运动.从惯性系观察,小球在线拉力 $\boldsymbol{F}_{\mathrm{T}}$ 作用下做匀速圆周运动,符合牛顿第二定律.以圆盘为参考系观察,小球受到拉力 $\boldsymbol{F}_{\mathrm{T}}$ 的作用,但却保持静止,没有加速度,不符合牛顿第一定律.所以,相对于惯性系做匀速转动的参考系也是非惯性系,要在这种参考系中保持牛顿第二定律形式不变,在质点静止于此参考系的情况下,应引入惯性力

$$\boldsymbol{F}_{\mathrm{C}}^{*}=m\omega^2\boldsymbol{r},\tag{3.5.4}$$

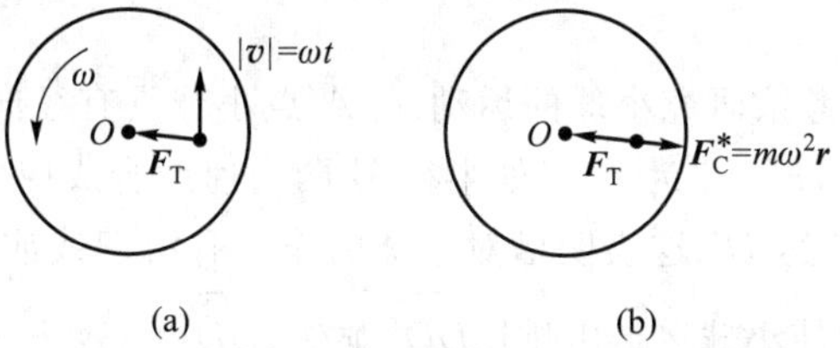

图 3.17 从惯性系(a)和转动非惯性系(b)用不同的方式解释小球的受力和运动

称为离心惯性力,$\boldsymbol{r}$ 表示自转轴向质点所引矢量,与转轴垂直.由此得出:若质点静止于匀速转动的非惯性参考系中,则作用于此物体的所有相互作用力与离心惯性力的合力等于零,即

$$\sum\boldsymbol{F}+\boldsymbol{F}_{\mathrm{C}}^{*}=0.\tag{3.5.5}$$

例如在图 3.17(b)中,可认为小球所受线的张力与离心惯性力 $\boldsymbol{F}^{*}=m\omega^2\boldsymbol{r}$ 平衡,因而小球静止.

［例题 2］ 在非惯性系中解 § 3.4 的例题 4.

［解］ 选大转盘为参考系,为一匀速转动的非惯性系.视两游客为质点,受力如图 3.18 所示.$\boldsymbol{F}_{\mathrm{CA}}^{*}$ 和 $\boldsymbol{F}_{\mathrm{CB}}^{*}$ 表示游客 A、B 所受离心惯性力.根据(3.5.5)式得矢量方程

$$\boldsymbol{F}_{\mathrm{NA}}+\boldsymbol{F}_{\mathrm{PA}}+\boldsymbol{W}+\boldsymbol{F}_{\mathrm{CA}}^{*}=0,$$

$$\boldsymbol{F}_{\mathrm{NB}}+\boldsymbol{F}_{\mathrm{PB}}+\boldsymbol{W}+\boldsymbol{F}_{\mathrm{CB}}^{*}=0.$$

建立如图 3.18 中的坐标系,有 $\boldsymbol{F}_{\mathrm{CA}}^{*}=-m\omega_0^2(R-r)\boldsymbol{e}_{\mathrm{n}}$ 和

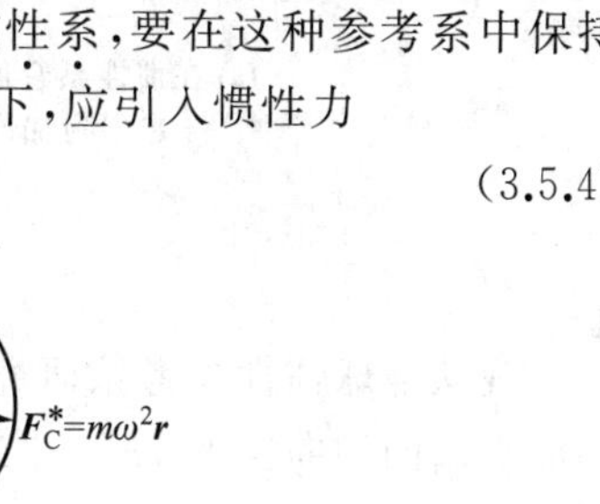

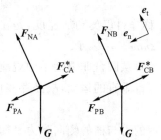

图 3.18 在匀速转动非惯性系中,A、B 两游客的受力图

$\boldsymbol{F}_{CB}^*=-m\omega_0^2(R+r)\boldsymbol{e}_n$.代入上面方程并投影可得与§3.4例题4相同的结果.

(三) 科里奥利力

若质点相对于转动的参考系运动,则质点还可能受到科里奥利力.图 3.19 表示一圆盘绕竖直轴以角速度 ω 转动.盘心有一光滑小孔,沿半径方向有光滑槽,在其中放置一个小球 m,可视为质点,以细线连之.线的另一端穿过小孔,可控制小球在槽中做匀速运动.现令小球以匀速 $\boldsymbol{v}_r$ 沿槽向外运动.经很短时间 Δt,圆盘转过 $\omega\Delta t$ 角,而小球自 A 运动至 D'.

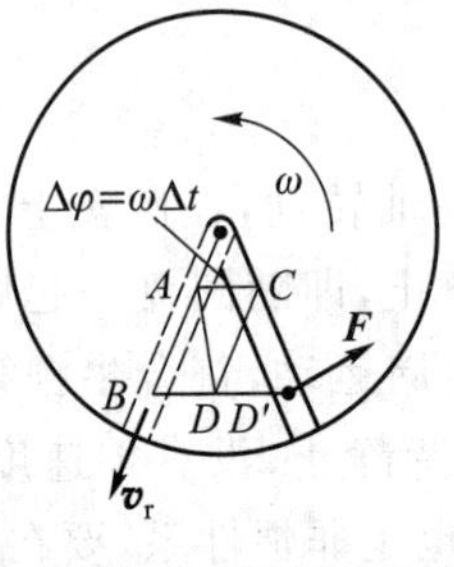

(a) 在惯性系看到$\boldsymbol{F}$力使小球走出附加位移$\overset{\frown}{DD'}$

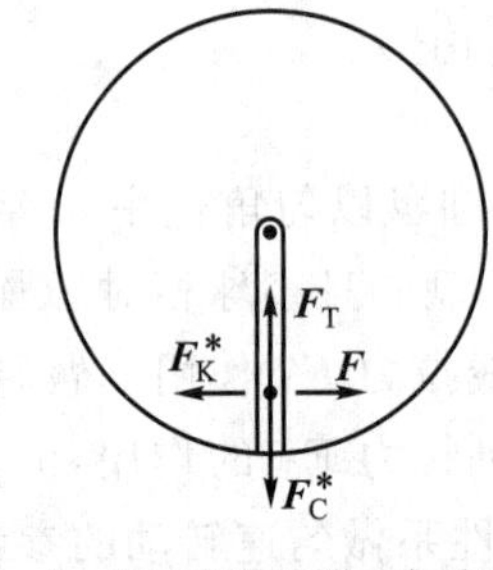

(b) 表示在非惯性系中看到线拉力$\boldsymbol{F}_T$与离心惯性力$\boldsymbol{F}_C^*$平衡,而科氏力$\boldsymbol{F}_K^*$与槽壁力$\boldsymbol{F}$平衡

图 3.19

现从地球惯性参考系研究小球的运动.在 A 点小球具有径向速度 $\boldsymbol{v}_r$,又有随盘转动而引起的切向速度 ωr_0,r_0 为 A 点处半径.这两个速度合成应使小球在 Δt 时间内达到 D,但小球实际上到达 D'.这表明槽对小球的作用有沿切线或圆弧方向的力.它使小球获得切向加速度,并使小球多走出弧长$\overset{\frown}{DD'}$.显然,$\overset{\frown}{DD'}=(r_0+v_r\cdot\Delta t)\omega\Delta t-\omega r_0\Delta t$.因 Δt 很短,可设小球以恒定加速度 a_K 多走出$\overset{\frown}{DD'}$,故$\overset{\frown}{DD'}=\dfrac{1}{2}a_K(\Delta t)^2$,于是有 $a_K=2v_r\omega$.它应是由于槽壁作用于小球的推力产生的.用"角速度矢量"描述圆盘的转动,记作 $\boldsymbol{\omega}$.右手握拳并伸出拇指,四指指向圆盘旋转的方向,拇指即指向角速度矢量的方向,如图 3.20(a)所示,角速度矢量的大小即角速率;角速度 $\boldsymbol{\omega}$、$\boldsymbol{v}_r$ 和 $\boldsymbol{a}_K$ 形成右手螺旋,故

$$\boldsymbol{a}_K=2\boldsymbol{\omega}\times\boldsymbol{v}_r. \tag{3.5.6}$$

$\boldsymbol{a}_K$ 称作**科里奥利加速度**,是在惯性系中观察到的.槽施与小球的推力之大小和方向可用 $2m\boldsymbol{\omega}\times\boldsymbol{v}_r$ 表示.

再从圆盘非惯性系中观测,如图 3.19(b)所示,小球受到槽的侧向推力,但并未发生与槽垂直的运动,故必存在可用式

$$\boldsymbol{F}_K^*=2m\boldsymbol{v}_r\times\boldsymbol{\omega} \tag{3.5.7}$$

表示的力与槽的侧向弹力平衡,$\boldsymbol{F}_K^*$ 称为**科里奥利力**或称**科氏力**.它同样不属于相互作用的范畴,是在转动非惯性系中观测到的,如图 3.20(b)、(c)所示.它是科里奥利(G.G. Coriolis,1792—1843)于 1835 年提出的.(它和与位置有关的离心惯性力不同,因与相

对速度有关，它不是第四章将谈的场力，不能和重力场等相比.）

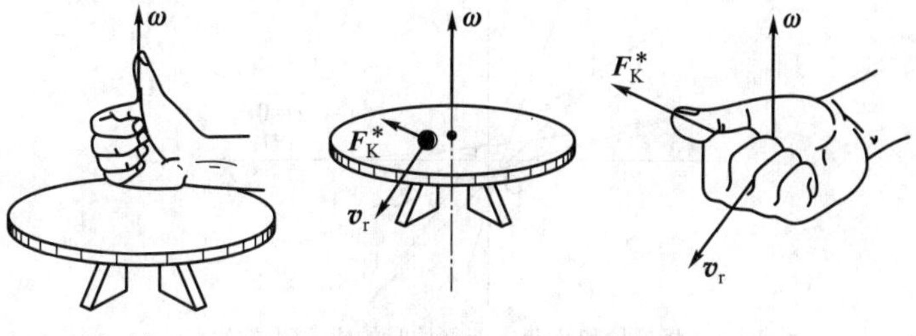

(a) (b) (c)

图 3.20 如何判断角速度和科氏力的方向

不能认为科里奥利加速度是由科里奥利力产生的，科里奥利加速度是在惯性系观察到的，由作用力产生.但科里奥利力是在转动参考系中观察到的，它产生的加速度是相对于非惯性系而言的.

以上就质点相对匀速转动参考系做匀速直线运动引入科里奥利力，但(3.5.7)式也适用于转动参考系做变速转动和质点相对它做变速运动的情况.

法国人傅科(J.B.L. Foucault，1819—1868)于 1851 年所做的傅科摆实验，直接证明了地球自转，其原理涉及科里奥利力.在线绳下悬挂摆，然后给它以水平方向的初速度使它摆动.摆动所在平面叫摆平面.实验表明，摆平面在不停地旋转，其转动方向与地球自转方向相反，为简单起见，现仅就在北极悬挂的单摆讨论.从惯性系观察，摆锤仅受两个力，即地球引力 $\boldsymbol{F}$ 与绳拉力 $\boldsymbol{F}_{\mathrm{T}}$，两个力皆在摆平面内，它们引起的加速度也必然在摆平面内，因此摆平面在惯性系中不动，但因地球在自转，故摆平面相对于地球沿反方向转动.如在地球非惯性系中研究摆的运动，由于摆锤对于地球做相对运动，需要考虑科里奥利力，图 3.21(a)表示自北极上方俯瞰摆锤的运动.地球自转角速度矢量 $\boldsymbol{\omega}$ 垂直于纸面指向读者.根据(3.5.7)式可知，当摆锤获得相对于地球的速度 $\boldsymbol{v}_{\mathrm{r}}$时，将受到科里奥利力的作用，这种力与 $\boldsymbol{v}_{\mathrm{r}}$ 垂直，故使摆锤沿曲线运动，即摆平面沿与地球自转相反的方向缓缓转动.实际上，相对于地球来说，摆锤已经不是在平面内运动，它在地球表面画出的轨迹如图 3.21(b)、(c)所示.在地球两极，摆锤的相对速度 $\boldsymbol{v}_{\mathrm{r}}$与地球自转角速度 $\boldsymbol{\omega}$ 垂直，科里奥利力较大，故摆平面在一个振动周期 T 内偏转过的角度较大，因此，摆平面转过一整周的时间较短.在其他纬度，$\boldsymbol{v}_{\mathrm{r}}$与 $\boldsymbol{\omega}$ 不垂直，科里奥利力较小，摆锤轨迹偏转一周的周期 T'较长.在北京，$\lambda \approx 40^{\circ}$，$T'$的实测值为 37.25 h.

动画：
傅科摆

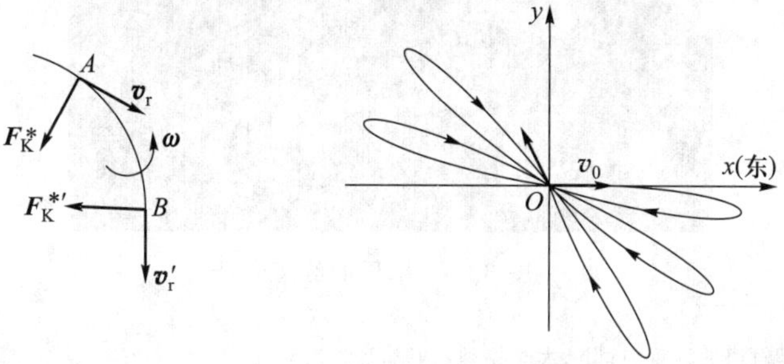

(a) 傅科摆的原理

(b) 自坐标原点以初速度v_0推出时，傅科摆的轨迹(多叶玫瑰线)

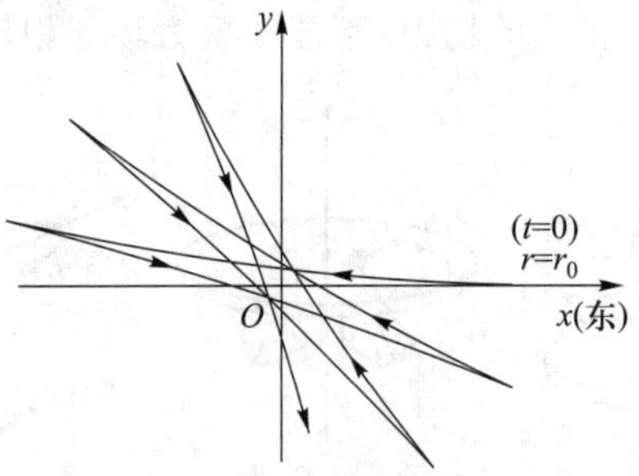

(c) 将摆拉起小角度而释放时的轨迹(内摆线)

图 3.21 傅科摆[①]

图 3.22 表示地球以角速度 $\boldsymbol{\omega}$ 自转，一个质点在地球引力作用下自由下落，某时刻瞬时速度为 $\boldsymbol{v}$，根据(3.5.7)式，质点受向东的科里奥利力 $\boldsymbol{F}_K^*$，它产生使落体偏东的效应.

图 3.23 中封闭曲线是北半球的气压等压线.中间为低压区，周围空气向中间流动，因受与气流垂直的科里奥利力而偏转.形成逆时针的转动.木星表面可见复杂的流动，于流动中存在一块块的长圆形的红斑.有人猜测，或许木星的红斑也是科里奥利力引起的(见图 3.24).

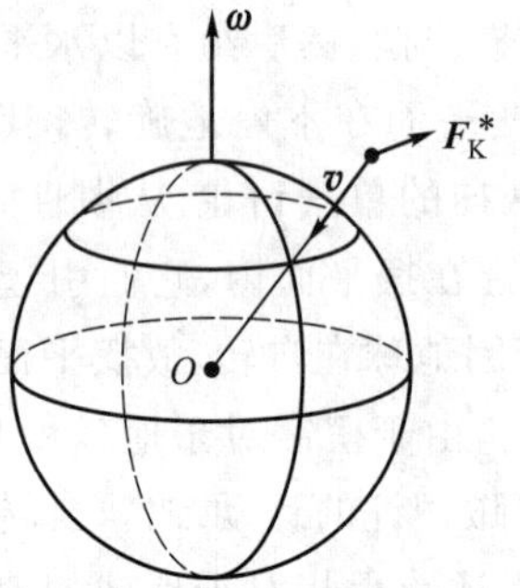

图 3.22 以地球为参考系，科里奥利力使落体偏东

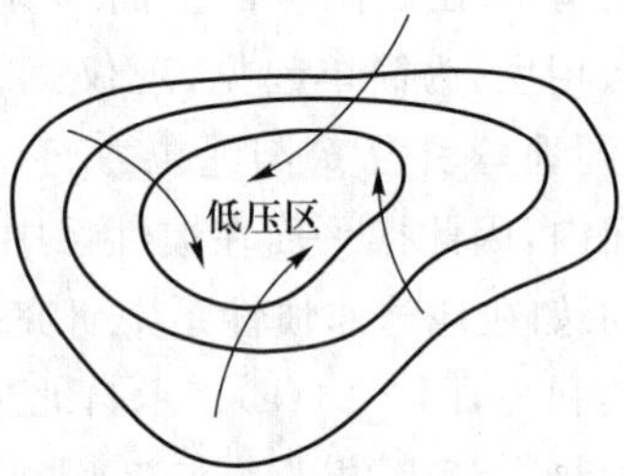

图 3.23 向低压中心流动的气流因科里奥利力而偏转

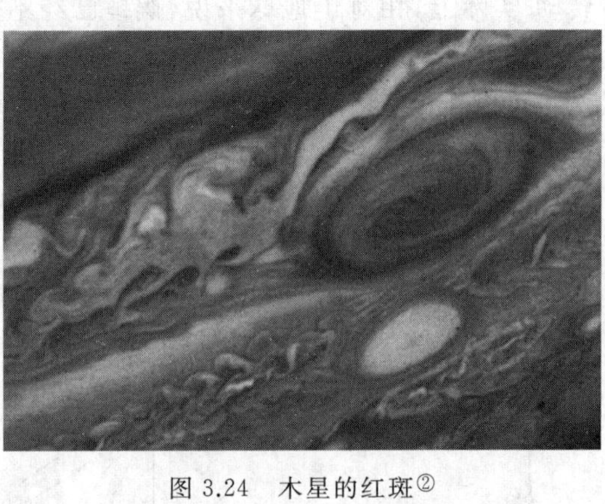

图 3.24 木星的红斑[②]

① 陈刚.傅科摆轨道的计算与讨论.大学物理，1993，12(6)：6.

② Benson H. University Physics. New York: John Wiley & Sons, Inc, 1991:113.

§3.6 用冲量表述的动量定理

(一) 力的冲量

任何力总在一段时间内作用.为描述力在一段时间间隔的累积作用,引入冲量概念.作用于物体上力的大小和方向通常是变化的,但在极短时间内,可认为力的大小方向都不变.用 Δt 表示极短的时间间隔,用 $\boldsymbol{F}$ 表示 Δt 中力的某一瞬时值,则

$$\Delta \boldsymbol{I}=\boldsymbol{F}\Delta t$$

叫作力 $\boldsymbol{F}$ 在 Δt 时间内的元冲量.

在从 t_0 至 t 的较长时间内,力通常不能再认为是常矢量.于是把 $t-t_0$ 划分为许多很小的时间间隔 $\Delta_i t$,在任意的 $\Delta_i t$ 中将力 $\boldsymbol{F}_i$ 视作恒力,将力在各小时间间隔的元冲量求和,并取极限,得力 $\boldsymbol{F}$ 在 $t-t_0$ 时间间隔内的冲量 $\boldsymbol{I}$,

$$\boldsymbol{I}=\lim_{\Delta_i t\to 0}\sum \boldsymbol{F}_i\Delta_i t=\int_{t_0}^{t}\boldsymbol{F}\mathrm{d}t. \tag{3.6.1}$$

即力的冲量等于力 $\boldsymbol{F}$ 在所讨论时间间隔内对时间的定积分.力的冲量还可用平均力(力对时间的平均值)表示.定义

$$\overline{\boldsymbol{F}}=\frac{1}{(t-t_0)}\int_{t_0}^{t}\boldsymbol{F}\mathrm{d}t$$

为平均力,则力的冲量为

$$\boldsymbol{I}=\overline{\boldsymbol{F}}(t-t_0) \tag{3.6.2}$$

在国际单位制中,冲量单位为 N·s(牛顿秒),在厘米克秒单位制中为 dyn·s(达因秒),冲量的量纲是 LMT^{-1}.

打击力有一共同点:作用时间短,力的大小变化迅速,且可达到很大数值.这种力称冲力.利用现代技术可测出冲力随时间的变化.图 3.25 表示运动员做助跑跳时单位质量与地面垂直冲力的大小随时间的变化.在计算中,常用平均冲力和冲量的概念.如图 3.25 中在 t_0 和 t 间取虚线下矩形面积等于阴影面积,矩形高即平均力.

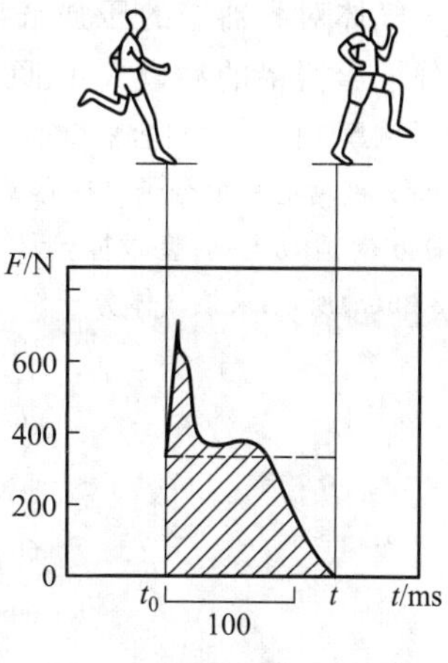

图 3.25 助跑时,运动员对地面的正压力①

冲量是矢量,元冲量的方向总是与力的方向相同;至于在一段较长时间内,参见(3.6.1)式,力的冲量等于这段时间内各无穷小时间间隔元冲量的矢量和,因此,力的冲量的方向取决于这段时间里诸元冲量矢量和的方向,不一定和某时刻力的方向相

① 曲线参考:渡布和彦.运动生物力学讲义.日本广岛大学.未正式出版.

同.由(3.6.2)式可见,冲量和平均力的方向总是一致的.

(二) 用冲量表述的动量定理

将质点动量定理(3.2.8)式左右各乘以 $\mathrm{d}t$,得

$$(\sum \boldsymbol{F}_i)\mathrm{d}t = \mathrm{d}\boldsymbol{p}. \tag{3.6.3}$$

此式表明质点动量的微分等于合力的元冲量,这是用冲量概念表述的质点的动量定理的微分形式,反映微小时间间隔内质点动量改变的规律.至于在有限长时间内合力冲量和动量变化的关系,仅需将上式自 t_0 至 t 时间内做积分,得

$$\boldsymbol{I} = \int_{t_0}^{t} (\sum \boldsymbol{F}_i)\mathrm{d}t = \int_{\boldsymbol{p}_0}^{\boldsymbol{p}} \mathrm{d}\boldsymbol{p} = \boldsymbol{p} - \boldsymbol{p}_0 \tag{3.6.4}$$

式中 $\boldsymbol{I}$ 表示质点所受合力在 $t-t_0$ 时间内的总冲量,$\boldsymbol{p}_0$ 和 $\boldsymbol{p}$ 分别表示质点的初动量和末动量.上式表明:在一段时间内,质点动量的改变量等于这段时间内作用于质点合力的冲量.(3.6.4)式为用冲量表述的质点动量定理的积分形式.因合力的冲量等于各分力冲量的和,而每一分力的冲量都可表示为平均力与时间的乘积,因此上式可表示为

$$\sum \overline{\boldsymbol{F}}_i(t-t_0) = \boldsymbol{p} - \boldsymbol{p}_0. \tag{3.6.5}$$

在工业技术中,用重锤打击被加工物体的情况屡见不鲜.因力的作用时间短且变化迅速,求平均力便成为行之有效的办法.

气体对容器器壁的压强来自大量气体分子对器壁的碰撞.研究这个问题须首先从单个分子给器壁的冲量入手.见下面的例子.

[例题 1] 气体对容器器壁的压强是由大量分子碰撞器壁产生的.从分子运动的角度研究气体压强,首先要考虑一个分子碰撞器壁的冲量.设某种气体分子质量为 m,以速率 v 沿与器壁法线成 60° 角的方向运动与器壁碰撞,反射到容器内,沿与法线成 60° 角的另一方向以速率 v 运动,如图 3.26(a)所示.求该气体分子作用于器壁的冲量.

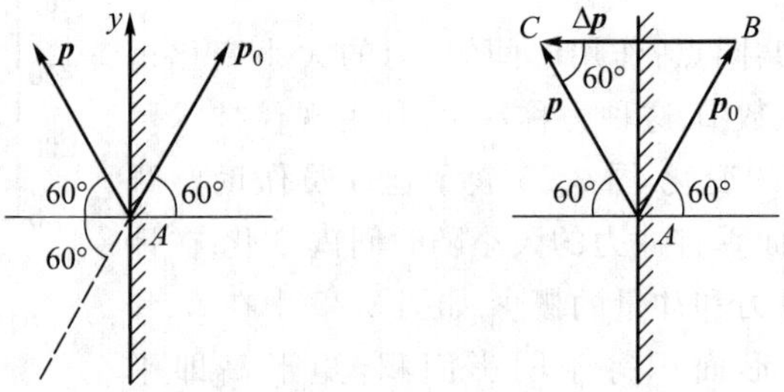

(a) 气体分子碰撞器壁之前和之后的动量　　(b) 动量的改变量

图 3.26

[解] 将气体分子视为质点.所研究的过程以分子开始接触器壁为初始,以分子刚离开器壁为过程结束.首先求器壁作用于气体分子的冲量,再应用牛顿第三定律求分子作用于器壁的冲量.

分子碰撞器壁前后的速率始终是 v,但运动方向发生变化,因而动量也变了.如图 3.26(b)所示,把始、末动量的尾端放在 A 点,根据矢量减法,从初动量 $\boldsymbol{p}_0$ 矢端 B 指向末动量 $\boldsymbol{p}$ 矢端 C 的矢量即

动量的改变量 $\boldsymbol{p}-\boldsymbol{p}_0$.因 $p=p_0$,故 ΔABC 中的$AB=AC$,又$\angle BAC=60°$,所以$\triangle ABC$ 为等边三角形.因此动量的改变量 $\boldsymbol{p}-\boldsymbol{p}_0=\overrightarrow{BC}$与器壁垂直,大小为

$$|\boldsymbol{p}-\boldsymbol{p}_0|=AB=mv.$$

在碰撞中,气体分子受到器壁的冲力和重力,后者较前者小很多,可忽略不计.根据动量定理,器壁作用于气体分子的冲量沿器壁法线并指向容器内部,大小为:

$$I=mv.$$

分子作用于器壁的冲量则与它大小相等、方向相反.同学们可尝试建立坐标系,用投影式求解本题.

从例题可知,应用冲量动量研究问题首先要明确过程的始末,仅需研究过程始末动量的变化和平均力的冲量,不必涉及过程中瞬息即变的力和加速度.这正是与运用牛顿定律不同之处,也是这类方法的优点.

§3.7 质点系动量定理和质心运动定理

§3.2 关注的是质点动量的变化规律.本节课关注的是质点系受周围物体作用时动量的变化规律.这个规律有两种表现形式,即质点系动量定理和质心运动定理.

(一) 质点系动量定理

对于由若干质点组成的质点系来说,质点系以外的物体均称作外界.外界对质点系内质点的作用力称为外力,质点系内诸质点间的相互作用力称为内力.研究质点系问题,区分质点系和外界、内力和外力非常重要.

质点系诸质点动量的矢量和即质点系的动量.参考气桌实验结果和力的概念,知质点系内力虽改变质点系内诸质点的动量,但不改变质点系的动量.如有外力作用,它不仅改变诸质点的动量,也有可能改变质点系的总动量.这一点不难理解,质点系动量的变化是外力引起的.因而,质点系动量对时间的变化率等于外力的矢量和.如图 3.27 所示,质点系由 n 个质点组成,动量各为 $\boldsymbol{p}_i(i=1,2,\cdots,n)$,作用于各质点外力的矢量和为 $\boldsymbol{F}_i(i=1,2,\cdots,n)$,有

$$\sum \boldsymbol{F}_i=\frac{\mathrm{d}(\sum \boldsymbol{p}_i)}{\mathrm{d}t}. \tag{3.7.1}$$

此即质点系动量定理.质点系动量定理在直角坐标系中的投影式为

$$\begin{aligned}\sum F_{ix}&=\frac{\mathrm{d}(\sum p_{ix})}{\mathrm{d}t},\\ \sum F_{iy}&=\frac{\mathrm{d}(\sum p_{iy})}{\mathrm{d}t},\\ \sum F_{iz}&=\frac{\mathrm{d}(\sum p_{iz})}{\mathrm{d}t}.\end{aligned} \tag{3.7.2}$$

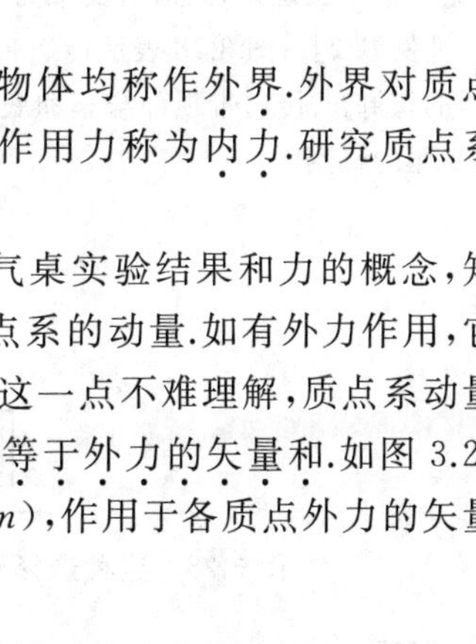

图 3.27 外力使质点系动量变化

用 dt 乘(3.7.1)等式双方得

$$\left(\sum \boldsymbol{F}_i\right)\mathrm{d}t=\mathrm{d}\left(\sum \boldsymbol{p}_i\right) \tag{3.7.3}$$

$\boldsymbol{p}_0$ 和 $\boldsymbol{p}$ 分别表示 t_0 和 t 时质点系的动量，通过对上式积分即得

$$\int_{t_0}^{t}\left(\sum \boldsymbol{F}_i\right)\mathrm{d}t=\boldsymbol{p}-\boldsymbol{p}_0 \tag{3.7.4}$$

它表明在一段时间内，质点系动量的改变量等于作用于质点系的外力的矢量和在这段时间内的冲量，此即用冲量表示的质点系的动量定理.

［**例题 1**］ 火箭沿直线匀速飞行，喷射出的燃烧生成物的密度为 ρ，喷口截面积为 S，喷气速度(相对于火箭的速度)为 v，求火箭所受推力.

［**解**］ 选择匀速直线运动的火箭为参考系，它是惯性系.在 $\mathrm{d}t$ 时间内，喷出的工作物质的体积为 $vS\mathrm{d}t$，质量为 $\rho vS\mathrm{d}t$.现以 $\mathrm{d}t$ 时间内喷出的这一团工作物质作为研究对象.因燃烧室的线度比喷口大很多，可近似认为这团物质在燃烧室内喷出前的速度等于零.我们的研究对象喷出前后速度的改变量 $\Delta\boldsymbol{v}=\boldsymbol{v}-\boldsymbol{0}=\boldsymbol{v}$，其动量的改变量则为 $\mathrm{d}\boldsymbol{p}=\rho vS\mathrm{d}t\cdot\boldsymbol{v}$，又动量的变化率 $\dfrac{\mathrm{d}\boldsymbol{p}}{\mathrm{d}t}=\rho vS\,\boldsymbol{v}$，根据动量定理，

$$\frac{\mathrm{d}\boldsymbol{p}}{\mathrm{d}t}=\rho vS\,\boldsymbol{v}=\boldsymbol{F}.$$

式中 $\boldsymbol{F}$ 表示留在燃烧室内的燃烧物对排出物质的作用力，选择坐标轴 Ox，其方向与喷出物质速度方向相同，将上式投影，得

$$F_x=\rho Sv^2.$$

根据牛顿第三定律，火箭所受推力与力 $\boldsymbol{F}$ 大小相等方向相反，也等于 ρSv^2.

［**例题 2**］ 图 3.28 表示传送带以水平速度 $\boldsymbol{v}_0$ 将煤卸入静止车厢内.每单位时间内有质量为 m_0 的煤卸出.传送带顶部与车厢底板高度差为 h.开始时，车厢是空的，不考虑煤堆高度的改变.求煤对车厢的作用力.

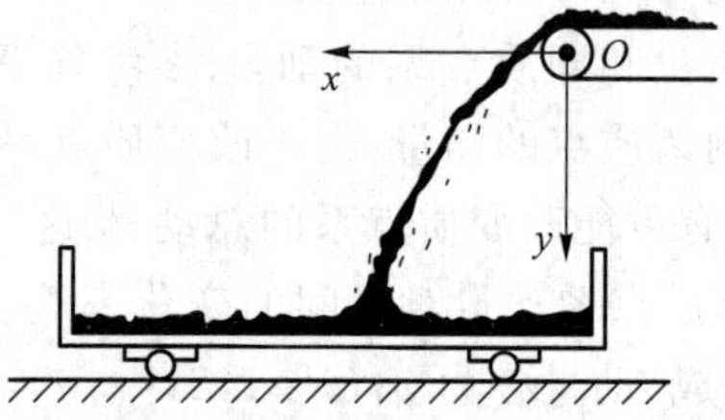

图 3.28 这种选择质点系的办法有特色：指单位时间内进入车厢的煤

［**解**］ 将单位时间内落入车厢的煤视为质点系，并建立直角坐标系 Oxy.到达车厢前一瞬间，煤的速度为 $v_0\boldsymbol{i}+\sqrt{2gh}\,\boldsymbol{j}$，到达车厢后速度变成零.质点系动量的改变量为

$$\Delta\boldsymbol{p}=-(m_0v_0\boldsymbol{i}+m_0\sqrt{2gh}\,\boldsymbol{j}).$$

这是由于外力——车厢反作用力和重力共同作用的结果.在煤陆续到达车厢后速度变为零的极短时间内，车厢反作用力为一冲力，与它相比，重力可不计.因 m_0、v_0 和 $\sqrt{2gh}$ 均不随时间改变，故车厢反作用力为恒力，现用 $\boldsymbol{F}'_{\mathrm{N1}}$ 表示，它在单位时间内的冲量为 $\boldsymbol{F}'_{\mathrm{N1}}\cdot 1=\boldsymbol{F}'_{\mathrm{N1}}$，而 $\boldsymbol{F}'_{\mathrm{N1}}=\Delta\boldsymbol{p}$.用 $\boldsymbol{F}_{\mathrm{N1}}$ 表示煤落到车厢时，煤对车厢的冲力，则因 $\boldsymbol{F}_{\mathrm{N1}}=-\boldsymbol{F}'_{\mathrm{N1}}$，得

$$\boldsymbol{F}_{\mathrm{N1}}=m_0(v_0\boldsymbol{i}+\sqrt{2gh}\,\boldsymbol{j}).$$

已到达车厢的煤处于静止状态，车厢将施加一个支撑力与作用于煤的重力平衡.车厢上煤的重量随时间成正比增加，故该支撑力 $\boldsymbol{F}'_{\mathrm{N2}}=-m_0gt\boldsymbol{j}$.这里取煤开始到达空车厢时为计时起点.该支撑力的反作用力 $\boldsymbol{F}_{\mathrm{N2}}$ 作用于车厢，

$$\boldsymbol{F}_{N2}=m_0 gt\boldsymbol{j}.$$

煤作用于车厢的力等于上面两力之和,即

$$\begin{aligned}\boldsymbol{F}_N&=\boldsymbol{F}_{N1}+\boldsymbol{F}_{N2}\\&=m_0 v_0\boldsymbol{i}+m_0(gt+\sqrt{2gh})\boldsymbol{j}.\end{aligned}$$

(二)质心运动定理

进一步研究质点系动量定理,便找到"质心"的概念.它给出质点系运动的另一番图景.按质点系动量定理 $\sum\boldsymbol{F}_i=\frac{\mathrm{d}}{\mathrm{d}t}(\sum m_i\boldsymbol{v}_i)$,用 $\boldsymbol{r}_i$ 表示各质点的位置矢量,$\boldsymbol{v}_i=\frac{\mathrm{d}\boldsymbol{r}_i}{\mathrm{d}t}$,有

$$\sum\boldsymbol{F}_i=\frac{\mathrm{d}^2}{\mathrm{d}t^2}(\sum m_i\boldsymbol{r}_i).$$

用 m 表示质点系的总质量,此式又可表示为

$$\sum\boldsymbol{F}_i=m\frac{\mathrm{d}^2}{\mathrm{d}t^2}\left(\frac{\sum m_i\boldsymbol{r}_i}{m}\right).\tag{3.7.5}$$

导数运算符号后面的量 $\frac{\sum m_i\boldsymbol{r}_i}{m}$ 具有长度的量纲,描述与质点系相关的某一空间点的位置,用 $\boldsymbol{r}_C$ 表示,即

$$\boldsymbol{r}_C=\frac{\sum m_i\boldsymbol{r}_i}{m}.\tag{3.7.6}$$

取 $\boldsymbol{r}_C$ 在直角坐标系的投影,则

$$x_C=\frac{\sum m_i x_i}{m},\quad y_C=\frac{\sum m_i y_i}{m},\quad z_C=\frac{\sum m_i z_i}{m}.\tag{3.7.7}$$

(3.7.6)式或(3.7.7)式所确定的空间点和质点系密切相关,叫作质点系的质量中心,简称质心.$\boldsymbol{r}_C$ 和 x_C,y_C,z_C 分别称为质心的位置矢量和质心坐标,它实际上是质点系质量分布的平均坐标.

计算一个由两个质点组成的最简单的质点系的质心.如图 3.29 所示,质量为 m_1 和 m_2 的两质点的坐标分别为 (x_1,y_1) 和 (x_2,y_2),设质心坐标为 (x_C,y_C).根据质心定义,

$$x_C=\frac{m_1x_1+m_2x_2}{m_1+m_2},\quad y_C=\frac{m_1y_1+m_2y_2}{m_1+m_2}.$$

由此可得

$$\frac{x_2-x_C}{x_C-x_1}=\frac{m_1}{m_2},\quad \frac{y_2-y_C}{y_C-y_1}=\frac{m_1}{m_2}.$$

由此可知,质心必位于 m_1 与 m_2 的连线上,且质心与各质点距离与质点质量成反比.

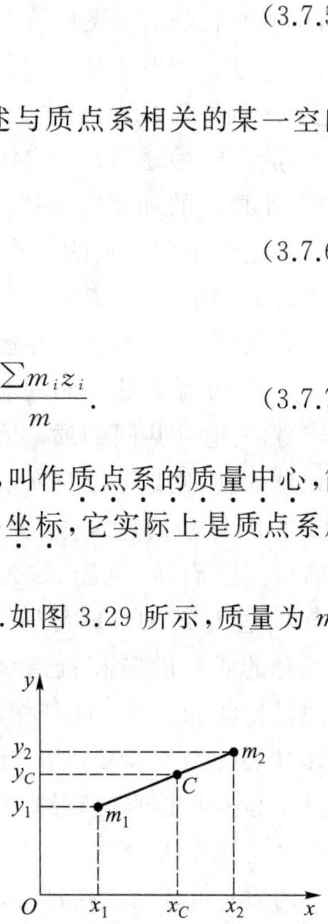

图 3.29 质心的位置

［例题 3］ 一质点系包括三个质点，质量为 $m_1=1$ 单位，$m_2=2$ 单位和 $m_3=3$ 单位.位置坐标分别为 $m_1(-1,-2)$、$m_2(-1,1)$ 和 $m_3(1,2)$.求质心的坐标.

［解］ 根据质心坐标定义(3.7.7)式，得

$$x_C=\frac{1\times(-1)+2\times(-1)+3\times1}{3+2+1}=0,$$

$$y_C=\frac{1\times(-2)+2\times1+3\times2}{3+2+1}=1.$$

质心在图 3.30 中的×处.

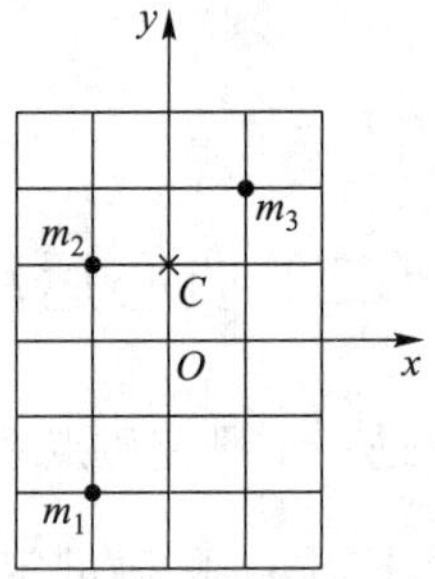

图 3.30 利用质心定义式求多质点系的质心

引入质心的概念后，(3.7.5)式变成

$$\sum \boldsymbol{F}_i=m\frac{\mathrm{d}^2\boldsymbol{r}_C}{\mathrm{d}t^2}=m\boldsymbol{a}_C, \tag{3.7.8}$$

$\boldsymbol{a}_C$ 称为质心加速度.上式在直角坐标系中的投影式为

$$\sum F_{ix}=ma_{Cx},\quad \sum F_{iy}=ma_{Cy},\quad \sum F_{iz}=ma_{Cz}. \tag{3.7.9}$$

它们具有与牛顿第二定律相同的形式，表明无论质点系怎样运动，质点系质量与质心加速度的乘积总是等于质点系所受一切外力的矢量和，叫作质点系的质心运动定理.

首先，内力不会影响质心的运动状态.若质点系所受外力矢量和为零，则质心静止或做匀速直线运动.飞船靠惯性飞行时，若宇航员们突然向后舱移动，则飞船速度增加；若宇航员离开飞船，不受外力，不论做什么动作，其质心总做匀速直线运动.王充的《论衡·效力篇》也说过："力重不能自称，须人乃举"，"古之多力者，身能负荷千钧，手能决角伸钩，使之自举，不能离地."即人不可仅靠自身内力举起自己.若外力矢量和不为零，则质心的加速度与把全部质量集中到质心处的质点的加速度相同.跳水运动员无论在空中做多复杂的动作，其质心都沿抛物线运动.图 3.31 显示茶壶落地，地面的冲击外力向上.无论诸碎片如何运动，其质心都做上抛运动.

现将质心概念和质心运动定理用于地月系统.设地月各自均为质量分布对称的球体.它们各自的质心位于球心.地月共同的质心在两球心的连线上.若月球绕地球而转，则地心需向另一方向运动，才能保证质心在地心和月心的连线上.这表明地心和月心必绕它们两者的质心而转(见图 3.32).太阳引力作用于地球和月球，这里地球和月球可被视为质点系，可知正是地球和月球的质心沿椭圆轨道绕太阳公转(见图 3.32).地月质量比约为 1/80，地月相距约 3.8×10^5 km，地月质心距地心约为 4.6×10^3 km，地球半径为 6.4×10^3 km，故地月质心离地心的距离约为地球半径的 2/3.地与日的质量之比约为 3.3×10^{-5}，二者质量相差悬殊，日、地、月三者的质心可认为就在日心，并认为地、月都绕日公转.

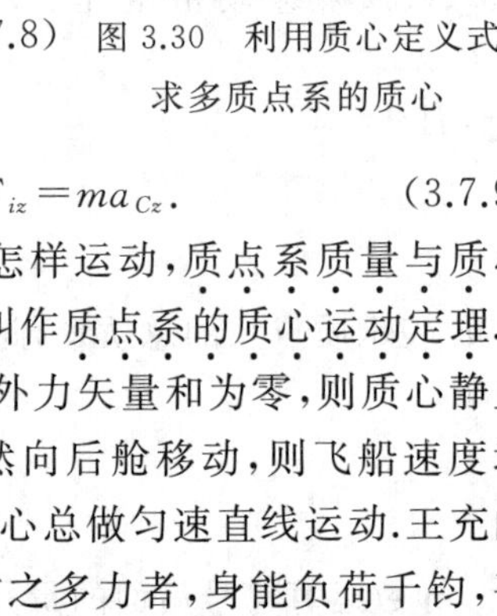

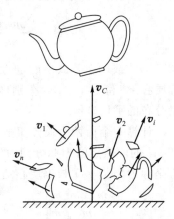

图 3.31 碎片向各方向运动，而质心做上抛运动

银河系中 1/3 的恒星是双星，每对双星含两个相互以引力作用的星体.与地月相似，两者围绕共同的质心运动.

比较质心运动定理和牛顿第二定律可以看出，在质点力学中我们把实际物体抽象

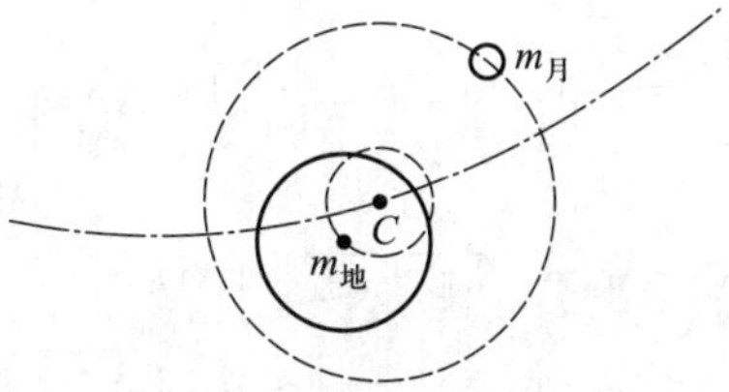

图 3.32 地球和月球的质心均围绕它们共同的质心运动.
虚线表示地心和月心围绕它们的质心运动的轨迹,
点划线表示二者的质心绕太阳公转的轨迹

为质点并运用牛顿第二定律,是只考虑物体质心的运动而忽略了物体各质点围绕质心的运动和各质点间的相对运动.这正是质点模型方法的实质.

质心运动定理有其局限性.它仅给出质心加速度,并未对质点系运动做全面描述.但它毕竟为我们描述了质点系整体运动的重要特征,并向人们提供一条线索:为了更好地了解质点系的运动,还应进一步研究各质点相对质心的运动.

[**例题 4**] 如图 3.33(a)所示,三名质量相等的运动员手拉手脱离飞机做花样跳伞.由于做了某种动作,运动员 D 质心的加速度为$\frac{4}{5}g$,竖直向下;运动员 A 质心的加速度为$\frac{6}{5}g$,与竖直方向的夹角 $\alpha=30°$,加速度均以地球为参考系.求运动员 B 的质心加速度.运动员所在高度的重力加速度为 g.运动员出机舱后很长时间才张伞,不计空气阻力.

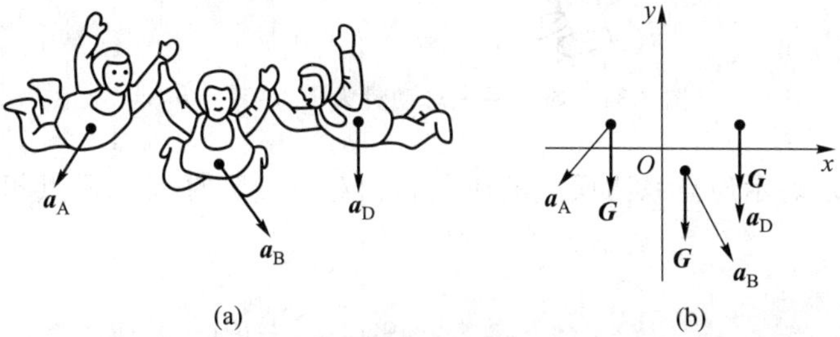

图 3.33 将三个运动员视为一个质点系,运用质心运动定理,问题很容易解决

[**解**] 将质心运动定理应用于每一运动员,即可将运动员简化为位于其质心处的质点.这三个质点构成一个质点系,受外力如图 3.33(b)所示,$\boldsymbol{G}$ 表示各运动员所受重力.建立直角坐标系,分别用 $\boldsymbol{r}_A$、$\boldsymbol{r}_B$、$\boldsymbol{r}_D$ 和 $\boldsymbol{r}_C$ 表示各运动员的质心和他们共同质心的位置矢量,用 m 表示各运动员的质量,根据质心运动定理,

$$3\boldsymbol{G}=3m\frac{\mathrm{d}^2\boldsymbol{r}_C}{\mathrm{d}t^2}=3m\frac{\mathrm{d}^2}{\mathrm{d}t^2}\frac{m\boldsymbol{r}_A+m\boldsymbol{r}_B+m\boldsymbol{r}_D}{3m}$$

可得出

$$\boldsymbol{a}_A+\boldsymbol{a}_B+\boldsymbol{a}_D=3\boldsymbol{g}.$$

$\boldsymbol{a}_A$、$\boldsymbol{a}_B$ 和 $\boldsymbol{a}_D$ 表示各运动员质心的加速度.将上式投影

$$a_{Bx}-\frac{6}{5}g\sin30°=0,$$

$$a_{By}-\frac{4}{5}g-\frac{6}{5}g\cos30°=-3g,$$

得

$$a_{Bx}=\frac{3}{5}g,\quad a_{By}=-\frac{1}{5}(11-3\sqrt{3})g,$$

或

$$a_B=\sqrt{a_{Bx}^2+a_{By}^2}=1.31g,$$

$$\alpha=\arctan\left|\frac{a_{Bx}}{a_{By}}\right|\approx 27°20'.$$

即运动员 B 质心加速度大小为 $1.31g$，与竖直方向成 $27°20'$角，如图 3.33(b)所示.

(三) 质点系相对于质心系的动量

以质点系的质心为原点，坐标轴总与基本参考系平行，这个参考系称为质心参考系或质心系，如图 3.34 中的 $Cx'y'z'$所示.

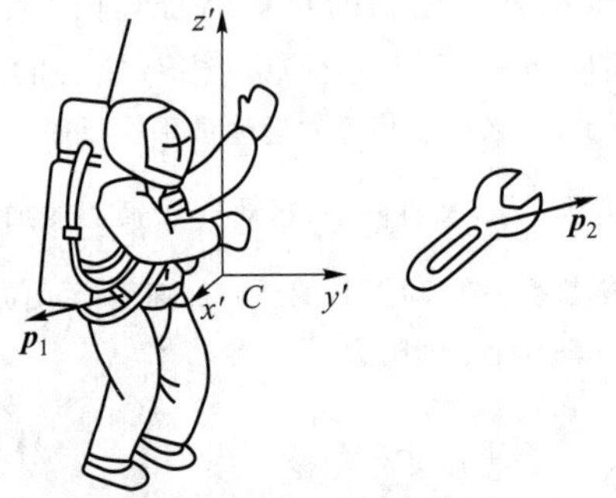

图 3.34 质心系中总动量为零，$\boldsymbol{p}_1=-\boldsymbol{p}_2$

用 m_i 和 $\boldsymbol{v}_{iC}$ 表示质点系诸质点的质量和相对质心系的速度.质点相对质心系的动量 $\boldsymbol{p}_C$ 为

$$\boldsymbol{p}_C=\sum m_i\boldsymbol{v}_{iC}\quad=\frac{\mathrm{d}}{\mathrm{d}t}\left(m\frac{\sum m_i\boldsymbol{r}_{iC}}{m}\right).$$

$\sum m_i\boldsymbol{r}_{iC}/m$ 表示质心系中质心位置矢量，显然为零.故

$$\boldsymbol{p}_C=0.\tag{3.7.10}$$

它表示质点系对质心参考系的动量总为零.这从另一方面体现了质心的特殊性和重要性.如果有两个质点构成的质点系，在质心系中观察，两者的动量总是大小相等、方向相反.图 3.34 显示了工作于空间站密封舱外的宇航员在丢掉其工具后向反方向运动，宇航员和工具相对于质心系的总动量为零.

§ 3.8 动量守恒定律

我们在这里讨论在力学甚至在全部物理学中都非常重要的动量守恒定律.

(一) 质点系动量守恒定律

根据质点系动量定理

$$\sum \boldsymbol{F}_i=\frac{\mathrm{d}}{\mathrm{d}t}\sum \boldsymbol{p}_i$$

得出在一定时间间隔内，若

$$\sum \boldsymbol{F}_i=0,$$

则

$$\sum \boldsymbol{p}_i=\text{常矢量}. \tag{3.8.1}$$

即在某一时间间隔内，若质点系所受外力的矢量和自始至终保持为零，则在该时间间隔内质点系动量守恒.直接从气桌等实验也可以得出动量守恒定律，但因有了力的概念，可用外力矢量和为零作为动量守恒条件，是经典力学动量守恒定律的常见形式，表述具体且便于应用.(3.8.1)式在直角坐标系的投影为

$$\sum p_{ix}=\text{常量},\quad \sum p_{iy}=\text{常量},\quad \sum p_{iz}=\text{常量}. \tag{3.8.2}$$

实际上，质点系所受外力矢量和为零的情况不多，但在某些外力不为零时也可应用动量守恒方程求近似解.应用动量守恒定律时，其实我们常关心的是各质点动量的变化.内力虽不影响质点系动量，但却与外力一样影响各质点的动量.在一个过程中，若内力远大于外力，单个质点的动量改变将基本上是由内力引起的，在误差允许范围内可不计外力而用动量守恒方程求近似解.然而，若关心的恰好是质点系总动量，内力对其变化无贡献，外力起决定作用，便不能不计外力运用动量守恒定律了.

20 世纪量子物理的发展表明，实体粒子和光均既有波动性又有粒子性.1905 年，爱因斯坦提出光子概念，认为传播着的光并不是连续的，每一份光叫作一个光子.光子也有动量，其动量等于 $h\nu/c$，ν 为光的频率，h[①] 为普朗克常量，c 为真空中的光速.涉及光子的过程也可以应用动量守恒定律.当光子和自由电子相碰后，散射光子的频率要比原来的低些，这叫作康普顿(A.H.Compton，1892—1962)效应.讨论这一效应，就需要对光子-电子应用动量守恒定律.经典物理认为，光是纯粹的波或单纯是粒子的观念都不能解释康普顿效应中散射光的频率为什么变低，只有认为光既具波动性又有粒子性才能解释，因而康普顿效应可作为光子假设的实验验证.

动量守恒定律是关于自然界的基本定律.当研究一现象按原来观点看似与动量守恒定律相悖时，并非意味动量守恒定律失效，却意味着将有新发现.典型的例子有：1930 年泡利相信守恒定律而提出中微子的假说，后来莱因斯(F.Reines，1918—1998)于 1953 年策划实验证实了中微子的存在；1932 年，查德威克运用守恒定律研究实验结果而发现中子.关于后者 §4.6 中有详细介绍.

[例题 1] 自动步枪的质量为 3.87 kg，弹丸质量为 7.9 g.战士以肩窝抵枪，水平射击.子弹射出的速率为 735 m/s.自开始击发至子弹离开枪管经过 0.001 5 s.设子弹在枪膛内相对于地球做匀加速

---

① 普朗克常量 $h=4.135\ 667\ 696\times10^{-15}\,\mathrm{eV\cdot s}$，eV：电子伏，为能量单位，这是 2018 年的推荐值.

运动.求直到子弹离开枪管为止,枪身后坐的距离.

[解] (1) 用动量守恒方程求枪后坐速度

将子弹和枪身分别看作质点,并构成一质点系.自击发开始到子弹离开枪管为止,质点系所受外力有:重力及战士托枪的力,二力平衡,还有肩窝抵抗力 $\boldsymbol{F}$.子弹和枪身还分别受平均爆发推力,其大小可用 $|\boldsymbol{F}'|$ 表示,此为内力冲力;在开始击发至子弹离开枪管这一时间间隔内,有 $F \ll |\boldsymbol{F}'|$,可用动量守恒方程求近似解.

设子弹和枪身质量分别为 m_1 和 m_2,它们的初速度都是零,它们的末速度分别为 $\boldsymbol{v}_1$ 和 $\boldsymbol{v}_2$,有

$$m_1\boldsymbol{v}_1 + m_2\boldsymbol{v}_2 = 0.$$

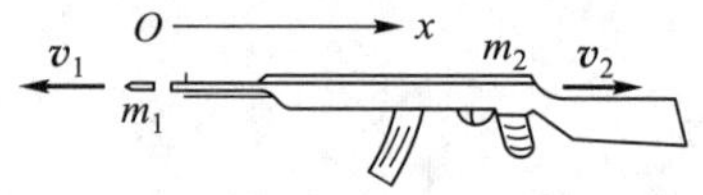

图 3.35 在火药开始爆发至子弹离膛这一段时间内,可不计肩窝的推力求近似解

选择图 3.35 所示的坐标系 Ox,将上式投影,

$$m_2 v_{2x} + m_1 v_{1x} = 0$$

得

$$v_{2x} = -\frac{m_1 v_{1x}}{m_2}. \qquad (3.8.3)$$

(2) 求枪身后坐距离

若将 v_{1x} 和 v_{2x} 视作上述过程中任意时刻子弹和枪身的速度,(3.8.3)式依旧成立,这时,v_{1x} 和 v_{2x} 为变量,可将该式对时间求导数,得

$$\frac{\mathrm{d}v_{2x}}{\mathrm{d}t} = -\frac{m_1}{m_2}\frac{\mathrm{d}v_{1x}}{\mathrm{d}t},$$

因子弹做匀加速运动,即 $\frac{\mathrm{d}v_{1x}}{\mathrm{d}t}$ 为一常量,故 $\frac{\mathrm{d}v_{2x}}{\mathrm{d}t}$ 亦为一常量,即枪身亦做匀加速运动.对于子弹刚离开枪管这一时刻枪身的速度 v_{2x} 而言,用 t 和 a 表示自击发至子弹离开枪管经过的时间和加速度,则

$$v_{2x} = at,$$

这段时间内枪身后坐的位移为

$$\Delta x = \frac{1}{2}at^2 = \frac{1}{2}v_{2x}t$$

将(3.8.3)代入上式,得

$$\Delta x = \frac{-m_1 v_{1x}}{2m_2}t = \frac{7.9\times10^{-3}\times735}{2\times3.87}\times0.001\,5\ \mathrm{m} = 1.12\ \mathrm{mm}$$

[讨论] 本题分两阶段.第一阶段:爆发内力远大于肩窝的抵抗力,正是爆发内力使子弹获得动量,故可不计外力.第二阶段:子弹射出后,爆发内力不存在,正是肩窝的抵抗力使枪身停下来,外力不可不计.两阶段性质截然不同.

初学射击的人,常担心枪身后坐上扬影响射击准确度.其实,从计算可知,当子弹离开枪膛时,枪仅后坐 1 mm.当你感到枪身后坐上扬时,子弹早已射出,故后坐上扬不影响射击的准确度.

(二) 动量沿某一坐标轴的投影守恒

若质点系的动量不守恒,但动量在某个坐标轴的投影总保持不变,也很有现实意义.根据质点系动量定理(3.8.1)式可知:若作用于质点系外力矢量和的投影 $\sum F_{ix}$ 恒等于零,但 $\sum F_{iy}$ 和 $\sum F_{iz}$ 不恒等于零,则质点系动量投影 $\sum p_{ix}$ = 常量,但 $\sum p_{iy}$ 和 $\sum p_{iz}$ 不保持恒定.这称作质点系动量沿一坐标轴的投影守恒.

[例题 2] 图 3.36(a)表示一战车,被置于摩擦很小的铁轨上,车身质量为 m_1,炮弹质量为 m_2,炮筒与水平面成 θ 角.炮弹以相对于炮口的速度 $\boldsymbol{v}_2$ 射出,求炮身后坐速率 v_1.

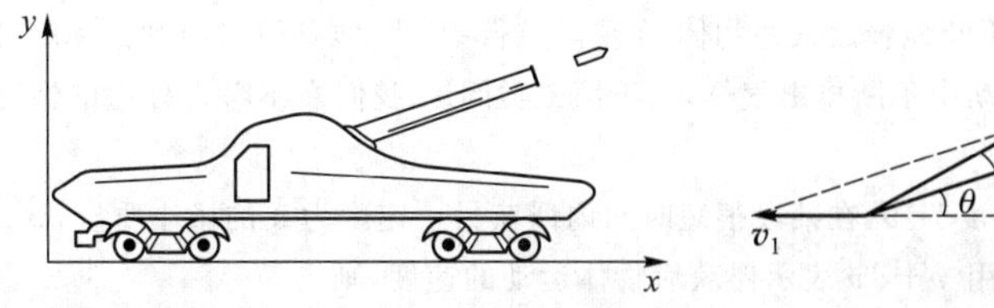

图 3.36 运用动量守恒定律,先要明确哪个是参考系,这样才能正确计算动量

[解] 将车身和炮弹视为质点系.发射炮弹时,受到的外力有重力、铁轨对炮身的支撑力.炮弹向斜上方发射,使车产生向左下方运动的趋势,它沿竖直方向向下的运动被铁轨阻挡,这时铁轨对炮身的支撑力将突然变大而成为冲力并大于重力,故沿竖直方向动量不守恒.沿水平方向,因发射炮弹的爆发推力作为内力远大于外力摩擦力,故可用动量沿水平方向投影守恒的方程求出近似解.

下面以地球为参考系分析发射前后炮弹和车身的速度.发射前,炮弹和车身的初速度均为零.炮弹脱离炮筒时,设车身的速度为 $\boldsymbol{v}_1$;已知炮弹相对于炮口的速度为 $\boldsymbol{v}_2$,炮弹相对于地面的速度为

$$\boldsymbol{v}=\boldsymbol{v}_1+\boldsymbol{v}_2,$$

如图 3.36(b)所示,炮弹出炮筒口时对地面的速度 $\boldsymbol{v}$ 与水平面的夹角不是 θ,而是由 $\boldsymbol{v}_1$、$\boldsymbol{v}_2$ 和 θ 决定的 α 角.将诸量沿水平 x 轴方向投影,速度 $\boldsymbol{v}$ 在水平方向的投影为 $v_x=v_2\cos\theta-v_1$.

质点系动量沿水平方向投影的守恒方程为

$$m_2(v_2\cos\theta-v_1)-m_1v_1=0,$$

解出

$$v_1=\frac{m_2v_2}{m_1+m_2}\cos\theta.$$

*§3.9 火箭的运动

星际飞船、导弹等均以火箭为动力,火箭的原理实质上就是动量守恒定律.

图 3.37 是火箭示意图,其内部装有燃料(例如液态氢)和氧化剂(例如液态氧),它们经过输送泵进入燃烧室,燃烧生成的炽热气体向后喷射,具有向后的动量.按动量守恒定律,火箭必获得向前的动量.燃料不断燃烧,连续地向后喷出气体,火箭不断受到向前的推力,得到很大的速度.

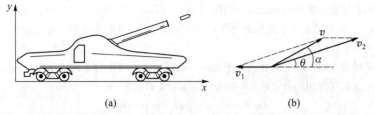

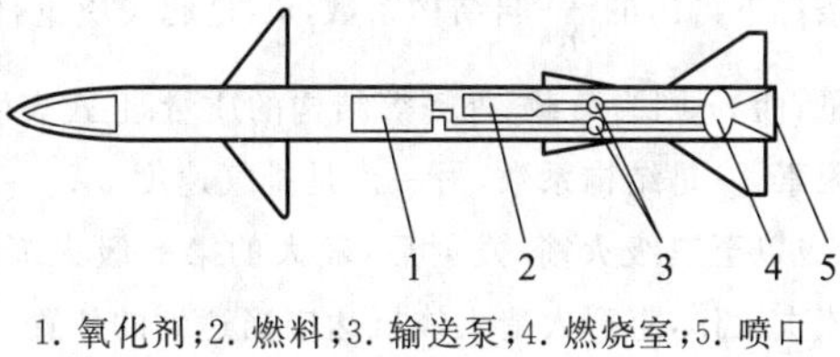

1. 氧化剂;2. 燃料;3. 输送泵;4. 燃烧室;5. 喷口

图 3.37

为什么要用火箭作为人造天体的运载工具?第一,火箭自备氧化剂和燃料,在没有空气的地方也能飞行;第二,根据火箭的特点,它的推力和大气压强有关,大气压低,气体在喷口处受到的阻力小,向后喷出的气体速度较大,从而使火箭得到较大的向前的动量,即推力要大些.因高空的大气压低,火箭发动机在高空的推力比在地面上大.所以,火箭发动机最适合星际航行.

有两类变质量物体的运动问题,一种是某物体在运动中不断地俘获另外一些物体而共同运动,

另一种是物体在运动中不断地释放某些物体.在星际航行中,飞船(如登月舱和指挥舱)间的对接,属于第一类问题.火箭在运动中不断排出气体,属于第二类问题.我们在不考虑外力的情况下应用动量守恒定律讨论这类问题.

设物体质量为 m,速度为 $\boldsymbol{v}$,在某段很短时间内俘获另一速度为 $\boldsymbol{u}$ 的微小质量 $\mathrm{d}m$.若不受外力,则在此过程中动量守恒.用 $\boldsymbol{v}+\mathrm{d}\boldsymbol{v}$ 表示俘获后物体运动的速度,则

$$(m+\mathrm{d}m)(\boldsymbol{v}+\mathrm{d}\boldsymbol{v})=m\boldsymbol{v}+\boldsymbol{u}\mathrm{d}m.$$

将等号左方展开并略去高阶无穷小,得

$$m\mathrm{d}\boldsymbol{v}+\boldsymbol{v}\mathrm{d}m=\boldsymbol{u}\mathrm{d}m.$$

这两个方程式虽然是就俘获质量的情况写出的,但对向外释放质量的火箭运动同样适用,只是俘获质量时 $\mathrm{d}m$ 为正;释放质量时 $\mathrm{d}m$ 为负.无论俘获还是释放,m 和 $\mathrm{d}m$ 均代表“部分”而 $m+\mathrm{d}m$ 才代表“全体”,$m+\mathrm{d}m$ 具有的动量是“总体”,而 m 与 $\mathrm{d}m$ 的动量则为“局部”.

上式中的 $\boldsymbol{u}$ 是 $\mathrm{d}m$ 相对于地面的速度,即绝对速度,$\boldsymbol{v}$ 为牵连速度,再用 $\boldsymbol{v}_{\mathrm{r}}$ 表示 $\mathrm{d}m$ 相对于以速度 $\boldsymbol{v}$ 运动的火箭的相对速度,根据相对运动速度关系式,得

$$\boldsymbol{u}=\boldsymbol{v}+\boldsymbol{v}_{\mathrm{r}}.$$

代入上式,得

$$m\mathrm{d}\boldsymbol{v}=\boldsymbol{v}_{\mathrm{r}}\mathrm{d}m.$$

建立图 3.38 所示的坐标系,并将上式投影,得

$$m\mathrm{d}v=-v_{\mathrm{r}}\mathrm{d}m$$

或

$$\mathrm{d}v=-v_{\mathrm{r}}\frac{\mathrm{d}m}{m},$$

v_{r} 叫排气速度.对于使用一定燃料的特定火箭,若火箭周围的大气压保持不变,则 v_{r} 为一个常量.设火箭刚起飞时其质量为 m_0,速度为零;设燃料燃烧完毕时火箭的质量为 m,火箭最终得到的速度即末速度为 v,将上式积分:

$$\int_0^v \mathrm{d}v=-v_{\mathrm{r}}\int_{m_0}^{m}\frac{\mathrm{d}m}{m},$$

得

$$v=-v_{\mathrm{r}}\ln\frac{m}{m_0},\tag{3.9.1}$$

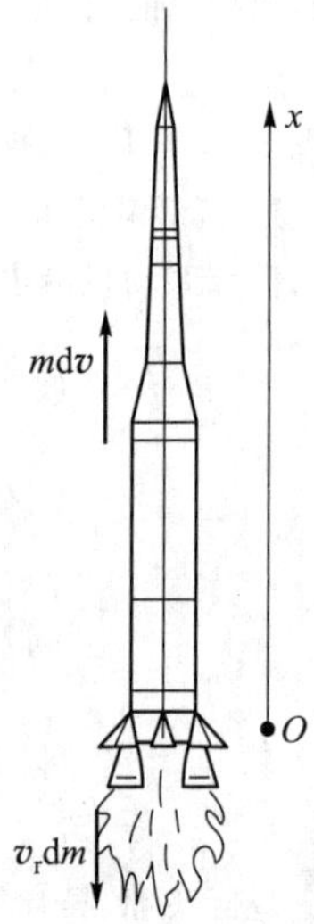

图 3.38　将动量守恒定律应用于火箭发射

这叫齐奥科夫斯基(K.E.Tsiolk ovski,1857—1935)公式或理想速度公式,是在不考虑空气阻力和重力条件下得出的.$\dfrac{m}{m_0}$叫结构系数,m_0是起飞质量,包括负载、火箭外壳等结构及全部燃料和氧化剂的质量,而 m 则为负载、外壳等结构的质量.上式表明:火箭在不考虑外力条件下得到的速度决定于两个因素:一是结构系数,另一个是排气速度 v_{r}.

发射人造天体时,用二级以至三级火箭,发射后,较大的第一级火箭燃烧结束,便自动脱落,接着是第二级和第三级火箭依次工作,直至人造天体抵达应当达到的位置.

选读材料

[选读 3.1]　关于牛顿和他的运动定律

阅读材料:
牛顿

牛顿是历史上最伟大的数学家和物理学家之一,对后世科学的发展影响深远.他于 1643 年生于英国林肯郡(Lincoln Shire)的沃尔斯索普(Woolsthorpe)村,是自耕农

的儿子.1661年，他进剑桥大学学习，开始研究开普勒的光学和笛卡儿的几何学；1665年，发现二项式定理.同年，为躲避鼠疫，他回到故乡，开始光的光谱分解、万有引力定律和微积分的研究.1667年，他回到剑桥大学任教授，讲授光学；第二年发明反射望远镜，主张光的粒子说.在此期间，在巴罗(I.Barrow，1630—1677)关于微分和积分互为逆运算的观点和对无穷级数研究的影响下，牛顿得出微积分的基本原理.他是和莱布尼茨各自独立发明微积分的.1687年，他发表了《自然哲学的数学原理》，提出三条动力学基本定律和万有引力定律，能对他的前辈伽利略的运动论、惠更斯的振动论，以及开普勒的行星运动规律做出统一的解释.1695年，牛顿移居伦敦，专心研究神学，曾任造币局局长，1703年任皇家学会会长直至1727年3月去世.①

牛顿在《自然哲学的数学原理》中关于动力学概念和规律的表述如下：②

定义1　物质的量是物质的度量，可由其密度和体积共同求出.

定义2　运动的量是运动的度量，可由速度和物质的量共同求出.

定义3　惯性或固有的力，是一种起抵抗作用的力，它存在于每一物体当中，大小与该物体相当，并使之保持其现有的状态，或者静止，或是匀速直线运动.

定义4　外力是一种对物体的推动作用，使其改变静止的或匀速直线运动的状态.

定义5、6、7和8等则论及向心力等.

运动的公理或定律：

定律1　每个物体都保持其静止或匀速直线运动的状态，除有外力作用于它迫使它改变那个状态.

定律2　运动的变化正比于外力，变化的方向沿外力作用的直线方向.

定律3　每一种作用都有一个相等的反作用：或者，两个物体间的相互作用总是相等的，而且指向相反.

推论1　物体同时受两个力作用时，其运动将沿平行四边形的对角线进行，所用时间等于两个力分别沿两个边所需.

推论2、3、4、5和6论及重心和转动等.

马赫总结牛顿在力学方面在如下四点超过了伽利略和惠更斯：(1) 推广了力的概念；(2) 引入质量概念；(3) 力的平行四边形原理严格和普遍的表述；(4) 作用与反作用力定律的表述.③他在《力学科学》中批评了牛顿关于质量和力的表述及时空观.例如他首次指出牛顿的质量概念存在逻辑循环：先用密度求质量而密度又需用质量定义.他对牛顿绝对时空观的批评影响深远，对爱因斯坦提出相对论有启发.

[选读3.2]　(3.2.2)式的进一步论证

对1、2两个物体，有$\dfrac{|\Delta \boldsymbol{v}_1|}{|\Delta \boldsymbol{v}_2|}=\alpha$，$\alpha$只与两个物体有关.现用$m_1$和$m_2$分别表示两

① 日本数学会.数学百科全书.

② 牛顿.自然哲学之数学原理(和他的)宇宙体系.王克迪译.袁江洋校.武汉：武汉出版社，1992.

③ Mach E. The Science of Mechanics. 6th ed. La Salle, Illinois: The Open Court Publishing Co., 1974: 236—237.

者的性质，可写出

$$\frac{|\Delta \boldsymbol{v}_1|}{|\Delta \boldsymbol{v}_2|}=f(m_1,m_2).$$

令物体 2 与 3 相互作用，同理有

$$\frac{|\Delta \boldsymbol{v}_2|}{|\Delta \boldsymbol{v}_3|}=f(m_2,m_3).$$

物体 1 与 3 间有

$$\frac{|\Delta \boldsymbol{v}_1|}{|\Delta \boldsymbol{v}_3|}=f(m_1,m_3).$$

从上面三式可得

$$\frac{f(m_1,m_3)}{f(m_2,m_3)}=f(m_1,m_2).$$

上式左方 m_3 可以消掉，意味着 f 函数中诸 m 是彼此分开的，为简单起见，选 $f(m_1,m_2)=m_2/m_1$，即 $|\Delta \boldsymbol{v}_1|/|\Delta \boldsymbol{v}_2|=m_2/m_1$，进一步即可得出(3.2.2)式.

思考题

3.1 试表述质量的操作型定义.

3.2 如何从动量守恒定律得出牛顿第二、第三定律.在何种情况下，牛顿第三定律不成立？

3.3 在磅秤上称物体重量，磅秤读数给出物体的“视重”或“表观重量”.现在电梯中测视重，何时视重小于重量(称为失重)？何时视重大于重量(称为超重)？在电梯中，视重可能等于零吗？能否指出另一种情况使视重等于零？

3.4 一物体静止于固定斜面上，

(1) 可将物体所受重力分解为沿斜面的下滑力和作用于斜面的正压力.

(2) 因物体静止，故下滑力 $mg\sin\alpha$ 与静摩擦力 $\mu_0 F_N$ 相等.α 表示斜面倾角，F_N 为作用于斜面的正压力，μ_0 为静摩擦因数.以上两段话确切否？

3.5 马拉车时，马和车的相互作用力大小相等而方向相反，为什么车能被拉动？分析马和车受的力，分别指出为什么马和车能起动.

3.6 分析下面例子中绳内张力随假想横截面位置的改变而改变的规律：

(1) 长为 l、质量为 m 的均质绳悬挂重量为 G 的重物而处于静止；

(2) 用长为 l、质量为 m 的均质绳沿水平方向拉水平桌面上的物体加速前进和匀速前进，这两种情况均可用 $\boldsymbol{F}$ 表示绳作用于物体的拉力.不考虑绳因自重而下垂；

(3) 质量可忽略不计的轻绳沿水平方向拉在水平桌面上运动的重物，绳对重物的拉力为 $\boldsymbol{F}$，绳的另一端受水平拉力 $\boldsymbol{F}_1$，绳的正中间还受与 $\boldsymbol{F}_1$ 方向相同的拉力 $\boldsymbol{F}_2$；

(4) 长为 l、质量为 m 的均质绳平直地放在光滑水平桌面上，其一端受沿绳的水平拉力 $\boldsymbol{F}$ 而加速运动；

(5) 长为 l、质量为 m 的均质绳置于水平光滑桌面上，其一端固定，绳绕固定点在桌面上转动，绳保持平直，其角速率为 ω；

若绳保持平直，你能否归纳出在何种情况下绳内各假想横截面处张力相同？(提示：可沿绳建立 Ox 坐标系，用 x 坐标表示横截面的位置).

3.7 两弹簧完全相同，把它们串联起来或并联起来，劲度系数将发生怎样的变化？

3.8 如图所示，用两段同样的细线悬挂两个物体，若突然向下拉下面的物体，下面的线易断，若缓慢拉，上面的线易断.这是为什么？

3.9 有三种说法：当质点沿圆周运动时，

(1) 质点所受指向圆心的力即向心力；

(2) 维持质点做圆周运动的力即向心力；

(3) mv^2/r 即向心力.

这三种说法是否确切.

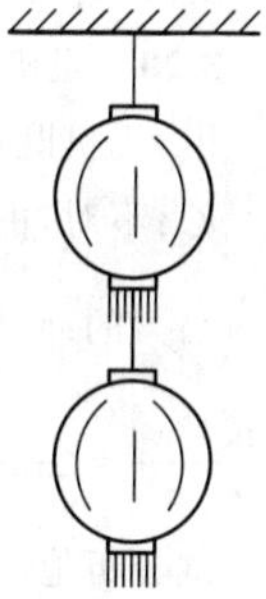

题 3.8 图

3.10 杂技演员表演水流星.演员持绳的一端，另端系水桶，桶内盛水.令桶在竖直面内做圆周运动，水不流出.

(1) 桶到达最高点除受向心力外，还受一离心力，故水不流出；

(2) 水受到重力和向心力的作用，维持水沿圆周运动，故水不流出.

以上两种说法正确否？做出正确分析.

3.11 如图所示，游戏场中的车可在竖直圆环形轨道上行驶，设车匀速前进.在图中标出的几个位置 A、B、C、D、E 中，哪个乘客对座位的压力最大？哪个最小？

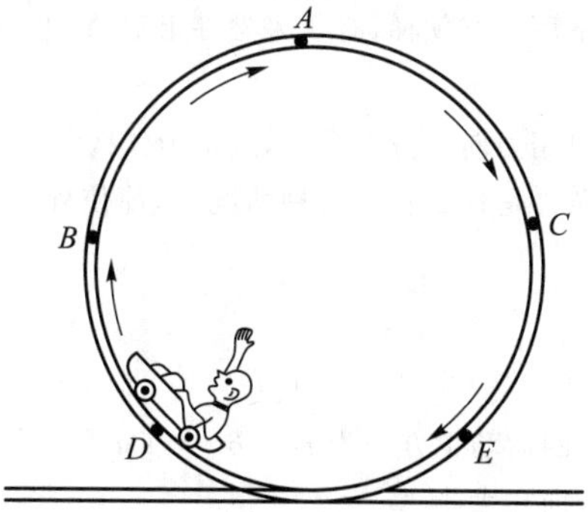

题 3.11 图

3.12 下面的动力学方程哪些是线性的哪些是非线性的？

(1) $m\dfrac{d^2x}{dt^2}=x^2$；　　(2) $m\dfrac{d^2x}{dt^2}=2x+t^2$；

(3) $m\dfrac{d^2x}{dt^2}=-\dfrac{dx}{dt}-t^3$；　(4) $m\dfrac{d^2x}{dt^2}=\left(\dfrac{dx}{dt}\right)^2$.

3.13 尾部设有游泳池的轮船匀速直线行驶，一人在游泳池的高跳台上朝船尾方向跳水，旁边的乘客担心他跳入海中，这种担心是否必要？若轮船加速行驶，这种担心有无道理？用学过的物理原理解释.

3.14 根据伽利略相对性原理，不可能借助于在惯性参考系中所做的力学实验来确定该参考系做匀速直线运动的速度.你能否借助于相对于惯性系沿直线做变速运动的参考系中的力学实验来确定该参考系的加速度？如何做？

3.15 在惯性系测得的质点的加速度是由相互作用力产生的，在非惯性系测得的加速度是惯性力产生的，对吗？

3.16 用卡车运送变压器，变压器四周用绳索固定在车厢内，卡车紧急制动时，后面拉紧的绳索断开了.分别以地面和汽车为参考系，解释绳索断开的原因.

3.17 是否只要质点具有相对于匀速转动圆盘的速度，在以圆盘为参考系时，质点必受科里奥利力？

3.18 在北半球，若河水自南向北流，则东岸受到的冲刷较严重，试用科里奥利力进行解释.又问，河水在南半球自南向北流，哪边河岸冲刷较严重？

3.19 在什么情况下，力的冲量和力的方向相同？

3.20 飞机沿某水平面内的圆周匀速率地飞行了整整一周，对这一运动，甲乙二人展开讨论：

甲：飞机既然做匀速圆周运动，速度没变，则动量是守恒的.

乙：不对，由于飞行时，速度的方向不断变化，因此动量不守恒.根据动量定理，动量的改变来源于向心力的冲量.向心力就是$m\dfrac{v^2}{r}$，飞行一周所用时间为$\dfrac{2\pi r}{v}$，飞行一周向心力的冲量等于$F\Delta t=m\dfrac{v^2}{r}\dfrac{2\pi r}{v}=2\pi mv$（$m$为飞机质量，$v$为速率，$r$为圆周半径）.

试分析他们说得对不对.

3.21 棒球运动员在接球时为何要戴厚而软的手套？篮球运动员接急球时往往持球缩手，这是为什么？

3.22 “质心的定义是质点系质量集中的一点，它的运动即代表了质点系的运动，若掌握质点系质心的运动，质点系的运动状况就一目了然了.”这句话对否？

3.23 悬浮在空中的气球下面吊有软梯，有一人站在上面.最初，人和气球均处于静止.后来，人开始向上爬，问气球是否运动？

3.24 跳伞运动员临着陆时用力向下拉降落伞，这是为什么？

3.25 质点系动量守恒的条件是什么？在何种情况下，即使外力不为零，也可用动量守恒方程求近似解.

习题

3.4.1 质量为 2 kg 的质点的运动学方程为 $\boldsymbol{r}=(6t^2-1)\boldsymbol{i}+(3t^2+3t+1)\boldsymbol{j}$，（单位：m、s），求证质点受恒力而运动，并求力的方向和大小.

3.4.2 质量为 m 的质点在 Oxy 平面内运动，质点的运动学方程为

$$\boldsymbol{r}=a\cos\omega t\boldsymbol{i}+b\sin\omega t\boldsymbol{j},$$

a、b、ω 为正常量，证明作用于质点的合力总指向原点.

3.4.3 如图所示，在脱粒机中往往装有振动鱼鳞筛，一方面由筛孔漏出谷粒，一方面逐出秸秆，筛面微微倾斜，是为了从较低的一边将秸秆逐出，因角度很小，可近似看作水平，筛面与谷粒发生相对运动才可能将谷粒筛出.若谷粒与筛面静摩擦因数为 0.4，问筛沿水平方向的加速度至少多大，才能使谷物和筛面发生相对运动.

3.4.4 桌面上叠放着两块木板，质量分别为 m_1、m_2，如图所示.m_2 和桌面间的摩擦因数为 μ_2，m_1 和 m_2 间的静摩擦因数为 μ_1.问沿水平方向用多大的力才能把下面的木板抽出来.

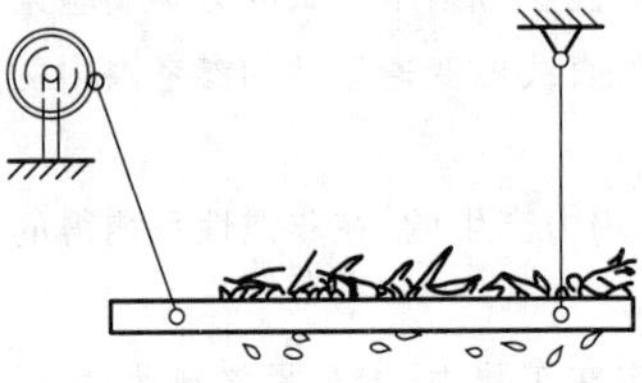

题 3.4.3 图

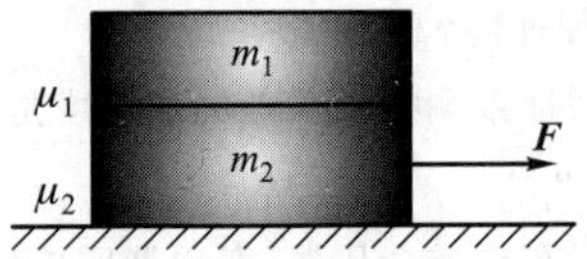

题 3.4.4 图

3.4.5 如图所示，质量为 m_2 的斜面可在光滑的水平面上滑动，斜面倾角为 α，质量为 m_1 的运动员与斜面之间亦无摩擦，求运动员相对于斜面的加速度及其对斜面的压力.

3.4.6 在图示的装置中两个物体的质量分别为 m_1、m_2.物体之间及物体与桌面间的摩擦因数

都为 μ.求在力 F 的作用下两个物体的加速度及绳内张力.不计滑轮和绳的质量及轴承摩擦,绳不可伸长.

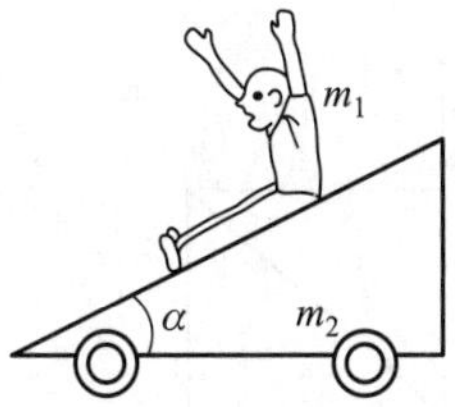

题 3.4.5 图

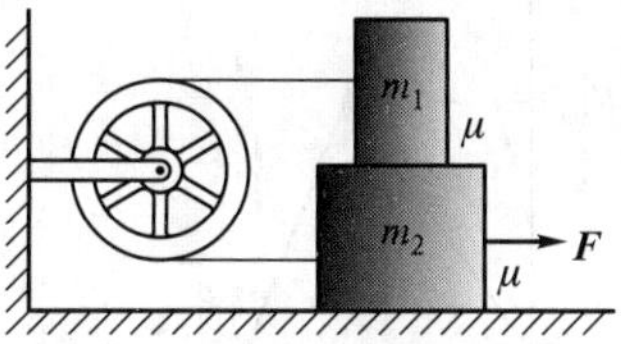

题 3.4.6 图

3.4.7 在图示的装置中,物体 A、B、C 的质量分别为 m_1、m_2、m_3,且两两不等.若物体 A、B 与桌面间的摩擦因数均为 μ,求三个物体的加速度及绳内的张力.不计绳和滑轮质量,不计轴承摩擦,绳不可伸长.

3.4.8 如图所示,天平左端挂一定滑轮,一轻绳跨过滑轮,绳的两端分别系上质量为 m_1、m_2 的物体($m_1 \neq m_2$).天平右端的托盘内放有砝码.问天平托盘和砝码的总重量为多少,才能保持天平平衡?不计滑轮和绳的质量及轴承摩擦,绳不伸长.

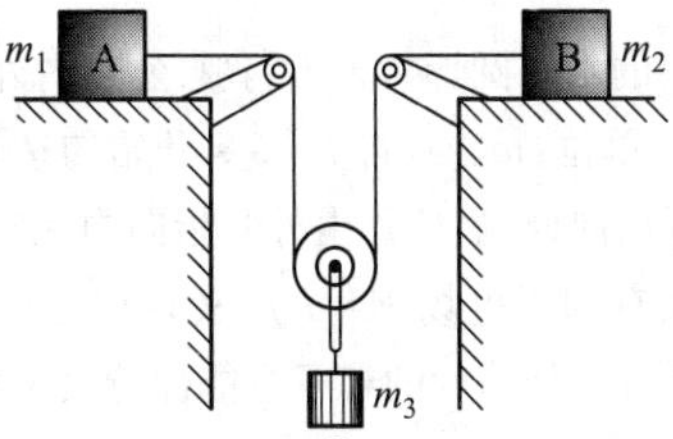

题 3.4.7 图

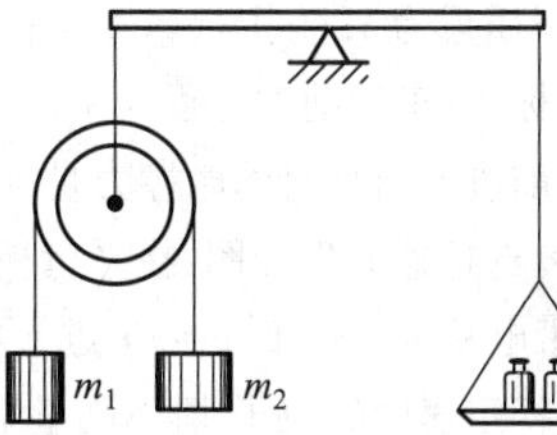

题 3.4.8 图

以下四题用积分.

* **3.4.9** 如图所示,跳伞运动员初张伞时的速度为 $v_0=0$,阻力大小与速度平方成正比:αv^2,人和伞的总质量为 m.求 $v=v(t)$ 的函数$\left[\text{提示:积分时可利用式}\dfrac{1}{1-v^2}=\dfrac{1}{2(1+v)}+\dfrac{1}{2(1-v)}\right]$.

* **3.4.10** 如图所示,一巨石与斜面因地震而分裂,脱离斜面下滑至水平石面的速度为 $\boldsymbol{v}_0$,求在水平面上巨石速度与时间的关系,摩擦因数为 $\mu=(v+3.308)^{-2.342}$(注:不必求 v 作为 t 的显函数).

题 3.4.9 图

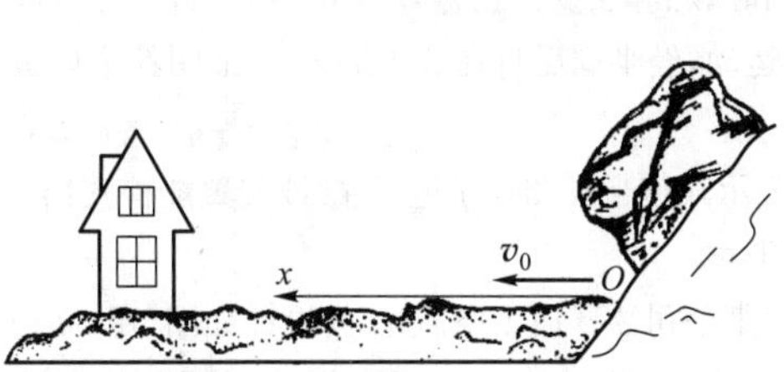

题 3.4.10 图

3.4.11 棒球质量为 0.14 kg.用棒击棒球的力随时间的变化如图所示.设棒被击前后速度增量大小为 70 m/s.求力的最大值.打击时,不计重力.

3.4.12　沿竖直向上发射玩具火箭的推力随时间变化如图所示.火箭质量为 2 kg,$t=0$ 时处于静止.求火箭发射后的最大向上速率和最大高度(注意,推力>重力时才启动).

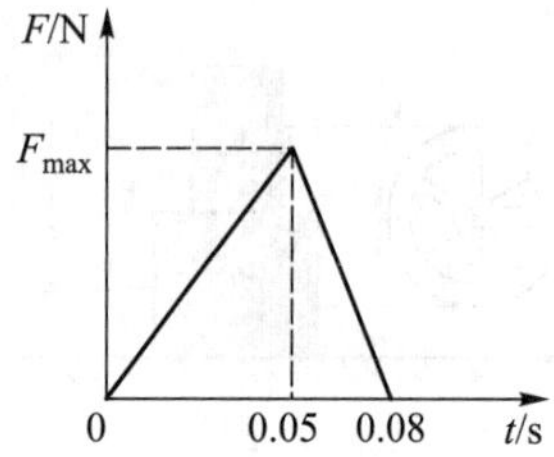

题 3.4.11 图

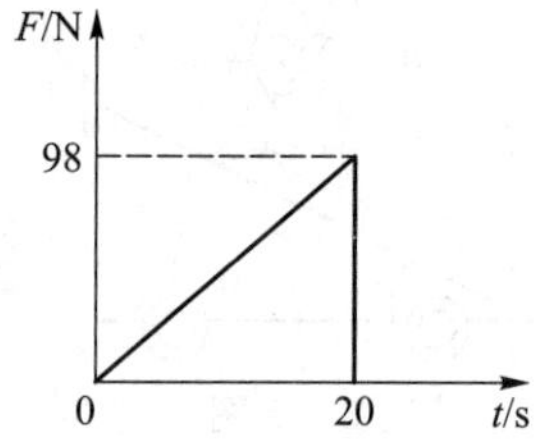

题 3.4.12 图

3.4.13　如图所示,抛物线形弯管的表面光滑,绕竖直轴以匀角速率转动,抛物线方程为 $y=ax^2$,a 为正常量.小环套于弯管上.(1) 弯管角速度多大,小环可在管上任意位置相对弯管静止?(2) 若为圆形光滑弯管,情况如何?

3.4.14　北京设有供实验用高速列车环形铁路,回转半径为 9 km.设要建设的京沪列车时速 250 km/h.若在环路上做此项列车实验且欲铁轨不受侧压力,外轨应比内轨高多少?设轨距 1.435 m.

3.4.15　汽车质量为 1.2×10 kg,在半径为 100 m 的水平圆形弯道上行驶.公路内外侧倾斜 15°.沿公路取自然坐标,汽车运动学方程为 $s=0.5t^3+20t$(单位:m、s),自 $t=5$ s 开始匀速运动.问公路面作用于汽车与前进方向垂直的摩擦力是由公路内侧指向外侧,还是由外侧指向内侧?

3.4.16　速度选择器原理如图,在平行板电容器间有匀强电场 $\boldsymbol{E}=E\boldsymbol{j}$,又有与之垂直的匀强磁场 $\boldsymbol{B}=B\boldsymbol{k}$.现有带电粒子以速度 $\boldsymbol{v}=v\boldsymbol{i}$ 进入场中.问具有何种速度的粒子方能保持沿 x 轴运动.此装置用于选出具有特定速度的粒子.请你用量纲法则检验计算结果.

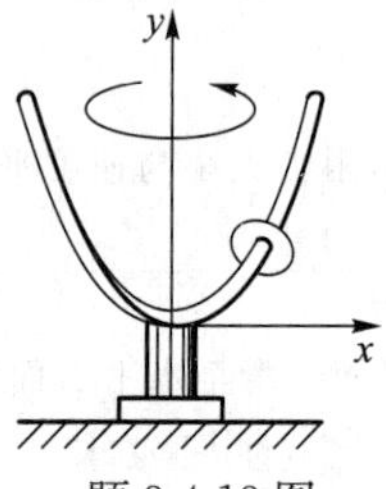

题 3.4.13 图

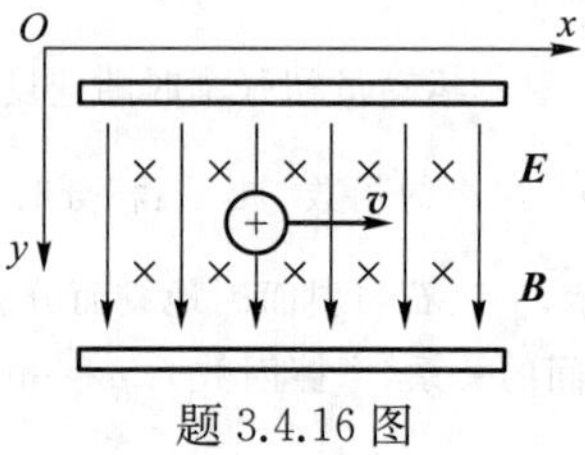

题 3.4.16 图

3.4.17　如图所示,带电粒子束经狭缝 S_1 和 S_2 之选择,然后进入速度选择器(习题 3.4.16),其中电场强度和磁感应强度分别为 $\boldsymbol{E}$ 和 $\boldsymbol{B}$.具有"合格"速度的粒子再进入与速度垂直的磁场 $\boldsymbol{B}_0$ 中,并开始做圆周运动,经半周后打在荧光屏上.试证明粒子质量为

$$m=qBB_0r/E,$$

r 和 q 分别表示轨道半径和粒子电荷量.该装置能检查出 0.01%的质量差别,可用于分离同位素、检测杂质或污染物.

3.4.18　某公司欲开设太空旅馆.其设计如图,用 32 m 长的绳连结质量相同的两客舱.问两客舱围绕两舱中点转动的角速度多大,可使旅客感到和在地面上那样受重力作用,而没有"失重"的感觉.

* **3.4.19**　离子电荷量与质量之比为荷质比.汤姆孙实验产生的离子束中离子速度颇不相同,亦可测荷质比.图中速度为 $\boldsymbol{v}$ 的离子在沿 x 轴的电场 $\boldsymbol{E}$ 和磁感应强度 $\boldsymbol{B}$ 下偏转,偏转后打在 T 靶上(假定磁感应强度 B 足够小).证明不管离子速度如何,离子均落在靶上

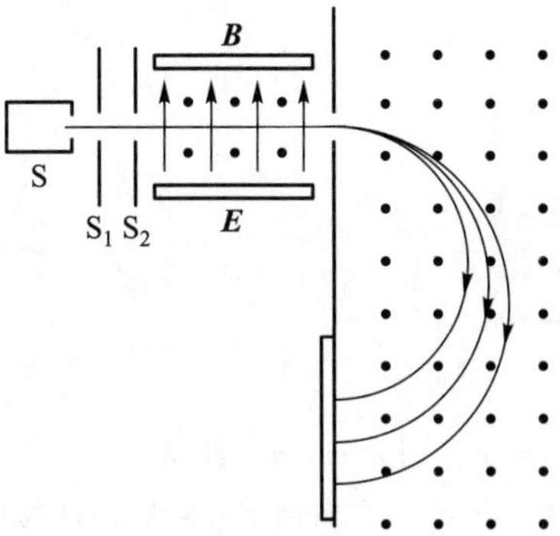

题 3.4.17 图

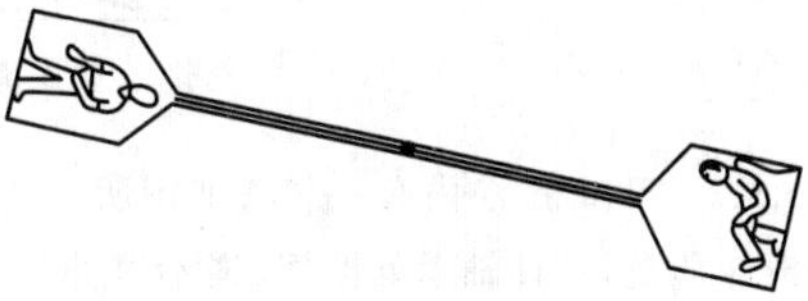

题 3.4.18 图

$$y^2=\frac{q}{m}\ \frac{B^2A^2}{2E}x$$

的抛物线上[题 3.4.19 图(b)],近似取 $A=vt$,t 为离子运动时间,A 表示运动距离.

3.4.20 如图所示,圆柱 A 重 500 N,半径 $R_A=0.30$ m,圆柱 B 重 1 000 N,半径 $R_B=0.50$ m,都放置在宽度 $l=1.20$ m 的槽内.各接触点都是光滑的.求 A、B 柱间的压力及 A、B 柱与槽壁和槽底间的压力.

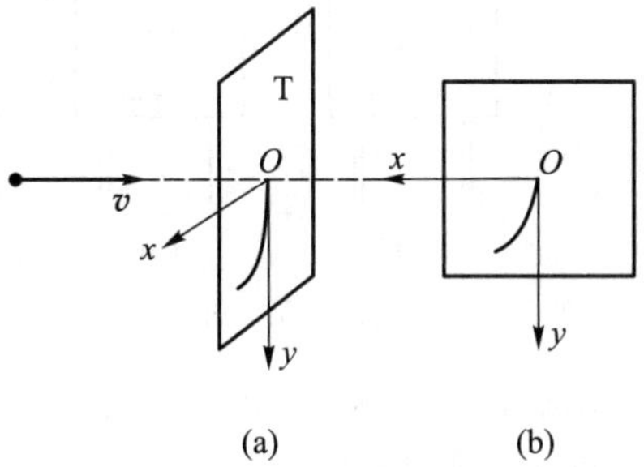

题 3.4.19 图

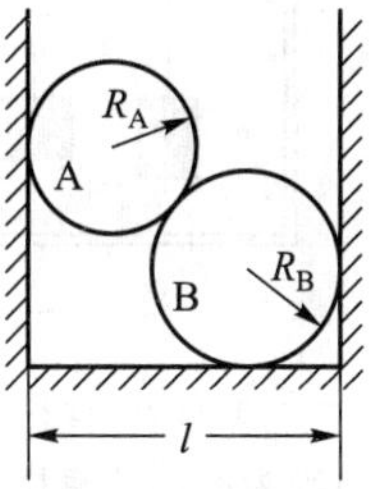

题 3.4.20 图

3.4.21 图示为哺乳动物的下颌骨.假如肌肉提供的力 $\boldsymbol{F}_1$ 和 $\boldsymbol{F}_2$ 均与水平方向成 45°.食物作用于牙齿的力为 $\boldsymbol{F}$.假设 $\boldsymbol{F}$、$\boldsymbol{F}_1$ 和 $\boldsymbol{F}_2$ 共点.求 F_1 和 F_2 的关系,以及与 F 的关系,$\boldsymbol{F}$ 沿竖直方向.

3.4.22 如图所示,四根等长且不可伸长的轻线端点悬于水平面正方形的四个顶点处.另一端固结于一处悬挂重物,重量为 G,线与竖直方向夹角为 α,求各线内张力.若四根均不等长,已知诸线之方向余弦,能算出线内张力吗?

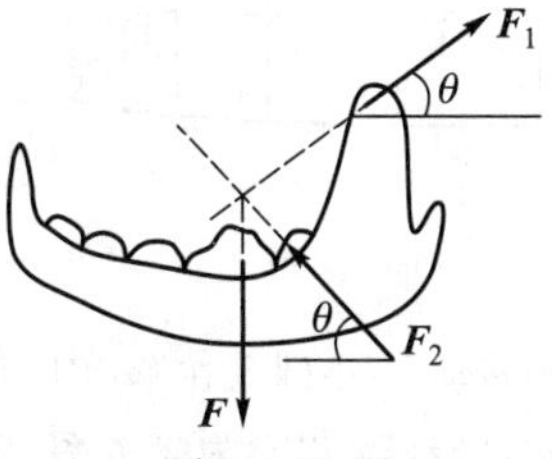

题 3.4.21 图

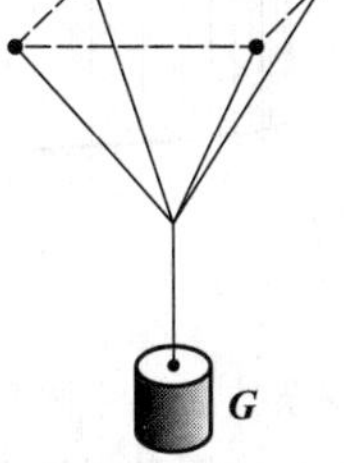

题 3.4.22 图

3.5.1 如图所示,小车以匀加速度 $\boldsymbol{a}$ 沿倾角为 α 的斜面向下运动,摆锤相对于小车保持静止,求悬线与竖直方向的夹角(分别自惯性系和非惯性系中求解).

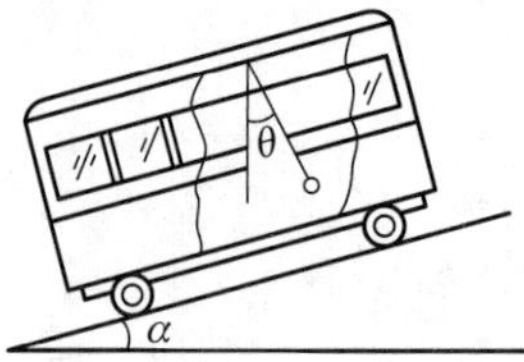

题 3.5.1 图

3.5.2 升降机 A 内有一装置如图所示.悬挂的两物体的质量分别为 m_1、m_2 且 $m_1 \neq m_2$.若不计绳及滑轮质量,不计轴承处摩擦,绳不可伸长,求当升降机以加速度 $\boldsymbol{a}$(方向向下)运动时,两物体的加速度各是多少?绳内的张力是多少?

3.5.3 图示为柳比莫夫摆,框架上悬挂小球,将摆移开平衡位置而后放手,小球随即摆动起来.(1) 当小球摆至最高位置时,释放框架使它沿导轨自由下落,如图(a)所示.问框架自由下落时,摆锤相对于框架如何运动?(2) 当小球摆至平衡位置时,释放框架,如图(b)所示,小球相对于框架如何运动?小球质量比框架小得多.

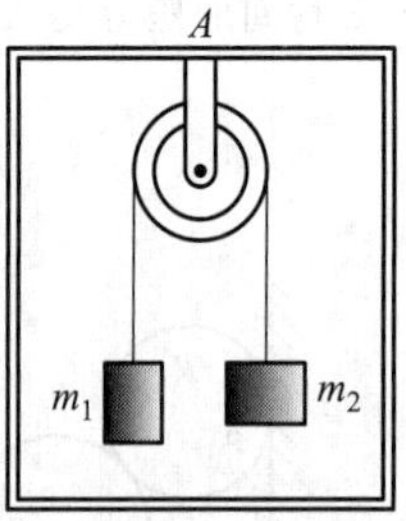

题 3.5.2 图

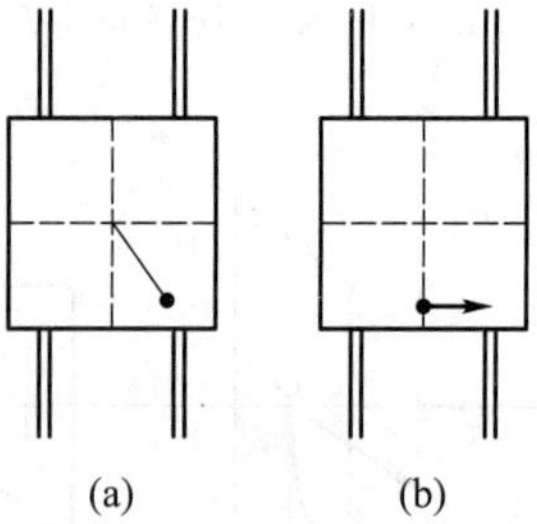

题 3.5.3 图

3.5.4 如图所示,摩托车选手在竖直放置的圆筒内壁于水平面内旋转.筒内壁半径为 3.0 m.轮胎与壁面静摩擦因数为 0.6.求摩托车最小线速度(取非惯性系求解).

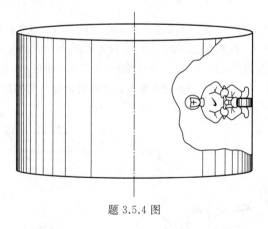

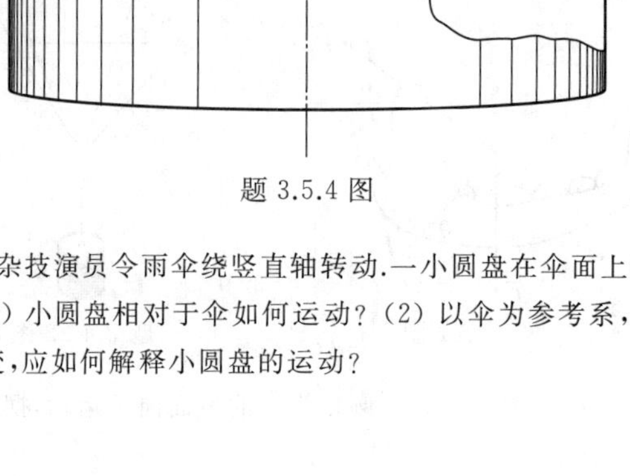
题 3.5.4 图

3.5.5 如图所示,一杂技演员令雨伞绕竖直轴转动.一小圆盘在伞面上滚动但相对于地面在原地转动,即盘中心不动.(1) 小圆盘相对于伞如何运动?(2) 以伞为参考系,小圆盘受力如何?若保持牛顿第二定律形式不变,应如何解释小圆盘的运动?

题 3.5.5 图

3.5.6 设在北纬 60°自南向北发射一枚弹道导弹，其速率为 400 m/s，打击相距 6.0 km 的目标. 问该导弹受地球自转影响否？如受影响，偏离目标多少(自己找其他所需数据)？

3.6.1 就下面两种受力情况：(1) $\boldsymbol{F}=2t\boldsymbol{i}+2\boldsymbol{j}$，(2) $\boldsymbol{F}=2t\boldsymbol{i}+(1-t)\boldsymbol{j}$，(单位：N、s)分别求出 $t=0$、$\frac{1}{4}$、$\frac{1}{2}$、$\frac{3}{4}$、1 s 时的力并用图表示；再求自 $t=0$ s 至 $t=1$ s 时间内的冲量，也用图表示.

3.6.2 一个质量为 m 的质点在 Oxy 平面上运动，其位置矢量为

$$\boldsymbol{r}=a\cos\omega t\boldsymbol{i}+b\sin\omega t\boldsymbol{j}$$

求质点的动量.

3.6.3 自动步枪连发时每分钟可射出 120 发子弹，每颗子弹质量为7.9 g，出口速率为 735 m/s. 求射击时所需的平均力.

3.6.4 棒球质量为 0.14 kg.棒球沿水平方向以速率 50 m/s 投来，经棒击球后，球沿与水平方向成 30°角飞出，速率为 80 m/s，如图所示.球与棒接触时间为 0.02 s，求棒击球的平均力.

3.6.5 如图所示，质量为 m_1 的滑块与水平台面间的静摩擦因数为 μ_0，质量为 m_2 的滑块与 m_1 均处于静止.绳不可伸长，绳与滑轮质量可不计，不计滑轮轴摩擦.问将 m_2 托起多高，松手后可利用绳对 m_1 冲力的平均力拖动 m_1？设当 m_2 下落 h 后经过极短的时间 Δt 后与绳的竖直部分相对静止.

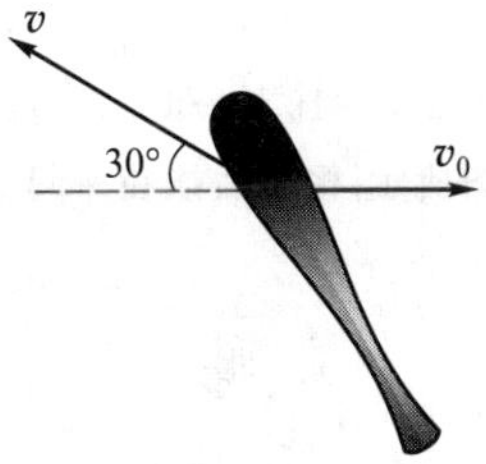

题 3.6.4 图

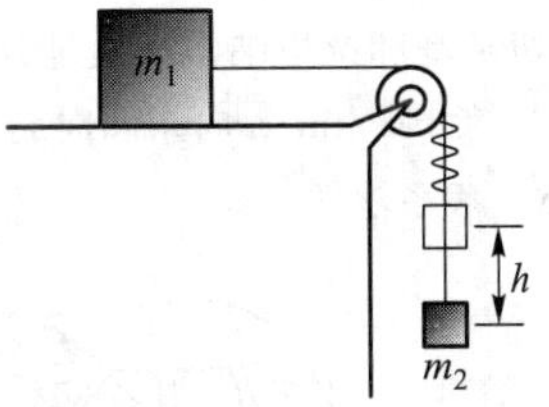

题 3.6.5 图

3.6.6 质量 $m_1=1$ kg，$m_2=2$ kg，$m_3=3$ kg 和 $m_4=4$ kg；m_1、m_2 和 m_4 四质点形成的质心坐标顺次为$(x,y)=(-1,1)$、$(-2,0)$和$(3,-2)$.质心位于$(x,y)=(1,-1)$.求 m_3 的位置.

以下三题用质心运动定理和质点系动量定理两种方法做.

3.7.1 如图所示，质量为 1 500 kg 的汽车在静止的驳船上在 5 s 内自静止加速至 5 m/s.问缆绳作用于驳船的平均力有多大？(用牛顿运动定律做出结果，并以此验证你的计算.)

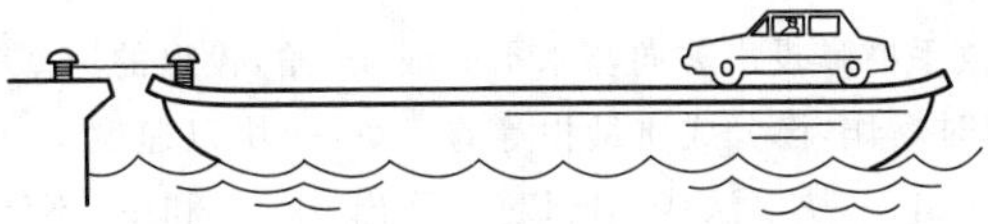

题 3.7.1 图

3.7.2 若上题中驳船质量为 6 000 kg.当汽车相对船静止时，由于船尾螺旋桨的转动，可使船载着汽车以加速度 0.2 m/s^2 前进.若正在前进时，汽车自静止开始相对船以加速度0.5 m/s^2 与船前进相反方向行驶，船的加速度如何？

3.7.3 气球下悬软梯，总质量为 m_1，软梯上站一质量为 m_2 的人，共同在气球所受浮力 F 作用下加速上升.若人以相对于软梯的加速度 a_r 上升，问气球的加速度如何？

3.7.4 如图所示，水流冲击在静止的涡轮叶片上，水流冲击叶片曲面前后的速率都等于 v，每单位时间投向叶片的水的质量保持不变且等于 m，求水作用于叶片的力.

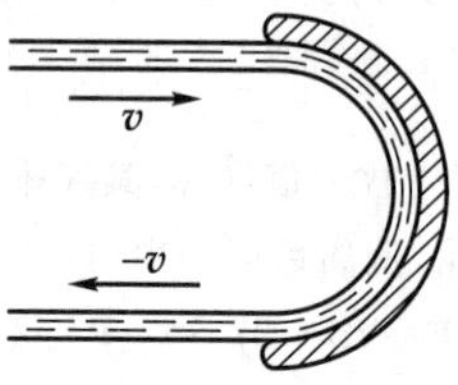

题 3.7.4 图

3.7.5 质量为 70 kg 的人和质量为 210 kg 的小船最初处于静止.后来人从船后向船头匀速走了 3.2 m 停下来.问船向哪个方向运动，移动了几米？不计船所受的阻力.

3.7.6 如图所示，炮车固定在车厢内，最初均处于静止.炮车向右发射一枚弹丸，车厢则向左方运动.弹丸射在对面墙上后随即顺墙壁落下.问此过程中车厢移动的距离是多少？已知炮车和车厢总质量为 m，弹丸质量为 m'，炮口到对面墙上的距离为 L.不计铁轨作用于车厢的阻力.

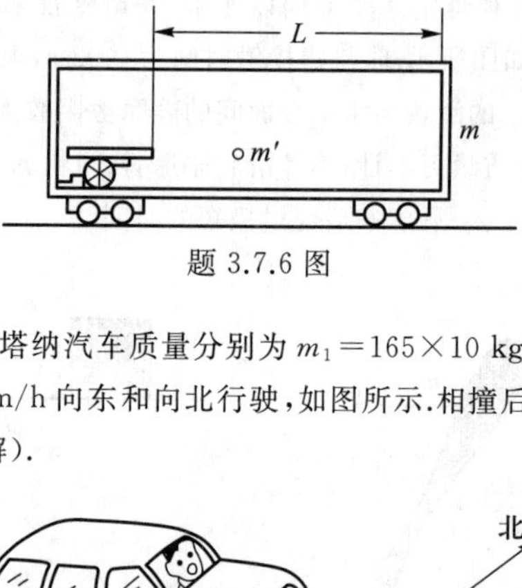

题 3.7.6 图

3.7.7 载人的切诺基和桑塔纳汽车质量分别为 $m_1=165\times10$ kg 和 $m_2=115\times10$ kg，分别以速率 $v_1=90$ km/h 和 $v_2=108$ km/h 向东和向北行驶，如图所示.相撞后挨在一起滑出.求滑出的速度.不计摩擦(请用质心参考系求解).

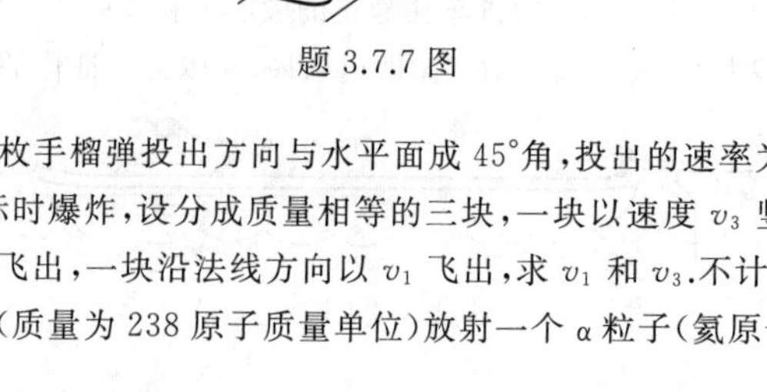

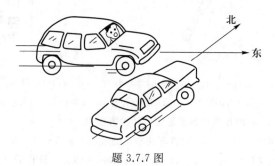

题 3.7.7 图

3.8.1 如图所示，一枚手榴弹投出方向与水平面成 45°角，投出的速率为 25 m/s.在刚要接触与发射点同一水平面的目标时爆炸，设分成质量相等的三块，一块以速度 v_3 竖直朝下，一块顺爆炸处切线方向以 $v_2=15$ m/s 飞出，一块沿法线方向以 v_1 飞出，求 v_1 和 v_3.不计空气阻力.

3.8.2 铀-238 的核(质量为 238 原子质量单位)放射一个 α 粒子(氦原子的核，质量为 4.0 原子

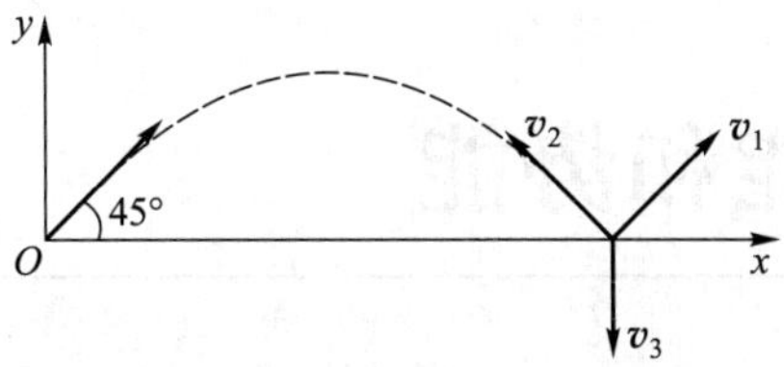

题 3.8.1 图

质量单位)后衰变为钍-234 的核.设铀核原来是静止的,α 粒子射出时的速率为 1.4×10^7 m/s,求钍核反冲的速率.

3.8.3 三只质量均为 m 的小船鱼贯而行,速度都是 v.中间一船同时以水平速度 u(相对于此船)把两个质量均为 m_0 的物体抛到前后两只船上,问当两个物体落入船后,三只船的速度分别如何?

第四章 动能和势能

有一个事实，或如果你愿意，一条定律，支配着至今所知的一切自然现象.关于这条定律没发现例外——就目前所知确乎如此.这条定律称为能量守恒.它指出有某一个量，我们称它能量，在自然界经历的多种多样的变化中它不变化.那是一个最为抽象的概念，因为它为一数学方面的原则；它表明有一种数量当某些事情发生时它不变.[①]

——费曼(R.P.Feynman，1918—1988)

能量是物理学中最为重要的概念之一.正像费曼所说的那样："那是一个最为抽象的概念".人类认识这个概念经历了长期的曲折的过程.本章第一节将概述人们是怎样逐步认识能量和能量守恒定律的.能量可从一种形式转化为另一种形式，但总量不变.做功恰好是使能量发生转化的一种手段.我们将从功开始这一章的研究，然后便讨论动能、势能及它们间的转化和守恒等问题.在经典力学中，机械能守恒定律可以从前一章有关动量的规律在引入势能概念的基础上推导出来.

§4.1 能量——另一个守恒量

伽利略最早认识到，在做功中省力不省功.他在《两门新科学的对话》中借萨尔瓦蒂之口谈到图 4.1 所示的摆.摆悬于 A 点，DC 为水平线.将摆球置于 C 而后释放，认为若无空气阻力可以摆至 D.在绳左侧置一钉 E 或 F，则球可摆至 G 或 I 点.反之，自 D、G 或 I 开始，若无空气阻力，摆球均可摆至 C.伽利略当时是用"动量"一词论证这一现象的.从今天观点看，实为后人认识机械能守恒开辟了一条途径.

到牛顿时代，哲学家和数学家们普遍注意到运动物体具有某种"功效"，例如运动的子弹可钻入泥土；另外，使物体运动起来需要付出代价.于是涉及按其功效和付出的代价去描述运动的问题.在牛顿发表《自然哲学的数学原理》的前一年，即 1686 年，莱布尼茨提出一物体运动的量与物体速度平方成正比.他写道："将 1 磅重的物体 A 提升

① Feynman R P, et al. The Feynman Lecture on Physics. Massachusetts: Addison－Wesley Publishing Company, 1963, 4—1.

到4爱尔①高的CD,其所需的力等于把4磅重的物体B提升到1爱尔高的EF."又根据他的假设:"从某一高度落下的物体,如果给以正确方向而又无外力干扰的话,则其所获的力足以把它提升到同样高度",他进一步指出:"从高度CD落下的物体A,其所获得的力恰等于从高度EF落下物体B所获得的力"(见图4.2).②这些表述是用当时的语言写的.术语的采用和表述的确切性都随人们认识的深入不断更新完善.现在大家知道,文中的"重"实为"质量".莱布尼茨表述中"运动的量"到1695年被科里奥利发展为$\frac{1}{2}mv^2$,并称作"活力"(living force);表述中的"力"被科里奥利称作"功".到1801年,在发现光的干涉方面做出贡献的托马斯·杨(T.Young,1773—1829)提出将$\frac{1}{2}mv^2$称作"能".在莱布尼茨的表述中,既可以看到"功能原理"的雏形,也能看到"机械能守恒"思想的闪光.焦耳和迈耶研究了热功当量和能量守恒.直到1847年,亥姆霍兹(H.von Helmholtz,1821—1894)在《论力的守恒》一文中研究了机械能守恒和涉及电磁现象与热现象的能量守恒.他在文中写道:"为了使物体m竖直升到高度h,该物体需要速度$v=\sqrt{2gh}$,并与通过同样高度落下时达到同样速度.因此我们得出$\frac{1}{2}mv^2=mgh$……."从1687年莱布尼茨的运动的量到亥姆霍兹发表他的论文,恰好经过了160年漫长的岁月.

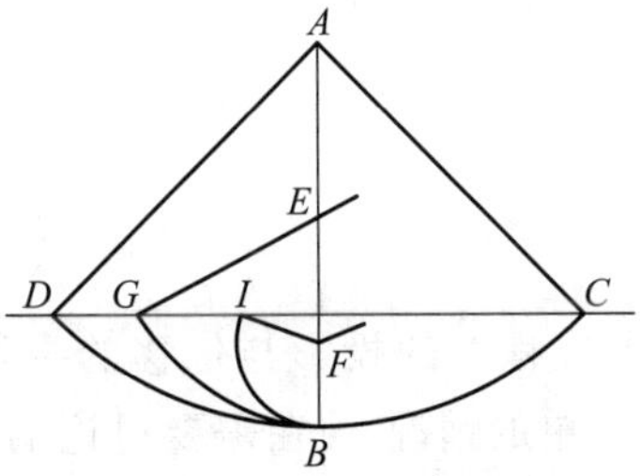

图4.1 伽利略论证摆所用的图.此图来自伽利略《两门新科学的对话》的英译本

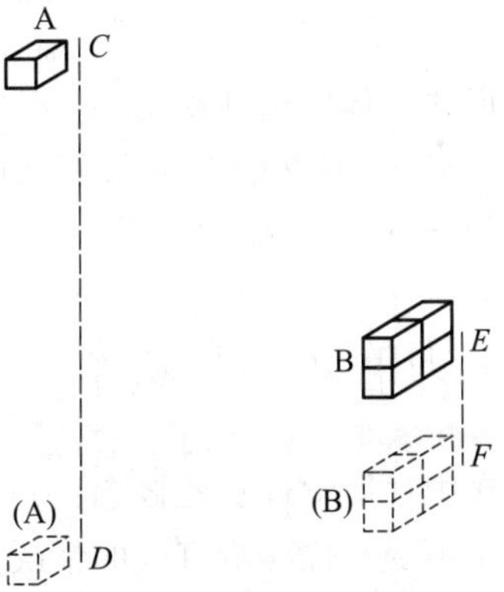

图4.2 莱布尼茨关于"力"守恒的论证.本图选自页下注②

人类对能量进一步的认识是自然界一切过程都必须满足能量守恒定律,但满足能量守恒定律的过程不一定都能实现.例如,摩擦功可使物体变热温度升高,但物体不可能自动冷却形成对外做功.后一过程并未违背能量守恒.克劳修斯和开尔文将这些规律表述成一条热力学基本定律.

① 爱尔(ell)是古代长度单位,1爱尔在英格兰为45英寸(inch),在法国为54英寸,而在荷兰约27英寸,1 inch=2.54 cm.

② 马吉.物理学原著选读.蔡宾牟译.北京:商务印书馆,1986.

从经典物理学到现代物理学，对能量的认识发生了巨大变化.经典物理认为物体发出或得到的能量可连续取值.普朗克于1900年指出物体只能以 $h\nu$ 为单元发射和吸收电磁波，ν 为电磁波频率，$h=6.63\times10^{-34}$ J·s为普朗克常量.否则不可能建立与实验结果相符合的理论.当物理学研究深入到微观世界时，发现原子光谱为线光谱.这无法按经典电磁学和力学用电子绕原子核运动去解释，甚至无法解释原子的稳定性.玻尔于1913年提出原子通常处于某个能级上的状态，能级是分立的.当原子从高能级跃入低能级时，发出频率为 $\nu=\Delta E/h$ 的电磁波，ΔE 为两能级能量差.

1905年，狭义相对论的出现使大家对能量的认识发生另一个飞跃，即质量和能量是等价的.质量 m 和能量 E 的关系式为 $E=mc^2$，c 为真空中光速，它表明只要有质量 m，必有能量 E，反之亦然.这个公式是20世纪物理学成就的重要标志之一，第十二章还将对它做具体的讨论.

从上文可知，能量概念的产生最早源于与生产生活联系紧密的功效问题，经过去伪存真，与其他概念的比较，逐步升华为科学的概念.而相对论和量子力学的出现，使人们看到即使是原来看起来似乎很成熟的基本概念在人们对自然的认识发生巨大变革后也会被充实以新的内涵.

§4.2 力的元功、用线积分表示功

能量反映物体的运动状态，它可以从一个物体转移到另一个物体或从一种形式转化为另一种形式，但总量不变.最好从能量的变化和转移中认识能量.力做功是改变能量的手段，我们即从力做功入手.

(一) 力的元功和功率

大家在中学即学过功的概念：力在受力质点位移上的投影与位移的乘积.这是力的方向大小不变且位移沿直线的情况或其他较简单的情况.现在需要讨论的是力的方向会变且质点沿曲线运动的一般情况.科学研究的方法之一是利用已知探讨未知.如将受力质点的路径分成许多小段(见图4.3)，每段可视为一方向不变的位移，在这小位移上，力也可认为是不变的.那小位移为无穷小量，可认为与轨迹重合，称为**元位移**，力在元位移上的功称为元功.**我们定义力的元功 ΔA 等于力 $\boldsymbol{F}$ 与受力质点无穷小位移 $\Delta\boldsymbol{r}$ 的标积**：

$$\Delta A=\boldsymbol{F}\cdot\Delta\boldsymbol{r}=F|\Delta\boldsymbol{r}|\cos\alpha \tag{4.2.1}$$

α 表示力与位移的夹角.$0^\circ\leqslant\alpha<90^\circ$，力做正功；$\alpha=90^\circ$，力不做功；$90^\circ<\alpha\leqslant180^\circ$，则力做负功.

更换受力点不意味受力质点发生位移.如图4.4所示，手握住一端固定于墙壁的绳并在绳上滑动，绳上不同点顺次充当摩擦力受力点，但各受力质点均未发生位移，故作用于绳的摩擦力不做功.

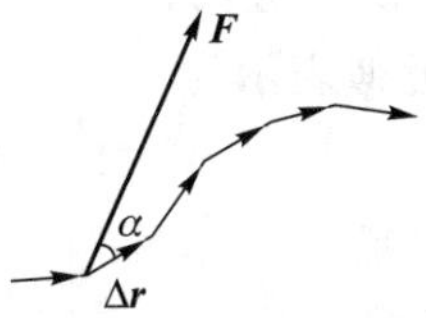

图 4.3 先计算元功，取和后即得总功

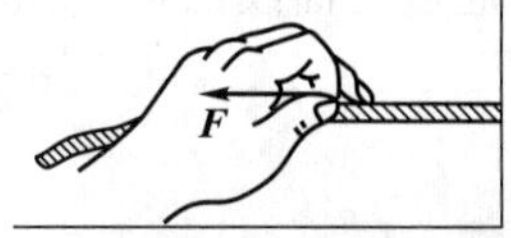

图 4.4 更换受力质点，但受力质点未动，力不做功

国际单位制规定 1 N 力使受力点沿力的方向移动 1 m 所做的功作为功的单位，叫作 1 J(焦耳)，即 1 J=1 N·m.功的另一常用单位为电子伏，记作 eV，它是 1 V 电压的电场对电子电荷做功的数值，且 1 eV≈$1.602\ 189\ 2\times10^{-19}$ J.功的量纲是 $\dim A=\mathrm{L^2MT^{-2}}$.

若干力 $\boldsymbol{F}_1$、$\boldsymbol{F}_2$、…、$\boldsymbol{F}_n$ 作用于一质点，质点位移为 $\Delta\boldsymbol{r}$，根据矢量标积的分配律，有

$$A=\left(\sum\boldsymbol{F}_i\right)\cdot\Delta\boldsymbol{r}=\sum(\boldsymbol{F}_i\cdot\Delta\boldsymbol{r}),\tag{4.2.2}$$

即合力所做的功等于分力所做功的代数和.

在 Δt 时间内力所做的功为 ΔA，则

$$\overline{P}=\frac{\Delta A}{\Delta t}$$

称作力在 Δt 时间内的平均功率.当时间 Δt 趋于零时，力的平均功率的极限叫作力的瞬时功率：

$$P=\lim_{\Delta t\to0}\frac{\Delta A}{\Delta t}.\tag{4.2.3}$$

将 $\Delta A=\boldsymbol{F}\cdot\Delta\boldsymbol{r}$ 代入上式，得

$$P=\boldsymbol{F}\cdot\boldsymbol{v},$$

即力的功率等于力与受力点速度的标积.

功率的单位由功和时间的单位或者由力与速度的单位来决定.国际单位制规定：若力在 1 s 内做功 1 J，则功率为 1 W(瓦特).

(二) 利用不同坐标系表示元功

1. 平面直角坐标系

参考图 4.5(a)，在平面直角坐标系中力和元位移表示为

$$\boldsymbol{F}=F_x\boldsymbol{i}+F_y\boldsymbol{j},\quad \mathrm{d}\boldsymbol{r}=\mathrm{d}x\boldsymbol{i}+\mathrm{d}y\boldsymbol{j}$$

代入(4.2.2)式，考虑到 $\boldsymbol{i}\cdot\boldsymbol{i}=1$，$\boldsymbol{i}\cdot\boldsymbol{j}=0$ 等，有元功

$$\delta A=F_x\mathrm{d}x+F_y\mathrm{d}y.\tag{4.2.4}$$

若力沿直线位移做功，令 x 轴与位移重合，则有

$$\delta A=F_x\mathrm{d}x.\tag{4.2.5}$$

2. 平面自然坐标

参考图 4.5(b)，设想质点沿平面曲线运动，沿曲线取平面自然坐标，设在力 $\boldsymbol{F}$ 作

用下质点元位移为 $d\boldsymbol{r}$.$d\boldsymbol{r}$ 越短，其大小越接近于它所对应的自然坐标增量 ds 的值，其方向越靠近元位移起点处曲线的切线，故元位移近似表示为

$$d\boldsymbol{r}=ds\boldsymbol{e}_t.$$

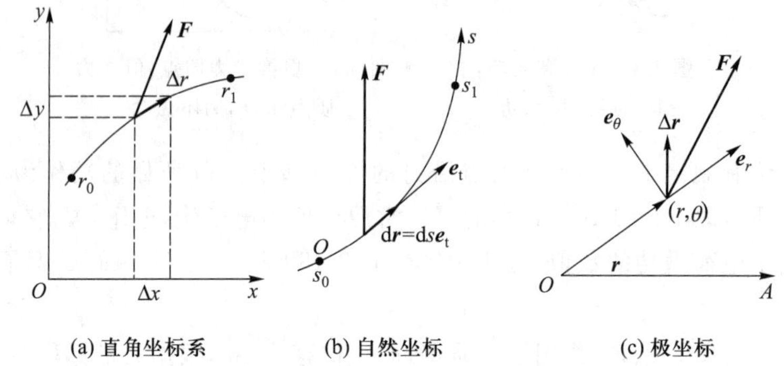

图 4.5　利用不同坐标表示元功

将力 $\boldsymbol{F}$ 沿切向与法向分解，因 $\boldsymbol{e}_t\cdot\boldsymbol{e}_t=1$，$\boldsymbol{e}_t\cdot\boldsymbol{e}_n=0$，力的元功为

$$\delta A=\boldsymbol{F}\cdot d\boldsymbol{r}=(F_t\boldsymbol{e}_t+F_n\boldsymbol{e}_n)\cdot ds\boldsymbol{e}_t=F_t ds, \tag{4.2.6}$$

即功等于力在切向单位矢量上的投影和弧坐标增量的乘积.

3. 在极坐标系表示功

参考图 4.5(c)，质点在力 $\boldsymbol{F}$ 作用下发生元位移 $\Delta\boldsymbol{r}$.在极坐标系中点的坐标为(r,θ)，每点处均可引入径向单位矢量 $\boldsymbol{e}_r$ 和法向单位矢量 $\boldsymbol{e}_\theta$.将力和元位移分别向 $\boldsymbol{e}_r$ 和 $\boldsymbol{e}_\theta$ 投影，得 $\boldsymbol{F}=F_r\boldsymbol{e}_r+F_\theta\boldsymbol{e}_\theta$ 及 $d\boldsymbol{r}=dr\boldsymbol{e}_r+rd\theta\boldsymbol{e}_\theta$.力的元功为

$$\begin{aligned}\delta A&=(F_r\boldsymbol{e}_r+F_\theta\boldsymbol{e}_\theta)\cdot(dr\boldsymbol{e}_r+rd\theta\boldsymbol{e}_\theta)\\&=F_r dr+F_\theta r d\theta.\end{aligned} \tag{4.2.7}$$

此即极坐标系中功的表示式.

(三) 力在有限路径上的功

上文研究力在长路径某无穷小元位移上做的功.现在研究用积分描述受力质点在有限路径上的功.仍参考图 4.5(a)，讨论力 $\boldsymbol{F}$ 自 r_0 沿曲线至 r_1 做的功.将受力点的运动看作由许多元位移 $\Delta_i\boldsymbol{r}(i=1,2,\cdots,n)$组成，力的元功为 $\Delta_i A\approx\boldsymbol{F}_i\cdot\Delta_i\boldsymbol{r}$.总功近似等于

$$A\approx\sum_{i=1}^{n}\boldsymbol{F}_i\cdot\Delta_i\boldsymbol{r}.$$

元位移数目无限增多而每一元位移均趋于零，则该和式的极限给出功的精确值：

$$A=\lim_{\substack{\Delta_i\boldsymbol{r}\to0\\n\to\infty}}\sum_{i=1}^{n}\boldsymbol{F}_i\cdot\Delta_i\boldsymbol{r}.$$

该和式的极限称为力 $\boldsymbol{F}$ 沿曲线自 $\boldsymbol{r}_0$ 至 $\boldsymbol{r}_1$ 的线积分，记作

$$A=\int_{r_0}^{r_1}\boldsymbol{F}\cdot d\boldsymbol{r}. \tag{4.2.8}$$

它意味着变力的功等于元功之和.我们可采用不同方法计算这一积分.在直角坐标系中,有

$$A=\int_{(x_0,y_0)}^{(x_1,y_1)} F_x\mathrm{d}x+F_y\mathrm{d}y, \tag{4.2.9}$$

该式右方表示两积分 $\int_{(x_0,y_0)}^{(x_1,y_1)} F_x\mathrm{d}x$ 和 $\int_{(x_0,y_0)}^{(x_1,y_1)} F_y\mathrm{d}y$ 的和,它们分别表示力沿 x 轴和沿 y 轴做功的代数和.若质点沿 x 轴运动,则有

$$A=\int_{x_0}^{x_1} F_x\mathrm{d}x. \tag{4.2.10}$$

设力 $\boldsymbol{F}$ 方向大小不变,且与位移成 α 角,由上式得 $A=F\cos\alpha\cdot(x_1-x_0)$,这正是大家熟悉的恒力做功的表达式.

[例题 1] 参考图 4.6,弹簧一端固定,另一端与一质点相连.弹簧弹性系数为 k.求质点由 x_0 运动至 x_1 的过程中弹簧弹性力所做的功.Ox 坐标系的原点位于弹簧自由伸展时质点所在位置.

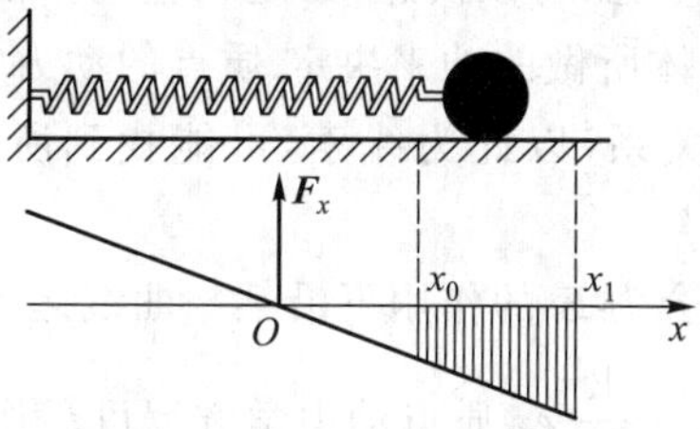

图 4.6 图中阴影面积表示弹性力的功

[解] 弹簧弹性力为 $F_x=-kx$.根据(4.2.10)式,弹性力的功为

$$\begin{aligned}A&=-\int_{x_0}^{x_1} kx\mathrm{d}x=-\left(\frac{1}{2}kx_1^2-\frac{1}{2}kx_0^2\right)\\&=\frac{1}{2}kx_0^2-\frac{1}{2}kx_1^2.\end{aligned}$$

弹簧弹性力的功如图 4.6 阴影所示.

参考图 4.5(b),根据(4.2.6)式,质点自 s_0 沿曲线运动至 s_1 力所做的功等于

$$A=\int_{s_0}^{s} F_{\mathrm{t}}\mathrm{d}s \tag{4.2.11}$$

s_0 和 s 表示受力点运动始末的自然坐标,此式表明力的功等于切向力对自然坐标的定积分.由上式可见只有切向力做功,法向力总与元位移垂直而不做功.

[例题 2] 马拉雪橇水平前进,自起点 A 沿某一长为 L 的曲线路径拉至终点 B.雪橇与雪地间的正压力为 F_{N},摩擦因数为 μ.求摩擦力的功.

[解] 沿雪橇轨迹取自然坐标.雪橇前进方向为自然坐标增加的方向.根据(4.2.11)式,摩擦力的功为

$$A=-\int_A^B \mu F_{\mathrm{N}}\mathrm{d}s=-\mu F_{\mathrm{N}}s\Big|_0^L=-\mu F_{\mathrm{N}}L.$$

这个计算虽然简单,但其结果值得注意.设想在 A 与 B 间换为一长为 $L'\neq L$ 的路径,摩擦力的功亦将改变.故摩擦力的功不仅仅和受力点始末位置有关.

见图 4.5(c),参考(4.2.7)式,质点沿曲线自(r_0,θ_0)运动至(r,θ),力的功为

$$A=\int_{(r_0,\theta_0)}^{(r,\theta)} F_r\mathrm{d}r+F_\theta r\mathrm{d}\theta \tag{4.2.12}$$

该式表示 $\int_{(r_0,\theta_0)}^{(r,\theta)} F_r \mathrm{d}r$ 和 $\int_{(r_0,\theta_0)}^{(r,\theta)} F_\theta r \mathrm{d}\theta$ 两积分的和，这两个积分各自代表径向力的功与横向力的功.此式主要用于§4.4中研究有心力场的功.

§4.3 质点和质点系动能定理

(一) 质点的动能定理

瀑布自崖顶落下，重力对水流做功，使水流的速率增加；水流冲击水轮机，冲击力对叶片做功，使叶片转动起来；子弹穿过钢板，阻力对子弹做负功，使子弹速度降低.可见，力做功改变物体的运动状态.可以设想，必定相应地存在某种描述运动状态的物理量，它的改变正好由力对物体所做的功来决定.质点的动力学方程 $\sum \boldsymbol{F}_i = m\boldsymbol{a}$ 反映质点运动状态的变化与合力的关系，以此为线索，可能找到所求物理量及其与功的定量关系.

设质量为 m 的质点在合力 $\boldsymbol{F}$ 的作用下沿某一曲线运动，沿质点轨迹取自然坐标，质点加速度可写作 $\boldsymbol{a} = \frac{v^2}{\rho}\boldsymbol{e}_\mathrm{n} + \frac{\mathrm{d}v_\mathrm{t}}{\mathrm{d}t}\boldsymbol{e}_\mathrm{t}$.质点动力学方程可写作

$$\boldsymbol{F} = m\left(\frac{v^2}{\rho}\boldsymbol{e}_\mathrm{n} + \frac{\mathrm{d}v_\mathrm{t}}{\mathrm{d}t}\boldsymbol{e}_\mathrm{t}\right).$$

设质点发生元位移 $\mathrm{d}\boldsymbol{r}$，以 $\mathrm{d}\boldsymbol{r}$ 标乘上式两端，得

$$\boldsymbol{F} \cdot \mathrm{d}\boldsymbol{r} = m\left(\frac{v^2}{\rho}\boldsymbol{e}_\mathrm{n} + \frac{\mathrm{d}v_\mathrm{t}}{\mathrm{d}t}\boldsymbol{e}_\mathrm{t}\right) \cdot \mathrm{d}\boldsymbol{r}.$$

等式左端是合力做的元功 δA，而 $\mathrm{d}\boldsymbol{r} = \mathrm{d}s\boldsymbol{e}_\mathrm{t}$，故上式为

$$\delta A = m\left(\frac{v^2}{\rho}\boldsymbol{e}_\mathrm{n} + \frac{\mathrm{d}v_\mathrm{t}}{\mathrm{d}t}\boldsymbol{e}_\mathrm{t}\right) \cdot \mathrm{d}s\boldsymbol{e}_\mathrm{t}.$$

由于 $\boldsymbol{e}_\mathrm{n} \cdot \boldsymbol{e}_\mathrm{t} = 0, \boldsymbol{e}_\mathrm{t} \cdot \boldsymbol{e}_\mathrm{t} = 1$，所以上式化简成

$$\delta A = m\,\frac{\mathrm{d}v_\mathrm{t}}{\mathrm{d}t} \cdot \mathrm{d}s,$$

或

$$\delta A = mv_\mathrm{t}\mathrm{d}v_\mathrm{t}.$$

m 为常量，可移到微分符号后，上式变换为

$$\delta A = \mathrm{d}\left(\frac{1}{2}mv_\mathrm{t}^2\right).$$

因在曲线运动中，$v_\mathrm{t}^2 = v^2$，得

$$\delta A = \mathrm{d}\left(\frac{1}{2}mv^2\right). \tag{4.3.1}$$

我们看到,这里出现了一个新的物理量$\frac{1}{2}mv^2$,它取决于质点的质量和速率,因此是质点运动状态的函数;而且,它的微分取决于合力的功,正是我们所寻求的物理量,我们把$\frac{1}{2}mv^2$ 叫作质点的动能,用 E_k 表示:

$$E_k=\frac{1}{2}mv^2. \tag{4.3.2}$$

既然动能变化是用功来度量的,所以动能和功具有相同的量纲和单位.(4.3.1)式表明:质点动能的微分等于作用于质点的合力所做的元功,叫作质点的动能定理.

(4.3.1)式为质点动能定理的微分形式,将它积分即得质点动能定理的积分形式

$$A=\int_{v_0}^{v}\mathrm{d}\left(\frac{1}{2}mv^2\right),$$

或

$$A=\frac{1}{2}mv^2-\frac{1}{2}mv_0^2. \tag{4.3.3}$$

这样就得到非无穷小过程的质点的动能定理:质点动能的增量等于作用于质点的合力所做的功.

动能与功的概念不能混淆.质点的运动状态一旦确定,动能就唯一地确定了,动能是运动状态的函数,是反映质点运动状态的物理量.而功是和质点受力并经历位移这个过程相联系的,“过程”意味着“状态的变化”,所以功不是描写状态的物理量,它是与过程有关的函数.可以说处于一定运动状态的质点有多少动能,但说某质点具有多少功就没有任何意义了.

(二) 质点系内力的功

在研究质点系动量守恒时,众所周知,内力的矢量和为零,现在研究质点系内力之功的和.这就需要研究两个质点间作用力与反作用力的功.如图 4.7(a)所示,两质点沿虚线轨迹运动.它们相对于参考点 O 的位置矢量分别为 $\boldsymbol{r}_1$ 和 $\boldsymbol{r}_2$.$\boldsymbol{F}$ 和 $-\boldsymbol{F}$ 分别表示质点 1 对 2 和质点 2 对 1 的作用力.这对相互作用力元功之和为

$$\begin{aligned}\delta A&=\boldsymbol{F}\cdot\mathrm{d}\boldsymbol{r}_2+(-\boldsymbol{F})\cdot\mathrm{d}\boldsymbol{r}_1\\&=\boldsymbol{F}\cdot(\mathrm{d}\boldsymbol{r}_2-\mathrm{d}\boldsymbol{r}_1).\end{aligned}$$

$\mathrm{d}\boldsymbol{r}_2-\mathrm{d}\boldsymbol{r}_1$ 为质点 2 相对于质点 1 的元位移.用 $\boldsymbol{r}$ 表示质点 2 相对于质点 1 的位置矢量,则

$$\mathrm{d}\boldsymbol{r}=\mathrm{d}\boldsymbol{r}_2-\mathrm{d}\boldsymbol{r}_1,$$

如图 4.7(b)所示.元功可表示为

$$\delta\boldsymbol{A}=\boldsymbol{F}\cdot\mathrm{d}\boldsymbol{r}, \tag{4.3.4}$$

即两个质点间相互作用力所做元功的代数和等于作用于其中一质点所受的力与该质点相对于另一质点元位移的标积.即这一对力的功仅取决于力和质点间的相对位移.

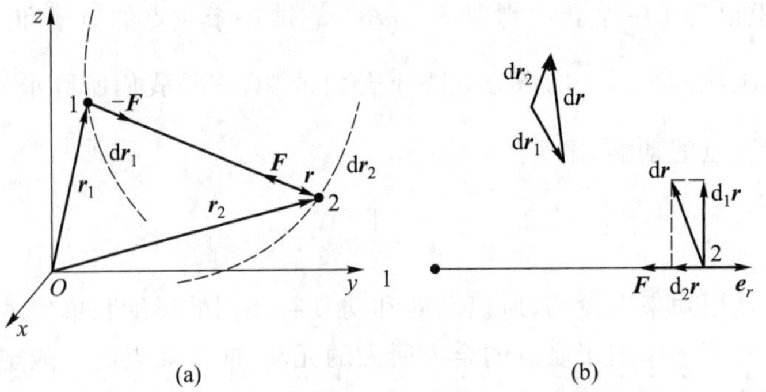

图 4.7 关于作用力与反作用力之功的研究

将 $\mathrm{d}\boldsymbol{r}$ 分解为与 $\boldsymbol{r}$ 垂直和平行的两个分位移 $\mathrm{d}_1\boldsymbol{r}$ 和 $\mathrm{d}_2\boldsymbol{r}$，力 $\boldsymbol{F}$ 只在分位移 $\mathrm{d}_2\boldsymbol{r}=\mathrm{d}r\boldsymbol{e}_r$ 上做功，如图 4.7(b)所示，这里的 $\boldsymbol{e}_r$ 表示沿 $\boldsymbol{r}$ 方向的单位矢量.力 $\boldsymbol{F}$ 可表示为 $F_r\boldsymbol{e}_r$，其中 F_r 为力 $\boldsymbol{F}$ 在 $\boldsymbol{r}$ 方向上的投影，且 $|F_r|=F$.于是

$$\delta A=F_r\boldsymbol{e}_r\cdot(\mathrm{d}r\boldsymbol{e}_r)=F_r\mathrm{d}r, \tag{4.3.5}$$

此式进一步表明两个质点间作用力和反作用力所做功的代数和取决于力和质点间相对距离的改变.元功 δA 的正负应由 F_r 和 $\mathrm{d}r$ 的正负决定.仅当两个质点沿力的方向无相对运动时，作用力与反作用力之功的代数和方等于零.

(三) 质点系的动能定理

现在将某质点系视为一个研究对象.设质点系由 n 个质点组成，在运动过程中，作用于各质点合力的功等于 A_1、A_2、…、A_i、…、A_n，结果使各质点动能从 $E_{\mathrm{k}10}$、$E_{\mathrm{k}20}$、…、$E_{\mathrm{k}i0}$、…、$E_{\mathrm{k}n0}$ 变成 $E_{\mathrm{k}1}$、$E_{\mathrm{k}2}$、…、$E_{\mathrm{k}i}$、…，$E_{\mathrm{k}n}$.对每个质点使用动能定理，得

$$A_i=E_{\mathrm{k}i}-E_{\mathrm{k}i0},\quad i=1,2,\cdots,n.$$

将上式对一切质点取和，并省去脚标 i，有

$$\sum A=\sum E_{\mathrm{k}}-\sum E_{\mathrm{k}0}. \tag{4.3.6}$$

把质点系内各质点动能之和叫作质点系的动能.则上式右方中 $\sum E_{\mathrm{k}0}$ 为质点系的初动能，$\sum E_{\mathrm{k}}$ 为质点系的末动能.

式中 $\sum A$ 为作用于质点系一切力所做功的和，可分为两部分：一个是一切外力所做功的和，用 $\sum A_{外}$ 表示；另一个是一切内力所做功的和，用 $\sum A_{内}$ 表示.由于作用力与反作用力之功的代数和不一定为零，故 $\sum A_{内}$ 不容忽视.于是上式写作：

$$\sum A_{外}+\sum A_{内}=\sum E_{\mathrm{k}}-\sum E_{\mathrm{k}0}, \tag{4.3.7}$$

即质点系动能的增量在数值上等于一切外力所做功与一切内力所做功的代数和，称作质点系的动能定理.

[例题 1] 如图 4.8(a)所示，质量为 m_0 的卡车载着一个质量为 m 的木箱，以速率 v 沿平直路面行驶.因故突然紧急刹车，车轮立即停止转动，卡车滑行一定距离后静止，木箱在卡车上相对于卡

车滑行了 l 距离.卡车滑行了 L 距离.求 L 和 l.已知木箱与卡车间的滑动摩擦因数为 μ_1，卡车轮与地面的滑动摩擦因数为 μ_2.

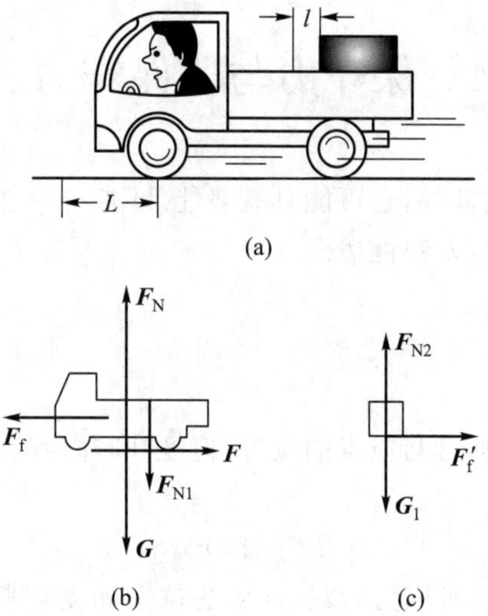

图 4.8　首先分析各物体受力，再分析各力的功：内力的功和外力的功

[解]　初步分析：既然木箱能在卡车上滑动一距离 l，在这个问题上就不可将卡车视作质点.另一方面，卡车各受力点的位移和速度一致，木箱各点亦如此，在计算功和动能时，可分别视作质点，用质点或质点系动能定理求解.

(1) 用质点动能定理求解

卡车与木箱受力如图 4.8(b)和(c)所示.$\boldsymbol{F}_{\mathrm{f}}$ 和 $\boldsymbol{F}'_{\mathrm{f}}$ 表示二者间摩擦力，$\boldsymbol{F}_{\mathrm{N1}}$ 和 $\boldsymbol{F}_{\mathrm{N2}}$ 表示它们彼此的压力和支撑力，$\boldsymbol{G}$ 和 $\boldsymbol{G}_1$ 表示二者所受重力，$\boldsymbol{F}_{\mathrm{N}}$ 和 $\boldsymbol{F}$ 为地面对车的支撑力和摩擦力.只有力 $\boldsymbol{F}_{\mathrm{f}}$、$\boldsymbol{F}'_{\mathrm{f}}$ 和 $\boldsymbol{F}$ 做功，注意三个力的受力质点的位移分别为 L、$L+l$ 和 L.根据质点动能定理得

$$[\mu_1 G_1-\mu_2(G_1+G)]L=0-\frac{1}{2}m_0 v^2, \tag{4.3.8}$$

$$-\mu_1 G_1(L+l)=0-\frac{1}{2}mv^2. \tag{4.3.9}$$

解出得

$$L=m_0 v^2/2[\mu_2(m_0+m)-\mu_1 m]g,$$
$$l=v^2/2\mu_1 g-L.$$

(2) 用质点系动能定理求解

视卡车与木箱为一质点系.外力有 $\boldsymbol{G}_1$、$\boldsymbol{G}$、$\boldsymbol{F}_{\mathrm{N}}$ 和 $\boldsymbol{F}$，只有外力做功 $-\mu_2(m_0+m)gL$.内力之功等于力与相对位移的标积，即 $-\mu_1 mgl$.按质点系动能定理，有

$$-\mu_1 mgl-\mu_2(m_0+m)gL=-\frac{1}{2}(m_0+m)v^2. \tag{4.3.10}$$

又视木箱为质点，得上面(4.3.9)式.(4.3.9)式、(4.3.10)式联立得与上法相同结果.

由本题可见：(1) 卡车与木箱之间相互摩擦力 $\boldsymbol{F}_{\mathrm{f}}$ 与 $\boldsymbol{F}'_{\mathrm{f}}$ 做的功分别为 $\mu_1 mgL$ 和 $-\mu_1 mg(L+l)$，再一次表明一对内力之功并不一定等值反号，这说明应用质点系动能定理时考虑内力之功的必要性.(2) 作用于车厢的滑动摩擦力 $\boldsymbol{F}_{\mathrm{f}}$ 做了正功 $\mu_1 mgL$，由此可见，滑动摩擦力并不总是做负功；我们不应主观地认为某些力一定做正功或负功.考虑功的问题必须在搞清楚力和相对于一定参考系受力点位移的基础上做具体分析.(3) 尽管车厢和木箱间相互摩擦力一做正功、一做负功，但由于滑动摩

擦力的方向总是和受力点相对位移的方向相反，根据(4.3.5)式，一对滑动摩擦力所做功的代数和却总是负的.

§4.4 保守力与非保守力、势能

质点系除可能具有动能外，还可能具有势能.势能与一定的保守力对应.本节讲述力场、保守力、非保守力，以及势能概念.

(一) 力场

如前所述，质点受力通常与质点的位置、速度和时间有关.若一确定的质点所受之力仅与质点位置有关，即

$$\boldsymbol{F}=\boldsymbol{F}(\boldsymbol{r}) \tag{4.4.1}$$

则称作**场力**.存在场力的空间称为**力场**.自从法拉第和麦克斯韦等建立了经典的电磁学，认为电磁场有其物理的内涵：它具有动量和能量，电磁相互作用通过电磁场以有限速率传播.万有引力场的物质性，则是当前吸引许多物理学家深入探索的领域.经典力学认为，力具有超距作用，力场概念仅限于对可用(4.4.1)式表示的力存在的空间做数学描述.质量为 m 的质点在不太大范围内所受重力为常矢量 $\boldsymbol{G}=m\boldsymbol{g}$；大且靠近的两均匀带电平板间的静电场中电场强度 $\boldsymbol{E}$ 亦可认为各处相等，即为**均匀力场**，如图 4.9 所示.一点电荷受到另一固定电荷的静电力，仅取决于该电荷相对于固定电荷的距离和方位，静电力亦为场力.将弹簧一端固定，另一端与质点相连，质点所受之力仅与弹簧受拉受压情况有关，亦为场力.以上两种情况中，质点受力作用线总通过固定点：电荷或弹簧固定端.**这类质点所受力的作用线总通过某一点，则该力称为有心力，该点称为力心**，如图 4.10 所示.以上所谈为两类比较典型且简单的场力.

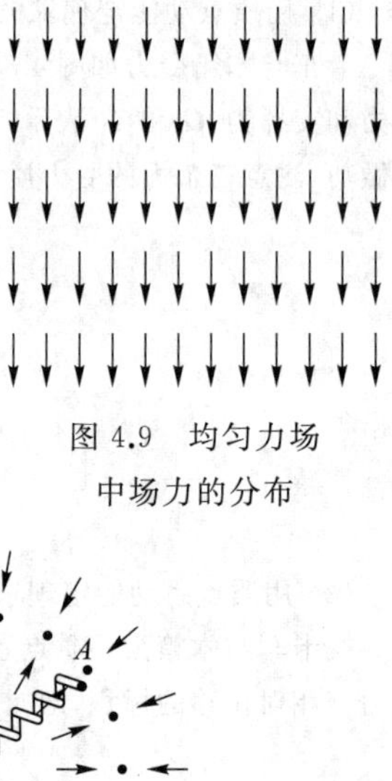

图 4.9 均匀力场中场力的分布

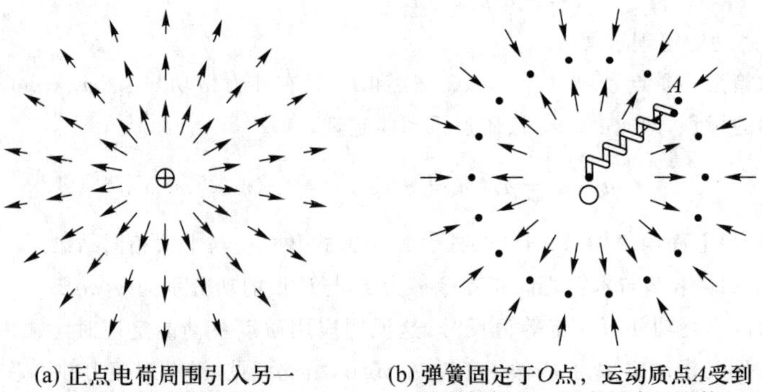

(a) 正点电荷周围引入另一正点电荷受到的场力

(b) 弹簧固定于O点，运动质点A受到的弹性场力；黑点处表示弹簧自由伸展，弹性力为零

图 4.10 有心力场举例

运动电荷受到的洛伦兹力与运动电荷速度有关，因而不是场力.摩擦力与两个接触物体的相互压力有关，而压力和其他主动力及运动状态有关，摩擦因数亦和相对速度等多种因素有关，也不是场力.

平动加速参考系中的惯性力为 $\boldsymbol{F}^*=-m\boldsymbol{a}$，$\boldsymbol{a}$ 为参考系加速度，$\boldsymbol{F}^*$ 与重力相似，可视作均匀力场.转动非惯性系中观测到离心惯性力 $\boldsymbol{F}_{\mathrm{C}}^*=-m\omega^2\boldsymbol{r}$，总通过转轴且仅取决于质点所在位置 $\boldsymbol{r}$，可视作有心力场.科里奥利力因取决于质点相对于转动参考系的运动速度，因而不是场力.

（二）保守力与非保守力

首先讨论重力的功.如图 4.11 所示，质量为 m 的质点在重力作用下自 a 点经平面曲线 acb 运动到 b 点.建立直角坐标系 Oxy，y 轴竖直向上.根据(4.2.4)式，考虑到 $F_x=0$，$F_y=-mg$，重力的功为

$$A=\int_{acb}F_y\mathrm{d}y=-mg\int_{h_a}^{h_b}\mathrm{d}y$$
$$=mg(h_a-h_b).\tag{4.4.2}$$

结果表明，重力所做的功仅取决于质点的始末高度，与质点经过的路径无关.不难想到，凡均匀力场做功均有此种性质.

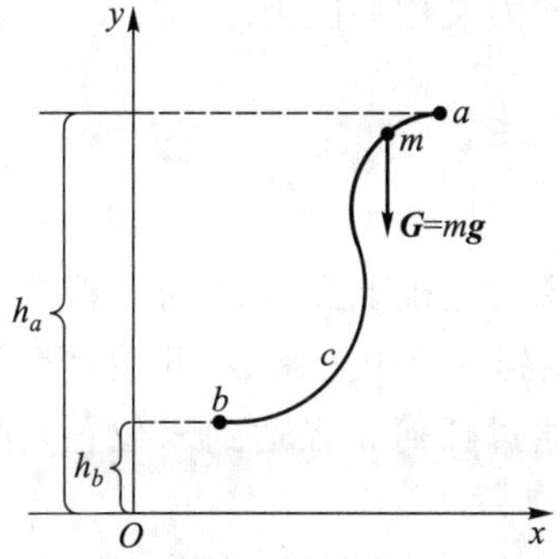

图 4.11 重力做功与路径无关，仅与 a，b 点高度差有关

图 4.10 中的有心力场有特殊性，即若在极坐标系中描述，力的分布和幅角 θ 无关：$F=f(r)$，是具有对称性的有心力场.根据(4.2.7)式及图 4.5(c)可知，仅径向力做功.质点自 $\boldsymbol{r}_0$ 沿某曲线运动至 $\boldsymbol{r}$，场力的功为

$$A=\int_{r_0}^{r}f(r)\mathrm{d}r,\tag{4.4.3}$$

积分结果仅取决于上、下限，即始末位置，故有心力场的功也与路径无关.例如图 4.10 所示弹簧弹性力的功和静电力场的功.将弹簧一端固定于 O 点，另一端与一质点 m 连接.现以固定端 O 为参考点，求质点自 r_0 沿直线运动至 r 弹性力的功.用 l 表示弹簧自然长度，又用 r 表示质点坐标.按(4.4.3)式，有

$$A=\int_{r_0}^{r}-k(r-l)\mathrm{d}r=\frac{1}{2}k(r_0-l)^2-\frac{1}{2}k(r-l)^2. \tag{4.4.4}$$

再看静电场力的功.设有固定点电荷电荷量为 q_0,一个荷电量为 q 的质点自与 q_0 相距 r_0 处运动至 r 处.作用于质点的静电力之功为

$$A=\int_{r_0}^{r}\frac{1}{4\pi\varepsilon_0}\frac{q_0 q}{r^2}\mathrm{d}r=\frac{qq_0}{4\pi\varepsilon_0}\left(\frac{1}{r_0}-\frac{1}{r}\right), \tag{4.4.5}$$

ε_0 为真空的绝对介电常数.上面几种力的功的共同点是力所做的功仅仅依赖于受力质点的始末位置,和质点经过的路径无关.

$$A_{acbda}=0, \tag{4.4.6}$$

即力沿闭合路径所做的功等于零.这与功仅取决于始末位置而与路径无关的结论是等价的.

现在提出保守力的概念.若力所做的功仅由受力质点始末位置决定而与受力质点所经历的路径无关,或者说,此力沿闭合路径所做的功等于零,这种力就叫作保守力.重力、弹簧弹性力,静电场力,以及第六章谈到的万有引力均系保守力.

并非各种力都是保守力.§4.2 例题 2 中雪橇所受摩擦力做功不仅与受力质点始末位置有关而且与质点路径有关.此外,内燃机中气体对活塞的推力、磁场力等也都具有这种特性.若力所做的功不仅取决于受力质点的始末位置,而且和质点经过的路径有关,或者说,力沿闭合路径做的功不等于零,这种力叫非保守力.其中滑动摩擦力做负功,常损耗动能,这类非保守力又称耗散力.

(三) 势能

势能概念是在保守力概念的基础上提出的.对于保守力,受力质点始末位置一定,力的功便确定了.因此,可以找到一个位置函数,并使这个函数在始末位置的增量恰好取决于受力质点自初始位置通过任何路径达到末位置,保守力做的功.该函数即下面要提出的势能.

用 E_{p0} 和 E_p 分别表示质点在始末位置的势能,用 $A_{保}$ 表示自始位置到末位置保守力的功,则

$$E_p-E_{p0}=-A_{保}, \tag{4.4.7}$$

表明与一定保守力相对应的势能的增量等于保守力所做功的负值,此即势能定义.若保守力做正功,则势能减少,若保守力做负功,则势能增加.例如将质点举高,重力与质点运动方向相反,重力做负功,重力势能增加;若质点自高处下落,重力做正功,则重力势能减小.

前文关于势能的定义是就势能增量来叙述的,现在问对应于某一位置的势能是多少? 现在把势能等于零的空间点叫作势能零点,它是人为规定的.若规定计算保守力做功的起始位置为势能零点,$E_{p0}=0$,那么终止位置的势能为

$$E_p=-A_{保}, \tag{4.4.8}$$

即一定位置的势能在数值上等于从势能零点到此位置保守力所做功的负值,这可以看

作是势能定义的另一种叙述.

现在看势能与势能零点选择的关系.如图 4.12 所示,以 O 为势能零点,a 点势能用 E_p 表示;若以 O' 为势能零点,则 a 点势能为 E'_p.因保守力之功与路径无关,故可选择一条自 O 至 a 而通过 O' 点的特殊路径计算力的功 A_{Oa},且 $E_p=-A_{Oa}$.自 O' 点到达 a 点,保守力的功为 $A_{O'a}$,有 $E'_p=-A_{O'a}$,两者相差 $E'_p-E_p=A_{Oa}-A_{O'a}=A_{OO'}$.在势能零点 O 与点 O' 已确定的条件下,$A_{OO'}$ 为一个常量,用 C 表示,于是

$$E'_p=E_p+C.$$

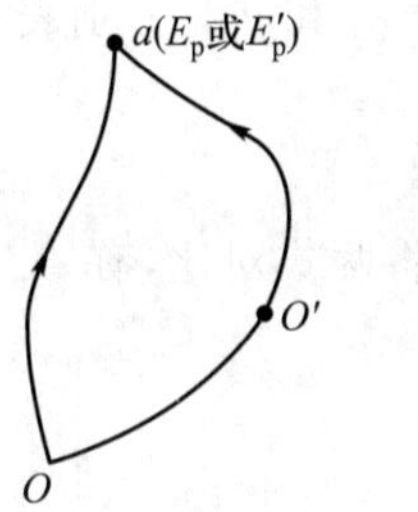

图 4.12 选 O 或 O' 为势能零点,a 点的势能值不同

可见,选择不同的势能零点,势能函数值不同,但只相差一个常量.我们经常需要讨论不同形式能量的转化,它往往涉及势能的改变.对上式取增量,得 $\Delta E'_p=\Delta E_p$,足见势能的改变量与势能零点的选择无关.

对静电势能 ,常选择与带电质点相距无穷远为势能零点,按(4.4.5)式,即取 $r_0\to\infty$ 为势能零点.因 $1/r_0\to0$,得带电荷量 q 的质点与固定电荷 q_0 相互作用的静电势能为

$$E_p=\frac{1}{4\pi\varepsilon_0}\frac{q_0q}{r},\tag{4.4.9}$$

若 q_0 与 q 同号,势能为正;若 q_0 与 q 异号,则势能为负.

对于弹簧,通常选择弹簧自由伸展状态为势能零点.由(4.4.4)式,应取 $r_0=l$;又用 $\Delta r=r-l$ 表示弹簧的伸长和压缩,则自势能零点始,弹性力的功为 $A=-\frac{1}{2}k(\Delta r)^2$.又按(4.4.8)式,得弹簧弹性势能为

$$E_p=\frac{1}{2}k(\Delta r)^2.\tag{4.4.10}$$

因势能与质点间的保守力相联系,故势能属于以保守力相互作用的质点系,例如重力势能属于地球和受重力作用的质点所共有,弹簧弹性势能属于弹簧和相连质点所共有.为了方便常采用"重力场中某质点的势能"等简略说法.按照经典电磁学,静电势能应属于静电场所有,电磁能应为电磁场所有,否则就难以解释通过电磁波在空间传播电磁能.不过,在经典力学中,并不涉及这类问题,可视静电势能为相互作用的电荷所共有.

把足球看作质点,试研究足球和地球共有的势能.首先当然要提到重力势能.此外,如把地球看作由许多质点组成,于是,除足球和地球之间的重力势能外,还有组成地球各质点间的引力势能,后者是属于地球本身所固有的.足球和地球这一质点系的总势能等于重力势能和地球固有势能的和.不过,我们通常感兴趣的只是足球和地球共有的重力势能,在总势能中,地球固有势能仅以常量出现,可将它置于势能表达式的任意常量中.一般说来,当将诸物体视作质点系并讨论势能时,仅需考虑和所研究的运动有关的那部分势能.

根据(4.4.7)式,用 $\mathrm{d}E_p$ 和 $\mathrm{d}A_{保}$ 分别表示势能的微分和保守力的元功,有

$$\mathrm{d}E_p=-\mathrm{d}A_{保}.$$

根据(4.2.4)式,可得

$$dE_p = -(F_{保x}dx + F_{保y}dy),$$

$F_{保x}$和$F_{保y}$分别表示保守力分量.又

$$dE_p = \frac{\partial E_p}{\partial x}dx + \frac{\partial E_p}{\partial y}dy①,$$

将两式对比,有

$$F_{保x} = -\frac{\partial E_p}{\partial x}, \quad F_{保y} = -\frac{\partial E_p}{\partial y}. \tag{4.4.11}$$

(四) 势能是物体相对位置的函数

在前面讨论中,相互以保守力作用的两质点之一处于静止,若质点系中几个质点都在运动,如何讨论势能问题?

如§4.3所述,两个运动质点的相互作用力所做功的和,等于将其中任一质点视为静止时力对另一质点在其相对位移上所做的功.若力为保守力,方才所说的功将仅与上述"另一质点"相对于"静止"质点的始末位置有关.由此推出,若两个运动质点彼此作用以保守力,则作用力与反作用力之功的代数和只与两个质点的始末相对位置有关.这样就可以对这两个运动质点组成的质点系引入势能了,只是在这种情况下,质点系势能的增量应等于作用保守力和反作用保守力所做功代数和的负值.

对于更一般的情况,若质点系包含若干个质点,它们之间作用以保守力,则质点系内一切内保守力所做功的代数和仅与诸质点始末相对位置有关,与各质点运动路径无关,故可引入属于该质点系的势能,其增量ΔE_p等于系统内一切内保守力所做功的代数和$\sum A_{内保}$的负值,即

$$\Delta E_p = -\sum A_{内保}. \tag{4.4.12}$$

§4.5 功能原理和机械能守恒定律

质点系的动能与势能之和称作质点系的机械能,功能原理和机械能守恒定律都是说明质点系机械能的变化规律的.

(一) 质点系的功能原理

若质点系内诸质点间作用以保守力,称为系统的内保守力,这种保守力对应的势

---

① 我们熟悉某一自变量的函数,但常常见到一个函数为两个变量的函数,例如长方形的面积是长与宽两个量的函数,这时常将函数记作$z=f(x,y)$,x和y表示自变量.将y视为不变求z对x的变化率称z对x的偏导数,记作$\frac{\partial z}{\partial x}$.同理,也可求$\frac{\partial z}{\partial y}$.这里不同空间点$(x,y)$对应不同的势能,故$E_p=E_p(x,y)$,从而引入对$x$或$y$求偏导数.

能属于系统的内部，称为系统的内势能.质点系内的质点与外界作用着保守力，称为系统的外保守力，这种保守力对应的势能属于系统和外界共有，称为系统的外势能.内势能和外势能合在一起称作系统的总势能.今后如无特殊需要，我们只谈总势能并简称为系统的势能.

根据(4.3.7)式，质点系动能定理也可表示如下：

$$\sum A_{非}+\sum A_{外保}+\sum A_{内保}=\sum E_{k}-\sum E_{k0}, \tag{4.5.1}$$

$A_{非}$为外力和内力非保守力.

因$\sum A_{外保}+\sum A_{内保}$与外势能$E_{外p}$和内势能$E_{内p}$相关，即

$$\Delta E_{外p}=E_{外p}-E_{外p0}=-\sum A_{外保},$$

$$\Delta E_{内p}=E_{内p}-E_{内p0}=-\sum A_{内保}.$$

将上两式代入(4.5.1)式，得

$$\sum A_{外非}+\sum A_{内非}=\sum(E_{k}+E_{外p}+E_{内p})-\sum(E_{k0}+E_{外p0}+E_{内p0}),$$

$E_{外p}+E_{内p}$和$E_{外p0}+E_{内p0}$分别表示系统的末总势能和初总势能，或末势能和初势能，即

$$\sum A_{外非}+\sum A_{内非}=\sum(E_{k}+E_{p})-\sum(E_{k0}+E_{p0}). \tag{4.5.2}$$

此式表明：质点系总机械能的增量等于一切外非保守力和内非保守力所做功的代数和，称作质点系的功能原理.

只有非保守力做功，才能使机械能发生变化.起重机提升重物，非保守力做了正功，才使重物的动能和势能增加.若重物上升一定高度又逐步匀速下降，钓钩对重物做负功，重物势能减小.又如将电机视作一质点组，通电后使它转起来，这是由于作用于转子的磁场力这一非保守力做了正功.再如切断电源，电机慢慢停下来，这是非保守力做负功的结果.

根据(4.5.1)式，保守力做功会引起质点系动能的改变；根据(4.5.2)式，保守力做功不会引起质点系机械能的改变.因此，当我们应用动能定理(4.5.1)式时，左方计入保守力的功，右方就不能再考虑与该保守力对应的势能；若应用功能原理(4.5.2)式时，右方既然计入势能，左方切不可再计入有关保守力的功.有时在应用功能原理时，在方程两侧既考虑保守力的功又计入相应的势能，这属于概念不清.应看到(4.4.7)式乃是定义式，即保守力做功和相应势能的改变之间是一种等价关系，动能定理中合力的功引起动能改变则是一种因果关系.

其实，功能原理与动能定理并无本质的不同，它们的区别仅在于功能原理中引入了势能而无须考虑保守力的功，这正是功能原理的优点，因为计算势能增量常常比直接计算功方便.

(二) 质点系的机械能守恒定律

在一定过程中，若质点系机械能始终保持恒定，且只有该质点系内部发生动能和势能的相互转化，就说该质点系机械能守恒.机械能守恒的系统称保守系统.

根据机械能守恒的含义和功能原理，可写出机械能守恒定律：在一过程中若外非

保守力不做功,又每一对内非保守力不做功,则质点系机械能守恒,即

$$\sum E_k + \sum E_p = 常量. \tag{4.5.3}$$

在定律中,先是要求外非保守力不做功,至于"每一对内非保守力不做功,"并非要求成对的内非保守力中每个力都不做功,只要求每一对内非保守力所做功的代数和为零.例如图 3.8 中的阿特伍德机,设轴承无摩擦且绳和滑轮间不打滑.又设悬挂的两重物中,其中之一质量较大.于是质量大者加速下降,质量小者加速上升.在运动中,不断发生重力势能向动能的转化,由滑轮系统和地球组成的质点系机械能守恒.对于下落重物,绳对它做负功,重物对绳做正功.这对非保守拉力都做功了,但两者功的代数和为零;在上升重物处亦类似.这便是每对内非保守力不做功的例子.实际上,在机械能守恒的质点系中,仅允许内保守力做功不为零.内保守力做功仅意味着动能与势能的相互转化,不影响总机械能.

由于摩擦力等非保守力普遍存在,机械能精确守恒的情况很罕见.然而,在将摩擦力等非保守力的功忽略不计,对计算结果并不发生明显影响时,仍可用机械能守恒方程求近似解.

[例题 1] 一轻弹簧与质量为 m_1 和 m_2 的两个物体相连接,如图 4.13(a)所示.至少用多大的力向下压 m_1 才能在此力撤除后,弹簧把下面的物体带离地面?(弹簧质量不计)

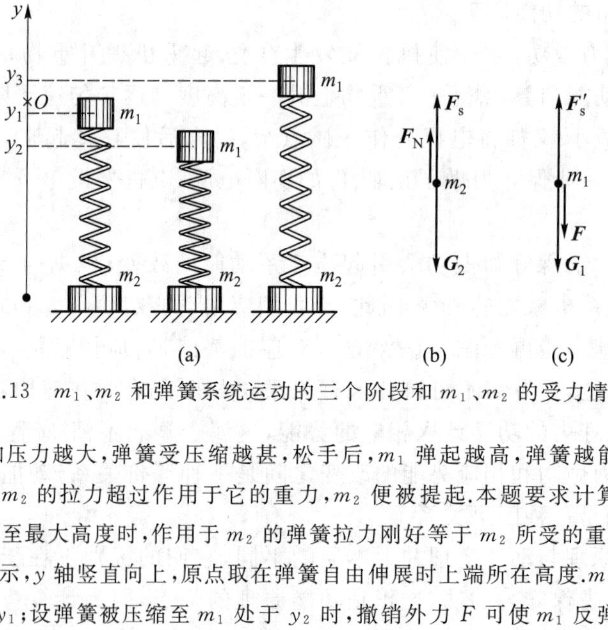

图 4.13 m_1、m_2 和弹簧系统运动的三个阶段和 m_1、m_2 的受力情况

[解] 对 m_1 加压力越大,弹簧受压缩越甚,松手后,m_1 弹起越高,弹簧越能达到较大的伸长量.一旦弹簧作用于 m_2 的拉力超过作用于它的重力,m_2 便被提起.本题要求计算所需压力的最小值.这时,当 m_1 反弹至最大高度时,作用于 m_2 的弹簧拉力刚好等于 m_2 所受的重力.

如图 4.13(a)所示,y 轴竖直向上,原点取在弹簧自由伸展时上端所在高度.m_1 所受重力和弹簧支撑力平衡时位于 y_1;设弹簧被压缩至 m_1 处于 y_2 时,撤销外力 F 可使 m_1 反弹并能提起 m_2;y_3 表示 m_2 刚能被提起时 m_1 的高度.

首先,将 m_2 视作质点并当作隔离体,受力如图 4.13(b)所示.$\boldsymbol{G}_2$ 为重力,$\boldsymbol{F}_s$ 为弹簧拉力,$\boldsymbol{F}_N$ 为桌面支撑力.当 m_2 与桌面脱离接触而被提起时,$\boldsymbol{F}_N=0$.m_2 刚能被提起的条件为

$$\boldsymbol{F}_s + \boldsymbol{G}_2 = 0.$$

向 y 轴投影,得

$$ky_3 - m_2 g = 0. \tag{1}$$

将 m_1 视作质点,并取 m_1 作为隔离体,研究它受压力 $\boldsymbol{F}$ 时的平衡条件.m_1 受力如图 4.13(c)所

示.$\boldsymbol{F}'_s$ 为弹簧弹性力,$\boldsymbol{G}_1$ 为重力.平衡时,

$$\boldsymbol{F}'_s+\boldsymbol{F}+\boldsymbol{G}_1=0.$$

向 y 轴投影,

$$-ky_2-F-m_1g=0. \tag{2}$$

自撤销压力 $\boldsymbol{F}$ 至 m_1 弹至 y_3 的过程中,过程开始时,m_1 处于静止,仅有势能.过程终了时,m_1 达到最高点,其速度为零,动能亦等于零.将坐标原点视作弹性势能和重力势能的零点,得

$$\frac{1}{2}ky_3^2+m_1gy_3=\frac{1}{2}ky_2^2+m_1gy_2. \tag{3}$$

将以上三个标量方程联立求解,得

$$\boldsymbol{F}=(m_1+m_2)g.$$

[例题 2] 制作半导体时,需向单晶硅或其他晶体中掺入杂质.单晶硅内的原子是规则排列的.在两层原子间有一定间隙,形成沟道.假设注入的杂质是硼的正离子.若硼离子能沿沟道射入晶体内,就叫作沟道离子.射入的离子不可能与沟道的纵轴完全平行.若偏离一定角度,例如像图 4.14(a)那样进入沟道时向上偏转,则离子将受原子层原子核向下的斥力.这时斥力做负功,使离子的一部分动能转化为电磁能.一旦离子失去向上运动的速度,便在斥力作用下朝反方向偏离;同样道理,当离子接近下面的原子核时,又在斥力作用下向上偏转.于是,入射离子在沟道内沿曲线前进.显然,入射角 ψ 越大,上下摆动的幅度越大.不难判断,对于一定能量的离子,存在着一个临界角 ψ_c,一旦入射角大于 ψ_c,入射离子将冲出沟道,不能成为沟道离子.计算时常用下述处理方法:如图 4.14(a)所示在离原子层一定距离处各画一条平行于原子层的虚线,在两条虚线范围内的空间,可以认为电磁场沿沟道轴线方向上的分布是均匀的.已知入射硼离子的能量为 $E=20\times10^4$ eV(200 keV),离子接近上下晶面的最大电磁能为 $U=350$ eV,求临界角 ψ_c.

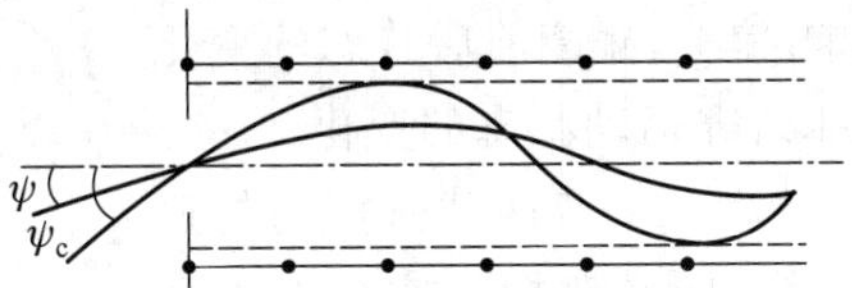

(a) 沟通离子的运动

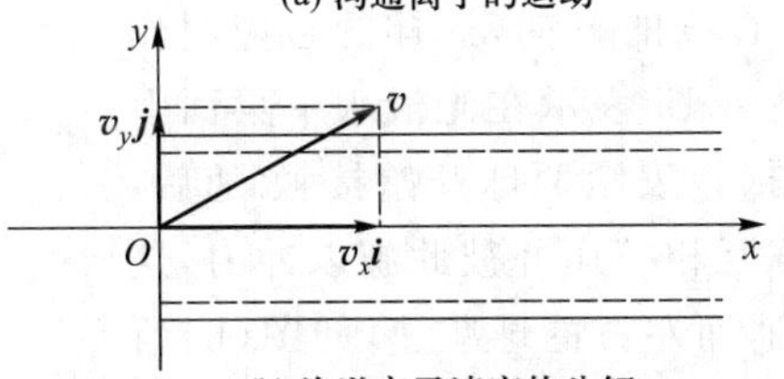

(b) 沟道离子速度的分解

图 4.14

[解] 如图 4.14(b)所示,建立坐标系 Oxy,x 轴沿沟道轴线方向,y 轴沿与原子层垂直的方向.将入射离子的速度分解为 v_x 与 v_y,由于将各原子核对离子的排斥作用简化为电磁场沿沟道方向均匀分布,故可以认为离子受到的斥力与 x 轴垂直,它仅改变 v_y,对 v_x 不发生影响.从能量观点看,在离子入射总动能 $E=\frac{1}{2}mv^2=\frac{1}{2}m(v_x^2+v_y^2)$ 中,$\frac{1}{2}mv_x^2$ 是守恒的,而$\frac{1}{2}mv_y^2$ 则将逐步转化为电磁能,即

$$\frac{1}{2}mv_y^2=U,$$

但

$$v_y = v\sin\psi_c,$$

v 为入射离子的速率.因此,

$$\frac{1}{2}mv^2\sin^2\psi_c = U.$$

$\frac{1}{2}mv^2$ 即入射离子的能量 E,又因 ψ_c 很小,即 $\sin\psi=\psi$,故 $E\psi_c^2=U$,得

$$\psi_c=\sqrt{\frac{U}{E}},$$

代入已知数得

$$\psi_c=\sqrt{\frac{350}{200\times10^3}}\ \text{rad}\approx4.18\times10^{-2}\ \text{rad}\approx2.4°.$$

即临界角为 2.4°.

§4.6 对心碰撞

碰撞是物理学研究的重要现象.打桩、锻压和击球是常见的碰撞.从微观角度研究热现象时,涉及分子原子间的碰撞.研究微观粒子的碰撞是研究物质结构和粒子间相互作用的重要手段.宇宙中天体的碰撞非常频繁.1994 年,休梅克-利维 9 号彗星与木星的碰撞是人类首次成功预报的较大规模的天体相碰现象.

碰撞有两个特点:首先,碰撞的短暂时间内相互作用很强,可不考虑外界影响.其次,碰撞前后状态的变化突然且明显,适合用守恒律研究运动状态的变化.

现在研究碰撞的理想模型——若两球碰撞前的速度矢量都沿着两球的连心线,则在碰撞后它们的速度矢量也必然沿着两球连心线的方向,这样的碰撞叫作球的对心碰撞或正碰.图 4.15 表示在光滑水平桌面上对心碰撞的几个阶段.图(a)表示两球开始接触.随后,若左边球速率较大,两球互相挤压并彼此施以冲力,这一对冲力使右方的球加速而左方的球减速,如图(b)所示.后来,冲力终于使两球速度相等,两球形变亦达到最大限度,如图(c)所示.以上属于压缩阶段.由于冲力继续起作用,右面小球的速度继续增加,左面小球变慢,两球形变变小.一般情况下,两球最后以不同速度运动.

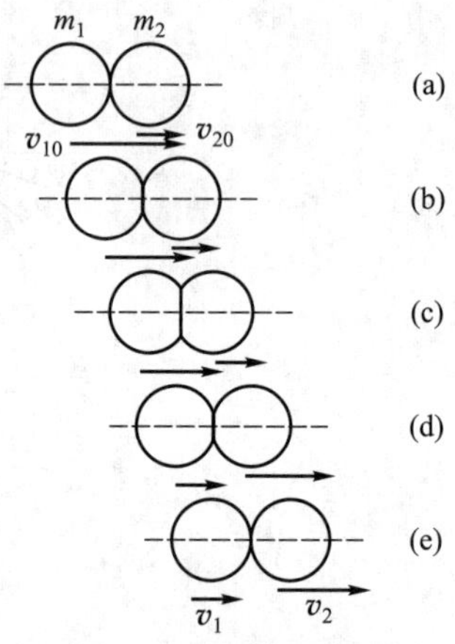

图 4.15 球碰撞,发生形变又离开的过程

(一) 关于对心碰撞的基本公式

将两球视作一质点系,因外力矢量和为零,故动量也守恒.用 m_1 和 m_2 分别表示两球的质量,碰撞前的速度分别为 $\boldsymbol{v}_{10}$ 和 $\boldsymbol{v}_{20}$,碰撞后的速度为 $\boldsymbol{v}_1$ 和 $\boldsymbol{v}_2$,有

$$m_1\boldsymbol{v}_1+m_2\boldsymbol{v}_2=m_1\boldsymbol{v}_{10}+m_2\boldsymbol{v}_{20}.$$

若令 x 轴与各速度矢量平行，得投影方程①

$$m_1v_1+m_2v_2=m_1v_{10}+m_2v_{20}. \tag{4.6.1}$$

在气垫导轨上或在气桌上做对心碰撞实验，可测出 v_{10}、v_{20}、v_1 和 v_2.以各种不同的初速度进行实验，实验结果表明，对于材料一定的球，碰撞后分开的相对速度与碰撞前接近的相对速度成正比.碰前接近时的相对速度为 $v_{10}-v_{20}$，碰后分离时的相对速度为 v_2-v_1，于是有

$$e=\frac{v_2-v_1}{v_{10}-v_{20}}, \tag{4.6.2}$$

比例常数 e 叫作恢复系数，由两球材料的弹性决定，它可通过气垫导轨或气桌上的实验测量.

研究碰撞问题常需已知碰撞前的速度求碰撞后的速度或由碰后速度求碰前速度，总之含有两个未知数，故可将(4.6.1)式与(4.6.2)式联立求解.例如碰撞后的速度为

$$v_1=v_{10}-\frac{m_2}{m_1+m_2}(1+e)(v_{10}-v_{20}), \tag{4.6.3}$$

$$v_2=v_{20}+\frac{m_1}{m_1+m_2}(1+e)(v_{10}-v_{20}). \tag{4.6.4}$$

(二) 完全弹性碰撞、查德威克发现中子

现在研究 $e=1$，即碰撞前后两球相对速度大小不发生变化的情况.这时，(4.6.2)式变为

$$v_2+v_{20}=v_1+v_{10}.$$

(4.6.1)式又可写作

$$m_2(v_2-v_{20})=-m_1(v_1-v_{10}).$$

两式相乘可得

$$\frac{1}{2}m_1v_1^2+\frac{1}{2}m_2v_2^2=\frac{1}{2}m_1v_{10}^2+\frac{1}{2}m_2v_{20}^2, \tag{4.6.5}$$

即碰撞前后质点系动能不变.碰撞过程中，先是一部分动能转化为球的形变势能，以后又全部转化为动能，无机械能损失.碰撞前后，质点系总动能不发生变化的碰撞，叫作完全弹性碰撞.

解(4.6.1)式与(4.6.5)式得碰撞后的速度为

$$v_1=\left(\frac{m_1-m_2}{m_1+m_2}\right)v_{10}+\left(\frac{2m_2}{m_1+m_2}\right)v_{20}, \tag{4.6.6}$$

$$v_2=\left(\frac{2m_1}{m_1+m_2}\right)v_{10}+\left(\frac{m_2-m_1}{m_1+m_2}\right)v_{20}. \tag{4.6.7}$$

现在就上式讨论几种特殊情况.

---

① 我们约定：在讨论对心碰撞时，为使符号简化，投影方程内各量中表示投影的 x 角标从略.

1. $m_1=m_2$

这时可得出 $v_1=v_{20}, v_2=v_{10}$，即两球经过碰撞后相互交换速度.其中最奇妙的特例是 m_2 最初处于静止的情况.因 $v_{20}=0$，所以 $v_1=0, v_2=v_{10}$，即 m_1 去碰撞静止的 m_2，结果 m_1 会突然停止，而 m_2 得到 m_1 的速度前进.用两个质量相同的玻璃球正碰就可以演示出这种现象.惠更斯研究碰撞时，就是按这一特征定义完全弹性碰撞的.显然，这种情况下，m_1 的动能完全转化为 m_2 的动能.

2. $m_1 \ll m_2$ 且 $v_{20}=0$

这相当于用质量很小的球去碰撞质量很大的静止的球.因 $v_{20}=0$，故(4.6.6)式和(4.6.7)式变为

$$v_1=\left(\frac{m_1-m_2}{m_1+m_2}\right)v_{10}, \quad v_2=\left(\frac{2m_1}{m_1+m_2}\right)v_{10},$$

又因 $m_1 \ll m_2$，因此

$$v_1 \approx -v_{10}, \quad v_2 \approx 0.$$

这意味着重球仍然不动而轻球以原速率弹回.例如乒乓球去碰铅球，乒乓球就几乎以原速率弹回.气体分子从垂直于器壁方向与壁面相碰，亦属完全弹性碰撞，因此气体分子也以原速率弹回.

3. $m_1 \gg m_2$ 且 $v_{20}=0$

这相当于用质量很重的球去碰撞静止的轻球.因 $m_1 \gg m_2$，有

$$v_1 \approx v_{10}, \quad v_2 \approx 2v_{10}.$$

表明重球几乎以原速前进，而静止的轻球则以 2 倍于重球的速率前进.比如用铅球碰皮球，铅球仍像没有受到任何障碍那样前进，而皮球却很快跑开.

1930 年，博特(W.Bothe，1891—1957)等发现放射性元素钋发射的 α 粒子能从铍中打出很强的中性辐射.博特和伊莲娜·约里奥-居里(I. Joliot-Curie，1897—1956)等又发现这种辐射竟能从石蜡中打出质子.这种辐射被想成是 γ 射线.后来它被测出能量非常高，超过当时从放射性元素中得到的 γ 射线的能量.查德威克重新研究了这个问题，并认识到各种实验的分析表明该辐射不可能是 γ 射线.他认为："守恒定律已被证明是普遍适用的①，因此是在万不得已的情况下才能放弃它们".他设计了实验，并用完全弹性碰撞中的守恒律预言该辐射应是不带电荷的，质量和质子差不多.他的老师卢瑟福曾经提到过"中子".

图 4.16 表示实验的示意图.左方表示钋放射源发出 α 粒子打在铍箔上产生被查德威克设想为中子的未知辐射.它又从石蜡等含氢物质中打出质子.未知辐射还能在轻元素中打出氮核.被设想为中子的辐射与质子或氮核发生完全弹性对心碰撞.测得质子和氮核的速度分别为 $v_p=3.3\times10^9$ cm/s和 $v_N=4.7\times10^8$ cm/s.下面按已知数据计算未知辐射粒子的质量.

分别用 m、m_p 和 m_N 表示中子、质子和氮原子质量.设碰前中子速率为 v_0，质子或氮原子最初静止.中子与它们碰后的速率分别为 v_1 和 v_2.碰后质子或氮原子的速率分

① Chadwick J. The Existence of a Neutron. Royal Society of London Proceedings，1932，A139:692—708.

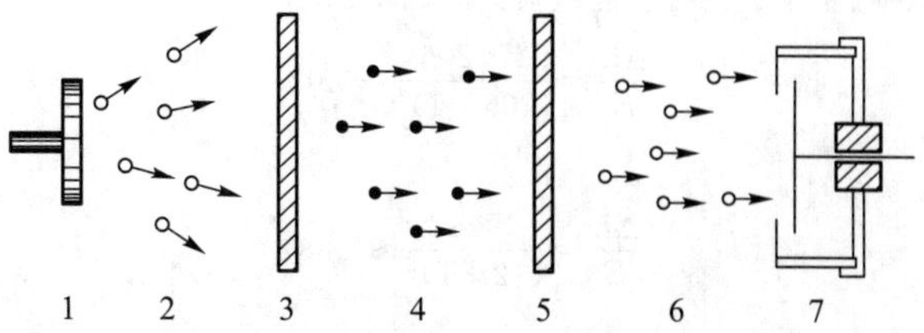

1. 放射性钋源；2. α 粒子；3. 铍靶；4. 中子；5. 石蜡；6. 质子；7. 检测器

图 4.16 发现中子的实验示意图

别为 v_p 或 v_N.对中子质子质点系有

$$mv_1+m_pv_p=mv_0,$$

$$\frac{1}{2}mv_1^2+\frac{1}{2}m_pv_p^2=\frac{1}{2}mv_0^2.$$

对中子氮原子质点系有

$$mv_2+m_Nv_N=mv_0.$$

$$\frac{1}{2}mv_2^2+\frac{1}{2}m_Nv_N^2=\frac{1}{2}mv_0^2.$$

由此可解出 v_1、v_2、v_p 和 v_N，v_p 和 v_N 为

$$v_p=\frac{2m}{m+m_p}v_0,\quad v_N=\frac{2m}{m+m_N}v_0.$$

两式相除并考虑到 $m_N=14m_p$，有

$$\frac{v_p}{v_N}=\frac{m+14m_p}{m+m_p}.$$

将 v_p 与 v_N 值代入，得

$$m\approx 1.16m_p.$$

考虑到速度估计方面约 10% 的误差，查德威克认为中子质量为质子的 1.005～1.008 倍，并宣布那不带电的辐射就是中子.中子的发现对核物理的发展有重要意义.查德威克受卢瑟福的影响对存在中子有思想准备，又有很好的实验才能，又坚信动量能量守恒定律，从而获得成功.

*［例题 1］ 用 m_1 表示中子质量，m_2 表示某原子核质量，求：(1) 中子与静止的原子核发生对心的完全弹性碰撞后，中子动能损失的比率；(2) 铅、碳和氢的原子核质量分别为中子质量的 206 倍、12 倍和 1 倍，求中子与它们发生对心的完全弹性碰撞后动能损失的比率.

［解］ 把中子及铅、碳和氢的原子核都视作质点.

(1) 用 v_{10} 和 v_1 表示中子碰撞前后的速度，则中子动能损失的比率为

$$\frac{\Delta E}{E}=\frac{m_1v_{10}^2-m_1v_1^2}{m_1v_{10}^2}=1-\frac{v_1^2}{v_{10}^2}.$$

根据(4.6.6)式并考虑到 $v_{20}=0$，得

$$v_1=\left(\frac{m_1-m_2}{m_1+m_2}\right)v_{10},$$

所以

$$\frac{\Delta E}{E}=1-\left(\frac{m_1-m_2}{m_1+m_2}\right)^2=\frac{4m_1m_2}{(m_1+m_2)^2}.$$

(2) 求中子和铅、碳、氢原子核碰撞能量损失的比率:对于铅,$m_2=206m_1$,

$$\frac{\Delta E}{E}=\frac{4\times 206}{(206+1)^2}\approx 0.02;$$

对于碳,$m_2=12m_1$,

$$\frac{\Delta E}{E}=\frac{4\times 12}{(12+1)^2}\approx 0.28;$$

对于氢,$m_2=m_1$,

$$\frac{\Delta E}{E}=\frac{4\times 1}{(1+1)^2}=1.$$

即中子与氢碰撞时能量损失最多.

慢中子与铀(^{235}U)的原子核相碰,形成链式反应,在反应堆中,需要对链式反应释放的中子进行减速,以增加铀核裂变的效率.通过例题可知,中子碰撞重原子核其能量损失较小,达不到减速目的,而含碳原子核的石墨和含氢原子核的石蜡作为减速剂就比较好.读者会问,中子与氢核相撞,中子的能量不就几乎完全消失了吗?注意上面计算的只是一个中子和一个氢原子核的对心碰撞.实际上有大量的中子和氢原子核碰撞,不可能都恰好是对心碰撞,且加速后的氢原子又可继续与中子发生碰撞,因此碰撞后的中子具有向各个方向运动的机会,而大量中子平均损失能量的比率是不等于1的.

(三) 完全非弹性碰撞

若在碰撞中恢复系数 $e=0$,则 $v_2=v_1$,即两球碰撞后并不分开,以同一速度运动,叫作完全非弹性碰撞.这时,仅余动量守恒方程,设碰撞后共同速度为 v,则有

$$(m_1+m_2)v=m_1v_{10}+m_2v_{20}. \tag{4.6.8}$$

现在就 $v_{20}=0$ 的特殊情况讨论碰撞前后动能是否损失.根据上式有

$$v=\frac{m_1v_{10}}{m_1+m_2}. \tag{4.6.9}$$

碰撞前后的动能损失为

$$\Delta E_k=\frac{1}{2}m_1v_{10}^2-\frac{1}{2}(m_1+m_2)v^2.$$

将(4.6.9)式代入此式,得

$$\Delta E_k=\frac{1}{2}\left(\frac{m_2}{m_1+m_2}\right)m_1v_{10}^2,$$

用 E_{k0} 代表原有动能,则动能损失为

$$\Delta E_k=\frac{m_2}{m_1+m_2}E_{k0}, \tag{4.6.10}$$

显然,若 $m_2\gg m_1$,则动能完全损失;反之,若 $m_1\gg m_2$,则动能几乎不损失.用锤打桩,是利用锤与桩碰后的剩余动能使桩钻入土层,锤的质量应比桩大.锻压是用锤打击烧红的铁块使它变形,则恰好利用损失的动能,被打击物体应有较大质量.故打铁时常在下面垫厚重的砧子.

[例题 2] 冲击摆可用于测子弹的速率.如图 4.17 所示,长度为 l 的线绳悬挂一个质量为 m 的木块,子弹质量为 m_0,沿水平方向射入木块,子弹最后嵌在木块内一定位置,且测得木块摆过角度 θ,$m\gg m_0$,求子弹射入的速率 v.

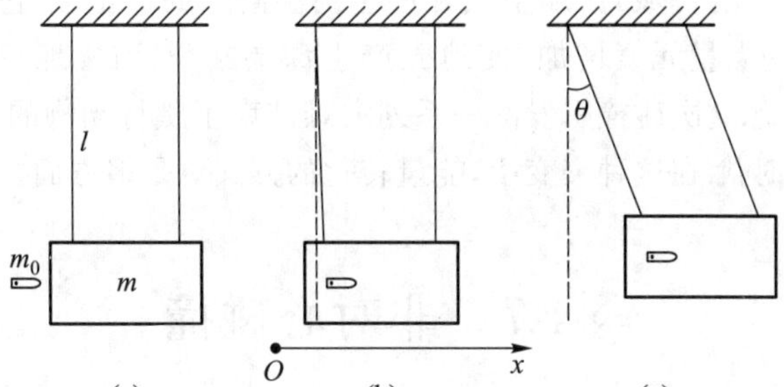

图 4.17 冲击摆.自(a)至(b)为完全非弹性碰撞,自(b)至(c)为通常的摆动

[解] 自子弹开始接触木块至二者共同达到最高点的全过程可分为两个阶段.第一是子弹和木块刚开始接触至获得共同速度;第二是 m 和 m_0 作为一个整体摆至最高点.

第一阶段:视木块与子弹为一质点系,发生完全非弹性碰撞.当它们获得共同速度时,木块已向右有微小偏离[见图 4.17(b)],绳的拉力在水平方向有分力,水平方向外力和不为零.因子弹与木块相互作用的内力,即冲力很大,木块向右偏离很小,故绳拉力的水平分量远小于内力,可用沿水平方向的动量守恒求近似解.这实质上加入了完全非弹性碰撞中悬线与 m 未动的简化假定.取 Ox 为水平轴,用 v_x 表示木块与子弹共同运动的初速度,有

$$(m+m_0)v_x=m_0v$$

第二阶段:视木块与子弹为一质点.因图 4.17(b)中悬线向右偏离很少,偏角远小于角度 θ,可不计.可认为悬线竖直的瞬间二者已获得了共同的速度.摆动过程中机械能守恒.根据 $\Delta E_\mathrm{k}+\Delta E_\mathrm{p}=0$,有

$$0-\frac{1}{2}(m+m_0)v_x^2+(m+m_0)gl(1-\cos\theta)=0$$

解以上两式得

$$v=\frac{m+m_0}{m_0}\sqrt{2gl(1-\cos\theta)}\approx\frac{m}{m_0}\sqrt{2gl(1-\cos\theta)}.$$

因通常 $m\gg m_0$,故采用上式右方的近似式作为本题的解.

(四) 非完全弹性碰撞

乒乓球自由下落到台面上弹起,如果和台面发生完全弹性碰撞,无动能损失,应该能弹回开始下落时的高度.但事实是反跳高度要低一些,表明一部分动能损失掉了.小球碰撞后彼此分开,而机械能又有一定损失的碰撞叫作非完全弹性碰撞.比起同样质量的小球以同样初速度发生完全非弹性碰撞的情况,机械能的损失较小.碰后末速公式已由(4.6.3)式和(4.6.4)式给出.

非弹性碰撞动能转化为其他种形式能量的方式多种多样.两个铁球间涂蜡而相碰,蜡熔化并且温度升高,表明动能转化为热运动能量.两微观粒子发生非弹性碰撞,损失的动能转化为原子内部的能量.例如中子与处于基态的 $^{27}\mathrm{Al}$ 相碰,变成处于激发态的 $^{28}\mathrm{Al}$,这是完全非弹性碰撞.随后 $^{28}\mathrm{Al}$ 放出一个中子,余下处于基态的 $^{27}\mathrm{Al}$.从全过程看,中子与 $^{27}\mathrm{Al}$ 发生完全弹性碰撞.

天体间的碰撞则蔚为壮观.6 500 万年前,一颗直径约 10 km 的小行星以 20 km/s

的速度撞击墨西哥附近海域，压缩空气并产生高温高压的冲击波.它使地面岩石熔融、汽化，使海洋中某些微量元素增加，使地壳产生深层断裂，引发地球磁场剧烈变化，导致部分海洋生物灭绝.这次碰撞引发的一系列灾难结束了爬行动物的时代，此后，地球开始进入哺乳动物的时代.在这种突变中，能量转化的方式更是多方面、多层次的.①②

§4.7 非对心碰撞

如果两球相碰之前的速度不沿它们的中心连线，这样的碰撞叫作球的**非对心碰撞**或**斜碰撞**；如果碰撞前后小球的速度矢量在同一平面内，叫作**二维碰撞**；如果碰撞前后的速度矢量不在同一平面内，则属于**三维碰撞**.对于球的非对心碰撞，上文介绍的完全弹性碰撞、完全非弹性碰撞等概念依然适用.这里仅讨论二维完全弹性碰撞.此外，仅讨论运动小球和静止小球之间的碰撞.这有普遍意义，因为总可以选择一个参考系，在其中进行观察，使某一个参与碰撞的小球在碰撞前静止.这一参考系显然是惯性系，因我们曾假设小球碰撞前都做匀速直线运动.

如图 4.18 所示，两球质量分别为 m_1 和 m_2，设碰撞前 m_2 静止，m_1 有速度 $\boldsymbol{v}_{10}$.设球表面光滑，相碰时两个球的相互作用力沿两球接触时连心线的方向. 因此，碰撞后两球的球心都不脱离由此连心线和速度 $\boldsymbol{v}_{10}$ 所决定的平面.为研究碰后两球的速度，在惯性参考系中上述平面内建立直角坐标系 Oxy，y 轴沿碰撞时的连心线，如图 4.18(b)所示.分别用 $\boldsymbol{v}_1$ 和 $\boldsymbol{v}_2$ 表示 m_1 和 m_2 的末速度，根据动量守恒定律，有投影方程

$$m_1 v_{1x} + m_2 v_{2x} = m_1 v_{10x},$$

$$m_1 v_{1y} + m_2 v_{2y} = m_1 v_{10y}.$$

碰撞时，因球表面光滑，m_2 沿 x 轴不受力，故有 $v_{2x}=0$.根据恢复系数的定义，有 $e=\dfrac{v_{2y}-v_{1y}}{v_{10y}-v_{20y}}$；因 m_2 最初静止，$v_{20y}=0$，故 $e=\dfrac{v_{2y}-v_{1y}}{v_{10y}}$.由这些式子可解 v_{1x}、v_{1y}、v_{2x} 和

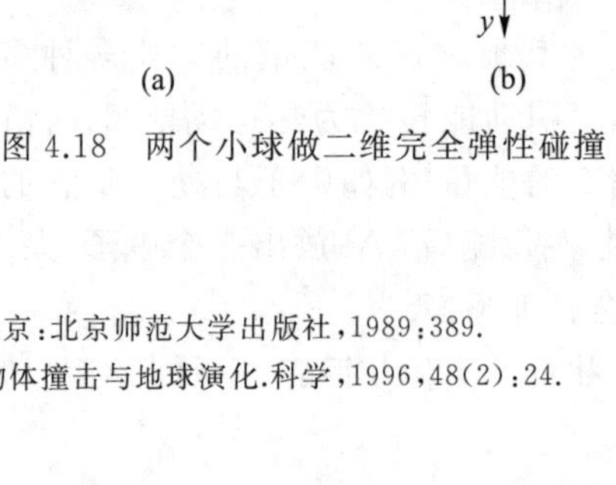

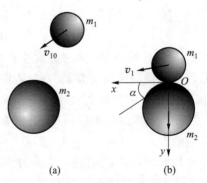

图 4.18 两个小球做二维完全弹性碰撞

① 胡镜寰等.原子物理学.北京：北京师范大学出版社，1989：389.

② 欧阳自远，王世杰.地外物体撞击与地球演化.科学，1996，48(2)：24.

v_{2y}.因 $v_{10x}=v_0\cos\alpha, v_{10y}=v_0\sin\alpha$,得

$$\left.\begin{aligned} &v_{1x}=v_0\cos\alpha, v_{2x}=0,\\ &v_{1y}=\frac{(m_1-em_2)v_0\sin\alpha}{m_1+m_2},\\ &v_{2y}=\frac{(1+e)m_1v_0\sin\alpha}{m_1+m_2}. \end{aligned}\right\} \tag{4.7.1}$$

在 $m_1\ll m_2$ 的极限情况下,可认为小球自倾斜方向与半径无穷大的球,即光滑平面相碰,如图 4.19 所示.由上式可知 $v_{2x}=v_{2y}=0$,即 m_2 将保持静止,而

$$v_{1x}=v_0\cos\alpha,\quad v_{1y}=-ev_0\sin\alpha.$$

由图 4.19 可见,m_1 将自平面反射.用 β 表示 m_1 碰撞后的速度与 x 轴的夹角,则 $\tan\beta=-e\tan\alpha$,$|\alpha|\neq|\beta|$,这两个角的余角也不相等,m_1 并非做等角反射.m_1 反射后速率变小了,出现机械能损失.

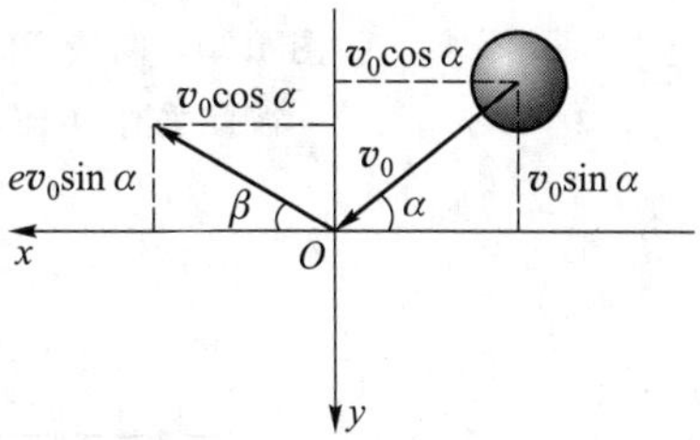

图 4.19

以下讨论几种完全弹性碰撞的特殊情况.

(1) 如果 $m_1=m_2$,由(4.7.1)式得

$$v_{1x}=v_0\cos\alpha,\quad v_{2x}=0.$$

$$v_{1y}=0,\quad v_{2y}=v_0\sin\alpha=v_{10y}.$$

可见 m_1 仅保持沿 x 轴的速度,而 m_2 获得 m_1 最初具有的沿相碰时两球连心线方向的速度.

(2) 如果 $m_1\ll m_2$,那么 m_2 将始终不动,而

$$v_{1x}=v_0\cos\alpha,$$

$$v_{1y}=-v_0\sin\alpha.$$

(3) 如果 $m_1=m_2$,那么这类碰撞会有一个非常有趣的性质,即不管碰撞后如何运动,两小球运动方向的夹角总是成直角.证明如下.首先,因动量守恒,

$$m\boldsymbol{v}_1+m\boldsymbol{v}_2=m\boldsymbol{v}_{10},$$

$$\boldsymbol{v}_1+\boldsymbol{v}_2=\boldsymbol{v}_{10},$$

按矢量合成法则,$\boldsymbol{v}_{10}$ 与 $\boldsymbol{v}_1$,以及 $\boldsymbol{v}_2$ 围成三角形.再根据动能不变,有

$$\frac{1}{2}mv_1^2+\frac{1}{2}mv_2^2=\frac{1}{2}mv_{10}^2,$$

所以

$$v_1^2+v_2^2=v_{10}^2.$$

与勾股弦定理相对照,速度三角形必然是以 $\boldsymbol{v}_{10}$ 为弦的直角三角形,从而证明了 $\boldsymbol{v}_1$ 与 $\boldsymbol{v}_2$ 必成直角,如图 4.20 所示.

两个微观粒子相对运动而互相靠近,由于它们之间的静电力或其他力而偏转.如图 4.21 所示,设 1 为靶粒子,另一粒子 2 以相对速度 $\boldsymbol{u}$ 运动,接近 1 后轨迹弯曲,最后以 $\boldsymbol{u}'$ 运动.这类问题亦可视为碰撞问题来处理.物理学中称为散射.运动粒子速度 $\boldsymbol{u}$ 与靶粒子的垂直距离 b 称为瞄准距离.速度 $\boldsymbol{u}$ 和 $\boldsymbol{u}'$ 渐近线的夹角称为散射角.第五章将介绍著名的 α 粒子散射.

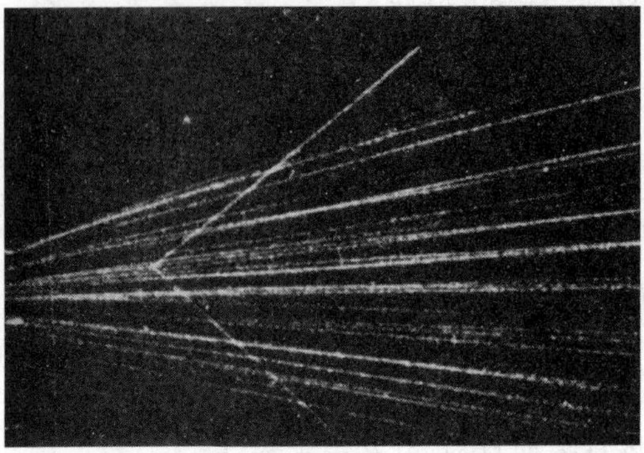

图 4.20 两核子间的碰撞，其中之一最初静止，末速度彼此垂直.本图选自 H.Benson：University Physics

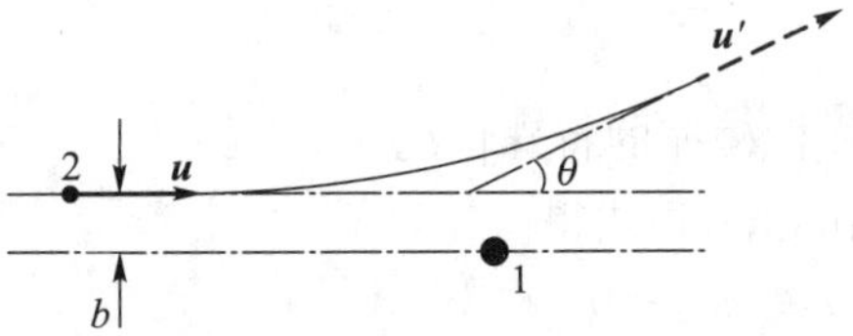

图 4.21 入射粒子接近靶粒子而散射

§4.8 质心参考系的运用、粒子的对撞

在质心参考系中研究碰撞问题，从理论角度看是非常方便的.在运用动量守恒方面，§3.8 已经讲过，碰撞前后，在质心参考系中，两个粒子的动量总是大小相等而方向相反.

现在研究质心参考系中的动能.质心参考系相对于基本参考系以速度 $\boldsymbol{v}_C$ 运动，对应坐标轴总保持平行.设诸质点质量分别为 m_i，相对于基本参考系的速度分别为 $\boldsymbol{v}_i$，相对质心参考系的速度分别为 $\boldsymbol{v}'_i\,(i=1,2,\cdots,n)$.现在考虑质点系相对基本参考系的动能.显然，

$$E_k=\frac{1}{2}\sum m_i(\boldsymbol{v}_C+\boldsymbol{v}'_i)^2=\frac{1}{2}\sum m_i(v_C^2+v'^2_i)+(\sum m_i\boldsymbol{v}'_i)\cdot\boldsymbol{v}_C.$$

因为在质心参考系内质心位置矢量为零，即 $\sum m_i\boldsymbol{v}'_i=0$；又因为 $\frac{1}{2}\sum m_iv_C^2=\frac{1}{2}mv_C^2$，$m$ 表示质点系总质量，故

$$E_k=\frac{1}{2}mv_C^2+\frac{1}{2}\sum m_iv'^2_i \tag{4.8.1}$$

它表明质点系相对于某基本参考系的动能等于设想质点全部集中于质心的动能（简称

质心动能)和诸质点相对于质心参考系的动能(简称相对动能)之和,称为克勒尼希定理.

现在讨论(4.8.1)式的特殊情况——两体碰撞问题,即研究两质点相对质心系的动能.用 $\boldsymbol{u}$ 表示 m_1 相对于 m_2 的速度,即 $\boldsymbol{u}=\boldsymbol{v}_1-\boldsymbol{v}_2=\boldsymbol{v}_C+\boldsymbol{v}'_1-\boldsymbol{v}_C-\boldsymbol{v}'_2=\boldsymbol{v}'_1-\boldsymbol{v}'_2$,乘以 m_1 有

$$m_1\boldsymbol{v}'_1-m_1\boldsymbol{v}'_2=m_1\boldsymbol{u},$$

对于质心参考系又有

$$m_1\boldsymbol{v}'_1+m_2\boldsymbol{v}'_2=0,$$

联立求解得,

$$\boldsymbol{v}'_1=\frac{m_2\boldsymbol{u}}{m_1+m_2},\quad \boldsymbol{v}'_2=-\frac{m_1\boldsymbol{u}}{m_1+m_2}.$$

令 E'_k 表示相对动能,将上面两式代入 $E'_k=\frac{1}{2}m_1v_1'^2+\frac{1}{2}m_2v_2'^2$,有

$$E'_k=\frac{1}{2}\mu u^2,\quad \mu=\frac{m_1m_2}{m_1+m_2}. \tag{4.8.2}$$

μ 称为折合质量.此式表明相对动能等于折合质量与相对速度平方之半.于是有

$$E_k=\frac{1}{2}mv_C^2+\frac{1}{2}\mu u^2. \tag{4.8.3}$$

此式适合任何两质点的运动,是克勒尼希定理在两体问题的特殊形式.

在碰撞过程,常不计外力,因而质心速度 $\boldsymbol{v}_C$ 不变,质心动能也不变.非弹性碰撞损失的动能将由相对动能$\frac{1}{2}\mu u^2$ 付出;对完全非弹性碰撞,$\frac{1}{2}\mu u^2$ 将全部转化掉.在高能物理中,科学家常利用粒子碰撞揭示微观结构和粒子间的相互作用,是颇具优越性的一种模式,取得了许多成就,例如 1995 年利用质子及质子对撞机产生 W 规范玻色子并测其质量,1974 年利用正负电子对撞发现了 J/ψ 粒子等.为什么采取对撞方式?(4.8.3)式右方第一项描述质点系整体运动的能量,但对改变微观结构从而产生新发现做出贡献的则是相对动能.图 4.22 表示在环上被加速的粒子与静止靶上的粒子相碰.设两粒子质量相同,碰时运动粒子动能为 $mv^2/2$.有效能量为 $\mu u^2/2=\frac{1}{2}\frac{m^2}{2m}v^2=mv^2/4$,仅为总动能的一半.若动能各为$\frac{1}{2}mv^2$ 的粒子对撞,总能为 mv^2,有效能量为$\frac{1}{2}\frac{m^2}{2m}(2v)^2=mv^2$,即全部总能都是有效的.为了充分利用总能当然要采用对撞方式.电子高速运动,需要应用相对论力学研究碰撞问题.那时,对撞机的优点更为明显.在实验中,并非仅仅单个正负电子相碰,而需要形成电子束流,它的总能称电子束流能量.表 4.1 给出获得一定有效能量时,对静止靶情况和对撞情况束流能量的要求.表中所谈对撞机属正、负电子束流能量相等的情况.由表可见,若采用静止靶,对束流能量的要求要高出若干数量级,采用对撞方式在节省能量方面有明显优越性.表 4.1 是考

虑到电子速度高而导致的相对论效应给出的数据.①

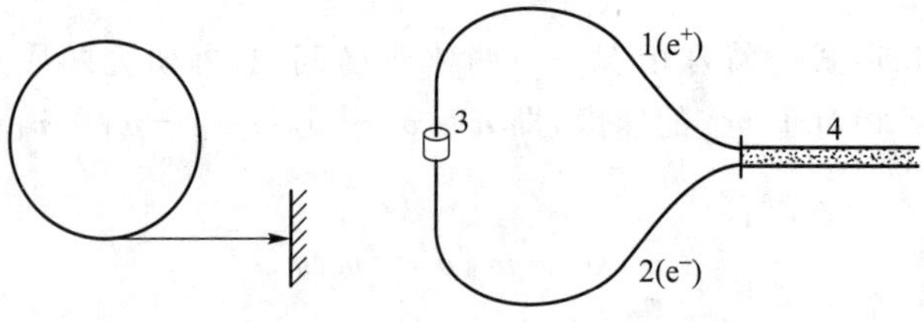

1、2. 正负电子束；3. 碰撞检测器；4. 直线加速器

图 4.22 粒子的碰撞

表 4.1

有效能量/GeV	电子束流能量/GeV（静止靶）	电子束流能量/GeV（对撞机）
1	10^3	2×0.5
10	10^5	2×5
100	10^7	2×50

选读材料

质点平衡的稳定性

当质点受保守力作用时，往往用与该力对应的势能讨论问题.因力是矢量，势能是标量.应用标量研究问题带来不少方便.现在用势能概念讨论保守力作用下质点的平衡及其稳定性问题.这里仅限于讨论质点位置总在 x 坐标轴上的情况.

质点的平衡条件是合力等于零.如合力为保守力，则可用势能表述平衡条件.对一维情况，把 x 轴建在轨迹上，用 $\mathrm{d}x$ 表示受力质点沿 x 轴的元位移，用 F_x 表示保守力，得

$$\mathrm{d}A_{保}=F_x\mathrm{d}x,$$

代入(4.4.7)式，则

$$\mathrm{d}E_{\mathrm{p}}=-F_x\mathrm{d}x,$$

$$F_x=-\frac{\mathrm{d}E_{\mathrm{p}}(x)}{\mathrm{d}x},\tag{4.1}$$

即势能对位置坐标的导数的负值等于保守力.若已知保守力，可用积分法计算功并求出势能.上式则表明若已知势能，可用微分法求保守力，根据(4.1)式知，若质点处于平衡，有

① 唐孝威，杨保忠.高能正负电子物理.物理学进展，1984，4(2)：3.

$$\frac{dE_p}{dx}=0. \tag{4.2}$$

作用于质点的合力等于零的位置称为质点的平衡位置,上式表明,质点在平衡位置处势能对质点坐标的变化率等于零.这就是用势能概念表述的在保守力作用下质点的平衡条件.

在(4.2)式得到满足的条件下,还存在三种基本情况,即在平衡位置,势能可取极小值、极大值或在平衡位置附近一定范围内势能保持为一常量.势能作为坐标的函数曲线叫作势能曲线.在上面三种情况中,质点平衡位置附近的势能曲线顺次由图4.23(a)、(b)和(c)表示,图中 x_0 表示平衡位置.在(a)中,假设质点自 x_0 向右偏离,$\frac{dE_p}{dx}$ 为正,故保守力 F_x 为负,即指向平衡位置 x_0;反之,质点自 x_0 向左偏离,$\frac{dE_p}{dx}$ 为负,F_x 为正,也指向 x_0.总之,一旦质点偏离 x_0,合力总使它重新回到原来的平衡位置.在(b)中,一旦质点偏离平衡位置,则力将使它进一步远离而失去平衡.在(c)中,当质点偏离 x_0 时,受力为零,即 x_0 附近各点都是该质点的平衡位置.

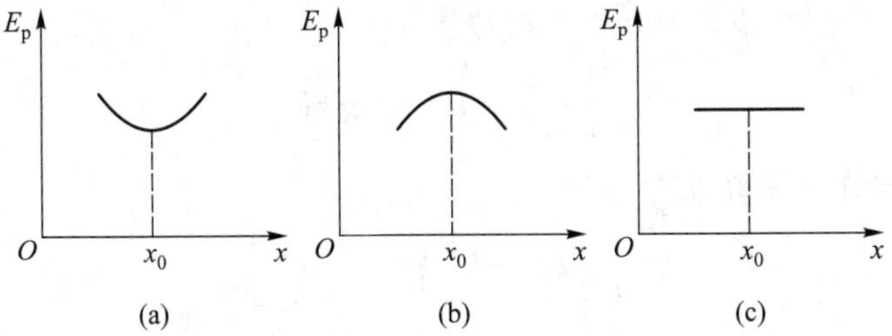

图 4.23

任何质点总是处于复杂的外界环境中,处于平衡位置的质点,即使我们并未有意识地推动它,也会经常受到各种因素的扰动,如微风吹来或底座振动等,这些扰动将会使质点偏离其平衡位置.然而,扰动对上面三种情况产生的后果是不同的.对于(a),质点经扰动后仍能回到原平衡位置;对于(b),任何无穷小的扰动也能使质点失去平衡,由于扰动经常存在,这种平衡实际上不能长久维持;对于情况(c),质点可能达到新的平衡.于是我们把势能取极小值的平衡叫作稳定平衡,势能取极大值的平衡叫作不稳定平衡,势能为常量的平衡称为随遇平衡.这三种不同的平衡也可以用数学公式描述.我们可以看到,在(a)中,在 x_0 附近,随着 x 的增加,$\frac{dE_p}{dx}$ 由负变正,即 $\frac{dE_p}{dx}$ 为增函数.因此,对于稳定平衡,有

$$\frac{dE_p}{dx}=0,\quad \frac{d}{dx}\left(\frac{dE_p}{dx}\right)=\frac{d^2E_p}{dx^2}>0. \tag{4.3}$$

同理,对于不稳定平衡有

$$\frac{dE_p}{dx}=0,\quad \frac{d^2E_p}{dx^2}<0. \tag{4.4}$$

至于随遇平衡,因在平衡位置附近 E_p 为常量,E_p 丝毫不发生变化,故 E_p 对 x 的任意

阶导数均为零,即

$$\frac{\mathrm{d}E_\mathrm{p}}{\mathrm{d}x}=\frac{\mathrm{d}^2E_\mathrm{p}}{\mathrm{d}x^2}=\cdots=\frac{\mathrm{d}^iE_\mathrm{p}}{\mathrm{d}x^i}=\cdots=0. \tag{4.5}$$

[例题 1] 如图 4.24 所示,两个相同的弹簧与小球相连,另外一端皆固定.小球平衡时两个弹簧均受到拉伸.试用势能概念讨论小球平衡的稳定性.

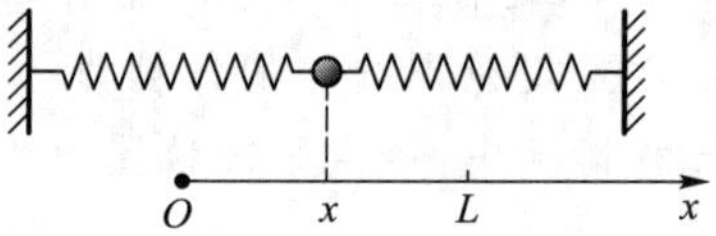

图 4.24

[解] 以左弹簧自由伸展处为坐标原点,建立坐标系 Ox.L 表示右弹簧自由伸展时弹簧左端的位置坐标.x 表示小球坐标.以 O 点为势能零点,左弹簧势能为 $\frac{1}{2}kx^2$;右弹簧作用于小球的力为

$$-k(x-L).$$

小球自 O 运动至 x 时,右弹簧弹性力的功等于

$$-\frac{1}{2}k(x-L)^2+\frac{1}{2}kL^2,$$

右弹簧与小球的弹性势能为

$$-\left[\frac{1}{2}kL^2-\frac{1}{2}k(L-x)^2\right].$$

小球与弹簧的总势能为

$$E_\mathrm{p}=\frac{1}{2}kx^2-\left[\frac{1}{2}kL^2-\frac{1}{2}k(L-x)^2\right]=kx^2-kLx.$$

根据(4.2)式,平衡时应有

$$\frac{\mathrm{d}E_\mathrm{p}}{\mathrm{d}x}=k(2x-L)=0,$$

解得

$$x=\frac{L}{2}.$$

即小球平衡位置在 OL 之中点,这时,两弹簧各伸长 $\frac{L}{2}$.又因

$$\frac{\mathrm{d}^2E_\mathrm{p}}{\mathrm{d}x^2}=2k>0,$$

根据(4.3)式,小球处于稳定平衡.

[例题 2] 氯化钠分子 NaCl 是由带正电荷的钠离子 Na^+ 和带负电荷的氯离子 Cl^- 构成.两离子间相互作用力的势能函数可近似表示为

$$E_\mathrm{p}(x)=\frac{a}{x^{8.9}}-\frac{b}{x^2}.$$

a 和 b 是正的常量，x 是离子间的距离.

(1) 势能 $E_p=0$ 时等于多少？

(2) 求出离子间的相互作用力，并求平衡位置.

［解］ (1) 图 4.25(a)是表示 $E_p(x)$ 的曲线.势能为零，则

$$\frac{a}{x^{8.9}}-\frac{b}{x^2}=0,$$

得

$$x=\sqrt[6.9]{\frac{a}{b}}.$$

此外，当 $x\to\infty$ 时，上面的方程也能满足，故 $x=\infty$ 也是一个解.

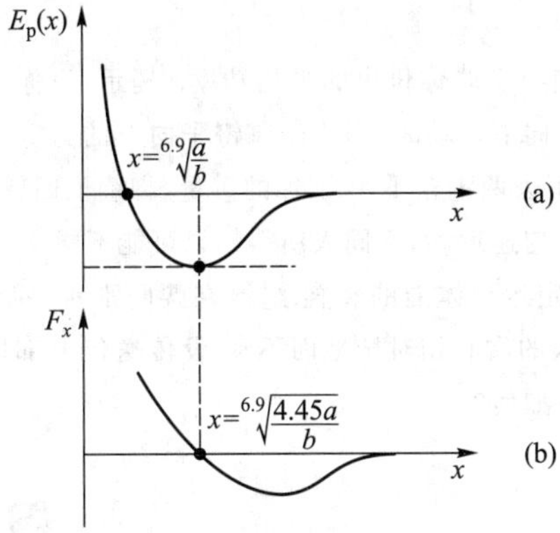

图 4.25

(2) 根据(4.1)式，两离子间的相互作用力为

$$F_x=-\frac{d}{dx}E_p(x),$$

得

$$F_x=-\frac{d}{dx}\left(\frac{a}{x^{8.9}}-\frac{b}{x^2}\right)=\frac{8.9a}{x^{9.9}}-\frac{2b}{x^3}.$$

平衡位置位于 $F_x=0$ 处，又可得两离子处于平衡时的相互距离［见图 4.25(b)］为

$$x=\sqrt[6.9]{\frac{4.45a}{b}}.$$

思考题

4.1 起重机吊起重物.问在加速上升、匀速上升、减速上升，以及加速下降、匀速下降、减速下降六种情况下合力之功的正负.

又：在加速上升和匀速上升了距离 h 这两种情况中，起重机吊钩对重物的拉力所做的功是否一样多？

4.2 弹簧 A 和 B，弹性系数 $k_A>k_B$.(1) 将弹簧拉长同样的距离；(2) 拉长两个弹簧到某个长度时，所用的力相同.在这两种情况下拉伸弹簧的过程中，对哪个弹簧做的功更多？

4.3 “弹簧拉伸或压缩时，弹性势能总是正的.”这一论断是否正确？如果不正确，在什么情况下，弹性势能会是负的？

4.4 一同学问:“两质点相距很远,引力很小,但引力势能大;反之,相距很近,引力势能反而小.想不通.”你能否给他解决这个疑难?

4.5 人从静止开始步行,如鞋底不在地面上打滑,作用于鞋底的摩擦力是否做了功?人体的动能是哪里来的?分析这个问题,用质点系动能定理还是用能量守恒定律较为方便?

4.6 一对静摩擦力所做功的代数和是否总是负的,还是正的,或为零?

4.7 力的功是否与参考系有关?一对作用力和反作用力所做功的代数和是否和参考系有关?

4.8 取弹簧自由伸展时为弹性势能零点,画出势能曲线.再以弹簧拉伸(或压缩)到某一位置时为势能零点,画出势能曲线.根据不同势能零点可画出若干条势能曲线.对重力势能和万有引力势能也可以这样做,请研究一下.

习题

****4.2.1** 通过实践估计骑自行车时你付出的平均功率.(提示:设你“站”在脚镫子上骑车,如图所示,当脚镫子沿半圆自 A 至 B 向下运动时,作用于脚镫子向下的力等于你的重量,而另一沿圆周向上运动的脚丝毫不使力.如此下去两脚轮番用力.你的重量、脚蹬子回转半径和快慢等均由你自己测量取值,设人、车在空气阻力下匀速运动,不同人所得结果可能不同.)

4.2.2 如图所示,表示测定运动体能的装置.绳拴在腰间沿水平展开跨过理想滑轮,下悬重物 50 kg.人用力向后蹬传送带,人的质心相对于地面不动.设传送带上部以 2 m/s 的速率向后运动.问运动员对传送带做功否?功率如何?

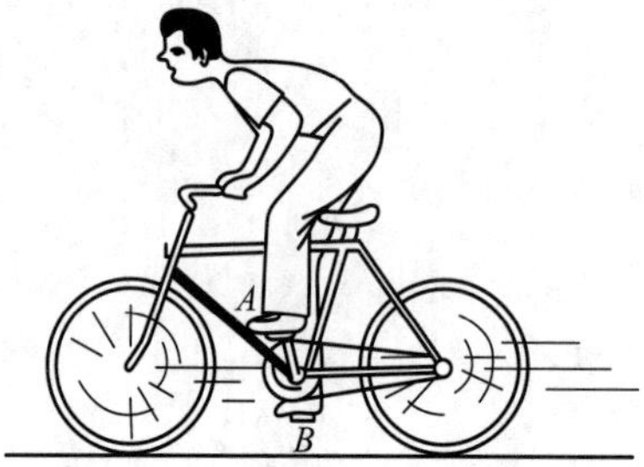

题 4.2.1 图

题 4.2.2 图

4.2.3 一非线性拉伸弹簧的弹性力的大小为 $F=k_1l+k_2l^3$,l 表示弹簧的伸长量,k_1 为正.(1) 分别研究当 $k_2>0$,$k_2<0$ 和 $k_2=0$ 时弹簧的劲度 $\frac{\mathrm{d}F}{\mathrm{d}l}$ 有何不同;(2) 求出将弹簧由 l_1 拉长至 l_2 时弹簧对外界所做的功.

4.2.4 如图所示,一轻细线系一小球,小球在光滑水平桌面上沿螺旋线运动,绳穿过桌中心光滑圆孔,用力 $\boldsymbol{F}$ 向下拉绳.证明力 $\boldsymbol{F}$ 对线做的功等于线作用于小球的拉力所做的功.(线不可伸长.)

4.2.5 一辆卡车能够沿着斜坡以 15 km/h 的速率向上行驶,斜坡与水平面夹角的正切 $\tan\alpha=0.02$,所受的阻力等于卡车重量的 0.04,如果卡车以同样的功率匀速下坡,卡车的速率是多少?

4.3.1 如图所示,质量为 $m=0.5$ kg 的木块可在水平光滑直杆上滑动.木块与一不可伸长的轻绳相连.绳跨过一固定的光滑小环.绳端作用着大小不变的力 $F=50$ N.木块在 A 点时具有向右的速率 $v_0=6$ m/s.求力 $\boldsymbol{F}$ 将木块自 A 拉至 B 点时的速度.

4.3.2 如图所示,质量为 1.2 kg 的木块套在光滑竖直杆上.不可伸长的轻绳跨过固定的光滑小环,孔的直径远小于它到杆的距离.绳端作用以恒力 $\boldsymbol{F}$,$F=60$ N.木块在 A 处有向上的速度 $v_0=2$ m/s,求木块被拉至 B 时的速度.

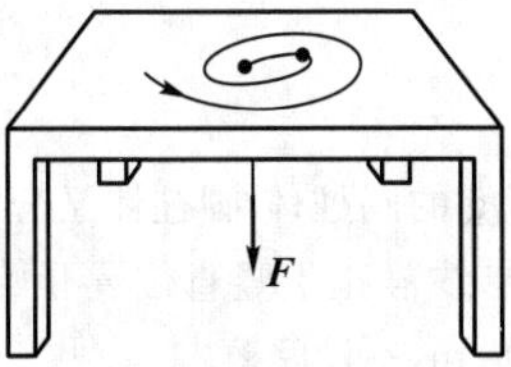

题 4.2.4 图

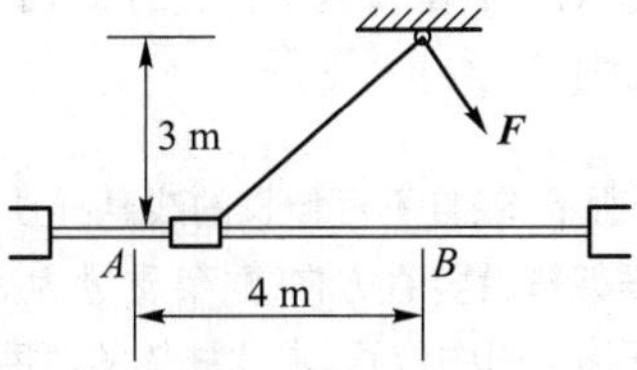

题 4.3.1 图

4.3.3 如图所示，质量为 m 的物体与轻弹簧相连，最初，m 处于使弹簧既未压缩也未伸长的位置，并以速度 $\boldsymbol{v}_0$ 向右运动.弹簧的弹性系数为 k，物体与支承面间的滑动摩擦因数为 μ.求证物体能达到的最远距离 l 为

$$l=\frac{\mu mg}{k}\left(\sqrt{1+\frac{kv_0^2}{\mu^2 mg^2}}-1\right).$$

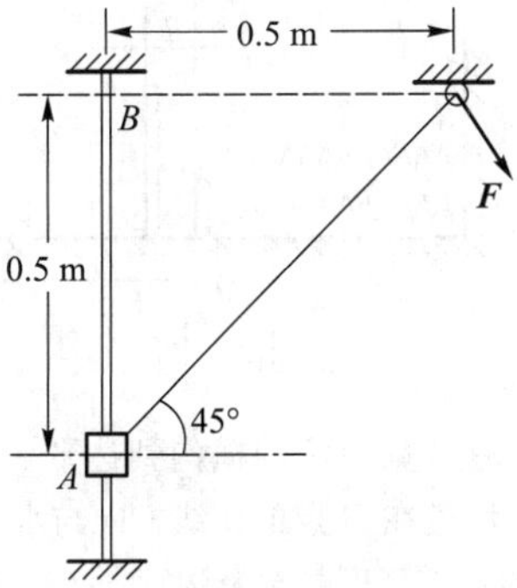

题 4.3.2 图

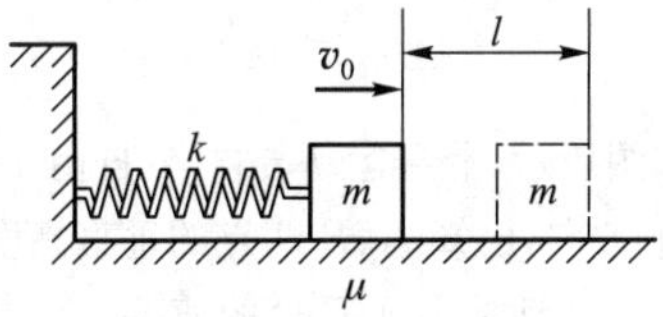

题 4.3.3 图

4.3.4 圆柱形容器内装有气体，容器内壁光滑.质量为 m 的活塞将气体密封.气体膨胀前后的体积分别为 V_1 和 V_2，膨胀前的压强为 p_1.活塞初速率为 v_0.(1) 求气体膨胀后活塞的末速率，已知气体膨胀时气体压强与体积满足 $pV=$常量.(2) 若气体压强和体积的关系为 $pV^{\gamma}=$常量，γ 为常量，活塞的末速率又如何？(本题用积分)

4.3.5 O'坐标系与 O 坐标系各对应轴平行.O'系相对于 O 系沿 x 轴以 v_0 做匀速直线运动.对于 O 系，质点动能定理为

$$F\Delta x=\frac{1}{2}mv_2^2-\frac{1}{2}mv_1^2,$$

$\boldsymbol{v}_1$、$\boldsymbol{v}_2$ 沿 x 轴.根据伽利略变换证明：相对于 O'系，动能定理也取这种形式.

4.3.6 电荷量为 e 的粒子在均匀磁场中的偏转.如图所示，A 表示发射带电粒子的离子源，发射出的粒子在加速管道 B 中加速，得到一定速率后于 C 处在磁场洛伦兹力作用下偏转，然后进入漂移管道 D.若离子质量不同或电荷量不同或速率不同，在一定磁场中偏转的程度也不同.在本题装置中，管道 C 中心轴线偏转的半径一定，磁场磁感应强度一定，离子的电荷量和速率一定，则只有一定质量的离子能自漂移管道 D 中引出.这种装置能将特定的粒子引出，称为质量分析器.各种正离子自离子源 A 引出后，在加速管中受到电压为 U 的电场加速.设偏转磁感应强度

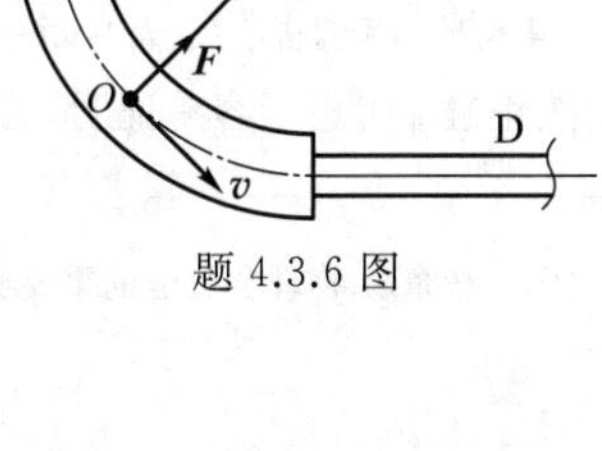

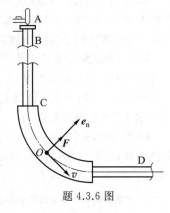

题 4.3.6 图

为 $\boldsymbol{B}$，偏转半径为 R.求证在 D 管中得到的离子的质量为

$$m=\frac{eB^2R^2}{2U}.$$

4.3.7 如图所示，轻且不可伸长的线悬挂质量为 500 g 的圆柱体.圆柱体又套在可沿水平方向移动的框架内，框架槽沿竖直方向.框架质量为 200 g.自悬线静止于竖直位置开始，框架在水平力 $F=20.0$N作用下移至图中位置，求圆柱体的速度，线长 20 cm，不计摩擦.

4.4.1 如图所示，两个仅可压缩的弹簧组成一可变弹性系数的弹簧组，弹簧 1 和 2 的弹性系数分别为 k_1 和 k_2.它们自由伸展的长度相差 l.坐标原点置于弹簧 2 自由伸展处.求弹簧组在 $0\leqslant x\leqslant l$ 和 $x<0$ 时弹性势能的表达式.

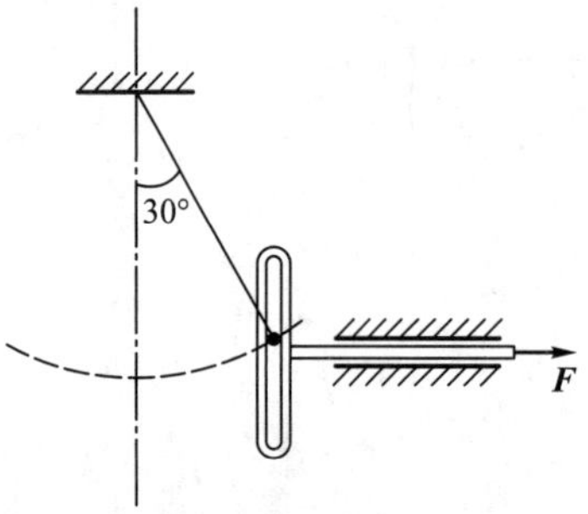

题 4.3.7 图

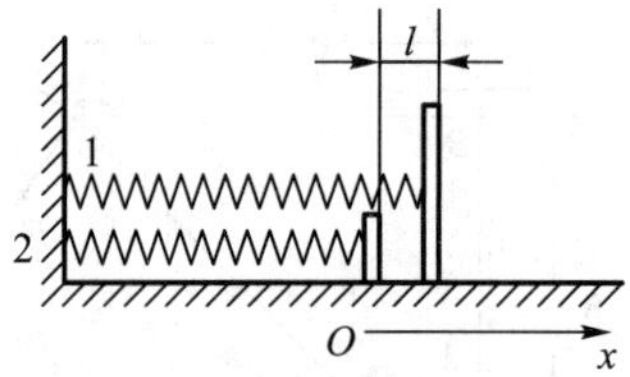

题 4.4.1 图

4.5.1 如图所示，滑雪运动员自 A 自由下滑，经 B 越过宽为 d 的横沟到达平台 C 时，其速度 v_C 刚好在水平方向，已知 A、B 两点的垂直高度为 25 m.坡道在 B 点的切线方向与水平面成 30°角，不计摩擦.求(1) 运动员离开 B 处的速率 v_B；(2) B、C 的垂直高度差 h 及沟宽 d；(3) 运动员到达平台时的速率 v_C.

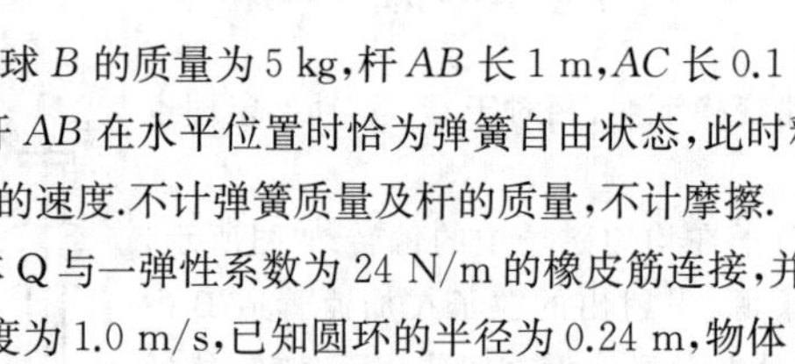

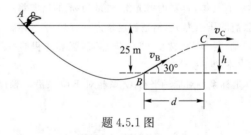

题 4.5.1 图

4.5.2 装置如图所示.球 B 的质量为 5 kg，杆 AB 长 1 m，AC 长 0.1 m，A 点距 O 点 0.5 m，弹簧的弹性系数为 800 N/m，杆 AB 在水平位置时恰为弹簧自由状态，此时释放小球，小球由静止开始运动.求小球到竖直位置时的速度.不计弹簧质量及杆的质量，不计摩擦.

4.5.3 如图所示，物体 Q 与一弹性系数为 24 N/m 的橡皮筋连接，并在一水平光滑圆环轨道上运动，物体 Q 在 A 处的速度为 1.0 m/s，已知圆环的半径为 0.24 m，物体 Q 的质量为 5 kg，由橡皮筋固定端至 B 为 0.16 m，恰等于橡皮筋的自由长度.求(1) 物体 Q 的最大速度；(2) 物体 Q 能否达到 D 点，并求出在此点的速度.

4.6.1 卢瑟福在一篇文章中写道①：可以预言，当 α 粒子和氢原子相碰时，可使之迅速运动起来.按正碰撞考虑很容易证明，氢原子速度可达 α 粒子碰撞前速度的 1.6 倍，即占入射 α 粒子能量的

① 沙摩斯.物理学史上的重要实验.史耀远等译.北京：科学出版社，1985：303.

64%.试证明此结论(碰撞是完全弹性的,且 α 粒子质量接近氢原子质量的 4 倍).

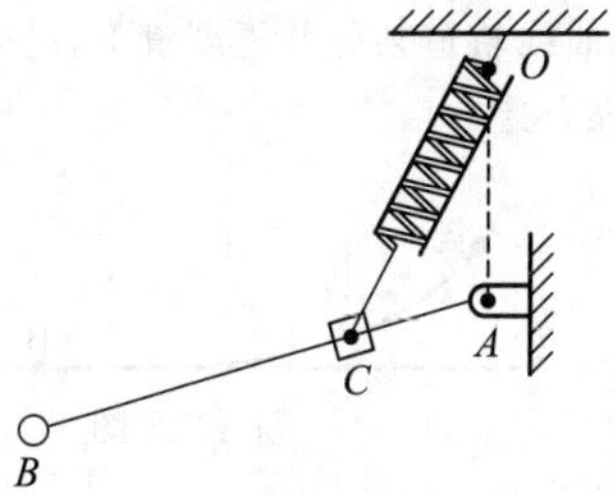

题 4.5.2 图

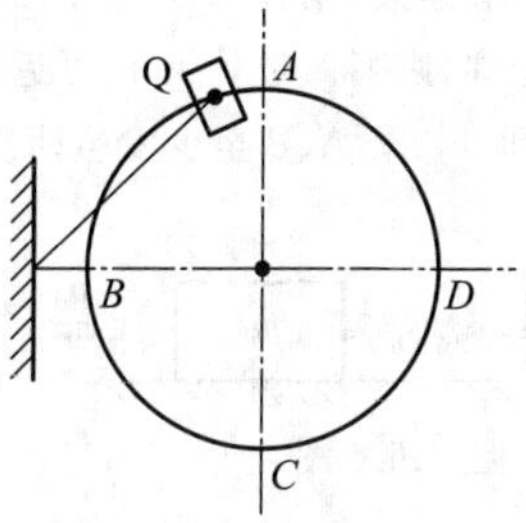

题 4.5.3 图

4.6.2 如图所示,m_2 为静止车厢的质量,质量为 m_1 的机车在水平轨道上自右方以速率 v 滑行并与 m_2 碰撞挂钩.挂钩后前进了距离 s 然后静止.求轨道作用于车的阻力.

题 4.6.2 图

4.6.3 如图所示,两球具有相同的质量和半径,悬挂于同一高度.静止时,两球恰能接触且悬线平行.碰撞的恢复系数为 e.若球 A 自高度 h_1 释放,求该球弹回后能达到的高度.又问若两球发生完全弹性碰撞,会发生什么现象?试描述之.

4.6.4 参考图 4.17(a)所示装置,质量为 2 g 的子弹以 500 m/s 的速度射向质量为 1 kg、用 1 m 长的绳子悬挂着的摆.子弹穿过摆后仍然有 100 m/s 的速度.问摆沿竖直方向升起多少?

4.6.5 一质量为 200 g 的框架,用一弹簧悬挂起来,使弹簧伸长 10 cm.今有一质量为 200 g 的铅块在高 30 cm 处从静止开始落进框架,如图所示.求此框架向下移动的最大距离.弹簧质量不计.空气阻力不计.

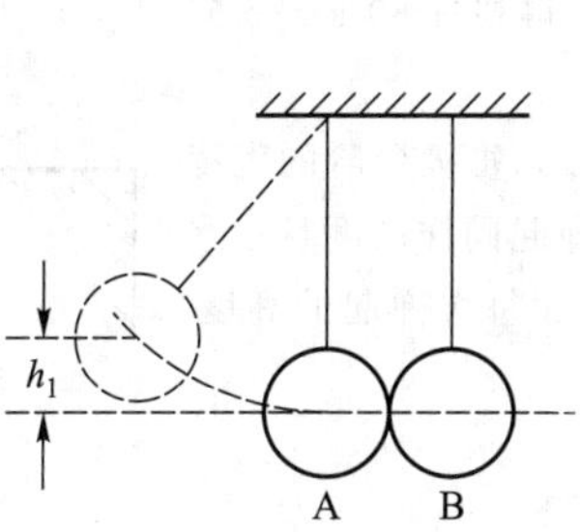

题 4.6.3 图

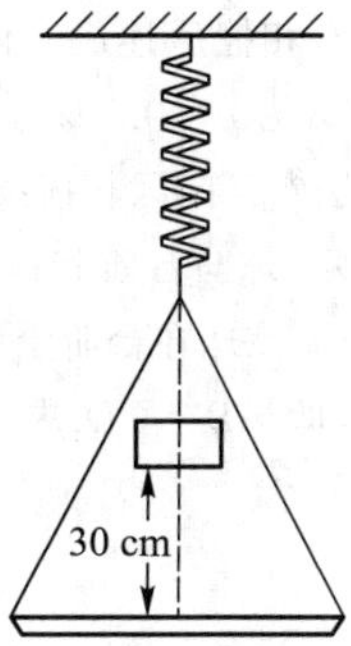

题 4.6.5 图

4.6.6 如图所示,质量为 $m_1=0.790$ kg 和 $m_2=0.800$ kg 的物体以劲度系数为 10 N/m 的轻弹簧相连,置于光滑水平桌面上.最初弹簧自由伸展.质量为 0.01 kg 的子弹以速率 $v_0=100$ m/s 沿水平负方向射于 m_1 内,问弹簧最多压缩了多少?

4.6.7 一颗 10 g 的子弹沿水平方向以速率 110 m/s 击中并嵌入质量为 100 g 小鸟体内.小鸟原来站在离地面 4.9 m 高的树枝上,求小鸟落地处与树枝的水平距离.

4.6.8 如图所示，在一竖直面内有一个光滑的轨道，左边是一个上升的曲线，右边是足够长的水平直线，二者平滑连接，现有 A、B 两个质点，B 在水平轨道上静止，A 在曲线部分高 h 处由静止滑下，与 B 发生完全弹性碰撞.碰后 A 仍可返回上升到曲线轨道某处并再度滑下，已知 A、B 两质点的质量分别为 m_1 和 m_2.求 A、B 至少发生两次碰撞的条件.

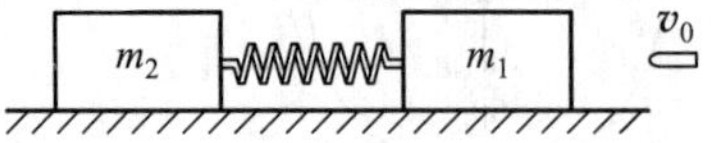

题 4.6.6 图

题 4.6.8 图

4.6.9 一钢球静止地放在铁箱的光滑底面上，如图所示.CD 长 l.铁箱与地面间无摩擦.铁箱被加速至 v_0 时开始做匀速直线运动.后来，钢球与箱壁发生完全弹性碰撞.问碰后再经过多长时间钢球与 BD 壁相碰?

4.6.10 如图所示，两车厢质量均为 m.左边车厢与其地板上质量为 m 的货箱共同向右以 v_0 运动.另一车厢以 $2v_0$ 从相反方向向左运动并与左车厢碰撞挂钩，货箱在地板上滑行的最大距离为 l.求:(1) 货箱与车厢地板间的摩擦因数;(2) 车厢在挂钩后走过的距离，不计车地间摩擦.

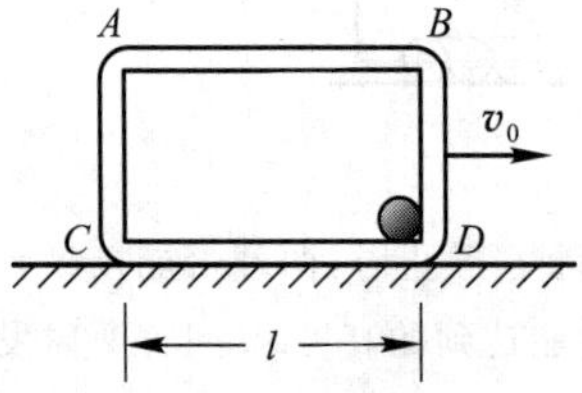

题 4.6.9 图

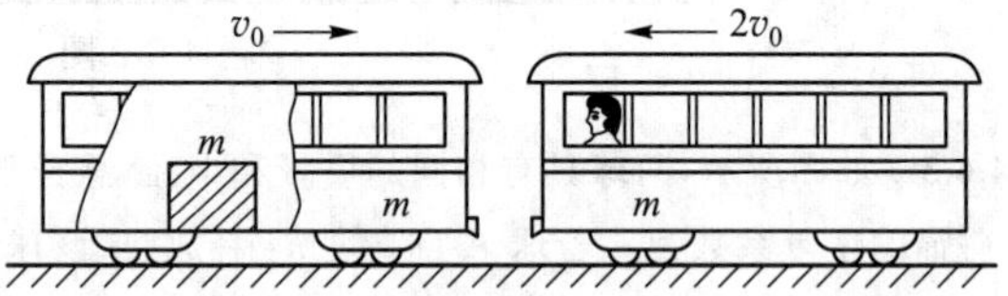

题 4.6.10 图

4.7.1 质量为 m、速率为 u 的氘核与静止的质量为 $2m$ 的 α 粒子发生完全弹性碰撞，氘核以与原方向成 $90°$ 角散射.(1) 求 α 粒子的运动方向;(2) 用 u 表示 α 粒子的末速度;(3) 百分之几的能量由氘核传给 α 粒子?

4.7.2 参考 3.7.7 题图.桑塔纳空车质量为 $m_1 = 1.06 \times 10^3$ kg，搭载一个质量为 70 kg 的人，向北行驶.另一总质量为 1.52×10^3 kg 的切诺基汽车向东行驶.两车相撞后连成一体，沿东偏北 $\theta = 30°$ 滑出 $d = 16$ m 而停止.路面摩擦因数为 $\mu = 0.8$.该地段规定车速不得超过 80 km/h.问哪辆车违反了交通法?又问因相撞损失了多少动能?

*__4.7.3__ 如图所示，球与台阶相碰的恢复系数为 e.每级台阶的宽度和高度相同，均等于 l.该球在台阶上弹跳，每次均弹起同样高度且在水平部分的同一位置，即 $AB = CD$.求球的水平速度和每次弹起的高度.球与台阶间无摩擦.

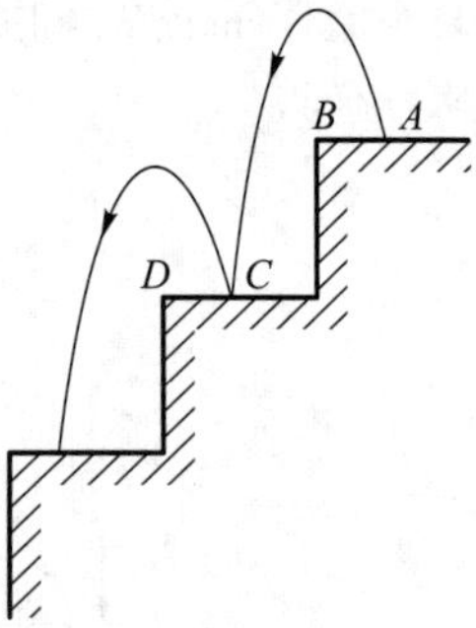

题 4.7.3 图

第五章 角动量、关于对称性

> 计算角动量时不是看它(质点)离开原点跑多快,而是看它围绕原点的运动如何.进一步,动量所在直线离原点越远,角动量越大.①
>
> ——费曼

> 对称的世界是美妙的,而世界的丰富多彩又常在于它不那么对称.有时,对称性的某种破坏,哪怕是微小的破坏,也会带来某种微妙的结果……艺术和科学,都是对称与不对称的巧妙的组合.②
>
> ——李政道

我们将在本章认识除动量和能量之外的另一个重要的守恒量,即角动量;认识它的变化规律和它的守恒.动量和能量不能反映运动的全部特点.例如,天文观测表明,地球绕日运动遵从开普勒第二定律,在近日点附近绕行速度较快,远日点附近较慢.这个特点如果用角动量概念及其规律很容易说明.特别是在有些过程中动量和机械能都不守恒,然而角动量却是守恒的,这就为求解这类运动问题开辟了新途径.角动量不但能描述经典力学中的运动状态,在近代物理理论中角动量在表征状态方面也不可缺少,例如用量子力学描述电子在原子核周围运动,有它的轨道角动量和自旋角动量.不过,这和经典力学的角动量有不同的内涵,不能按机械观念理解.

欣赏艺术品时,我们早有对称性的观点.20 世纪物理学特别是微观物理的发展,显示了研究对称和非对称的重要性.经典力学中的对称性虽然没有在微观物理中那样重要,但尽早接触这一概念有好处.③前文已谈到对称性.到本章,同学们又已学习了经典动力学最基本的部分,作为承前启后,我们集中谈谈时空对称性问题,并就最简单的情况讨论守恒律与对称性的关系.

本章还将介绍经典动力学的适用范围.第六章再介绍万有引力定律的适用范围.

---

① Feynman R P, et al. The Feynman Lectures on Physics. Masschusetts: Addison - Wesley Publishing Company, 1963.

② 李政道.艺术和科学.科学,1997,1:3.

③ 杨振宁.对称与近代物理.载于《大学物理(当代物理前沿专题部分)(第 2 版)》.蔡枢,吴铭磊编.北京:高等教育出版社,2004:324.

§5.1 质点的角动量

(一) 质点的角动量

开普勒描述行星运动时曾谈到行星沿平面轨道运行，若以太阳中心为参考点，其位置矢量在相等时间内扫过相等的面积.这一描述是以日心-恒星坐标系为参考系的.将行星视为质点，分别用 $\boldsymbol{r}$ 和 $\boldsymbol{v}$ 表示行星的位置矢量和速度，如图 5.1 所示，$\boldsymbol{v}\mathrm{d}t$ 表示质点在时间 $\mathrm{d}t$ 内的位移.利用矢量矢积概念，$\mathrm{d}t$ 内位置矢量扫过面积的大小可用 $|\boldsymbol{r}\times\boldsymbol{v}\mathrm{d}t/2|$ 表示；掠面速度大小则等于 $|\boldsymbol{r}\times\boldsymbol{v}/2|$.$\boldsymbol{r}\times\boldsymbol{v}/2$ 的方向恰与纸面垂直，它的方向不变正可用来表示轨道在一平面内.于是称矢量 $\boldsymbol{r}\times\boldsymbol{v}/2$ 为**掠面速度**.上述行星的运动规律可写作

$$\boldsymbol{r}\times\boldsymbol{v}/2=\text{常矢量}. \tag{5.1.1}$$

它既能说明行星掠面速度大小不变又能指明轨道总在同一平面上.

再看图 5.2 表示的实验.将橡皮筋一端固定于 O 处，另一端与滑块相连.将橡皮筋拉长，又给滑块一个与皮筋垂直的初速度 $\boldsymbol{v}_0$.因橡皮筋缩短，故滑块沿类似于螺旋线的曲线运动.测量电火花在纸面上留下的斑痕，发现越靠近 O 点，速度越大，但掠面速度亦为常矢量，如(5.1.1)式所示.

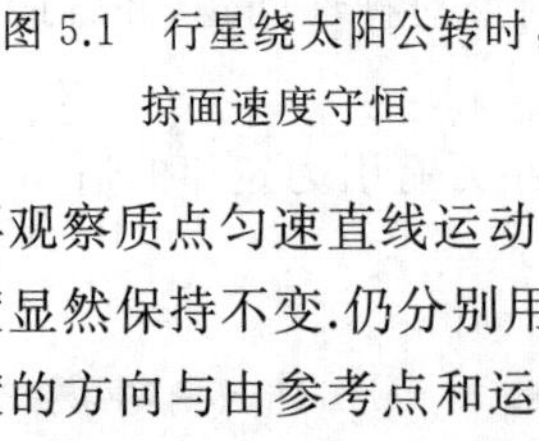

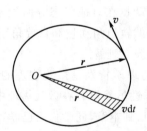

图 5.1 行星绕太阳公转时，掠面速度守恒

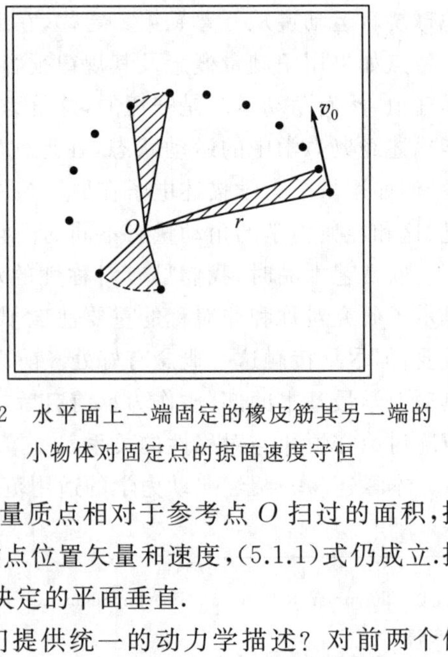

图 5.2 水平面上一端固定的橡皮筋其另一端的小物体对固定点的掠面速度守恒

再观察质点匀速直线运动.参考图 5.3，测量质点相对于参考点 O 扫过的面积，掠面速度显然保持不变.仍分别用 $\boldsymbol{r}$ 和 $\boldsymbol{v}$ 表示质点位置矢量和速度，(5.1.1)式仍成立.掠面速度的方向与由参考点和运动所在直线所决定的平面垂直.

这些不同的运动有共同特征.能否对它们提供统一的动力学描述？对前两个例子，质点动量和动能均发生变化，而在第三个例子中，动量和动能均守恒.因此，动量和动能都不是对上面现象做出统一描述的物理量.研究上述问题总需选择参考点.对于

一矢量,常可研究它对某参考点的"矩".对于动量矢量,亦可谈"矩".质点对于参考点的位置矢量与其动量的矢积

$$\boldsymbol{L}=\boldsymbol{r}\times m\boldsymbol{v}=\boldsymbol{r}\times\boldsymbol{p} \tag{5.1.2}$$

称为质点对该参考点的角动量(或动量矩).其大小等于以 $\boldsymbol{r}$ 和 $\boldsymbol{p}=m\boldsymbol{v}$ 为邻边的平行四边形的面积 $|rp\sin\gamma|$,γ 是平行四边形邻边 $\boldsymbol{r}$ 与 $\boldsymbol{p}$ 的夹角;其方向垂直于 $\boldsymbol{r}$ 和 $\boldsymbol{p}$ 所在的平面,$\boldsymbol{r}$、$\boldsymbol{p}$ 和 $\boldsymbol{L}$ 构成右手螺旋系统.角动量 $\boldsymbol{L}$ 含有动量 $\boldsymbol{p}$ 因子,因此 $\boldsymbol{L}$ 与参考系有关;因 $\boldsymbol{r}$ 依赖于参考点的位置,故又与参考点选择有关——例如图 5.3,参考点 O 离直线轨迹越远,L 越大.为明确角动量对于参考点的依赖性,作图时把角动量矢量的起点置于参考点上,如图 5.4 所示,$\boldsymbol{L}$ 与纸面垂直.

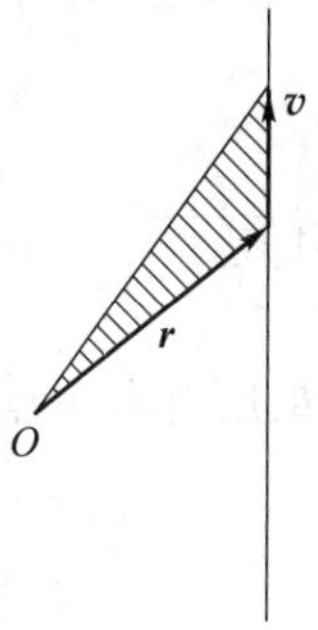

图 5.3 质点做匀速直线运动时,对线外一点掠面速度不为零且守恒

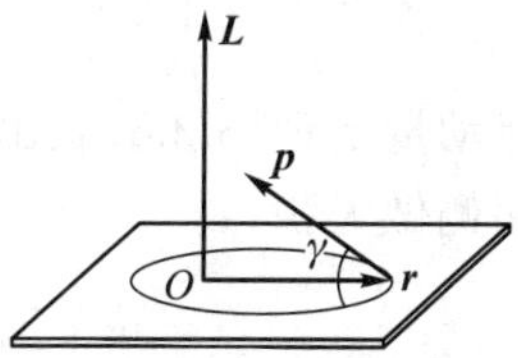

图 5.4 从参考点画出角动量矢量

经典力学中质量保持不变,故掠面速度不变意味着角动量不变.以上例子中,质点对原选定的参考点的角动量守恒.在物理学中,发现任何一个能概括许多现象的守恒量都是令人欣喜的事,角动量是我们遇到的另一个守恒量.在国际单位制中,动量单位为 kg · m/s,长度单位为 m,故角动量单位为 $\mathrm{kg\cdot m^2/s}$(千克二次方米每秒),角动量的量纲式为 $\dim L=\mathrm{L^2MT^{-1}}$.

(二) 力对一参考点的力矩

为了研究质点对某参考点的角动量如何发生变化,在何种条件下守恒,需引入力矩的概念.参考图 5.5,O 为空间一参考点,$\boldsymbol{F}$ 为作用力,A 表示受力质点.受力质点相对于 O 点的位置矢量 $\boldsymbol{r}$ 与力 $\boldsymbol{F}$ 矢量的矢积 $\boldsymbol{M}$ 叫作力 $\boldsymbol{F}$ 对参考点 O 的力矩,记作

$$\boldsymbol{M}=\boldsymbol{r}\times\boldsymbol{F}. \tag{5.1.3}$$

力对参考点力矩矢量的方向与 $\boldsymbol{r}$ 和 $\boldsymbol{F}$ 所在平面垂直,且 $\boldsymbol{r}$、$\boldsymbol{F}$ 和 $\boldsymbol{M}$ 构成右手螺旋系统,力矩大小等于 $|rF\sin\alpha|$,α 为自 $\boldsymbol{r}$ 转向 $\boldsymbol{F}$ 的角度.因为力矩依赖于受力点的位置矢量 $\boldsymbol{r}$,所以同一个力对空间不同点的力矩不同.为了明确表示力矩依赖于参考点的位置,把力矩矢量的起点画在参考点处,如图 5.5(a)所示.力矩的单位在国际单位制中称为"牛顿米",国际符号为"N · m",力矩的量纲为 $\mathrm{L^2MT^{-2}}$.

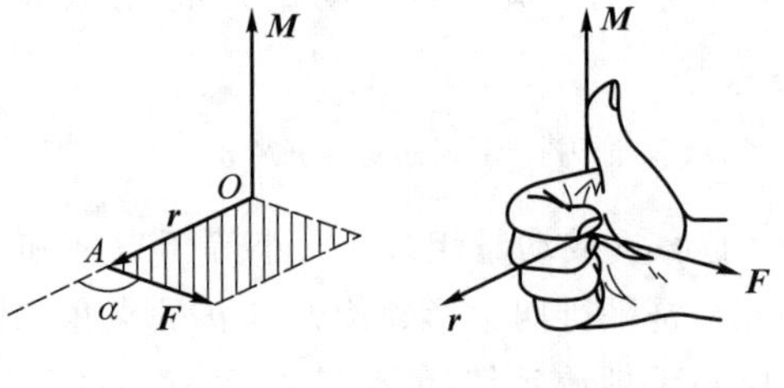

(a) (b)

图 5.5 力矩矢量的方向

若有几个力 $\boldsymbol{F}_1,\boldsymbol{F}_2,\cdots,\boldsymbol{F}_n$ 作用于受力质点，则质点受 n 个力矩的矢量和，有

$$\sum\boldsymbol{r}\times\boldsymbol{F}_i=\boldsymbol{r}\times\boldsymbol{F}_1+\boldsymbol{r}\times\boldsymbol{F}_2+\cdots+\boldsymbol{r}\times\boldsymbol{F}_n=\boldsymbol{r}\times\sum\boldsymbol{F}_i \tag{5.1.4}$$

表明诸力矩的矢量和等于合力对参考点的力矩.

(三) 质点对参考点的角动量定理和守恒定律

现在从质点动量定理(3.2.8)式出发研究角动量的规律.用自参考点指向质点的位置矢量对方程两侧做矢积，

$$\boldsymbol{r}\times\sum\boldsymbol{F}_i=\boldsymbol{r}\times\frac{\mathrm{d}(m\boldsymbol{v})}{\mathrm{d}t}.$$

下面讨论 $\boldsymbol{r}\times\dfrac{\mathrm{d}(m\boldsymbol{v})}{\mathrm{d}t}$.先将质点的角动量对时间求导数，得

$$\frac{\mathrm{d}}{\mathrm{d}t}(\boldsymbol{r}\times m\boldsymbol{v})=\frac{\mathrm{d}\boldsymbol{r}}{\mathrm{d}t}\times m\boldsymbol{v}+\boldsymbol{r}\times\frac{\mathrm{d}(m\boldsymbol{v})}{\mathrm{d}t},$$

其中$\dfrac{\mathrm{d}\boldsymbol{r}}{\mathrm{d}t}$即质点速度 $\boldsymbol{v}$，上式右方第一项 $\boldsymbol{v}\times m\boldsymbol{v}=0$，故

$$\boldsymbol{r}\times\frac{\mathrm{d}(m\boldsymbol{v})}{\mathrm{d}t}=\frac{\mathrm{d}}{\mathrm{d}t}(\boldsymbol{r}\times m\boldsymbol{v}).$$

于是有

$$\boldsymbol{M}=\boldsymbol{r}\times\sum\boldsymbol{F}_i=\frac{\mathrm{d}}{\mathrm{d}t}(\boldsymbol{r}\times m\boldsymbol{v}). \tag{5.1.5}$$

或写作

$$\boldsymbol{M}=\frac{\mathrm{d}}{\mathrm{d}t}\boldsymbol{L}. \tag{5.1.6}$$

即质点对参考点 O 的角动量对时间的变化率等于作用于质点的合力对该点的力矩，叫作质点对参考点 O 的角动量定理.

根据(5.1.6)式，可进一步写出，若

$$\boldsymbol{M}=0,$$

则

$$\boldsymbol{L}=\text{常矢量}. \tag{5.1.7}$$

即若作用于质点的合力对参考点 O 的力矩总保持为零，则质点对该点的角动量不变，称为此质点对参考点 O 的角动量守恒定律.

对于图 5.3 的例子，因合力为零，对任何参考点的力矩亦为零，故匀速直线运动的质点对任何参考点的角动量都守恒.在图 5.1 中，行星受万有引力这一有心力，力心在太阳中心.在图 5.2 中，质点受橡皮筋拉力，也是有心力，力心在 O 点.有心力对力心的力矩为零.因而行星和气桌上的小物体对力心参考点的角动量守恒.这样就利用(5.1.7)式从动力学观点解释了本章开始提出的实例.然而不能得出结论，凡在有心力作用下，角动量便守恒.如图 5.6 所示，平行四边形表示行星轨道所在平面，O 表示力心.现将参考点移至 O'.有心力对参考点 O' 的力矩为 $\boldsymbol{r}\times\boldsymbol{F}\neq 0$.因而对 O' 行星角动量不守恒.这也再次表明角动量取决于参考点，而角动量是否守恒亦需视参考点的选择而定.

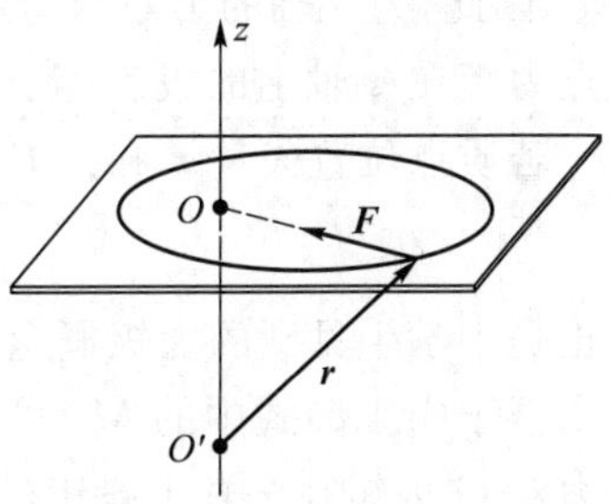

图 5.6 行星对 O' 点角动量不守恒

(四) 质点对轴的角动量定理和守恒定律

在惯性系中取参考点 O，过 O 点取 z 坐标轴.质点对参考点 O 的角动量定理(5.1.6)式在 z 上的投影为

$$M_z=\frac{\mathrm{d}L_z}{\mathrm{d}t} \tag{5.1.8}$$

质点对 z 轴的角动量对时间的变化率等于作用于质点的合力对同一轴线的力矩，称为此质点对轴(目前为 z 轴)的角动量定理.为了解其具体含义，以下做进一步分析.

先看某力 $\boldsymbol{F}$ 对 O 点的力矩在 z 轴上的投影.在图 5.7 中，$\boldsymbol{r}$ 和 $\boldsymbol{F}$ 分别表示质点位置矢量和作用于质点的力.过质点作一平面与 z 轴垂直.将 $\boldsymbol{r}$ 分解为 $\boldsymbol{r}_1$ 和 $\boldsymbol{r}_2$，分别和 z 轴垂直和平行.将力 $\boldsymbol{F}$ 分解为 $\boldsymbol{F}_1$ 和 $\boldsymbol{F}_2$，分别在平面内和与 z 轴平行.力 $\boldsymbol{F}$ 对参考点 O 的力矩为

$$\begin{aligned}\boldsymbol{M}&=\boldsymbol{r}\times\boldsymbol{F}=(\boldsymbol{r}_1+\boldsymbol{r}_2)\times(\boldsymbol{F}_1+\boldsymbol{F}_2)\\&=\boldsymbol{r}_1\times\boldsymbol{F}_1+\boldsymbol{r}_1\times\boldsymbol{F}_2+\boldsymbol{r}_2\times\boldsymbol{F}_1+\boldsymbol{r}_2\times\boldsymbol{F}_2\end{aligned}$$

将右方诸矢量向 z 轴投影取和即为 $\boldsymbol{F}$ 对 O 点力矩在 z 轴的投影.$\boldsymbol{r}_2$ 与 $\boldsymbol{F}_2$ 平行，故 $\boldsymbol{r}_2\times\boldsymbol{F}_2=\boldsymbol{0}$.$\boldsymbol{r}_1\times\boldsymbol{F}_2$ 和 $\boldsymbol{r}_2\times\boldsymbol{F}$ 两个矢量均与 z 轴垂直，它们的投影也为零，故只剩下 $\boldsymbol{r}_1\times\boldsymbol{F}_1$ 的投影.用 α 表示面对 z 轴观察由 $\boldsymbol{r}_1$ 逆时针转至 $\boldsymbol{F}_1$ 转过的角度，则 $\boldsymbol{r}\times\boldsymbol{F}$ 在 z 轴上的投影为

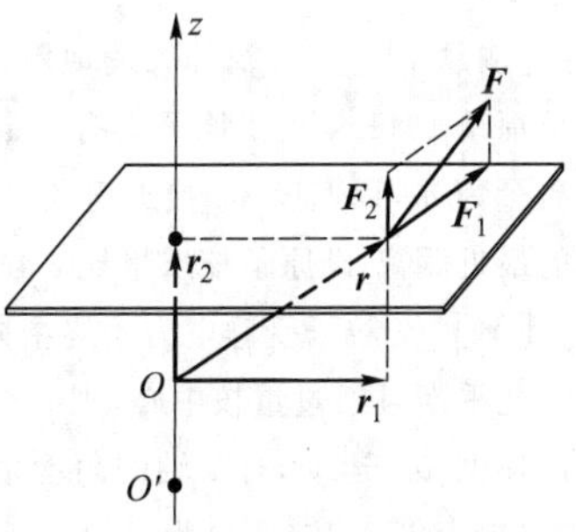

图 5.7 力 $\boldsymbol{F}$ 对 z 轴上 O 点或 O' 点的力矩不同，但它们在 z 轴上的投影相等

$$M_z=r_1F_1\sin\alpha \tag{5.1.9}$$

这便是力对轴(z 轴)的力矩：它等于受力质点到轴的垂直距离与力在与 z 轴垂直的平面上的分力，以及按前文定义的 α 角正弦的乘积.

总之，力 $\boldsymbol{F}$ 对 z 轴上 O 点的力矩在 z 轴上的投影就等于力 $\boldsymbol{F}$ 对 z 轴的力矩.将参考点 O 沿 z 轴移至 O' 点，$\boldsymbol{r}$ 虽然与以前不同，但 $\boldsymbol{r}_1$ 依旧，因而投影(5.1.9)式亦不变(仍见图 5.7).这表明某力对 z 轴上不同点的力矩是不同的，但它们在 z 轴上的投影却相等.因此，力对轴的力矩与力对轴上一点的力矩的关系可概括如下：力对 z 轴上任意一点力矩在 z 轴上的投影等于力对 z 轴的力矩.

若质点位置矢量 $\boldsymbol{r}$ 和力 $\boldsymbol{F}$ 恰在与 z 轴垂直的平面上，则力对 z 轴的力矩为

$$M_z = rF\sin\alpha, \tag{5.1.10}$$

这正是中学生见到的力矩概念.

至于(5.1.8)式中的 M_z 可视为合力对参考点 O 的力矩在 z 轴的投影，亦可视为诸力对 O 力矩在 z 轴上投影的和.

当研究质点对轴上某参考点的角动量在轴上的投影时，亦可依照前文研究力矩的方法.将动量 $\boldsymbol{p}$ 分解(见图 5.8)为类似于 $\boldsymbol{F}_1$ 和 $\boldsymbol{F}_2$ 那样的分矢量.于是得角动量在轴上投影

$$L_z = (\boldsymbol{r}\times\boldsymbol{p})_z = r_1 p_1 \sin\gamma, \tag{5.1.11}$$

γ 为自 z 轴端观察从 $\boldsymbol{r}_1$ 沿逆时针转至 $\boldsymbol{p}_1$ 的角度.若 $\boldsymbol{r}$ 和 $\boldsymbol{p}$ 均在与 z 轴垂直的平面内，则

$$L_z = rp\sin\gamma. \tag{5.1.12}$$

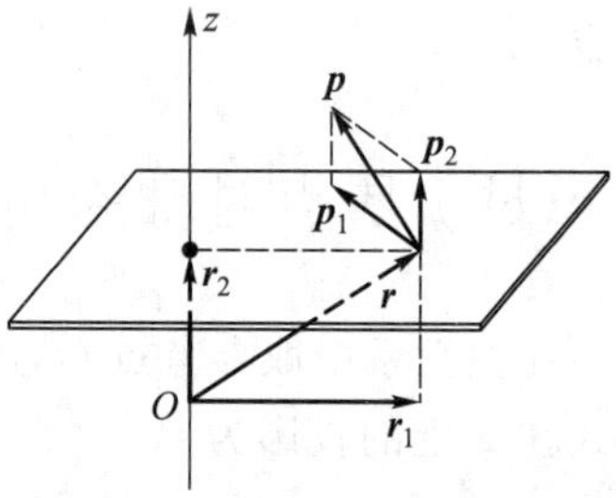

图 5.8 质点对 z 轴上一点的角动量和对 z 轴角动量的关系与力矩的相似

以上给出了质点对轴角动量的确切含义.根据(5.1.8)式，若 $\sum M_z = 0$，则 $L_z =$ 常量.作用于质点的诸力对轴的力矩和为零时，质点对该轴的角动量不变，称为质点对轴的角动量守恒定律.

[例题 1] 卢瑟福等人发现用 α 粒子轰击金铂时，有些入射粒子散射偏转角很大，甚至超过 90°.卢瑟福于 1911 年提出原子必有一带正电的核心①，即原子核；此即原子结构的行星模型.已知 α 粒子的质量为 m，以速度 $\boldsymbol{v}_0$ 接近电荷量为 Ze 的重原子核.瞄准距离为 b，如图 5.9 所示.求 α 粒子接近重核的最近距离.设原子核质量比 α 粒子大很多，可近似看作静止.

[解] α 粒子受静电力始终指向重核中心，α 粒子在一平面内运动，如图 5.9(a)所示.设 z 轴垂直于此平面且通过重核中心，则 α 粒子所受静电力对 z 轴的力矩为零，即对 z 轴的角动量守恒.α 粒子以速度 $\boldsymbol{v}_0$ 运动，对 z 轴的角动量是 $rmv_0\sin\gamma$，但 $r\sin\gamma = b$[见图 5.9(b)]，故 $rmv_0\sin\gamma = bmv_0$，α 粒子最接近重核(距离为 d)时，既无继续向重核运动的速度，又无远离核的速度，此刻的速度 $\boldsymbol{v}$ 应与 α 粒子至核的连线垂直，角动量是 dmv.于是

$$dmv = bmv_0,$$

得

$$v = \frac{v_0 b}{d}.$$

---

① Rutherford E. The scattering of the α and β rays and the structure of the atom. In: The selected papers of Lord Rutherford of Nelson (Vol 2). London: George Allen and Unwin LTD, 1963:213.

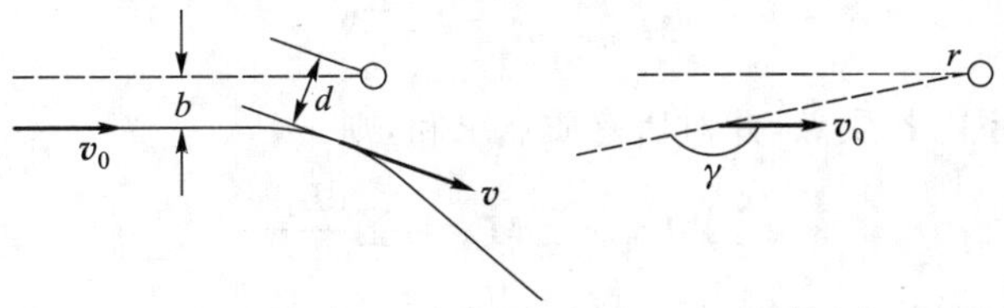

图 5.9　α 粒子的散射

在散射过程中，只有静电力作用，故能量守恒.最初，其能量为动能$\frac{1}{2}mv_0^2$，到达离核最近时，其总能为$\frac{1}{2}mv^2+\frac{2kZe^2}{d}$，后一项为静电势能，$k$ 为一常量.因此，

$$\frac{1}{2}mv^2+\frac{2kZe^2}{d}=\frac{1}{2}mv_0^2.$$

把上式中的 v 代入得：

$$\frac{mv_0^2b^2}{2d^2}+\frac{2kZe^2}{d}=\frac{1}{2}mv_0^2,$$

$$d^2-\frac{4kZe^2}{mv_0^2}d-b^2=0.$$

所以

$$d=\frac{2kZe^2}{mv_0^2}\pm\sqrt{\left(\frac{2kZe^2}{mv_0^2}\right)^2+b^2}.$$

因 d 只能为正，故式中负号无物理意义，舍去.

应用上式，代入必要的实验数据，可推算出 α 粒子到达离核最近的距离，其数值范围是 $10^{-13}\sim 10^{-12}$ cm.它反映了原子核的大小，该结果与后来对原子核半径的测量数值在数量级上大体相符.这样，用能量守恒和角动量守恒讨论 α 粒子散射的方法就被实验所肯定.

§5.2　质点系的角动量定理及角动量守恒定律

(一) 质点系对参考点的角动量定理及守恒律

质点系内各质点对于参考点 O 的角动量的矢量和叫作质点系对 O 点的角动量.设由 n 个质点组成质点系，在惯性参考系内，各质点的速度分别用 $\boldsymbol{v}_1,\boldsymbol{v}_2,\cdots,\boldsymbol{v}_i,\cdots,\boldsymbol{v}_n$ 表示，相对于参考点 O 的位置矢量分别为 $\boldsymbol{r}_1,\boldsymbol{r}_2,\cdots,\boldsymbol{r}_i,\cdots,\boldsymbol{r}_n$，质量分别是 $m_1,m_2,\cdots,m_i,\cdots,m_n$，将质点系的角动量记作 $\boldsymbol{L}$，则

$$\boldsymbol{L}=\sum\boldsymbol{r}_i\times m_i\boldsymbol{v}_i. \tag{5.2.1}$$

现在把质点对参考点 O 的角动量定理用于质点系内的质点 i：

$$\boldsymbol{M}_i=\frac{\mathrm{d}\boldsymbol{L}_i}{\mathrm{d}t},$$

$\boldsymbol{L}_i$ 表示质点 i 的角动量.质点 i 所受的力矩可分为内力矩 $\boldsymbol{M}_{i内}$ 和外力矩 $\boldsymbol{M}_{i外}$，于是

$$\boldsymbol{M}_{i内}+\boldsymbol{M}_{i外}=\frac{\mathrm{d}\boldsymbol{L}_i}{\mathrm{d}t}.$$

将上式用于质点系内各质点,并对所有质点求和,则

$$\sum\boldsymbol{M}_{i内}+\sum\boldsymbol{M}_{i外}=\sum\frac{\mathrm{d}\boldsymbol{L}_i}{\mathrm{d}t}. \tag{5.2.2}$$

根据牛顿第三定律,质点 i 与质点 j 间的相互作用力 $\boldsymbol{F}_{ij}=-\boldsymbol{F}_{ji}$,且两个力作用在一条直线上.如图 5.10 所示,$\boldsymbol{F}_{ij}$ 与 $\boldsymbol{F}_{ji}$ 到 O 点的垂直距离都等于 d,故作用力 $\boldsymbol{F}_{ij}$ 与反作用力 $\boldsymbol{F}_{ji}$ 对 O 点的力矩大小相等方向相反.可见成对出现的内力对 O 点的力矩矢量和为零,即 $\sum\boldsymbol{M}_{i内}=0$.对于(5.2.2)式右方的 $\sum\frac{\mathrm{d}\boldsymbol{L}_i}{\mathrm{d}t}$,将求和与导数运算交换顺序,并考虑到 $\sum\boldsymbol{L}_i$ 即质点系的角动量 $\boldsymbol{L}$,得

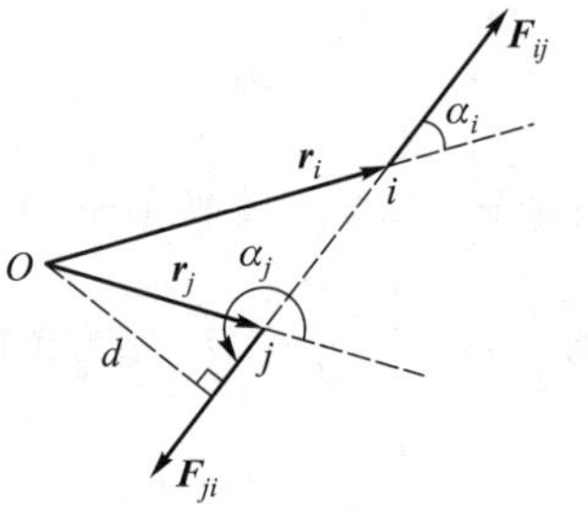

图 5.10 作用力与反作用力的力矩方向相反而大小相等

$$\sum\frac{\mathrm{d}\boldsymbol{L}_i}{\mathrm{d}t}=\frac{\mathrm{d}\sum\boldsymbol{L}_i}{\mathrm{d}t}=\frac{\mathrm{d}\boldsymbol{L}}{\mathrm{d}t}.$$

将以上结果代入(5.2.2)式,得

$$\sum\boldsymbol{M}_{i外}=\frac{\mathrm{d}\boldsymbol{L}}{\mathrm{d}t}, \tag{5.2.3}$$

即质点系对于参考点 O 的角动量随时间的变化率等于外力对该点力矩的矢量和,称为质点系对参考点 O 的角动量定理.

根据(5.2.3)式,

$$\sum\boldsymbol{M}_{i外}=0\ 时,\quad \boldsymbol{L}=常矢量, \tag{5.2.4}$$

即若外力对参考点 O 的力矩的矢量和始终为零,则质点系对该点的角动量保持不变,称为质点系对参考点 O 的角动量守恒定律.

(二) 质点系对轴的角动量定理及守恒律

为简单起见,仅研究几个质点均分别在与 z 轴垂直的平面内运动的情况.将(5.1.8)式应用于质点 i,得

$$M_{iz}=\frac{\mathrm{d}L_{iz}}{\mathrm{d}t}=\frac{\mathrm{d}}{\mathrm{d}t}(r_i m_i v_i\sin\gamma_i).$$

质点 i 所受的合力对 z 轴的力矩可分为内力矩 $M_{i内z}$ 和外力矩 $M_{i外z}$,故上式可写作

$$M_{i内z}+M_{i外z}=\frac{\mathrm{d}}{\mathrm{d}t}(r_i m_i v_i\sin\gamma_i).$$

将上式对 n 个质点求和,得

$$\sum M_{i内z}+\sum M_{i外z}=\sum\frac{\mathrm{d}}{\mathrm{d}t}(r_i m_i v_i\sin\gamma_i).$$

由于 $\sum\boldsymbol{M}_{i内}=0$,$\sum\boldsymbol{M}_{i内}$ 在 z 轴上的投影也必等于零,即 $\sum M_{i内z}=0$.再将求和与求导运算交换顺序,上式可写为

$$\sum M_{i外z}=\frac{\mathrm{d}}{\mathrm{d}t}\sum(r_i m_i v_i \sin\gamma_i)=\frac{\mathrm{d}}{\mathrm{d}t}L_z \tag{5.2.5}$$

$\sum M_{i外z}$ 表示质点系所受一切外力对 z 轴的力矩之和，$\sum r_i m_i v_i \sin\gamma_i$ 为质点系对于 z 轴的角动量.上式表示质点系对于 z 轴的角动量对时间的变化率等于质点系所受一切外力对 z 轴的力矩之和，叫作质点系对 z 轴的角动量定理.

根据(5.2.5)式，

$$\sum M_{i外z}=0\ 时，\quad L_z=\sum r_i m_i v_i \sin\gamma_i=常量. \tag{5.2.6}$$

即若质点系所受一切外力对 z 轴的力矩之和始终为零，则质点系对 z 轴的角动量保持不变，称此为质点系对 z 轴的角动量守恒定律.

设各质点绕共同的 z 轴做圆周运动，这时 $\gamma_i=\pm\pi/2$，$\sin\gamma_i=1$，质点系对 z 轴角动量写作

$$L_z=\sum r_i m_i v_i=\sum m_i r_i^2\omega_i, \tag{5.2.7}$$

ω_i 表示各质点的角速度.显然，若质量一定，各质点离轴越远，转速越快，则角动量越大.当角动量守恒时，r_i 变小，则 ω_i 增大；r_i 增大，则 ω_i 减小.图 5.11 表示茹科夫斯基（S. Y. Zhukovsky，1847—1921）凳的演示，转轴处光滑.人站在圆盘上，手握两个哑铃，两臂伸开时，令她旋转起来.然后两臂收回，由于哑铃离轴变近，虽不受外力矩作用，转速也会升高；再将两臂伸开，哑铃离轴变远，角速度再度减小.花样滑冰运动员和芭蕾舞演员做旋转动作时，先将两臂和腿伸开，旋转起来以后，把两臂和腿收回，因为身体某些部分离轴近了，转速迅速升高；停止的时候，重新把两臂和腿伸开去，降低转速，他们就平稳地停下来.

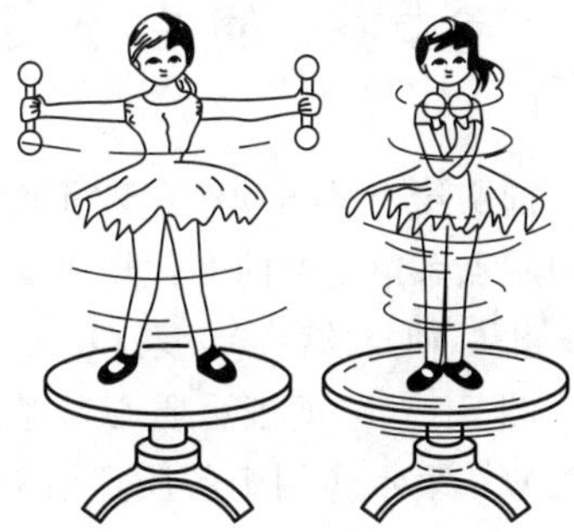

图 5.11 在茹科夫斯基凳上角动量守恒的实验

［例题 1］ 装置如图 5.12 所示.滑轮两边悬挂的重物与盘的质量相同而处于平衡，现有距盘底高为 h 质量为 m' 的胶泥自由下落，求胶泥粘在盘上时盘获得的初速度.滑轮和绳质量不计，不计轴承摩擦及绳的伸长.

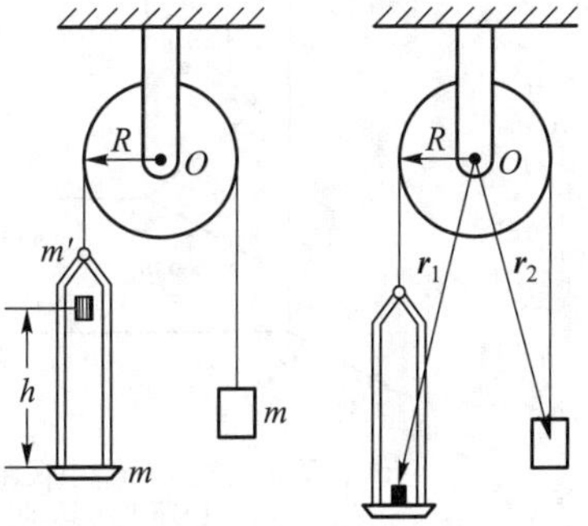

图 5.12 在碰撞过程中角动量守恒

［解］ 胶泥自由下落至盘面的速度为 $v_0=\sqrt{2gh}$.将盘、重物和胶泥视为质点系，绳的拉力及物体所受重力为外力.因不计滑轮、绳质量及轴承摩擦，两边绳的拉力相等；重物与盘所受重力也相等.它们对轴心 O 的力矩之和为零，故质点系所受外力对 O 点的力矩之和就等于胶泥的重力矩，不等于零.但在碰撞时，胶泥与盘之间的碰撞内力对 O 点的力矩远大于外力矩之和，即内力矩对质点系内各质点运动的影响远超过外力矩的影响.讨论质点系内各质点的运动时，可不计外力矩.故在碰撞时，可用质点系对 O 轴角动量守恒方程求近似解.取垂直纸面朝向读者的方向为 O 轴正方向，有

$$R(m'+m)v_1+Rmv_2=Rm'v_0.$$

绳不伸长，故 $v_1=v_2=v$，得

$$v=\frac{m'v_0}{2m+m'},$$

将 v_0 代入，得

$$v=\frac{m'\sqrt{2gh}}{2m+m'},$$

本题也可以利用对点的角动量守恒求解，读者可自行完成.

运用角动量定理或守恒定律时，会遇到应用动量定理碰到的类似问题，例如必须恰当选择质点或质点系作为研究对象，详细分析过程的性质以便正确选用定理定律等.另一方面，用角动量讨论问题又有其特殊性，一是角动量的方向性比较复杂，它不仅依赖于动量的方向，还取决于质点位置矢量的方向；二是角动量不仅与参考系有关，还和参考点或轴的位置有关，角动量对此点此轴守恒，对彼点彼轴不一定守恒.

§5.3 质点系对质心的角动量定理和守恒定律

前文给出的角动量定理和角动量守恒定律都相对于惯性系而言.现在研究质心参考系中质点系角动量的变化规律.如图 5.13(a)所示，$Cx'y'z'$ 即质心参考系.C 为质心，x'、y' 和 z' 坐标轴与惯性参考系 $Oxyz$ 的 x、y 和 z 轴总保持平行，而质心具有加速度 $\boldsymbol{a}_C$.

图 5.13(b)即表示质心参考系中的情况，诸质点相对 C 系的角动量用 $\boldsymbol{L}'$ 表示，又用 $\sum\boldsymbol{M}'_{i外}$ 表示作用于各质点诸力对 C 点外力矩的矢量和.此外，所有质点各受惯性力 $-m_i\boldsymbol{a}_C$.根据(5.1.6)式，再考虑到诸质点所受惯性力的力矩，即得

$$\sum\boldsymbol{M}'_{i外}+\sum\boldsymbol{r}'_i\times(-m_i\boldsymbol{a}_C)=\frac{\mathrm{d}\boldsymbol{L}'}{\mathrm{d}t} \tag{5.3.1}$$

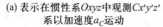

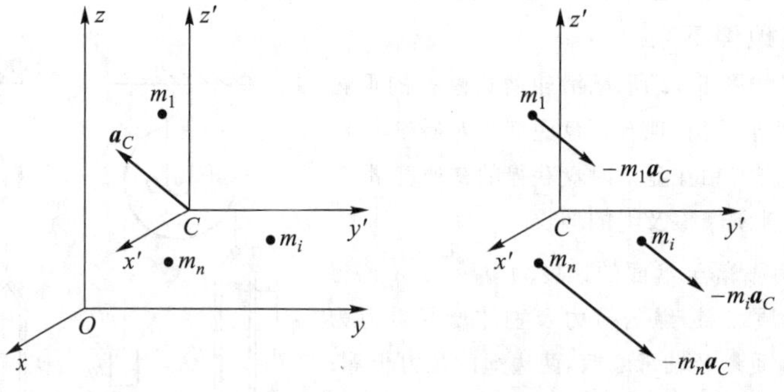

(a) 表示在惯性系$Oxyz$中观测$Cx'y'z'$系以加速度a_C运动　(b) 在非惯性系$Cx'y'z'$中观测到惯性力，但对C点合惯性力矩为零

图 5.13

$\boldsymbol{r}'_i$ 表示质点 i 在 $Cx'y'z'$ 系中的位置矢量.式中惯性力矩又可写作

$$-(\sum m_i\boldsymbol{r}'_i)\times\boldsymbol{a}_C=-\left(\frac{\sum m_i\boldsymbol{r}'_i}{m}\right)\times m\boldsymbol{a}_C$$

右侧括号内为在质心系中质心的位置矢量，当然为零.于是(5.3.1)式变为

$$\sum \boldsymbol{M}'_{i外} = \frac{\mathrm{d}\boldsymbol{L}'}{\mathrm{d}t}. \tag{5.3.2}$$

此即质点系对质心的角动量定理，与惯性系中角动量定理具有完全相同的形式.这是表明质心系特殊性和重要性的又一个例子.若$\sum \boldsymbol{M}'_{i外}=0$，则$\boldsymbol{L}'=$常矢量.意即，若作用于质心系上外力矩的矢量和为零，则质点系对质心的角动量守恒.

如图5.14所示，京剧演员或跳水运动员在空中翻筋斗时，常把身子蜷缩起来.我们把演员或运动员的运动分解为随质心的运动即沿抛物线的运动和相对于质心系的运动.前者应用质心运动定理即可说明.现在对后者运用对质心的角动量守恒定律.演员或运动员蜷缩身体使质量分布靠近质心从而转速加快，当接近地面或水面时打开身体，使质量分布远离质心而减小转速，以便平稳地停在舞台上或沿竖直方向进入水中.

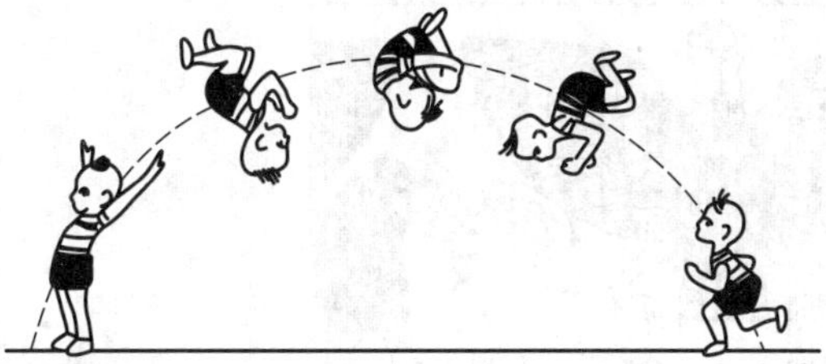

图5.14　运动员通过蹬地，因地面反作用对质心的力矩获得角动量.然后利用对质心角动量守恒，通过蜷缩和伸展调整转速

在恒星演化的后期，其内部核反应释放的能量已不足以抵抗引力引起的塌缩.根据理论分析，质量为3～5倍太阳质量的恒星，由于引力的作用，星体内的电子和质子结合为中子，而成为密度高达$10^{18}\,\mathrm{kg/m^3}$的中子星.恒星原来具有绕其质心的角动量.成为中子星后，体积大大减小，半径减小.根据对质心的角动量守恒定律，中子星将加速旋转.

§5.4　对称性、对称性与守恒律

在现代物理学，对称性是一个十分重要的概念.自第二章已经谈到一些对称性的问题.当然，现代物理中的对称性比力学中谈到的已大大发展了，例如，正是对称决定着相互作用.不过，同学们从一开始学物理就接近和熟悉对称性，这对今后的学习有好处.这里，将对称性做概括性的描述，然后就特例谈对称性和守恒律(小字部分).

(一) 关于对称性

无论对艺术还是自然科学，对称性都是重要的研究对象.平常说人体或图5.15中的图形左右对称.如果进一步分析，设想图中央EE是镜子，左侧在镜中的像恰好与右

方相同，反之亦然.德国数学家魏尔(H.Weyl，1885—1955)用严谨的概念描述了对称性[①].他对上述现象做了如下表述：若某图形通过镜面反射又回到自己，则该图形对该镜面是反射对称或双向对称的.他还谈道，若某一图形围绕 l 轴做任何转动均能回到自身，则该图形具有对 l 轴的转动的对称性.显然，平面上的圆和空间的球体均具有上述对称性.毕达哥拉斯(Pythagoras，前 580 至前 570 之间—约前 500)认为圆和球是最完美的几何图形.此外，如图 5.16 所示晶体点阵，每个格点上有一个原子，所有原子均相同，d 为相邻原子距离.将该晶体平移 d 或其整数倍，则晶体也会回到它自己.可以说，该晶体点阵具有平移对称性.反射、转动或平移等可统一地称为操作.于是，便可用如下方式表述对称性：若图形通过某种操作后又回到它自身，则图形对该操作具有对称性.

图 5.15 对镜面反射具有对称性的图形

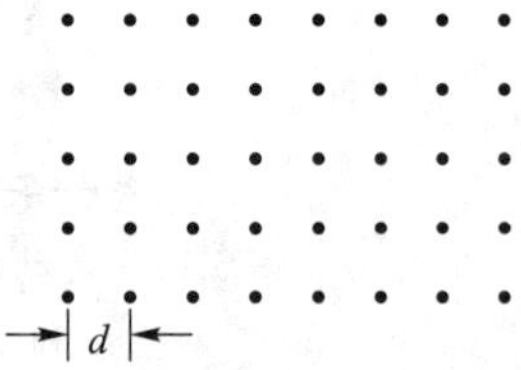

图 5.16 晶格具有平移对称性

将对称性概念应用于物理中，研究对象不仅是图形，还有物理量或物理定律等.时空坐标系的改变、尺度的放大缩小等则均可视为操作.例如，质点加速度为一物理量，伽利略变换可视为一操作，因经伽利略变换后加速度保持不变，故质点加速度对伽利略变换的不变性亦可称作加速度对伽利略变换具有对称性.牛顿第二定律作为一条规律对伽利略变换亦具有对称性.动量作为物理量经过伽利略变换后发生变化，因从不同参考系上观测到的动量不同，故动量对于伽利略变换不具有对称性.同样，质点系动量作为物理量亦不对伽利略变换有对称性.然而，“外力矢量和为零则质点系动量守恒”这条规律对于某一惯性系和相对它做匀速直线运动的另一惯性系都是成立的，因而动量守恒定律对于伽利略变换具有对称性.

在固体物理学中，人们运用描述对称性的数学工具——群论，在研究晶体的分类方面取得了成就.20 世纪初，人们认识了守恒定律和对称性的关系.这个问题本书将在后面做简要介绍.爱因斯坦在狭义相对论将反映时空对称性的相对性原理从力学推广于全部物理学，本书的最后部分——相对论简介将讨论这个问题.在广义相对论，爱因斯坦则用对称性研究引力.20 世纪中，人们还看到规范对称性决定着各种相互作用的特征.如粒子物理弱相互作用下有左右不对称，这意味着有对称，又有不对称.从上述介绍中，我们已能看到对称性在现代物理学中的重要作用，同时也看到物理学中的对

① Weyl H. Symmetry. Princeton:Princeton University Press，1952.

称性已被研究得何等深入,包含了人类多么博大深邃的智慧,科学美与艺术美也统一起来了.

(二) 守恒律与对称性

1918 年,德国女数学家诺特(A.E.Noether,1882—1935)发表了著名的将对称性和守恒律联系在一起的定理,即从自然界的每一个对称性可得到一个守恒律;反之,每一个守恒律均揭示了蕴含其中的一种对称性.下面讨论只有保守力作用的质点系和与力学密切相关的守恒律与对称性的关系.

1. 机械能对空间坐标系平移对称性与动量守恒

我们将看到,动量守恒定律可以从质点系机械能函数对空间坐标系平移的对称性推导出来.设质点系包括彼此以保守力作用沿 x 轴运动且动量分别为 p_{1x} 和 p_{2x}、坐标分别为 x_1 和 x_2 的两个质点,不受其他外力.坐标系平移 δx,相当于整个系统沿反方向平移 δx,即由于坐标平移(不是由于质点的真实运动)质点坐标变为 $x_1+\delta x$ 和 $x_2+\delta x$.机械能包含动能和势能.动能是速度的函数,显然不因坐标平移而改变.因此,总机械能的不变性要求势能不因空间坐标平移发生变化.势能与两个质点位置有关,它对空间坐标系平移保持不变要求

$$\delta E_{\mathrm{p}}=\frac{\partial E_{\mathrm{p}}}{\partial x_1}\delta x+\frac{\partial E_{\mathrm{p}}}{\partial x_2}\delta x=\left(\frac{\partial E_{\mathrm{p}}}{\partial x_1}+\frac{\partial E_{\mathrm{p}}}{\partial x_2}\right)\delta x=0,$$

用 δ 而不用 d,是因为 δE_{p} 完全来自坐标平移而不是系统的真实运动,因 δx 可取任意值,故上式要求

$$\frac{\partial E_{\mathrm{p}}}{\partial x_1}+\frac{\partial E_{\mathrm{p}}}{\partial x_2}=0.$$

用 F_{21x} 和 F_{12x} 表示质点 1 和 2 受到的力,根据势能定义(4.4.11)式,不难得出

$$\frac{\partial E_{\mathrm{p}}}{\partial x_1}=-F_{21x},\quad \frac{\partial E_{\mathrm{p}}}{\partial x_2}=-F_{12x},$$

又得

$$F_{21x}+F_{12x}=0.$$

力是用动量的变化率量度的,于是

$$\frac{\mathrm{d}(p_{1x}+p_{2x})}{\mathrm{d}t}=0,$$

即

$$p_{1x}+p_{2x}=\text{常量}. \tag{5.4.1}$$

这正是动量守恒方程.于是从机械能对空间坐标系平移的对称性导出了动量守恒.

2. 机械能对空间坐标系转动对称性与角动量守恒

系统总机械能函数对空间坐标系旋转的不变性或对称性,或称空间各向同性,将导致角动量守恒.设有两个彼此相互作用的质点,其中一个质点位于坐标原点且保持静止,另一质量为 m 的质点处于运动状态且不再受其他力的作用.空间坐标系的无穷小转动——$\delta\boldsymbol{\theta}$ 相当于系统沿反方向转过无穷小角位移 $\delta\boldsymbol{\theta}$.顺便提一下,有限大小的角位移不是矢量,但无穷小角位移可视为矢量.由于整个系统的微小转动,运动质点的位

置矢量 $\boldsymbol{r}$ 和速度矢量 $\boldsymbol{v}$ 都将转过 $\delta\boldsymbol{\theta}$，根据线量角量关系，$\boldsymbol{r}$ 和 $\boldsymbol{v}$ 将得到增量

$$\delta\boldsymbol{r}=\delta\boldsymbol{\theta}\times\boldsymbol{r},\quad \delta\boldsymbol{v}=\delta\boldsymbol{\theta}\times\boldsymbol{v}.$$

机械能对坐标系旋转的不变性意味着

$$\delta E=\delta\left(\frac{1}{2}mv^2\right)+\delta E_{\mathrm{p}}=m\boldsymbol{v}\cdot(\delta\boldsymbol{v})+\delta E_{\mathrm{p}}=0. \tag{5.4.2}$$

对于第一项有

$$\delta E_{\mathrm{k}}=m\boldsymbol{v}\cdot(\delta\boldsymbol{v})=m\boldsymbol{v}\cdot(\delta\boldsymbol{\theta}\times\boldsymbol{v})=0,$$

因此(5.4.2)式要求

$$\delta E_{\mathrm{p}}=0.$$

坐标系旋转而势能“不变”表明，质点 m 受到有心力作用，势能仅是 r 的函数，即

$$E_{\mathrm{p}}=E_{\mathrm{p}}(r).$$

有心力对力心的力矩等于零，于是质点角动量守恒.这样便从机械能对坐标系转动的对称性推出角动量守恒.

3. 机械能对时间平移对称性与机械能守恒

最后讨论对时间平移对称性导致机械能守恒的问题.仍令一质点静止于坐标原点，另一质量为 m、速度为 v_x 的质点位于 x 处.两者以保守力相互作用，该体系具有势能.设两个质点还受质点系以外保守力场作用.质点系与外场的相互作用势能为外势能.内势能与质点坐标 x 有关，系统动能与 v_x 有关，故系统内机械能 E 为 x 和 v_x 的函数.就一般情况而言，外保守力场随时间变化，若考虑到外势能，则总机械能 E' 为 x、v_x 和 t 的函数.即 $E'=E'(x,v_x,t)$.

如果机械能对时间平移具有对称性，则 E' 不能显含 t，即 $\dfrac{\partial E'}{\partial t}=0$，于是可仅考虑动能和内势能，总机械能为 $E=E(x,v_x)$.①下面研究在系统真实运动中含动能 E_{k} 和势能 E_{p} 的总机械能的改变：

$$\begin{aligned}\frac{\mathrm{d}E}{\mathrm{d}t}&=\frac{\mathrm{d}E_{\mathrm{k}}(v_x)}{\mathrm{d}v_x}\cdot\frac{\mathrm{d}v_x}{\mathrm{d}t}+\frac{\mathrm{d}E_{\mathrm{p}}(x)}{\mathrm{d}x}\cdot\frac{\mathrm{d}x}{\mathrm{d}t}\\&=mv_xa_x-F_xv_x.\end{aligned}$$

因有 $F_x=ma_x$，故

$$\frac{\mathrm{d}E}{\mathrm{d}t}=0,$$

即

$$E=\text{常量}. \tag{5.4.3}$$

于是从机械能对时间平移对称性导出机械能守恒定律.

上述讨论仅涉及极简单的情况，但结论对含多质点的体系也是正确的.更严谨的理论在分析力学中讨论，那时是所谓的哈密顿函数或拉格朗日函数对时空变换的对称性导致三条守恒律.但在许多情况下，哈密顿函数就等于机械能，故上述讨论仍有

---

① 如果外场不随时间变化，就说外力场是稳定的.这时，即使将外势能也计算在质点系的总机械能之内，机械能函数也不显含 t，也可以表示为 $E(x,v_x)$.

意义.

我们常谈守恒.其实,某些量也有不守恒的时候.例如弱相互作用中宇称不守恒.对称性也有破坏的时候.这和艺术也是一致的.图 5.17 中,无论从“镜面反射”还是“绕竖直轴转 180°”,都大体上对称,但仔细看便会发现不对称的因素,“只有对称而没有它的破坏,看上去虽然很有规则但同时显得单调和呆板.只有基本上对称而又不完全对称才构成美的建筑和图案,大自然正是这样的建筑师.”①大自然和艺术品的对称中又有不对称构成了自然美和艺术美,物理学中既有对称也有对称的破坏,科学美、自然美与艺术美统一起来了.

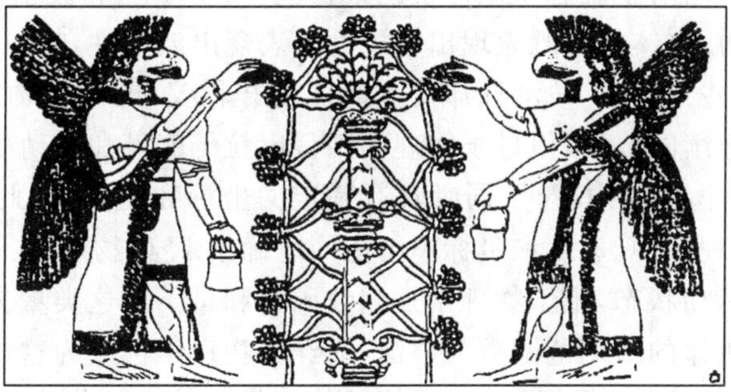

图 5.17 基本对称之中又有不对称因素②

§5.5 经典动力学的适用范围

经典力学即牛顿力学,它包含以牛顿三定律为基础的动力学规律(静力学可视作动力学的特例),以及万有引力定律.后者,将在第六章仔细讨论.关于经典动力学,我们已不止一次指出它可应用于非常广阔的范围但又有其局限性.本节将更明确地指出其适用范围,以及它如何作为狭义相对论力学和量子力学的极限情况而存在.

经典力学的应用受质点速率的限制.当质点速率接近于真空中光速 c 时,经典力学不再适用,必须让位于相对论力学.在相对论力学中,有许多与经典力学不同的概念.例如,在一个惯性系中观察一个静止的钟和以一定速率 v 运动的钟,当 v 与 c 可相比拟时,运动的钟要慢些;质点的质量将随速率的增加而增加;质量和能量是等价的,可以互相转化,等等.然而,当质点速率 v 远小于真空中光速 c,即 $v \ll c$ 时,经典力学仍然适用.例如日常现象中见到的大都是低速运动的物体,达到 2.5 倍声速的超音速飞机的速率不过 10^3 m/s,仅为光速的 10^{-5}.即使对于阴极射线管中的电子,由于速度也不过 10^7 m/s,为真空中光速的 1/30,也可不必考虑相对论效应.对于能量达到 5 MeV 的低能量加速器,如果仍按经典力学考虑,电子的速率已过高,这就需要放弃经典力学

① 中国大百科全书(物理学卷-I).北京,上海:中国大百科全书出版社,1987.

② Weyl H. Symmetry. Princeton: Princeton University Press,1952.

而代之以狭义相对论.一般说来,经典力学在速率方面受到的限制可用速率 v 与真空中光速 c 之比为标志.当 $v \ll c$ 时,若以 v 为标准,也可以说成是 $c \to \infty$,因此,可将经典力学看作是相对论力学在 $c \to \infty$ 时的极限.

对牛顿运动定律的另一条限制是量子现象.从 19 世纪末到 20 世纪初,科学家在研究黑体辐射、光电效应、原子光谱和原子的稳定性等问题时发现,许多现象和经典物理学的结论是矛盾的,这些有关物质结构和能量不连续的现象叫作量子现象.1923 年至 1927 年间,量子物理学诞生.在这方面做出重要贡献的有普朗克、爱因斯坦、玻尔、玻恩(M.Born,1882—1970)、海森伯、狄拉克和薛定谔等人.在量子物理学中,出现了与经典观念完全不同的新观念.例如,在经典物理中,粒子性和波动性是截然分开的,但量子物理学认为,实体粒子既表现出粒子性又表现出波动性,在一定条件下,粒子性是主要的,在另一些条件下,波动性却明显地表现出来.又如,经典物理学认为,粒子的能量和角动量有连续的数值,但量子物理学则得出粒子能量和角动量可取分立数值的结论.再有,在经典物理学中,粒子同时具有确定的坐标和动量,因此按照确定的轨道运动,但在量子物理学中,速度和坐标不可能同时确定.经典物理学用动量或坐标等力学量描述粒子的运动状态,量子物理学是用波函数和量子数这类量去描述状态的.

量子物理学规律的适用范围更为广泛,而经典物理学也成为这种更广泛的理论的极限情况.在量子物理学中可以证明,当粒子的能量比较大且作用于粒子的力场的变化比较缓慢时,则量子物理学的运动方程趋近于经典物理学的规律."经典物理学不适用于微观粒子"的说法是不妥当的,一般说来,讨论微观粒子的运动要用到量子物理学,但如粒子的运动符合方才提出的条件,则仍然可以运用经典物理学去描述它的运动.我们在量子物理学和经典物理学之间可以找到一个常量,用它来标志在怎样的情况下可以运用经典物理学,以及在怎样的情况下应该考虑用量子物理学.这个常量即前文提及的普朗克常量 $h = 6.626 \times 10^{-34}\ \mathrm{J \cdot s}$,这是物理学中的基本常量之一,它具有[能量]×[时间]、[动量]×[长度]或[角动量]这样的量纲.如果表征粒子运动的上述这些量远远大于普朗克常量,则量子现象可不考虑,即可应用经典力学;若该量与普朗克常量可以比拟,则需考虑用量子物理学.换句话说,可以认为经典物理学是量子物理学在 $h \to 0$ 时的极限.例如,某离子质量为 5×10^{-26} kg,速率为 8×10^{5} m/s,绕半径为 0.28 m 的圆周运动,其角动量为 $5 \times 10^{-26} \times 8 \times 10^{5} \times 0.28\ \mathrm{J \cdot s} \approx 1.1 \times 10^{-20}\ \mathrm{J \cdot s}$,差不多是 h 的 10^{13} 倍,因此可以按经典物理学去计算.再以电子围绕氢原子核的运动为例,电子质量取 9.11×10^{-31} kg,速率为 2×10^{6} m/s,氢原子的半径为 5×10^{-11} m,则其角动量为 $9.11 \times 10^{-31} \times 5 \times 10^{-11} \times 2 \times 10^{6}\ \mathrm{J \cdot s} = 91 \times 10^{-36}\ \mathrm{J \cdot s}$,比 h 还要小,因此需要用量子物理学去处理.最后以宏观物体为例,如汽车质量为 2×10^{3} kg,速度为 20 m/s,绕半径为 50 m 的环形公路行驶,则其角动量为 $2 \times 10^{3} \times 20 \times 50\ \mathrm{J \cdot s} = 2 \times 10^{6}\ \mathrm{J \cdot s}$,远远超过 h,所以我们可以放心地用经典力学讨论宏观物体的运动.

选读材料

[选读 5.1] 在直角坐标系中讨论角动量定理

建立直角坐标系 $Oxyz$,并将受力点位置矢量 $\boldsymbol{r}$ 及力 $\boldsymbol{F}$ 做正交分解,得

$$\boldsymbol{r}=x\boldsymbol{i}+y\boldsymbol{j}+z\boldsymbol{k},$$

$$\boldsymbol{F}=F_x\boldsymbol{i}+F_y\boldsymbol{j}+F_z\boldsymbol{k}.$$

力对 O 点的力矩为

$$\begin{aligned}\boldsymbol{M}&=\boldsymbol{r}\times\boldsymbol{F}\\&=(x\boldsymbol{i}+y\boldsymbol{j}+z\boldsymbol{k})\times(F_x\boldsymbol{i}+F_y\boldsymbol{j}+F_z\boldsymbol{k})\\&=\begin{vmatrix}\boldsymbol{i}&\boldsymbol{j}&\boldsymbol{k}\\x&y&z\\F_x&F_y&F_z\end{vmatrix}\\&=(yF_z-zF_y)\boldsymbol{i}+(zF_x-xF_z)\boldsymbol{j}+(xF_y-yF_x)\boldsymbol{k}.\end{aligned}\tag{5.1}$$

力矩在坐标轴上的投影为

$$M_x\boldsymbol{i}=(yF_z-zF_y)\boldsymbol{i},\quad M_y\boldsymbol{j}=(zF_x-xF_z)\boldsymbol{j},\quad M_z\boldsymbol{k}=(xF_y-yF_x)\boldsymbol{k}.$$

同样,可以将动量 $m\boldsymbol{v}$ 也在直角坐标系 $Oxyz$ 中做正交分解

$$m\boldsymbol{v}=mv_x\boldsymbol{i}+mv_y\boldsymbol{j}+mv_z\boldsymbol{k}.$$

于是,对 O 点的角动量为

$$\begin{aligned}\boldsymbol{L}&=\boldsymbol{r}\times m\boldsymbol{v}\\&=(x\boldsymbol{i}+y\boldsymbol{j}+z\boldsymbol{k})\times(mv_x\boldsymbol{i}+mv_y\boldsymbol{j}+mv_z\boldsymbol{k})\\&=\begin{vmatrix}\boldsymbol{i}&\boldsymbol{j}&\boldsymbol{k}\\x&y&z\\mv_x&mv_y&mv_z\end{vmatrix}\\&=m(yv_z-zv_y)\boldsymbol{i}+m(zv_x-xv_z)\boldsymbol{j}+m(xv_y-yv_x)\boldsymbol{k}.\end{aligned}$$

可见,对坐标轴的角动量为

$$L_x=m(yv_z-zv_y),\quad L_y=m(zv_x-xv_z),\quad L_z=m(xv_y-yv_x).$$

于是得对各轴的角动量定理:

$$M_x=\frac{\mathrm{d}L_x}{\mathrm{d}t},\quad M_y=\frac{\mathrm{d}L_y}{\mathrm{d}t},\quad M_z=\frac{\mathrm{d}L_z}{\mathrm{d}t}.$$

[选读 5.2] 角动量守恒定律在运动生物力学中的应用

倒提猫的四肢,松手后,猫在空中仍能转过 180°,落地时四脚着地.然而,猫最初的角动量为零,又无外力矩,它是怎样获得这 180°角位移的?首先参考图 5.18 所示的演示实验.男孩右手平举并握哑铃,此为初姿态(a).男孩向左摆动哑铃,因角动量守恒,人体向右偏转某一角度,为第二姿态(b).男孩收回右手将哑铃置于胸前,它不引起人体的转动,为第三姿态(c).最后,男孩向右平伸右手,又回到初姿态.从过程首尾看,即使质点系初角动量为零,作为整体,人亦可转过一角位移.

以下介绍目前流行的对于猫下落翻身动作的力学分析.如图 5.19(a)所示,一旦松手后,猫体即弯曲,这是关键动作.然后猫的上身绕轴 AA 转动,按角动量守恒定律,猫的下半身应反方向转动,但因猫的弯曲,下半身各质元离轴 AA 距离远大于上半身各质元离轴的距离.故反方向转动不明显[见图 5.19(b)].以后,猫的后半身绕 BB 跟着转动;这时猫上身各质元离 BB 轴的距离又远大于下半身的,故上半身不发生明显反

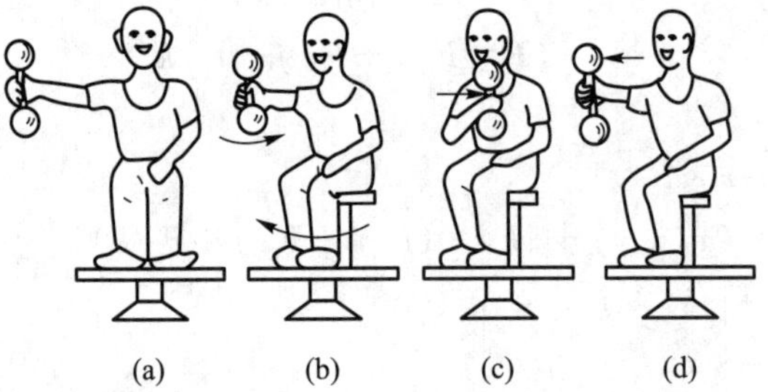

图 5.18 男孩和哑铃及茹科夫斯基凳上的转盘对轴最初角动量为零,但能通过一定过程转过某个角位移,保持姿态不变

方向转动[见图 5.19(c)].最后,猫四脚着地[见图 5.19(d)].尾巴的转动亦能起到调节补偿作用,但不是主要的.有人用割去尾巴的猫做实验,猫亦能四脚着地.也有人不同意上述看法,认为猫体并未发生明显的扭转,并做出模型进行计算.关于这些问题的研究仍在继续.①

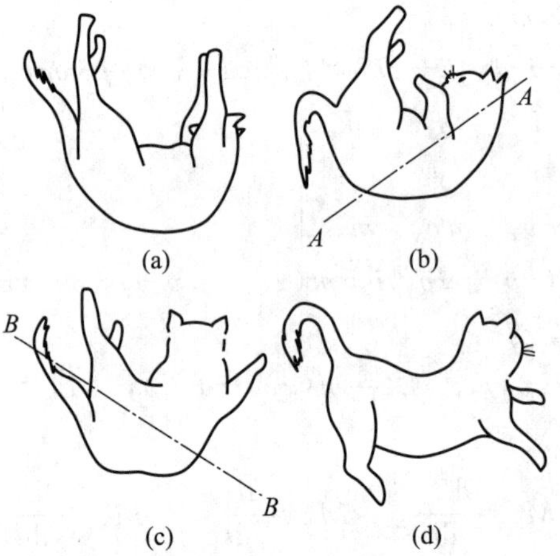

图 5.19 猫背朝地下落也能在空中翻身使四肢先着地②

上面所谈的道理亦可用于跳水和体操运动中的动作设计,以使运动员做出复杂的旋转动作.

思考题

5.1 下面的叙述是否正确,试做分析,并把错误的叙述改正过来:

(1) 一定质量的质点在运动中某时刻的加速度一经确定,则质点所受的合力就可以确定了,同时,作用于质点的力矩也就被确定了.

(2) 质点做圆周运动必定受到力矩的作用;质点做直线运动必定不受力矩作用.

(3) 力 $\boldsymbol{F}_1$ 与 z 轴平行,所以力矩为零;力 $\boldsymbol{F}_2$ 与 z 轴垂直,所以力矩不为零.

① 贾书惠.猫下落的翻身与运动生物力学.力学与实践,1990,12(3):10.

② 本图参考 Benson H. University Physics.New York:John Wiley & Sons, Inc.,1991,但有改动.

(4) 小球与放置在光滑水平面上的轻杆的一端连接，轻杆另一端固定在竖直轴上.垂直于杆用力推小球，小球受到该力力矩作用，由静止开始绕竖直轴转动，产生了角动量.所以，力矩是产生角动量的原因，而且力矩的方向与角动量方向相同.

(5) 做匀速圆周运动的质点，其质量 m、速率 v 及圆周半径 r 都是常量.虽然其速度方向时时在改变，但却总与半径垂直，所以其角动量守恒.

5.2 回答下列问题，并做解释：

(1) 作用于质点的力不为零，质点所受的力矩是否也总不为零？

(2) 作用于质点系的外力矢量和为零，是否外力矩之和也为零？

(3) 质点的角动量不为零，作用于该质点上的力是否可能为零？

5.3 试分析下面论述的正误："质点系的动量为零，则质点系的角动量也为零；质点系的角动量为零，则质点系的动量也为零".

5.4 本章例题 1 是否可以运用动量守恒定律来解？为什么？

5.5 一圆盘内有冰，冰面水平，与盘共同绕过盘中心的竖直轴转动.后来冰化为水，问盘的转速是否改变？如何改变？不计阻力矩.

5.6 一运动员面向南跳起，角动量为零.他可否通过某种动作使自己最后仰面平身着地，且头朝西？如可能，你如何为该运动员设计空中动作？(可参考本章选读材料.)

5.7 角动量是否具有对伽利略变换的对称性？角动量守恒定律是否具有对伽利略变换的对称性？

5.8 如南北极的冰川融化，使地球海平面升高，能否影响地球自转的快慢？

习题

5.1.1 我国发射的第一颗人造地球卫星近地点高度 $d_{近}=439$ km、远地点高度 $d_{远}=2\ 384$ km，地球半径 $R_{地}=6\ 370$ km，求卫星在近地点和远地点的速率之比.

5.1.2 一个质量为 m 的质点沿着一条由 $\boldsymbol{r}=a\cos\omega t\,\boldsymbol{i}+b\sin\omega t\boldsymbol{j}$ 定义的空间曲线运动，其中 a、b 及 ω 皆为常量.求此质点所受的对原点的力矩.

5.1.3 一个具有单位质量的质点在力场

$$\boldsymbol{F}=(3t^2-4t)\boldsymbol{i}+(12t-6)\boldsymbol{j}$$

中运动，其中 t 是时间.设该质点在 $t=0$ 时位于原点，且速度为零.求 $t=2$ 时该质点所受的对原点的力矩.

5.1.4 地球质量为 6.0×10^{24} kg，地球与太阳相距 1.49×10^{8} km，视地球为质点，它绕太阳做圆周运动.求地球对于圆轨道中心的角动量.

5.1.5 根据 5.1.2 题所给的条件，求该质点对原点的角动量.

5.1.6 根据 5.1.3 题所给的条件，求该质点在 $t=2$ 时对原点的角动量.

5.1.7 如图所示，水平光滑桌面中间有一光滑小孔，轻绳一端伸入孔中，另一端系一质量为 10 g 的小球，沿半径为 40 cm 的圆周做匀速圆周运动，这时从孔下拉绳的力为 10^{-3} N.如果继续向下拉绳，而使小球沿半径为 10 cm 的圆周做匀速圆周运动，这时小球的速率是多少？拉力所做的功是多少？

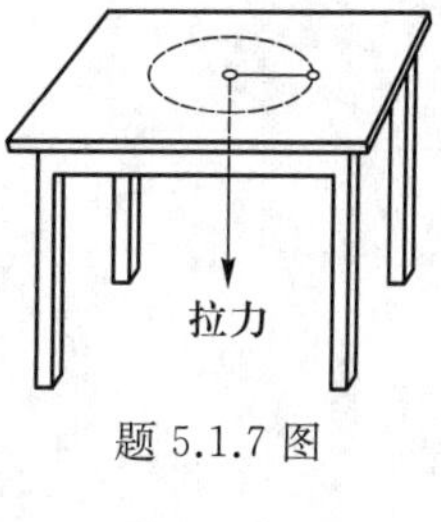

题 5.1.7 图

5.1.8 一个质量为 m 的质点在 Oxy 平面内运动，其位置矢量为

$$\boldsymbol{r}=a\cos\omega t\,\boldsymbol{i}+b\sin\omega t\,\boldsymbol{j}$$

其中 a、b 和 ω 是正常量.试以运动学及动力学观点证明该质点对于坐标原点角动量守恒.

5.1.9　质量为 200 g 的小球 B 由弹性绳固定在光滑水平面上的 A 点.弹性绳的弹性系数为 8 N/m,其自由伸展长度为 600 mm.最初小球的位置及速度 $\boldsymbol{v}_0$ 如图所示.当小球的速率变为 v 时,它与 A 点的距离最大,且等于 800 mm,求小球此时的速率 v 及初速率 v_0.

5.1.10　如图所示,一条不可伸长的细绳穿过竖直放置的管口光滑的细管,一端系一个质量为 0.5 g 的小球,小球沿水平做圆周运动.最初 $l_1=2$ m,$\theta_1=30°$,后来继续向下拉绳使小球以 $\theta_2=60°$ 沿水平做圆周运动.求小球最初的速度 v_1、最后的速度 v_2,以及绳对小球做的总功.

5.2.1　离心调速器模型如图所示.由转轴上方向下看,质量为 m 的小球在水平面内绕 AB 逆时针做匀速圆周运动,当角速度为 ω 时,杆张开 α 角.杆长为 l.杆与转轴在 B 点相交.求:(1) 作用在小球上的各力对 A 点、B 点及 AB 轴的力矩.(2) 小球在图示位置对 A 点、B 点及 AB 轴的角动量.杆质量不计.请自行了解离心调速器的工作原理.

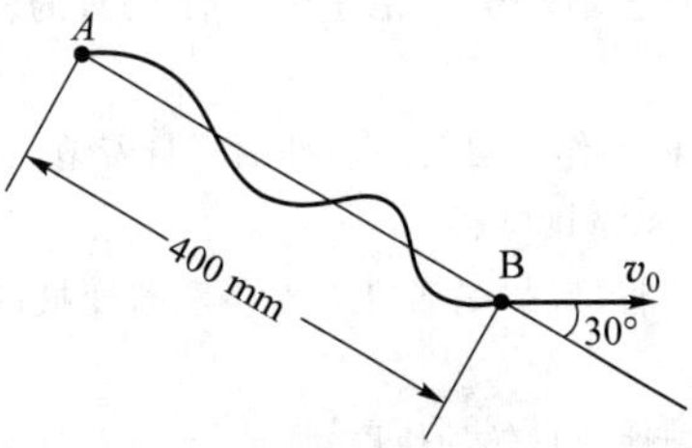

题 5.1.9 图

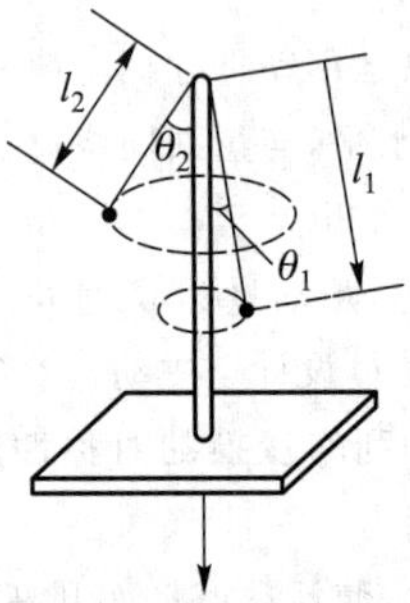

题 5.1.10 图

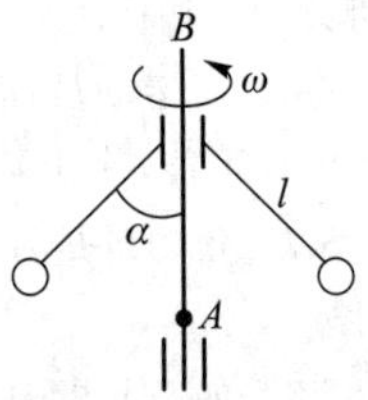

题 5.2.1 图

5.2.2　理想滑轮悬挂两个质量均为 m 的砝码盘.用轻线拴住轻弹簧两端使它处于压缩状态,将此弹簧竖直放在一砝码盘上,弹簧上端放一个质量为 m 的砝码.另一砝码盘上也放置质量为 m 的砝码,使两盘静止.燃断轻线,轻弹簧达到自由伸展状态即与砝码脱离.求砝码升起的高度.已知弹簧劲度系数为 k,被压缩的长度为 l_0.

5.2.3　两个滑冰运动员的质量均为 70 kg,以 6.5 m/s 的速率沿相反方向滑行,滑行路线间的垂直距离为 10 m.当彼此交错时,各抓住长为 10 m 绳索的一端,然后相对旋转.(1) 在抓住绳索一端之前,两人各自对绳中心的角动量是多少?抓住之后是多少?(2) 如他们都收拢绳索,到绳长为 5 m 时,两人的速率分别如何?(3) 绳长为 5 m 时,绳内张力多大?(4) 两人在收拢绳索时,各做了多少功?(5) 总动能如何变化?

第六章 万有引力定律

《自然哲学的数学原理》将成为一座永垂不朽的深邃智慧的纪念碑，它向我们揭示了最伟大的宇宙定律.这部著作是高于人类一切其他思想产物之上的杰作，这个简单而普遍定律的发现，因为它囊括对象之巨大和多样性，给予人类智慧以光荣.①

——拉普拉斯(P.S. Laplace，1749—1827)

这使牛顿想到：两种力可能有着相同的起源.这一事实，距今已有几百年了，这在今天已经成为老生常谈了，以至于我们很难想象出当时牛顿的魄力与胆识.为了把行星绕太阳或月亮绕地球的运动，想象为一个“降落”过程，就像石头从手中扔出去后的降落一样，遵从着相同的规律和在相同的力的作用下，这需要多么惊人的想象力啊!②

——玻恩

在《自然哲学的数学原理》第三卷中，牛顿把前两卷所论证的概念和定理，应用于探索宇宙系统的结构，发现了万有引力定律.这是极富创造性的工作，是牛顿一生最重要的科学贡献之一.

日月升落、星光闪烁，自古以来就吸引着人们探究其运行规律.这固然是航海、农业等生活、生产的需要，却也是人类了解自身环境秩序的渴求.今天，电子计算机和射电望远镜的使用不但使我们认识到星系的大小、结构，还为探求宇宙起源的大爆炸理论提供了证据——发现 2.7 K 的宇宙辐射背景.人造天体的升空实现了在太阳系内的实地考察.1990 年 4 月，由“发现者号”航天飞机送入太空的哈勃空间望远镜是探索宇宙空间的利器(它的光学聚焦系统与牛顿的反射式望远镜原理相同!)，它可以观测远在 4 000 万～5 000 万光年的造父变星，它还有能力发现遥远的，非常暗、非常小的处于生长期的星系，寻找黑洞(宇宙中超致密天体).1994 年 7 月 17 日，休梅克-利维 9 号

① 阎康年.牛顿的科学发现与科学思想.长沙：湖南教育出版社，1989.

② 玻恩.爱因斯坦的相对论.彭石安译.石家庄：河北人民出版社，1981.

彗星与木星相撞，哈勃空间望远镜发回了清晰的图像.应该说，是牛顿的万有引力定律为我们今日对宇宙的认识开辟了道路，而万有引力定律开始形成就是植根于对宇宙中地、月、日运行的探索之中.

§6.1 开普勒定律

古代，通过对日月星辰的长期观测，人们逐渐形成了对其运行的种种解释，产生了多样的宇宙理论.中国、古印度、古埃及、古希腊等文明古国，在天文学方面都有许多成就.在我国，据《尚书》记载，观星象并依据它制定历法，早在距今四千年前就很受重视，由官方掌管，观测和记录在历史上从未间断.尤以特异天象(如日月食、日珥、太阳黑子、彗星、流星、新星及超新星爆发、极光等)的观测记录之详细著称于世.战国时期，石申认为日月食是天体的相互遮掩；汉代，张衡明确月球影子的作用产生日食；王充提出月光是太阳的反照，这些观点至今仍闪烁着真理的光芒.关于宇宙的结构，自春秋战国至唐宋有过多种学说，如"盖天说"——天圆地方(《晋书》)；"浑天说"——天地像鸡蛋，地球如蛋黄(张衡:《浑天注》)；"宣夜说"——天无一定形状，高远无限，日月星辰飘浮于空中(《晋书》).但是由于历史及其他种种原因，我国在天文学领域虽然有过光辉成就，曾处领先地位，却没有形成系统的理论.在古希腊，观测天象以便指导航海、进行商业活动，探讨用几何图像描述行星运动、预测方位得到了重视.公元 2 世纪，埃及人托勒密系统地提出了以地球为宇宙中心的学说，认为太阳、月亮及所有行星、恒星都绕地球转动.他通过 80 个圆周的复杂组合，制成了精度很高的相当实用的星表.由于这种学说与上帝创造一切、人类为宇宙的中心的神权思想一致，得到了教会的支持与保护，成为中世纪欧洲占统治地位的宇宙观.16 世纪，波兰天文学家哥白尼(N.Copernicus，1473—1543)通过近 40 年亲自观测、大量的分析核算和不懈的思考，认为"地心说"过于烦琐复杂，提出地球和其他行星都围绕太阳运动，恒星固定在远离太阳的天球上静止不动."日心说"预测行星位置既简单又准确，还能解释很多难题.哥白尼在 1543 年临终前发表了《天体运行论》这本巨著，它把人从对神权的盲从中解放出来，以自由探索精神重新认识、寻找自然规律.教会开始认识到这本书与他们的教义不相容，便把它宣布为"禁书"，并对"日心说"的拥护者进行残酷迫害.到 18 世纪中叶，牛顿的万有引力定律确立以后，"日心说"已成天经地义.哥白尼不仅有科学的求是精神，而且有反对迷信的勇气，他写道："假使有一知半解的人，并无数学知识，而根据《圣经》这一段或那一段妄肆批评或者驳斥我的著作，我不但不预备答复他们，而且还要轻视这样无知的见解."被称为天文观测大师的第谷(Tycho Brahe，1546—1601)经过 20 多年的精密观测，积累了大量珍贵资料.他的助手开普勒通过整理这些，发现火星轨道的观测值与哥白尼的行星做匀速圆周运动的计算有 $8'$之差."就是这 $8'$误差为改造全部天文学铺平了道路".开普勒忠实于第谷的观测数据，毅然否定了"圆周""匀速"，经多种拟合、反复核算，总结出行星运动的三大定律.

第一定律：行星沿椭圆轨道绕太阳运行，太阳位于椭圆的一个焦点上.行星轨道的偏心率都比较小，例如地球轨道的偏心率只有 0.016 7，很接近圆；

第二定律：对任一行星，它的位置矢量（以太阳中心为参考点）在相等的时间内扫过相等的面积（参见图 6.1）.

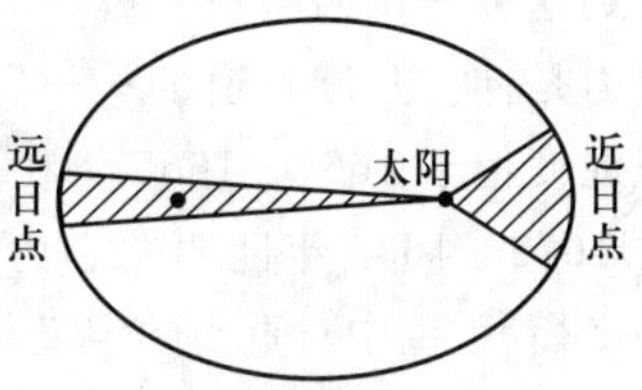

图 6.1 开普勒第二定律

第三定律：行星绕太阳运动周期 T 的平方和椭圆轨道的半长轴 a 的立方成正比，即

$$\frac{T^2}{a^3}=\text{常量}. \tag{6.1.1}$$

这一常量对各行星都相同.

根据开普勒第三定律，行星轨道的半长轴越大，周期就越长.半长轴最短的水星周期只有 3 个月，而轨道半长轴最长离太阳“最远的”冥王星公转周期约 250 年.

开普勒定律所描述的运动是相对于日心-恒星参考系而言的.

§6.2 万有引力定律、引力质量与惯性质量

（一）万有引力定律

开普勒三定律对万有引力定律的发现起了决定性作用.而万有引力定律是牛顿力学体系的组成部分.

开普勒总结出了行星绕日的运动规律.但是，什么原因使它们维持在各自的轨道上运动？对此，自古就有种种猜想和推测.古希腊曾有“一切都向宇宙中心下落”来体现“重力”的观点.培根（F.Bacon，1561—1626）认为，“重物体之所以趋向地心是由于物体的结构本性和被地球这个块体所吸引，有如被相近质体的集团所吸引”.伽利略曾经考虑过地球和天体的重力有统一性，并说：“此外，如果他能够教给我是什么使地上万物下落的原因，我就可以告诉他地球运动的原因”.还说：“……在圆周运动中，既然运动物体不断地在离开并在接近它的自然终点，那么接近的倾向和抗拒的倾向在力量上就永远相等了”.[①]这可以看作“向心力”概念的雏形.笛卡儿（R.Descartes，1596—1650）认为，单独考虑一物体时不存在重量，这已是“相互作用”的观念.天文学家布里阿德（I. Bulliadus，1605—1694）曾预言，太阳的动力或引力在性质上应“与粒子的力相似，像光的亮度与距离的关系那样，应当以与距离的平方成反比的关系取而代之”.事实上，以上这些对于牛顿都有启迪和先导的影响.牛顿说：“如果我曾看得更远些，那是因为我站在巨人们的肩上”.然而，只有思想、观念、推想决形不成物理学理论.是牛顿深刻理解运动及相互作用，用逻辑严密的体系，以惊人的开拓精神把天体运动、宇宙结构纳入自己的力学体系，得到运动三定律，发现万有引力定律，并经实践检验确立下来.这是

① 阎康年.牛顿的科学发现与科学思想.长沙：湖南教育出版社，1989.

牛顿不断深入、“上”“下”求索的漫长过程.如果浏览一下牛顿的著作概况和年表,也会得到这种深刻的印象[①].1714 年,他回忆说:“在 1665 年……,这一年里我还开始想到重力是伸向月球轨道的……”.他的思考极其勤奋、缜密和富创造性.对运动的透彻认识促使他于 1664—1665 年在数学上做出巨大贡献——发明二项式定理及微积分.这为 1679—1684 年证明向心力平方反比定律做了准备.1667—1669 年,《论流体的重力和平衡》手稿中对重力的定义与他在《论回转物体的运动》手稿的向心力定义很相似,可以把这关系用到重力继而推广到万有引力.1684 年,他写了《论运动》手稿 6 种及讲义 1 种,明确提出向心力概念并用几何和求极限相结合的方法论证了椭圆轨道情况下的向心力平方反比关系.1685—1687 年,牛顿完成了《自然哲学的数学原理》,包括定义和运动定理或定律及正文三卷.万有引力定律在第三卷中阐述.其中质量概念的讨论、运动第二定律的表示式——作用力等于加速度乘以质量,以及运动第三定律的提出,都与建立万有引力定律的需要直接相关.万有引力定律是牛顿力学体系的组成有机部分.

现在,我们把行星运动简化为绕太阳做匀速圆周运动,从开普勒定律和牛顿运动定律出发论证万有引力定律.

设想任意一颗行星绕太阳的轨道半径为 R,周期为 T.根据开普勒第三定律,

$$\frac{T^2}{R^3}=C_0,$$

C_0 对各行星都相同,假设它仅与太阳的性质有关.于是,该行星的向心加速度为

$$a_n=\omega^2 R=\frac{4\pi^2}{C_0 R^2}=\frac{C_1}{R^2}, \tag{6.2.1}$$

ω 为行星的角速率,常量 $C_1=4\pi^2/C_0$ 仍仅与太阳性质有关.若地球上物体及月球绕地心的运动在性质上和行星绕日运动相同,则地球上物体和月球的向心加速度可写作

$$a_n=\frac{C_2}{R^2}, \tag{6.2.2}$$

C_2 应仅与地球性质有关.

如果行星绕日运动和月球绕地球运动的向心加速度都是由相互作用力引起的并与该力成正比,则根据(6.2.1)式,作用于行星的力也与 C_1/R^2 成正比,同理,作用于月球或地球上其他物体的力与 C_2/R^2 成正比,总之,这种力可表示为

$$F\propto\frac{C}{R^2}, \tag{6.2.3}$$

C 与 C_1 或 C_2 有关,即与施力物体太阳或地球的性质有关.根据牛顿第三定律,太阳或地球本身也要受到(6.2.3)式表示的大小相等方向相反的力.然而,这时的施力体已变为诸行星或月球,故 C 还应与行星或月球的性质有关.这样,C 和施力体与受力体的性质都有关系.

设想任意两个物体间均作用着上述引力,并用 m_1 和 m_2 分别表征各物体有引力

① 阎康年.牛顿的科学发现与科学思想.长沙:湖南教育出版社,1989.

作用时的性质，这也就是引力质量，显然上述常量 C 应同时与 m_1 和 m_2 有关，由于正比关系最简单，可以认为引力分别与 m_1 和 m_2 成正比，即

$$F\propto\frac{m_1m_2}{r^2}.$$

同时，这种表示法有对称性，即 F 对 m_1 和 m_2 的依赖关系是相同的.引入比例常量 G，得

$$F=G\frac{m_1m_2}{r^2}. \tag{6.2.4}$$

于是万有引力定律表述为：任何两物体间均存在相互吸引力.若物体可视作质点，则两质点的相互吸引力 $\boldsymbol{F}$ 沿两质点的连线作用，与两质点的质量 m_1 和 m_2 成正比，与它们之间距离 r 的平方成反比.比例常量 G 为对任何彼此吸引的物体都适用的普适常量，叫作引力常量，其量纲为 $\mathrm{L^3M^{-1}T^{-2}}$.其数值可通过实验测定，是最基本的物理常量.

当物体的线度与它们间的距离可相比拟时，需将物体分成许多小部分，使每一部分都可视为质点，利用上式求出物体 1 的各小部分与物体的 2 各小部分之间的引力，每个物体所受的引力等于其各部分所受引力的矢量和(见图 6.2).可以证明，若物体为球体，且密度均匀分布或按各球层均匀分布，它们之间的引力仍然可以用上式计算，但其中 r 表示两球球心的距离，而引力则沿两球球心的连线.例如求地球和月球间的引力，就以地球中心和月球中心计算距离.

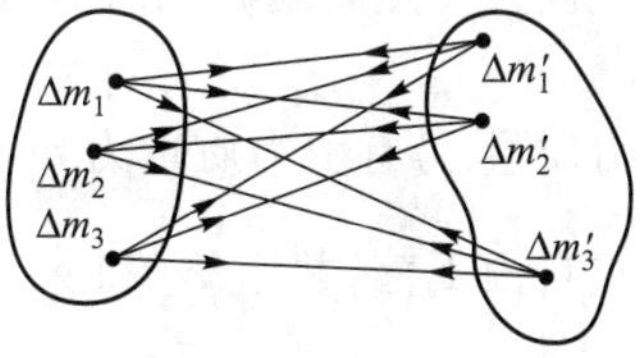

图 6.2 用“分割”方法计算两物体间的引力

大家知道，若球表面均匀带电，其内部各点场强皆为零.万有引力与关于静电场的库仑定律有相似之处，质量分布均匀的球面在球内部的万有引力亦为零.有关静电场的这类性质将在后续课程用进一步的物理概念和数学工具去证明.

万有引力定律的提出包含着假设、归纳和推测，在经过实验和观测的反复验证后上升为一条定律.该定律最初在地球-月球系统得到检验.大量实验证明：在地球表面附近某一确定的位置上，任何自由落体的重力加速度都相同.假设能把月球置于该位置上，其下落时的重力加速度亦为 g.月球轨道半径约为地球半径的 60 倍，如果地球对月球的吸引力与它们之间距离的平方成反比，那么月球在其运行轨道上所受的力，只有它在地球表面所受地球引力的 $1/60^2=1/3\,600$，月球在轨道上因受地球引力而得到的加速度则为 $g/3\,600=(9.8/3\,600)\ \mathrm{m/s^2}\approx2.7\times10^{-3}\ \mathrm{m/s^2}$，这应是月球环绕地球运动的向心加速度，这个数值是可以检验的.设月球速度为 v，月球与地球的距离为 R，则向心加速度为

$$a_{\mathrm{n}}=\frac{v^2}{R}=\frac{1}{R}\left(\frac{2\pi R}{T}\right)^2=\frac{4\pi^2R}{T^2}.$$

已测得月球运动的周期为 $T=27.3\ \mathrm{d}$，$R=3.84\times10^5\ \mathrm{km}$，代入上式恰好得 $a_{\mathrm{n}}=2.7\times$

$10^{-3}\ m/s^2$，与推算结果一致.这表明，物体在地球表面附近所受的重力和地球对月球的吸引力是同一种力，且服从与距离平方成反比的规律.

在应用万有引力定律取得成功的例子中，值得一提的是，人们曾发现天王星的运动有些异常，应用以万有引力定律为基础的摄动理论计算，发现这是由于另一颗尚未被发现的行星的作用，并预言了它的质量和位置，1846 年，人们在预计位置附近果然发现了这颗星，即海王星.用类似的方法，人们于 1930 年发现了冥王星.当前的天体力学这门学科就是以开普勒定律和万有引力定律为基础的，用它们可以研究天体运动的规律，确定行星的质量和轨道，计算行星、彗星、卫星的位置，它们在星际航行方面也有重要应用.

（二）引力质量与惯性质量

第三章谈到的惯性质量不涉及引力.万有引力定律中出现的引力质量反映物体吸引其他物体的能力，与惯性似无关.两者之间有无联系？

设某质点离地心距离为 R，受到地球的引力 $F_1=G\dfrac{m_{地}\,m_{1引}}{R^2}$，$m_{1引}$ 表示该质点的引力质量.另有引力质量为 $m_{2引}$ 的质点，在同一位置受到引力 $F_2=\dfrac{Gm_{地}\,m_{2引}}{R^2}$.设该两质点自由下落，并用 g_1 和 g_2 表示它们的加速度，则根据牛顿第二定律，有

$$\frac{Gm_{地}\,m_{1引}}{R^2}=m_{1惯}g_1,\quad \frac{Gm_{地}\,m_{2引}}{R^2}=m_{2惯}g_2.$$

如不同质点在同一位置自由下落的加速度相同，即 $g_1=g_2=g$，代入上式得

$$\frac{m_{1惯}}{m_{1引}}=\frac{m_{2惯}}{m_{2引}}=\frac{Gm_{地}}{R^2g}.$$

对于多个质点则有

$$\frac{m_{1惯}}{m_{1引}}=\frac{m_{2惯}}{m_{2引}}=\cdots=\frac{Gm_{地}}{R^2g}.$$

可见，不同质点具有共同的重力加速度，导致不同质点惯性质量和引力质量之比彼此相等.比值$\dfrac{Gm_{地}}{R^2g}$中各因子都和质点 1、2……的质量无关，其中 G 为比例常量，可适当选择 G 值，使任何质点的惯性质量与其引力质量相等，

$$m_{惯}=m_{引}.$$

这一等式的验证是以测不同物体的重力加速度是否相同而进行的.最早研究这项工作的是伽利略.

牛顿曾用单摆实验研究引力质量和惯性质量是否相等.单摆周期[①]为

---

① 关于单摆周期详见 §9.1、§9.2.

$$T=2\pi\sqrt{\frac{m_{惯}L}{m_{引}g}}$$

L 表示摆长.牛顿用金、银、玻璃等不同材料做成摆长 11 英尺(1 英尺等于 0.304 8 m)的单摆并比较它们的周期.其结果是用 Δm 表示 $m_{惯}$ 与 $m_{引}$ 之差,$\Delta m/m_{惯}<10^{-3}$.后来,贝塞尔(F.W.Bessel,1784—1846)、索真斯(L.Southerns)和波特(H.H.Potter)也做过单摆实验.后者得出 $\Delta m/m_{惯}<3\times10^{-6}$.

检验惯性质量与引力质量等价性更精确的是厄缶(R.Eötvös,1848—1919)实验,其中采用了既考虑引力又考虑因地球自转引起的离心惯性力的扭秤.到 20 世纪 60 年代,更有迪克(R.H.Dicke,1916—1997)小组和布拉金斯基(V.B.Braginsky,1931—)小组改进厄缶实验达到更高精度.20 世纪 70 年代以后,又有学者重新采用落体方法测量单个原子、电子、中子的重力加速度,以图检验惯性质量与引力质量的等价.①

惯性质量与引力质量等价是广义相对性原理的基本出发点之一.

(三) 引力常量的测量

引力常量 G 是最基本的物理常量之一.最早对 G 进行的测量结果是英国人卡文迪什(H.Cavendish,1731—1810)于 1798 年发表的.他继承并发展了米歇尔神父的工作,所进行的扭秤实验如图 6.3(a)所示.两个等质量的大铅球 m 用棍悬于室内.水平杆两端各置一个质量相等的小球 m_0,杆中间用细长金属丝 lg 悬挂.金属丝、小球和杆置于木箱 $ABBAFF$ 内以防止气流对小球运动的影响.整个系统由室外操作并从室外用望远镜观察.如图 6.3(b)所示,小球受大球万有引力作用使杆绕过 g 的竖直轴转动,细长金属丝反抗因转动导致的扭转变形,力图使小球回到原来位置,于是使置有小球的杆往返摆动.卡文迪什观察摆动达到的极限位置,用取平均的方法求出平衡位置.该位置意味万有引力矩和细长金属丝的扭转力矩达到平衡.由力矩平衡条件可求出引力.用天平测球的质量并测大小球心的距离便可根据万有引力定律得出 G 值.卡文迪什认真研究了空气阻力的影响并得出可以将它们忽略不计的结论.为了使结果更准确,卡文迪什还将重锤放到小球的另一侧 $m'm'$[见图 6.3(b)]进行观察和测量.他还考虑了温度差、可能产生的扭转力矩和扭转变形的非线性关系等许多因素,并进行了多次实验.②他得出 $G=6.754\times10^{-11}\,\mathrm{m^3\cdot kg^{-1}\cdot s^{-2}}$.卡文迪什实验是物理学发展中最重要的实验之一.$G$ 为基本物理常量,不断有人测量,方法越来越现代化,例如舒尔(J.Schurr)等 1991 年的报道为 $G=(6.51\pm0.12)\times10^{-11}\,\mathrm{N\cdot m^2\cdot kg^{-2}}$.③

近代粒子物理和统一场论的研究首先对引力的距离平方反比律提出疑义,问题化为 G 是否随 r 而变.随之,有人展开了对 $G(r)$ 的实验检验工作,利用空间飞船对行星轨道运动、行星间测距及卫星测地资料得到的结果表明,从 10^4 km 到行星距离尺度,平方

① [美]引力、宇宙学和宇宙线物理学专门小组等.引力、宇宙学和宇宙线物理学.赵志强等译,黄无量等校.北京:科学出版社,1994.

② 沙摩斯 M H.物理史上的重要实验.史耀远等译.北京:科学出版社,1985:94.

③ Schurr J, et al. A new method for testing Newton's Gravitational Law. Metrologia, 1991,28:397.

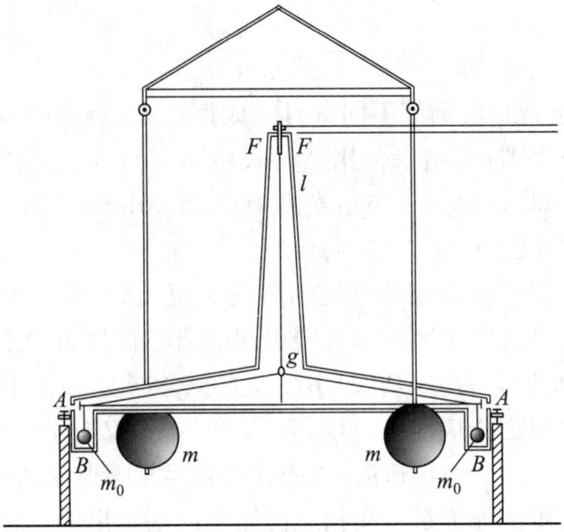

(a) 卡文迪什实验装置

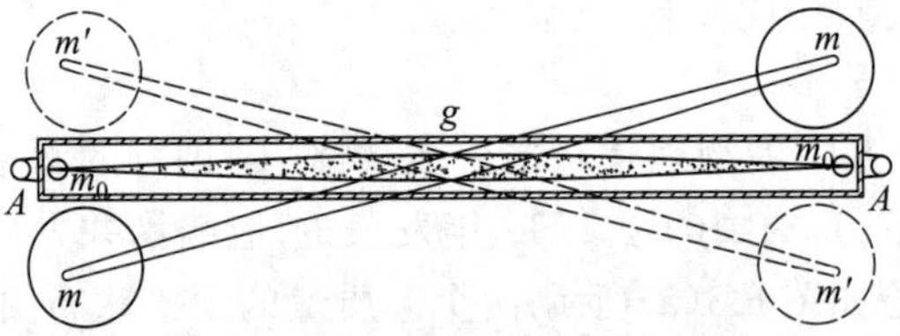

(b) 卡文迪什实验装置的俯视图，m_0m_0因受引力而摆动时，不触碰木箱.本图选自文献①，但略掉了房间和操纵以及观测的装置

图 6.3

反比律的精度已达 10^{-8}；对地球引力场的测量表明，1 km 的尺度上为 10^{-2}.扭秤实验在几厘米到 1 m 的尺度上精度为 10^{-3}.这使万有引力定律得到一个好的实验基础.

对于万有引力是否随时间变化也有理论探讨和实验观测.从对火星（用“海盗着陆舱”和“水手 9 号”探测器）的测距、对水星和金星的雷达测距、对月球的激光测距，以及对太阳和行星的光学定位得到 $|\dot{G}/G|<10^{-11}/\mathrm{a}$.

引力常量 G 除上述随距离、时间的变化，还会受测量所在地的经度、纬度、地球固体潮等地球物理因素的影响.

精确测量引力常量是一项很复杂的工作.近代测量引力常量多用扭摆测量其扭动的周期①，而不是像 18 世纪卡文迪什那样测量角位移.华中科技大学罗俊②教授领导的引力实验室应用如图 6.4 所示扭摆测量引力常量 G.该装置曾被厄缶用于研究惯性质量与引力质量是否相等.华中科技大学这一实验的创新之处在于采用长周期扭摆（自由运动周期和在吸引物体作用下的周期分别为 3 484 s 和 4 441 s）和高品质因数

① Jun Luo，Zongkun Hu，Xianghui Fu，et al.Determination of the Newtonian gravitational constant G with nonlinear fitting method.Physical Review D，1998，59，042001(6)

② 罗俊曾为华中科技大学教授，并任校党委常委、常务副校长等职，2009 年当选为中国科学院院士，2015 年任中山大学党委副书记、校长.

(见后文第九章[选读 9.2])的扭摆.扭摆置于真空中,且整个系统放在喻家山的山洞内,以减少外界振动等影响,并可维持温度稳定,克服温度对扭丝弹性的影响,此外还有非线性效应等.测量并比较扭摆自由摆动和在吸引质量作用下摆动的周期,即可得到引力常量.1998 年所得结果为$(6.6699\pm0.0007)\times10^{-11}\,\mathrm{m^3\cdot kg^{-1}\cdot s^{-2}}$.它被当时国际物理基本常数委员会采用,且与其推荐值的偏离较小.

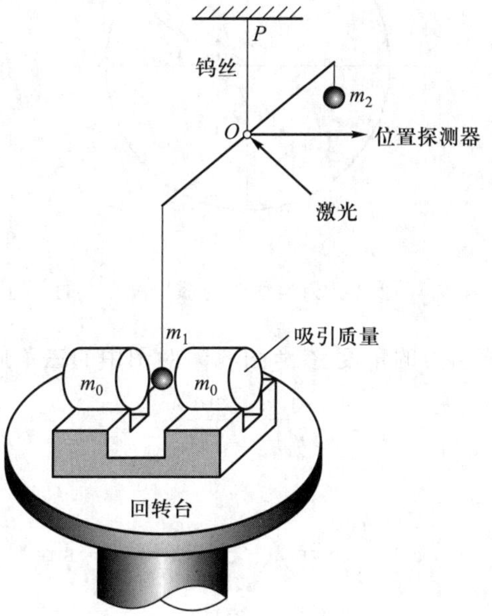

图 6.4 周期法测 G 实验装置简图.具有扭转弹性的钨丝下面悬挂横杆和质量为 m_1 和 m_2 的小球,置于真空中,可自由扭动,还可在吸引质量 m_0 的引力作用下扭动.通过激光在镜面的反射光,经信号处理系统记录扭摆的频率和周期,可进一步按公式求出引力常量

(四) 地球自转对重量的影响

将地球视作惯性系,质点所受重力就是万有引力,并在地球表面附近视其大小为一常量.重力的大小为重量.由于地球的自转,地球并不是精确的惯性系,尚需考虑惯性离心力,这时,重力和地球引力将出现微小的差别.

将质量为 m 的质点悬挂于线的末端且相对于地球静止,它受到三个力,即线的拉力 $\boldsymbol{F}_{\mathrm{T}}$、地球引力 $\boldsymbol{F}$,以及惯性离心力 $\boldsymbol{F}_{\mathrm{C}}^{*}=m\omega^2\boldsymbol{R}$,$\omega$ 为地球自转角速率,$\boldsymbol{R}$ 为自地球自转轴引向质点的矢量,与地球自转轴垂直,如图 6.5 所示.此三力平衡,得

$$\boldsymbol{F}_{\mathrm{T}}+\boldsymbol{F}+\boldsymbol{F}_{\mathrm{C}}^{*}=0.$$

根据重力定义,$\boldsymbol{G}=-\boldsymbol{F}_{\mathrm{T}}$,得

$$\boldsymbol{G}=\boldsymbol{F}+m\omega^2\boldsymbol{R}.$$

可见,更精确地说,质点所受重力为地球引力与惯性离心力的合力.质点所在纬度不

同,质点到地球自转轴的距离 R 也不同,离心惯性力亦不相同,由此导致重力因纬度改变而改变.

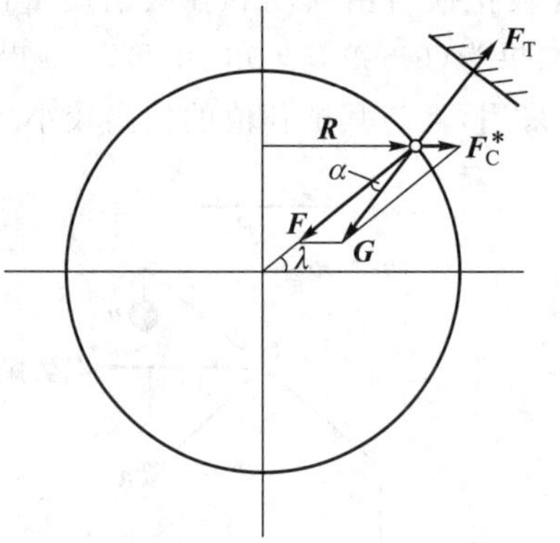

图 6.5 重力为万有引力与惯性离心力的合力

首先讨论重力偏离引力的角度.参考图 6.5,对图中的三角形应用正弦定理,

$$\frac{\sin\alpha}{F_C^*}=\frac{\sin\lambda}{G}$$

解出 $\sin\alpha$,

$$\sin\alpha=\frac{F_C^*}{G}\sin\lambda=\frac{m\omega^2R_{地}\cos\lambda}{mg}\sin\lambda$$

$$=\frac{\omega^2R_{地}\sin 2\lambda}{2g} \tag{6.2.5}$$

其中 $R_{地}$ 表示地球半径.将 $\omega\approx 7.3\times10^{-5}$ rad/s,$R_{地}\approx 6.4\times10^6$ m 及 $g=9.8$ m/s^2 代入,若 α 很小,则 $\alpha\approx\sin\alpha$,即

$$\alpha\approx\sin\alpha\approx 1.74\times10^{-3}\sin 2\lambda.$$

例如取 $\lambda=45°$,则 $\alpha\approx 6'$,可见重力与引力的夹角是很小的.其次讨论重力大小随纬度的变化,仍对图 6.5 中的三角形应用正弦定理.

$$\frac{G}{\sin\lambda}=\frac{F}{\sin(180°-\lambda-\alpha)}=\frac{F}{\sin(\lambda+\alpha)}$$

解出 G,并认为 $\cos\alpha\approx 1$,得

$$G\approx F(1+\cot\lambda\sin\alpha)^{-1}$$

将(6.2.5)式代入此式,

$$G\approx F\left(1+\frac{\omega^2R_{地}}{g}\cos^2\lambda\right)^{-1}$$

括号内后面一项是小量,因此可写为

$$G\approx F\left(1-\frac{\omega^2R_{地}}{g}\cos^2\lambda\right) \tag{6.2.6}$$

此即重力随纬度变化的公式.在赤道上,$\lambda=0$,G 最小;在两极 $\lambda=\pm\frac{\pi}{2}$,G 最大,且 G

$=F$；在其他纬度，G 在最大值和最小值之间，但总的说来，G 和 F 相差不多，例如在 $\lambda=45°$ 处，

$$G \approx F(1-0.001\,74).$$

由于重力与引力的夹角很小，惯性离心力的大小与重力大小相比又微乎其微，故引力是重力所包含的主要成分.将重力看作引力所引起的误差和将地球视作惯性系所引起的误差是相当的.

(五) 牛顿万有引力定律的适用范围

经典的万有引力定律反映了一定历史阶段人类对引力的认识.在 19 世纪末发现，水星在近日点的移动速度比理论值大，即发现水星轨道有进动，如图 6.6 所示.考虑到岁差及太阳系其他行星的摄动，利用万有引力定律计算的轨道进动值与实际测量值相差 43″/世纪.而按广义相对论的计算恰好能解释这一差值.此外，广义相对论还能较好地解释谱线的红移和光线在太阳引力作用下的偏转等现象.这表明广义相对论的引力理论比经典的引力理论进了一步.

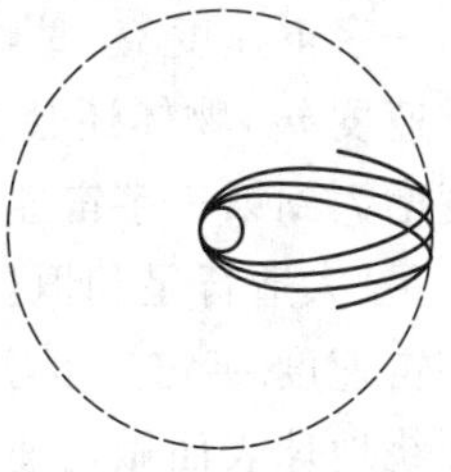

图 6.6 由于进动，火星绕日轨道(实线)不再封闭

从法拉第和麦克斯韦之后，人们看到物理的实在除了粒子还有场.电磁场具有动量和能量且能传播电磁波.这使人们联想到万有引力场也是物理的实在，能传播引力波.广义相对论预言存在引力波，2016 年 2 月 11 日，位于美国的激光引力波天文台(LIGO)宣布于 2015 年 9 月 14 日首次探测到了引力波.电磁波的传播可用光子解释，类似地，光子也导致引力子概念的引出.万有引力也不再是超距作用，而以引力子为媒介.但这些都尚且是物理学家正在探索的领域.

第五章曾谈及经典动力学的适用范围并引入普朗克常量和真空中光速来界定经典力学的领地.粗糙地说，经典的万有引力定律适用弱场低速，其适用范围也可用一数量表示.现在引入引力半径 $R_g=2Gm/c^2$，G、m 分别表示引力常量和产生引力场的球体的质量，c 为光速.用 R 表示产生力场的球体之半径，若 $R_g/R \ll 1$，则可用万有引力定律.对于太阳，$R_g/R \approx 10^{-6}$，应用万有引力定律没有问题.即使对致密的白矮星，$R_g/R \approx 10^{-3} \sim 10^{-4}$，仍然可用万有引力定律；至于中子星，$R_g/R \approx 1/3$，这便有必要使用广义相对论.至于研究黑洞和宇宙大爆炸，就必须使用广义相对论.①

§6.3 引力势能

万有引力场是具有对称性的有心力场，万有引力是保守力，可计算万有引力势能.

① 俞允强.广义相对论引论.北京：北京大学出版社，1987.

设一个静止质点质量为 m，另一质量为 m' 的质点自距 m 为 r_0 处移至 r 处，万有引力做功为

$$A_{保}=-\int_{r_0}^{r}\frac{Gmm'}{r^2}\mathrm{d}r=Gmm'\left(\frac{1}{r}-\frac{1}{r_0}\right).$$

按势能定义 $E_p-E_{p0}=-A_{保}$，选与两吸引质点相距无穷远处为势能零点，则 m' 距 m 为 r 处的引力势能为

$$E_p=-Gmm'/r. \tag{6.3.1}$$

可见，若取与两吸引质点相距无穷远处为引力势能零点，则引力势能应为负值.

若不计摩擦力等非保守力做功，作用着万有引力的质点系机械能守恒.下面用机械能守恒定律讨论宇宙速度.

一般抛射体(如炮弹)在均匀重力场中将沿抛物线回到地面.当速度达到一定程度即第一宇宙速度 v_1 时，物体将成为一颗人造地球卫星.如抛射的速度继续增大到第二宇宙速度 v_2，物体还会摆脱地球的引力而成为太阳系内的一颗人造行星.最后，如抛射速度增大到第三宇宙速度 v_3，物体能摆脱太阳的引力，到其他恒星世界去旅行.人造地球卫星、人造行星和恒星际宇宙飞船是探索宇宙秘密的三个阶梯，关键在于获得对应的宇宙速度.宇宙速度实质上反映了宇宙航行对于发射动力的要求.第一宇宙速度 v_1 即环绕地球表面做匀速圆周运动的速度.用 $R_{地}$ 表示地球半径，m 表示运动物体质量，根据牛顿第二定律，$mg=m\dfrac{v_1^2}{R_{地}}$，得 $v_1=\sqrt{R_{地}\,g}\approx 7.9\ \mathrm{km/s}$.第二、第三宇宙速度的计算，可以运用机械能守恒定律，忽略空气阻力等次要因素.

[例题1] 求第二宇宙速度(即脱离速度)v_2 及第三宇宙速度(即逃逸速度)v_3.

[解] (1) 关于 v_2

选择原点在地心，坐标轴指向恒星的惯性参考系，将质量为 m 可逃出地球引力范围的质点和地球视作质点系.自 m 离开地球直到脱离地球引力的过程中，若不考虑其他星球的影响，也不考虑空气阻力，则无外力和内非保守力做功，符合机械能守恒条件.m 以 v_2 速度抛出时，其动能为 $E_k=\dfrac{1}{2}mv_2^2$，引力势能为 $-G\dfrac{m_{地}\,m}{R_{地}}$，$m_{地}$ 表示地球质量.质点远离地球克服引力做功，动能逐渐减少而势能逐渐增加，摆脱地球引力时达到无穷远，动能消耗殆尽，引力势能达到最大值，即等于零.根据机械能守恒定律

$$E_{k地}+\frac{1}{2}mv_2^2-G\frac{m_{地}\,m}{R_{地}}=E_{k地}.$$

解出 v_2，得

$$v_2=\sqrt{2R_{地}\,g}\approx 11.2\ \mathrm{km/s}. \tag{6.3.2}$$

第二宇宙速度与第一宇宙速度的关系是

$$v_2=\sqrt{2}\,v_1. \tag{6.3.3}$$

也可以将质点 m 视作隔离体用质点动能定理求解.因引力的功与路径无关，质点从地面至无穷远引力做的总功为 $-\dfrac{Gm_{地}\,m}{R_{地}}$，动能增量为

$$0-\frac{1}{2}mv_2^2,$$

得

$$-G\frac{m_{地}\,m}{R_{地}}=0-\frac{1}{2}mv_2^2,$$

解出 v_2，与应用上法所得结果(6.3.3)式相同.

(2) 关于 v_3

设质点以第三宇宙速度抛出时，其动能为

$$E_k=\frac{1}{2}mv_3^2.$$

这个动能包含两部分，即脱离地球引力所需的动能 E_{k1} 和脱离太阳系引力所需的动能 E_{k2}：

$$E_k=E_{k1}+E_{k2}$$

根据第二宇宙速度可求出质点脱离地球引力所需要的动能 E_{k1}，即

$$E_{k1}=\frac{1}{2}mv_2^2$$

下面求 E_{k2}.因为地球绕太阳公转的椭圆轨道的偏心率很小，可近似认为是圆；各行星对质点的引力比太阳对它的引力小得多，可不计.基于这两点简化并应用机械能守恒定律解题，可做如下的类比.从(6.3.3)式可知，质点环绕地球的速度乘以$\sqrt{2}$便是质点脱离地球引力所需的速度；与此相类似，质点随地球环绕太阳公转的速度乘以$\sqrt{2}$也就应该等于质点脱离太阳引力所需的速度.根据观测，地球公转的速率等于 29.8 km/s，所以质点脱离太阳引力所需的速率应该是

$$\begin{aligned}v_2&=\sqrt{2}\times 29.8\ \text{km/s}\\&=42.2\ \text{km/s}\end{aligned}$$

如果准备飞出太阳系的质点的发射方向与地球公转的方向相同，便可以充分利用地球公转的速度，这样，射出的质点在离开地球时只需要有相对于地球为

$$\begin{aligned}v'&=(42.2-29.8)\ \text{km/s}\\&=12.4\ \text{km/s}.\end{aligned}$$

的速率便可以摆脱太阳系.与此相对应的动能为

$$E_{k2}=\frac{1}{2}mv'^2.$$

既能摆脱地球引力又能摆脱太阳引力所需要的总能为

$$E_k=\frac{1}{2}mv_3^2=E_{k1}+E_{k2}=\frac{1}{2}mv_2^2+\frac{1}{2}mv'^2.$$

即

$$v_3^2=v_2^2+v'^2,$$

可求出第三宇宙速度

$$\begin{aligned}v_3&=\sqrt{v_2^2+v'^2}\\&=\sqrt{11.2^2+12.4^2}\ \text{km/s}=16.7\ \text{km/s}.\end{aligned}$$

前面求出的是理论上的最低速率，没有考虑空气阻力的影响.

根据当前的科学技术水平，在太阳系内旅行已变成现实.到太阳系以外的恒星去是否有现实意义呢？离太阳系最近的恒星为半人马座 α 星，距地球 4.2 光年.若以几十千米每秒的速率走到半人马座 α 星要几万年，这样长时间的飞行没有实际意义.为了使恒星际旅行成为现实，必须使宇宙飞船的速率大到接近光速.因此，恒星际的宇宙航行和在太阳系内的行星际航行有原则性的不同.接近于光速时，经典力学理论要代之以相对论力学.从技术上看，现有的燃料也不符合需要，要寻找新的动力来源等.可见，到恒星世界的旅行目前还只是一个理想.

阅读有关宇宙速度的例题后，我们不加证明地描述在万有引力作用下，抛射体以不同初速度运动时的轨迹.图 6.7 中抛射体从地球表面的塔上被水平抛出.若初速度 $v=v_1$，则沿圆周运动；若 $v_1<v<v_2$，则沿椭圆轨道运动；若 $v=v_2$，则沿抛物线运动；若 $v>v_2$，抛射体则沿双曲线运动.

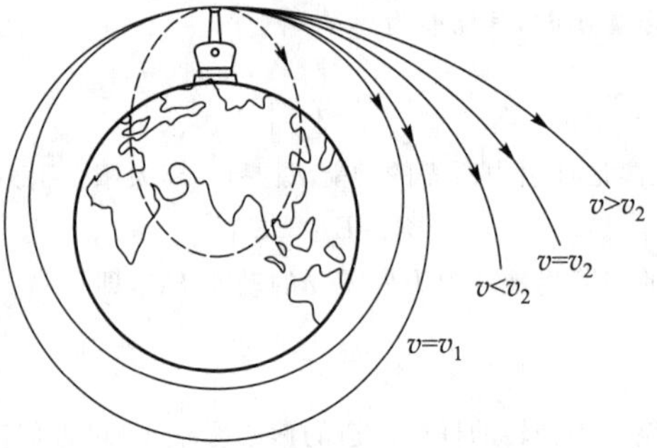

图 6.7 抛射体以不同速度被抛出时不同类型的运动轨迹

*§ 6.4 潮 汐

地球上的海洋周期性的涨落称为海洋潮汐."潮者，据朝来也；汐者，言夕至也"(东晋，葛洪，283—363)，即一昼夜中两次潮水涨起，随之有两次跌落.我国钱塘江入海口就是世界两大观潮胜地之一(另一为亚马孙河北河口)，惊心动魄的自然景观很早就引起了人们的关注.在公元前 2 世纪早期，已记载月望(满月)之日可以看到十分壮观的海潮(枚乘:《七发》).东汉王充在《论衡》中已写道"涛之起也，随月盛衰，大小，满损不齐同"，指出潮汐与月球的依赖关系.葛洪提出自开天辟地就有潮汐，以及它受地形影响.唐朝窦叔蒙的《海涛志》里说:"月与海相推，海与月相期"，还介绍了如何预报潮时.封演的《见闻记》精确地记述了涨潮时间逐日的变化.其后更有余靖、张君房、燕肃、沈括(1031—1095)、郭守敬(1231—1316)等人观测潮汐得到相当精确的结果.①李约瑟(J. T. M. Needham，1900—1995)曾说:"在近代以前，中国对潮汐现象的了解与兴趣总的说来是多于欧洲的".②

近代潮汐的研究是牛顿提出万有引力定律，并用它解释海洋潮汐现象，后又经伯努利(D. Bernoulli，1700—1782)、欧拉(L. Euler，1707—1783)及拉普拉斯等人的工作而趋完善的.20 世纪以来，大型电子计算机的应用使潮汐的研究结合实际海陆分布、深海、浅海等不同因素，得到迅猛发展.

我们假设海水覆盖整个地球表面，讨论月球、太阳的万有引力对海洋潮汐的作用.首先讨论月球的影响.如图 6.8 所示，地月绕两者共同的质心 C 转.视以 C 为原点、坐标轴指向恒星的 Cxy 系为惯性系.另有一个以地心 C'为坐标原点、坐标轴指向恒星的参考系 $C'x'y'$.C 系与 C'系的坐标轴总保持平行，故 C'系绕C 系平动.③若仅关心为何一日二潮，即仅讨论为什么面向和背向月球水面有两个

① 陈宗镛.潮汐学.北京:科学出版社，1980

② [英]李约瑟.中国科学技术史(第四卷天学，第二分册).《中国科学技术史》翻译小组译.北京:科学出版社，1975:757.

③ 现在用中学知识理解平动，第七章将更严密地研究平动的力学问题.

突起，可引入如下理想模型：认为地表水相对于 C' 系静止，即水随 C' 系绕 C 平动。这时，水表面诸体元均以 $C'C$ 为半径做圆周运动，但各有自己的圆心，又因为是平动，诸体元的速度和加速度都是相同的。因此各单位质量水与地心处单位质量物质所受向心力相同，如图 6.9(a)所示。由于地表各处与月球连线的长短、方位不同，因此各体元物质在各处所受月球的引力不同，如图 6.9(b)所示。这引力有两种效果，一个作用是使诸单位质量水获得各自以 $C'C$ 为半径做圆周运动的加速度；根据前文可知，此力亦等于月球作用于地心处单位质量物质的力。另一作用是产生潮汐。故**月球引潮力**定义为：**地表面单位质量体元所受月球引力减去地心处单位质量物质引力**。分别用 $\boldsymbol{F}$、$\boldsymbol{F}_{\mathrm{C}}$ 和 $\boldsymbol{F}'$ 表示引潮力、向心力和引力，有

$$\boldsymbol{F}=\boldsymbol{F}'-\boldsymbol{F}_{\mathrm{C}}, \tag{6.4.1}$$

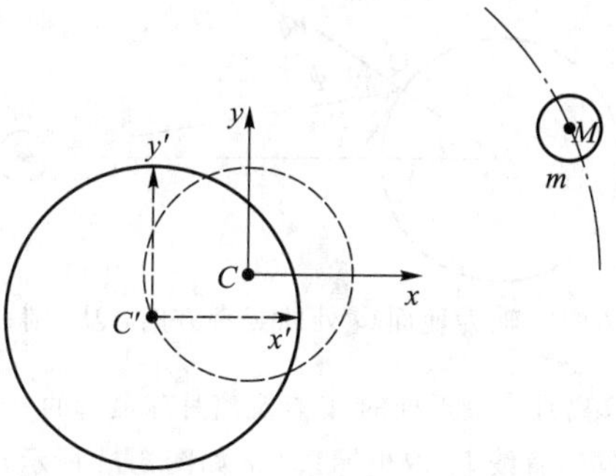

图 6.8　C' 和 M 分别表示地心和月心。C 为地-月系质心。水随 C' 绕 C 平动。虚线和点划线分别表示地心和月心绕共同质心 C 的运动

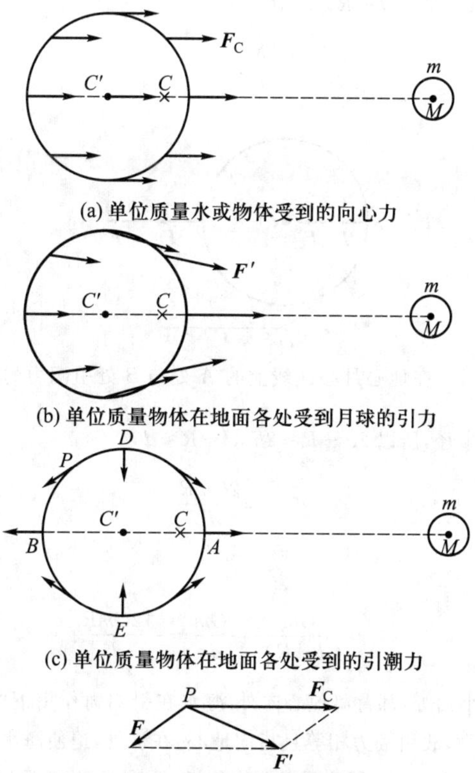

(a) 单位质量水或物体受到的向心力

(b) 单位质量物体在地面各处受到月球的引力

(c) 单位质量物体在地面各处受到的引潮力

(d) 用矢量差求引潮力

图 6.9　引潮力形成的图示

其中 F_C 显然等于 Gm/d^2，G、m 和 d 分别表示万有引力常量、月球质量和地心月心距离.地表各处引潮力如图 6.9(c)所示.由图可见朝向月球和背向月球水面将有两个突起.图(d)以图(c)中 P 点为例，表明合力即月球和向心力及引潮力间的关系.现在参考图 6.10，计算位于地面 Q 处的单位体元物质所受引潮力，将该力在 Q 处分别沿竖直、水平方向投影，得

$$F_V=F'_V-F_{CV}=\frac{Gm}{l^2}\cos(\theta+\psi)-\frac{Gm}{d^2}\cos\theta, \tag{6.4.2}$$

$$F_H=F'_H-F_{CH}=\frac{Gm}{l^2}\sin(\theta+\psi)-\frac{Gm}{d^2}\sin\theta. \tag{6.4.3}$$

其中竖直力 F_V 使海水"涨起、跌落"，而沿地面的水平分量 F_H 造成海水的"潮流".

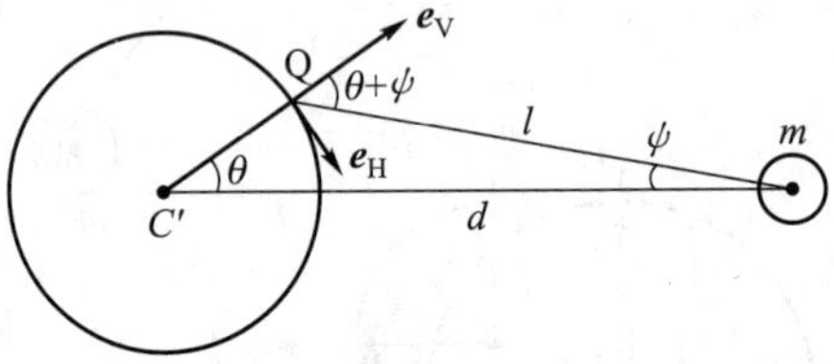

图 6.10 图中 z 轴为地面 Q 处的竖直方向，QH 则在水平面内

如图 6.11 所示，我们计算离月球最近处的 A 点及离月球最远的 B 点的引潮力.两处单位质量物体所受万有引力与向心力在同一直线上，取坐标系 Ox 如图 6.11 所示，(6.4.2)式和(6.4.3)式中 $\theta+\psi=0$，$l=d-R$，R 为地球半径，引潮力为

$$F_{Ax}=\frac{Gm}{(d-R)^2}-\frac{Gm}{d^2}=Gm\,\frac{[d^2-(d-R)^2]}{(d-R)^2d^2}$$

$$=Gm\,\frac{(2d-R)R}{(d-R)^2d^2}.$$

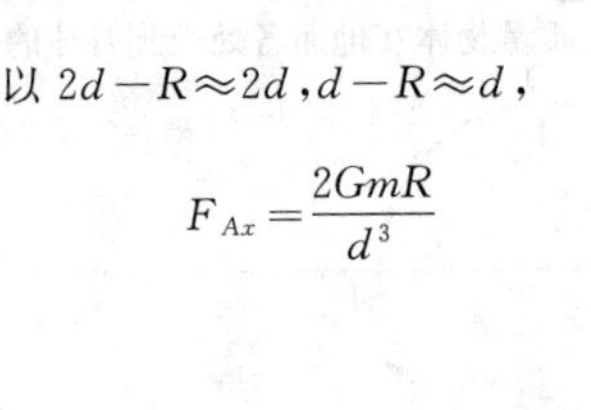

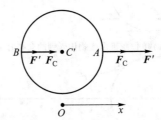

图 6.11 在地心月心连线上的 A 处与 B 处引潮力的分析

由于地月距离远大于地球半径，所以 $2d-R\approx 2d$，$d-R\approx d$，

$$F_{Ax}=\frac{2GmR}{d^3} \tag{6.4.4}$$

同理，B 点处引潮力为

$$F_{Bx}=\frac{Gm}{(d+R)^2}-\frac{Gm}{d^2}=-\frac{2GmR}{d^3}. \tag{6.4.5}$$

可见，A、B 两处引潮力大小相等，都背离地心向外.海水在引潮力作用下"涨起".计算表明，在 D、E 处，F_H 与 F_V 相比微乎其微，故引潮力相等且指向地心，在该处，迫使海水"跌落".一般说来，一昼夜中海水将依次处于 A、D、B、E 方位，因此形成两次涨潮、两次落潮.地面上其他点的引潮力的分布如

图 6.9(c)所示.

从上文讨论可见,从根本上看,潮汐来自地球各处的引力不均匀.这种不均匀常用引力梯度描述,故称潮汐源于引力梯度.

用同样方法可以讨论太阳的引潮力.虽然太阳的质量是月球的 2 700 万倍,但与地球的距离却是地月距离的 388 倍,引用(6.4.4)式,太阳引潮力 $F_{A日}$ 还不及月球引潮力 $F_{A月}$ 的一半:

$$\frac{F_{A日}}{F_{A月}}=\frac{m_{日}}{m_{月}}\frac{d_{月地}^{3}}{d_{日地}^{3}}\approx 0.460.$$

至于更远的天体的影响就更小了.实际上,运动着的地-月-日的相对位置存在着多种周期性的变化,因而海水是在做多种周期组合的复杂的周期性波动.再加上海陆分布、海洋深度、海岸形状等因素,潮汐会表现出因地而异、丰富多样的现象.例如,全世界涨潮高度的变化范围竟在 0～20 m.韩国潮汐能丰富,位于京畿道安山市的始华湖潮汐发电站是目前世界上规模最大的潮汐发电站.海洋潮汐的分析、计算及预报对于沿海农田水利、捕捞养殖、建港、整治航道、潮能利用,以及服务国防都有重要的广泛的作用.

另外,引潮力不但对海水,对地球大气层乃至地壳都有作用,形成“大气潮”“固体潮”.引潮力可以将本是球形的星体拉成长球形,当超过一定限度时,星体可能被拉断①.休梅克-列维 9 号彗星就是在木星的引潮力作用下解体的.

选读材料

一个“三体问题”研究的启迪

用开普勒定律描述行星的运动时,常涉及行星和太阳,称为二体问题.任意两个星体间仅作用着万有引力,系统应遵守机械能守恒定律及角动量守恒定律.依据牛顿第二定律可写出各自的动力学方程,再通过积分得到动力学方程的解,两个星体的运动就全部确定了:其轨道是圆锥曲线,由总能量 $E<0$(或 $E>0$)决定偏心率 $e<1$(或 $e>1$),进而决定圆锥曲线的类型,例如 $E<0$ 则 $e<1$,轨道为椭圆,此即开普勒定律描述的运动.

太阳系里有多个星体,皆视为质点,研究它们在万有引力作用下的运动称为多体问题(或 N 体问题),至今也没能通过积分解出它们的运动学方程,即便三体也如此.这不仅是个数学问题,更是直接关系到人类居住的地球——天体家族中的一员——的前景问题.1994 年 7 月,休梅克-列维 9 号彗星与木星相撞引起了广泛关注,也表明人们想要通过这一天文现象来探索至今尚不能用理论完全确定的天体运动.其实,早在 1889 年,瑞典和挪威国王奥斯卡二世就曾以“求 N 体问题的所有解”为题悬奖征文,法国数学家、天文学家庞加莱(J.H.Poincaré 1854—1912)获奖,指出不可积系统运动的复杂性.②

1981 年,著名天体力学家西贝赫利(V.G. Szebehely,1921—1997)等人③用计算机

① 冯克嘉,杜升云,堵锦生.中国业余天文学家手册.北京:高等教育出版社,1993:437.

② 郝柏林.牛顿力学三百年.科学,1987,39(3):163.

③ Szebehely V. Deformation of line - element in the phase space at the triangular libration point. Celestial Mechanics,1981,23:131.

探索了三个星体系统的运动情况，使我们对星体的复杂运动初识端倪.首先，把三体系统简化为一个小质量的星体在两个大质量星体的引力作用下运动，而不计它对两个大质量星体的作用.于是，两大星体 P_1、P_2 将在相互引力作用下绕其质心 O 以角速度 ω 做圆周运动.建立旋转坐标系 $Oxyz$，令 Oxy 面与 P_1、P_2 轨道平面重合，Ox 轴指向 P_1，Oxy 面以与两个大星体相同的角速度旋转.如图 6.12 所示.按牛顿第二定律，小星体 P 的动力学方程为

$$\begin{cases}\ddot{x}-2\dot{y}=\dfrac{\partial\Omega}{\partial x}\\ \ddot{y}+2\dot{x}=\dfrac{\partial\Omega}{\partial y}\\ \ddot{z}=\dfrac{\partial\Omega}{\partial z}\end{cases}$$

式中 $\Omega=\frac{1}{2}(x^2+y^2)+\frac{1-\mu}{r_1}+\frac{\mu}{r_2}$，$\mu=\frac{m_2}{m_1+m_2}$，$r_1$、$r_2$ 为小星体至两个大星体的距离，m_1、m_2 是两个大星体的质量.1773 年，拉格朗日(J.L.Lagrange 1736—1813)由上式得到小星体在此旋转坐标系中有 5 点位置不变，称作平衡点，即图 6.13 中的 L_i($i=$1、2、3、4、5).西贝赫利考察小星体在 L_4 附近随时间发展的行为.一反传统的决定论的预想，发现了小星体运动的不确定性.他们自 L_4 向上取一平行于 y 轴的小线段，长为 0.1，并把它等分为 10 个小线元，此时分点 S_i($i=1$、2、3、…、10)代表小星体 P 的不同初位置，取初速度为零，用计算机求 P 的动力学方程的数值解.于是，计算机模拟小星体自各分点 S_i 出发，在各时刻的末位置，表示于图 6.14.可以清楚地看到原先平行于 y 轴的各线元的长度及方位随时间的变化，这反映了各分点 S_i 在各时刻的位置分布随时间的改变.例如，$t=0$ 时小竖线段最上部的一个线元，在 $t=14$ 时已成为一个长度为 240 倍的水平线段(S_9S_{10}).这表明经过 14 个单位时间，原先相距 0.01 单位，现在变成隔开 2.4 单位，且从竖直上下的相对位置变为水平左右了.$t=0$ 时，各分点 S_i 紧靠 L_4 点，即初值很相近.但经时间演化，分点 S_i 却“随机地”弥散开来.图 6.15(a)—(c)是任取三个小线元，单就它们的长度随时间演化来考察，伸伸缩缩，相互之间并不相关.这

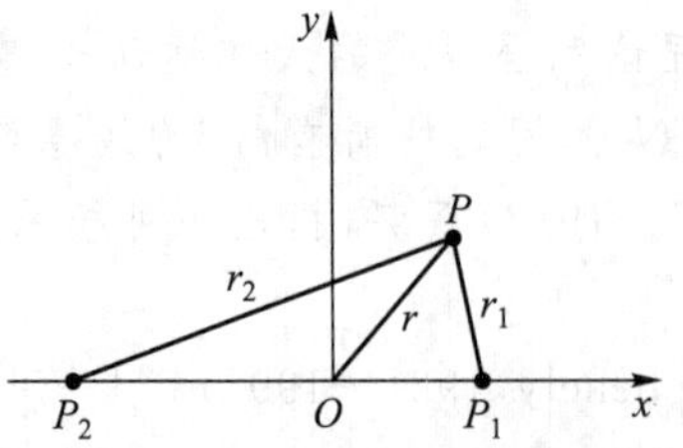

图 6.12 $Oxyz$ 为旋转坐标系. 子轴垂直于星体 P_1、P_2 的轨道平面. 在此坐标系 P_1、P_2 静止不动

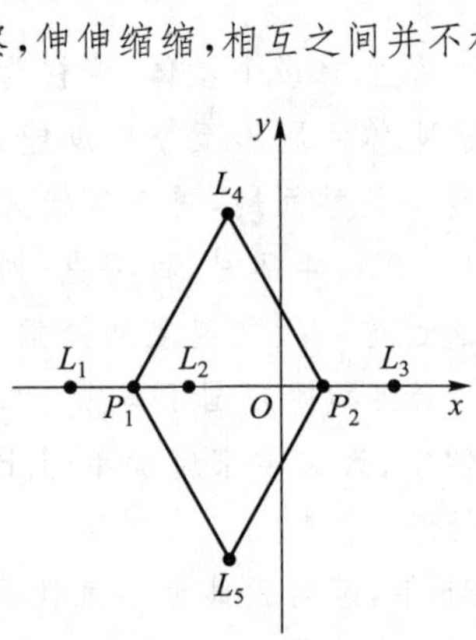

图 6.13 拉格朗日得到的 5 个平衡点，L_4 和 L_5 与 P_1，P_2 组成两个等边三角形，称作等边三角形解

些都使我们看到由牛顿运动定律制约着的小星体的运动，对初值的改变很敏感，呈现长时间行为的不确定性(或称随机性，英文为 stochasticity).西贝赫利提供的小星体运动的纷呈变幻的不确定性，令人耳目一新，与过去熟悉的“运动依赖初值，初值相差不大，随后的运动也会相离不远”的观念形成鲜明对比，引人思索.对于“敏感依赖初值”这个新概念，我们将在第九章做更深入的讨论.

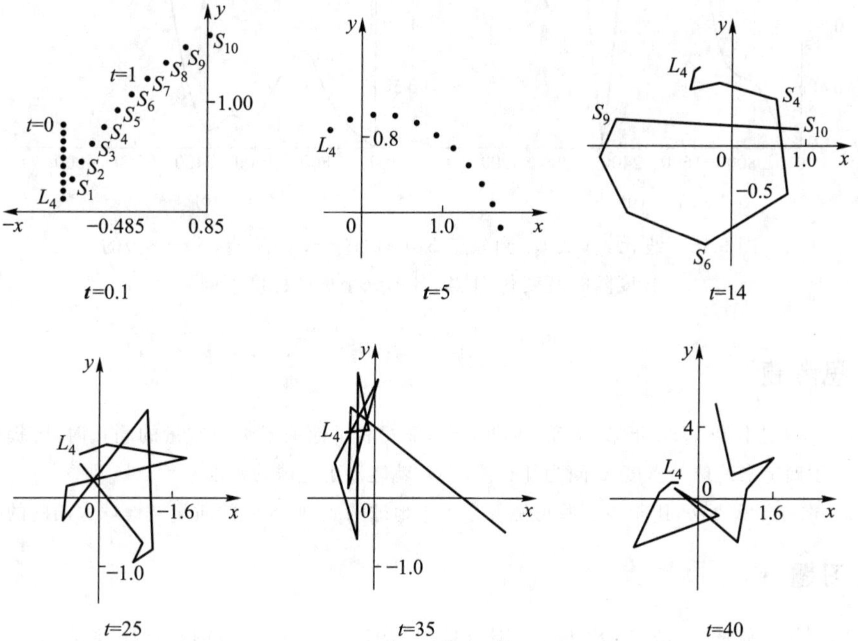

图 6.14 $t=0.1$、5，图中各点是对应不同初值该时刻小星体的位置，$t=14$、25、35、40，各图用初值相邻的小星体间连线的方位及长度反映小星体位置随时间的改变.注意：各图采用了不同的标度

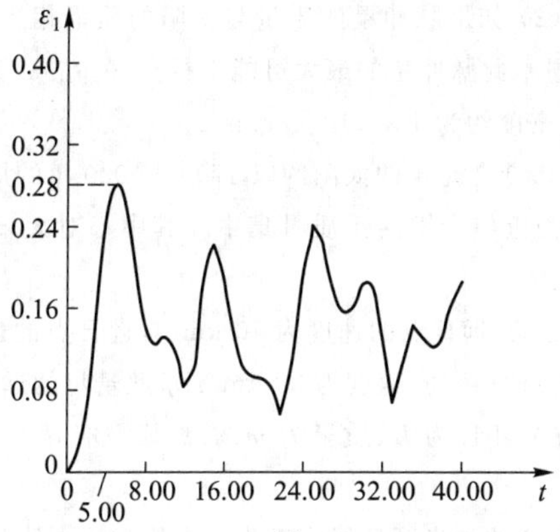

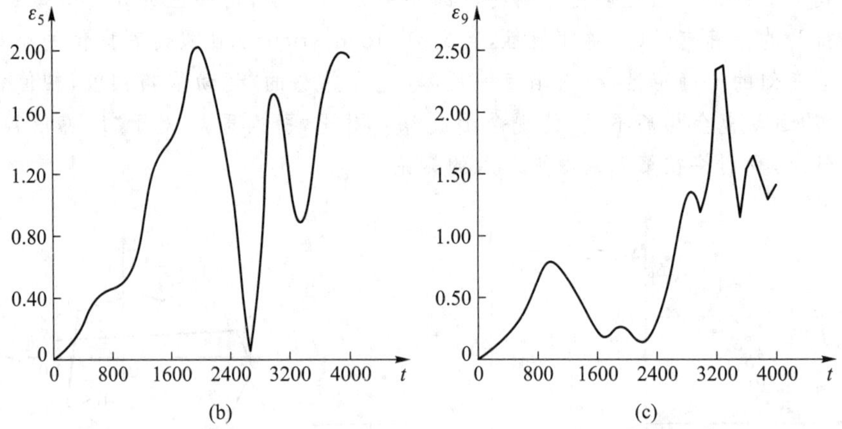

图 6.15 线元 ε_1(从 L_4 到分点 S_1),$\varepsilon_5(S_4-S_5)$及 $\varepsilon_9(S_8-S_9)$的长度随时间变化.注意:各图纵坐标的标度不同

思考题

6.1 卡文迪什在 1798 年第 17 卷《哲学学报》中发表了他关于引力常量的测量时,曾提到他的实验是为了确定出地球的密度.试问为什么测出 G,就能测出地球的密度?

6.2 你有什么办法,用至少哪些可测量量求出地球的质量、太阳的质量及地球太阳间的距离?

习题

6.2.1 土星质量为 5.7×10^{26} kg,太阳质量为 2.0×10^{30} kg,二者的平均距离是 1.4×10^{12} m.(1) 太阳对土星的引力有多大?(2) 设土星沿圆轨道运行,求它的轨道速度.

6.2.2 某流星距地面一个地球半径,求其加速度.

6.2.3 (1) 一个球形物体以角速度 ω 转动.如果仅有引力阻碍球的离心分解,此物体的最小密度是多少?由此估算巨蟹座中转速为 30 r/s 的脉冲星的最小密度.这颗脉冲星是我国在 1054 年就观察到的超新星爆发的结果.(2) 如果脉冲星的质量与太阳的质量相当(约等于 2×10^{30} kg 或约等于 $3\times10^5 m_{地}$,$m_{地}$ 为地球质量),此脉冲星的最大可能半径是多少?(3) 若脉冲星的密度与核物质的相当,它的半径是多少?核密度约为 1.2×10^{17} kg/m^3.

6.2.4 距银河系中心约 25 000 光年的太阳约以 170 000 000 年的周期在一圆周上运动.地球距太阳 8 光分.设太阳受到的引力近似为银河系质量集中在其中心对太阳的引力.试求以太阳质量为单位的银河系质量.

6.2.5 某彗星围绕太阳运动,远日点的速度为 10 km/s,近日点的速度为 80 km/s.若地球在半径为 1.5×10^8 km 的圆周轨道绕日运动,速度为 30 km/s.求此彗星的远日点距离.

6.2.6 如图所示,一均质细杆长为 L、质量为 m.求距其一端 d 处,单位质量质点受到的引力(亦称引力场强度).

6.2.7 如图所示,半径为 R 的细半圆环线密度为 λ.求位于圆心处单位质量质点受到的引力(引力场强度).

6.3.1 考虑一转动的球形行星,赤道上各点的速度为 v,赤道上的加速度是极点上的一半.求此行星极点处的粒子的逃逸速度.

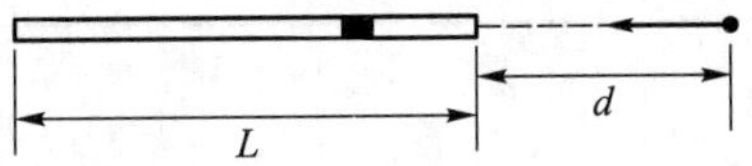

题 6.2.6 图

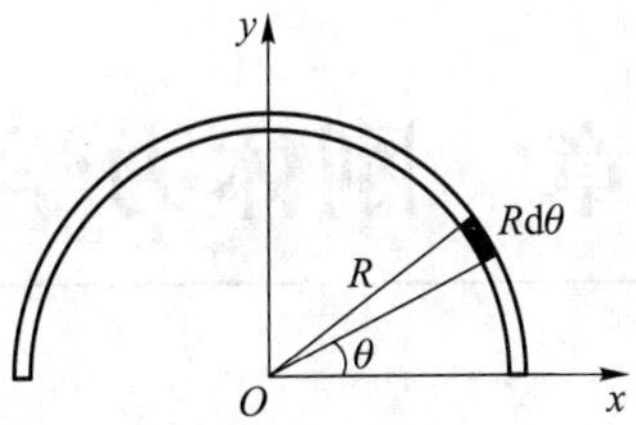

题 6.2.7 图

6.3.2 已知地球表面的重力加速度为 9.8 m/s²，围绕地球的大圆周长为 4×10^7 m，月球与地球的直径及质量之比分别是 $D_{月}/D_{地}=0.27$ 和 $m_{月}/m_{地}=0.012\ 3$.试计算从月球表面逃离月球引力场所必需的最小速度.

6.4.1 月球在地球上引起潮汐.试论证潮汐产生的摩擦会使地-月间距离增加.

6.4.2 题 6.4.2 图表示利用潮汐发电.左方为陆地和海湾，中间为水坝，其下有通道，水流经通道可带动发电机.涨潮时，水进入海湾，当内外水面高度相同，堵住通道[见题 6.4.2(a)图]、潮落至最低点时放水发电[见题 6.4.2(b)图].当内外水面高度相同，再堵住通道，直到下次涨潮至最高点时，又放水发电[见题 6.4.2(c)图].设海湾面积为 5.0×10^8 m²，高潮与低潮间高度差为 3.0 m.求一天内水流的平均功率.注：实际上，由于各种损失，发电功率仅及水流功率的 10%～25%.例如法国朗斯河(The Rance River)潮汐发电站的水势能释放平均功率达 240 MW，而发电功率仅 62 MW.

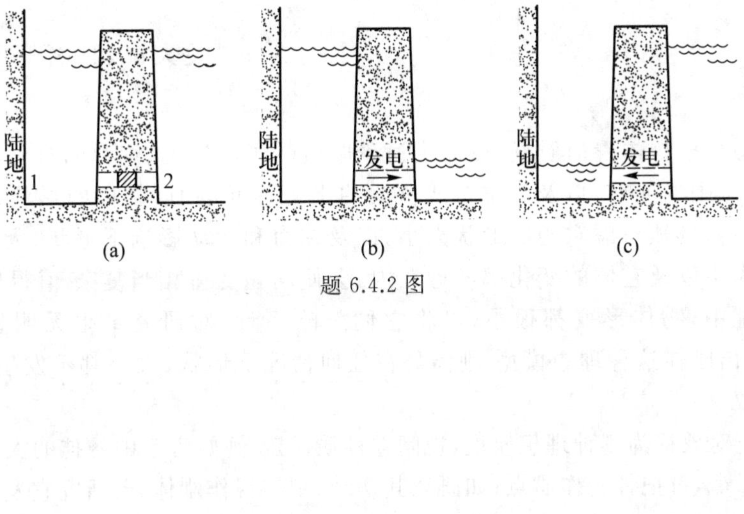

题 6.4.2 图

第七章 刚体力学

伯努利、欧拉研究了多质点体系、刚体和流体动力学……还需要提到潘索(L.Poinsot,1777—1859),刚体力学的完成应当归功于他……①

——劳厄(M.von Laue,1879—1960)

一个刚体的运动,可视为两种运动所组成,即质量中心受到所有外力作用所引起的运动,加上物体在外力作用下,绕质心所做的转动.一个刚体的动能,系其质心的平移运动的动能,加上绕质心(质心视为固定)运动的转动动能.②

——吴大猷(1907—2000)

此前总是把物体看作质点,然而当讨论电机转子的转动、炮弹的自旋、车轮的滚动、船舶在水中的颠簸,以及起重机或桥梁的平衡等问题时,物体的形状、大小往往起重要作用而必须考虑它们的形状大小,以及在力和运动影响下形状、大小的变化.把形状和大小以及它们的变化都考虑在内,会使问题变得相当复杂.值得庆幸的是,在很多情况中,物体形变都很小,可将它们忽略不计,对研究结果无明显影响,于是,人们提出刚体这种理想模型.刚体是在任何情况下形状、大小都不发生变化的力学研究对象.

将研究对象视为哪种理想模型,视问题性质而定.例如庙宇中悬挂的大钟,研究它如何保持平衡,可把钟看作质点;如研究其摆动,则需视作刚体;若研究它发出的钟声,就要研究钟体各部分的振动从而必须进一步考虑钟体各部分的形变.

研究刚体力学时,把刚体分成许多部分,每一部分都小到可看作质点,叫作刚体的质元.由于刚体不形变,各质元间距离不变,质元间距离保持不变的质点系叫作不变质点系.把刚体看作不变质点系并运用已知的质点系的运动规律去研究,这是刚体力学的基本方法.

---

① 劳厄.物理学史.范岱年,戴念祖译.北京:商务印书馆,1978:21.

② 吴大猷.古典动力学.北京:科学出版社,1983:16—17.

§7.1 刚体运动的描述

(一) 刚体的平动

刚体最基本的运动形式是平动和绕固定轴的转动.在运动中,如刚体上任意一条直线在各个时刻的位置都保持平行,称刚体做平动,如图 7.1(a)所示.

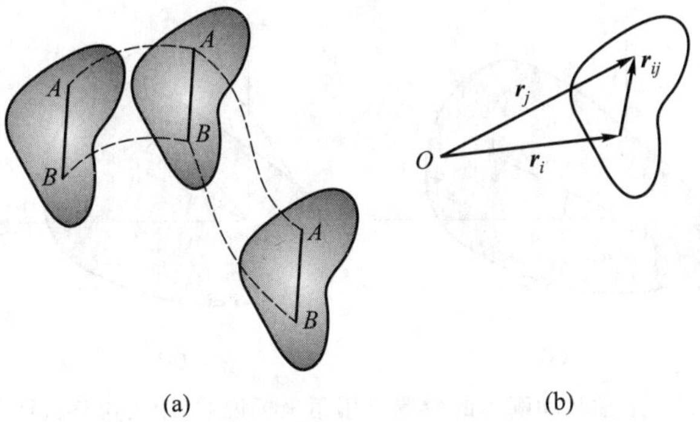

图 7.1 刚体的平动

对刚体运动进行全面描述,就必须确切给出刚体所有质元的运动,图 7.1(b)中 $\boldsymbol{r}_i$ 和 $\boldsymbol{r}_j$ 表示做平动的刚体上任意两个质元的位置矢量,$\boldsymbol{r}_{ij}$ 表示质元 i 指向质元 j 的矢量.显然,

$$\boldsymbol{r}_j=\boldsymbol{r}_i+\boldsymbol{r}_{ij}.$$

根据刚体平动特点,$\boldsymbol{r}_{ij}$ 的方向、大小在运动中不变.故 $\boldsymbol{r}_{ij}$ 为常矢量.将上式对时间求一阶及二阶导数,得

$$\frac{\mathrm{d}\boldsymbol{r}_j}{\mathrm{d}t}=\frac{\mathrm{d}\boldsymbol{r}_i}{\mathrm{d}t},\quad \frac{\mathrm{d}^2\boldsymbol{r}_j}{\mathrm{d}t^2}=\frac{\mathrm{d}^2\boldsymbol{r}_i}{\mathrm{d}t^2}.$$

式中各量分别表示质元 i 和 j 的速度和加速度,即

$$\boldsymbol{v}_j=\boldsymbol{v}_i,\quad \boldsymbol{a}_j=\boldsymbol{a}_i.$$

因质元 i 和 j 是任意选择的,故可得出结论:尽管做平动的刚体上各质元的位置矢量不同,但它们的差别仅为一常矢量,各质元的速度和加速度却相同.因此,只要了解刚体上某一质元的运动,就足以掌握整个刚体的平动.

(二) 刚体绕固定轴的转动

若刚体运动时,所有质元都在与某一直线垂直的诸平面上做圆周运动,且圆心在该直线上,则称刚体绕固定轴转动.该直线称作转轴.

为了描述刚体定轴转动,在参考系上固定一直角坐标系 $Oxyz$,z 轴与转轴重合,如图 7.2 所示，它垂直于纸面并指向读者.显然，凡具有相同的 x、y 坐标但 z 坐标不同的质元都有相同的运动状态.因此，用 Oxy 坐标平面在刚体中截出一个平面图形，一旦确定此平面图形的位置，刚体的位置便唯一地确定了.在平面图形上除 O 点外任选一点 A，则图形位置可由 A 的位置决定.设 A 的位置矢量为 $\boldsymbol{r}$，因其大小不变，故其位置可由自 x 轴转至 OA 的角 θ 说明，如图 7.2(a)所示，称作绕定轴转动刚体的角坐标.规定自 x 轴逆时针转向 OA 时 θ 为正.刚体定轴转动可用函数

$$\theta=\theta(t) \tag{7.1.1}$$

描述，此即刚体绕定轴转动的运动学方程.可见，用一个标量函数就可以描述定轴转动.

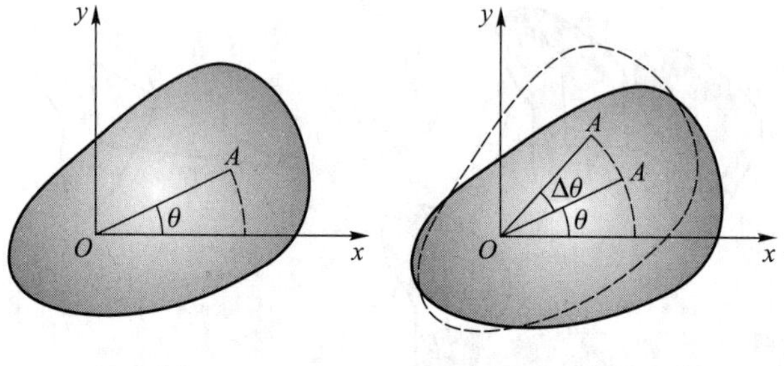

图 7.2 定轴转动刚体的位置可用角坐标说明，用角位移说明转动

绕定轴转动的刚体在 Δt 时间内角坐标的增量 $\Delta\theta$ 称该时间内的角位移.面对 z 轴观察，若 $\Delta\theta>0$，则刚体逆时针转动；若 $\Delta\theta<0$，则刚体顺时针转动，如图 7.2(b)所示.在国际单位制中，角坐标和角位移单位为 rad(弧度)，是量纲为一的量.

在时间 t 至 $t+\Delta t$ 内，刚体角位移 $\Delta\theta$ 与发生这一角位移所用时间之比当 $\Delta t\to 0$ 时的极限称作刚体在 t 时刻的瞬时角速度，在不致混淆的情况下，称为角速度，记作 ω，

$$\omega=\lim_{\Delta t\to 0}\frac{\Delta\theta}{\Delta t}=\frac{\mathrm{d}\theta}{\mathrm{d}t}, \tag{7.1.2}$$

即瞬时角速度等于角坐标对时间的导数.面对 z 轴观察，当 $\omega>0$ 时，刚体逆时针转动；当 $\omega<0$ 时，刚体顺时针转动.在国际单位制中，角速度单位为 rad/s，量纲式为 $\dim\omega=\mathrm{T}^{-1}$.在工程技术中，常用每分钟转数 n 说明转动快慢.它和角速度的大小即角速率 $|\omega|$ 有如下关系：

$$|\omega|=\frac{\pi n}{30}\ \mathrm{rad/s} \tag{7.1.3}$$

现在引入瞬时角加速度.设某瞬时 t 刚体角速度为 ω，在瞬时 $t+\Delta t$，角速度变为 $\omega+\Delta\omega$，则角速度增量 $\Delta\omega$ 与发生这一增量所用时间 Δt 之比 $\frac{\Delta\omega}{\Delta t}$ 当 $\Delta t\to 0$ 时的极限叫作刚体在瞬时 t 的瞬时角加速度，记作 α，

$$\alpha=\lim_{\Delta t\to 0}\frac{\Delta\omega}{\Delta t}=\frac{\mathrm{d}\omega}{\mathrm{d}t}, \tag{7.1.4}$$

即瞬时角加速度等于角速度对时间的导数.在不致引起混淆的地方,亦称为角加速度.角加速度也有正负.如角加速度的符号与角速度相同,则刚体做加速转动;若符号相反,则做减速转动.角加速度的单位在国际单位制中为 rad/s^2(弧度每平方秒),量纲为 $\dim \alpha = T^{-2}$.

角速度和角加速度在描述刚体定轴转动中所起的作用与质点运动中速度和加速度的作用相似.因此常把它们对应起来看待,速度与角速度相对应,加速度与角加速度相对应.

与质点运动学相似,已知刚体角坐标的初始条件,可由角速度求出角坐标随时间的变化规律,根据(7.1.2)式,有

$$d\theta = \omega(t)dt.$$

做不定积分,得一切可能的角坐标为

$$\theta = \int \omega(t)dt = \theta(t) + C.$$

设角坐标初始条件为 $t=0$、$\theta=\theta_0$,得 $C=\theta_0-\theta(0)$.将它代入前式,有 $\theta=\theta_0+\theta(t)-\theta(0)$.根据牛顿-莱布尼茨公式,得上述初始条件下刚体定轴转动的运动学方程为

$$\theta = \theta_0 + \int_0^t \omega(t)dt. \tag{7.1.5}$$

角速度不随时间变化的转动叫作匀速转动,这时 ω = 常量.在上述初始条件下,匀速转动的运动学方程为

$$\theta = \omega t + \theta_0.$$

已知角速度的初始条件和角加速度 $\alpha=\alpha(t)$,不难推出

$$\omega = \omega_0 + \int_0^t \alpha(t)dt. \tag{7.1.6}$$

若又知角坐标初始条件,还可进一步求出运动学方程 $\theta=\theta(t)$.

角加速度不随时间变化的转动叫作匀变速转动,这时 α = 常量,有

$$\omega = \omega_0 + \alpha t. \tag{7.1.7}$$

此即匀变速转动的角速度公式,与质点直线运动的 $v_x = v_{0x} + a_x t$ 相对应.对上式积分并以 $t=0$、$\theta=0$ 作为角坐标的初始条件,得 $\theta=\omega_0 t+\frac{1}{2}\alpha t^2$.与(2.3.7)式相对应.

描述刚体内各质点做圆周运动的位移、速度和加速度等物理量称作线位移、线速度和线加速度,即为线量.描述刚体转动整体运动的角位移、角速度和角加速度等则称为角量.为说明角量和线量的关系,我们研究刚体上与转轴距离为 $\boldsymbol{r}$ 的 A 点的运动.在图 7.3 中以 x 轴和圆轨迹的交点为零点,用弧长 s 描写 A 点的位置,并选择面对 z 轴逆时针方向作为 s 增加的方向,于是有,

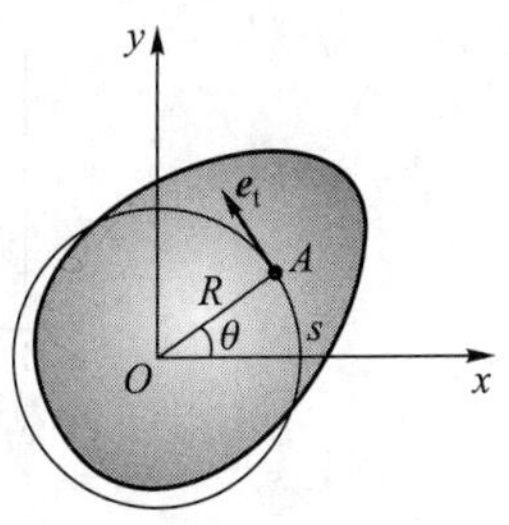

图 7.3 线量与角量的关系

$$s = \theta r. \tag{7.1.8}$$

将此式左右对时间求导数，得

$$\frac{\mathrm{d}s}{\mathrm{d}t}=r\frac{\mathrm{d}\theta}{\mathrm{d}t}.$$

沿 s 增加方向取切向单位矢量，也记作 $\boldsymbol{e}_{\mathrm{t}}$，则 $\frac{\mathrm{d}s}{\mathrm{d}t}=v_{\mathrm{t}}$，即 A 点的线速度. $\frac{\mathrm{d}\theta}{\mathrm{d}t}=\omega$ 是该质点亦即整个刚体的角速度，故

$$v_{\mathrm{t}}=\omega r. \tag{7.1.9}$$

这就是定轴转动刚体上任一点线速度与角速度的关系，ω 的正负与 v_{t} 一致. 现将刚体上一点的加速度分解为切向加速度和法向加速度. 将(7.1.9)式对时间求导，并注意 $\mathrm{d}v_{\mathrm{t}}/\mathrm{d}t$ 即切向加速度 a_{t}，得

$$a_{\mathrm{t}}=\alpha r. \tag{7.1.10}$$

刚体上 A 点的法向加速度为 $a_{\mathrm{n}}=v_{\mathrm{t}}^2/r$，将(7.1.9)式代入此式得

$$a_{\mathrm{n}}=\omega^2 r. \tag{7.1.11}$$

(7.1.10)式和(7.1.11)式给出了关于加速度线量和角量的关系. 已知角量就可求出刚体上任意一点做圆周运动的线速度、切向加速度和法向加速度. 可见，角量充分地描述了刚体绕定轴的转动状态.

(三) 角速度矢量[①]

对于刚体定轴转动，即转轴在空间的方位不变，只有“正”“反”两种转动方向，通过角速度 ω 的正负即可指明. 一般说来，转轴可在空间取各种方位，只用正负不足以表明转动方向，需要引入角速度矢量.

角速度矢量当然必须满足矢量定义，即角速度具有大小和方向，且其相加服从平行四边形法则. 我们规定角速度矢量的方向是沿转轴的，且和刚体的旋转运动组成右手螺旋系统[见图 7.4(a)和(b)]. 至于按平行四边形法则进行角速度合成，应这样理解：如刚体绕 OA 轴以角速度 $\boldsymbol{\omega}_1$ 转动，同时又绕 OA' 轴以角速度 $\boldsymbol{\omega}_2$ 转动，则刚体绕 OA'' 轴以角速度 $\boldsymbol{\omega}=\boldsymbol{\omega}_1+\boldsymbol{\omega}_2$ 转动，如图 7.4(c)所示.

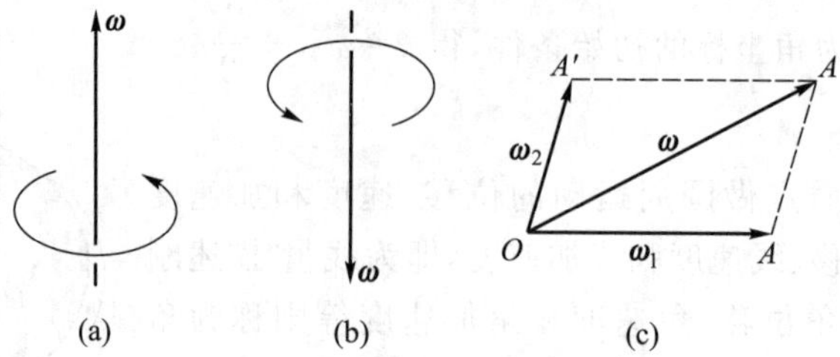

图 7.4 角速度矢量

① 实际上，有限大小的角位移并不是矢量，只有无穷小的角位移和角速度才是矢量. 这些问题的全面论证在理论力学课中进行.

利用角速度矢量，可进一步以矢量矢积表示刚体上质元线速度 $\boldsymbol{v}$ 和角速度 $\boldsymbol{\omega}$ 的关系，即

$$\boldsymbol{v}=\boldsymbol{\omega}\times\boldsymbol{r}. \tag{7.1.12}$$

$\boldsymbol{r}$ 表示质元对转轴的位置矢量，与转轴垂直，$\boldsymbol{\omega}$、$\boldsymbol{r}$ 和 $\boldsymbol{v}$ 组成右手螺旋系，如图 7.5 所示.

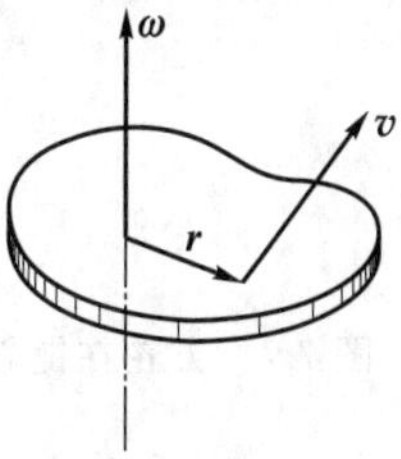

图 7.5 角速度矢量和刚体上一点速度的关系

作为角速度对时间的变化率，角加速度也是矢量：

$$\boldsymbol{\alpha}=\frac{\mathrm{d}\boldsymbol{\omega}}{\mathrm{d}t}. \tag{7.1.13}$$

角速度和角加速度在直角坐标系的正交分解式为

$$\boldsymbol{\omega}=\omega_x\boldsymbol{i}+\omega_y\boldsymbol{j}+\omega_z\boldsymbol{k},\quad \boldsymbol{\alpha}=\alpha_x\boldsymbol{i}+\alpha_y\boldsymbol{j}+\alpha_z\boldsymbol{k},$$

其中 $\alpha_x=\dfrac{\mathrm{d}\omega_x}{\mathrm{d}t},\quad \alpha_y=\dfrac{\mathrm{d}\omega_y}{\mathrm{d}t},\quad \alpha_z=\dfrac{\mathrm{d}\omega_z}{\mathrm{d}t}.$

刚体做定轴转动时，可令 z 轴与转轴重合，则 $\omega_x=\omega_y=0$，故 $\boldsymbol{\omega}=\omega_z\boldsymbol{k}$，$\boldsymbol{\alpha}=\alpha_z\boldsymbol{k}$.前文定轴转动中讲到的 ω 和 α 正是这里的 ω_z 与 α_z，它们分别是角速度矢量和角加速度矢量在转轴(即 z 轴)上的投影.今后为明确起见，凡角速度投影，均附以角标.

(四) 刚体的平面运动

图 7.6 表示朝某方向滚动的车轮、曲轴连杆机构中连杆的运动，而图 7.7 表示方轮在链轨上的滚动.它们运动的特点是刚体上各点均在平面内运动，且这些平面均与一固定平面平行，称作刚体做平面运动，其特点是，刚体内垂直于固定平面的直线上的各点，运动状况都相同.根据这个特点，可利用与固定平面平行的平面在刚体内截出一平面图形.此平面图形的位置一经确定，刚体的位置便确定了.

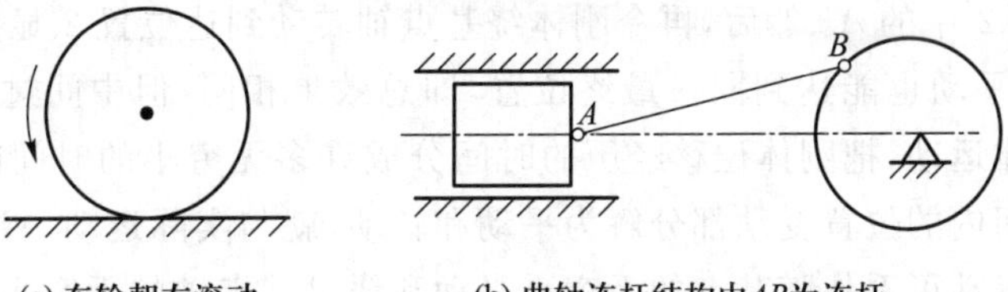

(a) 车轮朝左滚动　　(b) 曲轴连杆结构中AB为连杆

图 7.6 车轮和曲轴的运动

建立坐标系 $Oxyz$，使平面图形在 Oxy 面内，如图 7.8(a)所示，z 轴与纸面垂直.在平面上任选一点 B，称作基点，其位置矢量为 $\boldsymbol{r}_B$.$\boldsymbol{r}_B$ 还不足以确定刚体位置，因平面图形还可绕 B 点转动.建立以基点 B 为原点，坐标轴与 $Oxyz$ 系各相应轴保持平行的坐标系 $Bx'y'z'$.若能指出平面图形绕 B 点或刚体绕 z'轴转动的角坐标 θ，即图中任意点 A 的位置矢量 $\boldsymbol{r}'$与 x'轴的夹角，刚体位置便可唯一确定.总之，为描述平面运动，必须给出

$$\boldsymbol{r}_B=\boldsymbol{r}_B(t)=x_B(t)\boldsymbol{i}+y_B(t)\boldsymbol{j},\quad \theta=\theta(t), \tag{7.1.14}$$

或

$$x_B=x_B(t),\quad y_B=y_B(t)\text{和}\ \theta=\theta(t). \tag{7.1.15}$$

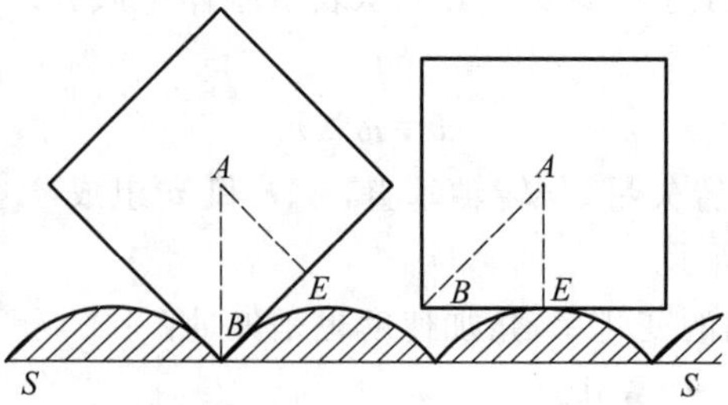

图 7.7 方轮在链轨上滚动，ABE 标出方轮在同一圆弧上向左滚 45°的先、后两位置[①]，它与坦克或推土机轮的运动有联系

即需要三个标量函数才能描述刚体的平面运动，$x_B(t)$ 与 $y_B(t)$ 反映任意选定的基点的运动，$\theta(t)$ 刻画刚体绕通过基点轴的转动.在运动学中，基点的选择是任意的.

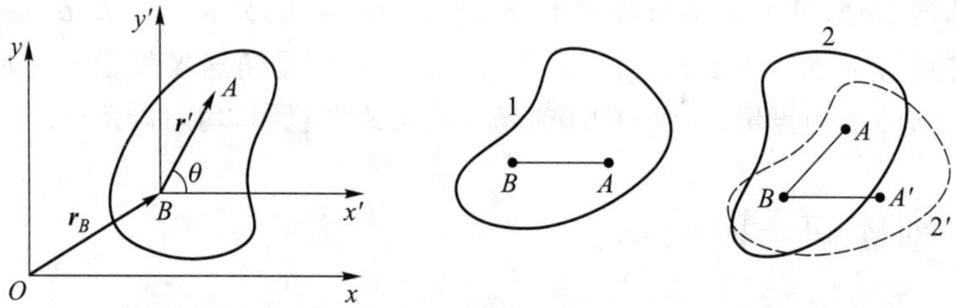

(a) 如何描述平面运动中刚体上一点的运动

(b) 刚体的平面运动可分解为随基点的平动和绕基点的转动

图 7.8

基于以上论述，可将刚体平面运动视为平动与转动的合成.如图 7.8(b)所示，刚体自位置 1 至位置 2 的位移分为两个阶段.首先，自位置 1 随基点 B 平动至位置 2′.这时，A 点亦到达 2′中的 A'.然后，再令刚体绕基点轴转动到达位置 2.显然，先绕基点轴转动再随 B 点平动也能达到同一最终位置，即总效果相同，但中间过程不一定相同.为精确描述刚体运动，把刚体位移经历的时间分成许多无穷小的时间间隔，把刚体在每一无穷小时间内的位置变动都分解为平动和转动，就与实际运动一致了.因此，刚体的无穷小平面运动可看作随基点的无穷小平动和绕过基点轴的无穷小转动的合成.可见，平动和定轴转动不仅是刚体最简单的运动形式，也是最基本的运动形式.事实上，更复杂的刚体运动都可看作是平动与转动的合成.

现在讨论做平面运动的刚体上任意一点的速度.仍参阅图7.8(a)，以 A 点为例，该点相对于 $Oxyz$ 系的位置矢量为

$$\boldsymbol{r}=\boldsymbol{r}_B+\boldsymbol{r}'.$$

对时间求导数即可得该点速度为

$$\boldsymbol{v}=\frac{\mathrm{d}\boldsymbol{r}}{\mathrm{d}t}=\frac{\mathrm{d}\boldsymbol{r}_B}{\mathrm{d}t}+\frac{\mathrm{d}\boldsymbol{r}'}{\mathrm{d}t}=\boldsymbol{v}_B+\boldsymbol{v}'.$$

① Klein N H. Square Wheel. American Journal of Physics，1993，61(10)：893.

用 $\boldsymbol{\omega}$ 表示刚体绕过基点轴的角速度，根据(7.1.12)式 $\boldsymbol{v}'=\boldsymbol{\omega}\times\boldsymbol{r}'$. 上式变为

$$\boldsymbol{v}=\boldsymbol{v}_B+\boldsymbol{\omega}\times\boldsymbol{r}'. \tag{7.1.16}$$

此即做平面运动的刚体上任意一点的速度公式.

下面讨论圆柱体无滑滚动这一特例.若滚动圆柱体边缘上各点与支承面接触的瞬时，与支承面无相对滑动，称圆柱体做无滑滚动.这时，圆柱体边缘在与支承面接触时，相对于支承面的瞬时速度为零.汽车正常行驶时，车轮在地面上留下清晰的轮胎花纹，表明轮胎周边与地面接触的刹那，并无相对滑动，因此可将车轮运动视作无滑滚动.

以做无滑滚动的圆柱体中心轴上一点 C 为基点，用 r 和 $\boldsymbol{\omega}$ 分别表示圆柱体的半径和角速度.根据(7.1.16)式，圆柱体边缘上一点的线速度为

$$\boldsymbol{v}=\boldsymbol{v}_C+\boldsymbol{\omega}\times\boldsymbol{r}.$$

因为是无滑滚动，当边缘上一点与支承面接触的瞬时，$\boldsymbol{v}=0$，故

$$\boldsymbol{v}_C+\boldsymbol{\omega}\times\boldsymbol{r}=0,$$

图 7.9 中 P 点的情况就是这样.建立 $Oxyz$ 坐标系，将 P 点处的 $\boldsymbol{v}_C$ 和 $\boldsymbol{\omega}\times\boldsymbol{r}$ 矢量投影，得

$$v_{Cy}=\omega_z r. \tag{7.1.17}$$

人们通常将此式看作是圆柱体做无滑滚动的条件.这时，圆柱体边缘上一点在空间画出的轨迹如图 7.9 右方所示，称作摆线、旋轮线或圆滚线.

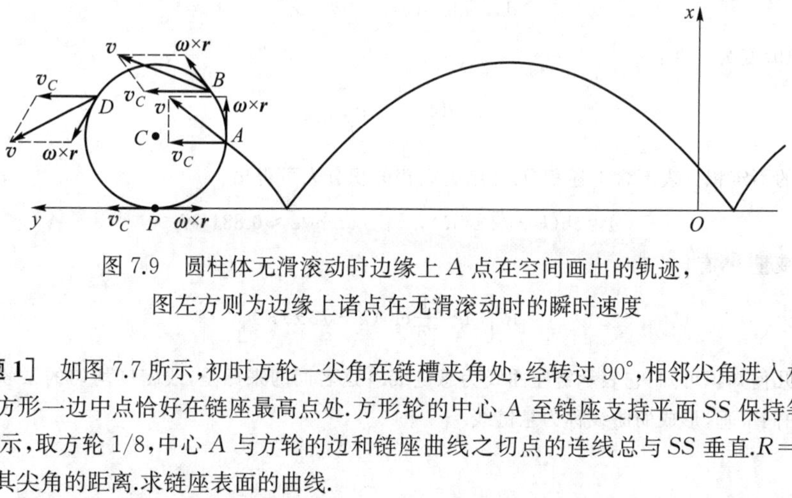

图 7.9 圆柱体无滑滚动时边缘上 A 点在空间画出的轨迹，图左方则为边缘上诸点在无滑滚动时的瞬时速度

*[**例题 1**] 如图 7.7 所示，初时方轮一尖角在链槽夹角处，经转过 90°，相邻尖角进入相邻尖槽.转 45°时，方形一边中点恰好在链座最高点处.方形轮的中心 A 至链座支持平面 SS 保持等距离.如图 7.10 所示，取方轮 1/8，中心 A 与方轮的边和链座曲线之切点的连线总与 SS 垂直.$R=AB$ 表示轮中心至其尖角的距离.求链座表面的曲线.

[**解**] 取链座某尖槽处为坐标原点建立 Oxy 坐标系.按已知条件，取 A 点至切点 T 连线并延长至 P，AP 垂直于 x 轴.因中心 A 总保持同样高度，故 $AT+TP=R$.用 θ 表示角位移.因 $AT=\dfrac{R}{\sqrt{2}\cos\theta}$，又令 $TP=y$，有

$$\frac{R}{\sqrt{2}\cos\theta}+y=R \tag{7.1.18}$$

因 $\dfrac{\mathrm{d}y}{\mathrm{d}x}=\tan\theta$，又 $1+\tan^2\theta=\sec^2\theta$，故得所求曲线的方程

$$1+\left(\frac{\mathrm{d}y}{\mathrm{d}x}\right)^2=\left[\frac{\sqrt{2}}{R}(R-y)\right]^2 \tag{7.1.19}$$

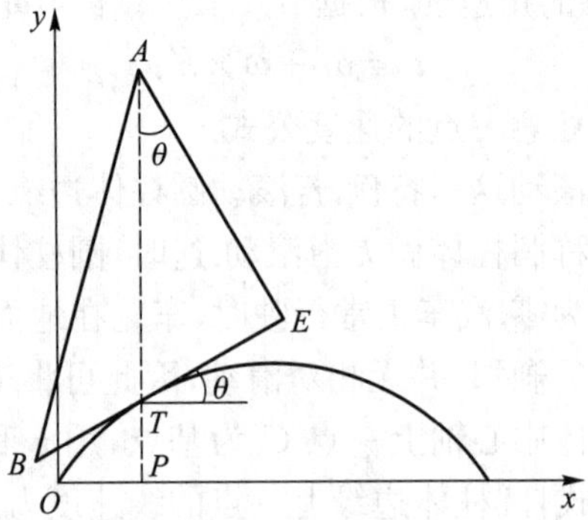

图 7.10 方轮边缘在曲线上无滑滚动,又设 ATP 为直线并垂直于 x 轴

采用 $\mu=\sec\theta$,(7.1.18)式变成

$$\frac{R}{\sqrt{2}}\mu+y=R,$$

又有

$$1+\left(\frac{\mathrm{d}y}{\mathrm{d}x}\right)^2=\mu^2.$$

取

$$\frac{\mathrm{d}y}{\mathrm{d}x}=\frac{\mathrm{d}y}{\mathrm{d}\mu}\frac{\mathrm{d}\mu}{\mathrm{d}x}=-\frac{R}{\sqrt{2}}\frac{\mathrm{d}\mu}{\mathrm{d}x},$$

方程(7.1.19)变为

$$\frac{\mathrm{d}\mu}{\sqrt{\mu^2-1}}=-\frac{\sqrt{2}}{R}\mathrm{d}x.$$

本书附录的不定积分表不含上述积分.应用更完善的积分表可得出

$$\mu=\mathrm{ch}(k-\sqrt{2}\,x/R),\quad k=\mathrm{arch}\sqrt{2}\approx 0.881\ 37.$$

回到原来变量 y,有

$$y=R\left[1-\frac{1}{\sqrt{2}}\mathrm{ch}\,(k-\sqrt{2}\,x/R)\right]$$

查阅解析几何知识可知,它表示链座曲线为悬链线.①这名词的来源是,线密度均匀的柔软的绳索两端悬挂,中间下垂,形成的曲线称为悬链线.

§7.2 刚体的动量和质心运动定理

动量是物理学中重要的守恒量,现将它运用于刚体.质点系的动量可表示为 $\boldsymbol{p}=\sum m_i\boldsymbol{v}_i$ 或 $\boldsymbol{p}=m\boldsymbol{v}_C$.刚体为不变质点系,这两式仍适用.但因刚体内任意两个质点距离不变,故质心相对于刚体的位置亦不变,对刚体来说,用 $\boldsymbol{p}=m\boldsymbol{v}_C$ 表示动量更方便.现在先研究刚体的质心,再讨论有关动量的规律.

---

① Klein N H. Square Wheel. American Journal of Physics, 1993, 61(10):893.

(一) 刚体的质心

大家已熟悉

$$x_C=\frac{\sum m_i x_i}{\sum m_i},\quad y_C=\frac{\sum m_i y_i}{\sum m_i},\quad z_C=\frac{\sum m_i z_i}{\sum m_i}\tag{7.2.1}$$

给出质点系的质心坐标.刚体作为不变质点系,质心坐标也适用此式.(7.2.1)式仅适用于质量分立分布的情况.如果刚体质量连续分布,为描述刚体的质心坐标,需将上式中 m_i 换成质量的微分 $\mathrm{d}m$,将求和变为积分运算,即

$$x_C=\frac{\int_V x\,\mathrm{d}m}{\int_V \mathrm{d}m},\quad y_C=\frac{\int_V y\,\mathrm{d}m}{\int_V \mathrm{d}m},\quad z_C=\frac{\int_V z\,\mathrm{d}m}{\int_V \mathrm{d}m}.$$

积分遍及刚体体积 V.$\mathrm{d}m$ 可写作 $\mathrm{d}m=\rho\mathrm{d}V$,$\rho$ 表示刚体的体密度.一般说来 ρ 是空间位置的函数:$\rho=\rho(x,y,z)$.引入体密度 ρ 后,刚体质心坐标的表达式成为

$$x_C=\frac{\int_V \rho x\,\mathrm{d}V}{\int_V \rho\,\mathrm{d}V},\quad y_C=\frac{\int_V \rho y\,\mathrm{d}V}{\int_V \rho\,\mathrm{d}V},\quad z_C=\frac{\int_V \rho z\,\mathrm{d}V}{\int_V \rho\,\mathrm{d}V}.\tag{7.2.2}$$

若刚体是均质的,即刚体内各点体密度 ρ 相同,则质心坐标表示式为

$$x_C=\frac{\int_V x\,\mathrm{d}V}{V},\quad y_C=\frac{\int_V y\,\mathrm{d}V}{V},\quad z_C=\frac{\int_V z\,\mathrm{d}V}{V}.\tag{7.2.3}$$

[例题 1] 求半径为 a 的均质半圆球的质心.

[解] 如图 7.11 所示,以球心 O 为原点建立坐标系,由于球体的对称性,均质半球体的质心 C 必定在 z 轴上,仅需根据(7.2.3)式求出 z_C 即可.

将半球体划分为若干半径为 r、厚为 $\mathrm{d}z$ 的薄圆平板状体积元 $\mathrm{d}V$,首先考虑体积元 $\mathrm{d}V$ 的表达式,

$$\begin{aligned}\mathrm{d}V&=\pi r^2\mathrm{d}z\\&=\pi(a\sin\theta)^2\mathrm{d}(a\cos\theta)\\&=\pi a^3\sin^2\theta\mathrm{d}\cos\theta\\&=\pi a^3(1-\cos^2\theta)\mathrm{d}\cos\theta\end{aligned}$$

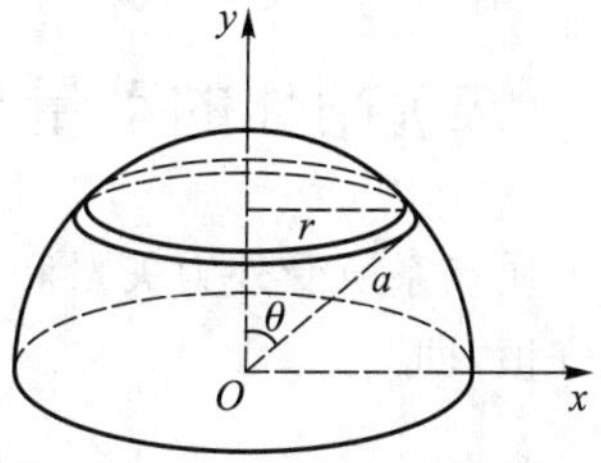

图 7.11 求均质半球体质心

再将(7.2.3)式中 z 写作

$$z=a\cos\theta.$$

半球体积为 $V=\frac{1}{2}\cdot\frac{4}{3}\pi a^3=\frac{2}{3}\pi a^3$.将 z、V 和 $\mathrm{d}V$ 代入(7.2.3)式,并选择 $u=\cos\theta$ 作为积分变量,得

$$\begin{aligned}z_C=\frac{\int z\mathrm{d}V}{V}&=\left[\pi a^4\int_0^1(1-u^2)u\,\mathrm{d}u\right]\Big/\left(\frac{2}{3}\pi a^3\right)\\&=\frac{3}{2}a\left[\frac{u^2}{2}\Big|_0^1-\frac{u^4}{4}\Big|_0^1\right]=\frac{3}{8}a.\end{aligned}$$

对于质量相等的两个质点,它们的质心在两质点连线中点.若刚体是均质的,且其

形状具有对称轴，则其质心必在对称轴上；虽然刚体不是均质的，但若质量分布和几何形状具有相同的对称轴，质心也在对称轴上.如刚体有几条这样的对称轴，则质心必定位于对称轴的交点处.根据对称性判断质心往往很方便.

如刚体由几部分组成，刚体质心与其各组成部分质心的关系在形式上与(7.2.1)式相同，但式中不同的 i 值表示刚体的不同部分，m_i 表示各部分的质量，x_i、y_i 和 z_i 则应换作各部分质心的坐标 x_{iC}、y_{iC} 和 z_{iC}，如下式所示：

$$x_C=\frac{\sum m_i x_{iC}}{\sum m_i},\quad y_C=\frac{\sum m_i y_{iC}}{\sum m_i},\quad z_C=\frac{\sum m_i z_{iC}}{\sum m_i}. \tag{7.2.4}$$

［**例题 2**］ 在半径为 R 的均质等厚度大圆板的一侧挖掉半径为 $\frac{R}{2}$ 的小圆板，大小圆板相切，如图 7.12 所示.求余下部分的质心.

［**解**］ 大圆板是整体，小圆板及余下月牙形是局部.选择如图所示坐标系，考虑到对称性，余下部分质心的 y 坐标为零，仅需求其 x 坐标.

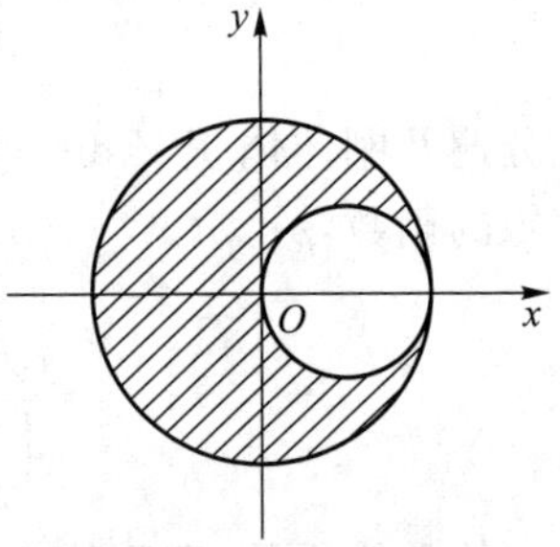

图 7.12 求阴影部分的质心

用 σ 表示平板单位面积的质量.大圆板质量为 $m=\sigma\pi R^2$，质心坐标为 $x_C=0$，小圆板质量为 $m_1=\frac{1}{4}\sigma\pi R^2$，质心坐标为 $x_{1C}=\frac{R}{2}$.余下部分的质量为 $m_2=\frac{3}{4}\sigma\pi R^2$，质心坐标用 x_{2C} 表示，代入(7.2.4)式，得

$$0=\frac{\frac{1}{4}\sigma\pi R^2\cdot\frac{R}{2}+\frac{3}{4}\sigma\pi R^2\cdot x_{2C}}{\sigma\pi R^2}$$

解出 x_{2C}，得

$$x_{2C}=-\frac{R}{6}.$$

(二) 刚体的动量与质心运动定理

质点系所受外力矢量和为零，则动量守恒.刚体受到的外力矢量和为零，动量当然也守恒，即

$$\boldsymbol{p}=m\,\boldsymbol{v}_C=\text{常矢量}. \tag{7.2.5}$$

将质心运动定理用于刚体，亦有

$$\sum \boldsymbol{F}_i=m\,\frac{\mathrm{d}\boldsymbol{v}_C}{\mathrm{d}t}=m\boldsymbol{a}_C. \tag{7.2.6}$$

$\sum \boldsymbol{F}_i$ 表示外力矢量和，$\boldsymbol{a}_C$ 为质心加速度.下面例题是该定理对刚体定轴转动的典型应用.

［**例题 3**］ 一圆盘形均质飞轮质量为 $m=5.0$ kg，半径为 $r=0.15$ m，转速为 $n=400$ r/min.飞轮做匀速转动.飞轮质心距转轴 $d=0.001$ m，求飞轮作用于轴承的压力.计入飞轮质量但不考虑飞轮重量(这意味着仅计算由于飞轮的转动使轴承受到的压力，不考虑飞轮所受重力对该压力的影响).

［解］ 将飞轮视作刚体并取作隔离体.质心偏离转轴,沿半径为 d 的圆周运动,其向心加速度 $a_C=\omega^2 d$,ω 为角速度.按 $\omega=n\pi/30$,有

$$\omega=\frac{n\pi}{30}=\frac{400\times3.141\ 6}{30}\ \text{rad/s}\approx41.9\ \text{rad/s}$$

飞轮转动时,因不计重力,飞轮仅受轴承约束,即在绕定轴转动时受到弹性支撑力,记作 $\boldsymbol{F}$.根据质心运动定理,有

$$F=m\omega^2 d=5.0\times41.9^2\times0.001\ \text{N}=8.8\ \text{N}.$$

本题要求计算转子作用于轴承的压力 $\boldsymbol{F}'$,它是力 $\boldsymbol{F}$ 的反作用力,与力 $\boldsymbol{F}$ 大小相等方向相反,力 $\boldsymbol{F}$ 由质心指向转轴,而力 $\boldsymbol{F}'$ 由转轴指向质心.此力随着飞轮的转动不断改变方向.

由于转动体质心偏离转轴,轴承和机座受到时而上下、时而左右的周期力,使机座产生有害振动.由计算可知,在转子质量和转速一定的情况下,质心偏离转轴越远,力 $\boldsymbol{F}$ 越大,振动越剧烈.所以,为减弱机座的振动,应设法尽量减小质心至转轴的距离.如质心恰好落在转轴上,就说转动体达到了静平衡.许多转动体,例如磨削用的砂轮、内燃机的飞轮等都需要调整静平衡.然而,转动体质心偏离轴线引起的振动并不总是有害的.某些机械恰好要利用这种振动进行工作,例如振动打桩机、振动泵等.这时转动体质心偏开轴线距离的大小都可以精密地计算出来.

§7.3 刚体定轴转动的角动量、转动惯量

(一) 刚体定轴转动对轴上一点的角动量

图 7.13(a)表示仅由质量分别为 $m_1=m_2=m$ 的两个质元组成的刚体,质元对称地分布于转轴两侧,中间用质量可以不计的刚性轻杆连接.这是最简单的刚体.此刚体绕过轻杆中心且与轻杆垂直的 z 轴转动,角速度为 $\boldsymbol{\omega}$,沿 z 轴正方向.

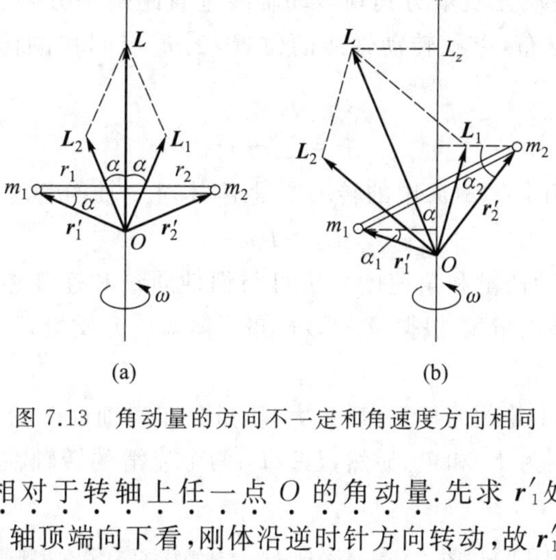

图 7.13 角动量的方向不一定和角速度方向相同

现在计算刚体相对于转轴上任一点 O 的角动量.先求 $\boldsymbol{r}_1'$处质元的角动量,如图 7.13(a)所示,自 z 轴顶端向下看,刚体沿逆时针方向转动,故 $\boldsymbol{r}_1'$处质元的线速度 $\boldsymbol{v}_1$ 或动量 $m\boldsymbol{v}_1$ 的方向垂直于纸面指向读者,此质元对 O 点的角动量垂直于 $\boldsymbol{r}_1'$和 $m_1\boldsymbol{v}_1$

所决定的平面，且 $\boldsymbol{L}_1=\boldsymbol{r}_1'\times m_1\boldsymbol{v}_1$，$L_1=r_1'm_1v_1$.与此类似，$\boldsymbol{r}_2'$处质元对 O 点的角动量为$\boldsymbol{L}_2=\boldsymbol{r}_2'\times m_2\boldsymbol{v}_2$，$L_2=r_2'm_2v_2$.因两个质元质量相等且位置对称，故总角动量 $\boldsymbol{L}=\boldsymbol{L}_1+\boldsymbol{L}_2$ 必沿 z 轴正方向，总角动量大小则等于

$$L=m_1r_1'v_1\cos\alpha+m_2r_2'v_2\cos\alpha.$$

因 $r_1'\cos\alpha=r_2'\cos\alpha=r_1=r_2=r$，$r$ 即质元到转轴距离，又 $v_1=v_2=\omega r$，故

$$L=2mr^2\omega. \tag{7.3.1}$$

图 7.13(b)表示另一种情况，设两个质点仍绕过中心轴转动，但轻杆与转轴成一个角度，其角速度等于 $\boldsymbol{\omega}$.先求位于 $\boldsymbol{r}_1'$处质元的角动量，如图所示，自 z 轴顶端向下看，刚体沿逆时针方向转动，故 $\boldsymbol{r}_1'$处质元的速度 $\boldsymbol{v}_1$ 或动量 $m\boldsymbol{v}_1$ 的方向垂直于纸面指向读者，同理，可画出此质元对 O 点的角动量 $\boldsymbol{L}_1$，$\boldsymbol{L}_1$ 的大小为 $mr_1'v_1$.$\boldsymbol{r}_2'$处质元对 O 点的角动量指向 $\boldsymbol{L}_2$，$\boldsymbol{L}_2$ 大小为 $mr_2'v_2$.总角动量 $\boldsymbol{L}=\boldsymbol{L}_1+\boldsymbol{L}_2$，它不沿转轴，如图 7.13(b)所示.

动量总沿速度方向，而上例表明，当刚体绕固定轴转动时，刚体的角动量矢量并不一定沿角速度方向，它可能和角速度 $\boldsymbol{\omega}$ 成某一角度.从这两个最简单的例子推而广之，不难想到质量分布与几何形状有共同对称轴的刚体，当绕该对称轴转动时，刚体对轴上任一点的角动量与角速度方向相同.但就一般情况，刚体定轴转动对轴上一点的角动量并不一定沿角速度 $\boldsymbol{\omega}$ 的方向，而是与之成一定夹角.[①]

(二) 刚体对固定转轴的转动惯量

现在研究刚体定轴转动时对转轴的角动量，在 § 5.2 中，对轴的角动量是作为对点的角动量在坐标轴上的投影而引入的.设 § 5.2 中 z 轴即刚体转轴，将(5.2.7)式运用于刚体，刚体对轴角动量为 $L_z=\sum m_ir_iv_{it}$，因 $v_{it}=\omega_zr_i$，故有

$$L_z=(\sum m_ir_i^2)\omega_z,$$

等式右方括号内为各质元质量与其到转动轴线垂直距离平方乘积之和.显然，它取决于刚体本身的质量分布，以及转动轴线的位置，$\sum m_ir_i^2$ 叫作刚体对定轴 z 的转动惯量，用 I_z 表示：

$$I_z=\sum m_ir_i^2. \tag{7.3.2}$$

(7.3.1)式中 $2mr^2$ 即图 7.13(a)中的转动惯量.刚体对 z 轴的角动量可写作

$$L_z=I_z\omega_z. \tag{7.3.3}$$

将它与动量相比，转动惯量和角速度分别可与惯性质量和速度相比拟.转动惯量恰是对一定转轴转动惯性的量度.根据(7.3.2)式知刚体诸质元质量越大，离轴越远，则转动惯性越大.

如图 7.14 所示，1 轮边缘厚重，质量大，质量分布离轴远.2 轮小，质量分布离轴近.它们的转动惯量分别为 I_1 和 I_2.显然，$I_1>I_2$.两个光滑的转轴在同一直线上.I_1 轮以

---

① 若刚体密度不均匀且几何形状不对称，刚体绕某些特殊轴转动时，刚体对轴上任一点的角动量与角速度可以有相同方向.该问题在理论力学中讨论.

角速度 ω_1 转动，I_2 轮静止.I_1 轮沿轴向右滑动与 I_2 轮发生完全非弹性碰撞，使 I_1、I_2 以相同的角速度转动.将 I_1 与 I_2 视为一质点系，因轴承光滑而不受外力矩，对转轴角动量守恒，故有

$$(I_1+I_2)\omega=I_1\omega_1.$$

最后得共同角速度

$$\omega=\frac{I_1\omega_1}{I_1+I_2}. \tag{7.3.4}$$

由此可知转动惯量的作用：ω_1 一定，若用转动惯性大的 1 轮经碰撞带动转动惯性小的 2 轮，可得与 ω_1 相差不多的角速度.若 $I_1<I_2$，则 1 轮的转动惯性不足以“克服”2 轮巨大的转动惯性使之获得足够大的转速.这种现象可与两个球的完全非弹性碰撞相比.在汽车中，左边转动惯性大者称飞轮，与发动机相连，右边轮则与传动装置和驱动轮相连，如图 7.14 所示.待飞轮获得转速，再与右方相连，利用飞轮大的惯性带动传动装置和驱动轮运动起来.

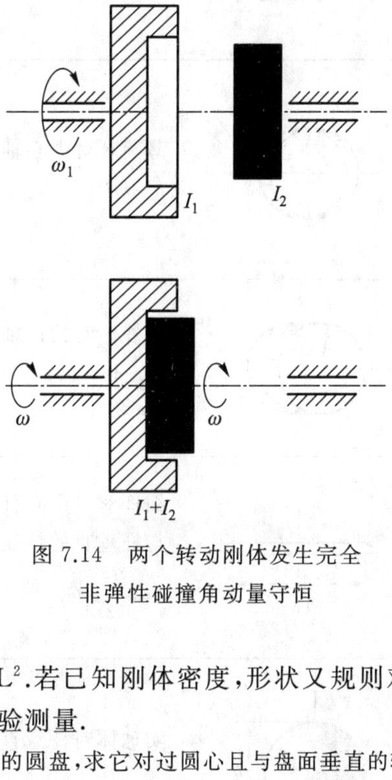

图 7.14 两个转动刚体发生完全非弹性碰撞角动量守恒

既然转动惯量如此重要，现在我们专门研究它.刚体质量连续分布，为了精确地表示转动惯量，将上式中质元质量 m_i 改为质量微分 $\mathrm{d}m$，将求和变为积分，得

$$I=\int_V r^2\mathrm{d}m,$$

积分遍及刚体全部体积.用 ρ 表示刚体密度，用 $\mathrm{d}V$ 表示体积微分，则 $\mathrm{d}m=\rho\mathrm{d}V$，代入上式，即

$$I=\int_V \rho r^2\mathrm{d}V. \tag{7.3.5}$$

若刚体是均质的，则

$$I=\rho\int_V r^2\mathrm{d}V. \tag{7.3.6}$$

转动惯量的单位由质量与长度的单位决定，在国际单位制中为 $\mathrm{kg\cdot m^2}$.转动惯量的量纲为 $\mathrm{ML^2}$.若已知刚体密度，形状又规则对称，可用上两式求转动惯量.若形状复杂，则需用实验测量.

[例题 1] 图 7.15 表示质量为 m、半径为 R、密度均匀的圆盘，求它对过圆心且与盘面垂直的转轴的转动惯量.

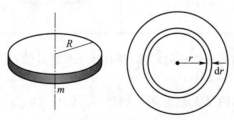

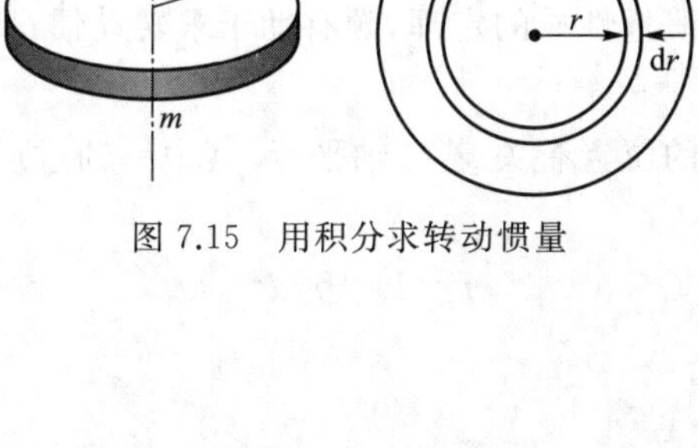

图 7.15 用积分求转动惯量

［**解**］ 把圆盘分成许多无限薄圆环.用 ρ 表示圆盘密度,用 h 表示其厚度,则半径为 r,宽为 $\mathrm{d}r$ 的薄圆环的质量为

$$\mathrm{d}m=\rho\cdot 2\pi rh\,\mathrm{d}r.$$

薄圆环对轴的转动惯量为

$$\mathrm{d}I=r^2\,\mathrm{d}m=2\pi\rho hr^3\,\mathrm{d}r.$$

积分得

$$I=\int_0^R 2\pi\rho hr^3\,\mathrm{d}r=2\pi\rho h\int_0^R r^3\,\mathrm{d}r=\frac{1}{2}\pi\rho hR^4.$$

其中 $h\pi R^2$ 为圆盘体积,$\rho\pi hR^2$ 为圆盘质量 m,故圆盘转动惯量为

$$I=\frac{1}{2}mR^2.$$

表 7.1 中列出若干密度均匀、形状规则的物体的转动惯量,均可用积分法求出,读者可练习自己计算.

表 7.1

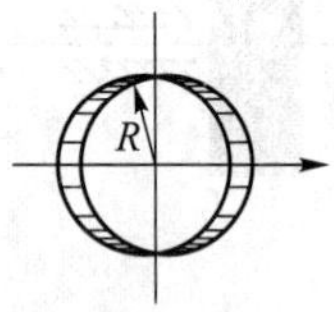	薄圆环对中心轴线 $I=mR^2$	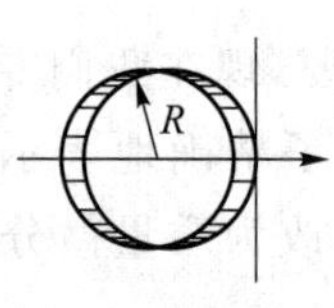	细圆环对任意切线 $I=\frac{3}{2}mR^2$
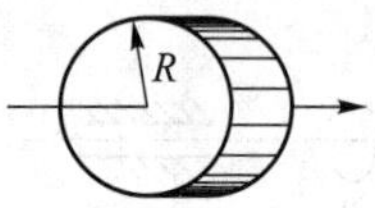	圆柱体对柱体轴线 $I=\frac{1}{2}mR^2$	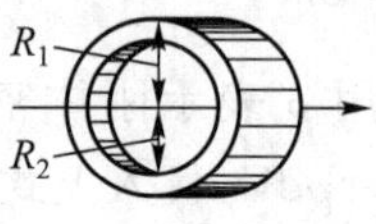	圆柱环对柱体轴线 $I=\frac{1}{2}m(R_1^2+R_2^2)$
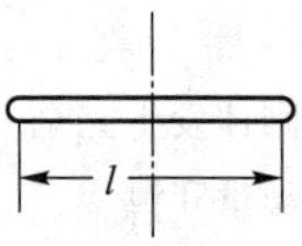	细杆对过中心且与杆垂直的轴线 $I=\frac{1}{12}ml^2$	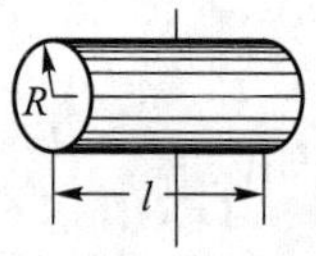	实圆柱体对中心直径 $I=\frac{1}{4}mR^2+\frac{1}{12}ml^2$
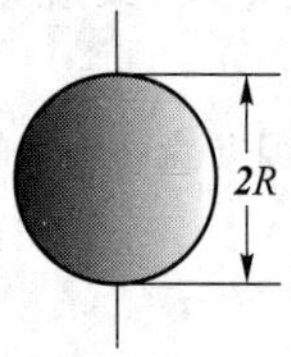	实球体对任意直径 $I=\frac{2}{5}mR^2$	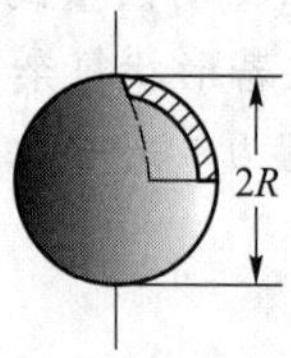	薄球壳对任意直径 $I=\frac{2}{3}mR^2$

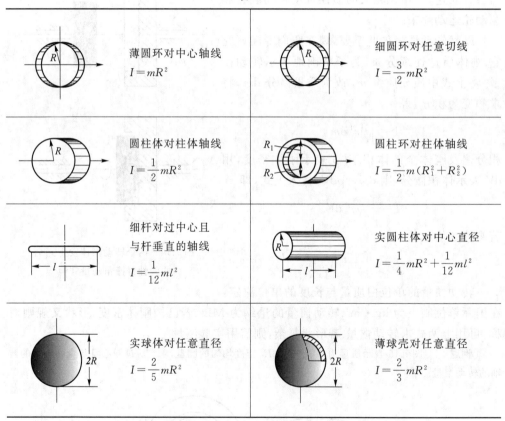

下面两个反映转动惯量性质的定理,颇有助于求转动惯量.

(1) 平行轴定理

刚体转动惯量与轴的位置有关.若二轴平行,其中一轴过质心,则刚体对二轴转动惯量有下列关系:

$$I=I_C+md^2,\tag{7.3.7}$$

m 为刚体质量，I_C 为刚体对过质心轴的转动惯量，I 为对另一平行轴的转动惯量，d 为两轴的垂直距离.(7.3.7)式叫作平行轴定理.现证明如下.如图 7.16 所示，z 与 z' 轴与纸面垂直，带撇坐标系表示质心坐标系，刚体对 z 轴的转动惯量为

$$\begin{aligned}I&=\sum m_i(x_i^2+y_i^2)\\&=\sum m_i[(x_i'+x_C)^2+(y_i'+y_C)^2]\\&=\sum m_i(x_i'^2+y_i'^2)+2x_C\sum m_ix_i'+\\&\quad 2y_C\sum m_iy_i'+(x_C^2+y_C^2)\sum m_i.\end{aligned}$$

用 m 表示刚体总质量.根据质心坐标式，有 $\sum m_ix_i'=mx_C'$，$\sum m_iy_i'=my_C'$，x_C' 和 y_C' 分别表示质心在质心坐标系中的坐标，因这一坐标系原点正在质心，故 $x_C'=y_C'=0$，上式中间两项消失.$\sum m_i(x_i'^2+y_i'^2)$ 即刚体对 z' 轴的转动惯量 I_C，而 $x_C^2+y_C^2=d^2$.于是得(7.3.7)式.由定理可知，在刚体对各平行轴的不同转动惯量中，对质心轴的转动惯量最小.

(2) 垂直轴定理

设刚体为厚度无穷小的薄板，建立坐标系 $Oxyz$，z 轴与薄板垂直，Oxy 坐标面在薄板平面内，如图 7.17 所示.刚体对 z 轴的转动惯量为

$$\begin{aligned}I_z&=\sum m_ir_i^2\\&=\sum m_ix_i^2+\sum m_iy_i^2,\end{aligned}$$

等号右方两部分顺次表示刚体对 y 和 x 轴的转动惯量，即

$$I_z=I_x+I_y.\tag{7.3.8}$$

因此，无穷小厚度的薄板对与它垂直的坐标轴的转动惯量，等于薄板对板面内另两直角坐标轴的转动惯量之和，称垂直轴定理.注意本定理对于有限厚度的板不成立.

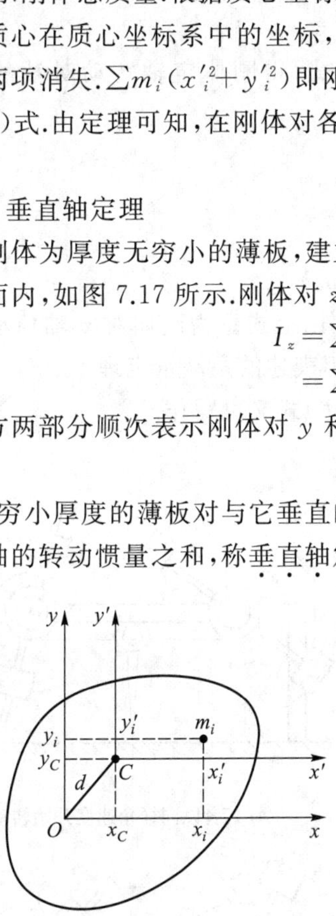

图 7.16　平行轴定理

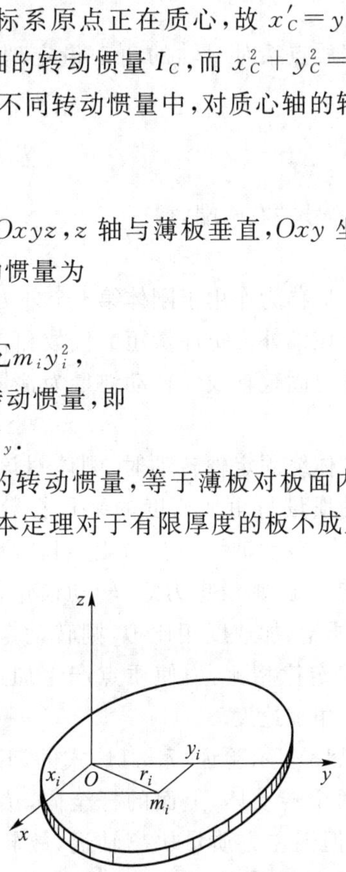

图 7.17　垂直轴定理

[例题 2]　均质等截面细杆质量为 m，长为 l，已知其对于过中心且与杆垂直之轴的转动惯量为 $\frac{1}{12}ml^2$，求对过端点且与杆垂直之轴的转动惯量.

[解]　两平行轴的间距为 $d=\frac{1}{2}l$，根据平行轴定理，

$$I=I_C+md^2=\frac{1}{12}ml^2+m\left(\frac{1}{2}l\right)^2=\frac{1}{3}ml^2.$$

[例题 3]　均质等厚度薄圆板的质量为 m，半径为 R，板的厚度远小于半径.求对过圆心且在板面内之轴的转动惯量.

[解] 因板的厚度远小于半径，故可视作无穷小厚度的板，可应用垂直轴定理.建立直角坐标系，原点在圆心，x、y 轴在板面间，根据对称性，$I_x=I_y$，由垂直轴定理，有

$$I_z=I_x+I_y=2I_x,$$

$$I_z=\frac{1}{2}mR^2,$$

$$I_x=\frac{1}{4}mR^2.$$

（三）刚体定轴转动的角动量定理和转动定理

根据质点系对 z 轴的角动量定理及(7.3.3)式，得刚体定轴转动对轴的角动量定理：

$$\sum M_{iz}=\frac{\mathrm{d}}{\mathrm{d}t}I_z\omega_z \tag{7.3.9}$$

将 $\mathrm{d}t$ 乘等号左右两端，得

$$\sum M_{iz}\mathrm{d}t=\mathrm{d}(I_z\omega_z) \tag{7.3.10}$$

式中 $M_{iz}\mathrm{d}t$ 称为作用于刚体第 i 个外力矩的冲量矩.上式意为刚体对 z 轴角动量的增量等于对该轴外力矩冲量矩的代数和，是用冲量矩表述的角动量定理.

刚体对固定轴线的转动惯量为常量，故(7.3.10)式又可写作

$$\sum M_{iz}=I_z\alpha_z \tag{7.3.11}$$

它表明刚体绕固定轴转动时，刚体对该转动轴线的转动惯量与角加速度的乘积在数量上等于外力对此转动轴线的合力矩，叫作刚体定轴转动的转动定理.设想力矩、转动惯量、角加速度和力、质量、加速度相比拟，则转动定理可与牛顿第二定律相比：力使质点产生加速度，而力矩产生角加速度.

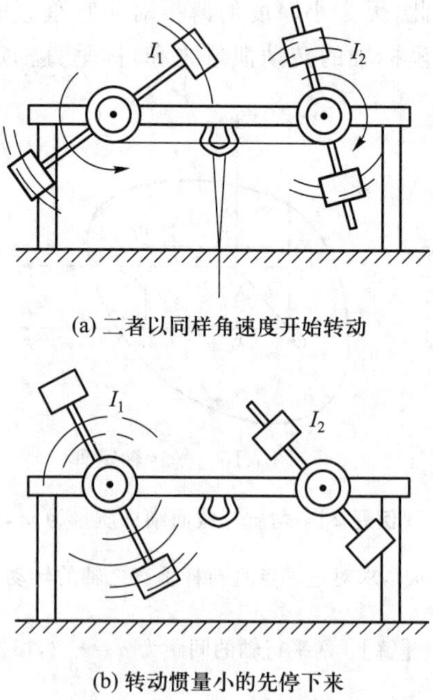

(a) 二者以同样角速度开始转动

(b) 转动惯量小的先停下来

图 7.18 验证刚体定轴转动定理的演示实验

图 7.18 表示验证(7.3.11)式的演示实验.架上放两个转动体，上面的杆全同，诸质量块亦相同，但因左方质量块离轴远，故转动惯量较大.两个转动体与半径相同的轮轴相连，将线绕在上面.同时经过小环向下拉两根线绳，两个转动体便获得相同的初角速度.设法调整轴承处摩擦，使两个转动体所受阻力矩基本相同(因受阻力矩，故角加速度与角速度方向相反).根据(7.3.11)式，转动惯量大者角加速度数值小，转动惯量小者角加速度数值大.实验结果恰好如此，左边转动体将转动更长的时间才会停下来.

(四) 刚体的重心

如图 7.19(a)所示，被悬挂刚体处于静止.各质元均受重力，它们的总效果必然与悬线拉力相等，并且必然沿悬线作用——否则，将使刚体转动.该线称重力作用线.改变悬挂方位又可得到其他作用线.刚体处于不同方位时重力作用线都要通过的那一点叫作重心.

如图 7.19(b)所示，设 C 即重心，所有诸体元重力总效果均过 C.因 C 不动，可视作转轴.又因刚体静止，根据转动定理，诸力对 C 轴的合力矩为零，用 x_i 和 x_C 表示各体元与重心的 x 坐标，按合力矩为零，有

$$\sum G_i(x_i-x_C)=0.$$

即得

$$x_C=\frac{\sum G_i x_i}{G}, \tag{7.3.12a}$$

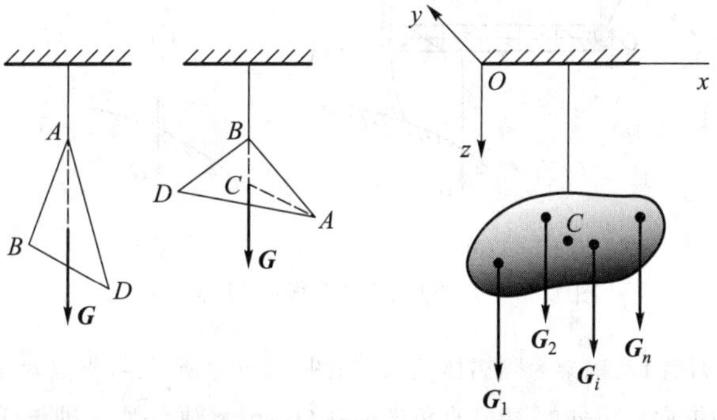

(a) 表示刚体重心定义　(b) 根据力矩平衡求刚体重心坐标

图 7.19

G_i 和 G 分别表示诸质元重量和刚体总重量.同理可求出

$$y_C=\frac{\sum G_i y_i}{G},\quad z_C=\frac{\sum G_i z_i}{G}. \tag{7.3.12b}$$

取 $G_i=m_i g$，则重心坐标与质心坐标同.不过，在物理概念上，质心与重心不同.重心为重力合力作用线通过的那一点，而质心是在刚体运动中具有特殊地位的几何点，其运动服从质心运动定理.星际航行飞船已脱离地球引力范围，谈不到重力和重心，但它的运动仍遵守质心运动定理，从这个意义上说，质心比重心更有普遍意义.质心与重心重合也不是本质的必然.只有当物体线度与它们到地心距离相比很小，才能近似认为物体各部分所受重力互相平行，从而应用平行力合成的方法计算重心坐标.若物体很大，以至不能认为物体各部分重力彼此平行，重心就不再与质心重合了.

(五) 典型的例子

运用转动定理连同质心运动定理和牛顿运动定律，可讨论许多有关转动的动力学问题.本书一般采用直角坐标系 $Oxyz$，并令 z 轴与转轴重合且指向读者，使沿逆时针方向的力矩、角速度、角加速度等物理量均取正值.

［**例题 4**］ 如图 7.20(a)所示，半径为 R 的放水弧形闸门，可绕图中左方支点转动，总质量为 m，质心在距转轴 $\frac{2}{3}R$ 处，闸门及钢架对支点的总转动惯量为 $I=\frac{7}{9}mR^2$.可用钢丝绳将弧形闸门提起放水.我们可以近似认为，在开始提升时钢架部分处于水平，弧形部分的切向加速度为 $a=0.1g$，g 为重力加速度，可不计摩擦.因水的浮力与其他力相比很小，亦不计.

(1) 求开始提升的瞬时，钢丝绳对弧形闸门的拉力和支点对闸门钢架的支撑力.

(2) 若以同样加速度提升同样重量的平板闸门［见图 7.20(b)］需要多大的拉力？

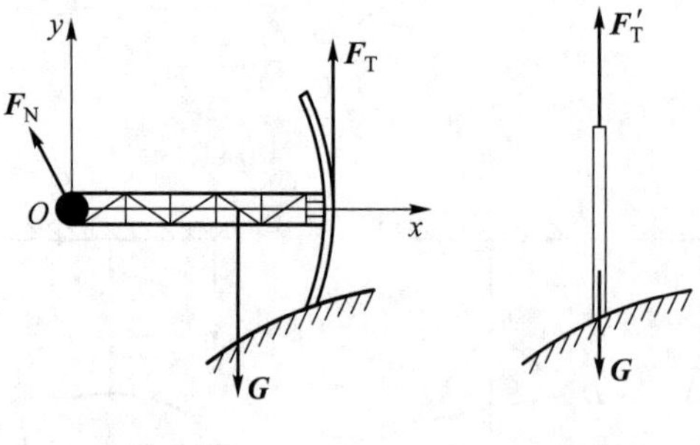

图 7.20 弧形闸门与平板闸门的受力

［**解**］ (1) 以弧形闸门及钢架为隔离体，受力如图 7.20(a)所示.将支点对闸门的支撑力 $\boldsymbol{F}_N$ 画成任意方向，表示此力方向是未知的.建立直角坐标系 $Oxyz$，x 轴水平，z 轴与纸面垂直并指向读者.角量和力矩的正方向沿逆时针方向.根据质心运动定理，

$$\boldsymbol{F}_T+\boldsymbol{F}_N+\boldsymbol{G}=m\boldsymbol{a}_C.$$

向 x 及 y 轴投影得

$$F_{Nx}=ma_{Cx},$$

$$F_T-mg+F_{Ny}=ma_{Cy}.$$

根据转动定理

$$F_TR-mg\cdot\frac{2}{3}R=\frac{7}{9}mR^2\alpha_z,$$

α_z 为闸门角加速度.启动时，闸门质心速度为零，因此其向心加速度亦为零，即

$$a_{Cx}=0,$$

但质心的线加速度 a_{Cy} 与刚体的角加速度有如下关系

$$a_{Cy}=\frac{2}{3}\alpha_zR,$$

同理，弧形闸门的切向加速度 a 为

$$\alpha_z=\frac{a}{R}.$$

解上列方程，并将 a 的数值代入，得

$$F_{\mathrm{T}}=\frac{67}{90}mg,\quad F_{\mathrm{N}x}=0,\quad F_{\mathrm{N}y}=\frac{29}{90}mg.$$

即起动瞬时绳对闸板的拉力为$\frac{67}{90}mg$，支点 O 对闸门钢架的支撑力竖直向上，大小等于$\frac{29}{90}mg$.

(2) 用 F'_{T}表示提升平板形闸门所用的拉力，对闸门应用牛顿第二定律，得

$$F'_{\mathrm{T}}-mg=ma,$$

$$F'_{\mathrm{T}}=\frac{11}{10}mg.$$

比较上面的结果，可见提升弧形闸门所用的拉力较小.此外，因弧形的抗弯本领较强(见第八章)，还可适当减小闸板的厚度.这样，不仅减小重量，而且进一步减少了提升闸门所需的动力.弧形闸门在我国使用很普遍.

[例题 5]　图 7.21(a)表示一种用实验方法测量转动惯量的装置.待测刚体装在转动架上，线的一端绕在转动架的轮轴上，线与线轴垂直，轮轴的轴体半径为 r，线的另一端通过定滑轮悬挂质量为 m 的重物.已知转动架转动惯量为 I_0，测得 m 自静止开始下落 h 高度的时间为 t，求待测物体的转动惯量 I，不计两轴承处的摩擦，不计滑轮和线的质量，设线的长度不变.

[解]　分别以质点 m 和转动系统 $I+I_0$ 作为研究对象，分析它们的受力情况，如图 7.21(b)、(c)所示.为了便于表现出作用于转动系统的力矩，仅画出其在水平面上的受力图，$\boldsymbol{F}_{\mathrm{T1}}$ 为线的拉力，$\boldsymbol{F}_{\mathrm{N}}$ 为轴承施于转动系统的反作用力，它是通过转轴的.

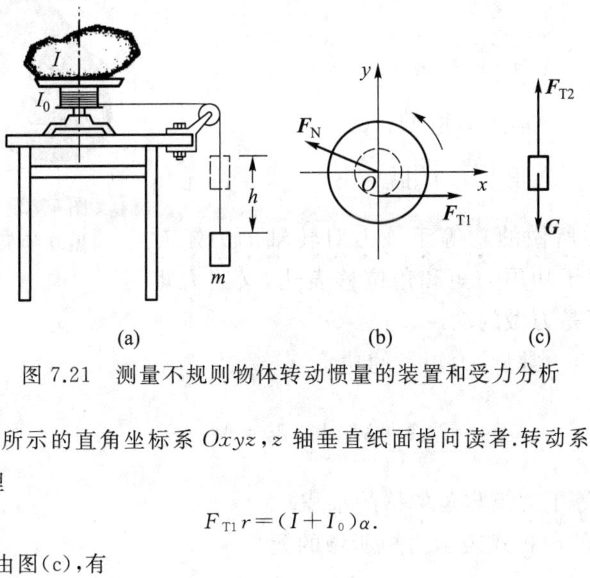

图 7.21　测量不规则物体转动惯量的装置和受力分析

建立图 7.21(b)所示的直角坐标系 $Oxyz$，z 轴垂直纸面指向读者.转动系统的总转动惯量为 $I+I_0$，根据转动定理

$$F_{\mathrm{T1}}r=(I+I_0)\alpha.$$

根据牛顿第二定律，由图(c)，有

$$-mg+F_{\mathrm{T2}}=-ma.$$

由于不计滑轮和线的质量，不计轴承摩擦，故

$$F_{\mathrm{T1}}=F_{\mathrm{T2}}.$$

轮轴边缘的线加速率 $a'=r\alpha$，又因线不伸长，故 $a'=a$，即

$$a=r\alpha.$$

根据以上公式可判断出 m 将匀加速下落，根据匀变速直线运动公式得

$$h=\frac{1}{2}at^2.$$

从以上各方程解出 I，即得待测转动惯量为

$$I=mr^2\left(\frac{gt^2}{2h}-1\right)-I_0.$$

已知等号右侧各量的数值，便可求出转动惯量 I.

§7.4 刚体定轴转动的动能定理

研究刚体定轴转动，除动量定理和角动量定理外，尚可应用质点系动能定理.

（一）力矩的功

如图 7.22 所示，在 $Oxyz$ 系中，z 轴与纸面垂直并指向读者，力 $\boldsymbol{F}$ 的作用点 P 沿半径为 r 的圆周经过弧长 Δs，对应的角位移为 $\Delta\theta$.根据变力沿曲线做功的公式：

$$A=\int_{\Delta s}F_t\mathrm{d}s,$$

因 $\mathrm{d}s=r\mathrm{d}\theta$，$\mathrm{d}\theta$ 表示与 $\mathrm{d}s$ 相对应的角坐标的微分，代入上式，得

$$A=\int_0^{\Delta\theta}F_t r\mathrm{d}\theta,$$

式中 $F_t r$ 即力 $\boldsymbol{F}$ 对 z 轴的力矩 M_z，故

$$A=\int_0^{\Delta\theta}M_z\mathrm{d}\theta. \qquad (7.4.1)$$

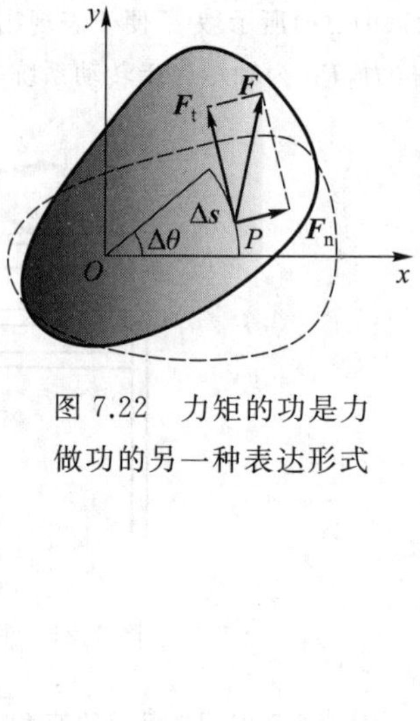

图 7.22 力矩的功是力做功的另一种表达形式

当刚体转动时，力所做的功等于该力对转轴的力矩对角坐标的积分.由于功用力矩和角位移表达，又叫力矩做的功，本质上仍是力做的功.

若上式中力矩为常量，力矩做的功

$$A=M_z\int_0^{\Delta\theta}\mathrm{d}\theta=M_z\Delta\theta.$$

即恒力矩做的功等于力矩与角位移的乘积.

(7.4.1)式中的被积式表示力矩所做的元功

$$\mathrm{d}A=M_z\mathrm{d}\theta,$$

左右端均除以 $\mathrm{d}t$，即得力矩的功率

$$P=\frac{\mathrm{d}A}{\mathrm{d}t}=M_z\frac{\mathrm{d}\theta}{\mathrm{d}t}=M_z\omega_z, \qquad (7.4.2)$$

即力矩的功率等于力矩与角速度的乘积.

(二) 刚体定轴转动的动能定理

将质点系动能定理

$$\sum A_{外}+\sum A_{内}=\sum E_{k}-\sum E_{k0}$$

应用于刚体定轴转动，即得刚体定轴转动的动能定理.

将刚体视作不变质点系，所有质元做圆周运动的动能之和即刚体转动的动能.设质元质量为 m_i、速率为 v_i，质元动能为

$$E_{ki}=\frac{1}{2}m_i v_i^2.$$

将此式对一切质元求和，即得刚体的总转动动能为

$$\sum E_{ki}=\frac{1}{2}\sum m_i v_i^2.$$

又速率 $v_i=\omega r_i$，代入上式得

$$\sum E_{ki}=\frac{1}{2}(\sum m_i r_i^2)\omega^2=\frac{1}{2}I_z\omega^2. \tag{7.4.3}$$

故刚体绕固定轴转动的动能等于刚体对此轴的转动惯量与角速度平方乘积之半.对应于质点动能$\frac{1}{2}mv^2$.

作用于转动刚体的一切外力矩所做功的代数和$\sum A_{外}$为

$$\sum A_{外}=\sum\int_0^{\Delta\theta}M_{外z}\,\mathrm{d}\theta=\int_0^{\Delta\theta}(\sum M_{外z})\,\mathrm{d}\theta$$

至于内力的功，因刚体为不变质点系，任意两个质元间的距离不变，(4.3.4)式中的 $\mathrm{d}\boldsymbol{r}=0$，刚体内任何一对作用力和反作用力做功的和为零.因而刚体内一切内力做功之和总等于零.这在刚体做任何运动的情况下都是正确的.

根据以上讨论得

$$\sum A_{外}=\frac{1}{2}I_z\omega^2-\frac{1}{2}I_z\omega_0^2. \tag{7.4.4}$$

它表明刚体绕定轴转动时，转动动能的增量等于刚体所受外力矩做功的代数和，这就是刚体定轴转动的动能定理.

[例题 1] 装置如图 7.23 所示，均质圆柱体质量为 m_1，半径为 R，重锤质量为 m_2，最初静止.后重锤被释放下落并带动柱体旋转，求重锤下落 h 高度时的速率 v.不计阻力，不计绳的质量及伸长.

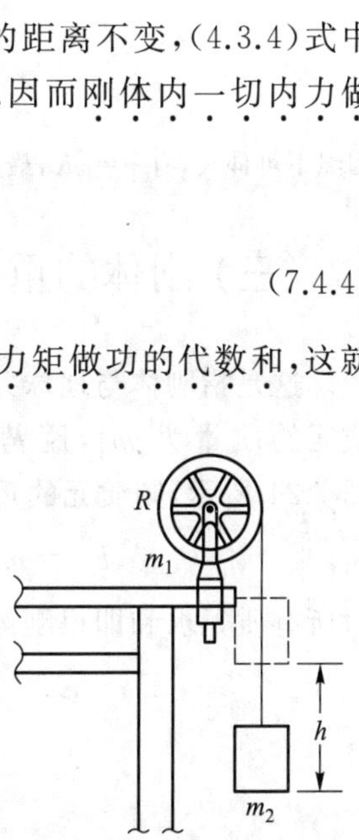

图 7.23 刚体定轴转动动能定理的应用

[解] 用两种方法求解.

(1) 利用质点和刚体转动的动能定理求解

对于质点 m_2，重力做正功 m_2gh，绳的拉力 F_T 做负功 F_Th，质点动能由零增至$\frac{1}{2}m_2v^2$，按动能定理，有

$$m_2gh-F_Th=\frac{1}{2}m_2v^2.$$

若不计阻力，圆柱体仅受力矩 F_TR，并做正功 $F_TR\theta$，θ 为 m_2 下落 h 时圆柱体的角位移，圆柱体转动惯量为 $\frac{1}{2}m_1R^2$，转动动能从零增至 $\frac{1}{2}I\omega^2=\frac{1}{4}m_1R^2\omega^2$，根据刚体定轴转动的动能定理，得

$$F_TR\theta=\frac{1}{4}m_1R^2\omega^2.$$

因悬线不可伸长，有

$$R\theta=h,$$

且

$$v=R\omega,$$

代入上式得

$$F_Th=\frac{1}{4}m_1v^2.$$

解出 F_T 并代入上面所得等式，得

$$m_2gh-F_Th=\frac{1}{2}m_2v^2,$$

便可求出

$$v=2\sqrt{\frac{m_2gh}{m_1+2m_2}}.$$

(2) 利用质点系动能定理求解

将转动柱体、下落物体视作质点系.在作用于柱体的力中，重力和轴的支撑力不做功，只有绳拉力做功.作用于下落物体的力中，绳的拉力做负功，重力做正功.因绳不可伸长且不计绳的质量，作用于柱体和下落物体的拉力大小相等且所做功等值反号，故绳拉力做功的和为零，仅需考虑重力对下落物体做的功.对于所选择的质点系，内力的功为零.根据质点系动能定理，得

$$\begin{aligned}m_2gh&=\frac{1}{2}m_2v^2+\frac{1}{2}I\omega^2\\&=\frac{1}{2}m_2v^2+\frac{1}{2}\left(\frac{1}{2}m_1R^2\right)\omega^2.\end{aligned}$$

因绳不可伸长，有 $v=\omega R$，最后求得同样结果

(三) 刚体的重力势能

这是指刚体与地球共有的重力势能，它等于各质元重力势能之和.设刚体中任意质元的质量为 m_i，距势能零点的高度为 $h_i=y_i$，如图 7.24 所示，则质元的重力势能为

$$E_{pi}=m_igh_i=m_igy_i,$$

对所有质元求和即得刚体势能

$$\begin{aligned}E_p&=\sum m_igy_i\\&=mg\frac{\sum m_iy_i}{m}.\end{aligned}$$

图 7.24 求刚体的重力势能

根据刚体重心公式(7.3.12)即

$$E_p=mgy_C. \tag{7.4.5}$$

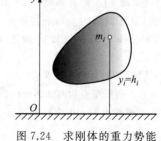

即刚体重力势能取决于刚体重心距势能零点的高度.

无论刚体如何放置,都能推出(7.4.5)式,故刚体势能仅取决于重心高度,与刚体的方位无关.上述结果表明:刚体的重力势能相当于在刚体重心处的一个质点的重力势能,该质点集中了刚体的全部质量.这也体现了重心概念在刚体力学中的重要性.

[例题 2] 均质杆的质量为 m、长为 l,一端为光滑的支点.最初处于水平位置,被释放后杆向下摆动,如图 7.25(a)所示.(1) 求杆在图示的竖直位置时,其下端点的线速度 $\boldsymbol{v}$;(2) 求杆在图示的竖直位置时,杆对支点的作用力.

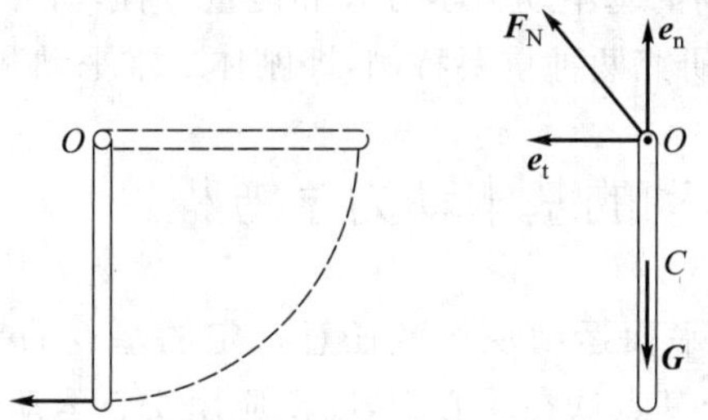

(a) 杆自水平位置向下摆 (b) 在竖直位置时的受力图

图 7.25

[解] (1) 求 $\boldsymbol{v}$

在杆下摆的过程中,只有作用于杆的重力做功,机械能守恒.选择杆在图示竖直位置的重心(在杆中心)位置为势能零点,得

$$mgh_C=\frac{1}{2}I\omega^2,$$

式中 $h_C=\frac{1}{2}l$.至于等号右方,可写作

$$\frac{1}{2}I\omega^2=\frac{1}{2}\left(\frac{1}{3}ml^2\right)\omega^2=\frac{1}{6}mv^2,$$

代入前式并解出 v,得

$$v=\sqrt{3gl}\ .$$

$\boldsymbol{v}$ 的方向向左.

(2) 求支点受力

以杆为研究对象,受力如图 7.25(b)所示,$\boldsymbol{G}=m\boldsymbol{g}$ 为重力,$\boldsymbol{F}_N$ 为支点支撑力.根据质心运动定理

$$\boldsymbol{F}_N+\boldsymbol{G}=m\boldsymbol{a}_C.$$

取自然坐标如图 7.25(b)所示,得投影方程

$$F_{Nn}-mg=m\frac{v_C^2}{r_C}, \tag{7.4.6}$$

$$F_{Nt}=ma_{Ct},$$

式中 v_C 表示杆在图示竖直位置的质心速率,r_C 表示质心所在处的半径,杆处于竖直位置时不受力矩作用,由转动定理,角加速度为零,故 $a_{Ct}=0$,得

$$F_{Nt}=0.$$

以 $r_C=\frac{1}{2}l$,$v_C=\frac{v}{2}=\frac{1}{2}\sqrt{3gl}$,代入(7.4.6)式,得

$$F_N = F_{Nn} = mg + \frac{3}{2}mg = \frac{5}{2}mg.$$

方向向上.按牛顿第三定律,杆作用于支点的压力竖直向下且等于$\frac{5}{2}mg$.

§7.5 刚体平面运动的动力学

现在讨论刚体平面运动的基本动力学方程和能量方程,研究作用于刚体的力的一些有趣且有用的特征.最后研究两种重要特例,即刚体二维平动和滚动.

(一) 刚体平面运动的基本动力学方程

在运动学中,可将刚体平面运动视作随任意选定的基点的平动和绕基点轴的转动.讨论动力学问题时,这个基点选在质心上,以便应用质心运动定理和对质心的角动量定理.

在惯性系中建立直角坐标系 $Oxyz$,Oxy 坐标平面与讨论刚体平面运动时提到的固定平面平行.又选择刚体质心为坐标原点,建立质心坐标系 $Cx'y'z'$,两个坐标系对应的坐标轴始终两两平行.一般说来,质心做变速运动,故质心系为平动的非惯性系.如图 7.26 所示,两坐标系的 z 和 z'轴均与纸面垂直且指向读者.

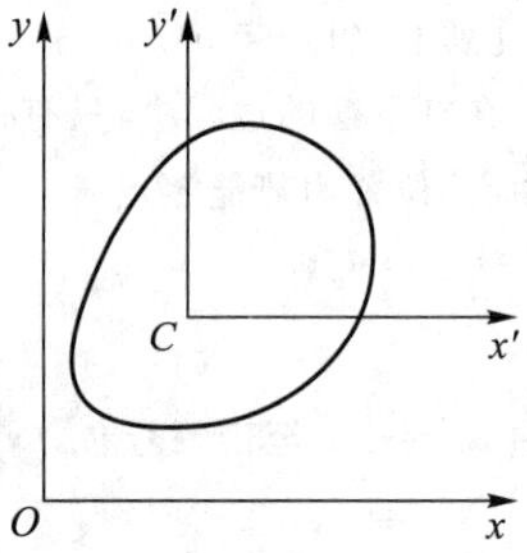

图 7.26 惯性系 $Oxyz$ 和质心参考系 $Cx'y'z'$

首先,在 O 系中对刚体应用质心运动定理,

$$\sum \boldsymbol{F}_i = m\boldsymbol{a}_C, \tag{7.5.1}$$

m 为刚体的质量.设作用于刚体的力均在 Oxy 坐标面内,得投影式

$$\sum F_{ix} = ma_{Cx}, \quad \sum F_{iy} = ma_{Cy}. \tag{7.5.2}$$

再从 C 系研究刚体绕 z'轴的角动量对时间的变化率.参考(5.3.2)式,并将它投影于 z'轴,得

$$\sum M_{iz'} = \frac{\mathrm{d}L_{z'}}{\mathrm{d}t}, \tag{7.5.3}$$

将它应用于刚体,刚体对 z'轴的角动量对时间的变化率即 $I_{z'}\alpha_{z'}$,$I_{z'}$和 $\alpha_{z'}$分别表示刚体对质心轴的转动惯量和角加速度.于是有

$$\sum M_{iz'} = I_{z'}\alpha_{z'}, \tag{7.5.4}$$

即作用于刚体的各力对质心轴的合力矩等于刚体对该轴的转动惯量与刚体角加速度的乘积,这与惯性系中刚体定轴转动定理有完全相同的形式,叫作**刚体对质心轴的转动定理**.

(7.5.1)式给出了刚体随质心平动的动力学,(7.5.4)式描述刚体绕质心轴转动的动力学.两者合在一起称为刚体平面运动的基本动力学方程.

(二) 作用于刚体上的力

根据(7.5.1)式和(7.5.4)式,可得作用于刚体的力的特征.

1. 作用于刚体上的力的两种效果、滑移矢量

根据(7.5.1)式,作用于刚体的力使质心做加速运动;根据(7.5.4)式,它对质心轴的力矩使刚体产生角加速度.因此作用于刚体的力有两种效果.如图 7.27 所示,将力 $\boldsymbol{F}$ 大小、方向不变地沿作用线滑移至 $\boldsymbol{F}'$,不改变力对刚体上述两方面的效果.因此,刚体所受的力可沿作用线滑移而不改变其效果,即作用于刚体的力是滑移矢量.力有三要素,即大小、方向和作用点.对于刚体,力固然有其作用点,但力可以滑移,力的作用点不再是决定力的效果的重要因素.可以说,作用于刚体的力的三要素是大小、方向和作用线.

若力的作用线通过质心,该力对质心轴力矩为零,故该力仅产生质心加速度.如刚体最初静止,则作用线通过质心的力使刚体产生平动.歼击机被击伤,机座对飞行员的弹射力对人的质心的合力矩应为零,或者说诸弹射力的总效果为作用线通过质心的力.飞行员所受诸弹射力如图 7.28 所示.否则,飞行员将在对质心的力矩下旋转不已,造成危险或做动作的困难.宇航员离开空间站在太空中行走需借助小火箭的推力,该推力亦需过质心.否则,绕质心无休止的转动足以使他无法工作.可见,测定和计算质心位置颇有意义,是运动生物力学的任务之一.

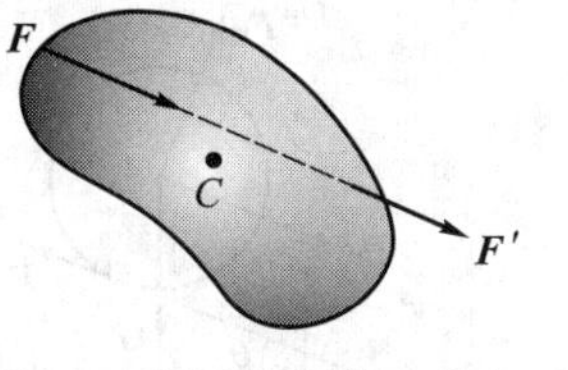

图 7.27 作用于刚体上的力可沿作用线滑动,$\boldsymbol{F}'$ 与 $\boldsymbol{F}$ 等效

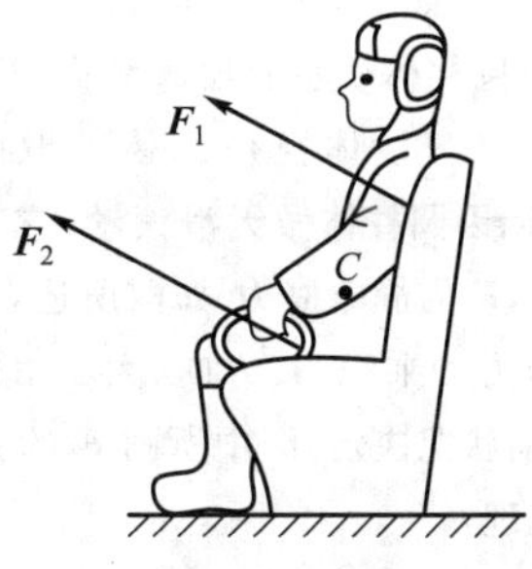

图 7.28 对飞行员的弹射力应等效于作用线通过质心的合力

2. 力偶和力偶矩

大小相等方向相反彼此平行的一对力叫作力偶.因其矢量和为零,故对质心运动无影响.如图 7.29 所示,两个力对质心轴力矩之和的大小为

$$M_z = F\,|O''C| - F\,|O'C| = Fd$$

d 称作力偶的力偶臂.图 7.29 中两个力的合力矩指向纸内,恰好与两个力旋转方向呈右手螺旋.力矩大小等于力偶中一个力与力偶臂乘积而方向与力偶中两个力成右手螺旋者称作该力偶的力偶矩.它决定力偶对刚体运动的全部影响,即产生角加速度.将两

个力的大小、方向和作用线挪动后，如图 7.29 所示，只要不改变力偶矩，即 $F'd'=Fd$ 且力偶矩方向不变，则与原力偶等效.

考虑到作用于刚体的力的两种效果和力偶矩的概念，如图 7.30 所示，作用于刚体的力等效于一作用线通过质心的力和一力偶，这个力的方向和大小与原力相同，而力偶的力偶矩等于原力对质心轴的力矩.

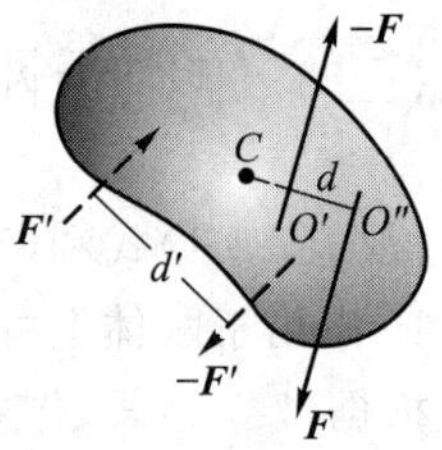

图 7.29 作用于刚体的力偶的作用由力偶矩做出完全的描述

图 7.30 为我们提供一个分析刚体受力效果的简单方法.如图 7.29 中之例，分析时可将四个力移至质心，按要求四个力的合力矩为零，于是四个力等效于作用于质心的合力.又如设一个力沿切线方向作用于静止的滑轮边缘.其效果之一的力偶使滑轮加速转动，另一效果则为作用于质心的力，它将增加对支座的压力.

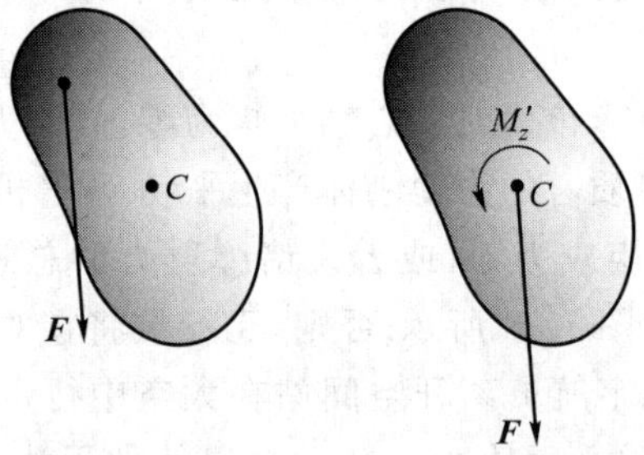

图 7.30 当力移至质心时则附加一力偶，两图刚体所受力是等效的

［**例题 1**］ 如图 7.31 所示，固定斜面倾角为 θ，质量为 m、半径为 R 的均质圆柱体沿斜面向下做无滑滚动.求圆柱体质心的加速度 $\boldsymbol{a}_C$ 及斜面作用于柱体的摩擦力 $\boldsymbol{F}$.

［**解**］ 将圆柱体视作刚体并取作隔离体，受力如图 7.31 所示.因圆柱体做无滑滚动，它与斜面接触处的瞬时速度为零，$\boldsymbol{F}$ 为静摩擦力.如前所述，它一般不等于摩擦因数与正压力的乘积，其方向、大小由圆柱体所受的其他力，以及运动状况决定，图中所画 $\boldsymbol{F}$ 的方向是假设的.根据质心运动定理，

$$\boldsymbol{F}_N+\boldsymbol{G}+\boldsymbol{F}=m\boldsymbol{a}_C.$$

在斜面上建立直角坐标系 $Oxyz$，将上面方程在 y 轴上投影，

$$G\sin\theta-F=ma_C.$$

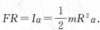

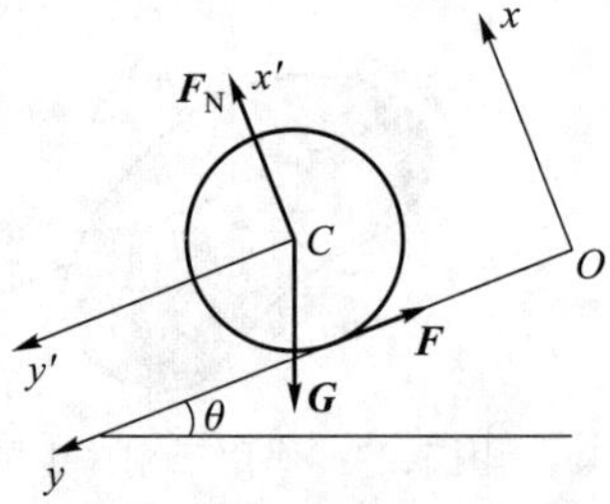

图 7.31 圆柱体受力图.斜面对柱的支持力 $\boldsymbol{F}_N$ 自接触点沿作用线滑至 C

因圆柱体为均质，质心在圆柱体中心轴上.建立平动的质心坐标系 $Cx'y'z'$，利用对质心轴的转动定理，有

$$FR=I\alpha=\frac{1}{2}mR^2\alpha.$$

圆柱体做无滑滚动时

$$a_C=R\alpha.$$

解以上方程，

$$a_C=\frac{2}{3}g\sin\theta,$$

$$F=\frac{1}{3}mg\sin\theta.$$

由结果可知圆柱体沿斜面滚下时，质心的加速度$\frac{2}{3}g\sin\theta$小于物体沿光滑斜面下滑的加速度$g\sin\theta$.再有，正是由于静摩擦力矩的作用才使圆柱体产生角加速度.可见，静摩擦力的存在保证了无滑滚动的实现，但又减小了质心运动的加速度.

如§7.1所述，按运动学观点，可按质点运动学处理刚体平动问题.但对刚体平动的动力学问题，却不能一律如此处理.刚体做平面运动又只做平动，称为刚体做二维平动.这时，刚体的角速度和角加速度等于零，根据刚体平面运动的基本动力学方程，得

$$\sum \boldsymbol{F}_i=m\boldsymbol{a}_C,\quad \sum M_{iz'}=0. \tag{7.5.5}$$

由这两式可知，虽刚体并未转动，却存在力矩平衡问题，不得不考虑刚体的形状大小，不可视为质点讨论.当然，若对所研究问题仅用质心运动定理已足够，则可视为质点.

[例题 2] 质量为m的汽车在水平路面上急刹车，前后轮均停止转动.前后轮相距L，与地面的摩擦因数为μ.汽车的质心离地面高度为h，与前轮轴水平距离为l.求前后车轮对地面的压力.

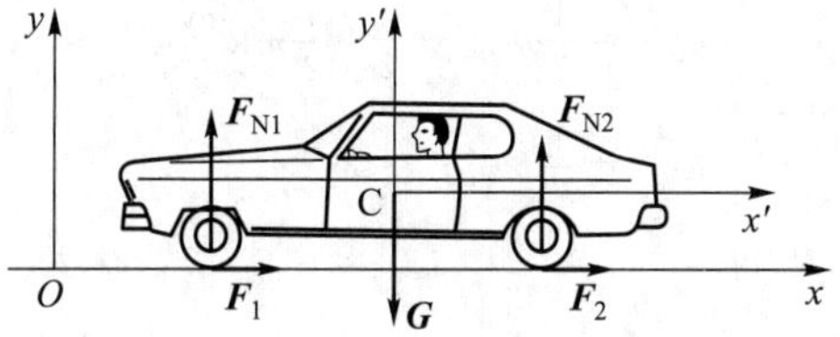

图 7.32 汽车刹车时有前倾趋势，前轮所受支持力增大

[解] 把汽车模型化为刚体，以此为隔离体，汽车受力如图7.32所示，$\boldsymbol{G}$和$\boldsymbol{F}_{N1}$、$\boldsymbol{F}_{N2}$分别代表重力和地面支持力.因前后轮均停止转动，故$\boldsymbol{F}_1$和$\boldsymbol{F}_2$均为滑动摩擦力.根据质心运动定理，

$$\boldsymbol{G}+\boldsymbol{F}_{N1}+\boldsymbol{F}_{N2}+\boldsymbol{F}_1+\boldsymbol{F}_2=m\boldsymbol{a}_C,$$

在地面上建立直角坐标系$Oxyz$，将上式向y轴投影，

$$F_{N1}+F_{N2}-G=0.$$

又知滑动摩擦力为

$$F_1=\mu F_{N1},\quad F_2=\mu F_{N2}.$$

建立平动的质心系$Cx'y'z'$.应用对质心轴的转动定理，得

$$(F_1+F_2)h+F_{N2}(L-l)-F_{N1}l=0.$$

由上面方程可解出

$$F_{N1}=mg(L-l+\mu h)/L,$$

$$F_{N2}=mg(l-\mu h)/L.$$

根据牛顿第三定律，前后轮对地面的压力大小分别为F_{N1}、F_{N2}，方向朝下.

[讨论] 若汽车静止于水平路面上，则地面对前后轮支持力为

$$F'_{N1}=mg(L-l)/L,$$

$$F'_{N2}=mgl/L.$$

与本题计算结果比较可知，刹车时前轮受到的压力比静止时大，并造成汽车的前倾.汽车起步加速时则后倾.

(三) 刚体平面运动的动能

按克勒尼希定理(4.8.1)式，不难想到刚体做平面运动的动能等于随质心平动动能和刚体相对质心系的动能亦即绕质心轴转动的动能，就像推导(7.4.3)式那样，可得

$$E_k=\frac{1}{2}mv_C^2+\frac{1}{2}I_C\omega^2. \tag{7.5.6}$$

其中 I_C 为刚体对质心轴的转动惯量.

根据质点系动能定理，质点系动能增量等于一切内力和外力做功的代数和.对刚体说来，内力做功的代数和为零，故对于刚体的平面运动，动能定理表现为

$$\sum A_{外}=\Delta\left(\frac{1}{2}mv_C^2+\frac{1}{2}I_C\omega^2\right). \tag{7.5.7}$$

[例题 3] 在例题 1 中，设圆柱体自静止开始滚下，求质心下落高度 h 时，圆柱体质心的速率.

[解] 圆柱体受力仍如图 7.31 所示.因为是无滑滚动，静摩擦力 $\boldsymbol{F}$ 不做功，只有重力 $\boldsymbol{G}$ 做功.根据(7.5.7)式，

$$\begin{aligned}mgh&=\frac{1}{2}mv_C^2+\frac{1}{2}\left(\frac{1}{2}mR^2\right)\omega^2\\&=\frac{1}{2}mv_C^2+\frac{1}{4}m\omega^2R^2.\end{aligned}$$

考虑到无滑滚动条件 $v_C=\omega R$，得

$$v_C=\frac{2}{3}\sqrt{3gh}\ .$$

*(四) 滚动摩擦力偶矩

在水平面上推动圆柱形的滚子，如不继续推它，就会慢慢停下来.根据刚体对质心轴的转动定理，必定存在着与滚子的角速度方向相反的力矩，此即滚动摩擦力偶矩.

将滚动体放在支承面上，滚动体和支承面都会发生或多或少的形变.有时滚动体比较“硬”，支承面比较“软”，则支承面的形变是主要的，例如压路机的作用就是使沥青和石子的混合物发生压缩形变，形成结实的路面.有时，滚动体比较“软”，支承面比较“硬”，则滚动体的形变是主要的，例如汽车轮胎在水泥路面上的滚动.有时，滚动体和支承面都发生显著的形变.这里仅就支承面形变而将滚动体视作刚体的情况讨论.如圆柱体在水平支承面上静止，形变是对称的，如图 7.33(a)所示.支承面对圆柱体的支持力和圆柱所受重力通过轮的中心.当圆柱体滚动时，如图 7.33(b)所示，圆柱体后面的路面因形变略低于前方，柱体前面的支承面形成凸起，形变不再对称，支承面对柱体作用力的作用点向前移动，作用力为$\boldsymbol{F}_N'$.力 $\boldsymbol{F}_N'$ 分解为竖直分力 $\boldsymbol{F}_N$ 和水平分力 $\boldsymbol{F}_P$.力 $\boldsymbol{F}_N$ 近似地与在该力作用点处圆柱体和路面的公切面垂直，可看作弹性支持力.力 $\boldsymbol{F}_P$ 近似地与上述公切面平行，可粗略地看作静摩擦力.将力 $\boldsymbol{F}_N$ 平移至刚体的质心 O 点并附加一力偶矩 $\boldsymbol{M}_{滚}$，如图 7.33(c)所示，作用于 O 点的力 $\boldsymbol{F}_N$ 与重力平衡，而附加力偶矩起阻碍滚动的作用，称为**滚动摩擦力偶矩**，将其大小记作 $M_{滚}$，用 δ 表示原来的力 $\boldsymbol{F}_N$ 与 O 点的垂直距离，得

$$M_{滚}=F_N\delta. \tag{7.5.8}$$

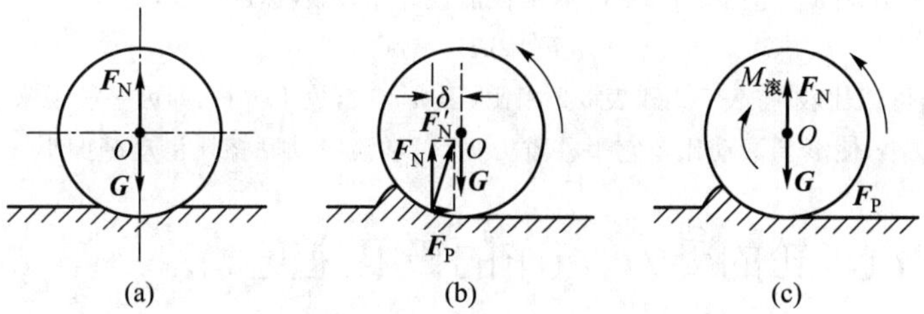

图 7.33 滚动摩擦力偶矩

可见滚动摩擦力偶矩与滚动体和支承面间的正压力成正比，比例系数 δ 为滚动摩擦因数，它具有长度的量纲.δ 和接触面的材料、粗糙程度和滚动速率等有关，需要由实验来测定.

路面越硬，滚动体滚过时，路面形变越小，力 $\boldsymbol{F}_N$ 偏离转轴的距离 δ 越小，则滚动摩擦力偶矩越小；反之，路面越软，力 $\boldsymbol{F}_N$ 偏离滚动体转轴的距离越大，滚动摩擦力偶矩越大.因此，在松软路面上骑车比在水泥路面上费力.许多机器采用的滚动轴承，其轴承中有许多球或柱体在内外环间滚动，在制造上要求滚动体和环有很高的硬度，其目的就在于减小滚动摩擦.

取 $\mu'=\delta/r$，r 表示轮半径①，μ' 称作滚动阻力因数，它与滚动快慢，轮与支持面的材料和变形程度均有关，表 7.2 列出常见汽车轮在几种典型路面上的 μ'.

表 7.2

路面类型	μ'
良好的沥青或混凝土路面	0.010～0.018
一般的沥青或混凝土路面	0.018～0.020
坑洼的卵石路面	0.035～0.050
泥泞土路(雨季或解冻)	0.100～0.250
结冰路面	0.010～0.030

注：数据选自于志生主编的《汽车理论》.

大家常说，滚动摩擦比滑动摩擦小.其实，一个是力偶矩，一个是力，不好直接比，但可在另外意义下进行比较.图 7.34(a)表示沿水平方向用力 $\boldsymbol{F}$ 拉滚子.滚子重量为 G，半径为 r，滚动摩擦因数为 δ.显然，滚子必受地面阻力 $\boldsymbol{F}_f=-\boldsymbol{F}$，否则，根据质心运动定理，滚子将加速运动.根据对质心轴的转动定理 $F_f r-M_{滚}=0$，即 $F_f=M_{滚}/r$.又因 $M_{滚}=\delta F_N$，故

$$F=F_f=\frac{\delta}{r}F_N=\frac{\delta}{r}G=\mu' G. \tag{7.5.9}$$

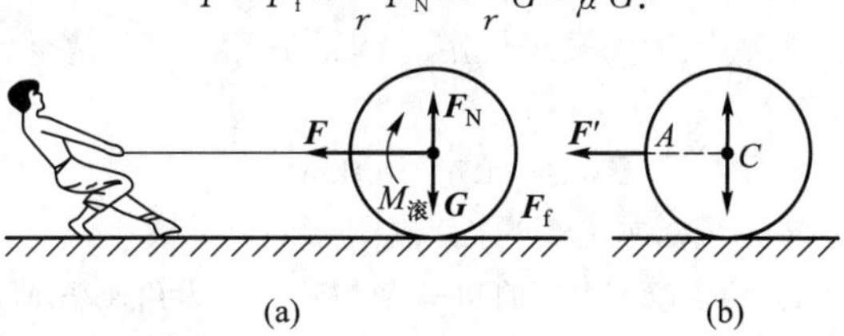

图 7.34 比较滑动摩擦和滚动摩擦

① 若轮变形，r 应为滚动半径，它略小于轮的半径.

若用力 $\boldsymbol{F}'$ 拉滚子边缘 A 处[见图 7.34(b)],则仅能使之平动.若速度不变,有

$$F'=\mu F_{\mathrm{N}}=\mu G$$

F' 与 F 均为力,可以比较.将表 7.2 和表 3.2 相比,因 $\mu'\ll\mu$,故 $F\ll F'$.即因一般说来,滚动阻力因数比滑动摩擦因数小,使滚子滚动比令它平移省力,所以常说滚动摩擦比滑动摩擦小.

*(五) 汽车轮的受力、汽车的极限速度

汽车有驱动轮和被动轮.前者受动力驱动,后者起支持作用并跟着转.卡车驱动轮在后,小客车驱动轮常在前,越野车前后轮均为驱动轮.

参考图 7.34(a)所示,滚子相当于被动轮.按力矩平衡条件,不难得出地面作用于轮缘的静摩擦力为

$$F_{\mathrm{f}}=\delta F_{\mathrm{N}}/r.$$

F_{N} 代表正压力.因 δ/r 极小,故 F_{f} 力也较小.图 7.35 表示一个半径为 r 的驱动轮的受力情况.驱动轮装在车上,车身对轴作用着向下的压力 $\boldsymbol{F}'_{\mathrm{N}}$ 及向后的阻力 $\boldsymbol{F}'$.设轮匀速滚动,对质心轴有

$$M_{驱}-M_{滚}-F'_{\mathrm{f}}r=0$$

得

$$F'_{\mathrm{f}}=(M_{驱}-M_{滚})/r\approx M_{驱}/r.$$

我们把 $M_{驱}/r$ 称为汽车牵引力.

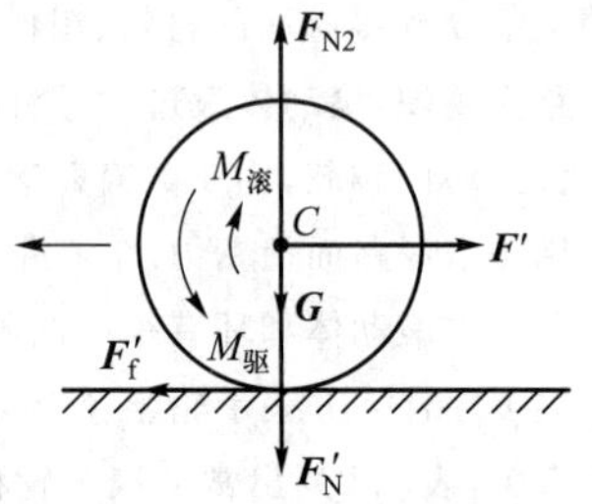

图 7.35　驱动轮受力图.$M_{驱}$ 和 $M_{滚}$ 分别为驱动力偶矩和滚动摩擦力偶矩,$\boldsymbol{G}$ 为轮重,$\boldsymbol{F}_{\mathrm{N2}}$ 为地面支承力,$\boldsymbol{F}'_{\mathrm{f}}$ 为静摩擦力.$\boldsymbol{F}'$ 与 $\boldsymbol{G}$ 为车身的作用力

汽车行驶时所受的空气阻力可表示为 $F_{\mathrm{f}}=\dfrac{1}{2}C_D\rho Sv^2$,$S$ 和 v 分别表示汽车横截面积和速率,ρ 为空气密度,C_D 称空气阻力系数.已知桑塔纳汽车的横截面积为 $S=1.89\ \mathrm{m}^2$,空气阻力系数 $C_D=0.425$.发动机功率为 $P_{发}=60\ \mathrm{kW}$,设经内部传动机构能量损失 10%,$\rho=1.225\ 8\ \mathrm{N\cdot s^2/m^4}$.现在研究该车沿水平路面行驶的最高速率 $v_{\max}$.

取发动机燃烧物以外的整个汽车为质点系.因车匀速行驶,按(4.3.7)式,$\sum A_{外}+\sum A_{内}=0$.分别用 $\sum P_{外}$ 和 $\sum P_{内}$ 表示外、内力功率之和,有 $\sum P_{外}+\sum P_{内}=0$.前者含发动机燃烧生成物的功率 $P_{发}=60\ \mathrm{kW}$,滚动摩擦力偶矩的功率和空气阻力功率 $P_{阻}=\dfrac{1}{2}C_D\rho Sv_{\max}^3$.内力中各种阻力之负功使能量损失 10%,余下 $\mu P_{发}=0.9\times60\ \mathrm{kW}$.略去滚动摩擦的功,有

$$\mu P_{发}-\frac{1}{2}C_D\rho Sv_{\max}^3=0,$$

得

$$v_{\max}=(2\mu P_{发}/C_D\rho S)^{1/3}.$$

代入数值得

$$v_{\max}\approx1.7\times10^2\ \mathrm{km/h}.$$

即每小时 170 km.如考虑滚动摩擦,车速将小于此值.

参考图 7.33(c),对车轮,滚动摩擦力矩的功率为 $M_{滚}\ \omega$,ω 为角速率.$M_{滚}\ \omega=F_{\mathrm{N}}\delta\omega=F_{\mathrm{N}}\mu'\omega r$,$F_{\mathrm{N}}$ 表示车轮所受的地面支持力.对于汽车,诸轮之 μ'、ω 和 r 均相同,故滚动摩擦力偶矩的总功率为 $\mu'\omega rG$,G 为总车重.又考虑车轮无滑滚动,有 $v=\omega r$,v 为车速,故 $\mu'\omega rG=\mu'vG$.在高速公路上,取 $\mu'=0.01$,又近似令 $v=v_{\max}=1.7\times10^2\ \mathrm{km/h}\approx47\ \mathrm{m/s}$,桑塔纳汽车的满载质量为 $1.52\times10^3\ \mathrm{kg}$.可估计滚动摩擦力偶矩功率约 7.0 kW.将它与 60 kW 相比,作为近似计算,确实可以不计;况且略掉它,

给计算带来很多方便.从结果可知,汽车在水平高级路面上匀速行驶,影响最高速度的主要因素是空气阻力.如何设计车身以减小阻力是重要课题.

车速和发动机转速及传动比均有关,发动机的功率和发动机转速也有关系,这是需要在技术上研究的.本题的估算有意义,它给出了汽车运动中能量分配的基本概念,在设计上有参考价值.

§7.6 刚体的平衡

刚体力学包含运动学、动力学和静力学.刚体平衡问题颇有实际意义.我们仅讨论刚体所受诸力可视为均作用于同一平面内的情况.得出的结论也适用于刚体做匀速直线平动.对这种情况可选择一个惯性参考系,刚体相对于它处于静止.

(一) 刚体的平衡方程

为方便起见,在以下讨论中,我们总是在参考系中建立直角坐标系 $Oxyz$,依旧令 Oxy 坐标面与各力的作用平面重合.这样,所有的力仅有沿 x、y 轴的分量,而力矩则是相对于所选择的 z 轴而言的.

若刚体静止,首先,外力矢量和必为零:$\sum \boldsymbol{F}_i=0$;否则,质心将产生加速度.其次,刚体静止时,任何轴均可视作固定轴.根据转动定理,各力对该轴的力矩和为零:$\sum M_{iz}=0$.因此,$\sum \boldsymbol{F}_i=0$ 和对任意轴 $\sum M_{iz}=0$ 是刚体平衡的必要条件.另一方面,若原来静止的刚体受力的矢量和为零,则其质心加速度为零;又若刚体对任意轴的力矩和为零,则对质心轴的力矩和也为零,根据对质心轴的转动定理,角加速度也为零.于是刚体质心的坐标,以及角坐标均保持常量,即刚体继续保持静止.所以 $\sum \boldsymbol{F}_i=0$ 和对任意轴 $\sum M_{iz}=0$ 又是刚体平衡的充分条件.

总之,若诸力作用于同一平面内,刚体受力矢量和为零,对与力作用平面垂直的任意轴的力矩代数和为零,是刚体能保持平衡的充分必要条件.即

$$\sum \boldsymbol{F}_i=0,\quad \sum M_{iz}=0\ \text{(对任意 } z \text{ 轴)}. \tag{7.6.1}$$

称作在平面力系作用下刚体的平衡方程.将力向 x、y 轴投影,得平衡方程的标量形式为

$$\sum F_{ix}=0,\quad \sum F_{iy}=0,\quad \sum M_{iz}=0\ \text{(对任意 } z \text{ 轴)}. \tag{7.6.2}$$

这一组共三个平衡方程.确定做平面运动的刚体的位置,也需要三个坐标,如两个质心坐标及一个角坐标.(7.6.2)式中每个方程各保持其中一个坐标为常量,从而保持刚体处于平衡.

还可以将平衡方程写成其他形式.因刚体平衡时,诸力对任意轴的力矩和为零,故可选择两参考点 O 和 O',得出对 O_z 和 $O'_{z'}$ 轴两个力矩的平衡方程,再加上诸力矢量和沿 x 轴的投影为零的方程,即可构成一组平衡方程:

$$\sum F_{ix}=0,\quad \sum M_{iz}=0,\quad \sum M_{iz'}=0 \tag{7.6.3}$$

需要指出,应用(7.6.3)式时,O 与 O' 点的连线不可与 x 轴正交.如果正交,如图 7.36 所示,则若刚体受力 $\boldsymbol{F}\neq 0$,而恰好通过 OO',这时,(7.6.3)式中三方程均得到满足,但显然刚体不会达到平衡,(7.6.3)式不再是刚体平衡的充分条件.在 OO' 不与 x 轴正交的条件下,利用(7.6.3)式同样可解出三个未知数.

我们还可以在力的作用平面内选三个参考点 O、O' 和 O'',写出对 O_z、$O'_{z'}$ 和 $O''_{z''}$ 三个轴的力矩平衡方程

$$\sum M_{iz}=0,\quad \sum M_{iz'}=0,\quad \sum M_{iz''}=0. \tag{7.6.4}$$

这是刚体在同一平面内的力作用下,平衡方程的另一种形式.不过,O、O' 和 O'' 三点不应选在同一直线上.假若 O、O' 和 O'' 三点在一条直线上,则可能出现下述情况,刚体受一力,其作用线通过上述三点,(7.6.4)式得到满足,但刚体不平衡.故(7.6.4)式连同 O、O' 和 O'' 不共线才是刚体平衡的充分条件.

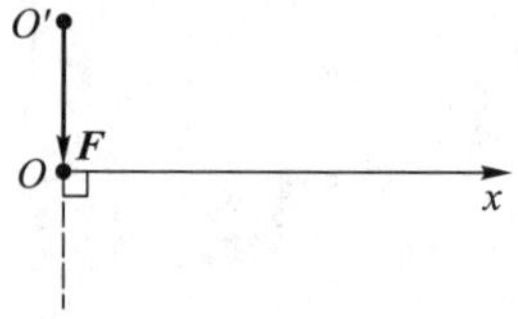

图 7.36　若 $O'O$ 与 Ox 垂直,则(7.6.3)式不再是刚体平衡的充分条件

(二) 杆的受力特点

研究力学,常遇到三脚架或屋架等杆件结构的平衡问题,这种物体系由杆组成.了解杆的受力特点对讨论问题有帮助.一般说来,杆除受重力外,因与其他物体相连接,还受到其他物体的作用力.此外,例如灯悬挂在三脚架上,积雪压在房架上,灯或积雪这些载荷也对物体系有作用.但在下面三个条件下,可认为其中各杆仅受两个力而平衡,使问题得到简化.

第一,杆件两端与其他物体的连接是光滑铰链连接.设杆端 P 有圆孔,套在称作铰销的圆柱体上,若另一杆也有圆孔套在同一铰销上,则两杆间的连接称作铰链连接;这种连接的特点是两杆可相对转动.一般说来,铰销对杆件可能施以作用力和力矩,作用力是铰销对孔缘的挤压弹性力,它通过铰销的中心,该中心称作节点.作用力矩是铰销对杆上圆孔的摩擦力矩.若圆孔与铰销间无摩擦,则称光滑铰链连接.对光滑铰链连接,只有通过节点的压力,如图 7.37 所示.纯粹的光滑铰链连接是不存在的,它是一种理想模型,许多实际连接可近似地看作光滑铰链连接.例如木榫连接,木杆间可以做微小的相对转动,阻碍它们相对转动的力矩可以忽略不计,可当作光滑铰链连接.

第二,负荷对杆的作用力过节点,这样,来自负荷的力和来自铰销的力均通过节点,可合成为一个过节点的合力.

第三,杆的自重与负荷相比很小,可忽略不计.若这三个条件均满足,则杆仅受到两个通过节点的力,这两个力必作用于两节点的连线上;若杆为直杆,则两个力均沿杆的纵轴线,如图 7.38 所示.这样,问题就变得简单得多.

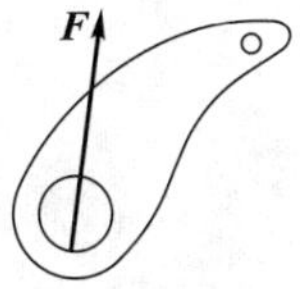

图 7.37 孔缘对铰销的压力通过节点

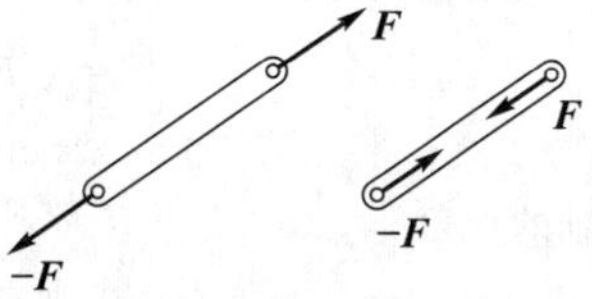

图 7.38 满足文中诸条件的杆若仅受两个力，则两个力在一连线上

［例题 1］ 图 7.39 表示小型火箭发射架.火箭重量为 $G=1.5$ kN,重心在 C 处.导轨重量为 $G'=4$ kN,重心在 C' 处.支杆 AB 的重量可以不计.A、B 和 E 处均系光滑铰链连接.$BE=2.0$ m,$\angle BAE=30°$,支架其他部分尺寸和夹角如图所示;重心 C 和 C' 与节点 B 在一条直线上且此直线与导轨垂直.求导轨在 E 处和支杆在 B 处所受的力.

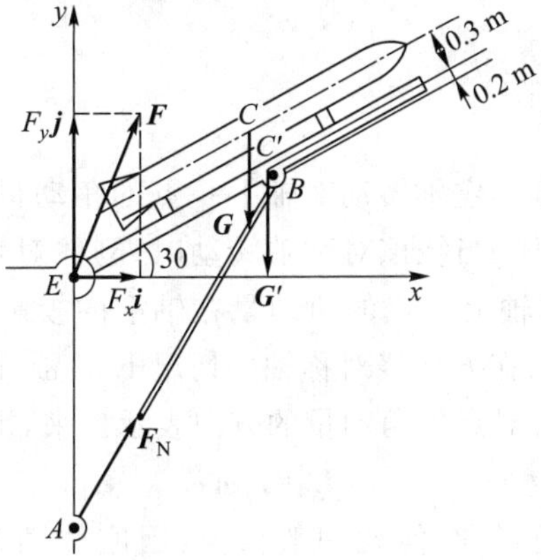

图 7.39 因 EB 杆所受载荷力不过节点,故力 $\boldsymbol{F}$ 不一定沿杆的方向

［解］ 将火箭、导轨和支杆视为一整体并当作为隔离体,受力如图 7.39 所示.导轨虽与其他物体以光滑铰链连接,但火箭(即负荷)的作用力不通过节点,且需考虑自重,故火箭架并非仅受两个力,它在 E 所受的力一般不沿EB方向,现假设力 $\boldsymbol{F}$ 如图所示.显然 AB 杆为仅受两个力的杆,故 $\boldsymbol{F}_N$ 力沿杆的方向作用.根据(7.6.1)式,

$$\sum \boldsymbol{F}_i=\boldsymbol{F}+\boldsymbol{G}+\boldsymbol{G}'+\boldsymbol{F}_N=0,$$

建立直角坐标系 $Exyz$,得

$$F_x+F_N\sin 30°=0,$$
$$F_y+F_N\cos 30°-G-G'=0.$$

又根据(7.6.1)式,选择过 E 点的 z 轴为定轴,得

$$\sum M_z=EA\cdot F_N\sin 30°-G(EB\cos 30°-CB\sin 30°)$$
$$-G'(EB\cos 30°-C'B\sin 30°)=0.$$

解以上三个方程得

$$F_N=8.75\text{ kN},$$

F_N 为正,故沿图中所示方向.

又

$$F_x=-4.38\text{ kN},$$
$$F_y=2.08\text{ kN},$$

可见 $F_x\boldsymbol{i}$ 与图中所示假设方向相反.可得

$$F=\sqrt{F_x^2+F_y^2}=4.85\ \text{kN},$$

$$\tan\alpha=-0.4748,$$

α 为力 $\boldsymbol{F}$ 与 x 轴的夹角.

§7.7 自转与进动

有时,刚体上仅有一点固定,称刚体的定点转动.有时,刚体质心在运动,而刚体又绕质心做定点转动.这种运动无论在宏观微观方面均有意义.讨论这类问题的依据是质心运动定理、质点系对参考点或质心的角动量定理.

(一) 常平架回转仪

§7.3 一开始便谈及刚体定轴转动对轴上一点的角动量,并介绍了质量分布与几何形状有共同对称轴的刚体,当绕该对称轴转动时,刚体对轴上任一点的角动量与角速度方向相同.又知刚体对轴上一点的角动量在轴上的投影即对轴的角动量,并可用 $L_z=I_z\omega_z$[(7.3.3)式]表示.在方才绕对称轴的情况下,$I_z\omega_z$ 的大小即等于刚体对轴上一点的角动量的大小,为将对点的角动量的方向表示出来,用

$$\boldsymbol{L}=I_z\boldsymbol{\omega} \tag{7.7.1}$$

表示刚体对轴上一点的角动量.但就一般情况,因刚体角动量不沿转轴,故不能用(7.7.1)式表示刚体对转轴上一点的角动量.

均质刚体绕几何对称轴的转动,称为自转或自旋,其角动量为 $I\boldsymbol{\omega}$.若丝毫不受外力矩作用,则角动量守恒不仅表现为转动快慢不变,也表现为角速度方向不变.因为角速度沿转轴,故角动量守恒也表现为转轴的方向不变.常平架回转仪利用了这一原理.如图 7.40 所示,在支架 1 上面装着可以转动的外环,外环里面装着可以相对于外环转动的内环,在内环中安装回转仪.三根转动轴线相互垂直,并相交于回转仪的质心,所有轴承都是非常光滑的,这种装置叫常平架回转仪(简称回转仪).回转仪均质且绕几何对称轴转动,角动量即 $I\boldsymbol{\omega}$,见图中装置.回转仪的转动轴线可以相对于支架的方位充分自由的选择,而回转仪仅受轴承与空气阻力矩的作用,由于轴承光滑,在不太长的时间内,阻力矩很小,可认为角动量 $I\boldsymbol{\omega}$ 守恒.矢量 $I\boldsymbol{\omega}$ 方向不变表现为转轴方向不变,$I\boldsymbol{\omega}$ 大小不变表现为回转仪以恒定角速率转动.

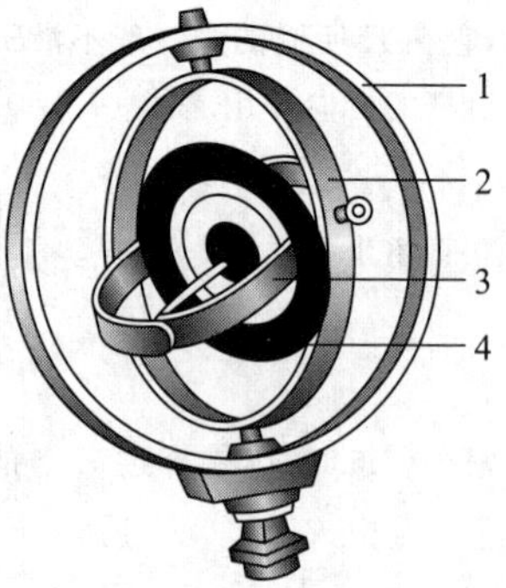

1. 支架;2. 外环;
3. 内环;4. 转动体

图 7.40 常平架回转仪

由于常平架回转仪转轴方向不变,将常平架回转仪装在导弹、飞机、坦克或舰船

中，以回转仪自转轴线为标准，可随时指出导弹等的方位，以便自动调整，因此回转仪成为自动驾驶仪的重要组成部分.

对于导弹偏离正常的飞行方向和姿态的程度，可用三个角度来说明，如图 7.41 所示，(a) 导弹头部的上下摆动，即导弹绕垂直于飞行方向的水平轴（与纸面垂直）的旋转，可用俯仰角说明；(b) 导弹头部的左右摆动，即绕竖直轴线的转动，可用偏航角说明；(c) 导弹绕它本身纵向轴线的转动，可用侧滚角说明.测出这三个角度，至少要用两个回转仪，其中一个回转仪绕竖直轴转动.因为无论导弹怎样运动，其转轴方向不变，故可利用它规定竖直基准线，导弹的侧滚角和俯仰角都可根据竖直基准线测出来.另外一个回转仪绕水平轴转动，利用其转动轴线可规定水平基准线，用它测出偏航角.将测出的信号送给计算机系统，就能够发出信号随时纠正导弹飞行的方向和姿态.

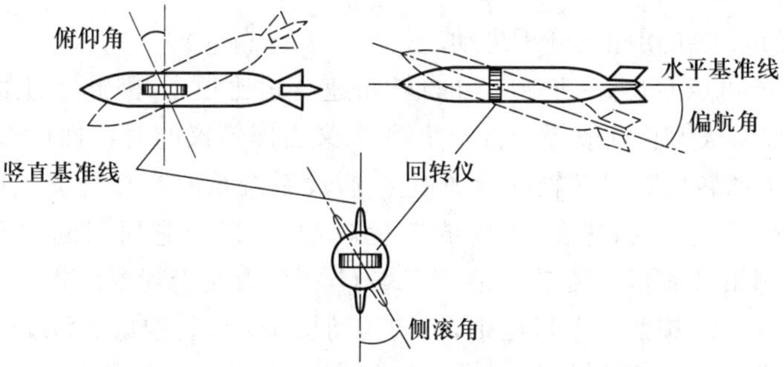

图 7.41 在飞行器上放置两个回转仪，其中一个自转轴相对飞行器的方位给出俯仰角和侧滚角；另一个绕飞行器纵轴转动给出偏航角

(二) 回转仪的进动

参考图 7.42(a)，在杠杆的两端，一端装回转仪 G，另一端装可沿杠杆滑动的重锤 W，杠杆既可绕竖直轴又可绕水平轴转动.如重锤、回转仪和杠杆系统的重心落在杠杆支点处，则无论回转仪转或不转，杠杆都能够保持平衡.若向左移动重锤，系统的重心移向支点的左方，系统便受到外力矩的作用.根据右手螺旋定则，外力矩垂直于纸面指向读者.若回转仪原来静止，则系统在外力矩作用下沿逆时针方向转动，结果回转仪向上扬起.但若回转仪 G 原来有 7.42(a)所示方向的自转，即自转角速度 $\boldsymbol{\omega}$ 矢量沿杠杆向右，在重锤向左稍移时，杠杆左方不是下沉而是仍保持水平，杠杆系统将绕竖直轴做顺时针转动.反之，向右移动重锤，杠杆仍维持水平，但系统绕竖直轴做逆时针转动.回转仪的这种运动叫作进动.

§7.3 已涉及刚体对一点的角动量，按角动量定理，其变化率取决于外力矩，故有

$$\sum \boldsymbol{M}=\frac{\mathrm{d}\boldsymbol{L}}{\mathrm{d}t}. \tag{7.7.2}$$

$\boldsymbol{M}$ 和 $\boldsymbol{L}$ 分别表示刚体对一点的力矩和角动量.用 $\mathrm{d}t$ 分别乘上式两边：

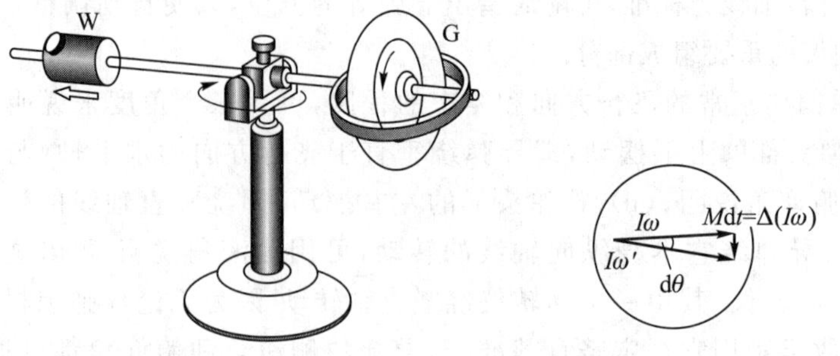

(a) 回转仪的进动　　(b) 用角动量定理研究进动,此图为自上向下看的俯视图

图 7.42

$$\sum \boldsymbol{M}\mathrm{d}t=\mathrm{d}\boldsymbol{L}, \tag{7.7.3}$$

$\boldsymbol{M}\mathrm{d}t$ 称元冲量矩.现在用此式分析进动.

从进动现象可以看出,其角速度和自转角速度相比很小,因此在计算回转仪 G 的总角动量时,可以认为它近似等于自转角动量.又由回转仪的对称性可知,自转角动量等于 $I\omega$,I 表示回转仪对自转轴的转动惯量.假设系统重心在杠杆支点的左侧,显然,在图 7.42(a)中,外力矩和它在 $\mathrm{d}t$ 内的冲量矩 $\boldsymbol{M}\mathrm{d}t$,以及它所引起的角动量的增量 $\Delta(I\omega)$的方向都由纸面指向读者.而在图 7.42(b)中,为便于观察已将 $\boldsymbol{M}\mathrm{d}t$ 与 $I\boldsymbol{\omega}$ 所构成的图平面转了 90°.按照三角形法则,由初角动量 $I\boldsymbol{\omega}$ 与其增量 $\Delta(I\boldsymbol{\omega})$的矢量和便得到后来的角动量 $I\boldsymbol{\omega}'$.由于回转仪在自转轴线方向未受外力矩作用,故自转角动量的大小不变,即 $\omega'=\omega$.角动量的增量与它垂直.角动量合成的三角形近似于等腰三角形.因此,回转仪必然要发生进动的角位移 $\mathrm{d}\theta$,方能使其自转轴线由 $I\boldsymbol{\omega}$ 转向 $I\boldsymbol{\omega}'$的方向.进动角速度可这样求出,将$|\Delta(I\boldsymbol{\omega})|$近似看作是半径等于$|I\boldsymbol{\omega}|$的圆弧,得

$$I\omega\mathrm{d}\theta=M\mathrm{d}t,$$

于是得出进动角速度

$$\Omega=\frac{\mathrm{d}\theta}{\mathrm{d}t}=\frac{M}{I\omega}. \tag{7.7.4}$$

可见,自转角动量一定时,进动角速度与力矩成正比.

图 7.43(a)表示略呈圆锥体状的玩具陀螺,一边自转,又由于受到重力和地面支持力形成的力偶矩而发生进动.射出的炮弹如果本身没有高速旋转,便可能在空气阻力的作用下翻转,如图 7.43(b)所示,为避免这种现象,使子弹或炮弹受高温变软后嵌入膛内来复线而高速旋转.由于自转,空气阻力对于质心的力矩仅能使弹丸绕飞行方向进动,使弹头与飞行方向不致有过大偏离.

(三) 地球的进动与章动

地球不仅公转和自转,也像陀螺那样进动.地球呈旋转椭球状,赤道与黄道又成一定夹角,地球上各地离太阳远近不同处所受引力状况也不同,如图 7.44(a)所示.

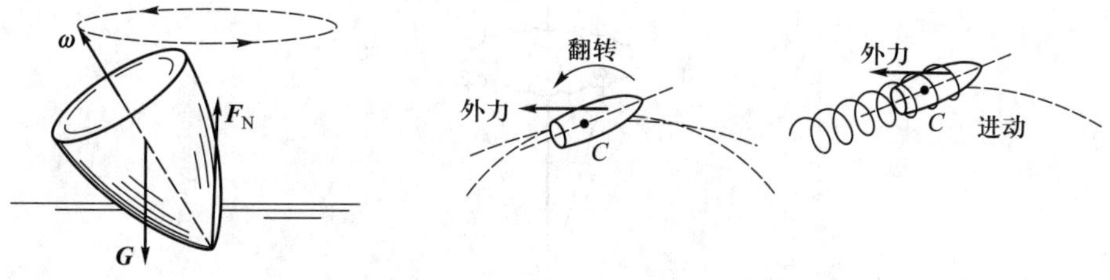

(a) 陀螺在由G和F_N形成的力偶矩下进动 (b) 炮弹的进动

图 7.43

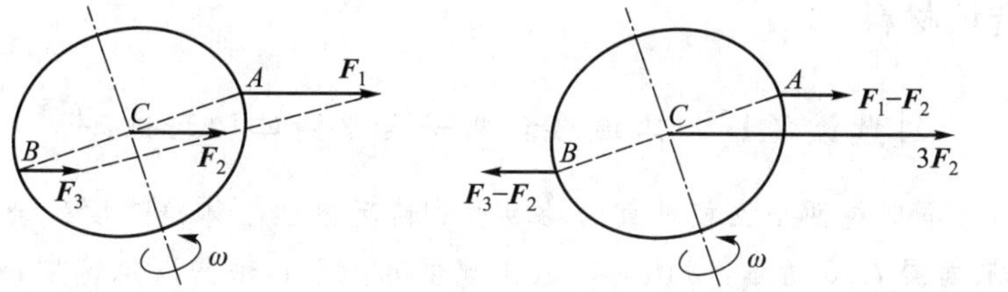

(a) 表示地球各部分受力不对称 (b) $M(F_1, -F_1)$表示由F_1和$-F_1$形成的力偶矩，使地球自转轴发生进动角速度$\boldsymbol{\Omega}$.图中$\boldsymbol{\omega}$表示地球的自转角速度

图 7.44

将 A、B 处的力 $\boldsymbol{F}_1$ 和 $\boldsymbol{F}_3$ 分出与 C 处 $\boldsymbol{F}_2$ 力相等的部分[见图 7.44(b)]，这三个相等的平行力对质心力矩为零，故它们的总效果应当是作用于 C 的合力 $3\boldsymbol{F}_2$，它保证了地球的公转.在 A、B 处余下的力便形成一个力偶，它与自转轴垂直，导致地球自转轴进动.显然，其方向是自东向西转.如图 7.45 所示，地球自转角速度 $\boldsymbol{\omega}$ 与进动角速度 $\boldsymbol{\Omega}$ 的夹角与黄道面和赤道面夹角相同，即 23.5°；进动周期约 26 000 年.地球自转的角速度矢量指向的恒星叫北极星.由于地球进动，北极星会发生变化.当前的北极星是小熊座 α 星，5000 年前是天龙座 α 星，5000 年后则为仙王座 α 星.不难想到，地球的进动会改变人们在地面上见到的星空.还有，地球的进动还会使春分点、秋分点移动，这现象叫“岁差”.要对这些现象做更详细的了解可参考文献.①②

此外，由于实际上太阳和月球到地球的距离是不断改变的，因此除地球自转轴的进动以外更复杂的运动，即进动角速度矢量和自转角速度矢量的夹角发生周期性的变化.这一运动称作章动.章动是很多振幅、周期不同的分振动的合成，主要振动成分的周期为 18.6 年，幅度为 9.211″.

① 张明昌，肖耐圆.天文学教程(上册).北京：高等教育出版社，1987：183.

② 周体健.简明天文学.北京：高等教育出版社，1990：235.

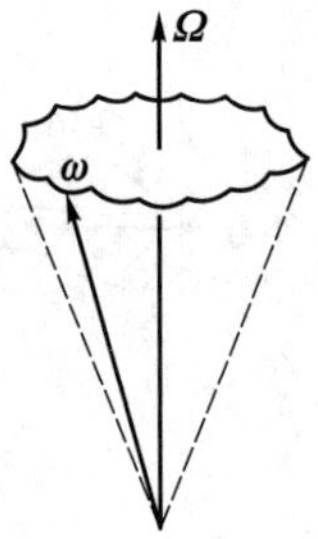

图 7.45 地球自转轴章动的示意.$\boldsymbol{\omega}$ 和 $\boldsymbol{\Omega}$ 分别表示自转和进动.$\boldsymbol{\omega}$ 矢端的颤抖或点头则显示章动.因本图仅为“示意”,故不能在定量上推敲

选读材料

[选读 7.1] 角速度合成符合平行四边形法则

现就刚体同时绕两个互相垂直的轴转动的情况论证刚体角速度的合成满足平行四边形法则.如图 7.46 所示,刚体同时以角速度 $\boldsymbol{\omega}_1$ 绕 x 轴并以角速度 $\boldsymbol{\omega}_2$ 绕 y 轴转动.我们首先按图 7.4(a)和(b)的方法赋予 $\boldsymbol{\omega}_1$ 和 $\boldsymbol{\omega}_2$ 以方向,并记作 $\boldsymbol{\omega}_1$ 和 $\boldsymbol{\omega}_2$.然后按平行四边形法则求出 $\boldsymbol{\omega}_1$ 和 $\boldsymbol{\omega}_2$ 的矢量和 $\boldsymbol{\omega}$.最后证明刚体的合运动的确为绕 $\boldsymbol{\omega}$ 所在直线的转动且合运动的角速度大小恰好为 $\omega=\sqrt{\omega_1^2+\omega_2^2}$,从而证明角速度的合成满足平行四边形法则.

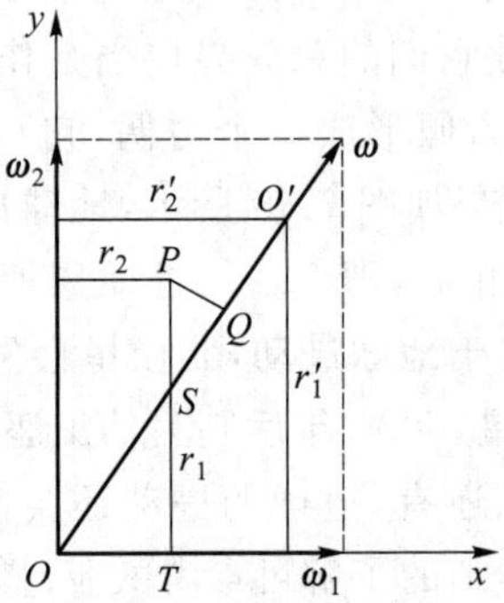

图 7.46 如何理解角速度矢量满足平行四边形法则

首先,在 $\boldsymbol{\omega}$ 所在直线上任选一点 O',此点与转轴 x 和 y 的距离为 r_1'和 r_2'.由于刚体绕 x 轴转动,使此点得到垂直于纸面指向读者的线速度,其大小等于 $\omega_1 r_1'$.由于刚体绕 y 轴转动,使此点又得到垂直于纸面背离读者的线速度,其大小等于 $\omega_2 r_2'$.此点的合速度显然等于 $\omega_1 r_1'-\omega_2 r_2'$.由图中很容易看出

$$\frac{\omega_1}{\omega_2}=\frac{r_2'}{r_1'},$$

故得 $\omega_1 r_1'-\omega_2 r_2'=O$,即 O'点是不动的.对于刚体来说,O 点和 O'点既然不动,则 OO'直线上所有点都是不动的,即 $\boldsymbol{\omega}$ 所在直线是合运动的转轴.

其次，证明刚体总角速度的大小等于$|\boldsymbol{\omega}_1+\boldsymbol{\omega}_2|$.在刚体上任取一点$P$，此点和$x$、$y$转轴的垂直距离分别等于$r_1$和$r_2$，再自$P$向$\boldsymbol{\omega}$作垂线$PQ$.与前面的讨论类似，$P$点的速度等于

$$\begin{aligned} v_P &= \omega_1 r_1 - \omega_2 r_2 \\ &= (PS+ST)\omega_1 - \omega_2 r_2. \end{aligned} \tag{7.1}$$

由图可知$PS=\dfrac{PQ}{\cos\angle SPQ}$，$ST=OT\tan\angle SOT$.因$\angle SPQ=\angle SOT$，得

$$\cos\angle SPQ=\cos\angle SOT=\frac{\omega_1}{\sqrt{\omega_1^2+\omega_2^2}},\quad \tan\angle SOT=\omega_2/\omega_1,$$

代入(7.1)式，得

$$\begin{aligned} v_P &= \left(PQ\frac{\sqrt{\omega_1^2+\omega_2^2}}{\omega_1}+r_2\frac{\omega_2}{\omega_1}\right)\omega_1-\omega_2 r_2 \\ &= PQ\cdot\sqrt{\omega_1^2+\omega_2^2}. \end{aligned} \tag{7.2}$$

刚体上一点线速度的大小等于此点到转轴距离与角速度ω的乘积即$\omega\cdot PQ$.与(7.2)式比较，有$\omega^2=\omega_1^2+\omega_2^2$或$\omega=|\boldsymbol{\omega}_1+\boldsymbol{\omega}_2|$.上面已证明$\boldsymbol{\omega}$所在直线是刚体合运动的转轴，这里又证明了刚体角速度的大小正好是ω，于是证明了角速度的合成满足平行四边形法则.

[选读 7.2]　滑轮受力分析

第三章谈到，如滑轮质量不计，不计轴承摩擦，不计绳的质量，则滑轮两侧绳内张力相等.现在讨论如考虑滑轮及绳质量和轴承摩擦，滑轮两侧是否有张力差.

滑轮系统如图 7.47 所示.定滑轮可视作质量为m、半径为R的均质圆盘.均质绳的质量为m_0，绳总长度为L，滑轮转动时受轴承摩擦力偶矩为M.两侧绳端均下悬重物，释放重物后滑轮角加速度为α(逆时针)，且设在此瞬时滑轮左侧绳比右侧长l.求重物作用于两侧绳的拉力差$\Delta F_T=F_{T1}-F_{T2}$.

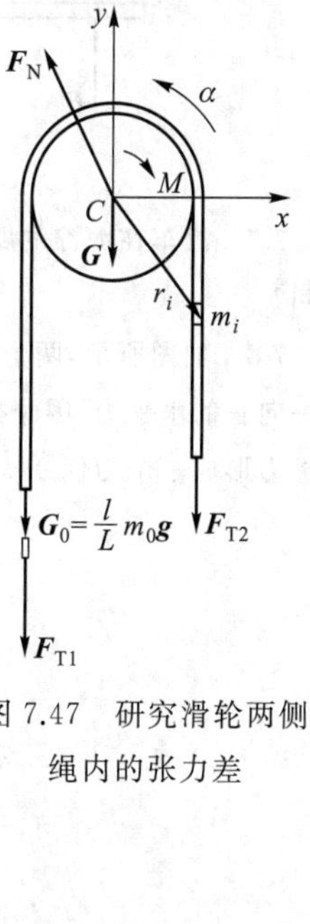

图 7.47　研究滑轮两侧绳内的张力差

选择滑轮和绳组成的质点系作为研究对象.建立直角坐标系$Oxyz$.整个质点系对z轴的角动量既有滑轮的角动量$L_{1z}=\left(\dfrac{1}{2}mR^2\right)\omega$，$\dfrac{1}{2}mR^2$为滑轮的转动惯量，$\omega$为角速度；还有绳的角动量.绳的每一质元对$z$轴的角动量为$m_k R v_M$，故绳对$z$轴的总角动量为$L_{2z}=\sum\limits_k m_k R v_M=m_0 R v_M$，因绳与轮间无相对滑动，故$L_{2z}=m_0R^2\omega$.质点系总角动量为$L_{1z}+L_{2z}$.

质点系受外力如图 7.47 所示，因滑轮两侧绳的对称部分所受重力对z轴之合力矩为零，故仅画出左侧多余部分的绳所受的重力.考虑到$\alpha=\dfrac{\mathrm{d}\omega}{\mathrm{d}t}$，$\alpha$表示角加速度，有

$$F_{T1}R-F_{T2}R-M+l\frac{m_0}{L}gR=\left(m_0R^2+\frac{1}{2}mR^2\right)\alpha.$$

于是

$$\Delta F_T=F_{T1}-F_{T2}=\left(m_0+\frac{1}{2}m\right)R\alpha+M/R-\frac{l}{L}m_0g.$$

可见滑轮两侧绳所受拉力差与绳和滑轮的质量、轮的半径、轴摩擦力矩及滑轮角加速度有关.如果绳和滑轮的质量极小,轴摩擦极小,则在极限情况下,滑轮两侧的绳内张力趋于相等,这种极限情况即过去提到的理想滑轮.这样我们便了解了理想滑轮这种理想模型的实际背景和适用范围.

思考题

7.1 地球上不同纬度各处因地球自转而具有的角速度的大小是否相同？线速度的大小是否相同？地球上各点的法向加速度是否都指向地心？

7.2 在运动学可将刚体的平面运动分解为随所选择的基点的平动和绕基点的转动.试问绕基点的角位移和角速度与基点的选择是否有关？

7.3 "作用于刚体的力可以沿作用线滑移."有人将它用于解释图(见题图 7.3)中现象,认为既然有力 **F** 作用于滑块,力向右滑,故滑块作用于墙壁的力也为 **F**.这么说是否正确？应如何解释.

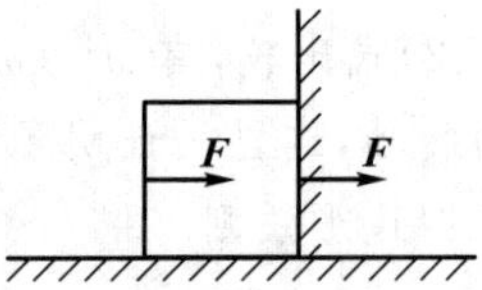

题 7.3 图

7.4 当研究力使弹簧形变时,力能否沿作用线滑移？

7.5 当研究两端支起的横梁因自重而弯曲时,能否用重心的概念？即能否将横梁所受重力用作用于重心的合力代替？

7.6 如图所示,均质杆静止于光滑水平桌面上.受大小相等、方向相反的力 **F** 和 **F**′,问三种情况下质心运动有何不同？

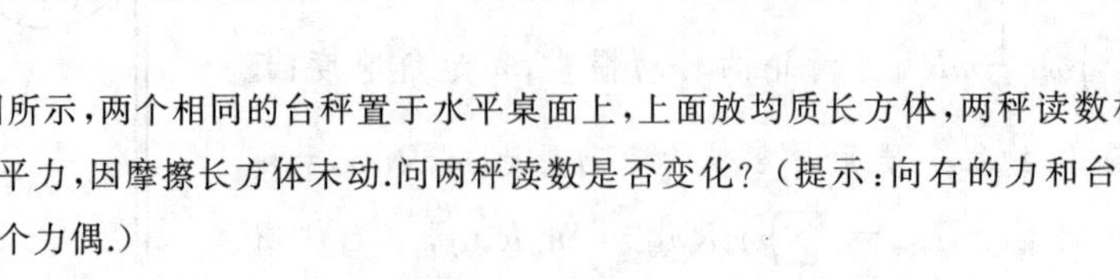

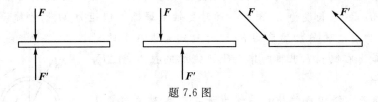

题 7.6 图

7.7 汽车在泥泞的路上打滑和刹车时,汽车速率 v、车轮角速度 ω 及车轮半径 r 间的关系有何不同？

7.8 如图所示,两个相同的台秤置于水平桌面上,上面放均质长方体,两秤读数相同.在它上面施一向右的水平力,因摩擦长方体未动.问两秤读数是否变化？(提示:向右的力和台秤对长方体的摩擦力形成一个力偶.)

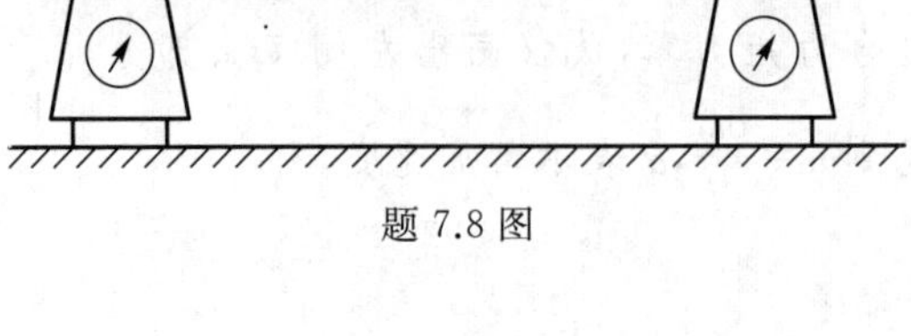

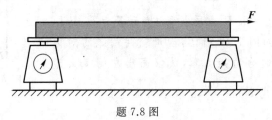

题 7.8 图

7.9 “平动的刚体,可视为质点.”应如何看待这句话?

7.10 直升机的尾部有小螺旋桨,它起什么作用?双螺旋桨飞机的两个螺旋桨旋转方向相反,为什么?

7.11 溜冰运动员做旋转动作,转动惯量为 I,角速度为 ω,当他伸开手腿,转动惯量和角速度分别变为 I' 和 ω',有 $I'\omega'=I\omega$,即角动量守恒.问动能是否变化?如何变?

7.12 圆桶内装厚薄均匀的冰,绕其中轴线旋转,不受任何力矩.冰融化后,桶的角速度如何变化?

7.13 一个人骑自行车向右转弯,车向右倾;如向左转弯,则车向左倾.这是为什么?

习题

7.1.1 设地球绕日做圆周运动.求地球自转和公转的角速度分别为多少 rad/s?估算地球赤道上一点因地球自转具有的线速度和向心加速度.估算地心因公转而具有的线速度和向心加速度(自己搜集所需数据).

7.1.2 汽车发动机的转速在 12 s 内由 1 200 r/min 增加到 3 000 r/min.(1) 假设转动是匀加速转动,求角加速度;(2) 在此时间内,发动机转了多少转?

7.1.3 某发动机飞轮在时间间隔 t 内的角位移为

$$\theta=at+bt^3-ct^4 \quad (\theta \text{ 的单位为:rad}, t \text{ 的单位为 s}).$$

求 t 时刻的角速度和角加速度.

7.1.4 半径为 0.1 m 的圆盘在竖直平面内转动,在圆盘平面内建立 Oxy 坐标系,原点在轴上.x 和 y 轴分别沿水平和竖直向上的方向.边缘上一点 A 当 $t=0$ 时恰好在 x 轴上,该点的角坐标满足 $\theta=1.2t+t^2$(θ 的单位为:rad,t 的单位为 s).求(1) $t=0$ 时,(2) 自 $t=0$ 开始转 45°时,(3) 转过 90°时,A 点的速度和加速度在 x 和 y 轴上的投影.

7.1.5 如图所示,钢制炉门由两个长 1.5 m 的平行臂 AB 和 CD 支撑,以角速率 $\omega=10$ rad/s 逆时针转动,求臂与铅直成 45°时门中心 G 的速度和加速度.

7.1.6 如图所示,收割机拨禾轮上面通常装 4 到 6 个压板.拨禾轮一边旋转,一边随收割机前进.压板转到下方才发挥作用,一方面把农作物压向切割器,另一方面把切下来的作物铺放在收割台上,因此要求压板运动到下方时相对于农作物的速度与收割机前进方向相反.已知收割机前进速率为 1.2 m/s,拨禾轮直径 1.5 m,转速 22 r/min,求压板运动到最低点时,挤压农作物的速度.

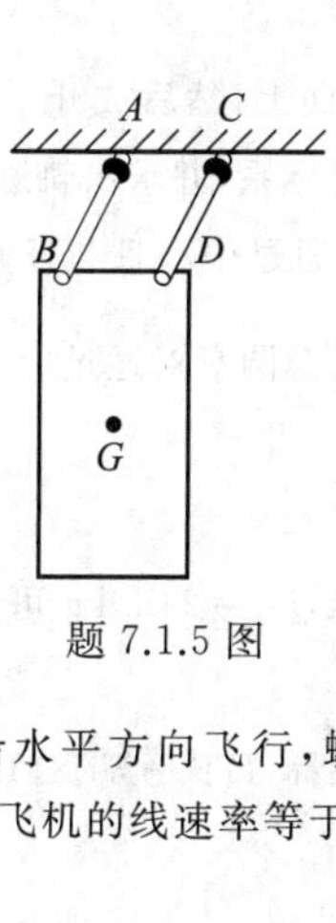

题 7.1.5 图

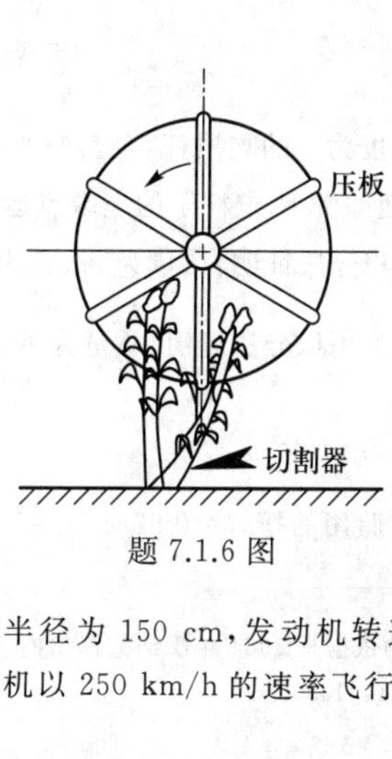

题 7.1.6 图

7.1.7 飞机沿水平方向飞行,螺旋桨尖端所在半径为 150 cm,发动机转速为 2 000 r/min.(1) 求桨尖相对于飞机的线速率等于多少?(2) 若飞机以 250 km/h 的速率飞行,计算桨尖相对地面速度的大小，并定性说明桨尖的轨迹.

7.1.8 桑塔纳汽车时速为 166 km/h.车轮滚动半径为 0.26 m.自发动机至驱动轮的转速比为 0.909.问发动机的转速为每分多少转.

***7.2.1** 运动生物力学家通过多具尸体解剖估计人体各部分的质量分布.按 7.3.4 题附表，试估算图中(a)(b)两姿态的质心位置(提示：根据你自身各部分的尺寸，并将各部分模型化为椭球体和圆柱体).[①]计算你的结果时(c)图中的角度由自己设计.

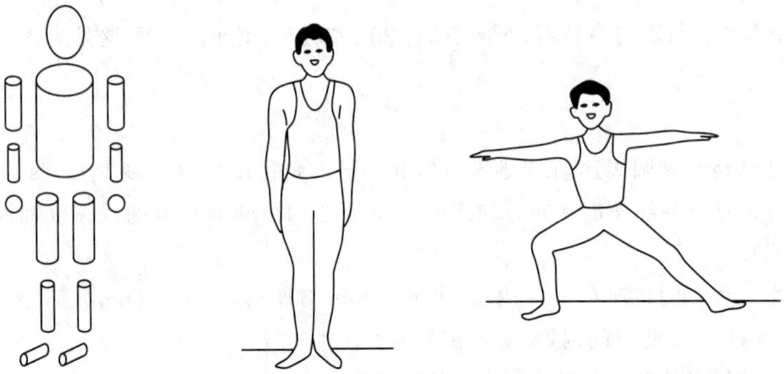

(a) (b) (c)

题 7.2.1 图

7.2.2 如图所示，在下面两种情况下求如图直圆锥体的总质量和质心位置.(1) 圆锥体为均质；(2) 密度为 h 的函数：

$$\rho=\rho_0\left(1-\frac{h}{L}\right),\rho_0 \text{ 为正常量.}$$

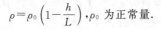

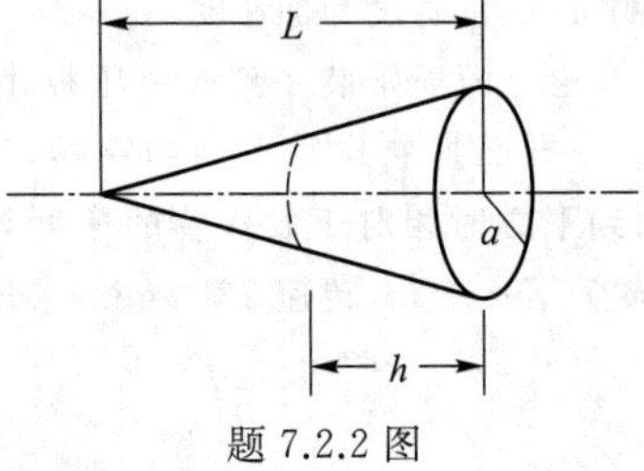

题 7.2.2 图

7.2.3 有一长度为 l 的均质杆，令其竖直地立于光滑的桌面上，然后放开手，由于杆不可能绝对沿竖直方向，故随即倒下.求杆子的上端点运动的轨迹(选定坐标系，并求出轨迹的方程式).

7.3.1 (1) 用积分法证明：质量为 m、长为 l 的均质细杆对通过中心且与杆垂直的轴线的转动惯量等于$\frac{1}{12}ml^2$.(2) 用积分法证明：质量为 m、半径为 R 的均质薄圆盘对通过中心且在盘面内的转动轴线的转动惯量为$\frac{1}{4}mR^2$.

7.3.2 图示实验用的摆，$l=0.92$ m，$r=0.08$ m，$m_l=4.9$ kg，$m_r=24.5$ kg.可以近似认为圆形部

---

① 本题图(a)的依据是 1964 年汉纳范提出的 15 环节模型.见李良标，吕秋平等.运动生物力学.北京：北京体育大学出版社，1991：41.

分为均质圆盘，长杆部分为均质细杆.求对过悬点且与摆面垂直的轴线的转动惯量.

7.3.3 如图所示，在质量为 m、半径为 R 的均质圆盘上挖出半径为 r 的两个圆孔，圆孔中心在半径 R 的中点.求剩余部分对过大圆盘中心且与盘面垂直的轴线的转动惯量.

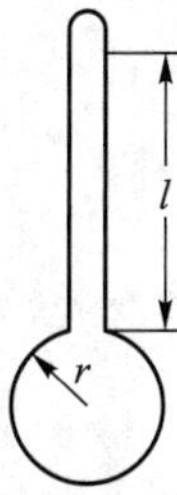

题 7.3.2 图

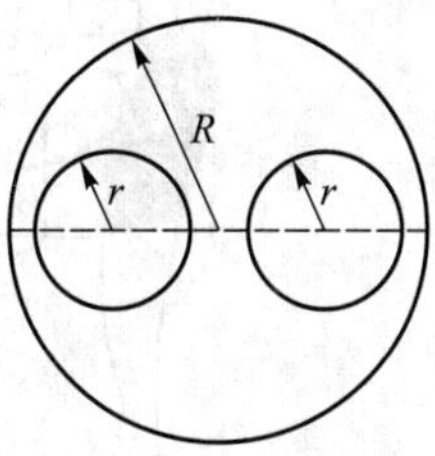

题 7.3.3 图

***7.3.4** 按图中舞蹈者的姿势和简化模型估算运动员对点线轴的转动惯量.各部分均按均质圆柱体或球体考虑，足尖、手尖可略而不计.各部分尺寸请读者根据自身情况自行设计，例如各圆柱体长短粗细及球体半径等，设计时参考下表.①

舞蹈者的身体各部分数据

身体各部分名称	男		女	
	质量/%	长度/%	质量/%	长度/%
躯干	48.3	30.0	50.8	30.0
头	7.1		9.4	
大腿	10.5	23.2	8.3	24.7
小腿	4.5	24.7	5.5	25.6
足	1.5		1.2	
上臂	3.3	17.2	2.7	19.3
前臂	1.9	15.7	1.6	16.6
手	0.6		0.5	

7.3.5 如图所示，一转动系统的转动惯量为 $I=8.0\ \mathrm{kg\cdot m^2}$，转速为 $\omega=41.9\ \mathrm{rad/s}$，两制动闸瓦对轮的压力都为 392 N，闸瓦与轮缘间的摩擦因数为 $\mu=0.4$，轮半径为 $r=0.4$ m.问从开始制动到静止需用多少时间？

7.3.6 如图所示，均质杆可绕支点 O 转动.当与杆垂直的冲力作用于某点 A 时，支点 O 对杆的作用力并不因此冲力之作用而发生变化，则 A 点称为打击中心.设杆长为 L，求打击中心与支点的距离.

7.3.7 现在用阿特伍德机测滑轮转动惯量.用轻线且尽可能润滑轮轴.两端悬挂的重物质量分别为 $m_1=0.46$ kg，$m_2=0.5$ kg.滑轮半径为 0.05 m.自静止始，释放重物后测得 5.0 s 内 m_2 下降 0.75 m.求滑轮的转动惯量是多少？

---

① Laws K. The Physics of Dance. Physics Today，1985，4：24.题图亦参考此文.

题 7.3.4 图

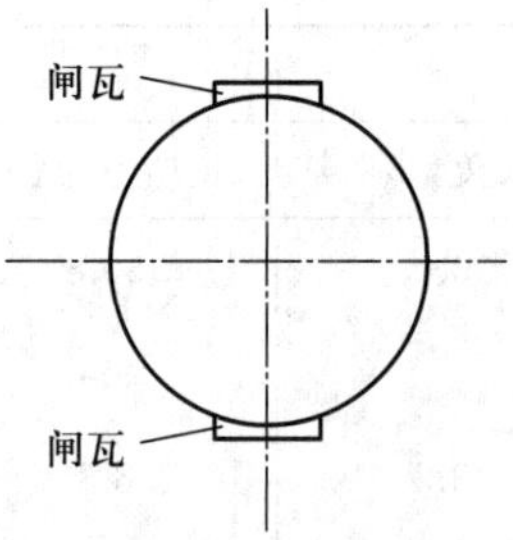

题 7.3.5 图

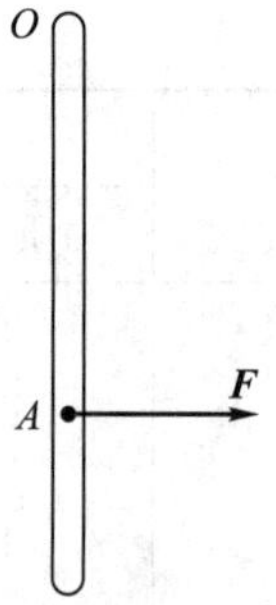

题 7.3.6 图

7.3.8 如图所示,斜面倾角为 θ,位于斜面顶端的卷扬机鼓轮半径为 R,转动惯量为 I,受到驱动力矩 M,通过绳索牵引斜面上质量为 m 的物体,物体与斜面间的摩擦因数为 μ.求重物上滑的加速度.绳与斜面平行,不计绳的质量.

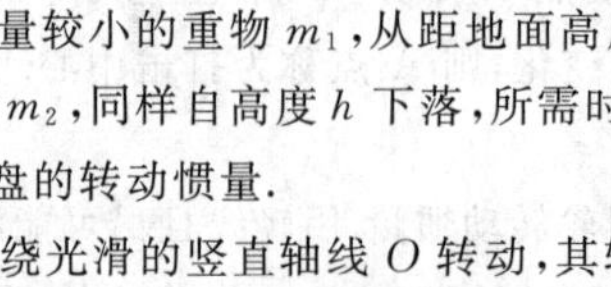

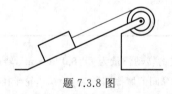

题 7.3.8 图

7.3.9 利用图中所示装置测一轮盘的转动惯量,悬线和轴的垂直距离为 r.为减小因不计轴承摩擦力矩而产生的误差,先悬挂质量较小的重物 m_1,从距地面高度为 h 处由静止开始下落,落地时间为 t_1,然后悬挂质量较大的重物 m_2,同样自高度 h 下落,所需时间为 t_2.近似认为两种情况下摩擦力矩相同.请根据这些数据确定轮盘的转动惯量.

7.4.1 扇形装置如图所示,可绕光滑的竖直轴线 O 转动,其转动惯量为 I.装置的一端有槽,槽内有弹簧,槽的中心轴线与转轴垂直距离为 r.在槽内装有一个小球,质量为 m,开始时用细线固定,使弹簧处于压缩状态.现在点燃火柴烧断细线,小球以速度 v_0 弹出.求转动装置的反冲角速度.在弹射过程中,由小球和转动装置构成的系统动能是否守恒?总机械能是否守恒?为什么?(弹簧质量不计.)

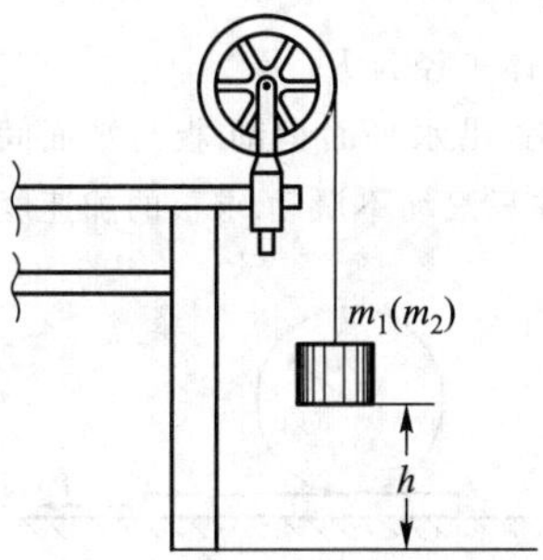

题 7.3.9 图

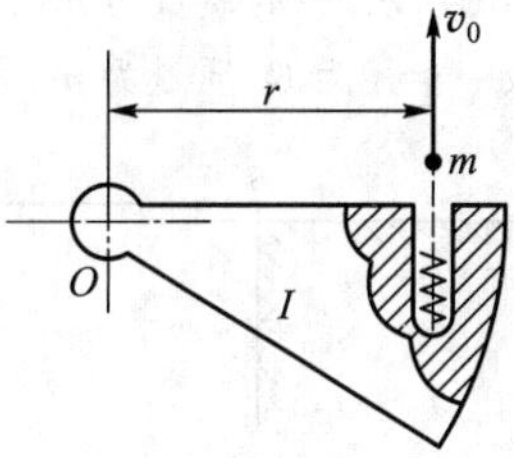

题 7.4.1 图

7.4.2 如图所示，质量为 2.97 kg、长为 1.0 m 的均质等截面细杆可绕水平光滑的轴线 O 转动，最初杆静止于竖直方向.一弹片质量为 10 g，以水平速度 200 m/s 射出并嵌入杆的下端，和杆一起运动.求杆的最大摆角 θ.

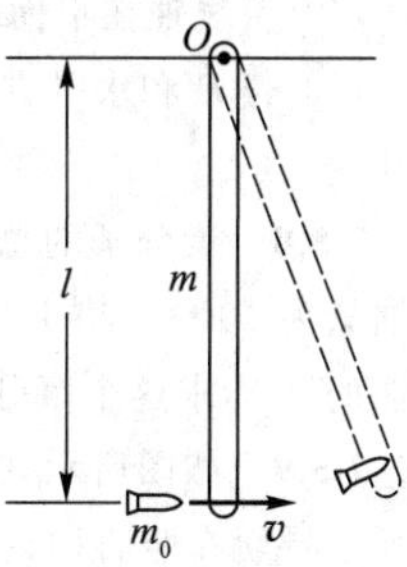

题 7.4.2 图

7.4.3 一质量为 m_1、速度为 $\boldsymbol{v}_1$ 的子弹沿水平面击中并嵌入一质量为 $m_2=99m_1$、长度为 L 的棒的端点.速度 $\boldsymbol{v}_1$ 与棒垂直，棒原来静止于光滑的水平面上.子弹击中棒后共同运动.求棒和子弹绕垂直于平面的轴的角速度等于多少？

7.4.4 一颗典型的脉冲星，半径为几千米，质量与太阳的大致相等，转动角速率很大.试估算周期为 50 ms 的脉冲星的转动动能.（自己查找太阳质量的数据.）

7.5.1 10 m 高的烟囱因底部损坏而倒下来，求其上端到达地面时的线速度.设倾倒时，底部未移动.可近似认为烟囱为均质细杆.

7.5.2 如图所示，用四根质量为 m、长度各为 l 的均质细杆制成正方形框架，可围绕其中一边的中点在竖直平面内转动，支点 O 是光滑的.最初，框架处于静止且 AB 边沿竖直方向，释放后向下摆动，求当 AB 边达到水平时，框架质心的线速度 $\boldsymbol{v}_C$，以及框架作用于支点的压力 $\boldsymbol{F}_{\mathrm{N}}$.

7.5.3 由长为 l、质量各为 m 的均质细杆组成正方形框架，如图所示，其中一角连于光滑水平转轴 O，转轴与框架所在平面垂直.最初，对角线 OP 处于水平，然后从静止开始向下自由摆动.求 OP 对角线与水平成 45°时 P 点的速度，并求此时框架对支点的作用力.

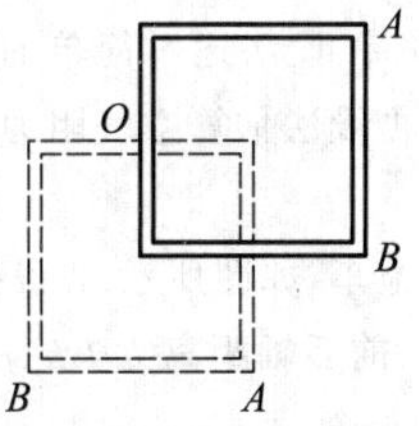

题 7.5.2 图

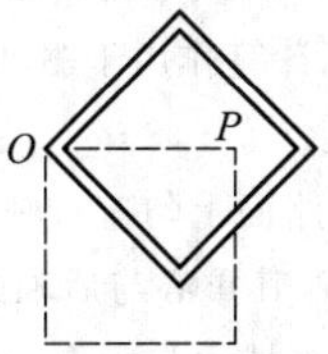

题 7.5.3 图

7.5.4 质量为 m、长为 l 的均质杆，其 B 端放在桌上，A 端被手支住，使杆成水平，如图所示.突然释放 A 端，在此瞬时，求：(1) 杆质心的加速度；(2) 杆 B 端所受的力.

7.5.5 下面是均质圆柱体在水平地面上做无滑滚动的几种情况，求地面对圆柱体的静摩擦力 $\boldsymbol{F}_{\mathrm{f}}$.

(1) 沿圆柱体上缘作用以水平拉力 $\boldsymbol{F}$，柱体做加速滚动.

(2) 水平拉力 $\boldsymbol{F}$ 通过圆柱体中心轴线，柱体做加速滚动.

(3) 不受任何主动力的拉动或推动，柱体做匀速滚动.

(4) 圆柱体在主动力偶矩 M 的驱动下加速滚动.设柱体半径为 R.

7.5.6 如图所示，板的质量为 m_1，受水平力 $\boldsymbol{F}$ 的作用，沿水平面运动.板与平面间的摩擦因数为 μ.在板上放一半径为 R、质量为 m_2 的实心圆柱，此圆柱只滚动不滑动.求板的加速度.

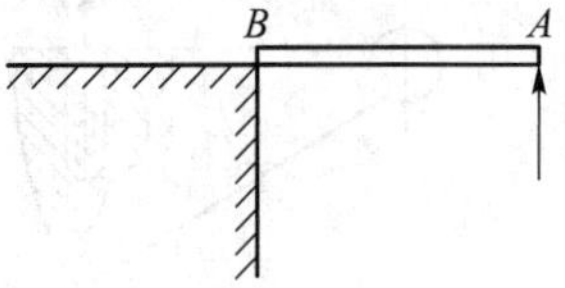

题 7.5.4 图

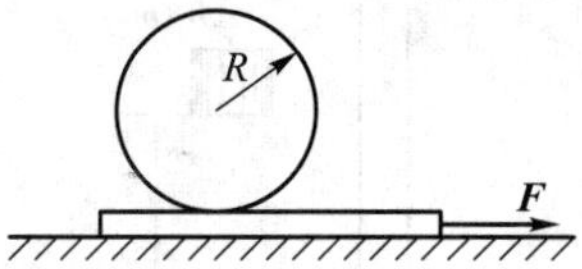

题 7.5.6 图

7.5.7 在水平桌面上放置一质量为 m 的线轴，内径为 b，外径为 R，其绕中心轴的转动惯量为 $\frac{1}{3}mR^2$.线轴和地面之间的静摩擦因数为 μ.线轴受一水平拉力 $\boldsymbol{F}$，如图所示.

(1) 使线轴在桌面上保持无滑滚动的 $\boldsymbol{F}$ 的最大值是多少？

(2) 若 $\boldsymbol{F}$ 和水平方向成 θ 角，试证当 $\cos\theta > b/R$ 时，线轴向前滚动；当 $\cos\theta < b/R$ 时，线轴向后滚动.

***7.5.8** 氧分子的总质量为 5.30×10^{-26} kg，对于通过其质心且与两个原子连线垂直的轴线的转动惯量为 $10\times10^{-46}\ \mathrm{kg\cdot m^2}$.设在气体中某氧分子运动的速率为 500 m/s，且其转动动能为其平动动能的 2/3，求这个氧分子的角速率.

***7.5.9** 如图所示，一质量为 m、半径为 r 的均质实心小球沿圆弧形导轨自静止开始无滑滚下，圆弧形导轨在竖直面内，半径为 R.最初，小球质心与圆环中心高度相同.求小球运动到最低点时的速率，以及它作用于导轨的正压力.

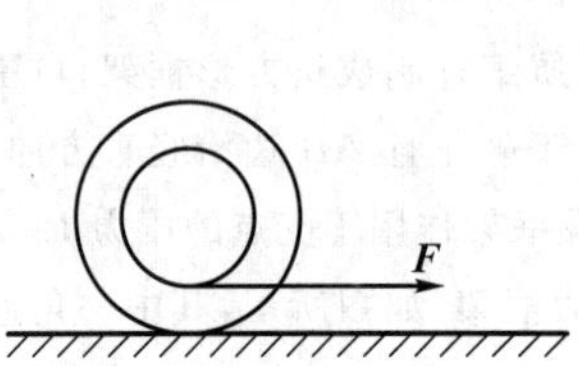

题 7.5.7 图

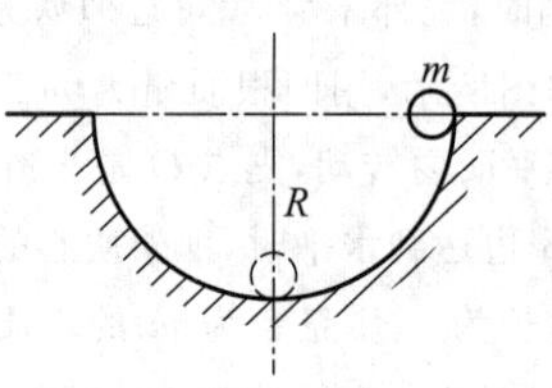

题 7.5.9 图

***7.5.10** 你用力蹬自行车，近似认为车匀速行驶于水平路面上.你能否估计一下所受的空气阻力是多少？[提示：参考(4.2.1)式算输出给自行车轮盘的功率.设法通过简单的实验，估计经链条传至后面驱动轮损失的功率.计算作用于驱动轮的功率.然后再设法估算空气阻力.因为是估算，你可以采用近似的方法.]

7.6.1 汽车在水平路面上匀速行驶，后面牵引旅行拖车，如图所示.假设拖车仅对汽车施以水平向后的拉力 F.汽车重 G，其重心与后轴的垂直距离为 a，前后轴距离为 l.h 表示 $\boldsymbol{F}$ 力与地面的距离.问汽车前后轮所受地面支持力与无拖车时有无区别？试计算之.

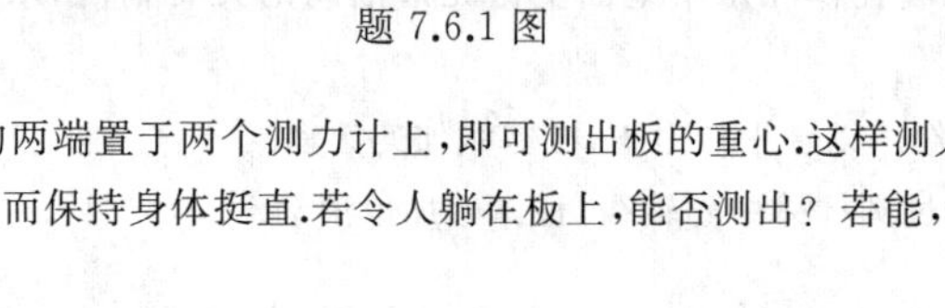

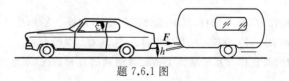

题 7.6.1 图

7.6.2 将一块木板的两端置于两个测力计上，即可测出板的重心.这样测人的重心就比较难.因很难将头和脚置于测力计上而保持身体挺直.若令人躺在板上，能否测出？若能，给出求重心的方法.

7.6.3 如图所示，电梯高 2.2 m，其质心在中央.悬线亦过中央.另有负载 500 kg，其重心离电梯中垂线相距 0.5 m.问(1) 当电梯匀速上升时，光滑导轨对电梯的作用力，不计摩擦(电梯仅在四角处受导轨的作用力)；(2) 当电梯以加速度 $0.05\ m/s^2$ 上升时，力如何？

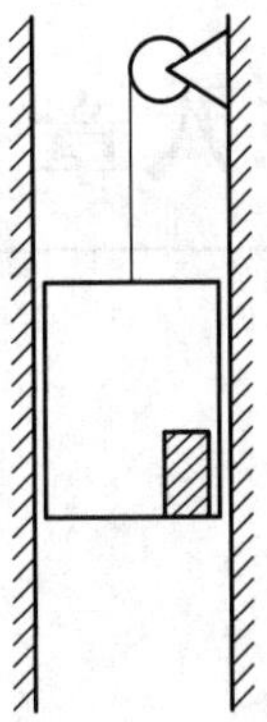

题 7.6.3 图

***7.6.4** 你攀登垂直崖壁，动作慢且有间歇，几乎静止，姿势如图所示.视人为刚体系，按你自己的体重，估算你双手要用怎样的力攀登.你双足与崖面已达最大静摩擦，且鞋底和崖面的静摩擦因数为 $\mu_0=0.8$.参考丹普斯特 1955 年数据，人体质量分布为头：8.1%、上臂：2.8%、前臂：1.7%、手：0.6%、躯干：49.7%、大腿：9.9%、小腿：4.7%、足：1.4%.为了减小计算量，已将人体模型化，各部分的重心的 x 坐标和有关角度已标于图中.(注：足与崖壁达最大静摩擦或光滑均可按刚体模型用平衡条件求解.若未达最大静摩擦，则未知数较多，而诸平衡方程仅能解出 3 个未知数，不能求解.其实，人不是刚体，在保持如图姿势下，通过肌肉用力可调节诸力的大小.仅用静力学方程解决不了的平衡问题称超静定问题.)

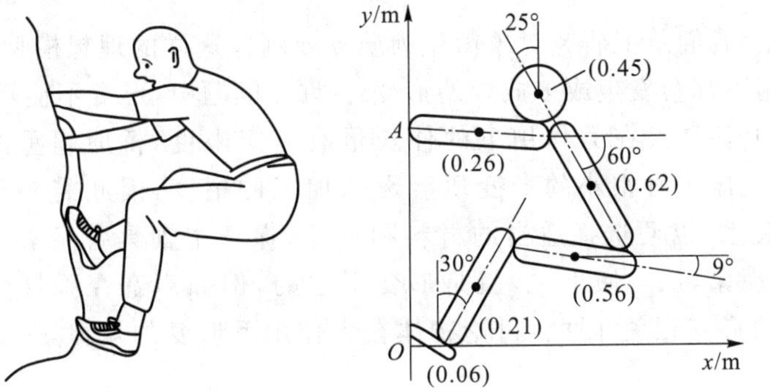

题 7.6.4 图

***7.6.5** 试设计一个方法测量汽车的重心距地面的高度.

***7.7.1** 如图所示，环形框架质量为 0.20 kg，上面装有质量为 1.20 kg 的回转仪.框架下端置于光滑的球形槽内.回转仪既自转又进动，框架仅随回转仪的转动而绕竖直轴转动.回转仪自身重心及它连同框架的重心均在 C 点，C 点与转动轴线的垂直距离为 $r=0.02$ m.回转仪绕自转轴的转动惯量为 $4.8\times10^{-4}\ kg\cdot m^2$，自转角速度为 120 rad/s.设轴水平.(1) 求进动角速度；(2) 求支架的球形槽对支架的总支撑力.

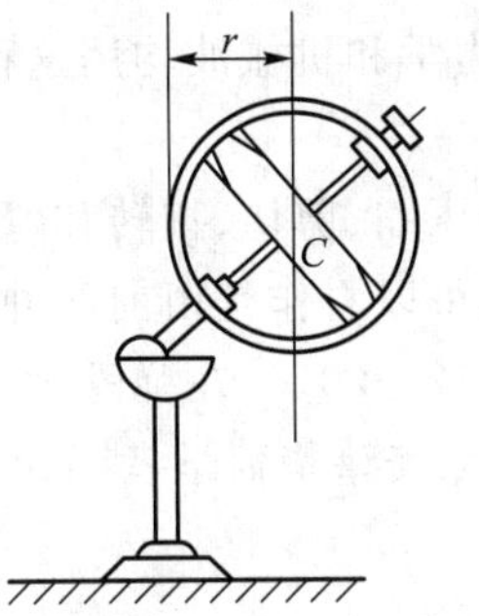

题 7.7.1 图

第八章　弹性体的应力和应变

他［胡克(R.Hooke,1635—1703)］是法拉第以前最伟大的实验物理学家,他的兴趣遍及力学、物理学、化学和生物学的全面.他研究弹性而发现了有名的胡克定律,这是物理学最短的定律:伸长和力成正比……

——贝尔纳(J.D.Bernal,1901—1971)①

迄今为止,我们总把研究对象简化为质点或刚体这样的理想模型.不过,任何物体在力的作用下都会发生或多或少的形变.在许多问题中,形变不能不计,且需专门研究.斜拉桥上各悬索在力作用下的伸长量有一定限度,桥面超重的负荷甚至能使悬索断裂.机床主轴很小的形变便会影响加工的精度,因此需要研究主轴受力与其形变的关系,以便选择适当的材料和尺寸,保证主轴具备足够抵抗形变的能力.有些物理现象,从本质上说,就是形变引起的,例如声音在弹性介质中的传播就和介质内的形变相关.因此,讨论物体在力作用下形变的规律,是力学不可缺少的部分.

若物体所受外力撤销后,在外力作用下所发生的形状和体积的变化能够完全消失,物体恢复原状,则这种形变叫弹性形变,这种物体叫弹性体.弹性体也是一种理想模型.不存在绝对的弹性体,但房屋地基、水库堤坝、大型建筑的薄壳等在形变极小时,在讨论一些问题时可看作弹性体.在弹性体内,各点弹性相同的叫作均匀弹性体.若每点的弹性与方向无关,则叫作均匀的、各向同性的弹性体.

固体由大量分子、原子组成.固体的弹性和分子或原子间的作用力有关.不管固体的微观构造,只把它当作充满所在空间的连续介质研究,这就是弹性力学方法的特点.弹性力学及后面将讨论的流体力学和机械波均用这种基本方法研究.它们被统称为连续介质力学.

弹性体有 4 种形变,即拉伸压缩、剪切、扭转和弯曲.其实,最基本的形变只有拉伸压缩和剪切形变,弯曲和扭转也可以看作是由前两种形变组成的.

我国著名科学家钱伟长(1912—2010)在弹性力学中的薄壳问题和奠定有限元法广泛应用的基础方面做出了贡献.美籍华裔学者冯元桢(1919—2019)则是生物力学的奠基人之一.

① 贝尔纳.历史上的科学.伍况甫等译.北京:科学出版社,1959:265.

§8.1 弹性体的拉伸和压缩

(一) 外力、内力与应力

我们先将注意力集中于横截面线度远小于其长度的直杆.悬索桥上的拉杆、建筑用钢筋杆件均属于这一类.直杆的典型受力情况为两端受到沿轴线的力且处于平衡,如图 8.1(a)(b)所示.对于直杆整体来说,这一对拉力或压力 $\boldsymbol{F}'$ 和 $\boldsymbol{F}''=-\boldsymbol{F}'$ 是外力.因通常杆的重量比拉压力小得多,这里已忽略不计.设想在直杆上某位置作与轴线垂直的假想截面 AB,此截面将直杆分成上、下两部分,上半部分通过假想截面对下半部分施以向上(下)的拉(压)力 $-\boldsymbol{F}$,下半部分通过假想截面对上半部分施以向下(上)的拉(压)力 $\boldsymbol{F}$.对直杆整体来说,这对作用力为内力.由于不计杆的自重,有 $|\boldsymbol{F}|=|\boldsymbol{F}'|=|\boldsymbol{F}''|$.关于内力、外力的讨论,用到平衡条件,意味着将杆视作刚体.

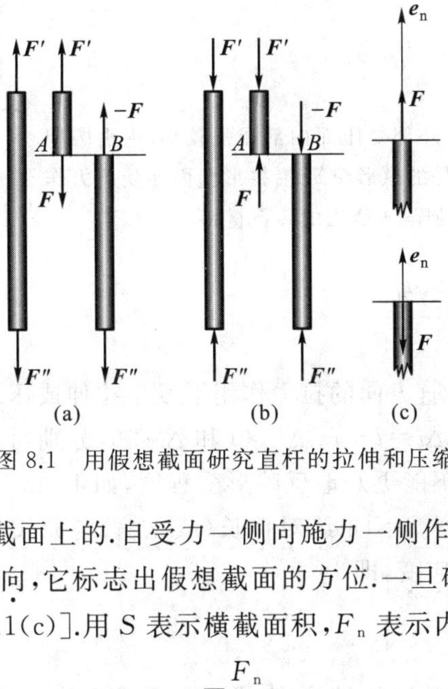

图 8.1 用假想截面研究直杆的拉伸和压缩

内力是作用于假想截面上的.自受力一侧向施力一侧作垂直于面元的单位矢量 $\boldsymbol{e}_{\mathrm{n}}$,其方向称为外法线方向,它标志出假想截面的方位.一旦确定了假想截面,便可讨论该面上的内力[见图 8.1(c)].用 S 表示横截面积,F_{n} 表示内力在 $\boldsymbol{e}_{\mathrm{n}}$ 上的投影,则

$$\sigma=\frac{F_{\mathrm{n}}}{S} \tag{8.1.1}$$

称作假想截面 S 上的拉伸或压缩应力,又统称为正应力.若内力与有向假想截面外法线方向相同,则 σ 为正,表示有向面元某一侧受到另外一侧的拉力,为拉伸应力.若内力与有向假想截面外法线方向相反,则 σ 为负,表示某一侧受到另外一侧的压力,为压缩应力.

在国际单位制中,应力的单位为 $\mathrm{N/m^2}$,称为帕斯卡,简称帕.国际符号为 Pa.在厘米克秒制中,其单位为 $\mathrm{dyn/cm^2}$.应力的量纲是 $\mathrm{L^{-1}MT^{-2}}$.

［**例题 1**］ 并非仅直杆内存在拉伸、压缩应力.图 8.2(a)表示装高压气体的薄壁圆柱形容器的横断面.壁厚为 d 且圆柱的半径为 R,气体压强为 p.求壁内沿圆周切向的应力.不计容器自重且不计大气压.

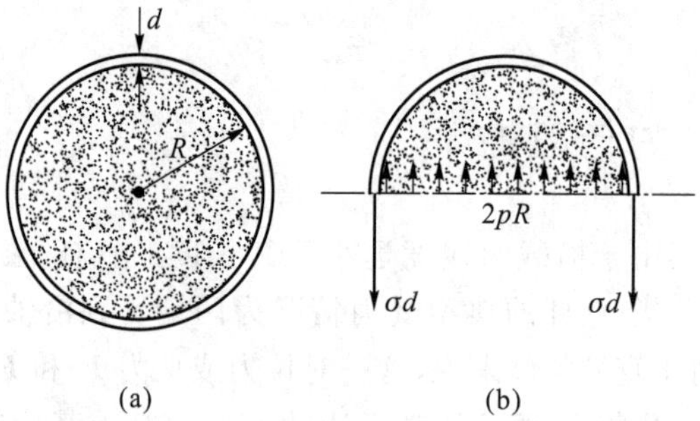

图 8.2 充满高压气体的圆柱形容器壁内受拉应力

［**解**］ 用纵向假想截面取如图 8.2(b)中的一半圆柱形容器和气体作为隔离体,其长度为一个单位,受力如图所示.因气体受压,故另一侧器壁对隔离体作用以拉力.按平衡条件

$$-2pR+2\sigma d=0$$

得

$$\sigma=Rp/d.$$

即器壁沿圆周切向受拉应力.

不难想象,若圆柱形容器外部受压而内部压强较小,则沿圆周切向受压应力.图 8.3 表示常见的拱形建筑.沿拱形壁面亦受压力作用.因此在壁面处可采用有较强耐压能力的砖石材料.

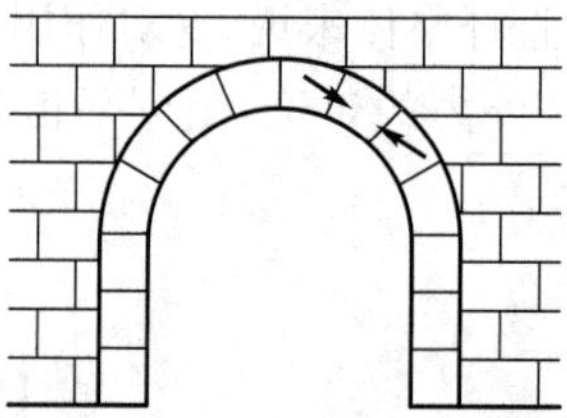

图 8.3 拱形建筑内壁受压应力

(二) 直杆的线应变

图 8.4 表示直杆在竖直方向的拉力作用下发生拉伸或压缩形变.l_0 和 l 分别表示原长和形变后的长度,有 $\Delta l=l-l_0$.$\Delta l>0$ 和 $\Delta l<0$,分别叫作杆的绝对伸长和绝对压缩.它们还不能更好地反映形变程度,如 10 m 和 1 m 长的杆都伸长 0.1 m,形变程度就不同.绝对伸长(或压缩)与原长之比称为相对伸长(或压缩),又叫线应变,即

$$\varepsilon=\frac{\Delta l}{l_0}, \tag{8.1.2}$$

ε 为正或为负分别表示拉伸或压缩形变.线应变是量纲为一的量.它能很好地反映形变程度.

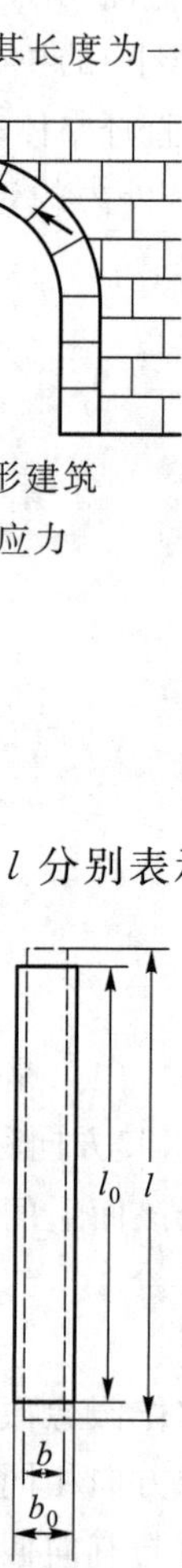

图 8.4

直杆被拉伸或压缩时,还产生横向形变.直杆被沿轴向拉伸时,则横向收缩;直杆被沿轴向压缩时,则横向膨胀.设想直杆横截面是正方形,每边长为 b_0,横向形变后边长为 b,则横向相对形变或应变为

$$\varepsilon_1=\frac{b-b_0}{b_0}=\frac{\Delta b}{b_0}. \tag{8.1.3}$$

实验证明，对于大多数材料，ε_1 的绝对值比相对线应变 ε 的绝对值小 3～4 倍．横向应变与纵向应变之比的绝对值称为泊松系数，记作 μ：

$$\mu=\left|\frac{\varepsilon_1}{\varepsilon}\right|. \tag{8.1.4}$$

μ 是描写物质弹性特征的物理量．表 8.1 列出常见材料的 μ 值．

表 8.1

材料	泊松系数 μ
铍	0.1
金	0.42
铂	0.39
银	0.37
钨	0.28
铀	0.21
铍铜	0.27
铜及合金	0.34
铁合金	0.30～0.32
铅及合金	0.43
钼及合金	0.32
钛及合金	0.31～0.34

选自：Handbook of Mechanics, Materials and Structures. Ed. A Blake. New York: John Wiley & Sons, 1985.

（三）胡克定律

胡克于 1678 年从实验中总结出，对于有拉伸、压缩形变的弹性体，当应变较小时，应变与应力成正比，即

$$\sigma=E\varepsilon, \tag{8.1.5}$$

称为胡克定律．因 $\sigma=\frac{F_{\mathrm{n}}}{S}$，$\varepsilon=\frac{\Delta l}{l_0}$，故胡克定律又可表示为

$$\frac{F_{\mathrm{n}}}{S}=E\frac{\Delta l}{l_0}, \tag{8.1.6}$$

式中比例系数 E 称为弹性模量，也称为杨氏模量．由于 $\frac{\Delta l}{l_0}$ 为纯数，故弹性模量和应力具有相同的单位．弹性模量是描写材料本身弹性的物理量，由上式可知，应力大而应变小，则弹性模量较大；反之，弹性模量较小．弹性模量反映材料对于拉伸或压缩形变的抵抗能力．对于一定的材料说来，拉伸和压缩的弹性模量不同，但通常二者相差不多，

这时可认为两者相同.表 8.2 列出了几种常见材料的弹性模量.

表 8.2

材料	$E/10^{10}$ Pa
铝	7.0
绿石英	9.1
混凝土	2.0
铜	11
玻璃	5.5
花岗石	4.5
铁	19
铅	1.6
松木(平行于纹理)	1.0
钢	20

数据选自:A. Beiser. Modern Technical Physics (6th ed). Massachusetts: Addison-Wesley, 1991.

仅当形变很小时,应力应变才服从胡克定律.如图 8.5(a)所示,若应力超过某个限度,到达 B 点时,撤销外力后,应力回到零,但有剩余应变 ε_p,称为塑性应变.塑性力学便是专门研究这类现象的.按(8.1.5)式知,符合胡克定律时,内力 F 与绝对形变 Δl 亦成正比,如图 8.5(b)所示.至 B 点,已脱离线性关系,B 点对应的应力 $\sigma_S = F_n/S$ 称为屈服极限.到达 C 点时,外力最大,杆的某个部分开始变细,称为颈缩.继续形变时,外力减小,但因缩颈处的横截面积减小,实际上应力还在增加.当应力达到某最大值 $\sigma_b = F_b/S$,杆件断裂,σ_b 称为强度极限,对应于图 8.5(b)中 D 点.

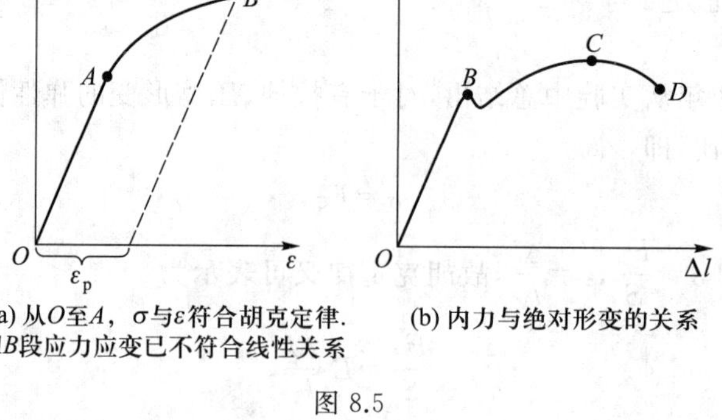

(a) 从O至A, σ与ε符合胡克定律. AB段应力应变已不符合线性关系

(b) 内力与绝对形变的关系

图 8.5

人类的骨骼坚硬,骨的拉伸压缩形变不大时,亦可用弹性模量描述其弹性性质.表 8.3 给出人类 20~39 岁间几种骨骼的拉伸弹性模量并与几种动物相比较,并给出几种动物的压缩弹性模量.可见,马、牛的骨骼有较大的拉伸弹性模量而压缩弹性模量较小.

表 8.3 密质骨的弹性模量/GPa

骨	马	牛	猪	人
拉伸弹性模量				
股骨	25.5	25.0	14.9	17.6
胫骨	23.8	24.5	17.2	18.4
肱骨	17.8	18.3	14.6	17.5
桡骨	22.8	25.9	15.8	18.9
压缩弹性模量				
股骨	9.4±0.47	8.7	4.9	
胫骨	8.5		5.1	
肱骨	9.0		5.0	
桡骨	8.4		5.3	

本表数据引自:冯元桢.生物力学.北京:科学出版社,1983:242.

(四) 拉伸和压缩的形变势能

就像弹簧的弹性力那样,外力迫使弹性体产生拉伸或压缩形变时,反抗形变的弹性力也是保守力,拉伸或压缩形变的弹性体也具有弹性势能.弹性势能等于自势能零点开始保守力做功的负值.外力拉压杆件时,外力的功与弹性体反抗形变而施于外界之力做的功大小相等而符号相反,因此,弹性势能等于自势能零点开始外力做功的正值.

现在选择变量 ξ:直杆形变前,$\xi=0$;发生形变 Δl 后,$\xi=\Delta l$,ξ 反映形变进行的过程.在形变过程中,按胡克定律,有 $F_{\mathrm{n}}=ES\dfrac{\xi}{l_0}$.外力做功为 $A=\int_0^{\Delta l}F_{\mathrm{n}}\mathrm{d}\xi$.略去形变过程中横截面积 S 的变化,外力之功为

$$A=\frac{ES}{l_0}\int_0^{\Delta l}\xi\mathrm{d}\xi=\frac{1}{2}E\left(\frac{\Delta l}{l_0}\right)^2Sl_0.$$

现规定未变形时为势能零点,则此外力的功等于形变达到 Δl 时的势能,即

$$E_{\mathrm{p}}=\frac{1}{2}E\left(\frac{\Delta l}{l_0}\right)^2Sl_0,$$

$\Delta l/l_0$ 即应变 ε,Sl_0 为直杆未变形时的体积 V,故直杆因拉伸或压缩而具有的弹性势能为

$$E_{\mathrm{p}}=\frac{1}{2}E\varepsilon^2V. \tag{8.1.7}$$

这就是直杆拉伸或压缩弹性势能的表示式.弹性势能应属于形变物体本身所有.直杆各部分都发生形变,故弹性势能分布于直杆的全部体积内.若杆形变是均匀的,则弹性势能均匀地分布于直杆中,用 V 除(8.1.7)式,即得弹性势能密度 E_{p}^0,

$$E_p^0=\frac{1}{2}E\varepsilon^2. \tag{8.1.8}$$

即对于一定物体，单位体积内拉伸或压缩的弹性势能与应变平方成正比.

§8.2　弹性体的剪切形变

(一) 剪切形变、切应力与切应变

当物体受到力偶作用使物体的两个平行截面间发生相对平行移动时，这种形变叫作**剪切形变**.图 8.6(a)中物体被剪断前即发生这类形变.

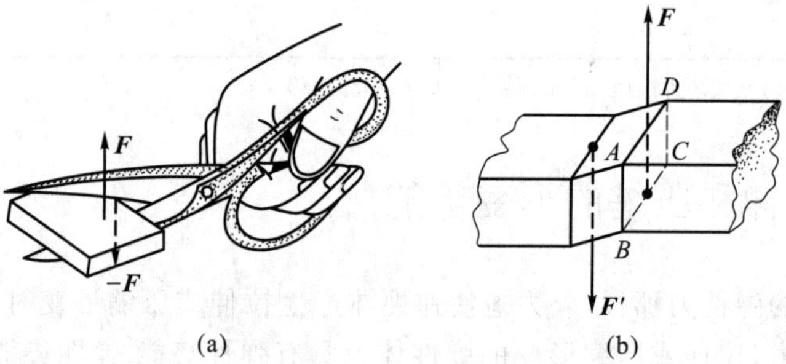

图 8.6　用剪刀剪断物体前发生剪切形变和出现切应力的示意

如图 8.6(b)所示，中部隔离体左、右两假想截面上受到由 $\boldsymbol{F}$ 和 $\boldsymbol{F}'=-\boldsymbol{F}$组成的力偶而发生剪切形变.设用 S 表示假想截面 $ABCD$ 的面积，又设力 $\boldsymbol{F}$ 在该面上均匀分布，则切应力为

$$\tau=\frac{F}{S}. \tag{8.2.1}$$

切应力具有与正应力相同的量纲和单位.显然，如图 8.7(a)所示，若隔离体仅受两力 $\boldsymbol{F}$ 和 $\boldsymbol{F}'$不可能保持平衡，它将沿顺时针方向转起来.如欲保持平衡，则左、右两侧表面上必受到另一力偶，力 $\boldsymbol{F}''$和 $\boldsymbol{F}'''=-\boldsymbol{F}''$的作用.根据力偶矩的平衡条件，

$$\boldsymbol{M}(\boldsymbol{F},\boldsymbol{F}')=-\boldsymbol{M}(\boldsymbol{F}'',\boldsymbol{F}''').$$

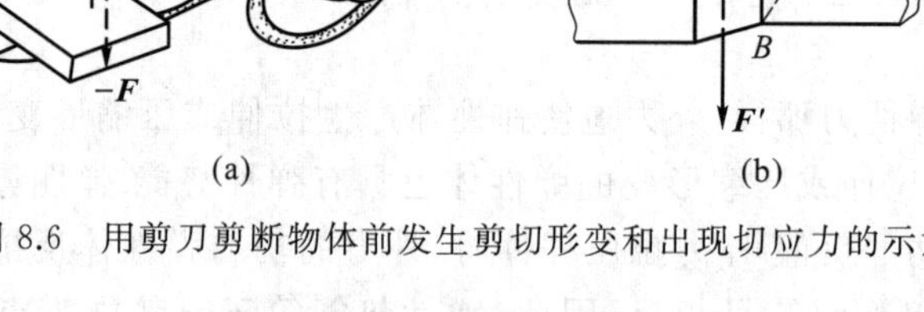

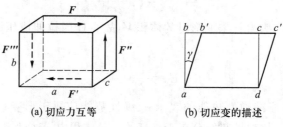

(a) 切应力互等　　(b) 切应变的描述

图 8.7

用 τ 和 τ' 分别表示上下底面和左右侧面的切应力，用 a、b 和 c 表示隔离体各边边长，则有

$$(\tau ac)b=(\tau' bc)a.$$

由此可证

$$\tau=\tau'. \tag{8.2.2}$$

此式说明，作用于互相垂直的假想截面上并垂直于这两个平面交线的切应力是相等的，这叫作切应力互等定律.

如图 8.7(b)所示，剪切形变的特征既然表现为平行截面间的相对滑移，则可把相对滑移 $bb'=cc'$ 作为剪切形变的特征.不过，即使两平行截面间发生相同的相对滑移 bb'，但若两平行截面间的距离 ab 不同，形变程度仍不相同.因此，我们用平行截面间相对滑动位移与截面垂直距离之比描写剪切形变，称为切应变.由图 8.7(b)可知，

$$\tan\gamma=\frac{bb'}{ab}.$$

若变形很小，则 $\tan\gamma\approx\gamma$，故切应变可表示为

$$\gamma=\frac{bb'}{ab}. \tag{8.2.3}$$

切应变 γ 又称为切变角，切应变亦为一纯数.

（二）剪切形变的胡克定律

实验结果表明：若形变在一定限度内，切应力与切应变成正比，即

$$\tau=G\gamma, \tag{8.2.4}$$

式中 G 为取决于材料弹性的比例系数，称为切变模量，上式称作剪切形变的胡克定律.与弹性模量相似，切变模量反映材料抵抗剪切形变的能力，其单位与弹性模量相同.

通过理论推导，还能找出弹性模量 E、切变模量 G 和泊松系数 μ 之间的关系，即对于各向同性的、均匀的弹性体，有

$$G=\frac{E}{2(1+\mu)}. \tag{8.2.5}$$

可见，描写弹性体性质的 3 个物理量 G、E 和 μ 只有两个是独立的.E 是反映材料抵抗拉伸或压缩形变的能力，G 是显示材料抵抗剪切形变的能力，μ 是描写材料横向收缩或膨胀特性.何以 3 种不同特性用(8.2.5)式连在一起？以下利用图 8.8 做定性说明.

图 8.8 表示直杆在拉力下发生拉伸形变，如在杆内取各边均与杆的轴线成 45°的正方形，则当杆被拉伸后，中间的正方形变为菱形，即发生了剪切形变.这样，拉压形变和剪切形变就联系在一起了.既然发生了剪切形变，其周边必受切应力；内力取决于外力，沿杆轴向的外界拉力一定，则杆内各截面上的内力也一定，正方形周边的切应力也就确定了.首先讨论 μ 一定的情况：外界拉力一定，切应力也一定；若拉伸形变较大，则根据(8.1.5)式，弹性模量 E 较小，又由图 8.8 可以看出，这时中间的正方形剪切形变也较大，即根据(8.2.4)式，切变模量 G 也比较小；反之，若 E 较大，则 G 也较大.于是可以理解(8.2.5)式中 μ 一定时，E 与 G 成正比.再讨论式中 E 一定时 μ 与 G 的关系：

设杆所受外界拉力、切应力和拉伸形变均一定，若横向收缩比较多，即 μ 比较大，则剪切形变必然更大，这表明材料抵抗剪切形变的能力比较小，即 G 比较小；反之，若横向收缩较少，μ 比较小，则剪切形变不会很严重，表明材料抵抗剪切形变的能力较强，G 比较大.G 与 μ 的关系和(8.2.5)式也一致.

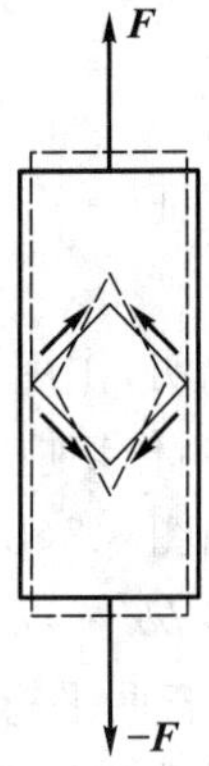

图 8.8 拉压应变和剪切应变的关系

此外，通过与上节得到(8.1.8)式类似的方法，可以求出单位体积剪切形变的弹性势能

$$E_p^0=\frac{1}{2}G\gamma^2, \qquad (8.2.6)$$

即对于一定材料，单位体积剪切形变势能与切变角的平方成正比.

当地球内部的原因使地壳的切应力达到强度极限时可能发生地震，引潮力源于引力梯度，它可能在地壳切应力已达极限强度时，即将要发生地震时，引发地震.①

§8.3 弯曲和扭转

除拉伸压缩和剪切形变外，还有两种颇为常见的形变，一是梁的弯曲，另一个是杆的扭转.这两种形变可以看作是由拉伸压缩和剪切形变这两种基本形变组成的.

(一) 梁的弯曲

建筑物的横梁、游泳池的跳板、机械中的某些轴……都是在外力作用下发生弯曲形变的例子.由于物体的形状不同、受力情况不同，弯曲形变的形式，以及它们内部应力的分布和形变特点也不同.下面仅讨论一种简单的情况.

如图 8.9(a)所示，一根矩形横截面梁，不计自重.在梁上左右对称处分别加相同的力 $\boldsymbol{F}_{p1}$、$\boldsymbol{F}_{p2}$，则两端的支撑力为 $\boldsymbol{F}_{N1}=\boldsymbol{F}_{N2}=-\boldsymbol{F}_{p1}=-\boldsymbol{F}_{p2}$，$\boldsymbol{F}_{N1}$、$\boldsymbol{F}_{p1}$ 和 $\boldsymbol{F}_{N2}$、$\boldsymbol{F}_{p2}$ 形成两个力偶，正是这两个力偶的力偶矩使梁在 $\boldsymbol{F}_{p1}$ 和 $\boldsymbol{F}_{p2}$ 之间弯曲形变.为说明弯曲形变的特点，在梁内取两个彼此接近的横断面 AB 和 $A'B'$，又将两个横截面中间部分沿梁的轴线方向分成许多层.实验表明，在横截面比梁长度小很多且形变微小的情况下，形变后 AB 和 $A'B'$ 仍可认为是平面，只是相对转过一定角度，如图 8.9(b)所示.因此，在弯曲后，靠近上缘各层，如 AA' 层，发生压缩形变，越近上缘，压缩越甚；靠近下缘各层，如 BB' 层，则发生拉伸形变，越近下缘，拉伸越甚.弹性体是连续不断的，形变的分布也必然是连续的，因而处于中间的 CC' 层必将既不伸长，也不压缩，叫作中性层.由此可见，梁的纯弯曲是由程度不同的拉伸压缩形变组成的.

① 李志安等.触发地震的日月引潮力.北京师范大学学报(自然科学版)，1994，30(3)：368.

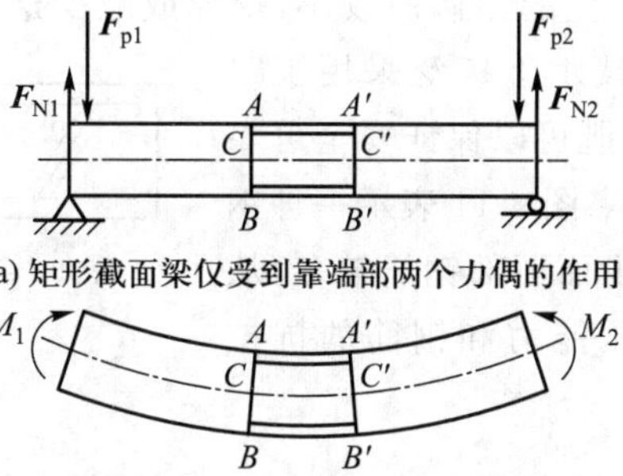

(a) 矩形截面梁仅受到靠端部两个力偶的作用

(b) 在(a)图受力偶情况下弯曲变形

图 8.9

依据胡克定律，应力与应变成正比，那么根据弯曲形变特点，中性层以上各层将出现压缩应力，中性层以下各层将出现拉伸应力，并且越靠近上、下边缘应力越大. 图 8.10(a)表示通过假想截面 AA'作用于阴影一侧应力的分布情况. 梁内的应力分布表明，与轴线平行各层在抵抗弯曲形变中所起的作用不同，上、下边缘的贡献最大，中性层则没有贡献. 梁内应力分布的这一特点有实际的应用.

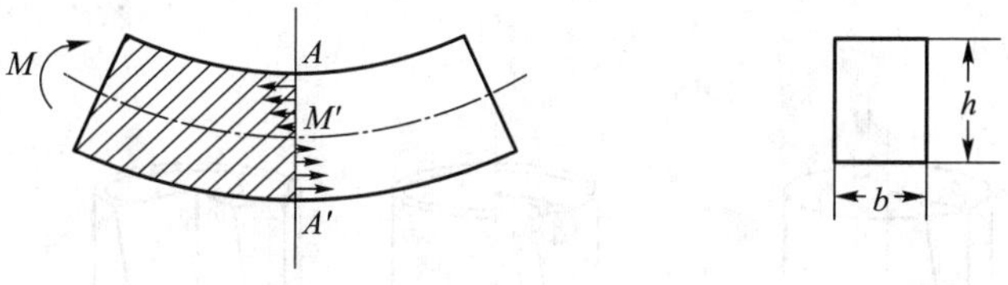

(a) 靠近中性层，应力为零，向上、下层延伸则拉压应力逐步增加

(b) 横截面上h和b分别表示梁的厚度和宽度(选读8.1亦参考此图)

图 8.10

用中性层的半径 R 或曲率 K 可以描述纯弯曲形变，可以证明(见本章选读 8.1)，对矩形截面梁在上述两个力偶作用下的弯曲，其关系式为

$$K=\frac{1}{R}=\frac{12M}{Ebh^3} \tag{8.3.1}$$

M 表示加于梁的力偶矩，E 为材料的弹性模量，b 为梁的宽度，h 为梁的高度，如图 8.10(b)所示. 由此式可知，梁的宽度增加一倍，中性层曲率也减小一半，但若梁的高度增加一倍，则中性层曲率将减少为原来的 1/8，可见，增加梁的高度将大大有利于提高梁的抗弯能力. 对此可以这样理解：以图 8.10(a)左边阴影部分为隔离体，因其左方受到外界的力偶矩 $\boldsymbol{M}$，则其右方必通过假想截面受到另一部分梁作用于它并与前者大小相等而方向相反的力偶矩 $\boldsymbol{M}'$才能达到平衡. 根据图 8.10(a)右方应力分布情况可知，作用于 AA'截面各处的力是大小相等、方向相反而成对出现的，它们恰好能够形成所需要的力偶矩. 靠近上、下边缘，各对力较大且力偶臂又较长，因此对总力偶矩有较大的贡献. 靠近中性层，各对力较小且力偶臂较短，故对总力偶矩的贡献较小. 中性层上无应力，对总力偶矩无贡献. 作用于 AA'面上的力偶矩起着抵抗弯曲形变的作用，增加梁的高度有利于发挥上、下边缘部分材料的作用，以产生较大的抵抗形变的力偶

矩.由于靠近中性层附近产生的力偶矩较小,挖掉或减少这部分材料对抗弯能力不会有显著影响.因此在工程技术上广泛采用工字钢、空心钢管等构件,这样既可以保证安全可靠又能减轻重量、节约原材料.图 8.11 表示一种钢筋混凝土梁,上部钢筋较少而下部钢筋较多,从而充分利用混凝土的抗压能力和钢筋的抗拉能力.

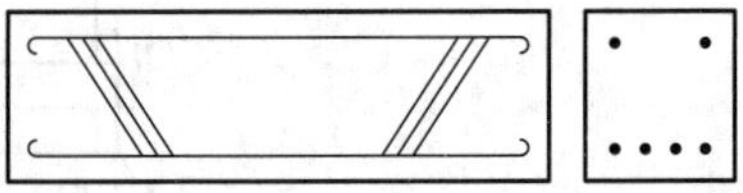
图 8.11 钢筋混凝土梁内钢筋的分布

(二) 杆的扭转

机械中的传动轴、旋进的改锥,以及卡文迪什扭秤中的石英丝……都是在外力作用下发生扭转形变的.

如图 8.12(a)所示,圆柱体受到作用在与其轴线垂直的两个平面上,大小相等、方向相反的两个力偶矩,便发生扭转形变.当杆的横截面比其长度小很多且在微小扭转形变下,各横截面间距离不变,即不发生沿轴线的伸张或收缩;各横截面上的半径仍保持为直线但发生相对转动.圆柱体两端面相对转过的角度叫圆柱体的扭转角,在图 8.12(a)中以 φ 表示.

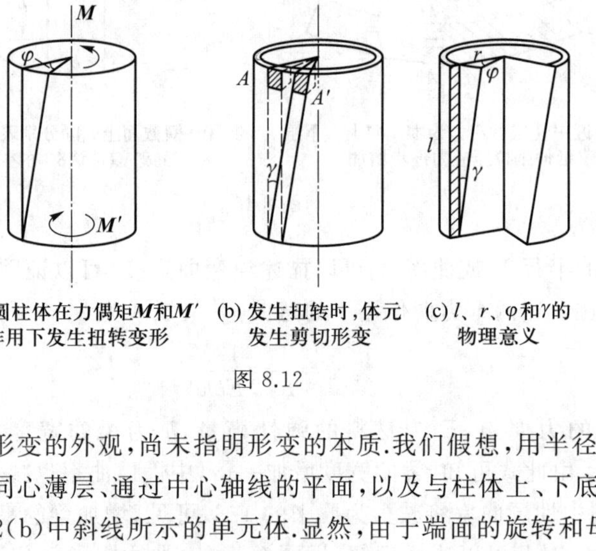

(a) 圆柱体在力偶矩M和M'作用下发生扭转变形　(b) 发生扭转时,体元发生剪切形变　(c) l、r、φ和γ的物理意义

图 8.12

以上只描述了形变的外观,尚未指明形变的本质.我们假想,用半径不同的柱面将圆柱体分割成许多同心薄层、通过中心轴线的平面,以及与柱体上、下底平行的平面分割柱体,得出图 8.12(b)中斜线所示的单元体.显然,由于端面的旋转和母线的倾斜,这些体元都发生了剪切形变.可见扭转形变实质上是由剪切形变组成的,而且不难从图 8.12(b)中看出,γ 角正是相应体元的切应变.

参考图 8.12(c)可知,在微小形变的条件下,狭长体元的切应变等于

$$\gamma=\frac{r\varphi}{l}, \tag{8.3.2}$$

r 表示体元所在半径,l 表示柱长.可见,在同一同心圆薄层内切应变相同,不同层内切应变不同,中心轴线处的狭长体元无切应变,圆柱表面上体元的切应变最大.从(8.3.2)式还可看出,扭转角并不反映杆的真实剪切形变程度.切应变 γ 和体元所在半径 r 一

定时，杆越长，即 l 越大，则扭转角 φ 越大.

因内、外层切应变不同，根据剪切形变的胡克定律，内、外层切应力也不同，靠外层切应力较大.切应力的出现起着抵抗扭转形变的作用，因此抵抗形变的任务主要是由外层材料来承担，靠近中心轴线的材料几乎不起什么作用.所以承受扭转变形的构件，可采用空心柱体以节约材料和减轻重量.

经过计算可证明(见本章选读 8.2)，产生扭转的力偶矩 M 和实心圆柱的扭转角 φ 有如下关系：

$$M=\frac{\pi GR^4}{2l}\varphi=c\varphi, \tag{8.3.3}$$

R 和 l 分别表示圆柱的半径与长度，G 为切变模量，式中

$$c=\frac{\pi GR^4}{2l} \tag{8.3.4}$$

称为圆柱体的扭转系数.

当 M 一定时，R 越大，l 越小，则 φ 越小，即短而粗的圆柱体具有较强的抵抗扭转形变的能力.反之，细而长的圆柱体抵抗扭转变形的能力较弱.

卡文迪什测量万有引力常量的扭秤的原理，就用到了(8.3.4)式.实验中由于大小铅球产生的万有引力，使石英丝受到力偶矩的作用而发生扭转形变.由上式，只需知道石英丝的扭转系数就能够从扭转角求出力偶矩，从而测出万有引力.石英丝细而长，扭转系数很小，即使引力矩很小，也会发生明显的扭转以便于观测.而且，石英的弹性后效现象几乎观察不到，热胀冷缩现象也不明显，因此，用石英丝做的扭秤很精密.

在长期进化中形成的人体骨骼亦与力学规律相合.例如骨骼呈中空状，这与当杆形物体弯曲和扭转形变时，拉伸或剪切应力都是集中于最外侧的道理相吻合，如图 8.13 所示.铁轨的横截面呈“工”字形则是由于它在列车压力下弯曲，压应力和拉应力集中于上、下缘之故.

对于梁的弯曲和圆柱扭转，最大应力都发生在最外层，在工程技术中，甚至可以使梁或圆柱体的最外层越过弹性范围，进入塑性阶段，而其他大部分仍处于胡克定律适用范围内，可达到减轻重量和节省材料的目的.因而塑性力学的研究亦颇有意义.[①]

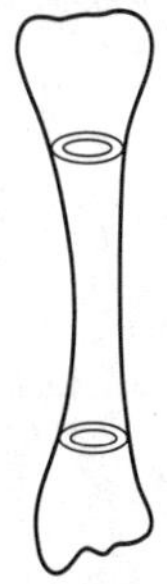

图 8.13 胫骨横截面是中空的

选读材料

[选读 8.1] 关于梁纯弯曲的曲率与力偶矩关系式(8.3.1)的推导

图 8.10(a)所示杆在两力偶矩下的弯曲称纯弯曲.现在推导关于纯弯曲的(8.3.1)式，不仅可知此式的来源，且有利于深入理解弯曲梁内应力应变的概念.

① 熊祝华.塑性力学基础知识.北京：高等教育出版社，1986.

我们从计算图 8.10(a)中 AA'面上的力偶矩入手.图 8.14 表示 AA'假想截面,建立坐标系 Oyz,y 轴在中性层内.用 σ 表示作用于与 y 轴相距 z 处的狭条形面积上的应力,则作用于该面积上的力对 y 轴的力矩为

$$\mathrm{d}M'=\sigma bz\,\mathrm{d}z.$$

作用于整个假想截面的总力偶矩等于作用在各薄层的力对 y 轴的力矩之和,再考虑到中性层上、下各力对总力偶矩 M'的贡献是对称的,得

$$M'=2\int_0^{\frac{h}{2}}\sigma bz\,\mathrm{d}z. \tag{8.1}$$

欲完成此积分,先得写出 σ 作为 z 的函数形式.参考图 8.10 及图 8.15.形变前,DD 层与中性层 CC 长度相同;形变后,若 R 为中性层的曲率半径,则 DD 层的伸长为$(R+z)\theta$,CC 层仍长 $R\theta$,DD 的绝对伸长为$(R+z)\theta-R\theta=z\theta$,其拉伸应变则为

$$\varepsilon=\frac{z\theta}{R\theta}=\frac{z}{R}.$$

再根据胡克定律,与中性层相距 z 处的应力为

$$\sigma=E\varepsilon=E\,\frac{z}{R}.$$

代入(8.1)式积分,得

$$M'=2\,\frac{Eb}{R}\int_0^{\frac{h}{2}}z^2\,\mathrm{d}z=\frac{Ebh^3}{12R},$$

又因内力偶矩与外力偶矩大小相等,故最后得出

$$K=\frac{1}{R}=\frac{12M}{Ebh^3}.$$

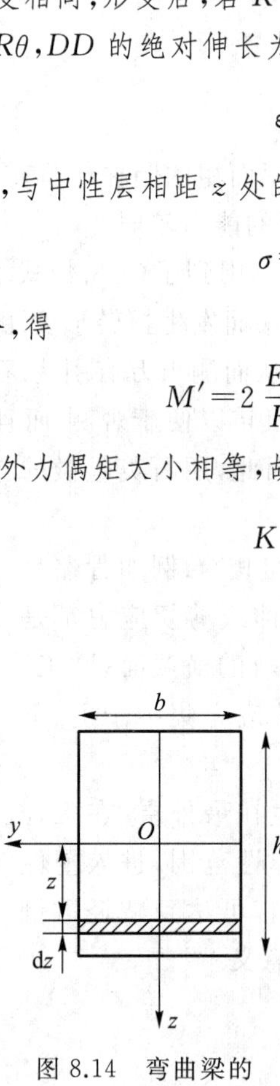

图 8.14 弯曲梁的横截面

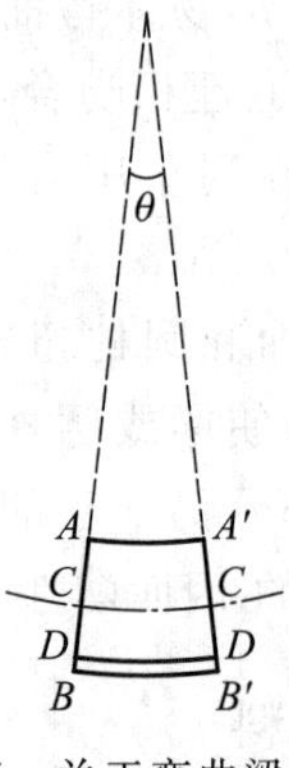

图 8.15 关于弯曲梁上拉伸压缩应变的计算

[选读 8.2] 关于圆柱体扭转角与力偶矩关系式(8.3.3)的推导

发生扭转形变的圆柱体横截面均作用以力偶矩.它来自于面元上的切应力.力偶矩 M 应等于作用于假想截面各处的切应力对轴线的力矩之总和.图 8.16 表示假想横截面,现取其中半径为 r、宽度为 $\mathrm{d}r$ 的圆环,并用 τ 表示该圆环上的切应力,不难得

出，这些力对中心轴线的力偶矩为

$$\mathrm{d}M'=\tau\cdot 2\pi r\mathrm{d}r\cdot r=2\pi\tau r^2\mathrm{d}r,$$

式中 $2\pi r\mathrm{d}r$ 表示圆环面积.因切应力的存在而产生的总力偶矩 M' 为

$$M'=\int_0^R 2\pi\tau r^2\mathrm{d}r.$$

根据剪切形变的胡克定律，$\tau=G\gamma$，故

$$M'=\int_0^R 2\pi G\gamma r^2\mathrm{d}r.$$

再将(8.3.2)式代入，得

$$M'=\int_0^R 2\pi G\frac{\varphi}{l}r^3\mathrm{d}r=\frac{\pi GR^4}{2l}\varphi.$$

M' 与外加力偶矩 M 大小相等，因此得

$$M=\frac{\pi GR^4}{2l}\varphi.$$

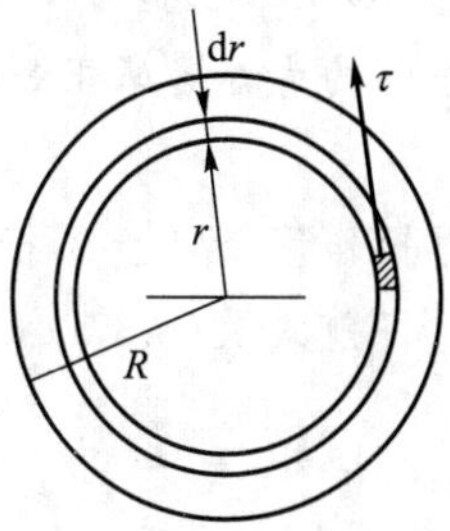

图 8.16 作用于发生扭转的圆柱体假想横截面上同心环内面元的切应力

[选读 8.3] 弹簧的形变

研究力学常遇到弹簧问题.当形变很小时，弹簧弹性力的大小 $F=k|x|$，x 表示弹簧的伸长或压缩量.现在研究弹簧形变的本质，以及 k 与弹性体性质的关系.这里仅讨论螺旋绕得很密的密圈弹簧.这时，可以不考虑螺纹的倾斜度.弹簧的形变涉及拉伸、弯曲和扭转，其中扭转起主要作用，其他可忽略不计，下面利用圆柱体扭转形变的基本公式讨论弹簧所受拉力与伸长量的关系.

为便于理解，首先讨论利用圆形横截面金属丝弯成正方形的单圈弹簧，如图 8.17 所示.在图中，正方形的顶角用 $ABCDE$ 表示；因为我们仅关心密圈弹簧，故可认为在不受力情况下，$ABCDE$ 在一平面内，而当受拉力 $\boldsymbol{F}$ 时，各顶点将移至 B'、C'、D'、E' 各点.从对称性考虑，可认为每一段直杆均自与 $ABCDE$ 平行的平面转过微小的 ξ 角.

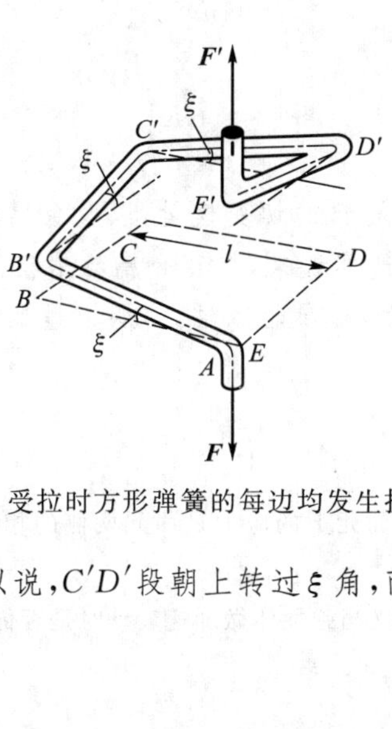

图 8.17 受拉时方形弹簧的每边均发生扭转形变

现以 $B'C'$ 段为标准，可以说，$C'D'$ 段朝上转过 ξ 角，而 $B'A$ 段朝下转过 ξ 角，这就

意味着 $B'C'$ 段发生了扭转形变，且扭转角等于

$$\varphi=2\xi.$$

既然发生扭转形变，必定存在扭转力矩，如图 8.17 所示，考虑到 ξ 角很小，对于 $AB'C'D'E'$ 来说，力 $\boldsymbol{F}$ 对 B' 点有一顺时针方向的力矩 Fl，力 $\boldsymbol{F}'$ 对 C' 点也应有一逆时针方向的力矩 $F'l$，正是在这一对大小都等于

$$M=Fl$$

的力矩作用下产生了扭转形变.

将前式及(8.3.3)式代入，得

$$F=\frac{\pi GR^4}{l^2}\xi.$$

因 ξ 很小，故

$$BB'=l\xi.$$

又因单圈弹簧的伸长量 $\Delta s=4\,BB'=4l\xi$，得

$$F=\frac{\pi GR^4}{4l^3}\Delta s. \tag{8.2}$$

这就是单圈方形弹簧受力与伸长量的关系式，式中 $\frac{\pi GR^4}{4l^3}$ 相当于弹簧的弹性系数 k.由此可知，单圈方弹簧的弹性系数与材料的切变模量、金属丝直径和方框边长有关.

至于通常见到的密圈圆形弹簧，如果仅仅单圈，则仅需将上式中的 l^3/π 换成 r^3 即可，r 为弹簧半径，于是得

$$F=\frac{GR^4}{4r^3}\Delta s.$$

若弹簧是 n 圈，则其总伸长量为

$$|x|=n\Delta s.$$

代入上式得

$$F=\frac{GR^4}{4nr^3}|x|.$$

将此式与 $F=k|x|$ 比较，得

$$k=\frac{GR^4}{4nr^3}. \tag{8.3}$$

由此可见，弹簧的弹性系数与材料的切变模量，以及金属丝半径的 4 次方成正比，与弹簧半径的立方及匝数成反比.通俗说来，弹簧金属丝越粗，切变模量越大，匝数越少，弹簧直径越小，则弹簧越硬；反之，金属丝越细，切变模量越小，匝数越多，弹簧直径越大，则弹簧越软.

思考题

8.1 作用于物体内某无穷小面元上的应力是面元两侧的相互作用力，其单位为 N.这句话对不对？

8.2 (8.1.1)式关于应力的定义当弹性体做加速运动时是否仍然适用？

8.3 牛顿第二定律指出：物体所受合力不为零，则必有加速度．是否合力不为零必产生形变，你是否能举出一个合力不为零但无形变的例子？

8.4 胡克定律是否可叙述为：当物体受到外力而发生拉伸（或压缩）形变时，外力与物体的伸长（或缩短）成正比（对于一定的材料，比例系数是常量，称作该材料的弹性模量）？

8.5 如果长方体体元的各表面上不仅受到切应力，还受到正应力，切应力互等定律是否还成立？

8.6 是否一空心圆管比同样直径的实心圆棒的抗弯能力要好？

8.7 为什么自行车轮的辐条要互相交叉？为什么有些汽车车轮上很粗的辐条不必交叉？

8.8 为什么自行车车轮钢圈的横截面常取(a)、(b)形状而不采取(c)的形状？

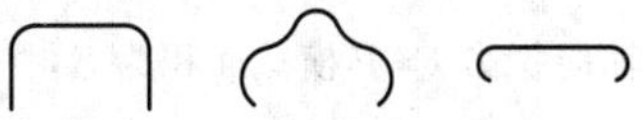

(a) (b) (c)

题 8.8 图

8.9 为什么金属平薄板容易形变，但若在平板上加工出凸凹槽则不易形变？

8.10 用厚度为 d 的钢板弯成内径为 r 的圆筒，则下料时钢板长度应为 $2\pi\left(r+\frac{d}{2}\right)$，这是为什么？

习题

8.1.1 一钢杆的横截面积为 $5.0\times10^{-4}\ \mathrm{m}^2$，所受轴向外力如图所示，试计算 A、B，B、C 和 C、D 之间的应力．

已知：$F_1=6\times10^4\ \mathrm{N}$， $F_2=8\times10^4\ \mathrm{N}$， $F_3=5\times10^4\ \mathrm{N}$， $F_4=3\times10^4\ \mathrm{N}$.

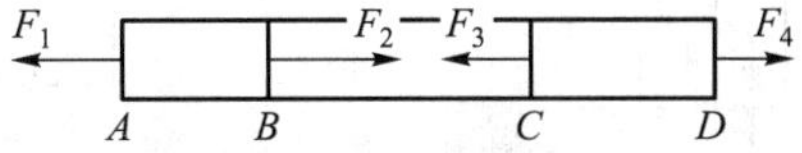

题 8.1.1 图

8.1.2 如图所示，利用直径为 0.02 m 的钢杆 CD 固定刚性杆 AB．若 CD 杆内的应力不得超过 $\sigma_{\max}=16\times10^7\ \mathrm{Pa}$．问 B 处至多能悬挂多大重量（不计杆的自重）．

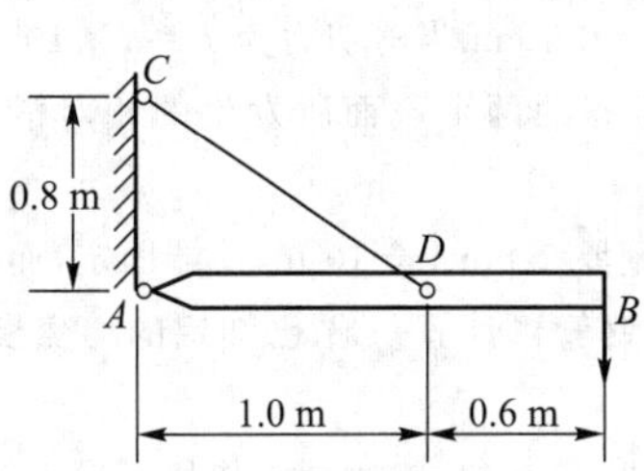

题 8.1.2 图

8.1.3 图中上半段为横截面等于 $4.0\times10^{-4}\ \mathrm{m}^2$ 且弹性模量为 $6.9\times10^{10}\ \mathrm{Pa}$ 的铝制杆，下半段是横截面为 $1.0\times10^{-4}\ \mathrm{m}^2$ 且弹性模量为 $19.6\times10^{10}\ \mathrm{Pa}$ 的钢杆．又知铝杆内允许最大应力为 $7.8\times10^7\ \mathrm{Pa}$，钢杆内允许的最大应力为 $13.7\times10^7\ \mathrm{Pa}$．不计杆的自重，求杆下端所能承担的最大负荷，以及在此负荷下杆的总伸长量．

8.1.4 电梯用不在一条直线上的三根钢索悬挂．电梯质量为 500 kg，最大负载极限 5.5 kN．每根钢索都能独立承担总负载，且其应力仅为允许应力的 70%，若电梯向上的最大加速度为 $g/5$，求钢索的直径为多少？将钢索看作圆柱体，且不计其自重，取钢的允许应力为 6.0×10^8 Pa.

8.1.5 （1）矩形横截面杆在轴向拉力作用下拉伸应变为 ε.此材料的泊松系数为 μ.求证：杆的体积的相对改变为

$$\frac{V-V_0}{V_0}=\varepsilon(1-2\mu).$$

V_0 表示原来体积，V 表示变形后的体积.

（2）上式是否适用于压缩？

（3）低碳钢弹性模量为 $E=19.6\times10^{10}$ Pa，泊松系数 $\mu=0.3$，受到的拉应力为 $\sigma=1.37$ Pa，求杆件体积的相对改变.

8.1.6 （1）如图所示，杆件受轴向拉力 $\boldsymbol{F}$，其横截面积为 S，材料的密度为 ρ，试证明考虑材料的重量时，横截面内的应力为

$$\sigma(x)=\frac{F}{S}+\rho g x;$$

（2）杆内应力如上式，试证明：杆的总伸长量 Δl 等于

$$\Delta l=\frac{Fl}{SE}+\frac{\rho g l^2}{2E}.$$

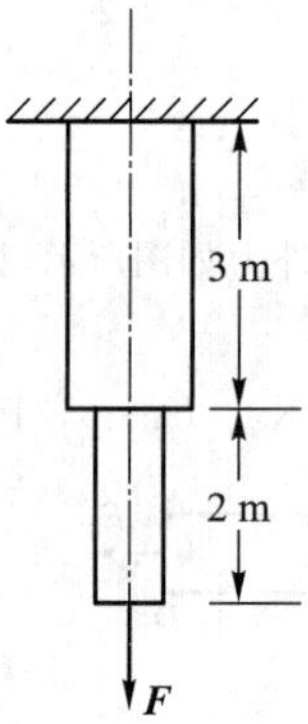

题 8.1.3 图

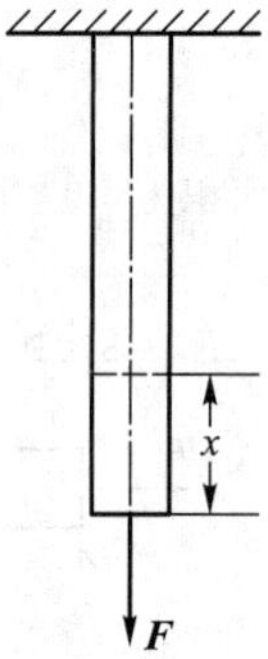

题 8.1.6 图

8.2.1 在剪切材料时，由于刀口不快，没有切断，该钢板发生了切变.钢板的横截面积为 $S=90\ \mathrm{cm}^2$.两刀口间的垂直距离为 $d=0.5$ cm.当剪切力为 $F=7\times10^5$ N 时，求：(1) 钢板中的切应力；(2) 钢板的切应变；(3) 与刀口相齐的两个截面所发生的相对滑移，已知钢的切变模量 $G=8\times10^{10}$ Pa.

8.3.1 一铝管直径为 4 cm，壁厚 1 mm，长 10 m，一端固定，而另一端作用一个力矩 50 N·m，求铝管的扭转角 θ.对同样尺寸的钢管再计算一遍.已知铝的切变模量 $G=2.65\times10^{10}$ Pa，钢的切变模量为 8.0×10^{10} Pa.

8.3.2 矩形横截面长宽比为 2∶3 的梁，在力偶矩作用下发生纯弯曲.分别以横截面的长和宽作为梁的高度，求同样力偶矩作用下曲率半径之比.

8.3.3 某梁发生纯弯曲，梁长度为 L，宽度为 b，厚度为 h，弯曲后曲率半径为 R，材料的弹性模量为 E，求总形变势能.

第九章　振动

我们将要学习的简谐振子，在很多领域有与之非常相似的对象.虽然我们从弹簧下悬重物、小摆动的单摆或某种其他机械手段开始学习某种微分方程.而该方程一再出现于物理学和其他科学，且实际上是如此众多现象中的要素以致对它作仔细的研究是颇有价值的.

——费曼[1]

物体在平衡位置附近往返运动叫作振动或机械振动.琴弦、锣鼓、机械钟表的摆轮、发动机座、高耸的烟囱和固体晶格点阵中的分子和原子都在振动.波是振动的传播，机械振动的传播即机械波.掌握振动的规律对于研究波动是必不可少的基础.

振动并不限制在机械运动范围.在交流电路中，电流与电压围绕着一定数值往复变化，也是一种振动.波动更不限于机械振动的传播，例如无线电波、X 射线，以及光都是电磁场振动的传播.不管属于哪一种运动形式的振动或波动，描写它们的数学形式是相同的.所以，振动和波动是横跨物理学不同领域的一种非常普遍而重要的运动形式.研究振动和波动的意义远远超过了力学的范围，振动和波的基本原理是声学、光学、电工学、无线电学、自动控制等科学技术领域的理论基础.

我们已看到，刚体力学是质点、质点系力学的继续，是将质点系力学规律用于不变质点系.本章又是质点力学和刚体力学的继续，利用质点和刚体运动规律研究振动这种特殊而又具有普遍意义的运动形式.

§ 9.1　简谐振动的动力学特征

简谐振动是最简单、最基本的振动.现在结合具体例子谈简谐振动的动力学特征，即(1) 在怎样的力(或力矩)的作用下物体做简谐振动；(2) 根据力(或力矩)和运动的关系，求出简谐振动的动力学方程.

质点在某位置所受的力(或沿运动方向受的力)等于零，则此位置称平衡位置.若作用于质点的力总与质点相对于平衡位置的位移(线位移或角位移)成正比，且指向平

① Feynman R P, et al. The Feynman Lectures on Physics. Massachusetts: Addison-Wesley Publishing Company, 1963.

衡位置，则此作用力称线性回复力.以平衡位置为原点，以 x 表示质点相对于原点的位移，线性回复力 F

$$F_x=-\lambda x, \tag{9.1.1}$$

λ 是正常量.上式反映了线性回复力的特征：力 F_x 是质点位移 x 的线性函数，且与位移 x 反向，即促使质点返回平衡位置.质点在线性回复力作用下围绕平衡位置的运动叫作简谐振动.

弹簧振子是简谐振动的典型例子.将水平放置的弹簧一端固定，另一端与跨在气垫导轨上的滑块相连.将滑块自弹簧自由伸展时的 O 点移动一小位移至 A 点，如图 9.1(b)所示，然后释放.可观察到滑块做变加速运动，由 A 点通过 O 点到达 A'点，如图 9.1(c)、(d)所示.继而又经过 O 点回到 A 处，并且再度开始与上述过程完全相同的运动，如此往复不已.弹簧质量与滑块相比很小，可不计.不考虑作用于滑块的空气阻力及气垫的摩擦.将滑块视作质点，弹簧自由伸展时质点的位置是平衡位置，以此为坐标原点建立坐标系 Ox.x 表示质点的位置坐标，又等于相对于原点的位移，也是弹簧的伸长(压缩)量.x 很小时，力 F_x 与 x 之间呈线性关系，即

$$F_x=-kx, \tag{9.1.2}$$

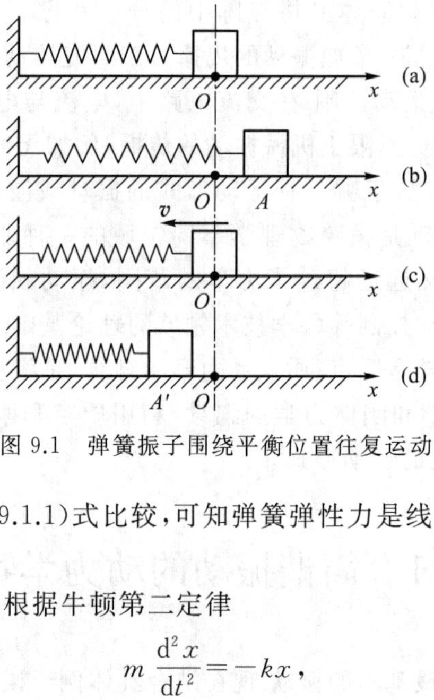

图 9.1 弹簧振子围绕平衡位置往复运动

k 是弹簧的弹性系数.与(9.1.1)式比较，可知弹簧弹性力是线性回复力，弹簧振子做简谐振动.

以 m 表示滑块质量，根据牛顿第二定律

$$m\frac{\mathrm{d}^2x}{\mathrm{d}t^2}=-kx,$$

用 m 除上式两端，并令 $\frac{k}{m}=\omega_0^2$，上式可写作

$$\frac{\mathrm{d}^2x}{\mathrm{d}t^2}=-\omega_0^2x \tag{9.1.3}$$

或

$$\frac{\mathrm{d}^2x}{\mathrm{d}t^2}+\omega_0^2x=0, \tag{9.1.4}$$

式中的 ω_0 取决于弹簧的弹性系数和滑块的质量.由此给出简谐振动的一种较普遍定

义:如质点运动的动力学方程式可归结为

$$\frac{\mathrm{d}^2 x}{\mathrm{d}t^2}+\omega_0^2 x=0 \tag{9.1.5}$$

的形式,且其中 ω_0 取决于振动系统本身的性质,则质点做简谐振动.(9.1.5)式称为简谐振动的动力学方程.

另一典型例子是单摆.用不可伸长的轻线悬挂一小球,如图 9.2(a)所示.将小球视作质点,它受重力与悬线拉力的合力作用,质点在竖直面内沿圆弧摆动,且摆动中相对于悬线竖直位置的角位移 θ 很小.现在分析质点沿运动方向所受的力——切向力 F_t.以 m 表示质点的质量,切向力 F_t 的大小为 $mg\sin|\theta|$,且总指向 $\theta=0$ 这个平衡位置. $\sin\theta=\theta-\frac{\theta^3}{3!}+\frac{\theta^5}{5!}-\cdots$.当角位移 θ 很小时,略去级数展开式中的高次项,$\sin\theta\approx\theta$,切向力可写作

$$F_t=-mg\theta, \tag{9.1.6}$$

切向力与角位移反号,促使质点返回平衡位置.比较(9.1.6)式与(9.1.1)式,可知 F_t 是线性回复力,所以单摆做简谐振动.根据牛顿第二定律,可写出单摆的动力学方程.设悬线长 l,则

$$m\frac{\mathrm{d}^2(l\theta)}{\mathrm{d}t^2}=-mg\theta, \tag{9.1.7}$$

$$\frac{\mathrm{d}^2\theta}{\mathrm{d}t^2}=-\frac{g}{l}\theta,$$

令 $\frac{g}{l}=\omega_0^2$,有

$$\frac{\mathrm{d}^2\theta}{\mathrm{d}t^2}+\omega_0^2\theta=0.$$

与动力学方程(9.1.5)式形式果然一致.单摆做简谐振动.

如图 9.2(b)所示,金属丝上端固定,下端连接水平均质圆盘的中心.建立坐标系 $Oxyz$,z 轴与金属丝轴线重合.当金属丝未发生扭转形变而圆盘处于平衡位置时,盘上半径 OB 重合于 x 轴.令圆盘绕 z 轴转过不大角度后释放,金属丝由于扭转弹性对圆盘施加使其回到平衡位置的力矩,圆盘回到平衡位置时扭转力矩为零,但惯性驱使它越过平衡位置,而 OB 转至 x 轴另一侧时,力矩仍促使它返回平衡位置.如不计空气阻力,圆盘将反复扭动不止.由金属丝和圆盘组成的系统称作扭摆.用 φ 表示半径 OB 的角坐标或相对于平衡位置的角位移,以 M_z 表示扭转力矩,按(8.3.3)式,有

$$M_z=-c\varphi, \tag{9.1.8}$$

c 是正的常量,由金属丝的扭转弹性决定,力矩 M_z 与角位移 φ 呈线性关系,并与角位移 φ 反号,该力矩叫线性回复力矩.刚体在线性回复力矩作用下的运动也是简谐振动,包括上述扭摆的运动在内.

设圆盘对 z 轴的转动惯量为 I_z,忽略金属丝的质量,根据刚体定轴转动定理

$$I_z\frac{\mathrm{d}^2\varphi}{\mathrm{d}t^2}=-c\varphi,$$

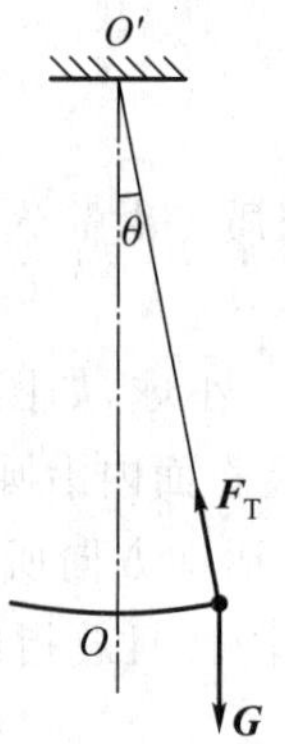

(a) 单摆

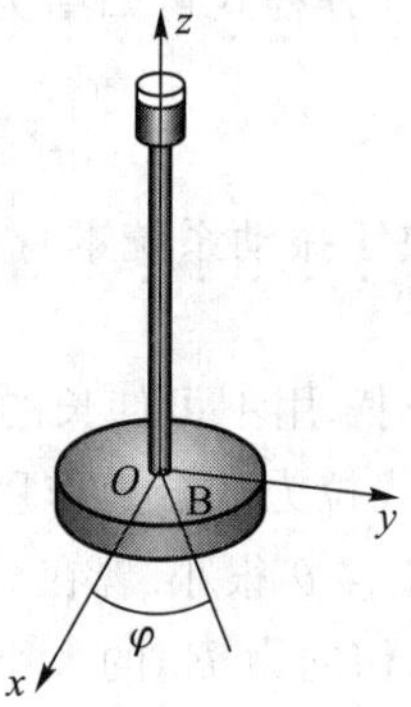

(b) 扭摆

图 9.2

令$\frac{c}{I_z}=\omega_0^2$，上式可写作

$$\frac{d^2\varphi}{dt^2}+\omega_0^2\varphi=0. \tag{9.1.9}$$

此式即扭摆做简谐振动的动力学方程，与(9.1.5)式具有同一形式.于是给出刚体作简谐振动的另一定义：若定轴转动刚体的动力学方程可表示为(9.1.9)式的形式，且其中ω_0是由系统本身的性质所决定的，则此系统做简谐振动.

总之，对机械运动，用方程(9.1.5)式、(9.1.9)式或用线性回复力、线性回复力矩的概念定义简谐振动是等价的.它们都反映简谐振动的动力学特征.超出机械运动的范围，仍可用(9.1.5)式定义简谐振动；任何物理量x(例如长度、角度、电流、电压以至化学反应中某种化学组分的浓度等)的变化规律满足方程(9.1.5)式，且常量ω_0取决于系统本身的性质，则该物理量做简谐振动.ω_0及决定它的物理量，如前文的k、l和c等则称作振动系统的参量.

[例题 1] 弹簧下面悬挂物体，不计弹簧质量和阻力，证明在平衡位置附近的振动是简谐振动.

[解] 图 9.3(a)表示弹簧自由伸展，这时，手托举的力等于物体所受重力.如无托举的力，则物体另有一平衡位置A，如图(b)所示，此时弹簧绝对伸长为l，称为静伸长.显然，

$$mg=kl. \tag{9.1.10}$$

k为弹性系数，m为物体质量，若对物体施一个扰动，则物体过A上下振动.

建立坐标系Ox，原点在A位置，向下为正，将物体视作质点，设物体m在振动过程中某一瞬时的坐标为x.物体受两个力，一个为重力，其投影为mg，另一个为弹簧弹力.因弹簧总伸长量为$x+l$，故弹性力投影为$-k(x+l)$，如图 9.3(c)所示.根据牛顿第二定律，

$$m\frac{d^2x}{dt^2}=-k(x+l)+mg.$$

根据(9.1.10)式，上式变为

$$\frac{d^2x}{dt^2}+\frac{k}{m}x=0.$$

与弹簧振子的动力学方程相同，故质点做简谐振动.

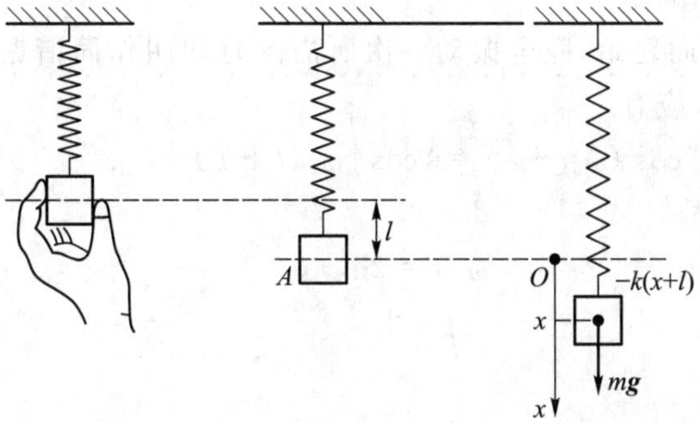

(a) 弹簧自由伸展　(b) 处于平衡位置　(c) 振子发生位移而弹簧弹性力与重力的合力形成线性回复力

图 9.3

§9.2　简谐振动的运动学

根据运动学知识，如果已知做简谐振动的质点或刚体的位置随时间的变化规律，即它们的运动学方程，就能充分地描述它们的运动状况.这一节根据简谐振动的动力学方程求其运动学方程，并讨论简谐振动的运动学特征.

(一) 简谐振动的运动学方程

根据常微分方程的理论，微分方程

$$\frac{\mathrm{d}^2 x}{\mathrm{d}t^2}+\omega_0^2 x=0$$

的解可写作

$$x=A\cos(\omega_0 t+\alpha) \tag{9.2.1}$$

A 和 α 是待定常量，需要根据初始条件来决定.(9.2.1)式就是简谐振动的运动学方程.

由于

$$\cos(\omega_0 t+\alpha)=\sin\left(\omega_0 t+\alpha+\frac{\pi}{2}\right),$$

令

$$\alpha'=\alpha+\frac{\pi}{2},$$

代入上式再代入(9.2.1)式，得

$$x=A\sin(\omega_0 t+\alpha'). \tag{9.2.2}$$

可见，简谐振动的运动规律也可用正弦函数表示.正弦和余弦函数都是周期函数，因此简谐振动是围绕平衡位置的周期运动.现对(9.2.1)式各量的物理意义做进一步的讨论.

(1) 周期、频率和圆频率

物体做简谐振动周而复始，完全振动一次所需的时间叫作简谐振动的周期. 根据此定义，用 T 表示周期，应有

$$A\cos(\omega_0 t+\alpha)=A\cos[\omega_0(t+T)+\alpha].$$

余弦函数的周期为 2π，故

$$\omega_0 T=2\pi,$$

即

$$T=\frac{2\pi}{\omega_0}. \tag{9.2.3}$$

对于弹簧振子，$\omega_0^2=\frac{k}{m}$，代入上式得弹簧振子周期为

$$T=2\pi\sqrt{\frac{m}{k}}. \tag{9.2.4}$$

对于单摆，$\omega_0^2=\frac{g}{l}$，得单摆周期为

$$T=2\pi\sqrt{\frac{l}{g}}. \tag{9.2.5}$$

可见，单摆周期仅取决于线长和重力加速度，与悬挂质点的质量无关. 对于扭摆，$\omega_0^2=\frac{c}{I}$，得扭摆周期

$$T=2\pi\sqrt{\frac{I}{c}}. \tag{9.2.6}$$

和周期密切相关的另一物理量是频率，即单位时间内系统所做完全振动的次数，用 ν 表示

$$\nu=\frac{1}{T}. \tag{9.2.7}$$

在国际单位制和厘米克秒制中，ν 的单位叫赫兹，即每秒振动的次数，国际符号是 Hz，量纲是 T^{-1}. 根据(9.2.3)式，

$$\omega_0=\frac{2\pi}{T}=2\pi\nu. \tag{9.2.8}$$

可见，ω_0 仅与频率 ν 相差一常数因子 2π，ω_0 与 ν 是等效的，故 ω_0 被称为圆频率. 应用周期和频率的概念，又可将简谐振动的运动学方程表示为

$$x=A\cos\left(\frac{2\pi}{T}t+\alpha\right), \tag{9.2.9}$$

$$x=A\cos(2\pi\nu t+\alpha). \tag{9.2.10}$$

从(9.2.4)式、(9.2.5)式和(9.2.6)式可以看出，圆频率、频率和周期取决于质量、弹性系数、摆长、扭转系数及转动惯量，这些量都是标志振动系统特征的物理量. 这些物理量又可分作两类，一类反映振动系统本身的惯性，一类反映线性回复力的特征. 这两方面正是形成简谐振动系统的先决条件：没有系统的惯性，则质点或刚体到达平衡位置时便不能继续运动；不存在线性回复力，便不能使它们返回平衡位置. 所以，简谐振动的

圆频率、频率和周期都是由振动系统本身最本质的因素决定的.因此,我们把频率和圆频率称作固有(本征)频率和固有(本征)圆频率.

(2) 振幅

按简谐振动的运动学方程,物体的最大位移不能超过 A,物体离开平衡位置的最大位移(或角位移)的绝对值叫振幅.从下文可知振幅如何由初始条件决定.

现写出简谐振动的运动学方程并将位移对时间求一阶导数,从而求出简谐振动的速度:

$$\left.\begin{aligned} x&=A\cos(\omega_0 t+\alpha),\\ v_x&=\frac{\mathrm{d}x}{\mathrm{d}t}=-\omega_0 A\sin(\omega_0 t+\alpha). \end{aligned}\right\} \tag{9.2.11}$$

将初始条件 $t=0, x=x_0, v_x=v_{0x}$ 代入,得

$$\left.\begin{aligned} x_0&=A\cos\alpha,\\ v_{0x}&=-A\omega_0\sin\alpha. \end{aligned}\right\} \tag{9.2.12}$$

取两式平方之和,即可求出振幅,

$$A=\sqrt{x_0^2+\frac{v_{0x}^2}{\omega_0^2}}. \tag{9.2.13}$$

例如,当 $t=0$ 时,物体位移为 x_0,速度为 $v_{0x}=0$,表明物体恰处于最大位移,$|x_0|$ 即振幅.当 $t=0$ 时,物体在平衡位置,$x_0=0$,而 v_{0x} 不为零,则 $A=\left|\dfrac{v_{0x}}{\omega_0}\right|$,表明初速度越大,振幅越大.

(3) 相位和初相位

简谐振动的振幅告诉我们振动的范围,频率或周期则告诉我们振动的快慢,所以振幅与周期已大体勾画出振动的图像.不过,振幅和周期还不能确切告诉我们振动系统在任意瞬时的运动状态,即任意瞬时的位移和速度.因此,仅知振幅和频率,还不足以充分描写简谐振动.(9.2.11)式表明,只有知道 A、ω_0、α,才能完全决定系统的运动状态.在(9.2.11)式中我们把时间 t 的线性函数 $\varphi=\omega_0 t+\alpha$ 叫简谐振动的相位.由于简谐振动的位移、速度是按余弦、正弦规律变化的,所以相位是当振幅一定时进一步决定简谐振动任何瞬时运动状态的物理量.常常通过比较两个系统的相位来比较两个简谐振动的运动状态.

[**例题 1**] 质点按 $x=A\cos(\omega_0 t+\alpha)$ 作简谐振动.设于某些时刻,相位 $\varphi=\omega_0 t+\alpha=0,\pi,\dfrac{\pi}{2},-\dfrac{\pi}{2}$,问在这些瞬时质点的运动状态如何?

[**解**] 质点在某一瞬时的振动状态可用位移和速度描述,位移、速度分别是

$$x=A\cos(\omega_0 t+\alpha),$$
$$v_x=-\omega_0 A\sin(\omega_0 t+\alpha).$$

$\omega_0 A$ 为最大速度的绝对值,叫速度幅.

若某瞬时 $\omega_0 t+\alpha=0$,则 $x=A, v_x=0$,此时质点在正最大位移处而速度为零.当 $\omega_0 t+\alpha=\pi$ 时,由上两式可知,$x=-A, v_x=0$,即质点处在负最大位移而速度为零这一运动状态.若 t 使得 $\omega_0 t+\alpha$

$=\frac{\pi}{2}$,便有 $x=0, v_x=-\omega_0 A$,表示质点正过平衡位置并以一个周期中最快的速率朝 x 轴的反方向运动.最后,若 $\omega_0 t+\alpha=-\frac{\pi}{2}$,则 $x=0, v_x=\omega_0 A$,意味着在这一瞬时,质点过平衡位置朝 x 轴的正向以速率 $\omega_0 A$ 运动.

由本题可知,相位在决定系统简谐振动状态时的重要性.通过比较两个同频率简谐振动的相位和振动状态,可进一步帮助我们理解相位的意义.

[例题 2] 两个同频率、不同振幅的简谐振动表示为

$$x_1=A_1\cos(\omega_0 t+\alpha_1),$$
$$x_2=A_2\cos(\omega_0 t+\alpha_2).$$

试分别就 $\alpha_1-\alpha_2=\pm 2n\pi(n=0,1,\cdots,n)$ 和 $\alpha_1-\alpha_2=\pm(2n+1)\pi(n=0,1,\cdots,n)$ 的情况比较两个振动.

[解] (1) $\alpha_1-\alpha_2=\pm 2n\pi(n=0,1,\cdots,n)$.

第一个振动为 $x_1=A_1\cos(\omega_0 t+\alpha_1)$,速度为 $v_{1x}=-\omega_0 A_1\sin(\omega_0 t+\alpha_1)$;第二个振动可写为 $x_2=A_2\cos(\omega_0 t+\alpha_2)=A_2\cos(\omega_0 t+\alpha_1\mp 2n\pi)=A_2\cos(\omega_0 t+\alpha_1)$,速度为 $v_{2x}=-\omega_0 A_2\sin(\omega_0 t+\alpha_2)=-\omega_0 A_2\sin(\omega_0 t+\alpha_1)$.

容易看出,虽然两个振动的位移不同、速度不同,但有明显的共同点,即同时达到各自的最大位移,同时通过平衡位置.同一时刻,两个位移分别与各自振幅的比相等,即 $x_1:x_2=A_1:A_2$.两个速度分别与各自的速度幅之比也相等,$v_{1x}:v_{2x}=\omega_0 A_1:\omega_0 A_2$.这叫两个振动同步调.

(2) $\alpha_1-\alpha_2=\pm(2n+1)\pi(n=0,1,\cdots)$.

这时,第二个振动可表示为 $x_2=A_2\cos[\omega_0 t+\alpha_1\mp(2n+1)\pi]=-A_2\cos(\omega_0 t+\alpha_1)$,而速度等于 $v_{2x}=\omega_0 A_2\sin(\omega_0 t+\alpha_1)$.与前面第一振动比较可知,当第一个质点处于正最大位移时,第二个质点处于负最大位移;两个质点虽同时经过平衡位置,但运动方向恰好相反.同一时刻,两个位移分别与各自振幅的比数值相等,但符号相反,两个速度分别与各自的速度幅之比数值也相等,符号也相反,这叫两个振动反步调.

两振动相位的差($\varphi_1-\varphi_2$)称作相位差.若相位差为零或 2π 的整数倍,如例题 2 的情况(1),这时,两振动步调相同,好像行军时人人手臂同步挥动,我们称这两个简谐振动同相位.若两个简谐振动的相位差是 π 或 π 的奇数倍,如上题情况(2),好像一人走路时两臂朝相反的方向前后摆动.这时,我们说两个简谐振动相位相反.上面是两种极端情况.若 $\pi>(\varphi_1-\varphi_2)>0$,则称 φ_1 超前 φ_2;若 $2\pi>(\varphi_1-\varphi_2)>\pi$,则称相位 φ_1 落后于相位 φ_2.如果 $\varphi_1-\varphi_2$ 包含有 2π 的整数倍,应当先减去,再根据余下的数决定两个振动相位超前或落后.总之,相位差的不同,两个振动有不同程度的参差错落,两个简谐振动的相位差反映两个振动步调的不同.通过相位差能使我们进一步理解相位的物理意义.

$t=0$ 时的相位叫初相位,初相位 α 是由初始条件决定的.根据(9.2.11)式,得

$$\cos\alpha=\frac{x_0}{A}, \tag{9.2.14}$$

$$\sin\alpha=-\frac{v_{0x}}{\omega_0 A}. \tag{9.2.15}$$

两式相除,得

$$\tan\alpha = -\frac{v_{0x}}{\omega_0 x_0}. \tag{9.2.16}$$

选择上面三式中的任意两式都可决定初相位.

[例题 3] 某简谐振动规律为 $x=A\cos(10t+\alpha)$，初始条件 $t=0, x_0=1, v_{0x}=-10\sqrt{3}$.求该振动的初相位.

[解] 将初始条件代入(9.2.16)式得

$$\tan\alpha = -\frac{v_{0x}}{\omega_0 x_0} = -\frac{-10\sqrt{3}}{10\times 1} = \sqrt{3}.$$

$\tan\alpha$ 为正，α 角可能在第一或第三象限，究竟在哪一象限还需进一步判断.例如用(9.2.14)式，

$$\cos\alpha = \frac{x_0}{A} = \frac{1}{A}.$$

A 为振幅，恒为正，因而 $\cos\alpha$ 为正，可知 α 角在第一象限，故 $\alpha = 60° = \frac{\pi}{3}$.

简谐振动的速度、加速度亦按余弦规律变化，因此可以讨论它们三者之间的相位关系.某简谐振动的位移、速度、加速度可表示如下：

$$\left.\begin{aligned} x &= A\cos(\omega_0 t+\alpha),\\ v_x &= \frac{\mathrm{d}x}{\mathrm{d}t} = -\omega_0 A\sin(\omega_0 t+\alpha)\\ &= \omega_0 A\cos\left(\omega_0 t+\alpha+\frac{\pi}{2}\right),\\ a_x &= \frac{\mathrm{d}v_x}{\mathrm{d}t} = -\omega_0^2 A\cos(\omega_0 t+\alpha)\\ &= \omega_0^2 A\cos(\omega_0 t+\alpha+\pi). \end{aligned}\right\} \tag{9.2.17}$$

以上诸式表明，简谐振动的速度比加速度相位落后 $\frac{\pi}{2}$，位移又比速度相位落后 $\frac{\pi}{2}$，对于这种相位关系，我们可这样理解：加速度对时间的积累才获得速度，速度对时间的积累才获得位移.

质点的加速度和产生这一加速度的力同时，因此加速度和力应有相同的相位.以弹簧振子为例，$F_x = -kx$，将运动学方程代入此式，得

$$\begin{aligned} F_x &= -kA\cos(\omega_0 t+\alpha)\\ &= kA\cos(\omega_0 t+\alpha+\pi). \end{aligned}$$

与(9.2.17)式相比，弹性力确实与加速度同相位.

现在做个小结：首先，简谐振动是周期性运动；第二，简谐振动各瞬时的运动状态由振幅 A 和圆频率 ω_0 及初相位 α 决定，也可以说，由振幅和相位两个因素决定；第三，简谐振动的频率是由振动系统本身固有性质决定的，而振幅和初相位不仅取决于系统本身的性质，也取决于初始条件.

(二) 简谐振动的 $x-t$ 图线和相轨迹

简谐振动的 $x-t$ 图线类似于余弦曲线，如图 9.4(a)所示.显然，振幅大小决定

曲线的“高低”，频率影响曲线的“密集程度”.图 9.4(a)中振动的初相位均为零.如令 $\alpha\neq0$，显然 $t=0$ 时，位移并非正最大，其中一个正最大应在 $\omega_0t+\alpha=0$ 即 $t=-\dfrac{\alpha}{\omega_0}$ 处，如图 9.4(b)所示，好像曲线沿横轴向左移动 $\dfrac{\alpha}{\omega_0}$ 一样，所以初相位决定曲线在横轴上的位置.

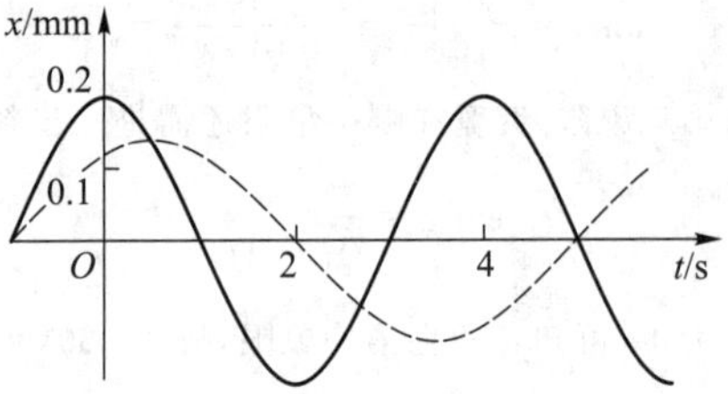

(a) 虚线：振幅小且频率低，实线：振幅大且频率高

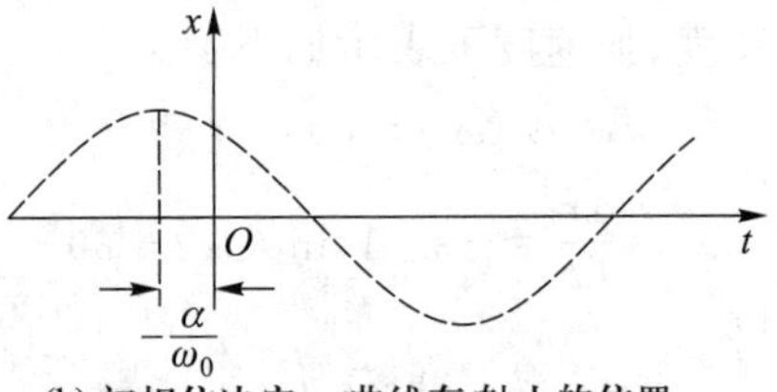

(b) 初相位决定x−t曲线在t轴上的位置

图 9.4

另一种描述运动状态的方法是利用相平面.用质点坐标和速度建立的坐标系，如图 9.5 所示，称做相平面.其上一点给出质点在某时刻的运动状态；随时间的推移，质点运动状态在相平面上的代表点移动而画出曲线，称为相轨迹或相图.用相轨迹描写运动状态，这种方法在物理学中很有用.从(9.2.17)式关于 x 和 v_x 的表达式中消去 t，得

$$x^2+\frac{v_x^2}{\omega_0^2}=A^2,$$

可见，简谐振动的相轨迹是椭圆，其形状、大小取决于初始条件.

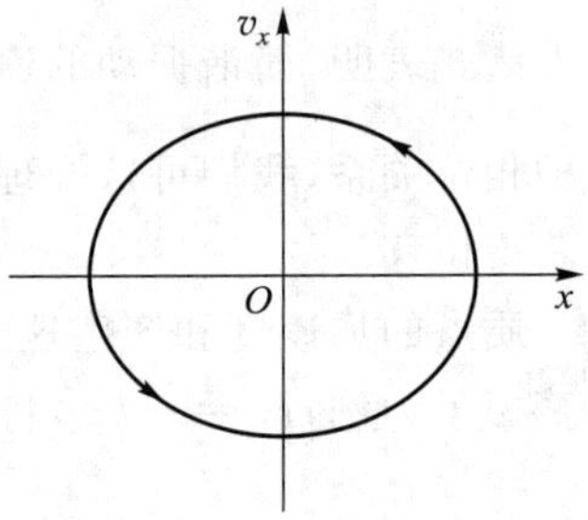

图 9.5 简谐振动的相轨迹

(三) 简谐振动的矢量表示法

现在讨论用旋转矢量的投影表示简谐振动.讨论振动合成等问题时，用这种方法很方便.如图 9.6 所示，A 为一长度保持不变的矢量，A 的始点在 x 坐标轴的原点处，计时起点 $t=0$ 时，矢量与坐标轴夹角为 α，矢量 A 以角速度 ω_0 逆时针匀速转动，因此矢量 A 在任一瞬时与 x 轴夹角为 $\omega_0t+\alpha$，用 x 表示矢量在坐标轴上的投影，有

$$x=A\cos\,(\omega_0t+\alpha).$$

可见,匀速旋转的矢量在坐标轴上的投影即表示一特定的简谐振动的运动学方程.

现在计算矢端速度和加速度在坐标轴上的投影.如图 9.6 所示,矢端沿圆周运动的速率等于 $\omega_0 A$,速度与 x 轴的夹角等于 $\omega_0 t+\alpha+\frac{\pi}{2}$,故其投影等于 $\omega_0 A\cos\left(\omega_0 t+\alpha+\frac{\pi}{2}\right)$.矢端沿圆周运动的加速度即向心加速度的大小为 $\omega_0^2 A$,它与 x 轴夹角为 $\omega_0 t+\alpha+\pi$,故加速度投影为 $\omega_0^2 A\cos(\omega_0 t+\alpha+\pi)$.将这两个投影及前式与(9.2.17)式对比,显然,旋转矢量及其端点沿圆周运动的速度与加速度在坐标轴上的投影正好等于特定的简谐振动的位移、速度和加速度.

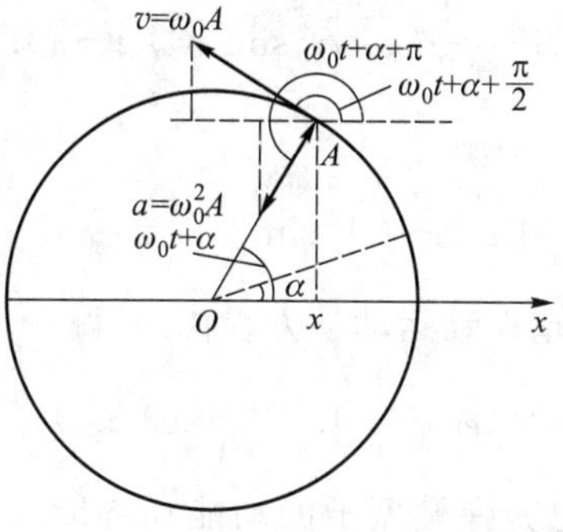

图 9.6 用旋转矢量法研究简谐振动

于是,可以用一个旋转矢量描述简谐振动:旋转矢量的长度等于振幅,矢量 **A** 叫振幅矢量,简谐振动的圆频率等于矢量转动的角速度,简谐振动的相位等于旋转矢量与 x 轴间的夹角.用旋转矢量在坐标轴上的投影描述简谐振动的方法叫简谐振动的矢量表示法或几何表示法.

旋转矢量只是为直观地描述简谐振动引用的工具,可以根据解决问题方便与否决定采用或不采用,不能以为每谈到简谐振动必定伴随以旋转矢量,更不能误认为旋转矢量端点的运动就是简谐振动.

[例题 4] 图 9.7 右方表示某简谐振动的 $x-t$ 图,试用作图方法画出 t_1 和 t_2 时刻的旋转矢量的位置.

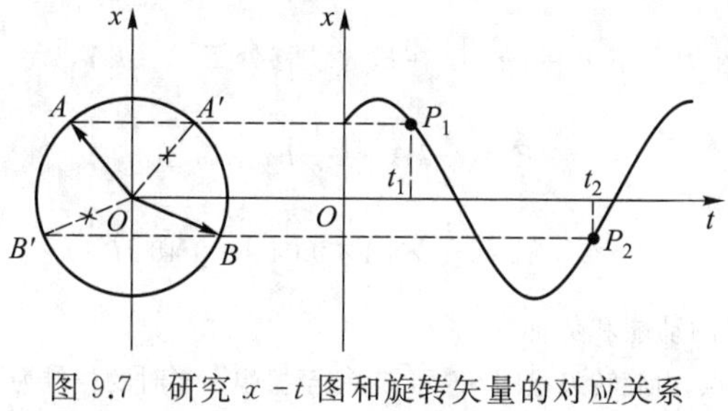

图 9.7 研究 $x-t$ 图和旋转矢量的对应关系

[解] 量出振幅并以此为半径画圆,如图 9.7 左方.画 x 轴通过圆心且垂直于 t 轴.过 t_1 和 t_2 作与 x 轴平行的直线交曲线于 P_1 和 P_2.过 P_1 画与 t 轴平行的直线交圆周于 A、A'两点,$\overrightarrow{OA}$和$\overrightarrow{OA'}$在 x 上的投影似乎均等于 t_1 时的位移.谁是所求的旋转矢量? 因 P_1 处曲线切线斜率为负,即速度为负,表

示此时质点速度与 x 轴方向相反，故旋转矢量应在 $\overrightarrow{OA}$ 处.与此相似，t_2 时刻，旋转矢量运动至 $\overrightarrow{OB}$.

§9.3 简谐振动的能量转化

在弹簧振子或扭摆等振动系统中，线性回复力为弹性力(或力矩)，它们是保守力(或力矩)，所以简谐振动系统的总机械能守恒.现以弹簧振子为例，讨论振动系统的动能和势能随时间的变化规律并计算总机械能.

关于弹簧振子，应用质点动能公式 $E_k=mv^2/2$，将(9.2.11)式代入，得

$$E_k=\frac{1}{2}m\omega_0^2A^2\sin^2(\omega_0t+\alpha).$$

因 $\omega_0^2=k/m$.所以有

$$E_k=\frac{1}{2}kA^2\sin^2(\omega_0t+\alpha). \tag{9.3.1}$$

至于势能，$E_p=kx^2/2$，将简谐振动运动学方程代入，得

$$E_p=\frac{1}{2}kA^2\cos^2(\omega_0t+\alpha). \tag{9.3.2}$$

由(9.3.1)式和(9.3.2)式可见，弹簧振子的动能和势能按余弦或正弦的平方随时间变化，图 9.8 表示当初相位 $\alpha=0$ 时，动能和势能随时间变化的曲线.显然，动能最大时，势能最小；动能最小时，势能最大，简谐振动的过程正是动能、势能相互转化的过程.

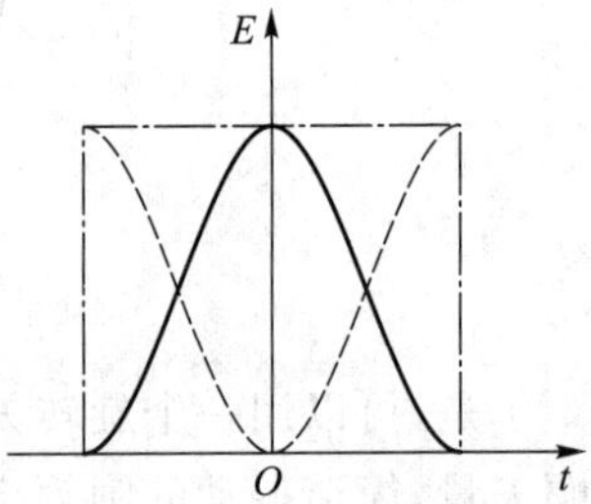

图 9.8 实线和虚线分别表示势能和动能

将上面两式相加得简谐振动总能为

$$E=kA^2/2 \tag{9.3.3}$$

即弹簧振子的总能取决于弹性系数和振幅.

[例题 1] 弹簧振子水平放置，克服弹簧拉力将质点自平衡位置移开 4.0×10^{-2} m，弹簧拉力为 24 N，随即释放，形成简谐振动.(1) 计算弹簧振子的总能；(2) 求质点被释放后，行至振幅一半时，振子的动能和势能.

[解] (1) 总能

振幅 $A=0.04$ m.弹性力大小 $F=|kx|$，在最大位移处 $F_{max}=kA$，$k=\frac{F_{max}}{A}$，代入总能公式得

$$E=\frac{1}{2}kA^2=\frac{1}{2}F_{max}A$$
$$=\frac{1}{2}\times24\times0.04\ \text{J}=0.48\ \text{J}.$$

(2) 行至振幅一半时的动能和势能

取平衡位置为势能零点，由旋转矢量图 9.6 可知，行至振幅一半时的相位为 60°，因此

$$E_k=\frac{1}{2}kA^2\sin^2(\omega_0t+\alpha)$$
$$=0.48\times(\sqrt{3}/2)^2\ \text{J}=0.36\ \text{J}.$$
$$E_p=0.48\ \text{J}-0.36\ \text{J}=0.12\ \text{J}.$$

运用能量概念讨论力学问题，有时很方便，对简谐振动也是这样.前文曾根据动力学方程$\frac{\mathrm{d}^2x}{\mathrm{d}t^2}+\omega_0^2x=0$求简谐振动的运动学方程，我们也可以利用机械能守恒定律求出简谐振动的运动学方程.在任何时刻，质点动能势能之和为$kA^2/2$，故有

$$\frac{1}{2}m\left(\frac{\mathrm{d}x}{\mathrm{d}t}\right)^2+\frac{1}{2}kx^2=\frac{1}{2}kA^2.$$

由此得

$$\frac{\mathrm{d}x}{\sqrt{A^2-x^2}}=\pm\sqrt{\frac{k}{m}}\,\mathrm{d}t,$$

积分即得

$$x=A\sin\left(\pm\sqrt{\frac{k}{m}}t+\alpha\right).$$

令$\sqrt{\frac{k}{m}}=\omega_0$，$\alpha'=\frac{\pi}{2}-\alpha$，上式可写作

$$x=A\sin(\omega_0t+\alpha),\quad x=A\cos(\omega_0t+\alpha').$$

上面讨论的弹簧振子系统都是不计弹簧质量的.若弹簧质量不可忽略时，可以用能量概念近似计算弹簧质量对系统固有频率的影响.

[例题 2] 弹簧振子如图 9.9 所示.弹簧原长为L，质量为m_s，弹性系数为k，振子质量为m.计算弹簧振子系统的固有频率.

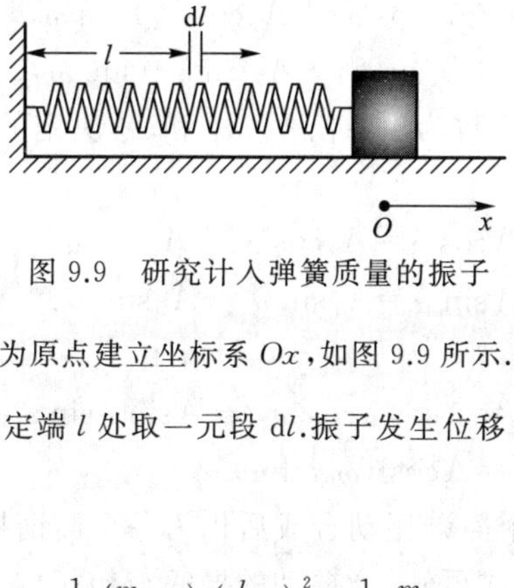

图 9.9 研究计入弹簧质量的振子

[解] 以弹簧自由伸长处为原点建立坐标系Ox，如图 9.9 所示.假设弹簧质量分布及其形变沿x轴方向是均匀的.在距弹簧固定端l处取一元段$\mathrm{d}l$.振子发生位移x，则$\mathrm{d}l$段的位移为$\frac{l}{L}x$，速度为$\frac{l}{L}\dot{x}$，动能

$$\mathrm{d}E_k'=\frac{1}{2}\left(\frac{m_s}{L}\mathrm{d}l\right)\left(\frac{l}{L}\dot{x}\right)^2=\frac{1}{2}\frac{m_s}{L^3}l^2\dot{x}^2\mathrm{d}l,$$

整个弹簧的动能

$$E_k'=\int_0^L\mathrm{d}E_k'=\int_0^L\frac{1}{2}\frac{m_s}{L^3}l^2\dot{x}^2\mathrm{d}l=\frac{1}{2}\left(\frac{m_s}{3}\right)\dot{x}^2.$$

将这个结果改写作质点动能的标准形式：$E_k'=\frac{1}{2}m'\dot{x}^2$，则$m'=\frac{1}{3}m_s$，称作弹簧的等效质量.弹簧振子系统的总质量$m_T=m+m'$.应用(9.2.4)式得系统的固有频率

$$\omega_0=\sqrt{\frac{k}{m_T}}=\sqrt{\frac{k}{m+\frac{m_s}{3}}}.\tag{9.3.4}$$

在工程技术中，常用此法处理弹簧质量不可忽略的问题.

§9.4 简谐振动的合成

琴弦能发出悠扬悦耳的声波,实际上是源于琴弦上若干种频率不同的振动的合成.若有两列波同时在空间传播,则在相遇区域内,各体元的振动是这两列波在该处引起的振动的合成.

(一) 同方向同频率简谐振动的合成

设质点参与同方向同频率的两个简谐振动

$$x_1=A_1\cos(\omega_0 t+\alpha_1),$$
$$x_2=A_2\cos(\omega_0 t+\alpha_2).$$

式中 x_1、x_2、A_1、A_2,以及 α_1、α_2 分别表示两个振动的位移、振幅和初相位,ω_0 表示它们共同的频率,因两个分振动在同方向上进行,故质点合位移等于分位移的代数和:

$$\begin{aligned}x&=x_1+x_2\\&=A_1\cos(\omega_0 t+\alpha_1)+A_2\cos(\omega_0 t+\alpha_2).\end{aligned}$$

将余弦函数展开再重新并项,得

$$\begin{aligned}x=&(A_1\cos\alpha_1+A_2\cos\alpha_2)\cos\omega_0 t-\\&(A_1\sin\alpha_1+A_2\sin\alpha_2)\sin\omega_0 t.\end{aligned}\tag{9.4.1}$$

式中 $\cos\omega_0 t$ 和 $\sin\omega_0 t$ 的系数为由 A_1、A_2、α_1 和 α_2 决定的常量,将它们记作 $A\cos\alpha$ 和 $A\sin\alpha$,得

$$\left.\begin{aligned}A\cos\alpha&=A_1\cos\alpha_1+A_2\cos\alpha_2,\\A\sin\alpha&=A_1\sin\alpha_1+A_2\sin\alpha_2.\end{aligned}\right\}\tag{9.4.2}$$

于是(9.4.1)式变成

$$\begin{aligned}x&=A\cos\alpha\cos\omega_0 t-A\sin\alpha\sin\omega_0 t\\&=A\cos(\omega_0 t+\alpha).\end{aligned}\tag{9.4.3}$$

可见,同方向、同频率的两个简谐振动合成后仍为一个简谐振动,其频率与分振动频率相同.从(9.4.2)式和(9.4.3)式可知,合振动的振幅与初相位 A、α 由分振动的振幅和初相位 A_1、A_2,α_1、α_2 决定,

$$A=\sqrt{A_1^2+A_2^2+2A_1A_2\cos(\alpha_2-\alpha_1)},\tag{9.4.4}$$

$$\left.\begin{aligned}\cos\alpha&=(A_1\cos\alpha_1+A_2\cos\alpha_2)/A,\\\sin\alpha&=(A_1\sin\alpha_1+A_2\sin\alpha_2)/A.\end{aligned}\right\}\tag{9.4.5}$$

用旋转矢量同样可得上述结果.如图 9.10 所示,取坐标系 Ox,画出 $t=0$ 时两个分振动的旋转矢量 $\boldsymbol{A}_1$ 和 $\boldsymbol{A}_2$,它们与坐标轴的夹角分别等于 α_1 和 α_2.两个矢量均以角速度 ω_0 沿逆时针方向旋转,合矢量 $\boldsymbol{A}$ 的大小亦能保持恒定,并同样以角速度 ω_0 旋转.矢量 $\boldsymbol{A}$ 即 $t=0$ 时合振动的振幅矢量,合振动的位移等于 t 时刻 $\boldsymbol{A}$ 在坐标轴上的投影,即

$$x=A\cos(\omega_0 t+\alpha).$$

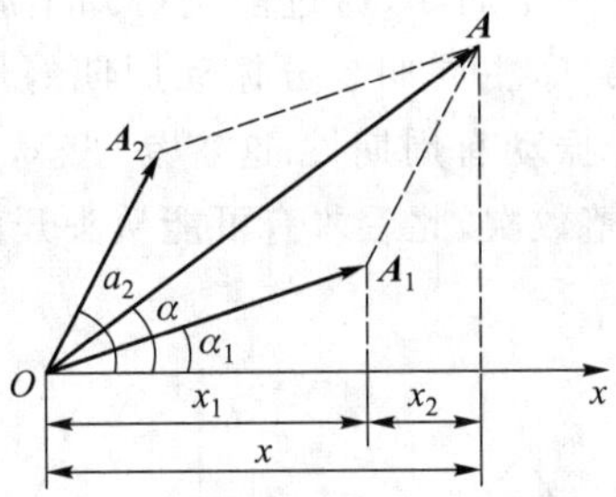

图 9.10 用旋转矢量研究振动合成

可见,合振动是振幅等于 A、初相位为 α 的简谐振动,其圆频率与分振动相同,和前文结论相同.对图 9.10 中矢量合成的三角形运用余弦定理,可求出合振动的振幅与初相位和分振动的振幅与初相位的关系(9.4.4)式和(9.4.5)式.

现在进一步讨论合振动的振幅.由(9.4.4)式可知,合振动振幅与分振动的振幅及相位差有关.

(1) 相位差 $\alpha_2-\alpha_1=\pm 2n\pi(n=0,1,2,\cdots)$.于是 $\cos(\alpha_2-\alpha_1)=1$,$A=\sqrt{A_1^2+A_2^2+2A_1A_2}=A_1+A_2$.即若两个分振动的相位相同,则互相加强,合振动的振幅等于两个分振动的振幅之和,合振幅最大.

(2) 相位差 $\alpha_2-\alpha_1=\pm(2n+1)\pi(n=0,1,2,\cdots)$.则 $\cos(\alpha_2-\alpha_1)=-1$,$A=\sqrt{A_1^2+A_2^2-2A_1A_2}=|A_1-A_2|$.即若两个分振动的相位相反,则互相削弱,合振动的振幅等于分振动的振幅之差,合振动振幅最小.

一般情况下,两个分振动既不同相位,亦不反相位,合振动的振幅在 A_1+A_2 与 $|A_1-A_2|$ 之间.

同频率、同方向的简谐振动合成的原理,在讨论光波、声波及电磁辐射的干涉和衍射时很有用处.

(二) 同方向不同频率简谐振动的合成

设质点同时参与两个同方向的简谐振动,频率分别是 ω_{10} 和 ω_{20},为了突出频率不同引起的效果,设分振动的振幅相同且初相位均等于零,即

$$x_1=A\cos\omega_{10}t,$$
$$x_2=A\cos\omega_{20}t.$$

合振动的位移为

$$x=x_1+x_2=A\cos\omega_{10}t+A\cos\omega_{20}t. \tag{9.4.6}$$

研究这种振动合成最直接的方法就是画出分振动的 $x-t$ 图线,各位移相加得出合振动的位移时间曲线.从图 9.11(a)和(b)可知,合振动显然不是简谐振动,但仍有周期性.图 9.11(a)中分振动的周期分别为 2 s 和 6 s,合振动的周期为 6 s;图 9.11(b)中分振动的周期为 2 s 和 3 s,合振动的周期为 6 s.如两个不同频率的简谐振动合成为一个

周期运动，则合振动的周期称为主周期，通过前例可知主周期有两个特点：第一，主周期是分振动周期的整数倍；第二，主周期是分振动周期的最小公倍数.其实，只有满足上述两个条件，才有可能使合振动有周期性.这容易理解，因只有存在这样一段时间，在此时间内分振动均进行了整数次，此后才有可能从头开始重复这段时间的运动而产生周期性的合振动.

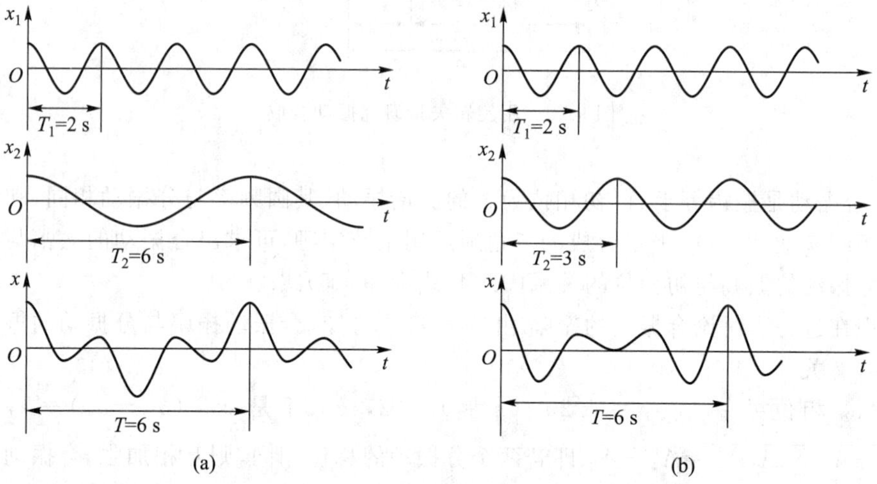

图 9.11 同方向、不同频率的简谐振动合成为周期运动

在同方向、不同频率简谐振动合成的问题中，若两个分振动的频率之和远远大于分振动频率之差，则合振动表现出非常值得注意的特点.为研究这种情况，利用三角函数和差化积将(9.4.6)式改变为

$$x=2A\cos\frac{\omega_{20}-\omega_{10}}{2}t\cos\frac{\omega_{20}+\omega_{10}}{2}t. \qquad (9.4.7)$$

由于 $\omega_{20}+\omega_{10}\gg|\omega_{20}-\omega_{10}|$，即因子 $\cos\frac{\omega_{20}-\omega_{10}}{2}t$ 的周期要比另一因子$\cos\frac{\omega_{10}+\omega_{20}}{2}t$ 的周期长得多.于是我们可将(9.4.7)式表示的运动看作是振幅按照$\left|2A\cos\frac{\omega_{20}-\omega_{10}}{2}t\right|$缓慢变化的，而圆频率等于$\frac{\omega_{10}+\omega_{20}}{2}$的准简谐振动，这是一种振幅有周期性变化的“简谐振动”.为了更清楚地说明这一振动的特征，取

$$\omega_{平}=\frac{\omega_{10}+\omega_{20}}{2},$$

叫平均圆频率，又取

$$\omega_{调}=\frac{|\omega_{20}-\omega_{10}|}{2},$$

叫调制圆频率，且 $\omega_{调}\ll\omega_{平}$.于是(9.4.7)式成为

$$x=(2A\cos\omega_{调}t)\cos\omega_{平}t.$$

或用 $A_{调}(t)=2A\cos\omega_{调}t$ 表示变化的振幅，则合振动

$$x = A_{调}(t)\cos\omega_{平}t. \tag{9.4.8}$$

即合振动为圆频率等于平均圆频率的“简谐振动”，其振幅做缓慢的周期变化.分振动与合振动的位移-时间图线如图 9.12 所示.

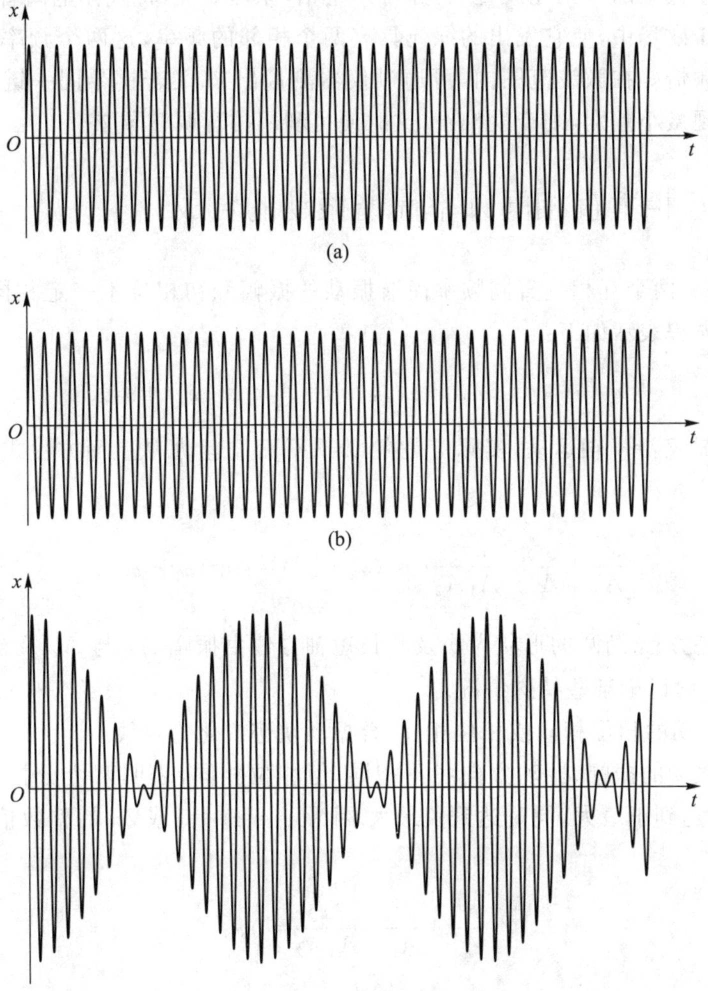

(c)

图 9.12　拍的形成：(a)中 $\omega_1=0.50$，(b)中 $\omega_2=0.53$.形成的拍 $\omega_{拍}=0.004\ 77$，如图(c)所示

振动方向相同、频率之和远大于频率之差的两个简谐振动合成时，合振动振幅周期变化的现象叫拍.合振幅每变化一个周期叫一拍，单位时间内拍出现的次数就叫**拍频**.不论 $A_{调}(t)$ 达到正最大，还是负最大对加强振幅来说都是等效的，因此拍的圆频率应为调制圆频率的 2 倍，即

$$\omega_{拍} = |\omega_{20} - \omega_{10}|.$$

至于拍频 $\nu_{拍}$，则有

$$\nu_{拍} = |\nu_2 - \nu_1|.$$

我们很容易听到声音的拍，取两支频率相同的音叉，给其中一支加上小物体，使它

们的频率有所差别，当频率相差较多时，尚能听到高低不同的两种音调；若频率相差很少，则听到的是平均频率，分辨不出两种音调，但音的强弱周期变化，形成悠扬的颤音.双簧管发同一音的两个簧片的振动频率有微小差别，借以产生悦耳的效果.有人曾经利用频率相差甚微的可见光波叠加，亦可产生拍，原理如下：将气体电离管内自发衰变的汞原子置于磁场中，使它发出的绿光具有两个相邻的频率，这两个频率的光波合成后得到的拍频恰好在微波范围内，可通过仪器测量出来.又若钢琴同一键盘所对应诸弦的频率出现微小差别，则产生拍音，这时便可利用拍音调整琴弦.

（三）互相垂直相同频率简谐振动的合成

一般说来，两个互相垂直同频率简谐振动的振幅和初相位不一定相同，现将分振动的运动学方程表示如下：

$$x=A_1\cos(\omega_0 t+\alpha_1),\quad y=A_2\cos(\omega_0 t+\alpha_2).$$

质点既沿 x 轴又沿 y 轴运动，实际上是在 Oxy 平面上运动.从上面方程式中消去 t，得合振动的轨迹方程：

$$\frac{x^2}{A_1^2}+\frac{y^2}{A_2^2}-\frac{2xy}{A_1A_2}\cos(\alpha_2-\alpha_1)=\sin^2(\alpha_2-\alpha_1). \tag{9.4.9}$$

此为椭圆轨迹方程.椭圆的形状大小及其长短轴方位由振幅 A_1 与 A_2 及初相差$(\alpha_2-\alpha_1)$所决定.下面讨论某些特殊情况.

(1) 分振动的相位相同或相位相反，合振动轨迹蜕化为直线.

尽管分振动的振幅、振动方向各不相同，但相位相同，表明两个分振动的步调一致，它们同时达到正最大，同时达到负最大.因为 $\alpha_2-\alpha_2=0$ 或 2π 的整数倍，(9.4.9)式成为

$$\frac{x^2}{A_1^2}+\frac{y^2}{A_2^2}-\frac{2xy}{A_1A_2}=0,$$

或

$$\left(\frac{x}{A_1}-\frac{y}{A_2}\right)^2=0.$$

得

$$y=\frac{A_2}{A_1}x. \tag{9.4.10}$$

即合振动轨迹为通过原点且在第一、第三象限的直线，如图 9.13(a)所示.合振动位移 r 可表示为

$$\begin{aligned} r&=\sqrt{x^2+y^2}\\ &=\sqrt{A_1^2\cos^2(\omega_0 t+\alpha)+A_2^2\cos^2(\omega_0 t+\alpha)}\\ &=\sqrt{A_1^2+A_2^2}\cos(\omega_0 t+\alpha). \end{aligned}$$

这表明合振动也是简谐振动,与分振动频率相同,但振幅为$\sqrt{A_1^2+A_2^2}$.

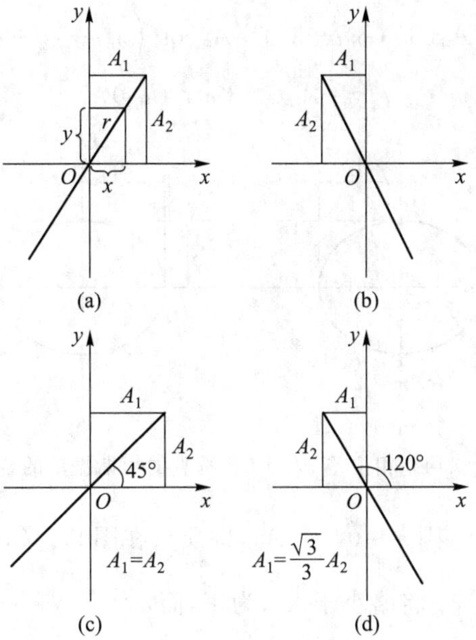

图 9.13 两个相位相同或相反,互相垂直的简谐振动的合成

若两个分振幅的相位相反.虽两个振动同时达到原点,但其中一个位移达到正最大,另一个位移为负最大;$\alpha_2-\alpha_1$ 为 π 的奇数倍,(9.4.9)式变为

$$\frac{x^2}{A_1^2}+\frac{y^2}{A_2^2}+\frac{2xy}{A_1A_2}=0,$$

或

$$\left(\frac{x}{A_1}+\frac{y}{A_2}\right)^2=0,$$

得

$$y=-\frac{A_2}{A_1}x,$$

即合振动轨迹为通过原点且在第二、第四象限内的直线,如图 9.13(b)所示.不难证明,合振动亦为与分振动同频率的简谐振动.

在合振动轨迹为直线的情况下,合振动轨迹与 x 轴的夹角与分振动的振幅有关,例如,在图 9.13(c)中,两个分振动的振幅相同,在图 9.13(d)中,两个分振动的振幅之比为$\sqrt{3}/3$.

(2) 相位差为$\frac{\pi}{2}$的情况.

这时,(9.4.9)式成为

$$\frac{x^2}{A_1^2}+\frac{y^2}{A_2^2}=1,$$

表明合振动的轨迹为以 x 和 y 为轴的椭圆,如图 9.14 所示.

这里又可分为两种情况.$\alpha_1-\alpha_2=\frac{\pi}{2}$时,$x$ 方向的振动比 y 方向的振动超前$\frac{\pi}{2}$,即

$$x=A_1\cos(\omega_0 t+\alpha_1)=A_1\cos\left(\omega_0 t+\alpha_2+\frac{\pi}{2}\right),$$
$$y=A_2\cos(\omega_0 t+\alpha_2).$$

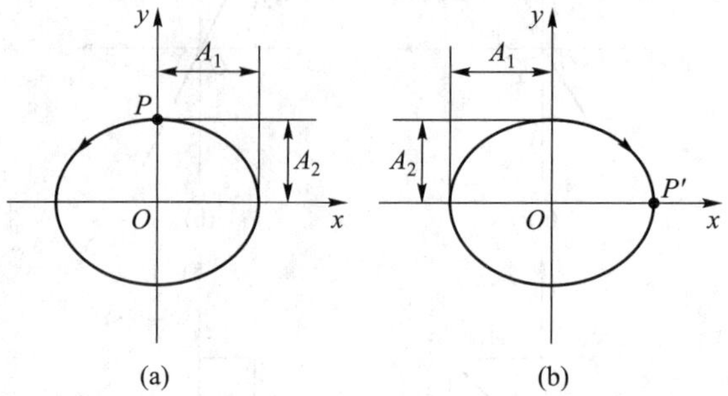

图 9.14 相位差 π/2、互相垂直的简谐振动的合成

当某一瞬时,$\omega_0 t+\alpha_2=0$,则 $x=0$,$y=A_2$,即质点在图 9.14(a)中的 P 点,经过很短时间后,$\omega_0 t+\alpha_2$ 略大于零,y 将略小于A_2,为正,而 $\omega_0 t+\alpha_2+\frac{\pi}{2}$略大于$\frac{\pi}{2}$,$x$ 将为负,故质点运动到第二象限,即质点沿椭圆逆时针运动.反之,$\alpha_2-\alpha_1=\frac{\pi}{2}$时,$y$ 方向的振动比 x 方向的振动超前$\frac{\pi}{2}$,质点沿椭圆顺时针方向运动,如图 9.14(b)所示.

显然,振幅相等、频率相同而相位差等于$\frac{\pi}{2}$的沿互相垂直方向的简谐振动合成的结果为圆周运动;反之,圆周运动亦必能分解为两个互相垂直的同振幅、同频率的简谐振动.圆周运动同简谐振动这种密切的联系,正是简谐振动矢量表示法的理论依据.

若相位差取其他数值,合振动的轨迹表现为方位与形状各不相同的椭圆,质点运动方向亦各异,如图 9.15 所示.

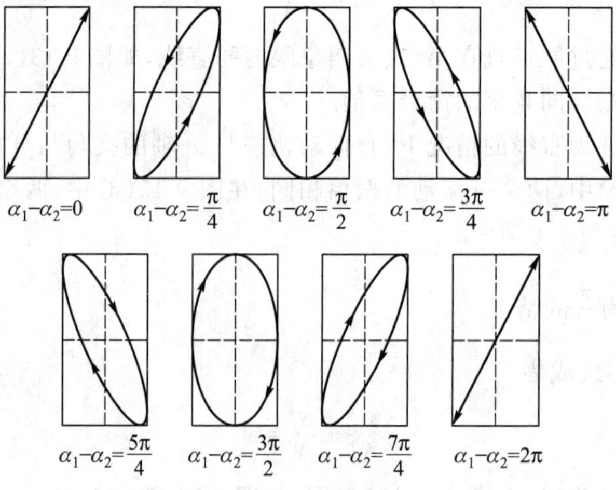

图 9.15 各种不同相位差、互相垂直的简谐振动合成的情况

总之,两个振动方向垂直、频率相同的简谐振动,其合振动轨迹为直线、圆或椭圆,轨迹的形状和运动方向由分振动的振幅和相位差决定.

(四) 互相垂直不同频率简谐振动的合成、李萨如图形

图 9.16(a)是演示互相垂直、不同频率简谐振动合成的装置.将三根线各取一端相连,其中一根线的另一端悬挂摆锤——装有细砂的小漏斗(小漏斗底部也可装上蘸满墨水的毛笔头),另两根线的另一端则固定于支架,悬线成 Y 字形.如图 9.16(b)、(c)所示,在悬线平面内,因受悬线结点的约束,单摆长为 L_1,在与此垂直的平面内,单摆长为 L_2.只要摆角足够小,摆锤可在互相垂直的方向上做周期不同的简谐振动,并实现振动的合成.演示时,可将小漏斗自平衡位置移开并推出,即给一个小的初位移及初速度,它就可在水平放置的白纸上留下合振动的轨迹,调节 L_1 和 L_2,给以不同的初位移和初速度,可得到不同花样的图形.此外,在电子示波器中,若互相垂直的电场按不同频率变化,亦能在荧光屏上得到互相垂直、不同频率简谐振动合成的轨迹.

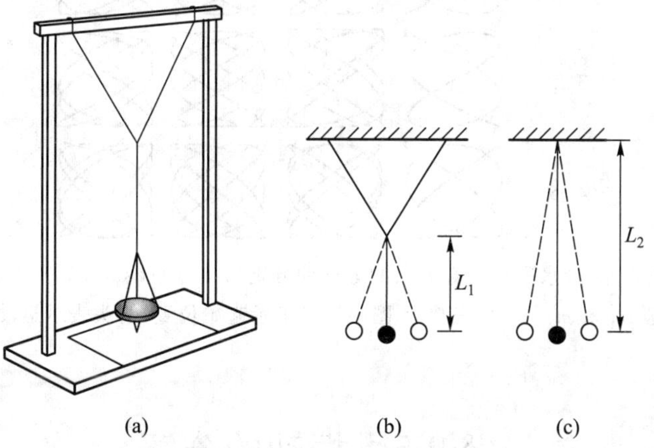

图 9.16 互相垂直、不同频率的简谐振动合成的演示

一般说来,在互相垂直的分振动频率不同的条件下,合振动的轨迹不能形成稳定的图案,但如分振动频率成整数比,则合成振动的轨迹为稳定的曲线,曲线的花样和分振动的频率比、初相位有关,得出的图形叫李萨如图形(Lissajous figure).图 9.17 显示出分别沿水平和竖直方向的分振动周期或圆频率成简单整数比的李萨如图.

由于图形花样与分振动频率比有关,因此可以通过李萨如图形的花样判断两个分振动的频率比,再由已知频率测量未知频率,这在电学测量技术中占重要地位,可达到很高的精确度.

动画：
李萨如图形

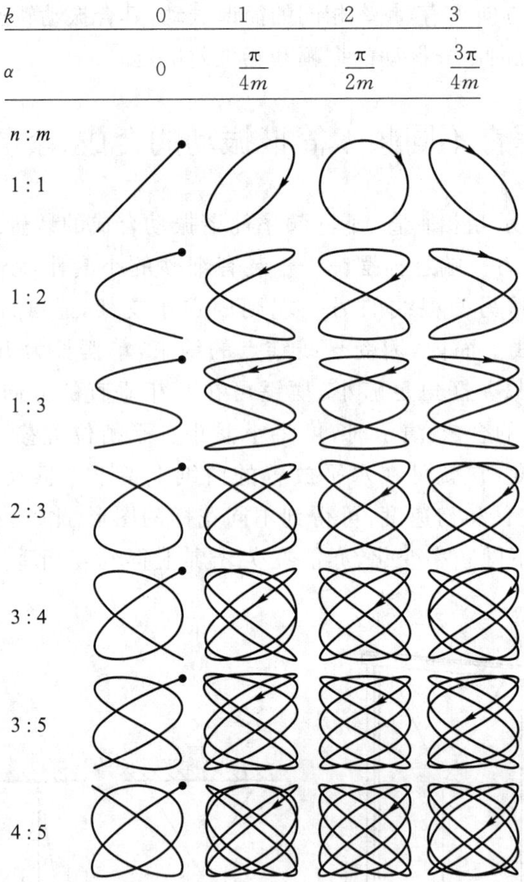

图 9.17 李萨如图形.沿水平与竖直方向的分振动分别为 $x=A\cos m\omega_0 t$，$y=A\cos(n\omega_0 t+\alpha)$，$\alpha=k\pi/4m$.$m$、$n$ 和 k 代表整数.图中黑点表示起始位置，箭头表示运动方向①

*§9.5 振动的分解

上节谈到同方向、不同频率简谐振动的合成，在图 9.11(a)、(b)中 $T_1=2$ s 和 $T_2=6$ s，3 s 的分振动分别合成为两种不同周期的振动.对于振动合成，还存在着它的逆命题，即振动的分解.显然，对于图 9.11(a)和(b)中的周期振动，均可分解为相应的简谐振动.而对于更复杂的周期振动，则可以分解为许多简谐振动.这种分解的可能性和具体方法已完全得到解决.对振动进行分解是研究复杂振动的重要方法.

若某物理量随时间的周期变化可用函数

$$x=f(\omega t)$$

表示，其中 $\omega=2\pi/T$ 为正常量，T 是 x 随时间 t 变化的周期，而 x 随中间变量 ωt 变化的周期为 2π.根据数学知识可知，该物理量可表示作

① 徐定藩.关于李萨如图形的讨论.大学物理，1995，14：7.

$$x=A_0+\sum_{k=1}^{\infty}(A_k'\cos k\omega t+B_k'\sin k\omega t),\tag{9.5.1}$$

式中右方称作关于 x 的傅立叶级数，A_0、A_k' 和 B_k' 叫作傅立叶系数，应表示作

$$\left.\begin{aligned}A_0&=\frac{1}{2\pi}\int_{-\pi}^{\pi}f(\omega t)\mathrm{d}(\omega t).\\A'_k&=\frac{1}{\pi}\int_{-\pi}^{\pi}f(\omega t)\cos(k\omega t)\mathrm{d}(\omega t),\\B'_k&=\frac{1}{\pi}\int_{-\pi}^{\pi}f(\omega t)\sin(k\omega t)\mathrm{d}(\omega t).\end{aligned}\right\}\tag{9.5.2}$$

设

$$A_k'=A_k\cos\alpha_k,\quad B_k'=-A_k\sin\alpha_k.\tag{9.5.3}$$

代入前式，得

$$x=A_0+\sum_{k=1}^{\infty}A_k\cos(k\omega t+\alpha_k),$$

或

$$x=A_0+\sum_{k=1}^{\infty}A_k\sin(k\omega t+\beta_k).\tag{9.5.4}$$

它们也叫傅立叶级数.任一周期振动可以分解成几个（甚至无穷多个）简谐振动，它们的频率为原周期振动频率的整数倍.每一个简谐振动的振幅 A_k 和初相位 α_k 可根据(9.5.2)式算出.在傅立叶级数中，$k=1$ 的简谐振动与原周期振动有相同的频率，称为基频振动，其他 $k=2,3,\cdots$ 诸简谐振动的频率是原振动频率的整数倍，叫谐频振动.这种将任一个周期振动分解为许多简谐振动的方法，称为谐振分析.

例如，图 9.18(a)表示某物理量 x 随时间 t 而周期性变化，即 $x=f(\omega t)$，x 对 ωt 的变化周期为 2π，这种变化通常叫作方波.根据(9.5.1)式和(9.5.2)式，可写出它的傅立叶级数如下：

$$x=f(\omega t)=\frac{2A}{\pi}\left(\frac{\pi}{4}+\sin\omega t+\frac{1}{3}\sin 3\omega t+\frac{1}{5}\sin 5\omega t+\cdots\right).$$

图 9.18(b)中分别画出上式中的第一、二、三和第四各项逐次合成的结果.如直线 1 表示 $\frac{A}{2}$，曲线 2 表示 $\frac{2A}{\pi}\left(\frac{\pi}{4}+\sin\omega t\right)$，曲线 3 表示 $\frac{2A}{\pi}\left(\frac{\pi}{4}+\sin\omega t+\frac{1}{3}\sin 3\omega t\right)$，等等.显然，级数中项数越多，这些简谐振动之和越接近原来的周期振动（方波）.由于在级数(9.5.4)式中，随 k 的增加，A_k 变化的总趋势减小，因此往往取前面几项的和就可以近似地表示原周期振动.

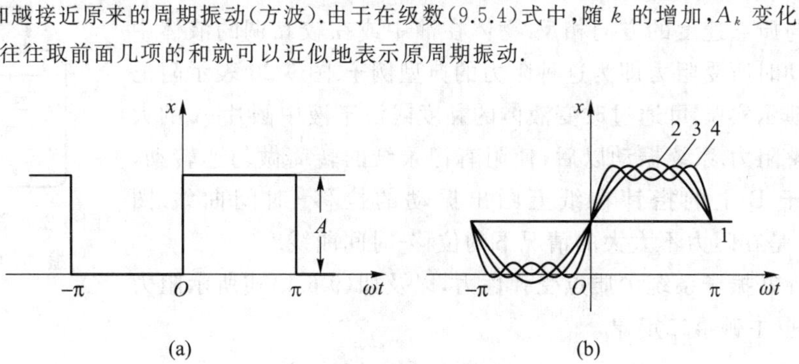

图 9.18 方波振动的傅立叶分析

复杂振动可分解为许多简谐振动，这些简谐振动的频率连同相应的振幅，称为该复杂振动的振动谱.周期振动可分解成许多频率为原来振动频率整数倍的简谐振动，因此周期振动具有分立谱.图 9.19 表示图 9.18 方波的振动谱.

若振动是非周期的，例如脉冲等，可把它分解为频率连续分布的简谐振动的和，即可将非周期

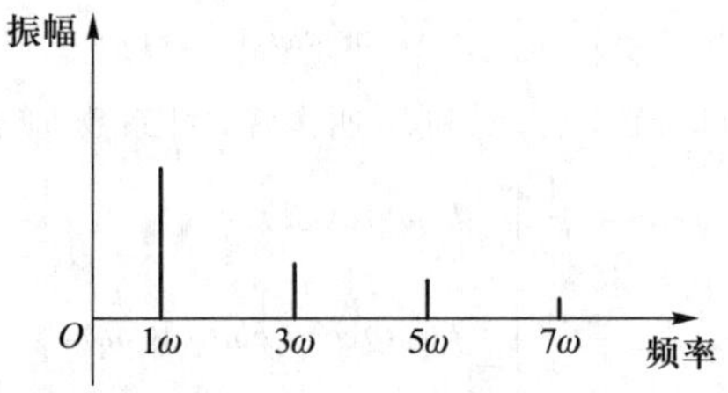

图 9.19 方波的分立谱

性的振动展开为傅立叶积分：

$$x=f(t)=\int_0^{\infty} A(\omega)\cos \omega t\,\mathrm{d}\omega+\int_0^{\infty} B(\omega)\sin \omega t\,\mathrm{d}\omega.$$

和傅立叶级数相似，式中的连续函数 $A(\omega)$ 和 $B(\omega)$ 仍然叫傅立叶系数，需要由 $f(t)$ 来决定.非周期振动的谱是连续谱.

§9.6 阻尼振动

以上讨论均假设质点或刚体的振动不受任何阻力，果真如此，由于能量守恒，它们将永远振动下去.然而，振动系统都受阻力作用，如无外界能量补偿，振幅将不断减小而归于静止.振动系统因受阻力做振幅减小的运动，叫阻尼振动.

振动速度较小时，可认为摩擦阻力正比于质点的速率.为简单起见，设质点在一直线上，于平衡位置附近做反复运动.我们选择质点的平衡位置为原点，令坐标轴 x 与质点轨迹重合，有

$$F_{阻x}=-\gamma v_x=-\gamma\frac{\mathrm{d}x}{\mathrm{d}t}, \tag{9.6.1}$$

γ 为阻力系数，它与物体的形状及周围介质的性质有关，负号表示阻力与质点速度的方向相反.物体在油中或在较黏稠的液体中缓慢运动时所受阻力即为这种阻力的典型例子.图 9.20 表示阻尼振动的演示实验.可通过改变液体的黏度或没于液中圆片 A 的大小来调整阻力.系统振动以后，使附有记录纸的转筒做匀速转动，则固定于 B 上的指针在纸上画出振动的位移-时间曲线.图 9.21(a) 是在阻力不太大的情况下的位移-时间曲线.

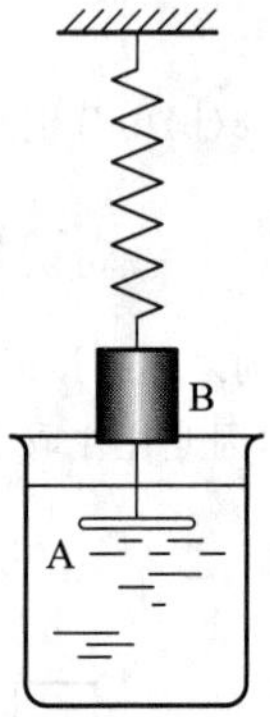

图 9.20 演示阻尼振动的装置

设弹簧振子系统中质点受弹性力，以及如(9.6.1)式所示阻力作用.根据牛顿第二定律，

$$m\frac{\mathrm{d}^2x}{\mathrm{d}t^2}=-kx-\gamma\frac{\mathrm{d}x}{\mathrm{d}t}.$$

以 m 遍除各项

$$\frac{\mathrm{d}^2x}{\mathrm{d}t^2}=-\frac{k}{m}x-\frac{\gamma}{m}\frac{\mathrm{d}x}{\mathrm{d}t}$$

并令

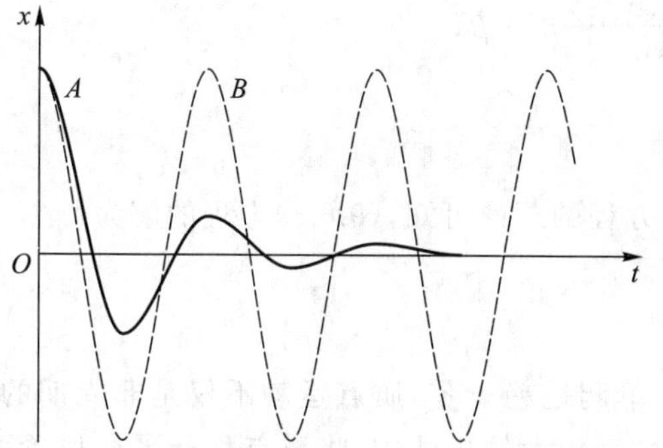

(a) 曲线B、A分别表示原简谐振动系统和加阻尼后的x-t图，显然$T'>T$

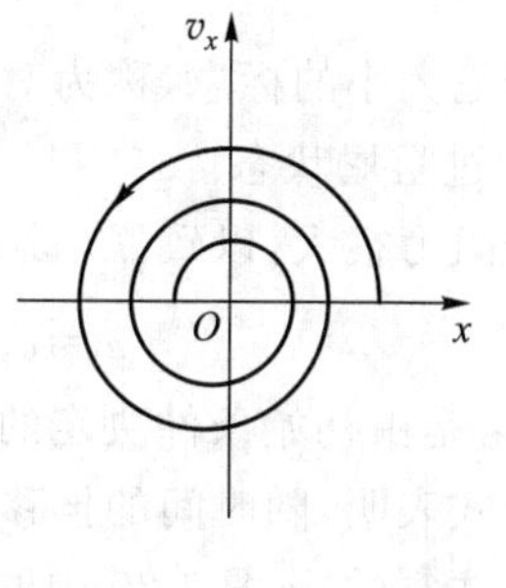

(b) 与上图对应的相平面和相轨迹

图 9.21 欠阻尼状态：初始条件为 $t=0, x=x_0, v_x=0$

$$\omega_0^2=\frac{k}{m},\ \beta=\frac{\gamma}{2m}, \tag{9.6.2}$$

ω_0 即振动系统的固有圆频率，β 称为阻尼因数，和振动系统及介质的性质有关.于是，方程可写为

$$\frac{\mathrm{d}^2x}{\mathrm{d}t^2}+2\beta\frac{\mathrm{d}x}{\mathrm{d}t}+\omega_0^2x=0. \tag{9.6.3}$$

按照微分方程理论，对于一定的振动系统，可根据阻尼因数 β 大小之不同，由此动力学方程解出三种可能的运动状态：

1. 欠阻尼状态

当阻力很小，以致 $\beta<\omega_0$，可由(9.6.3)式求出质点的运动学方程：

$$x=A\mathrm{e}^{-\beta t}\cos(\omega' t+\alpha),$$
$$\omega'=\sqrt{\omega_0^2-\beta^2}. \tag{9.6.4}$$

A 与 α 为待定常量，由初始条件决定.因子 $A\mathrm{e}^{-\beta t}$ 表示不断随时间而衰减的振幅，$\cos(\omega' t+\alpha)$则以 ω'为圆频率周期性地变化，两个因子相乘表示质点做运动范围不断缩小的往复运动，这种振动状态称为欠阻尼状态.根据(9.6.4)式画出的位移-时间图线即图 9.21(a).图 9.21(b)则显示与之对应的相轨迹.

由于质点的运动状态不可能每经过一定时间便完全重复出现，因此阻尼振动不是周期运动.不过，$\cos(\omega' t+\alpha)$是周期性变化的，它保证了质点每连续两次通过平衡位置并沿相同方向运动所需的时间间隔是相同的，于是把 $\cos(\omega' t+\alpha)$的周期叫阻尼振动的周期，并用 T'表示：

$$T'=\frac{2\pi}{\omega'}=\frac{2\pi}{\sqrt{\omega_0^2-\beta^2}}. \tag{9.6.5}$$

显然，阻尼振动的周期大于同样振动系统的简谐振动的周期 $T=2\pi/\omega_0$，如图 9.21(a)所示.

$A\mathrm{e}^{-\beta t}$随时间的推移趋于零，表示质点趋于静止.β 越大，阻尼越大，振动衰减越快；β 越小，衰减越慢.可用相隔一周期的振动振幅之比的自然对数，即

$$\Lambda = \ln \frac{A e^{-\beta t}}{A e^{-\beta(t+T')}} = \beta T'$$

作为阻尼大小的标志，称为对数减缩.

2. 过阻尼状态

如阻力很大，以致 $\beta > \omega_0$，根据微分方程的理论可知，(9.6.3)方程的解为

$$x = c_1 e^{-(\beta - \sqrt{\beta^2 - \omega_0^2})t} + c_2 e^{-(\beta + \sqrt{\beta^2 - \omega_0^2})t}, \tag{9.6.6}$$

c_1 和 c_2 是由初始条件决定的常量.

上式表明，随时间的推移，质点坐标单调地趋于零，质点运动不仅是非周期的，甚至不是往复的.将图 9.20 中的圆盘放入黏度较大的机油中，将质点移开平衡位置而后释放，质点便慢慢回到平衡位置停下来.这种运动状态称为过阻尼状态，其位移-时间曲线如图 9.22(b)所示.

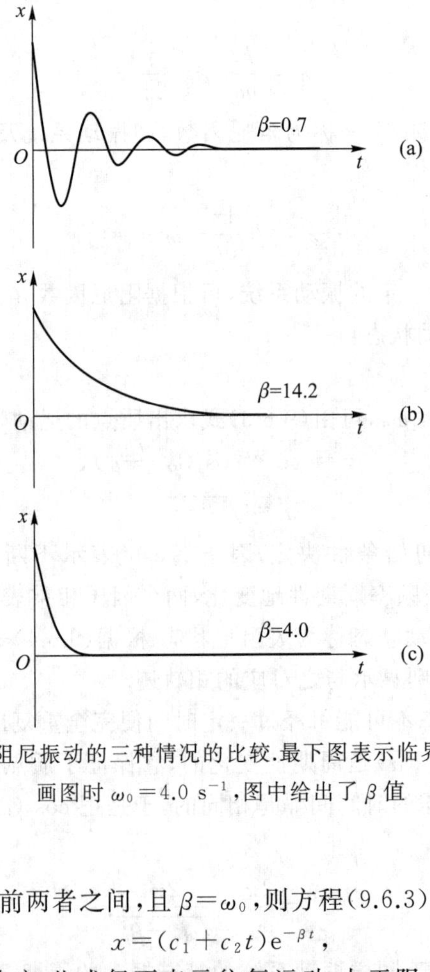

图 9.22 阻尼振动的三种情况的比较.最下图表示临界阻尼情况.
画图时 $\omega_0 = 4.0\ \mathrm{s}^{-1}$，图中给出了 β 值

3. 临界阻尼状态

如阻力的影响界于前两者之间，且 $\beta = \omega_0$，则方程(9.6.3)的解如下

$$x = (c_1 + c_2 t) e^{-\beta t}, \tag{9.6.7}$$

c_1 与 c_2 亦由初始条件决定.此式仍不表示往复运动.由于阻力较前者为小，将质点移开平衡位置释放后，质点很快回到平衡位置并停下来.这种运动叫临界阻尼状态，其位移-时间曲线如图 9.22(c)所示.临界阻尼应用于实际的例子是电流表的指针，在读完读数回到零点时，指针受到电磁阻尼，为了使指针尽快地回到零点又避免往复摆动，应

使指针的运动接近于临界阻尼状态;恰好处于临界阻尼状态是比较困难的,为了避免指针运动处于过阻尼状态而妨碍它回到零点,宁可使指针运动稍偏向于欠阻尼状态.

§9.7 受迫振动

现在讨论在欠阻尼振动系统上加周期性的外力发生的振动.振动系统在连续的周期性外力作用下进行的振动叫受迫振动.例如机器运转时引起底座的振动,收音机喇叭纸盆的振动等.

(一) 受迫振动的动力学方程

设质点受到三种力:弹性力$-kx$、阻尼力$-\gamma\dfrac{dx}{dt}$和周期性外力,亦称驱动力.设驱动力$F(t)$按余弦(或正弦)规律变化且初相位为零,即

$$F(t)=F_0\cos\omega t.$$

根据牛顿第二定律,得受迫振动的动力学方程式为

$$m\frac{d^2x}{dt^2}=-kx-\gamma\frac{dx}{dt}+F_0\cos\omega t.$$

为方便起见,令

$$\omega_0^2=\frac{k}{m},\quad 2\beta=\frac{\gamma}{m},\quad f_0=\frac{F_0}{m},$$

得

$$\frac{d^2x}{dt^2}+2\beta\frac{dx}{dt}+\omega_0^2x=f_0\cos\omega t. \tag{9.7.1}$$

这是受迫振动动力学方程的常见形式.其中,β、f_0和ω_0为参量.

图9.23表示受迫振动的演示实验.图中上部的圆盘A可绕垂直于纸面的轴C在竖直平面内匀速转动,盘上有一突出的圆柱体B,嵌于可沿竖直方向运动的框架内.圆盘转动时,柱体B做圆周运动,此运动在竖直方向的投影按余弦规律变化,这也是框架D的运动,当然也是弹簧悬点O'的运动.框架下面悬挂弹性系数为k的弹簧及物体m.物体又淹没在水中.圆盘A转动时,驱动水中物体上下振动.物体所受的力就包含上述三种成分,即物体做受迫振动.以下做具体分析.

设物体密度大、体积小,不计水作用于物体的浮力(浮力见第十一章).设图9.24中的m为质点.由于m受重力,弹簧有静伸长$l=mg/k$[见图9.24(a)].以此时m位置为原点建立Ox系.当框体D处于C的高度,m振动的位移为x.于是弹簧伸长量为$x+l$[见图9.24(b)].弹簧的上悬点O'将因A的转动而随框架上下运动.取B在最低位置开始计时,上悬点的位移为$r\cos\omega t$.于是弹簧的总形变量为$x+l-r\cos\omega t$.负号的出现是因为D向下运动时,弹簧反而缩短.弹簧弹性力应为$-k(x+l-r\cos\omega t)$.m又受重力mg和阻力$-\gamma\dfrac{dx}{dt}$(γ为常量).故质点的动力学方程为

$$m\frac{\mathrm{d}^2x}{\mathrm{d}t^2}=-k(x+l-r\cos\omega t)+mg-\gamma\frac{\mathrm{d}x}{\mathrm{d}t}.$$

弹簧静伸长 $l=mg/k$，又设常量 $kr=F_0$，于是

$$m\frac{\mathrm{d}^2x}{\mathrm{d}t^2}+\gamma\frac{\mathrm{d}x}{\mathrm{d}t}+kx=F_0\cos\omega t.$$

用 m 遍除各项，即得(9.7.1)式.可见图 9.23 的装置演示的运动是受迫振动.

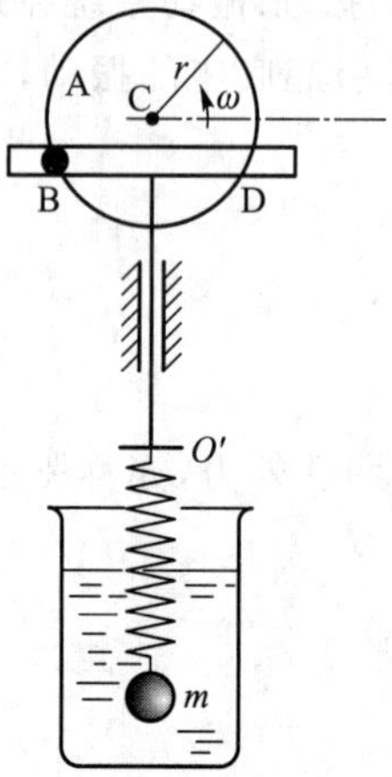

图 9.23 受迫振动的演示实验

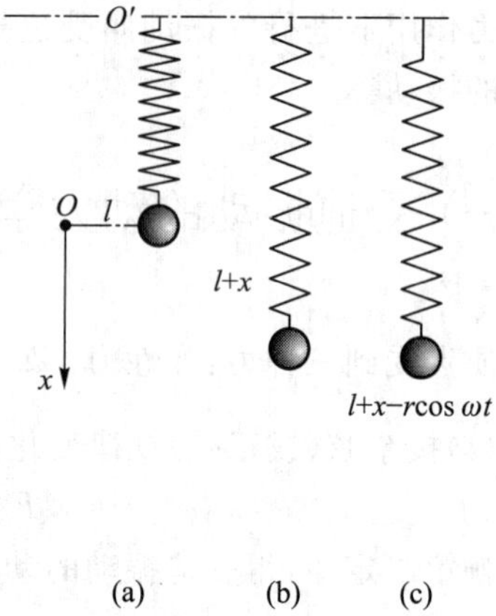

图 9.24 表明图 9.23 中演示的确为受迫振动

(二) 受迫振动的运动特征

根据微分方程的理论，方程(9.7.1)的解为

$$x=A\mathrm{e}^{-\beta t}\cos(\omega' t+\alpha)+A_0\cos(\omega t+\varphi).\tag{9.7.2}$$

A 和 α 是由初始条件决定的积分常量.此解为两项之和，表明质点运动包含两个分运动，第一项为阻尼振动，随时间的推移而趋于消失，它反映受迫振动的暂态行为，与驱动力无关.第二项表示与驱动力频率相同且振幅为 A_0 的周期振动.受迫振动的位移-时间图线如图 9.25 所示，开始时，受迫振动的振幅较小，经过一定时间后，阻尼振动即可忽略不计，质点进行由上式第二项所决定的与驱动力同频率的振动，称为受迫振动的**稳定振动状态**，可表示如下：

$$x=A_0\cos(\omega t+\varphi).\tag{9.7.3}$$

稳定振动状态表面上像简谐振动，其实不然.ω 并非固有频率，而是驱动力的频率；振幅 A_0 和初相位 φ 也并非取决于初始条件，而是依赖于振动系统本身的性质、阻尼的大小和驱动力的特征，即与参量有关.

将(9.7.3)式代入方程(9.7.1)，得恒等式

$$\begin{aligned}&-A_0\omega^2(\cos\omega t\cos\varphi-\sin\omega t\sin\varphi)\\&-2\beta A_0\omega(\sin\omega t\cos\varphi+\cos\omega t\sin\varphi)\\&+\omega_0^2A_0(\cos\omega t\cos\varphi-\sin\omega t\sin\varphi)=f_0\cos\omega t.\end{aligned}$$

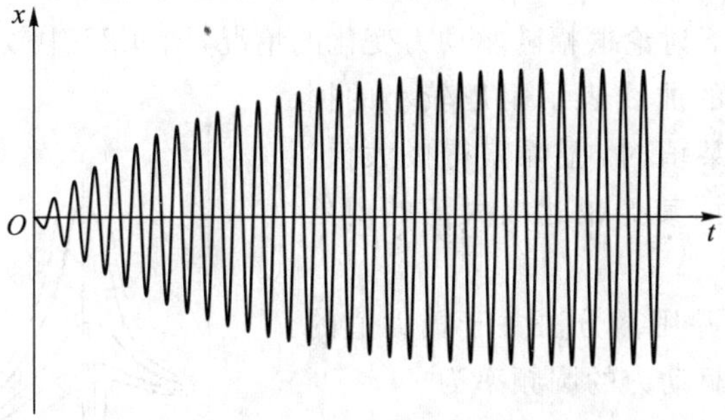

图 9.25 受迫振动自暂态发展为稳定振动.本图所示初始条件为 $t=0, x_0=0, v_{0x}=0$,初始条件影响暂态过程,不影响稳态振动

等式双方 $\cos\omega t$ 和 $\sin\omega t$ 的系数应分别相等,即

$$A_0(\omega_0^2-\omega^2)\cos\varphi-2\beta A_0\omega\sin\varphi=f_0$$

$$A_0(\omega_0^2-\omega^2)\sin\varphi+2\beta A_0\omega\cos\varphi=0$$

可解出

$$A_0=\frac{f_0}{\sqrt{(\omega_0^2-\omega^2)^2+4\beta^2\omega^2}}, \tag{9.7.4}$$

$$\tan\varphi=\frac{-2\beta\omega}{\omega_0^2-\omega^2}. \tag{9.7.5}$$

由于驱动力的初相位为零,故 φ 即稳定振动的位移与驱动力的相位差.若驱动力频率 ω 极低,甚至等于零,从上式可知,φ 等于零,在图 9.23 所示的实验中,表现为当圆盘 A 极度缓慢转动时,框形体和悬挂物体同步地上下运动;驱动力频率 ω 逐渐增加,但 $\omega<\omega_0$,$\tan\varphi$ 从零变负,φ 角在第四象限,表明位移的相位落后于驱动力;当 $\omega=\omega_0$ 时,$\tan\varphi=-\infty$,位移比驱动力落后 $\frac{\pi}{2}$;ω 继续增加,$\omega>\omega_0$,$\tan\varphi$ 取正值,说明 φ 角自第四象限过渡到第三象限;若驱动力频率很高,$\omega\to\infty$,$\tan\varphi\to0$,φ 趋于 $-\pi$,在图 9.23 的实验中,表现为圆盘快速转动时,框形体和悬挂物体运动的步调相反.相位差与驱动力频率的关系如图 9.26 所示.图中两条曲线分别表示阻尼因数 β 不同的情况.

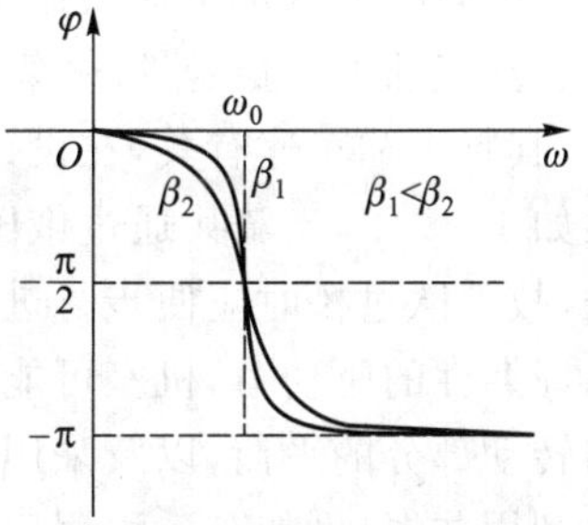

图 9.26 关于受迫振动和驱动力的相位关系

(三) 位移共振

下面我们根据(9.7.4)式讨论受迫振动振幅随驱动力频率变化的情况,如图 9.27 所示,对于一定的振动系统,在阻尼一定的条件下,最初,振幅随驱动力频率 ω 的增加而增加,待达到最大值后,又随驱动力频率的增加而减小,最后,驱动力达到很高频率

而质点却几乎不动.利用图 9.23 所示的装置,可清楚地观察上述现象.对一定的振动系统,还可在不同阻尼下讨论振幅随驱动力变化的情况,图 9.27 中较平缓的曲线表示阻尼较大的振动,陡直的曲线表示阻尼较小的振动.当驱动力频率取某值时,振幅获得极大值,**振动系统受迫振动时,其振幅达极大值的现象叫位移共振**.

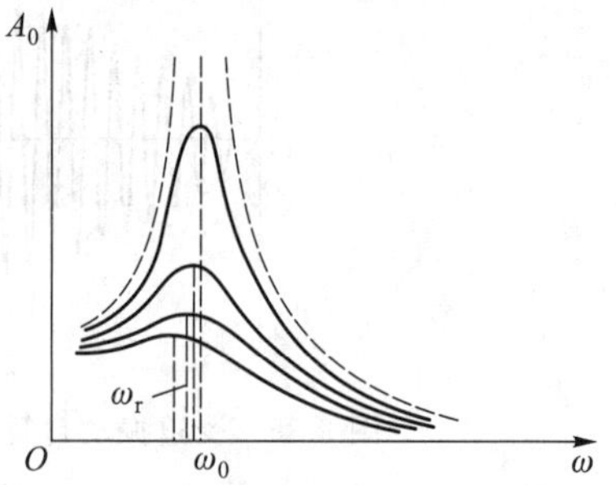

图 9.27 由于阻尼存在,位移共振时受迫振动的频率不等于驱动力频率

根据(9.7.4)式,并用微分法关于极大值的判据,可求出共振时驱动力的圆频率为

$$\omega_r=\sqrt{\omega_0^2-2\beta^2}. \tag{9.7.6}$$

这个频率称为**位移共振频率**,(9.7.6)式称为**位移共振条件**.显然,位移共振频率一般不等于振动系统的固有频率 ω_0;仅当阻尼无限变小时,共振频率无限接近于固有频率,但这时的振幅将趋于无穷大,即产生极激烈的位移共振.

将(9.7.6)式代入(9.7.5)式,可求出共振时位移与驱动力的相位差:

$$\tan\varphi_r=-\frac{\sqrt{\omega_0^2-2\beta^2}}{\beta}. \tag{9.7.7}$$

当阻尼很小时,$\tan\varphi_r\to-\infty$ 而 $\varphi\to-\dfrac{\pi}{2}$.

共振现象普遍且重要.1940 年,美国一座刚刚交付使用 4 个月的新桥,在一场大风的袭击下,主跨度部分被毁并落入水中,这就是由于风对桥作用力的频率和桥结构的某一固有频率满足位移共振条件,使桥的振幅不断增加的结果.因此,在桥梁建筑中需注意空气动力的稳定性.火车通过铁路桥时,将在铁轨衔接处给铁轨以周期性的冲击力,其频率和车速有关,在设计中应使桥梁的固有频率远离冲击力的频率以避免共振.又如 1906 年,当骑兵通过俄国彼得堡的一座桥时,马队的步伐和桥发生共振,使桥坍塌,故部队过桥时应便步行进.如果机器主轴的中心没有对准,当机器运转时将给机座以周期性的驱动力,机座可能发生强烈的共振,使机座损坏.为此,需要很好地调整机器转动部分的平衡,以及采用增大阻尼等措施来削弱共振现象.另一方面,人们又往往要利用共振,例如有一种用于测量交流电频率的簧片式频率计,它的主要部分包括一组簧片,这些簧片均有一定的固有频率,这些簧片安装在金属条上,交变电流通过电磁铁的绕组,并使金属条发生振动,当某一条簧片发生共振,便可以测得电流的频率.

(四) 受迫振动的能量转化

我们首先讨论驱动力的功率,驱动力可用下式表示:

$$F_x=F_0\cos\omega t.$$

根据稳定振动状态的位移(9.7.3)式,可求出速度

$$v_x=\omega A_0\cos\left(\omega t+\varphi+\frac{\pi}{2}\right). \tag{9.7.8}$$

对比以上两式，一般情况下，驱动力与速度的相位不同.在每一周期内，有时驱动力与速度方向相同，力做正功；有时方向相反，力做负功.在图 9.28(a)中，阴影范围内功率为负，白色范围内功率为正.但在全周期内，驱动力做正功，只有如此，才能不断补偿消耗的能量.位移共振时，若阻尼极小，则 φ 接近于 $-\frac{\pi}{2}$，代入(9.7.8)式，驱动力与速度几乎同相位，如图 9.28(b)所示.这时，驱动力差不多总做正功，借以补充较大振幅引起的能量损失.

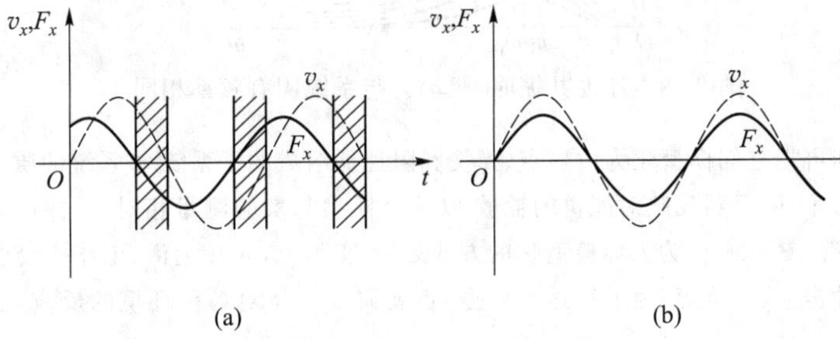

图 9.28 受迫振动时的能量转换

阻力 $-\gamma\frac{\mathrm{d}x}{\mathrm{d}t}$ 总和速度的方向相反，其瞬时功率总是负的.弹性力 $-kx$ 属于保守力.它做功只能引起动能和势能的相互转化，不影响总机械能.

由于驱动力的瞬时功率和阻尼力的瞬时功率不能够保持等值反号，因此受迫振动的总能不是常量，其表达式为

$$E=E_{\mathrm{k}}+E_{\mathrm{p}}=\frac{1}{2}mv^2+\frac{1}{2}kx^2$$
$$=\frac{1}{2}mA_0^2[\omega^2\sin^2(\omega t+\varphi)+\omega_0^2\cos^2(\omega t+\varphi)],$$

显然不是常量.

*(五) 速度共振

物体进行受迫振动达到稳定状态，其速度做周期变化，每周期内速度的最大值叫速度幅，由(9.7.8)式 可得速度幅 $v_0=\omega A_0$，根据(9.7.4)式，由于 A_0 随驱动力的频率变化而变化，驱动力频率 ω 达到某一数值时可使振动的速度幅取极大值，这现象叫速度共振.将(9.7.4)式代入 $v_0=\omega A_0$ 并应用极值的微分判据，可求出速度共振的条件为

$$\omega=\omega_0, \tag{9.7.9}$$

即驱动力的圆频率等于振动系统的固有圆频率，和发生位移共振的条件是不同的.速度共振曲线如图 9.29 所示.可见，不同的物理量有不同的共振条件.同学们在电工学中会遇到电流共振，即当外界扰动的频率与回路的固有频率相同时，电流幅达极大值.这种共振与机械运动的速度共振相对应，但不与位移共振对应.

乘坐车船飞机总不可避免受到振动，对于飞行员，更要考虑长期在这种环境中产生的生理和病理影响.为此，首先要研究人体对外界周期力作用的动力学性质.把人体划分为几部分，例如头、胸

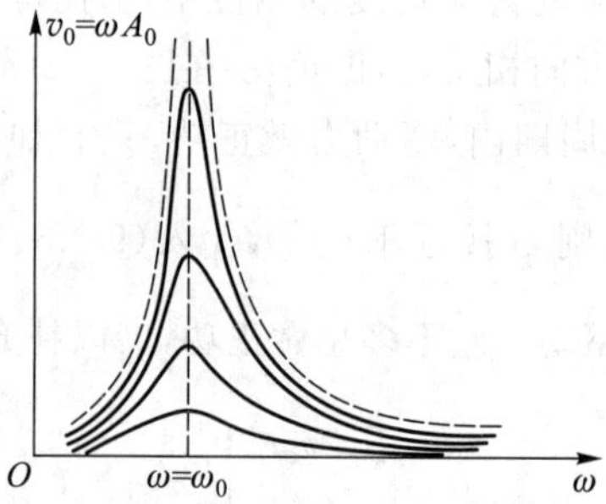

图 9.29 速度共振时，驱动力与系统固有频率相同

腹、肩臂、下肢等，再把它们模型化为由质点、弹簧和阻尼器组成的子系统.子系统的质量集中在质点上，弹性用弹簧表示，阻尼器反映对能量的耗散.以这个模型与实验测量相对照，探讨在周期力作用下共振等各种情况.图 9.30 即为人体模型化的方式之一.实际上，人在生活、工作中会受到各种形式的力的作用，如冲击力、负重等，为了舒适与安全，也要研究人体对各种环境的反应，上述方法同样适用.

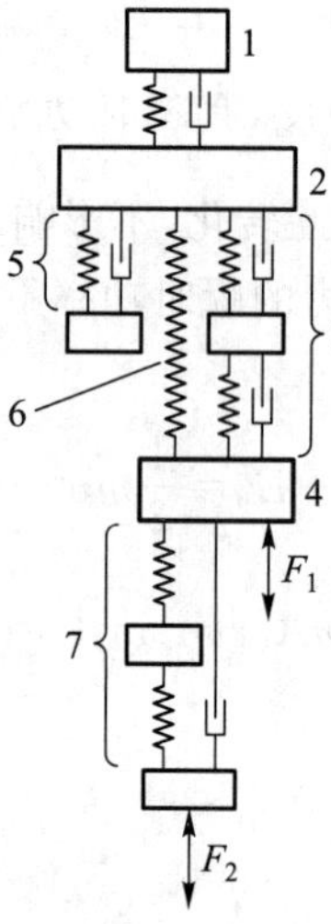

1. 头；2. 上躯干；3. 胸腹系统；4. 臀部；5. 肩臂系统；6. 脊柱；7. 腿；F_1 表示坐式实验台拖力，F_2 表示站式实验台施力.

图 9.30 人体在低频竖直振动台上的模型图①

*§ 9.8 "不守规矩"的摆、混沌行为

首先介绍一个实验——"不守规矩"的摆，它的运动能使我们初步认识混沌行为.然后讨论混沌的最基本性质——对初值敏感依赖.

① Coermann R R, et al. The Passive Dynamic Mechanical Properties of the Human Thorax - Abdomen System and of the Body System. Aerospace Medicine, 1960, 31(6): 443.

(一)“不守规矩”的摆①

这是一个受重力矩、卷簧弹性力矩及阻力矩作用的扭摆.图 9.31(a)为实验装置示意图.绕水平轴 O 摆动的均质圆盘 R,轴过其质心.距轴 r 处有一配重 W,质量为 m,其上箭头用来标记圆盘的摆动.卷簧 S 一端固定在圆盘上,另一端与摆杆 L 连接.杆 L 在可调转数的电动机 E 带动下按余弦规律摆动.调节电压 U,可改变电动机转数即控制杆 L 的摆动频率 Ω.调节线圈组 D 的电流 i 可改变其间的磁场,从而改变圆盘所受阻力矩.

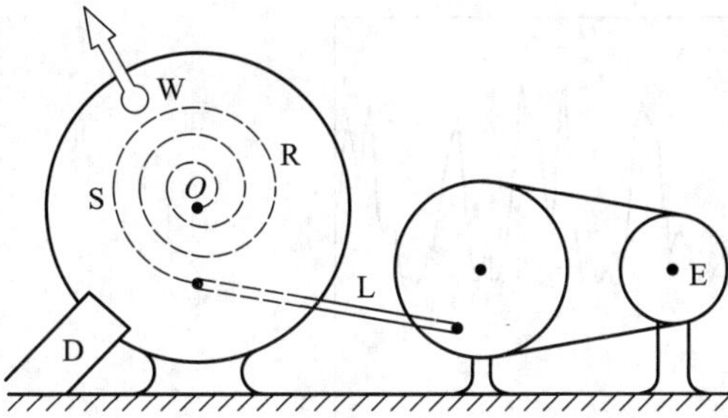

(a) 扭摆装置示意图,虚线表示在圆盘的后面

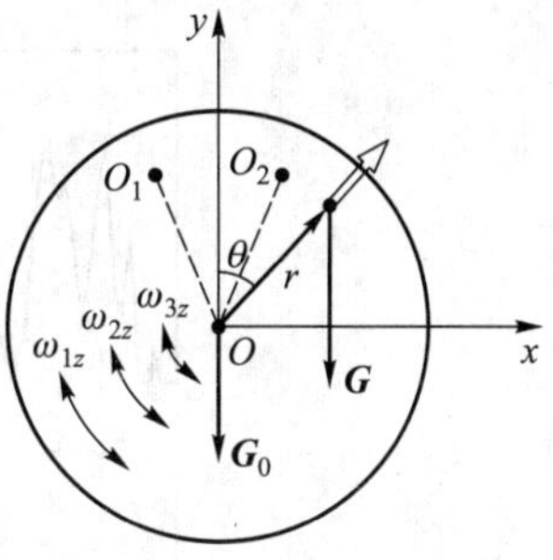

(b) 转动体受到四个力矩,O_1和O_2表示两个稳定平衡位置,$\omega_{iz}(i=1,2,3)$的双箭头表示随转盘的运动,它们总在改变方向

图 9.31

下面以均质圆盘及其上的配重为研究对象,建立动力学方程.坐标系如图 9.31(b)所示.配重 W 在 O 轴正上方,系统处于不稳定平衡位置.系统偏离此平衡位置的角坐标记作 θ.系统受到对 z 轴的力矩有:重力矩 $=rmg\sin\theta=a'\sin\theta$,阻力矩 $M_{1z}=-b\dot{\theta}$,卷簧提供的线性恢复力矩 $M_{2z}=-c\theta$,卷簧提供的周期驱动力矩 $M_{3z}=\gamma'\cos\Omega\tilde{t}$.系统对 z 轴的转动惯量记作 I.依转动定理 $\sum M_{外z}=I_z\beta_z$ 得

$$\gamma'\cos\Omega\tilde{t}-b\frac{\mathrm{d}\theta}{\mathrm{d}\tilde{t}}-c\theta+a'\sin\theta=I\frac{\mathrm{d}^2\theta}{\mathrm{d}\tilde{t}^2}. \tag{9.8.1}$$

当摆角不大时,$\sin\theta=\theta-\dfrac{\theta^3}{6}$,代入上式,并经整理②,(9.8.1)式可改写为

$$\frac{\mathrm{d}^2x}{\mathrm{d}t^2}+\delta\frac{\mathrm{d}x}{\mathrm{d}t}-x+x^3=\gamma\cos\omega t \tag{9.8.2}$$

式中 x、t 与 θ、$\tilde{t}$ 成正比,δ、γ 及 ω 分别与 b、γ' 及 Ω 相对应.方程(9.8.2)即为扭摆的动力学方程.由方程可以解出系统有三个平衡位置,除去上面提到的不稳定平衡位置,在其左、右还有两个稳定平衡位置,分别记作 O_1、O_2.

方程(9.8.2)与前节受迫振动的动力学方程相比,既相像又不同.其主要区别在于出现了非线性项——x^3.因此这个扭摆也称为受周期驱动的非线性振子.在前节,我们已学习了线性振子受迫振动的运动特征:达到稳定振动状态时振子按余弦规律振动,初值 x_0、v_{x0} 及参量 f_0、β、ω_0、ω 的值完全确定了振动的振幅、频率和初相.振子的运动是“循规蹈矩”的.与之成鲜明对比,这里的扭摆当参量

① 杜婵英,邢彬彬.含 $\sin\varphi$ 项受迫振子的实验观测.北京师范大学学报(自然科学版),1994,30(1):81.

② 将(9.8.1)式无量纲化:令 $x=\dfrac{\theta}{a}$,$t=\Omega_0\tilde{t}$,$\delta=\dfrac{b}{I\Omega_0}$,$\gamma=\dfrac{\gamma'}{Ia\Omega_0^2}$,$\omega=\dfrac{\Omega}{\Omega_0}$.其中 $a^2=\dfrac{b(a'-c)}{a'}$,$\Omega_0^2=\dfrac{a'-c}{I}$.

取某些值时，却表现出“不守规矩”的行为.现在我们观察实验.将摆自 O_1（或 O_2）扭转一角度 θ_0，放手.运动并不总围绕 O_1（或 O_2）往复，而是时而绕 O_1（或 O_2）振，时而绕 O_2（或 O_1）振.见图 9.32.依次记下绕 O_1 和 O_2 振动的次数.第一次实验为 2、1、2、1、4、3、1…….第二次实验仍自 O_1 拉开角度 θ_0，放手，得依次绕 O_1 和 O_2 的振动次数为 2、1、1、1、5、1、3…….且各次振幅、“周期”等也变化不定.显见，两次实验虽初值相同，但运动并不重现，成为不可预测的行为，表现出随机性.我们用计算机求扭摆动力学方程(9.8.2)的数值解，用来考查扭摆的运动①.图 9.33 是计算机画出的扭摆两次运动的 $x-t$ 图线.从图上观察，最初两次运动图线重叠，随时间演化，两次运动并不重复，而是时而相近，时而离开.表现出其长期行为不可预测，呈现随机性.扭摆的这种随机行为称为混沌行为或混沌运动，也称作混沌.

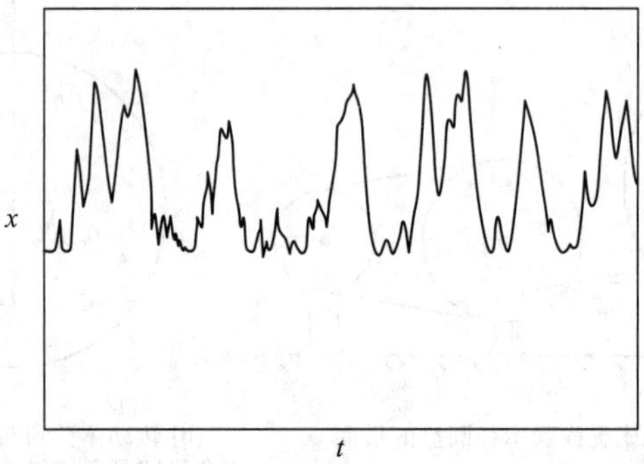

图 9.32　扭摆的实验曲线.横轴(t)记录时间，竖轴(x)记录扭摆在各时刻的角位移

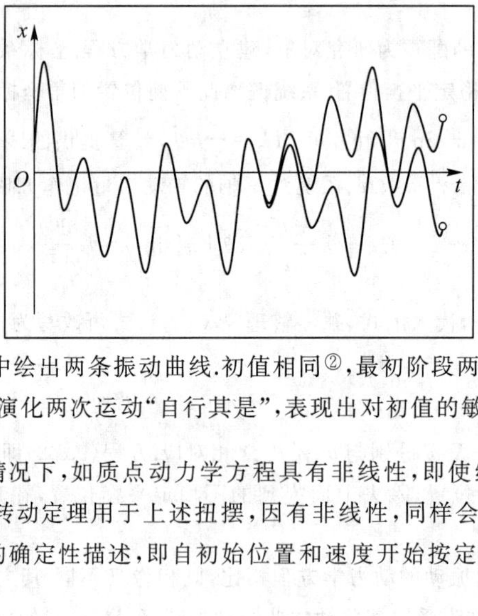

图 9.33　图中绘出两条振动曲线.初值相同②，最初阶段两次振动重复，
随时间演化两次运动“自行其是”，表现出对初值的敏感依赖

第三章已谈到在许多情况下，如质点动力学方程具有非线性，即使给出初始条件，却不能确切给出未来长期的运动状态.转动定理用于上述扭摆，因有非线性，同样会发生类似情况.质点动力学方程和转动定理均为运动的确定性描述，即自初始位置和速度开始按定律那样一步步发展下去，为什么会表现出随机性？

---

① 方程(9.8.2)是非线性微分方程.对于非线性微分方程，一般不能得到解析形式的解 $x=x(t)$.而计算机可以算出一系列的 t 值对应的 x 值，称为微分方程的数值解.

② “初值相同”的含义，见§9.8(二).

（二）依赖初值的两种情况

牛顿力学研究的运动是依赖初值的.当今，混沌研究表明，运动对初值的依赖本应分为两类：一类是一般地依赖初值；另一类是敏感地依赖初值.对于前一类运动，给定初值，之前和之后的运动是完全确定的，这类运动是可“重现”，可“预测”的.对此我们已很熟悉.用物理实验，例如单摆，很容易演示这类运动.将摆球自平衡位置拉开一小角度 θ_0，放手 $\left[\left(\frac{\mathrm{d}\theta}{\mathrm{d}t}\right)_0=0\right]$.依牛顿运动定律，摆的运动用 $\theta=\theta_0\cos\omega_0 t$ 来描述.重复实验，只要初值 θ_0 相同 $\left[\left(\frac{\mathrm{d}\theta}{\mathrm{d}t}\right)_0=0\right]$，运动进程就可重现.现在对实验做进一步考查.实际上，物理量的测量都有一定的误差.因此实验中各次初值总会有偏差 $\Delta\theta_0$，$\Delta\theta_0=\theta_0-\theta_0'$，各次运动也会有偏离 $\Delta\theta=\theta_0\cos\omega_0 t-\theta_0'\cos\omega_0 t=\Delta\theta_0\cos\omega_0 t$.如果 $\Delta\theta_0$ 比测量精度还小，即在实验中认为 $\Delta\theta_0=0$，依上式，$\Delta\theta=0$，即各次运动之间的偏离 $\Delta\theta$ 也就测量不出来.实验中就会观察到对应“相同的”初值，运动可以“重现”；给出“确定的”θ_0 $\left[\left(\frac{\mathrm{d}\theta}{\mathrm{d}t}\right)_0\right]$，则运动可以确定地“预测”.正是许许多多这类实验和计算，使我们确立了对牛顿力学“确定性”的认识.另一类更为普遍的运动，它们对初值依赖得非常敏感.由于物理量的测量精度是有限的，“运动敏感依赖初值”意味着即使初值有测量不出的微小偏差，随着时间演化，两次运动间的偏离却可以观测得到，并且还变化不定.也就是说对于敏感依赖初值的运动，即便在实验中给予“相同的”初值（请注意，此处“相同的”表示两次初值相差如此之小，以致测量不出两次初值的不同），两次运动也并不重复，即敏感依赖初值的运动是不可重现、不可预测的.前面实验中“不守规矩”的摆就是在做“敏感依赖初值”的运动.图 9.33 所示的两次运动，初值相差很小，以致从图上观察不出.也正是由于“敏感依赖初值”，随后的运动表现出“随机性”.应注意到，这类运动的每一步都服从牛顿运动定律，都是确定的；仅就实验中观察到的对应于相同的初值，会有不同的运动而言，它们呈现不确定性，表现出混沌行为.

观测“不守规矩”的摆做混沌运动，还可画出它的相图，如图 9.34 所示.相轨迹翻折缠绕但却总盘旋往返于某个区域内，这样的相图称作奇怪吸引子.它既反映出混沌运动的不稳定性——要“离经叛道”做不同于以前的运动，“冲出樊笼”；又描述了混沌运动的稳定性——它始终逃不出“如来佛的掌心”，运动被约束在某区域（称为吸引域）里.

图 9.35(a)、(b)是把“不守规矩”的摆两次运动的相轨迹叠加在一张图上，分别以实线及虚线表示并以⊙和⊡做运动末值的标志.图 9.35(a)反映出两次运动初值相差很小，初期，在相图上看到实线与虚线几乎重叠，表明两次运动“相依相随”.随时间演化，两次运动“分道扬镳”各行各路（敏感依赖初值），但却都在相同的吸引域中（运动全局稳定）.图 9.35(b)画出初值相差较大的运动.随时间演化，两条相轨迹“若即即离”（运动局域不稳定），但“殊途同归”于共同的吸引域（运动全局稳定）.观察图 9.35，不但可以看到混沌运动对初值敏感，并可形象地认识到混沌运动的局域不稳定和全局稳定的双重性格.

应当指出，混沌行为与在中学学的粒子布朗运动不同.做布朗运动的粒子随机运动是因为受到周围液体分子的随机碰撞，即受到外界随机因素的影响.但混沌是由于系统自身的非线性——例如扭摆动力学方程(9.8.2)中的 x^3 项——而导致呈现的随机运动.因此，混沌是决定论描述的系统“内在（或内禀）随机性”的表现.

20 世纪中叶以来，关于混沌的研究揭示出牛顿运动定律具有内在随机性，并且呈现内在随机性的运动远比传统的确定性运动多得多.这不但使很多带有统计特征的运动现在也可以用牛顿力学探

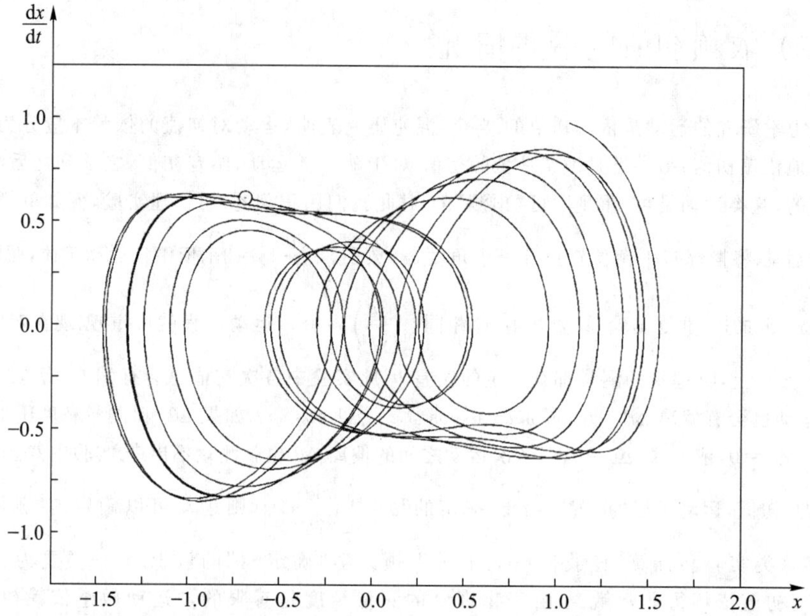

图 9.34 “不守规矩”的摆做混沌运动的相轨迹——奇怪吸引子

讨，大大开拓了牛顿力学的应用领域，而且令我们对牛顿力学这一古老的学科有了新的、较为全面的认识.①②

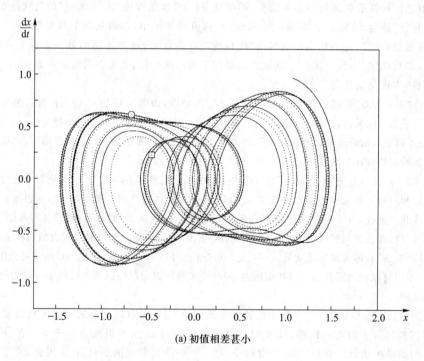

(a) 初值相差甚小

① 杜婵英.牛顿运动定律的内在随机性.大学物理，1989，4：1.

② 郝柏林.牛顿力学三百年.科学，1987，39(3)：163.

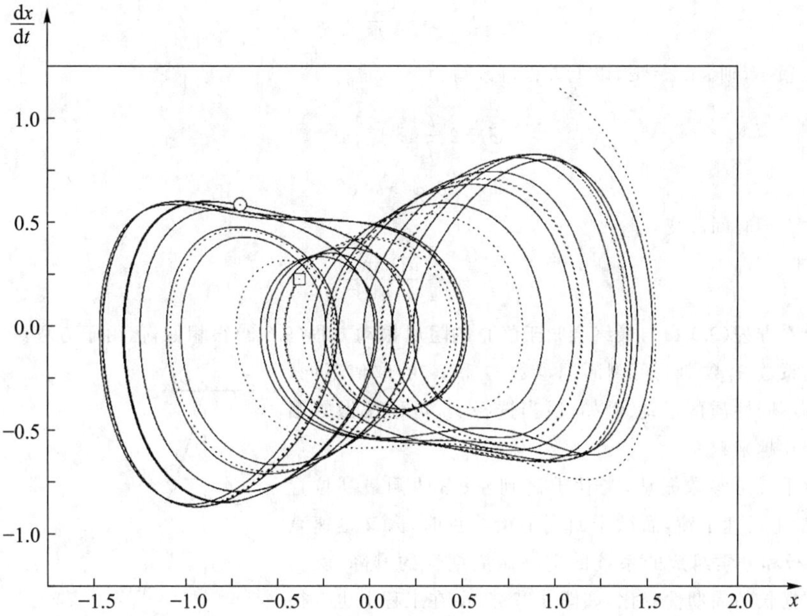

(b) 初值相差较大

图 9.35 “不守规矩的摆”做两次混沌运动的相图

*§9.9 参数振动、自激振动

(一) 参数振动

阻尼会消耗能量使振动系统的振动逐渐衰减，§9.7所讨论的受迫振动所以能维持稳态的周期振动，是驱动力不断对系统做功补充能量的缘故.还有一种外界对振动系统输入能量的方式，是用外力作用使振动系统的参数按一定规律变化.改变系统的参数而进行的振动称为参数振动或参变振动.例如，外力使单摆的悬线的端点做余弦规律振动，见图9.36，摆长 l 随时间改变为

$$l(t)=l_0+a\cos\Omega t,\quad \frac{a}{l_0}\ll 1$$

式中 $a\cos\Omega t$ 反映悬线长度的改变量，它以圆频率 Ω 按余弦规律变化，其振幅为 a，l_0 为 $t=\pi/2$ 时悬线长.

摆的动力学方程写作

$$\frac{\mathrm{d}}{\mathrm{d}t}(ml^2\dot{\varphi})=-mgl\sin\varphi$$

或

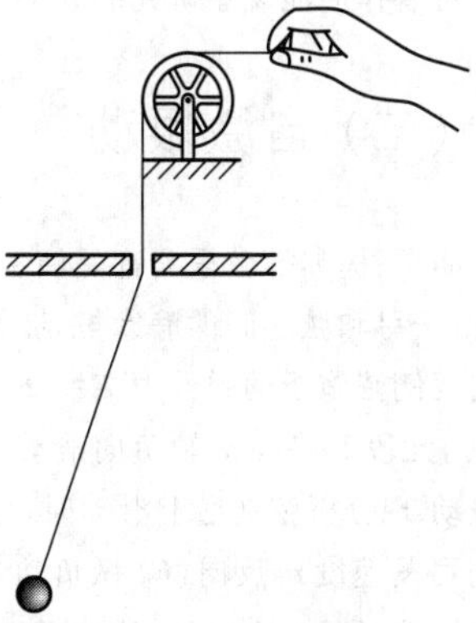

图 9.36 手拉、送线的一端，造成单摆的悬线长度随时间变化，演示参数振动

$$\ddot{\varphi}+2\frac{\dot{l}}{l}\dot{\varphi}+\frac{g}{l}\sin\varphi=0.$$

设摆角 φ 很小，则 $\sin\varphi=\varphi$，以上方程可改写为

$$\ddot{\varphi}+2\frac{\dot{l}}{l}\dot{\varphi}+\frac{g}{l}\varphi=0$$

或

$$\ddot{\varphi}+2\beta\dot{\varphi}+\omega_0^2\varphi=0, \tag{9.9.1}$$

其中参数 β 随时间改变，即

$$\beta=-\frac{a\Omega\sin\Omega t}{l_0+a\cos\Omega t}.$$

从形式上看方程(9.9.1)与最终会归于静止的阻尼振动方程(9.6.3)很相像，但由于方程(9.9.1)中 $\dot{\varphi}$ 有含时的系数 β，数学上可判断因参数 Ω 和 l_0 的取值不同，系统会有不同性质的运动.例如，适当选择 Ω，可使摆做等幅振动或摆动越来越大.

荡秋千就是参数振动，当秋千荡到左、右两侧最高位置时，人在板上迅速下蹲，而秋千回到平衡位置时，人又迅速直立.由人、板和悬索组成的系统的重心做周期性的升降，就相应于上例摆长的周期性变化，如图 9.37 所示.在工程上也有很多参数振动的例子，如，由于轴弯曲的弹性不同而引起振动，曲柄连杆机构中转轴的转动惯量周期性的变化引起的振动等.

特别值得提出的是，早在 1831 年，法拉第就发现圆柱容器上下竖直振动会使其中的水面呈现 2 倍于容器周期的周期运动，这是对参数振动最早的研究.而现在，飞机和航天器的液体燃料自由表面的振动会反过来影响飞行器的运动和控制系统，消除这种影响也是前沿科研课题.非但如此，有人利用现代技术精细地重复了法拉第实验，发现了 1、2、4……倍于容器周期的运动.而倍化周期运动(例如 1、2、4、8……倍于基本周期)是系统进入混沌状态的一种方式，因此法拉第的发现也还可看作混沌现象研究的开端.

图 9.37 荡秋千时，人体交替下蹲、直立，实现参数振动

(二) 自激振动

胡琴、提琴等弦乐器都是演奏者手持弓在弦上摩擦而引起弦的持续振动作为声源，见图 9.38.起初，由于弓和弦之间的静摩擦，弦被弓自平衡位置 O 拉开一段位移 x.以弦的小元段 P 为隔离体，它受到两侧弦施予的弹性力 $\boldsymbol{F}_{T1}$、$\boldsymbol{F}_{T2}$ 及摩擦力 $\boldsymbol{F}_f$.随着 x 的增大，$\boldsymbol{F}_{T1}$、$\boldsymbol{F}_{T2}$ 在 x 轴上的分力之和大于 F_f 时，元段 P 将向 x 轴负向滑动，直至某位置又被弓拉向 x 轴正方.一次次重复以上过程，就形成了弦振动.现分析弦在弓上滑动时，弓对弦的滑动摩擦力 $\boldsymbol{F}_f$ 的功.当弦元段 P 沿 x 轴负向滑动时，速度 $\boldsymbol{v}_1$ 与弓的速度 $\boldsymbol{v}_0$ 反向，$\boldsymbol{F}_f$ 做负功，消耗 P 的能量，使其减速，直至静止.而当 P 在弹性力作用下与弓同向运动，且 $v_1<v_0$ 时，$\boldsymbol{F}_f$ 将对它做正功，补充其能量.在一个周期中消耗的总能量与补充的能量相等时，弦即不断地振动.亦称作自激振动.和 § 9.7 讨论的受周期外力驱动的受迫振动不同，自激振动是因系统自身固有的性质(如琴弦的弹性)而从恒定的外界能源(如手持弓以恒速拉动)补充能量，维持持续的振动.自激振动很普遍，有时可以利用，如电子管振荡器；有时又要设法避免，如为防

止机翼震颤要限制最大飞行速度等.

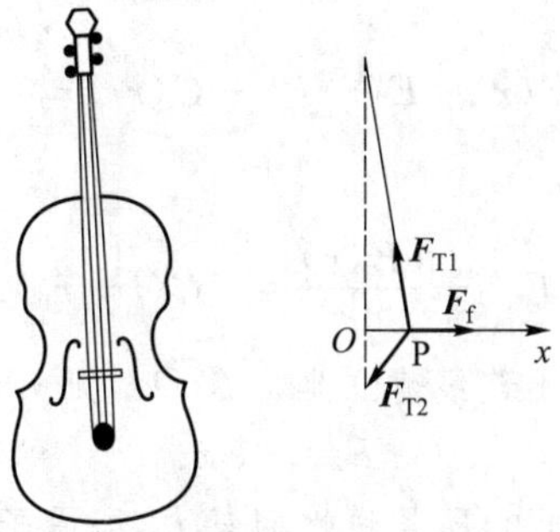

图 9.38 与琴弓接触的琴弦小元段的受力分析

选读材料

[选读 9.1] 晶体中原子的振动(热振动)

晶体是由原子(或离子、分子等)按一定的规律排列而组成的.晶体中的原子(或离子、分子等,下同.)在温度不太高时,做微小的振动.它们间的相互作用力有共同的性质,表现为两个原子间的相互作用力随原子间的距离而变化.如图 9.39 所示,r 表示原子间的距离.在 $r=r_0$ 处,相互作用力为零,r_0 处是平衡位置.考察在 r_0 附近很小的距离内力 F 的情况.$r>r_0$ 时,$F<0$,表示 F 是吸引力;$r<r_0$ 时,$F>0$,F 是排斥力.力 F 的方向总指向平衡位置 r_0.r_0 附近的一小段 $F-r$ 图线,可近似看作直线.即 F 与 r 的函数关系可写为

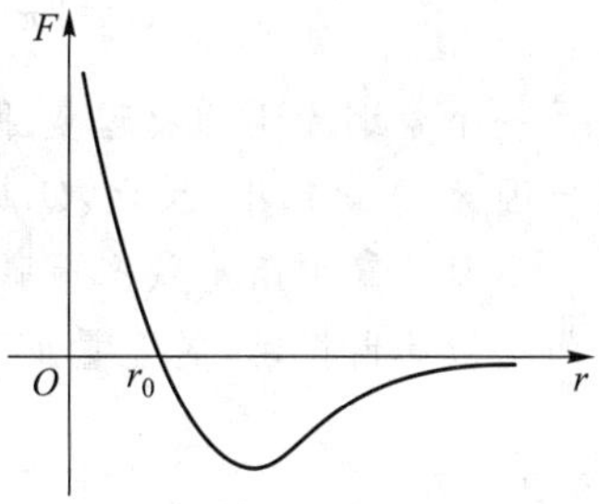

图 9.39

$$F=-k'r. \tag{9.1}$$

k'是过 r_0 的一小段 $F-r$ 图线的斜率.对于某种晶体 k'是某一确定的常量.比较(9.1)式及(9.1.1)式,可知 F 是线性回复力,即晶体中的原子做简谐振动.

下面我们从两原子间的相互作用能来讨论原子的运动.原子间的相互作用能 E 取决于原子间的相对位置 r,用 $E(r)$表示.运用泰勒级数将 $E(r)$在 r_0 处展开,得

$$E(r)=E(r_0)+\frac{\mathrm{d}E}{\mathrm{d}r}\bigg|_{r_0}(r-r_0)+\frac{1}{2}\frac{\mathrm{d}^2E}{\mathrm{d}r^2}\bigg|_{r_0}(r-r_0)^2+\cdots \tag{9.2}$$

由于分子间的相互作用力是保守力,$F=-\dfrac{\mathrm{d}E}{\mathrm{d}r}$.所以可以由上式解出原子间的相互作用力.首先略去(9.2)式中 3 阶以上各项,得

$$E(r)=E(r_0)+\frac{\mathrm{d}E}{\mathrm{d}r}\bigg|_{r_0}(r-r_0)+\frac{1}{2}\frac{\mathrm{d}^2E}{\mathrm{d}r^2}\bigg|_{r_0}(r-r_0)^2.$$

上式右端第一项 $E(r_0)$是常量;第二项由于在 r_0 处力等于零,即$\dfrac{\mathrm{d}E}{\mathrm{d}r}\bigg|_{r_0}=0$,所以$\dfrac{\mathrm{d}E}{\mathrm{d}r}_{r_0}$

$(r-r_0)=0$.再令$\left.\frac{\mathrm{d}^2E}{\mathrm{d}r^2}\right|_{r_0}=C$,于是上式化作

$$E(r)=E(r_0)+\frac{1}{2}C(r-r_0)^2.$$

根据$E(r)$可求出作用力F

$$F=-\frac{\mathrm{d}E(r)}{\mathrm{d}r}=-C(r-r_0).$$

以r_0为坐标原点,沿两个原子连线建立坐标系Ox,则$r-r_0=x$,代入上式,得

$$F=-Cx. \tag{9.3}$$

将上式和(9.1.1)式做比较,可知F是线性回复力,即原子做简谐振动.

[选读9.2] 品质因数

一个实际的振动系统在振动中总会受到阻力,系统总要克服阻力做功而消耗储存的能量,因此,可以用储存能量的被消耗掉程度来反映振动系统阻尼的大小.当阻尼不大时,振动系统储存的总能量与在振动一个周期中损失的能量之比,再乘以2π叫振动系统的品质因数,记作Q,

$$Q=2\pi\frac{\text{振动系统储存的能量}}{\text{振动一周期损失的能量}}=2\pi\frac{E}{\Delta E}. \tag{9.4}$$

Q是一个量纲为1的物理量.振动系统的阻尼越大,振动一个周期损失的能量就越多,品质因数Q就越小;反之,Q越大,系统的阻尼就越小.

下面计算欠阻尼状态时弹簧振子的品质因数.在这种情况下,弹簧振子可近似地看作是做简谐振动,其能量E用(9.3.3)式近似表示为

$$E=\frac{1}{2}kA^2.$$

参考(9.6.4)式,可写为$A=A_0\mathrm{e}^{-\beta t}$,所以

$$E=\frac{1}{2}kA_0^2\mathrm{e}^{-2\beta t}. \tag{9.5}$$

经过一个振动周期的能量损失为

$$\begin{aligned}\Delta E&=\frac{1}{2}kA_0^2\mathrm{e}^{-2\beta t}-\frac{1}{2}kA_0^2\mathrm{e}^{-2\beta(t+T)}\\&=\frac{1}{2}kA_0^2\mathrm{e}^{-2\beta t}(1-\mathrm{e}^{-2\beta T}).\end{aligned}$$

于是,品质因数

$$\begin{aligned}Q&=2\pi\frac{E}{\Delta E}=2\pi\frac{\frac{1}{2}kA_0^2\mathrm{e}^{-2\beta t}}{\frac{1}{2}kA_0^2\mathrm{e}^{-2\beta t}(1-\mathrm{e}^{-2\beta T})}\\&=2\pi\frac{1}{1-\mathrm{e}^{-2\beta T}}.\end{aligned} \tag{9.6}$$

利用欠阻尼条件,还可以将上式化简.由于$\beta\ll\omega_0$,$\omega'=\sqrt{\omega_0^2-\beta^2}\approx\omega_0$.所以$T=\frac{2\pi}{\omega'}\approx$

$\frac{2\pi}{\omega_0}$.又若 $2\beta T \ll 1$,则 $e^{-2\beta T} \approx 1-2\beta T$.将以上结果代入(9.6)式,得

$$Q=2\pi\frac{1}{1-e^{-2\beta T}}=\frac{\omega_0}{2\beta}.$$

可见,对于确定的弹簧振子,ω_0 一定时,β 与 Q 成反比,即品质因数 Q 反映系统阻尼的大小;在阻尼因数 β 一定时,系统的固有圆频率 ω_0 与 Q 成正比,ω_0 大,Q 值也大,表示振动一个周期能量损失少.换句话说,品质因数表示系统储存能量能力的强弱.对于电振动系统,品质因数是反映系统性质的重要参数.

第六章介绍的华中科技大学引力实验室的扭秤实验,扭秤的品质因数为 18 000.

思考题

9.1 什么叫作简谐振动?如某物理量 x 的变化规律满足 $x=A\cos(pt+q)$,A、p 和 q 均为常量,能否说 x 做简谐振动?

9.2 如果单摆的摆角很大,以致不能认为 $\sin\theta=\theta$,为什么它的摆动不是简谐振动?

9.3 在宇宙飞船中,你如何测量一个物体的质量?你手中仅有一已知其弹性系数的弹簧.

9.4 将弹簧振子的弹簧剪掉一半,其振动频率将如何变化?

9.5 将汽车车厢和下面的弹簧视为一个沿竖直方向运动的弹簧振子,当有乘客时,其固有频率会有怎样的变化?

9.6 一弹簧振子(如图 9.1 所示)可不考虑弹簧质量.弹簧的弹性系数和滑块的质量都是未知的.现给你一把米尺,又允许你把滑块取下来,还可以把弹簧摘下来,你用什么方法能够知道弹簧振子的固有频率?

9.7 两个互相垂直的简谐振动的运动学方程分别为 $x=A_1\cos(\omega_0 t+\alpha_1)$、$y=A_2\cos(\omega_0 t+\alpha_2)$.若质点同时参与上述两个振动,且 $\alpha_2-\alpha_1=\frac{\pi}{2}$,质点将沿什么样的轨道怎样运动?

9.8 “受迫振动达到稳态时,其运动学方程可写作 $x=A\cos(\omega t+\phi)$,其中 A 和 ϕ 由初始条件决定,ω 即驱动力的频率.”这句话对不对?

9.9 “若驱动力与固有频率相等,则发生共振.”这句话是否准确?

9.10 图表示汽车发动机或空气压缩机的曲柄连杆机构.曲柄 OA 绕 O 轴以角速度 ω 匀速转动.曲柄和连杆分别长 r 和 l.(1) 问左方活塞的运动是否是简谐振动;(2) 证明当 $l \gg r$ 时,活塞的运动可近似视作简谐振动.

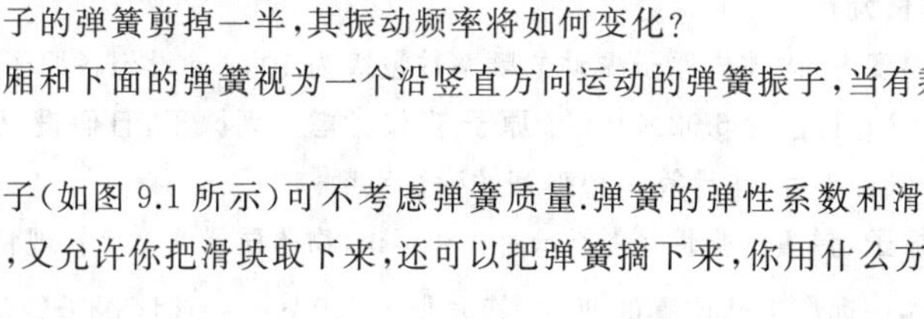

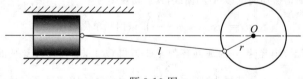

题 9.10 图

习题

9.2.1 如图所示,一刚体可绕水平轴摆动.已知刚体质量为 m,其重心 C 和轴 O 间的距离为 h,刚体对转动轴线的转动惯量为 I.问刚体围绕平衡位置的微小摆动是否是简谐振动?如果是,求固有频率,不计一切阻力.

9.2.2 轻弹簧与物体的连接如图(a)和(b)所示,物体质量为 m,弹簧的弹性系数分别为 k_1 和 k_2,支承面是理想光滑面,求两个系统各自振动的固有频率.

9.2.3 一垂直悬挂的弹簧振子,振子质量为 m,弹簧的弹性系数为 k_1.若在振子和弹簧 k_1 之间串联另一弹簧,使系统的频率减少一半.问串联上的弹簧的弹性系数 k_2 应是 k_1 的多少倍?

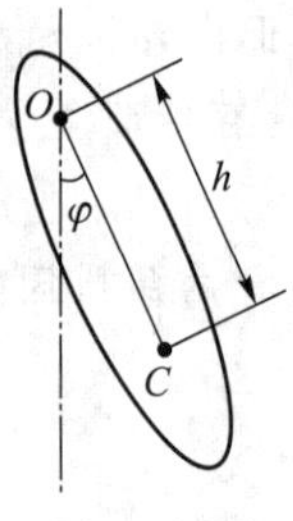

题 9.2.1 图

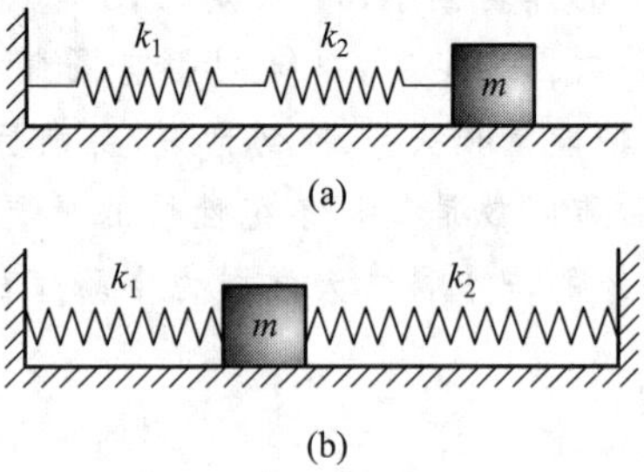

题 9.2.2 图

9.2.4 单摆周期的研究.(1) 单摆悬挂于以加速度 a 沿水平方向直线行驶的车厢内.(2) 单摆悬挂于以加速度 a 上升的电梯内.(3) 单摆悬挂于以加速度 $a(a<g)$下降的电梯内.求这三种情况下单摆的周期,已知摆长为 l.

9.2.5 在通常温度下,固体内原子振动的频率数量级为 10^{13} / s.设想各原子间彼此以弹簧连接.1 mol 银的质量为 108 g 且包含 6.02×10^{23} 个原子.现仅考虑一列原子,且假设只有一个原子以上述频率振动,其他原子皆处于静止,计算一根弹簧的弹性系数.

9.2.6 一弹簧振子,弹簧的弹性系数为 $k=9.8$ N/m,物体质量为 200 g.现将弹簧自平衡位置拉长 $2\sqrt{2}$ cm,并给物体一远离平衡位置的速度,其大小为 7.0 cm/s,求该振子的运动学方程(国际单位制).

9.2.7 质量为 1.0×10^3 g 的物体悬挂在弹性系数为 10 N/cm 的弹簧下面.(1) 求其振动的周期;(2) 在 $t=0$ 时,物体距平衡位置的位移为+0.5 cm,速度为+15 cm/s,求运动学方程(国际单位制).

9.2.8 (1) 一简谐振动的运动规律为 $x=5\cos\left(8t+\dfrac{\pi}{4}\right)$(国际单位制),若计时起点提前 0.5 s,其运动学方程如何表示?欲使其初相位为零,计时起点应提前或推迟多少?(2) 一简谐振动的运动学方程为 $x=8\sin(3t-\pi)$(国际单位制).若计时起点推迟 1 s,它的初相位是多少?欲使其初相位为零,应怎样调整计时起点?(3) 画出上面两种简谐振动在计时起点改变前后 $t=0$ 时旋转矢量的位置.

9.2.9 画出某简谐振动的位移-时间曲线,其运动规律为

$$x=2\cos 2\pi\left(t+\frac{1}{4}\right)\quad(\text{国际单位制}).$$

9.2.10 如图所示,半径为 R 的薄圆环静止于刀口 O 上,令其在自身平面内做微小的摆动.(1) 求其振动的周期;(2) 求与其振动周期相等的单摆的长度;(3) 将圆环去掉 $\dfrac{2}{3}$,且刀口支于剩余圆弧的中央,求其周期与整圆环摆动周期之比.

9.2.11 1 m 长的杆绕过其一端的水平轴做微小的摆动而成为物理摆.另一线度极小的物体与杆的质量相等.固定于杆上离转轴为 h 的地方.用 T_0 表示未加小物体时杆子的周期,用 T 表示加上小物体以后的周期.(1) 求当 $h=50$ cm 和 $h=100$ cm 时的比值 $\dfrac{T}{T_0}$;(2) 是否存在某一 h 值,可令 $T=T_0$,若有可能,求出 h 值并解释为什么 h 取此值时周期不变.

9.2.12 天花板下以 0.9 m 长的轻线悬挂一个质量为 0.9 kg 的小球.最初小球静止,后另有一质量为 0.1 kg 的小球沿水平方向以 1.0 m/s 的速度与它发生完全非弹性碰撞.求两小球碰后的运动学方程.

9.2.13 求第四章习题 4.6.5 题中铅块落入框架后的运动学方程.

9.2.14 第四章习题 4.6.5 题中的框架若与一个由框架下方沿竖直方向飞来的小球发生完全弹性碰撞,碰后框架的运动学方程是怎样的?已知小球 20 g,碰框架前的速度为 10 m/s.

9.2.15 质量为 m 的物体自倾角为 θ 的光滑斜面顶点处由静止开始滑下,滑行了 l 远后与一质量为 m' 的物体发生完全非弹性碰撞.m' 与弹性系数为 k 的轻弹簧相连.碰撞前 m' 静止于斜面上,如图所示.问两物体碰撞后做何种运动,并写出其运动学方程.已知 $m=m'=5$ kg,$k=490$ N/m,$\theta=30°$,$l=0.2$ m.

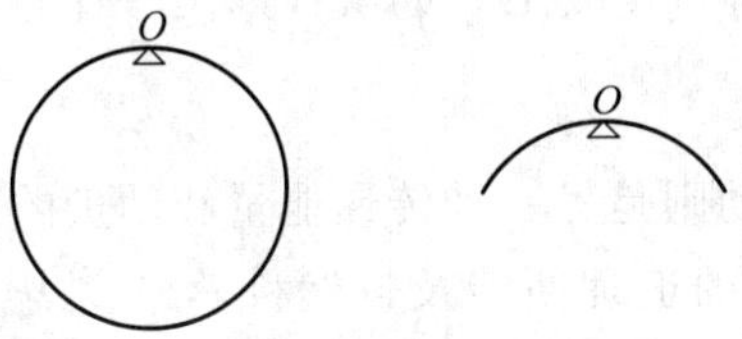

题 9.2.10 图

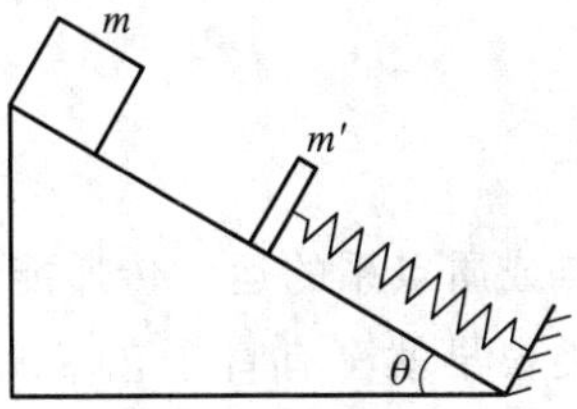

题 9.2.15 图

9.3.1 1851 年,傅科做证明地球自转的实验,摆长69 m,下悬重球 28 kg.设其振幅为 5.0°,求其周期和振动的总能量,重球最低处势能为零.

9.3.2 弹簧下面悬挂质量为 50 g 的物体,物体沿竖直方向的运动学方程为 $x=2\sin 10t$,平衡位置为势能零点(时间单位为 s,长度单位为 cm).(1) 求弹簧的弹性系数;(2) 求最大动能;(3) 求总能.

9.3.3 若单摆的振幅为 θ_0,试证明悬线所受的最大拉力等于 $mg(3-2\cos\theta_0)$.

9.4.1 在电子示波器中,由于互相垂直的电场的作用,使电子在荧光屏上的位移为

$$x=A\cos\omega t,$$
$$y=A\cos(\omega t+\alpha).$$

求出 $\alpha=0$、$\frac{\pi}{3}$、$\frac{\pi}{2}$时的轨迹方程并画图表示.

9.6.1 某阻尼振动的振幅经过一个周期后减为原来的$\frac{1}{3}$,问振动频率比振动系统的固有频率少几分之几?(欠阻尼状态)

9.6.2 阻尼振动起初振幅 $A_0=3$ cm,经过 $t=10$ s 后振幅变为 $A_1=1$ cm,问经过多长时间,振幅将变为 $A_2=0.3$ cm?(欠阻尼状态)

9.7.1 某受迫振动与驱动力同相位,求驱动力的频率.

第十章　波动和声

“常常是(水)波离开了它产生的地方，而那里的水并不离开；就像风吹过庄稼地形成波浪，在那里我们看到波动穿越田野而去，而庄稼仍在原地”.①

——达·芬奇(L. da Vinci，1452—1519)

质点或质点系的运动传递能量和动量.波动则是另一种传递能量和动量的过程.

人类很早就享有音乐艺术.研究乐器发声的道理便涉及自然科学.传说毕达哥拉斯曾注意打铁发出的声音和铁锤的重量有关.伽利略曾谈及音调取决于单位时间的振动数.克拉尼(E.F.F. Chladni，1756—1827)曾用实验方法研究了弦、杆和板的振动.亥姆霍兹在和声理论方面有重要贡献，他指出，空气的周期运动在耳中所激发的全部感觉，称为乐音，这种乐音是复合的，包括一系列不同的音.我国古代在声学的研究方面有相当的成就，例如古代的各种乐器和乐律，具有很高的水平.

乐音仅是声波的特殊情况，作为研究自然界基本规律的物理学，需要对机械波做全面的研究.在这方面做出开拓性工作的有托马斯·杨于1800年发表的关于声波的干涉原理的研究，以及韦伯兄弟(W.Weber & E.H. Weber)于1825年出版的《波动论》.②瑞利(Lord Rayleigh，1842—1919)在振动和声学方面有显著成就，他的《声学理论》至今仍是一本名著.

声波是非常重要的一类机械波.频率在20 Hz～20 kHz之间，能引起人类听到声音感觉的，叫可闻声波；频率低于20 Hz的叫次声波；频率在20 kHz以上的叫超声波.有许多动物的听觉很敏感，例如狗可听到35 kHz的声音.

20世纪，机械波的研究有多方面的发展.从弹性到非弹性波，从超声波到可闻声波到次声波，从乐音到噪音，从研究声波本身到声波与物质的相互作用，均成体系，出现水声学和声呐、语言声学、建筑声学、超声医学和噪声控制等许多领域.中国水声事业的奠基人汪德昭院士(1905—1998)曾研究气体中大小离子平衡，后来研究水声学，开创了我国水声学研究的新局面，发现超声波的反常吸收.国际著名声学家马大猷(1915—2012)院士为中国空气声学发展做出了开创性工作，尤其是在环境声学方面.他曾领导人民大会堂的音质设计，还领导了我国语言声学的研究，在噪声方面取得了

---

①　转引自Halliday D，Resnick R. Fundamentals of Physics (3rd. Edition Extended.). New York：John Wiley & Sons，1988：392.

②　弗·卡约里.物理学史.戴念祖译，范岱年校.呼和浩特：内蒙古人民出版社，1981：270.

杰出成就.

在 20 世纪,人类对波的认识发生了重大变革.经典物理认为,粒子和波是油水不相溶的.自爱因斯坦于 1905 年提出光子概念,以及后来量子力学诞生以来,人类才认识到粒子和光都既有粒子性,又有波动性.

在晶体中,原子在晶格规则排列并围绕平衡位置振动,振动以波的形式传播.引入量子力学后,晶格振动的能量也成为量子化的.与光量子相似,晶格振动的量子称声子.光遇物质而发生散射可视作光子和粒子发生碰撞.与此类似,晶格内波动在晶体中散射亦可视为声子与原子或分子的碰撞.

§10.1 波的基本概念

(一) 波是振动状态的传播

从本章开头达·芬奇关于波的描述中可知,500 年前人类已认识了波的基本特征:传播波的介质的体元仅在原地附近运动,而运动状态在空间传播.当然,麦浪并非我们要研究的波动,我们关心的波动并不需要外力——风力去依次推动各体元的运动.机械运动靠介质内部机制的传播即机械波.在弹性介质中可传播弹性波.水中声波与水的压缩弹性有关,是弹性波;而水的表面波源于水的表面张力、重力等诸因素,是非弹性波.

在经典力学中,运动状态用物理量描述,于是把位移的变化在空间的传播称作位移波.当声波在气体中传播时,各部分气体的压强将发生变化,将出现压强变化的传播,称为压强波.位移等是矢量,故称位移波等为矢量波,压强波等则称为标量波.

每个人都有薄膜状的耳鼓,它将中耳与外耳分开,耳鼓能够随周围的声波同步振荡.1953 年 10 月,一架北美的飞机进行超声速飞行实验,发出的巨响破坏了机场建筑的窗子.1958 年,几位美国医生曾报道,利用超声束聚焦于脑中杀伤有病的神经元,而其余部分则保持完好.听到声音、破坏窗子和杀伤病态组织,它们表明波既是动量传播的过程又是能量传播的过程.粒子运动同样可以传递动量和能量.在这一点上,波与粒子相似,但动量、能量传播的过程不同.子弹凭借其动量能射入目标,但听到提琴的声音并非提琴弦边的空气刺激耳鼓,刺激耳鼓的是原来就在耳边的空气,它因波的传播而振动.

(二) 多种多样的波

我们可以按不同方式对波分类.如按介质内质元振动方向与波传播方向的关系分类,则最基本的有横波和纵波.波传播时,介质的每个体元均在自己的平衡位置附近振动.若介质中各体元振动的方向与波传播的方向垂直,叫作横波.其中一种典型是具有剪切弹性的固体中的横波,如图 10.1(a)所示.将介质分成许多体元,它们沿竖直方向振动,而波向右传播，体元相继发生剪切变形.另一种典型是张紧绳上的横波，如图 10.1(b)所示.原来处于平衡位置的体元 P 在两侧绳内张力合力的作用下离开平衡位置.离开平衡位置的体元 P'在两侧张力合力的作用下产生指向平衡位置的加速度.可见，张紧柔软绳上的横波是因绳内存在张力而传播的.

若介质中各体元振动的方向和波传播的方向平行，叫纵波.这时，介质内诸体元时而靠近、时而远离，如图 10.2 所示.纵波在具有拉伸压缩弹性或有膨胀压缩体变弹性的介质中传播.

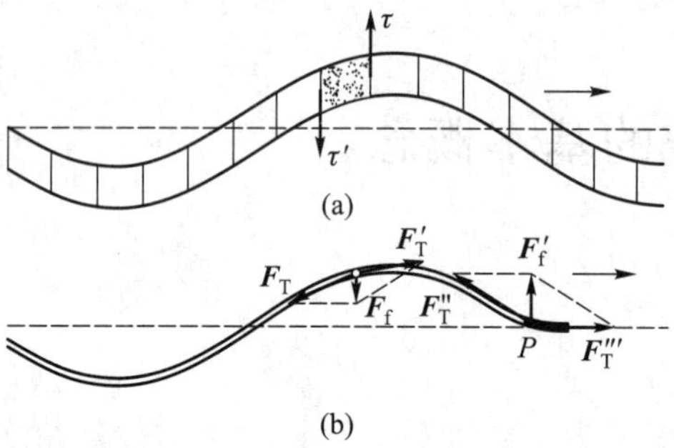

τ 和 τ'表示切应力.$\boldsymbol{F}_T$、$\boldsymbol{F}'_T$、$\boldsymbol{F}''_T$ 和 $\boldsymbol{F}'''_T$ 表示绳内张力

图 10.1 (a)、(b)是横波的两个典型例子

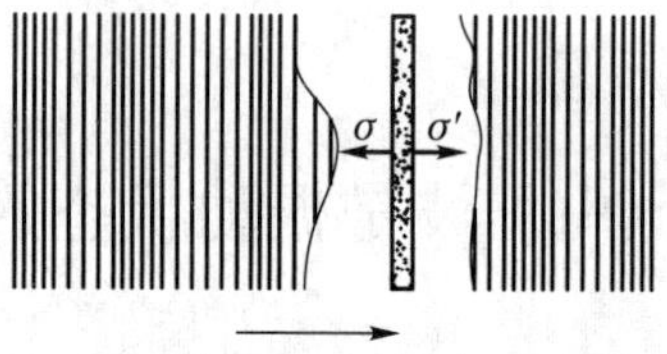

σ 和 σ'表示介质体元与波传播方向垂直的表面上受正应力的作用

图 10.2 纵波的传播

固体内部可以产生切应力和拉伸压缩应力，从而可传播横波和纵波.液体和气体具有体积压缩弹性，可传播弹性纵波.空气中的声波是典型的纵波.液体和气体不具备剪切弹性，不能传播横波.这些性质被地质学家用来推断地球内部的结构.地球核心即内核为固态，其外部有外核，为熔融的液态，纵波能穿过外核但横波不能，横波在固、液态界面上反射，证明熔融层的存在.

在两种介质的界面上还可传播表面波.例如水面波传播时，水的微团沿圆或椭圆轨道运动。如图 10.3 所示，箭头表示某一时刻各个水微团相对其自身平衡位置的位置矢量，将各矢端连起来即显出波形.随着每个水微团的运动，位置矢量绕平衡位置旋转，沿波传播方向相继落后一定角度.水面波是由于水面表面张力和重力作用的结果，并非弹性波.表面波亦可存在于固体表面.地震波包含纵波、横波，以及沿地球表面的波，给建筑带来危害的主要是表面波.

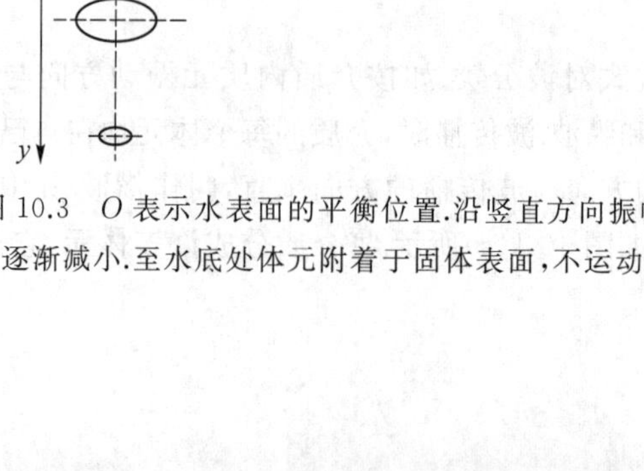

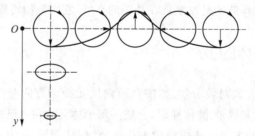

图 10.3 O 表示水表面的平衡位置.沿竖直方向振幅逐渐减小.至水底处体元附着于固体表面，不运动

(三) 平面波与球面波

波传播时，离波源较远的体元比近的体元相继有一定的相位落后，同相位各点所组成的面叫作波面(这里同相位指相位差为零).离波源最远亦即“最前方”的波面叫作波前.在均匀且各向同性介质中，波的传播方向垂直于波前.这时，与波面垂直且表明波传播方向的线叫波射线.

可按波前的形状对波进行另一种分类.如波前为平面，叫平面波，平面波的波射线是互相平行的直线，如图 10.4(a)所示.若波源为各点振动状态相同的平面，而我们所关心的又是离波源不远处波的传播，则可将波看作是平面波.管中的声波也可以看作是平面波.如果波前为球面，叫作球面波.点波源在均匀和各向同性介质中发出的波是球面波.球面波的波射线是相交于点波源的直线，如图 10.4(b)所示.其实，理想的点波源是不存在的，但若观察离波源较远处的波动且无障碍物，则可将波源视为点波源，并将波视作球面波.可见，平面波和球面波都是真实波动的理想近似.

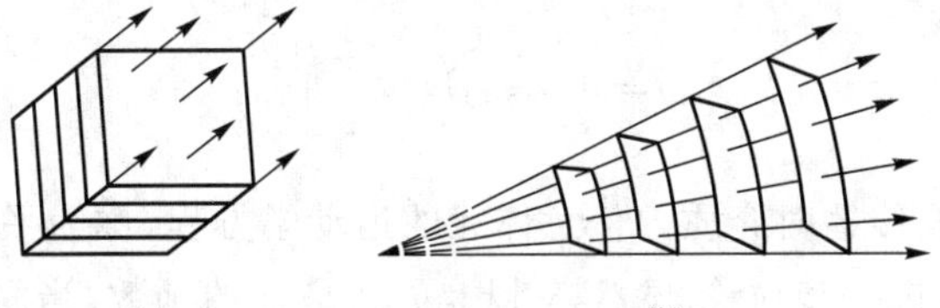

图 10.4 波面和波射线

§10.2 平面简谐波方程

平面波传播时，若介质中体元均按余弦(或正弦)规律运动，叫平面简谐波，是最基本的波动形式.一些复杂的波可视为平面简谐波的叠加.有平面简谐波传播的介质中的体元并非做简谐振动.有些书中直接称简谐波为余弦波或正弦波.下面，我们从运动学角度研究平面简谐波.

(一) 平面简谐波方程

在有平面简谐波传播的介质中，虽然各体元都按余弦(或正弦)规律运动，但同一时刻各体元的运动状态却不尽相同.只有定量地描述出每个体元的运动状态，才算解决了平面简谐波的运动学问题.

设一列平面简谐波沿 x 轴正向传播，为简单起见，选坐标原点 $x=0$ 处的体元相位为零的时刻为计时起点，即该体元的初相位为零.于是，$x=0$ 处体元的运动学方程为

$$y = A\cos \omega t,$$

其中 y 为体元距平衡位置的位移,A 为振幅,ω 为圆频率,即波源的振幅和频率.波是振动状态的传播,故 $x=0$ 处体元的振动状态,经时间 $\Delta t = \frac{x}{v}$ 传到位于 x 处的体元.v 是振动状态传播的速度,称为波速.因波动的特点是沿波传播方向各体元相位不同即相继有一定相位落后,振动状态的传播即相位的传播,故波速也称相速.在 t 时刻,位于 x 处的体元的振动状态应与 $\left(t-\frac{x}{v}\right)$ 时刻 $x=0$ 处体元的振动状态一样.这样,x 处体元的运动学方程为

$$y = A\cos \omega\left(t-\frac{x}{v}\right). \tag{10.2.1}$$

因为 x 是沿波传播方向任一体元的平衡位置的坐标,所以(10.2.1)式可描述波传播的介质中任一体元的运动.若平面简谐波逆 x 轴传播,仅需将上式中负号改为正号.于是有

$$y = A\cos \omega\left(t \mp \frac{x}{v}\right), \tag{10.2.2}$$

该式给出平面简谐波传播时介质内任意体元的运动学方程,称为平面简谐波方程.

现就(10.2.1)式进一步讨论.显然,y 既是 t 又是 x 的函数,当固定 $x=x_0$ 时,上式描述位于 x_0 处的体元随时间做周期运动,而 $-\omega\frac{x_0}{v}$ 为振动的初相位.这体现了平面简谐波具有对时间的周期性.另一方面,取定 $t=t_0$,则上式描述特定时刻 t_0 各不同体元的位移,可看出各体元位移的分布具有空间周期性.

平衡位置在 x_0 的体元振动的时间周期性显然可用周期 T 和频率 ν 表示,且

$$\omega = 2\pi/T, \quad \omega = 2\pi\nu. \tag{10.2.3}$$

值得注意的是,这不意味各体元做简谐振动,因 ω 并非取决于振动系统本身的性质而取决于波源的频率.

下面,我们再谈各体元位移分布的空间周期性.设时间取定为 $t=t_0$,不同 x 处体元的位移分布为

$$y = A\cos \omega\left(t_0-\frac{x}{v}\right), \tag{10.2.4}$$

沿波传播方向各点的振动相位相继落后,但相隔一定距离的点却以同样步调运动.讨论波动时,两点同步调运动,称为两点同相位.沿波传播方向相邻同相位两点间的距离叫简谐波的波长,用字母 λ 表示.相距为 λ 的两点同相位实际意味它们的相位差为 2π.根据(10.2.4)式,有

$$\omega\left(t_0-\frac{x}{v}\right) = \omega\left(t_0-\frac{x+\lambda}{v}\right)+2\pi,$$

由此式得

$$\frac{\omega\lambda}{v}=2\pi.$$

定义

$$k=\frac{\omega}{v},\tag{10.2.5}$$

有

$$k=\frac{2\pi}{\lambda}.\tag{10.2.6}$$

$\frac{1}{\lambda}$表示单位长度上波的数目，即单位长度上波形图中曲线周期往复的数目；$k=\frac{2\pi}{\lambda}$与$\frac{1}{\lambda}$仅差一个常数 2π，故 k 表示 2π 长度上波的数目，k 常称为波数. k 和 λ 都描述平面简谐波的空间周期性.(10.2.5)式将时间周期性和空间周期性联系在一起了.由该式利用 $k=\frac{2\pi}{\lambda}$和 $\omega=2\pi\nu$ 得

$$v=\lambda\nu.\tag{10.2.7}$$

这是更为常见的反映波的空间周期性与时间周期性关系的公式.

平面简谐波的时间、空间周期性分别用图 10.5(a)中振动的位移-时间图线与(b)中的波形图表示.振动图线提供了一套特定体元振动过程的“影片”，波形图则展示某瞬时介质各不同体元相对于平衡位置位移的“照片”.

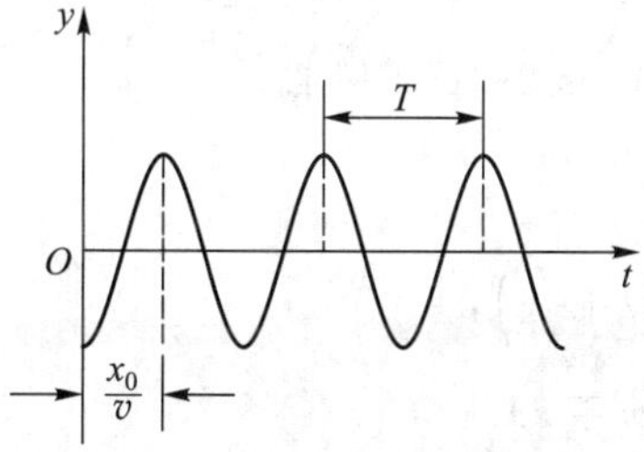

(a) 位于x_0体元振动的位移时间曲线

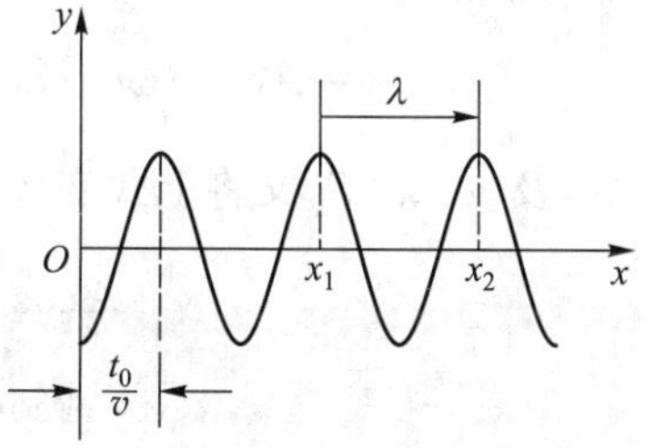

(b) 波形图

图 10.5

波形图不仅能用各点的纵坐标从数量上给出各体元的位移，若取 y 轴的刻度与实际尺寸完全一致，曲线上各点的位置正好反映了各体元的真实位置.对于纵波，由于体元沿 x 轴运动，虽然曲线上诸点的纵坐标仍能表示体元的位移，但曲线上各点并不代表体元的位置.不过很容易从波形图找到纵波传播时体元的瞬时位置.如图 10.6(a)所示，根据波形曲线可知平衡位置在 $x=a$ 点的体元位移为 y_a，因 y_a 为正，故以 a 为圆心，以 y_a 为半径朝 x 正方向画圆，交 x 轴于 a'点，a'即平衡位置在 a 处的体元发生位移后的位置；同理可画出 b 点发生位移 y_b 后的位置 b'.按这种方法可画出许多体元的相应位置.如图 10.6(b)所示，纵波特征为介质密度做疏密相间的分布.可见，平面简谐波不仅适用于横波，也适用于纵波.

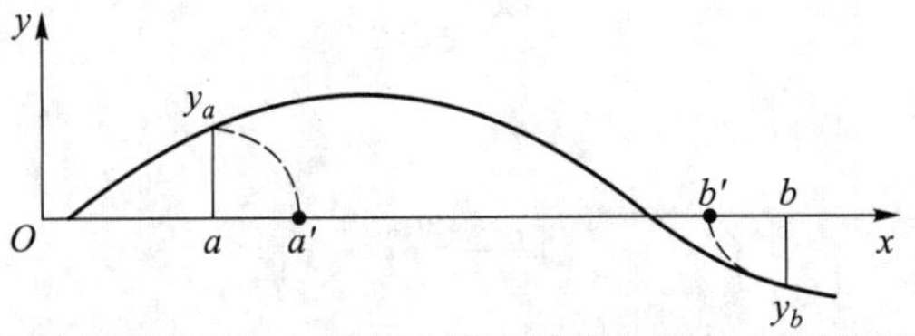

(a) 已知波形图即可以a、b为圆心所画之圆与x轴交点找出体元位置

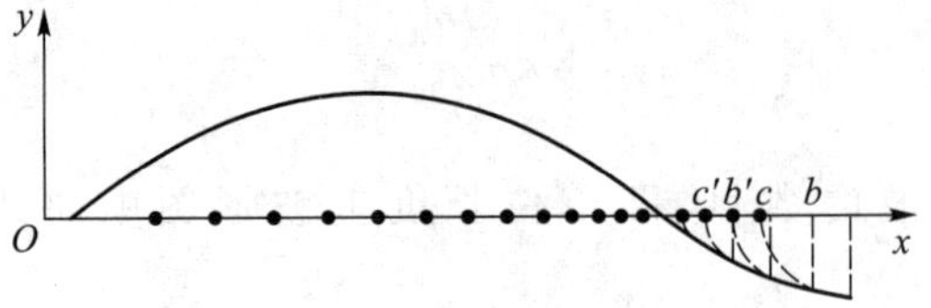

(b) 已知诸体元位置亦可画出波形图

图 10.6

(二) 平面简谐波方程的多种形式

应用波长、频率、周期等物理量之间的关系，可将平面简谐波方程表示为其他形式.利用(10.2.5)式得平面简谐波方程：

$$y=A\cos(\omega t\mp kx).\qquad(10.2.8)$$

如利用 $\omega=2\pi\nu$ 和 $k=2\pi/\lambda$，得

$$y=A\cos(\omega t\mp kx)=A\cos 2\pi\left(\nu t\mp\frac{x}{\lambda}\right).\qquad(10.2.9)$$

再利用 $v=\lambda\nu$，及 $v=\lambda/T$，又将上式变成

$$y=A\cos 2\pi\nu\left(t\mp\frac{x}{v}\right),\qquad(10.2.10)$$

$$y=A\cos k(vt\mp x).\qquad(10.2.11)$$

在更为一般的情况下，位于坐标原点处体元的初相位不为零，设此体元的运动学方程为

$$y=A\cos(\omega t+\varphi),$$

φ 为原点的初相位.则平面简谐波方程将变为

$$y=A\cos(\omega t\mp kx+\varphi),\qquad(10.2.12)$$

这是平面简谐波方程更为一般的形式.不过，若条件允许，总可以适当选择坐标原点或计时起点，将(10.2.12)式化简为如(10.2.8)式等最简形式.

[例题 1] 平面简谐波方程为

$$y=A\cos\left[2\pi\nu\left(t-\frac{x}{v}\right)+\frac{\pi}{3}\right].$$

如何将此方程化成最简形式？

[解] 移动坐标原点或改变计时起点都可使原点初相位为零.

(1) 移动坐标原点

选在计时起点瞬时，相位为零的一个体元为新的坐标原点．对新原点平衡位置为 x' 的某体元在 t 时刻的相位为 $2\pi\nu\left(t-\frac{x'}{v}\right)$，此体元对旧坐标原点其平衡位置坐标为 x，在 t 时刻的相位为 $2\pi\nu\left(t-\frac{x}{v}\right)+\frac{\pi}{3}$．这是用两种坐标描写同一体元的运动状态，所以

$$2\pi\nu\left(t-\frac{x'}{v}\right)=2\pi\nu\left(t-\frac{x}{v}\right)+\frac{\pi}{3},$$

由此得

$$x'=x-\frac{1}{6}\lambda.$$

表明坐标原点应沿 x 轴正向移动 $\frac{1}{6}\lambda$．

(2) 改变计时起点

设相对于原来计时起点的某时刻为 t，相对于新计时起点此时刻为 t'，且新计时起点可使原点初相位为零，则

$$2\pi\nu\left(t'-\frac{x}{v}\right)=2\pi\nu\left(t-\frac{x}{v}\right)+\frac{\pi}{3},$$

由此可得

$$t'=t+\frac{T}{6}.$$

表明计时起点应向前移六分之一周期．

§ 10.3　波动方程与波速

仅从运动学角度研究波还不够，只有对波做动力学分析才能看到波传播的机制并能进一步研究波动．

(一) 波动方程

从动力学角度研究均匀各向同性弹性介质中振动的传播时，假设振幅是微小的，介质各部分的形变也是微小的，且设传播中振幅不衰减．方法是大家熟悉的：即在介质中取出体元，分析受力情况和应用动力学规律．以下仅以平面横波为例讨论．

图 10.7 表示横波某瞬时的波形图，取位于 x、$x+\Delta x$ 处两波面所围体元为隔离体．体元两侧受剪切力 F_x 和 $F_{x+\Delta x}$ 作用，相比之下，重力可不计．体元发生剪切形变，切应变为 $\lim\limits_{\Delta x\to 0}\frac{\Delta y}{\Delta x}=\frac{\mathrm{d}y}{\mathrm{d}x}$．用 S 表示体元的横截面积，根据胡克定律有

$$\frac{F_x}{S}=\left.\frac{\mathrm{d}y}{\mathrm{d}x}\right|_x G,$$

G 为切变模量．$\left.\frac{\mathrm{d}y}{\mathrm{d}x}\right|_x$ 的下标 x 表示在 x 处的 $\frac{\mathrm{d}y}{\mathrm{d}x}$ 值．

体元的纵坐标是 x 和 t 的函数．现在讨论某瞬时的情况，将 t 视为定值．上式可写

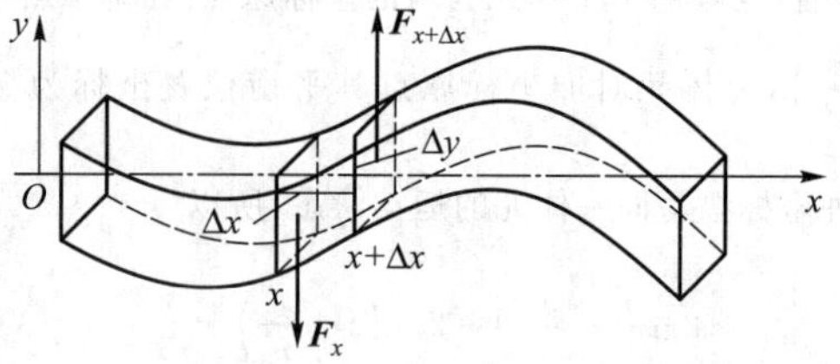

图 10.7 当波传播时,介质内某体元的受力和形变

成偏导数形式:

$$\frac{F_x}{S}=\frac{\partial y(x,t)}{\partial x}\bigg|_x G.$$

同理也可自 $x+\Delta x$ 处得

$$\frac{F_{x+\Delta x}}{S}=\frac{\partial y(x,t)}{\partial x}\bigg|_{x+\Delta x} G.$$

体元所受合外力为

$$F_{x+\Delta x}-F_x=\left[\frac{\partial y(x,t)}{\partial x}\bigg|_{x+\Delta x}-\frac{\partial y(x,t)}{\partial x}\bigg|_x\right]GS.$$

方括号内为函数$\frac{\partial y(x,t)}{\partial x}$在 Δx 上的增量.若不计高阶无穷小,有

$$\frac{\partial y(x,t)}{\partial x}\bigg|_{x+\Delta x}-\frac{\partial y(x,t)}{\partial x}\bigg|_x=\frac{\partial^2 y(x,t)}{\partial x^2}\bigg|_x \Delta x.$$

代入上式得

$$F_{x+\Delta x}-F_x=\frac{\partial^2 y(x,t)}{\partial x^2}\bigg|_x \Delta x GS.$$

体积元在上述合外力作用下,加速度为$\frac{\partial^2 y(x,t)}{\partial t^2}$,故有

$$F_{x+\Delta x}-F_x=\Delta m\,\frac{\partial^2 y(x,t)}{\partial t^2}.$$

Δm 为体元质量,用 ρ 表示介质密度,因 $\Delta m=\rho S\Delta x$,由上两式得

$$\frac{\partial^2 y}{\partial t^2}=\frac{G}{\rho}\,\frac{\partial^2 y}{\partial x^2}, \tag{10.3.1}$$

此即弹性介质中横波的波动方程.

依照类似方法,可得固体内弹性平面纵波的波动方程为

$$\frac{\partial^2 y}{\partial t^2}=\frac{E}{\rho}\,\frac{\partial^2 y}{\partial x^2}, \tag{10.3.2}$$

式中 ρ 表示介质密度,E 为弹性模量.至于在张紧的柔软线绳上传播的横波的波动方程则为

$$\frac{\partial^2 y}{\partial t^2}=\frac{F_{\mathrm{T}}}{\rho_{线}}\,\frac{\partial^2 y}{\partial x^2} \tag{10.3.3}$$

F_{T} 为线绳所受张力,$\rho_{线}$ 为单位长度线绳的质量,称为线密度.

以上的波动方程均根据质点动力学方程得出，故波动方程即是关于波的动力学方程.该方程的未知函数为 $y(x,t)$，方程中 y 的两个偏导数都是以线性方式出现的，故本节讨论的波动方程是线性的.有些波动方程是非线性的.选读材料 10.1 是一个典型的例子.

(二) 波速、色散现象

波动方程给出了介质内体元的运动和受力的关系，反映了波动传播的机制，对应于经典力学的动力学方程.而波方程对应于运动学方程，故波方程是波动方程的解.平面简谐波为平面波的特例，故平面简谐波方程应为波动方程一个特殊的解.现对 $y=A\cos k(vt-x)$ 做偏导数运算：

$$\frac{\partial^2 y}{\partial t^2}=-Ak^2v^2\cos k(vt-x),\quad \frac{\partial^2 y}{\partial x^2}=-Ak^2\cos k(vt-x).$$

代入(10.3.1)式，即得波速

$$v_{横}=\sqrt{G/\rho}. \tag{10.3.4}$$

同理可得固体中弹性纵波的波速

$$v_{纵}=\sqrt{E/\rho}. \tag{10.3.5}$$

由此可知，固体中波速和介质弹性密切相关.现在有各种精确测量声速或测出固体的弹性模量和切变模量的方法.至于张紧软绳中横波波速则为

$$v_{绳}=\sqrt{F_T/\rho_{线}}. \tag{10.3.6}$$

流体中纵波的波速为

$$v_{流}=\sqrt{K/\rho}, \tag{10.3.7}$$

K 为流体的体积模量.在空气中传播声波，伴随介质的压缩膨胀，会引起温度变化和传热，故 K 与热过程有关.最初牛顿认为，声波传播为等温过程，得声速为

$$v_{气}=\sqrt{p/\rho}, \tag{10.3.8}$$

p 代表空气压强.1816 年，拉普拉斯提出波传播时，介质内体元时而压缩、时而膨胀，温度会改变，但来不及传热，因此声波传播为绝热过程，声速为

$$v_{气}=\sqrt{\gamma p/\rho}, \tag{10.3.9}$$

γ 称绝热指数，是描写气体热性质的物理量.用 $p=\rho RT/M$ 表示理想气体物态方程式，M、R 和 T 各表示气体的摩尔质量、摩尔气体常量和热力学温度.将它代入上式得

$$v_{气}=\sqrt{\gamma RT/M}. \tag{10.3.10}$$

可见，声速和温度有关，拉普拉斯的观点和实验符合得比较好.当声波传播气体压缩膨胀时，确乎来不及传热.实际上，绝热过程也是一种理想情况，应用时视具体情况在(10.3.10)式基础上做修正.表 10.1 给出某些波速实验值，L 和 T 分别表示纵波和横波.表中还列出的波阻(或声阻)，我们下节会讲.

表 10.1 波速和波阻[①]

介质	温度/℃	波速/($m \cdot s^{-1}$)	波阻/($N \cdot s \cdot m^{-3}$)
空气	0	331.45	429
氧气	0	316	452
氢气	0	1284	116
水	20	1483	1.48×10^6
水银	20	1451	19.6×10^6
液氦	−272.15	239	0.035×10^6
液氧	−183	909	1.04×10^6
血液		～1530	$\sim 1.62 \times 10^6$
肌肉		1545～1630	$1.65 \sim 1.74 \times 10^6$
骨骼		2700～4100	$3.2 \sim 7.4 \times 10^6$
铁		L：5950 T：3240	47.0×10^6
铝		L：6420 T：3040	17.3×10^6
火石玻璃		L：3980 T：2380	15.4×10^6

图 10.3 表示液体的表面波是重力和表面张力作用的结果.其波长为 λ 的波的波速为

$$v=\sqrt{\frac{g\lambda}{2\pi}+\frac{2\pi F_{表}}{\rho\lambda}}, \tag{10.3.11}$$

ρ 和 g 分别表示液体密度和重力加速度，$F_{表}$ 表示表面张力.上式适用于深水情况，即水深比波长大很多.这种情况的特点是：波速不仅与介质性质和状态有关，而且和波长从而和频率有关.这时，几列波在介质中传播，它们的频率不同，传播速度亦不同.这种现象叫**色散**，传播波的介质叫作**色散介质**. 水对表面波为色散介质.

现在又回到(10.3.11)式.若波长很长，则该式根号下第二项可不计，仅剩

$$v=\sqrt{\frac{g\lambda}{2\pi}}. \tag{10.3.12}$$

这时，重力远胜过表面张力的作用，称为重力波.

在河流中传播的浅水波的波速又与上式不同，其波速为

$$v=\sqrt{gh}, \tag{10.3.13}$$

g 和 h 分别代表重力加速度和水深.浅水波并无色散.关于波速的描述也说明了波的性质的多样性.

---

① 数据选自 Handbook of Chemistry and Physics，Cleveland：CRC Press，1974(55th ed.)以及 Kuttruff H. Ultrasonics－Fundamentals and Applications. London and New York：Elsevier Applied Science，1991.

§10.4 平均能流密度、声强与声压

(一) 介质中波的能量分布

一列波在弹性介质中传播时,各体元都在平衡位置附近振动,因而具有动能;同时,各体元发生形变,又有弹性势能.现以横波为例,研究某体元的动能、形变势能,以及总能量的变化规律.

在有简谐横波传播的介质内,取一个微小体元,根据平面简谐波方程可求出其振动速度

$$u=\frac{\partial y}{\partial t}=-\omega A\sin\omega\left(t-\frac{x}{v}\right).$$

设介质密度为 ρ,并用 $\mathrm{d}V$ 表示体元体积,则该体元动能为

$$\mathrm{d}E_{\mathrm{k}}=\frac{1}{2}\rho\mathrm{d}Vu^2=\frac{1}{2}\rho\mathrm{d}V\omega^2A^2\sin^2\omega\left(t-\frac{x}{v}\right). \tag{10.4.1}$$

参考图 10.8,体元切应变 $\psi=\frac{\partial y}{\partial x}$,体元剪切形变势能为

$$\begin{aligned}\mathrm{d}E_{\mathrm{p}}&=\frac{1}{2}G\mathrm{d}V\left(\frac{\partial y}{\partial x}\right)^2\\&=\frac{1}{2}G\mathrm{d}V\frac{A^2\omega^2}{v^2}\sin^2\omega\left(t-\frac{x}{v}\right).\end{aligned}$$

对于横波,$v_{横}=\sqrt{\frac{G}{\rho}}$,代入上式得

$$\mathrm{d}E_{\mathrm{p}}=\frac{1}{2}\rho\mathrm{d}V\omega^2A^2\sin^2\omega\left(t-\frac{x}{v}\right). \tag{10.4.2}$$

比较(10.4.1)式与(10.4.2)式可知,波动中某体元的动能和势能具有相同的数值,它们同时达到最大和最小.体元的总能量等于两者之和,即

$$\mathrm{d}E=\rho\mathrm{d}V\omega^2A^2\sin^2\omega\left(t-\frac{x}{v}\right), \tag{10.4.3}$$

亦为时间和空间坐标的函数.

图 10.8 直观显示体元的动能、势能,以及总能的变化规律.体元通过平衡位置时(如 B),形变最甚,而振动速度亦最大,故动能和势能都达到最大值;体元达到最大位移时(如 A),振动速度为零,且不发生形变,这时体元的动能和形变势能都等于零.

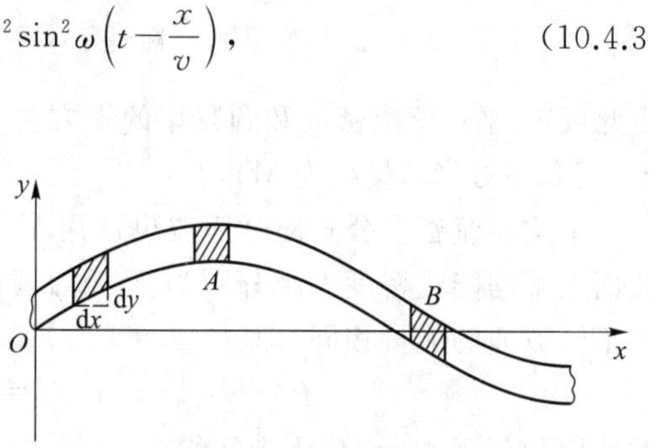

图 10.8 传播弹性横波介质中各体元形变情况

研究简谐振动的能量转化时，亦曾讨论势能，但那里的势能为振动质点和其他物体所共有，如弹簧振子的势能为质点和弹簧所共有，扭摆的势能为圆盘与金属丝所共有.波动过程中体元的势能与它们不同，它是因形变而为体元所有的.

单位体积介质所具有的能量叫能量密度，用 ε 表示，由(10.4.3)式可得

$$\varepsilon=\frac{\mathrm{d}E}{\mathrm{d}V}=\rho\omega^2A^2\sin^2\omega\left(t-\frac{x}{v}\right).$$

能量密度表示介质中能量的分布情况，从中可得在确定时刻介质中能量随各体元平衡位置 x 的周期分布，或对于介质中某确定体元其能量随时间 t 的变化.

现求能量密度在一个周期内的平均值，即平均能量密度为

$$\bar{\varepsilon}=\frac{1}{T}\int_0^T\rho\,\omega^2A^2\sin^2\omega\left(t-\frac{x}{v}\right)\mathrm{d}t.$$

因正弦函数平方在一个周期内的平均值为 $\frac{1}{2}$，故

$$\bar{\varepsilon}=\frac{1}{2}\rho\,\omega^2A^2, \tag{10.4.4}$$

即对于一定介质，各点能量密度对时间的平均值和角频率平方与振幅平方成正比.

(二) 平均能流密度

每个体元的能量由振动状态决定，而振动状态又以波速传播，所以能量也以波速传播.在某一波面上取一个面元 dS，则在一周期内，体积为 $vT\mathrm{d}S$ 的柱体内的能量均将流过该面元，流过的能量应等于 $\varepsilon vT\mathrm{d}S$，如图 10.9 所示.单位时间内通过单位面积的能量为

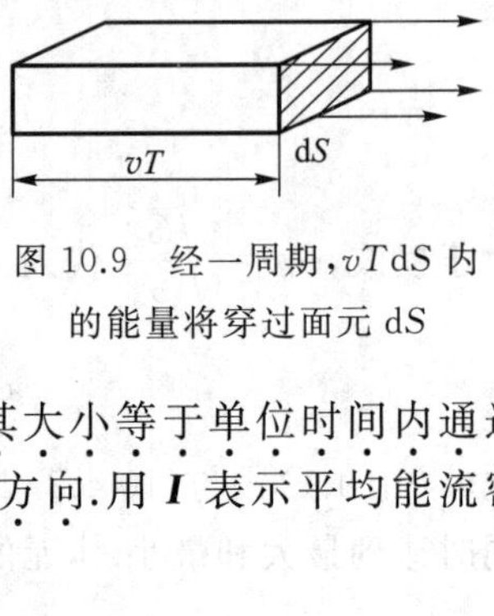

图 10.9 经一周期，$vT\mathrm{d}S$ 内的能量将穿过面元 dS

$$\frac{\varepsilon vT\mathrm{d}S}{T\mathrm{d}S}=\bar{\varepsilon}v.$$

现在引入平均能流密度.平均能流密度为一个矢量，其大小等于单位时间内通过与波传播方向垂直的单位面积的能量，其方向沿波传播方向.用 $\boldsymbol{I}$ 表示平均能流密度，则

$$\boldsymbol{I}=\bar{\varepsilon}\,\boldsymbol{v}=\frac{1}{2}\rho\,\omega^2A^2\,\boldsymbol{v}. \tag{10.4.5}$$

由此可知，平均能流密度和圆频率的平方及振幅的平方成正比.它的国际制单位为 W/m^2(瓦每平方米)，量纲为 MT^{-3}.

平均能流密度公式对球面波也适用.设球面波两波面的面积分别为 S_1 和 S_2，两波面上平均能流密度大小分别为 I_1 和 I_2，如不计介质吸收的能量，则单位时间内通过不同波面的能量相同，即

$$I_1S_1=I_2S_2.$$

球面面积等于 $4\pi r^2$，代入上式得

$$\frac{I_1}{I_2}=\frac{r_2^2}{r_1^2},$$

r_1 和 r_2 分别表示球面 S_1 和 S_2 的半径.此式说明,若不考虑介质吸收的能量,球面波平均能流密度和离波源距离的平方成反比.

用 A_1、A_2 表示波面 S_1、S_2 上的振幅,则

$$\frac{I_1}{I_2}=\frac{A_1^2}{A_2^2},$$

将此式代入前式得

$$\frac{A_1}{A_2}=\frac{r_2}{r_1},$$

即球面波各体元的振幅和该点到波源的距离成反比,故球面波可表示成

$$y=\frac{A'}{r}\cos\omega\left(t-\frac{r}{v}\right), \tag{10.4.6}$$

式中 A' 为常量,可根据某一波面上的振幅和该球面半径确定.上式当 $r=0$ 时没有意义.其实,r 很小时,不能认为波源是点波源,也不能将波看作球面波.

(三) 声强与声强级

声波平均能流密度的大小叫声强,声强对面积积分,则为单位时间内通过一定面积的声波能量,因具有功率的单位,又叫作声功率.声功率通常很小,一个人说话的声功率仅约 10^{-5} W,故一千万人同时说话,声功率也只有 100 W.人们发声所消耗的能量绝大部分均转化为其他形式,例如热运动的能量,用于发声的仅约 1%.大多数乐器的声功率则不超过所耗功率的 1‰.

人类能听到的声强范围很广.例如,刚好能听见的 1 000 Hz 声音的声强约 10^{-12} W/m^2,而能引起耳膜压迫痛感的声强高达 10 W/m^2.两者差 10^{13} 倍.比较相差这样多的声强不方便,于是引入声强级.取 10^{-12} W/m^2 的声强为标准声强,记作 I_0,声强 I 与标准声强 I_0 之比的对数称作声强 I 的声强级,记作 L_I:

$$L_I=\lg\frac{I}{I_0}[\text{贝尔}]=10\lg\frac{I}{I_0}[\text{分贝}]. \tag{10.4.7}$$

贝尔和分贝都是声强级的单位,符号分别为 B 和 dB,1 dB=10^{-1} B.

声强按公比为 10 的等比级数增长时,声强级按等差级数增长,在计算上比较方便.另外,人耳对声音强弱的主观感觉称作响度.将响度与声强级联系在一起较方便.不过,并非声强级越高,人觉得越响.例如,一般正常年轻人会感到40 Hz、70 dB 的频率单一的纯音和 1 000 Hz、40 dB 的纯音一样响.主观上感到响不响不仅和声强级还和频率有关.图 10.10 画出了等响度曲线.最下面的虚线叫听阈,低于此曲线的声音一般听不到.最上边的是痛阈,超过此曲线的声音会引起耳朵的疼痛感.

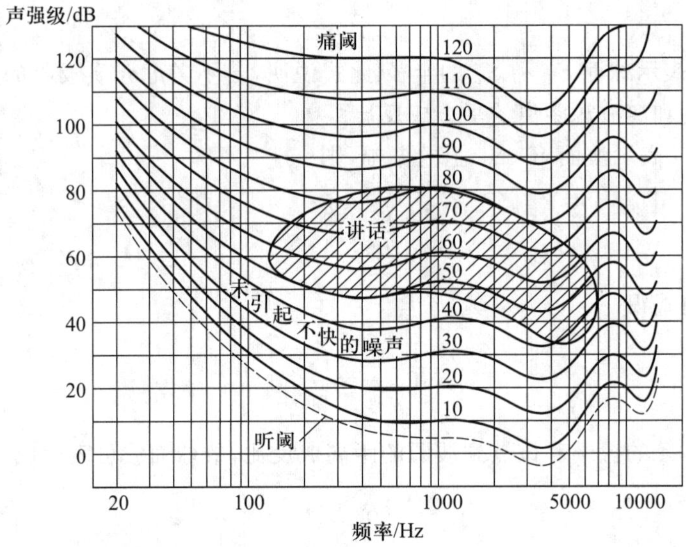

图 10.10 在无障碍的自由声场中传播纯音时，观察者面对声源的等响度曲线①

(四) 声压、声强和声压的关系

波不仅传播能量，还传播动量.动量变化率即等于力.伴随波的传播，还存在物理量压强的传播.耳朵能听到声音就是压强作用的结果.传播的压强还能用于"声控"以开关电路.

在有声波传播的空间，某一点在某一瞬时的压强 p 与没有声波时的压强 p_0 的差，叫作该点处该瞬时的声压，

$$dp = p - p_0. \tag{10.4.8}$$

声压 dp 可正可负，视瞬时压强高于或低于无声波时的压强而定.声压与压强具有相同的单位，微风吹过树叶发出的响声，声压约 10^{-6} bar(巴)，1 bar$=10^5$ Pa.人在房中大声讲话时，声压为 1 bar 左右.

我们利用波形图解释平面简谐波中声压的分布情况.图 10.11 表示沿 x 轴传播的平面简谐声波在某一瞬时的波形.首先，观察位移最大处相邻两个体元 a 和 b，按图 10.6 的方法，可找到它们的位置 a' 和 b'，因 $y_a \approx y_b$，故 $ab \approx a'b'$，表明此处气体既未压缩，也未膨胀.再以位移最小处相邻两体元 e、f 为例，e 处体元位移为零，体元 f 的位置在 f'，两个体元的平衡位置相距 ef，而发生位移后相距 ef'，$ef' > ef$，可见此处附近的气体膨胀.最后，观察另一最小位移处相邻体元 c 和 d，显然，这两个体元的平衡位置间的距离 cd 大于位移后的距离，此处介质发生了压缩.有声波传播的介质压缩或膨胀时近似于绝热过程.根据热力学绝热过程的规律，气体膨胀时压强减小，压缩时压强增

① Foreman, et al. Sound Analysis and Noise Control. New York: van Nostrand Reinhold, 1990: 20.按本文献图 10.10 中纵坐标为声压级，因其等于声强级，故按此标出.有兴趣的读者可参考选读 10.2.

大.因此图 10.11 中当介质体元处于最大位移时,声压为零;通过平衡位置时,声压取正或负最大.但当体元位移最大时,速度为零,经过平衡位置时,速度最大.可证明,声波沿 x 轴传播时,声压与体元速度同相位;逆 x 轴传播时,二者反相位.声压与体元速度有密切联系.

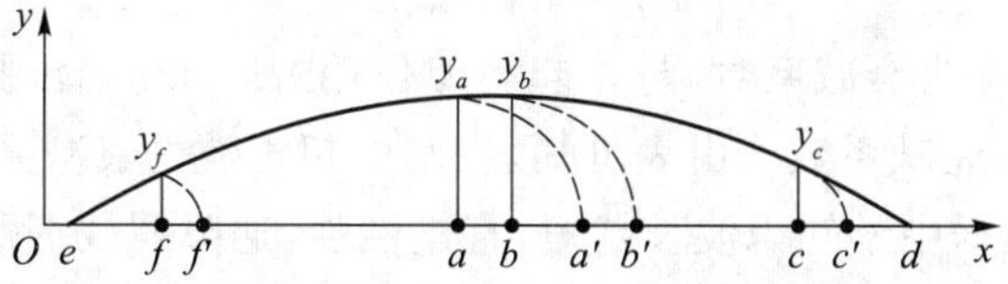

图 10.11 从波形图可找到纵波介质中诸质点的位置,并得知质点速度大处,声压绝对值亦大;质点速度为零处,声压亦为零

用 $y=A\cos\omega\left(t-\dfrac{x}{v}\right)$ 表示波方程,则体元速度 u 为

$$\begin{aligned} u &= -\omega A\sin\omega\left(t-\frac{x}{v}\right) \\ &= \omega A\cos\left[\omega\left(t-\frac{x}{v}\right)+\frac{\pi}{2}\right] \end{aligned}$$

理论上可证明①,若波沿 x 轴传播,声压与体元速度关系可用如下的**声压波方程**表示:

$$p=\rho v u=\rho v\omega A\cos\left[\omega\left(t-\frac{x}{v}\right)+\frac{\pi}{2}\right] \tag{10.4.9a}$$

$p_{\max}=\rho v\omega A$ 即声压幅;若波逆 x 轴传播,声压波方程为

$$p=-\rho v u. \tag{10.4.9b}$$

将 p 和 u 分别对比于电压和电流,ρv 相当于电阻,称为**波阻**或**声阻**,记作

$$Z=\rho v. \tag{10.4.10}$$

在国际单位制中,其单位为 $\mathrm{N\cdot s/m^3}$,量纲式为 $\mathrm{L^{-2}MT^{-1}}$.常见介质波阻见表 10.1.引入声阻后,声压波方程可表示为

$$p=uZ \quad 或 \quad p=-uZ. \tag{10.4.11}$$

参考声强公式(10.4.5)及声压幅,有

$$I=p_{\max}^2/2Z, \tag{10.4.12}$$

此为声强和声压的关系式.根据此式即可通过测声压来研究声强或平均能流密度.

(五)声波的衰减、超声波的优势

在声波传播时,能流密度和声压幅将衰减.首先,如(10.4.6)式所示,球面波因波射线发散而波面增大,有限能流在越来越大的面积上分布,故声强、声压幅均衰减.另一方面,即使对平面波,部分能量也会被介质吸收,转变为热运动能量,声强亦逐步衰减,如下式所示:

① 见本章选读材料 10.2.

$$I_d = I e^{-\alpha d}. \tag{10.4.13}$$

式中 I 表示入射初始声强，I_d 为深入介质 d 距离处的声强，α 为衰减系数，与波的频率及介质性质有关.分别用 L_I 和 L_{Id} 表示开始入射和深入介质 d 距离处的声强级，则有

$$L_{Id} = L_I - \alpha_0 d, \tag{10.4.14}$$

L_I 单位取 dB，α_0 亦称为衰减系数，与 α 起类似作用.表 10.2 列出频率为 1 MHz 的超声波经过几种介质的衰减系数[①].由表可知，在水中超声波的衰减系数比在空气中小得多.超声波波长短，根据中学知识波长越短，直进性强，遇障碍物时易形成反射，可用于在水中探测或搜索鱼群，探测海深以致搜索水雷、潜艇等军事目标.从表中知，超声波在软组织和肌肉中衰减系数亦较小，故可用于探测体内病变.

表 10.2

介质	$\alpha_0/(\mathrm{dB\cdot cm^{-1}})$
空气	10
铝	0.02
骨骼	3～10
蓖麻油	1
肺	40
肌肉	1.5～2.5
一种有机玻璃*	2
软组织	0.3～1.5
水	0.002

* 甲基丙烯酸甲酯.

（六）波的反射和透射、半波损失

如图 10.12 所示，一列波自介质 1 垂直入射介质 2，在边界上形成反射和透射.为描述反射和透射现象，我们引入 γ 和 τ 分别表示**反射系数**和**透射系数**.γ 和 τ 均与介质 1 和 2 的波阻或声阻 Z_1 与 Z_2 有关.反射系数为

$$\gamma = \left(\frac{Z_1 - Z_2}{Z_1 + Z_2}\right)^2. \tag{10.4.15}$$

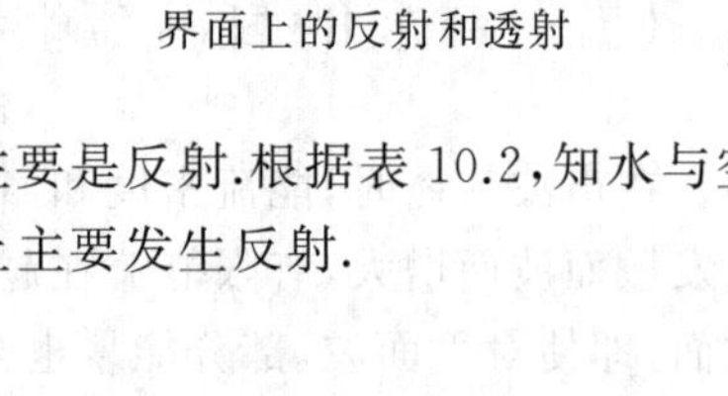

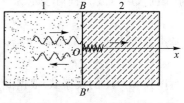

图 10.12 入射波在介质 1 和 2 的界面上的反射和透射

另外，$\tau = 1 - \gamma$.[②]由上可见，若两种介质波阻相差不多，则主要是透射；若两种介质波阻相差悬殊，则主要是反射.根据表 10.2，知水与空气或空气与固体介质间波阻相差悬殊，它们的界面上主要发生反射.

---

① 表 10.2 中数据取自 Wells, et al. Ultrasonics in Clinical Diagnosis. Edinburgh, London and New York: Churchill Livingstone, 1977.

② 马大猷.环境声学.北京:科学出版社,1992:22.

反射波与入射波在同一介质中传播，因频率波速不变，故波长相同；透射波与入射波虽然频率相同，但波速不同，故波长不同.

此外，在边界两侧介质，波阻大者和波阻小者分别称波密介质和波疏介质.可以证明①，波自波密介质射向波疏介质，反射波和入射波在边界处引起的分振动相位相同；若波自波疏介质射向波密介质，则反射波在边界处引起的分振动比入射波在此引起的分振动在相位上落后 π.波传播中相距半个波长的体元的振动相位才差 π，故上述现象称半波损失.如一金属丝上传播波，金属丝两端固定.在固定端处将发生半波损失.

［**例题 1**］ 如图 10.13 所示，沿 x 轴传播的平面简谐波方程为

$$y=10^{-3}\cos\left[200\pi\left(t-\frac{x}{200}\right)\right]$$

（x、y 的单位为 m；t 的单位为 s）.隔开两种介质的反射界面，A 与坐标原点 O 相距 2.25 m.设反射端两侧波阻相差悬殊且可视为固定端.求反射波方程.

［**解**］ 因两侧波阻相差悬殊，可认为反射波和入射波的振幅相同.

反射波的频率、振幅和波速均为已知，关键是求反射波原点的初相位 φ.入射波在 A 点比 O 点落后 $\varphi_1=2\pi\Delta/\lambda$，其中 $\Delta=2.25$ m.反射波在 O 点比 A 点落后

$$\varphi_2=\frac{\Delta}{\lambda}2\pi.$$

因在固定端反射，有半波损失，即在 A 点反射波比入射波落后 π.因此，反射波在坐标原点的相位比入射波在该点的相位落后

$$\varphi'=\varphi_1+\varphi_2+\pi=2\frac{\Delta}{\lambda}2\pi+\pi.$$

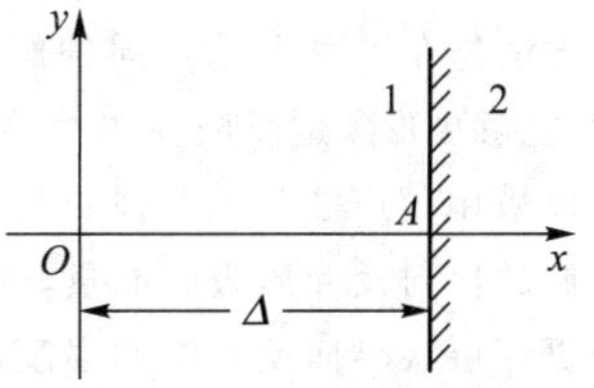

图 10.13 向右传播的波在界面形成反射

而根据已知条件入射波在坐标原点的初相位为零，故反射波在坐标原点的初相位应为

$$\varphi=0-\varphi'.$$

由波方程可知，$v=200$ m/s，$\nu=100$ Hz，故 $\lambda=\frac{200}{100}$ m$=2$ m，代入上式得

$$\varphi=-5.5\pi.$$

最后得反射波方程为

$$\begin{aligned}y'&=10^{-3}\cos\left[200\pi\left(t+\frac{x}{200}\right)-5.5\pi\right]\\&=10^{-3}\cos\left[200\pi\left(t+\frac{x}{200}\right)+\frac{\pi}{2}\right]\quad(\mathrm{m}).\end{aligned}$$

声波在山谷间的反射形成回声是常见现象.天坛回音壁利用声波反射则是我国古代建筑声学的重大成就.在夏天阳光照耀下，地面各处受热不均匀，空气各部分温度不同，声阻也不同，于是便连续地发生反射，声音难以传远.夜间，空气温度较均匀，反射损失少，噪音低，故“夜半钟声到客船”格外清晰.

由表 10.2 知，超声波在水中衰减慢；又因其波长短，遇到障碍物，易得到较好的反射波.若发出超声脉冲波，能达到较远的目标并反射回来②③.根据声速与发出和收回信号的时间间隔即可算出与

① 见本章选读材料 10.4.

② Richardson E G. Ultrasonic Physics. Amsterdam and New York: Elsevier Publishing Company, 1962.

③ Kuttruff H.Ultrasonics—Fundamentals and Applications. London and New York: Elsevier Applied Science, 1991:297—321.

目标的距离，再用其他措施测其方位，这种探测手段称作声呐(来自 sound navigation and ranging，缩写为 Sonar).法国物理学家朗之万(P.Langevin，1872—1946)在发明压电晶体、发出超声波、开拓声呐方面贡献很大.

蝙蝠依靠发出和接收反射声波发现障碍物保证其飞行.海豚则是利用水声探测和捕食的能手，它发出的超声定位信号通常为 $20\sim120\times10^3$ Hz.有报道称，有人利用经驯化的海豚搜索军事目标.

脉冲回声方法在医学诊断中的应用值得一提.早在20世纪40年代，就有德国医生运用超声探测颅脑，后来不断发展.如图10.14所示，换能器中的压电晶体将电脉冲转变为超声脉冲波，每个脉冲含若干次振荡，又称波列.超声波进入体内.因体内各组织、器官有不同的声阻，于是超声波即在边界处反射.这些回声为换能器所接受.图10.14曲线表示示波器屏幕上显示各界面反射脉冲的振幅，反射脉冲反映病变的信息，如图10.14(a)所示.另一种方法是在屏幕上用不同的辉度显示各反射脉冲的强度，能够更形象地反映体内病变，如图10.14(b)所示.之所以采用超声波是因其波长短、直进性强、分辨率高.由于波的反射及介质吸收能量，透射波将逐步削弱从而影响更深层次界面反射波的强度，为此超声诊断仪中需采用补偿措施.

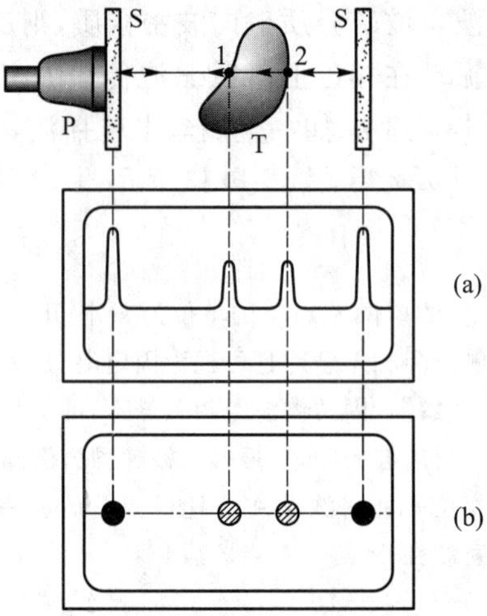

图 10.14 利用脉冲回声进行医学诊断

§10.5 波的叠加和干涉、驻波

(一) 波的叠加、群速

几列波同时在介质中传播，不管它们是否相遇，都各自以原有的振幅、波长和频率独立传播，彼此互不影响.例如，房间里人们在交谈，同时播放音乐，但决不会因此改变说话人的声音；同样，人也不会由于旁边有人说话而使音乐旋律发生变化.

两列波互相独立的传播，在两波相遇处体元的位移等于各列波单独传播时在该处引起的位移的矢量和，叫作波的叠加原理.这一原理最初是从实验和观察总结出来的.

现从理论上解释叠加原理.波动方程(10.3.1)为线性方程.线性方程有一特点，即若 y_1 和 y_2 分别是它的解，则 y_1+y_2 也是方程的解.这一点很容易看出：将波动方程写作$\frac{\partial^2 y}{\partial t^2}=a^2\frac{\partial^2 y}{\partial x^2}$，因 y_1 和 y_2 为其解，有恒等式

$$\frac{\partial^2 y_1}{\partial t^2}\equiv a^2\frac{\partial^2 y_1}{\partial x^2},\quad \frac{\partial^2 y_2}{\partial t^2}\equiv a^2\frac{\partial^2 y_2}{\partial x^2}.$$

显然，进一步有恒等式

$$\frac{\partial^2 (y_1+y_2)}{\partial t^2}\equiv a^2\frac{\partial^2 (y_1+y_2)}{\partial x^2},$$

即 y_1+y_2 同样是方程的解，而 y_1+y_2 即两波的叠加.可见波的叠加原理和波动方程的线性有密切关系.

有关弹性波的波动方程是根据牛顿第二定律和关于物体弹性的胡克定律推导出来的.当形变很小时，胡克定律指出，应变为应力的线性函数，这时质点动力学方程为一个线性方程.如介质中振幅很大，以至于形变和应力之间不再有线性关系，则将得非线性波动方程，叠加原理就不再正确.

设有两列波[见图 10.15(a)].它们的角频率和波数分别为 $\omega\pm\Delta\omega$ 和 $k\pm\Delta k$，且 $|\Delta\omega|\ll\omega$ 和 $|\Delta k|\ll k$，即

$$y_1=A\cos\left[(\omega+\Delta\omega)t-(k+\Delta k)x\right],$$
$$y_2=A\cos\left[(\omega-\Delta\omega)t-(k-\Delta k)x\right].$$

二者叠加可得

$$y=2A\cos\left(\Delta\omega t-\Delta kx\right)\cdot\cos\left(\omega t+kx\right).$$

将乘号“·”前后分别考虑：右方表示高频(ω)的波动，左方可视为低频传播的振幅.叠加所得某瞬时波形，如图 10.15(b)所示，称高频波受到低频波的调制.(b)图中包络线的传播叫作**波包**.波包向前传播的速率称为群速，根据(10.2.5)式，群速 $v_{群}$ 为

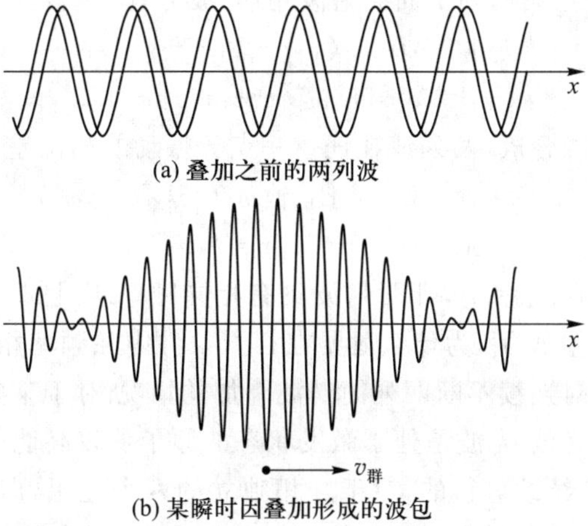

(a) 叠加之前的两列波

(b) 某瞬时因叠加形成的波包

图 10.15

$$v_{群}=\frac{\Delta\omega}{\Delta k}$$

至于高频波向前传播的速度则应为 $v=\dfrac{\omega}{k}$，即相速.若波在无色散介质中传播，则有

$$\frac{\omega+\Delta\omega}{k+\Delta k}=\frac{\omega-\Delta\omega}{k-\Delta k},$$

得

$$\frac{\Delta\omega}{\Delta k}=\frac{\omega}{k}.$$

故没有色散时群速等于相速，有色散时则二者不等.波包因色散而改变形状.根据(10.4.4)式，平均能量密度与振幅相关，故波包的能量以群速传播.上面的波包存在于

无限空间中.若以无限多种波数的波叠加,将能形成孤立的存在于有限区域的波包.

(二) 波的干涉

两列波在介质中传播且相遇,相遇处体元位移等于各分波引起位移的矢量和.如两列波满足一定条件,则两波相遇各空间点的合振动能各自保持恒定振幅而不同位置各点以大小不同的合振幅振动,这现象称为波的干涉.光波干涉表现为空间各点光的强弱不同而形成明暗相间的花纹.

能发生干涉的两列波必须满足下面的条件:第一,两列波具有相同的振动方向;第二,两列波有相同的频率;第三,两波在空间每一点引起的分振动都具有固定的相位差.同频率、同方向正弦或余弦振动的合运动仍为正弦或余弦振动,合振动的振幅由分振动振幅及相位差决定.若两个分振动同相位,则合振幅为分振幅之和;若两个分振动反相,则合振幅为分振幅之差.总之,当两列波振动方向相同、频率相同且在各空间点保持固定的相位差,才能实现干涉现象所要求的空间各点振动的强弱具有确定的分布.形成波的干涉现象的两列波叫作相干波.形成波的干涉的条件叫作相干条件.现对相干条件再做一些讨论.设两列平面简谐波相遇,波方程分别是

$$y_1=A_1\cos(\omega_1 t-k_1 x+\varphi_1),$$
$$y_2=A_2\cos(\omega_2 t-k_2 x'+\varphi_2).$$

两波相遇处发生振动的合成,两列波在任意一点分振动的相位差

$$\begin{aligned}\Delta&=\omega_1 t-k_1 x+\varphi_1-(\omega_2 t-k_2 x'+\varphi_2)\\&=(\omega_1-\omega_2)t-(k_1 x-k_2 x')+\varphi_1-\varphi_2.\end{aligned}$$

如欲 Δ 保持一定,必须 $\omega_1=\omega_2$,即两列波具有相同频率.从上式看来,似乎频率相同,便完全保证固定相位差 Δ 了,为什么还要在相干条件中除频率相同外,强调固定相位差呢? 上面公式仅针对连续不断两列简谐波叠加的情况.对于某些波源,例如光源,实际上不可能连续发出光波.光波是处于激发状态的原子从较高能级跃迁至较低能级时辐射出的波动,是断断续续进行的,对于互相独立的两个光源,即使频率相同,但发光的断断续续却完全处于无规则的状况,谈不上相互配合,不能保证固定的相位差.相互独立的两个光源,实际上不能形成干涉.为实现光的干涉,必须采取适当措施.有时简单地将两列波振动方向相同和有固定相位差作为相干条件,因为后者实际上已隐含了频率相同的条件.

(三) 驻波

振幅相同而传播方向相反的两列简谐相干波叠加得到的振动称为驻波.设一列波沿 x 轴正方向传播,另一列波沿 x 轴的负方向传播.选取共同的坐标原点和计时起点,使它们的波方程表示如下:

$$y_1=A\cos(\omega t-kx),$$
$$y_2=A\cos(\omega t+kx).$$

在两列波相遇处各体元的合位移应为

$$\begin{aligned} y &= A\cos(\omega t - kx) + A\cos(\omega t + kx) \\ &= (2A\cos kx)\cos \omega t. \end{aligned}$$

为讨论方便起见，代入 $k=\dfrac{2\pi}{\lambda}$，

$$y=\left(2A\cos \frac{2\pi}{\lambda}x\right)\cos \omega t, \tag{10.5.1}$$

这便是驻波方程.

下面讨论驻波的振动特点.(10.5.1)式中因子 $\cos \omega t$ 表明体元按余弦规律振动，前面因子绝对值 $\left|2A\cos \dfrac{2\pi}{\lambda}x\right|$ 表明各体元的振幅不同，且随 x 做周期性的变化.对于

$$x=0,\ \pm\frac{\lambda}{2},\pm\lambda,\pm\frac{3}{2}\lambda,\cdots$$

即

$$x=\pm\frac{i}{2}\lambda \quad (i=0,1,2,\cdots) \tag{10.5.2}$$

的各体元，其振幅等于 $\left|2A\cos \dfrac{2\pi}{\lambda}x\right|=2A$，即最大振幅，称为驻波的波腹；位于

$$x=\pm\frac{\lambda}{4},\pm\frac{3}{4}\lambda,\pm\frac{5}{4}\lambda,\cdots$$

即

$$x=\pm(2i+1)\frac{\lambda}{4} \quad (i=0,1,2,\cdots) \tag{10.5.3}$$

的各体元，其振幅等于 $\left|2A\cos \dfrac{2\pi}{\lambda}x\right|=0$，即振幅最小，称为驻波的波节.从(10.5.2)式及(10.5.3)式可知，相邻两波腹间或相邻两波节间的距离均为半波长，而相邻波节和波腹之间的距离则为 1/4 波长.

图 10.16 形象地显示了驻波的形成，图 10.16(a)和(b)分别表示传播方向相反的两列平面简谐波在相隔八分之一周期的几个时刻的波形，图 10.16(c)表示驻波的波形，字母 N 表示波节，A 则表示波腹.

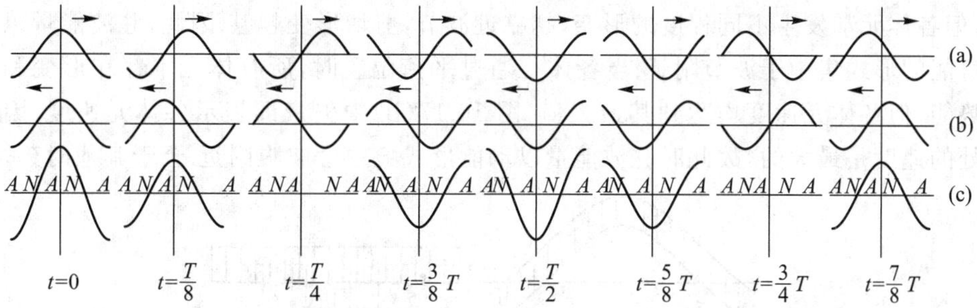

(a)和(b)分别表示振幅、频率、波速均相等但传播方向相反的两列波

(c)表示这两列波叠加形成驻波.A 和 N 分别表示波腹和波节

图 10.16

现在研究驻波各点振动的相位关系.首先讨论相邻波节之间各点的相位关系.根据(10.5.3)式,选择相邻波节的坐标

$$x_i=(2i+1)\frac{\lambda}{4}$$

和

$$x_{i+1}=(2i+3)\frac{\lambda}{4},$$

代入驻波方程的振幅因子 $2A\cos\frac{2\pi}{\lambda}x$ 中,得

$$\frac{2\pi}{\lambda}x_i=i\pi+\frac{\pi}{2}\quad 和\quad \frac{2\pi}{\lambda}x_{i+1}=i\pi+\frac{3\pi}{2}.$$

由此可见,两波节之间各点的$\frac{2\pi}{\lambda}x$ 值不是属于第二、第三象限,就是属于第一、第四象限的,无论属于哪种情况,其余弦都同号,即在相邻波节之间,$2A\cos\frac{2\pi}{\lambda}x$ 符号不变。这表明位于相邻波节间各体元具有相同的相位.

再选择任意相邻两波腹 $x_i=\frac{i}{2}\lambda$ 和 $x_{i+1}=\frac{i+1}{2}\lambda$ 代入驻波方程(10.5.1)式中,得此两点之振动方程:

$$\begin{aligned}y_i&=[2A\cos i\pi]\cos\omega t,\\ y_{i+1}&=[2A\cos(i+1)\pi]\cos\omega t\\ &=[2A\cos i\pi]\cos(\omega t+\pi).\end{aligned}$$

可见,相邻两波腹的相位是相反的.考虑到相邻波节之间各点同相位,可得如下结论:波节两侧各体元的振动相位相反.总之,波节之间各体元将沿同一方向于同一时刻达到最大位移,沿同一方向,在同一时刻通过平衡位置,波节两侧各体元则沿相反方向运动,并于同一时刻分别到达正、负最大值.

形成驻波的相干波可以是纵波或横波,现就横波讨论驻波的能量,结论对纵波也适用.如图 10.17(a)所示,当两波节间体元达到最大位移时,各体元速度和动能均为零,但各体元却发生不同程度的形变,越靠近波节,剪切形变越甚.因此,驻波能量以形变势能的形式集中于波节附近.当各体元通过平衡位置时,所有体元不存在形变和形变势能,但各体元速度均达到其最大值,图 10.17(b)中矢量即表示各体元速度,因波腹处的速度是最大的,故此时驻波能量以动能形式集中于波腹附近.至于其他时刻,动

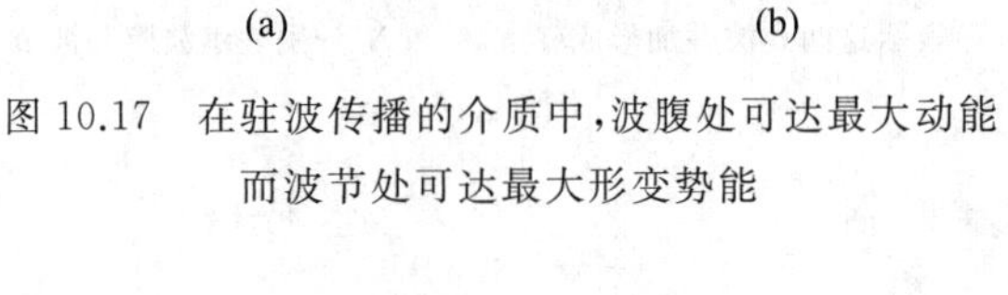

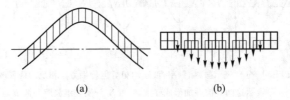

图 10.17 在驻波传播的介质中,波腹处可达最大动能
而波节处可达最大形变势能

能与势能并存.总之,驻波中不断进行着动能与势能之间的转换并在波腹与波节间转移,却没有能量的定向传播.

(四) 弦与空气柱的本征振动

对于两个相互独立的波源,保证它们具有相同的频率和固定的相位差十分困难.其实,经常见到的驻波常常是一列前进波与它在某一界面的反射波叠加而成的.

如某振动系统向周围介质辐射声波,便是一个声源.波在周围存在界面的介质中传播时,往往形成驻波.做驻波振动的物体往往也成为声源,例如钢琴、提琴、二胡等的弦、笙、笛和长号管中的空气柱等.这里仅举两例.

1. 弦振动

由于弦的两端都是固定的,入射波与反射波在该处引起的分振动因半波损失而反相位,所以只要形成驻波,两端必是波节,弦长 l 与波长 λ_n 应有如下关系:

$$\lambda_n=\frac{2l}{n}\quad(n=1,2,3,\cdots).\tag{10.5.4}$$

根据(10.3.6)式,在弦上传播横波的波速

$$v=\sqrt{\frac{F_{\mathrm{T}}}{\rho_{线}}},$$

根据 $v=\nu\lambda$ 及上面两式,得张紧的细弦的振动频率应由下式表示:

$$\nu_n=\frac{v}{\lambda_n}=\frac{n}{2l}\sqrt{\frac{F_{\mathrm{T}}}{\rho_{线}}}\quad(n=1,2,3,\cdots).\tag{10.5.5}$$

由此可见,并不是任何频率都可以在弦上形成驻波,它必须受到(10.5.4)式的限制.在弦上可以形成的驻波振动叫作弦的固有振动或本征振动,它们的频率叫作弦的固有频率或本征频率.由上式可知,弦的本征频率只能取间断数值.弦的固有频率除取决于弦长、张力和线密度外,还要由 n 决定.$n=1$ 时,频率最低,这一频率称为基频,它所对应的波称为基波.$n=2$、3……时的频率均为基频的整数倍,称为谐频,对应的波称为谐波,$n=2$ 时,叫作第一谐波,$n=3$ 时,称为第二谐波……如图 10.18 所示,图中字母 N 表示波节,A 表示波腹.

2. 空气柱的振动

另一种典型的声源是管内空气柱的振动.这里的驻波是由纵波形成的.管端有两种情况,一种是封闭的,另一种是敞开的.如果是封闭的,则靠近封闭端空气体元的位移恒等于零,即闭端必然是位移波节.如果是敞开的,因空气柱与外界大气相连,其压强恒等于大气压,不会发生压缩或膨胀形变.根据驻波特点可知,只有波腹处的体元才不发生形变,因此空气柱的开放端必然形成位移波腹.图 10.19 所示的管一端封闭,另一端敞开,开放端形成波腹,封闭端形成波节.固有振动的波长为

$$\lambda_n=\frac{4l}{n}\quad(n=1,3,5,\cdots).\tag{10.5.6}$$

$n=1$ 给出基波波长,$n=3$、5……给出第一、第二谐波波长.而基频与谐频则由下式

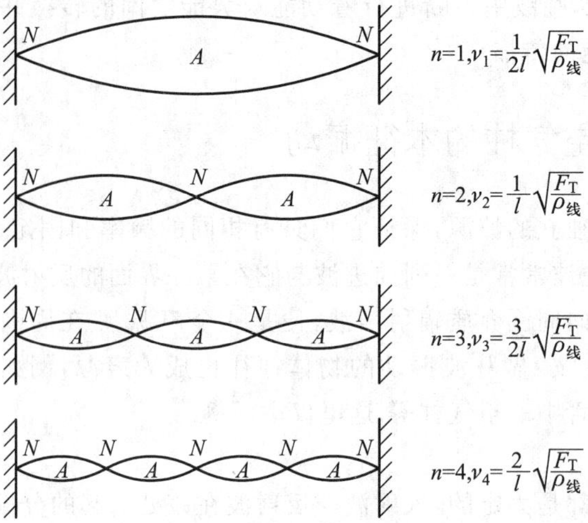

图 10.18 两端固定的弦的基频和谐频的本征振动

决定：

$$\nu_n=\frac{n}{4l}v \quad (n=1,3,5,\cdots). \tag{10.5.7}$$

位移的波节与波腹的分布如图 10.19 所示.

以上驻波波节波腹分布于一直线上，称为一维驻波.以下所谈膜板上的驻波则可称为二维驻波.

以膜和板的振动而形成声源的有锣、鼓等.将金属板的某处固定，使金属板呈水平，用提琴的弓弦摩擦板的边缘，就可以使板振动起来，波动在边界往复反射而形成驻波.与弓弦或空气柱不同，板的振动不是一维振动，而是二维振动，波节为不同形状的曲线.在金属板上撒一些锯末，锯末不能停留于波腹，只能聚集于波节，随着固定处的不同，弓弦摩擦位置不同，锯末组成各种不同的花纹，反映了波节、波腹的分布情况，如图 10.20 所示.

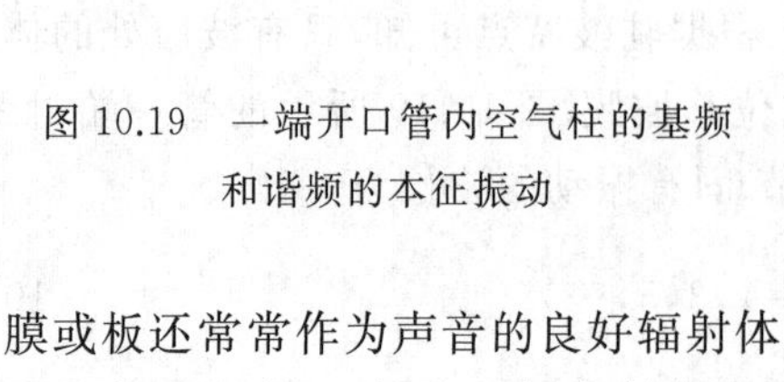

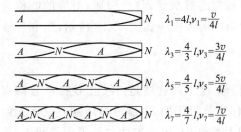

图 10.19 一端开口管内空气柱的基频和谐频的本征振动

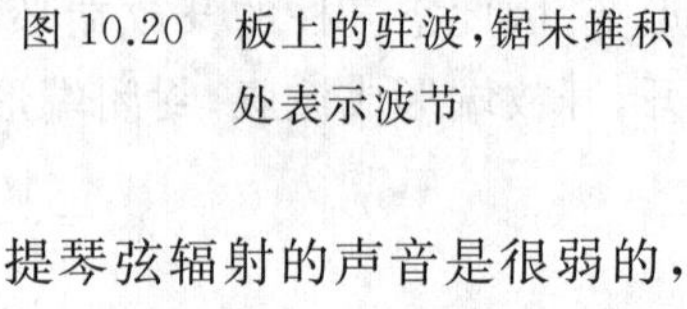

·：固定处，∘：弓弦摩擦处.图为本书作者实验结果.这类图称为克拉尼图

图 10.20 板上的驻波，锯末堆积处表示波节

膜或板还常常作为声音的良好辐射体.例如，提琴弦辐射的声音是很弱的，一方面由于弦的截面积小，不能在空气中激起强烈的振动；另一方面，当弦向上运动时，上面

空气较密而下方较稀,空气自上方向下方流动,当琴弦向下运动时,下面空气稠密而上方稀疏,空气又自下方向上方流动,结果在弦的周围形成闭合的空气流,不能在空气中激发疏密相间的纵波.如果将琴弦固定在有较大表面积的板盒上,做成提琴或二胡等,于是振动就传给板盒,声音就可以传播出去.

超声波频率高、能流密度大,用强超声波清洗固体表面效果很好.在容器装入清洗液并将样品淹没于其中,周围放置一个或多个压电晶体制成的可将电能转换为超声波的换能器,发出超声.为使能量集中于清洗液,一种方法是使超声在清洗槽内形成驻波,如图 10.21 所示.其中将出现各种本征振荡,声场能量分布也比较均匀.

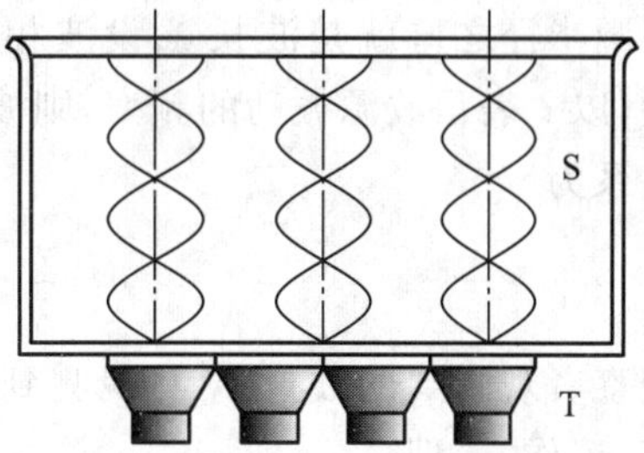

T 表示超声波发生器,S 表示驻波波形

图 10.21　超声波驻波清洗槽示意图

由上文可见,无论是弦还是管,只要其线度是有限的,固有振动或本征振动的频率便取分立值而非连续值.这是令人感兴趣的结果,它在德布罗意提出不仅光子具有波粒二象性并且实体微粒也具有波粒二象性的设想时发挥了作用.德布罗意把电子在原子中能量取分立值称作取“整数”,又将本征振动频率取分立值也称作取“整数”.他说[①]:“在光的问题上我们就被迫同时引入微粒思想和周期性(即指波动性——本书作者注)思想.另一方面,电子在原子中的稳定运动的确定引入了整数.直到今天,物理学上唯一包含整数的现象就是干涉和正常的振动模式.这件事实告诉我:不能把电子认为是单纯的微粒,必须也赋予它周期性的特征.”他的意思可以理解为:对于光,粒子性和波动性已经统一了;至于电子,它在原子中的能态是分立的,而波中的固有振动的频率亦分立,粒子性与波动性对电子亦应可统一.这种联想和对比使德布罗意取得了成功.

§10.6　多普勒效应

当列车进站时,我们听到汽笛声不仅越来越大,而且音调升高;列车离去时,汽笛声不仅越来越小,而且音调降低.反之,若声源未动而观察者运动,或者声源和观察者都在运动,也会发生观测频率与波源频率不一致的现象.**由于波源或观察者的运动而出现观测频率与波源频率不同的现象,称为多普勒效应**,是奥地利物理学家多普勒(J. C. Doppler,1803—1853)在 1842 年发现的.对机械波来说,所谓运动或静止都是相对于介质的.下面分几种情况讨论.

动画:
多普勒效应

① 艾·塞格莱.物理名人和物理发现.刘祖慰译.上海:知识出版社,1986:168.

(一) 波源静止而观察者运动

我们先分析静止点波源的振动在均匀各向同性介质中传播的情况.如图 10.22所示,O 点表示点波源,同心圆表示波面,图中任一波面上各点的相位与相邻同心圆上各点的相位差都是 2π,所以两相邻同心圆半径之差就是波长 λ.设波相对于静止介质以波速 v 传播,以 ν 表示波源振动的频率,则波长 λ,波速 v 和频率 ν 间的关系为

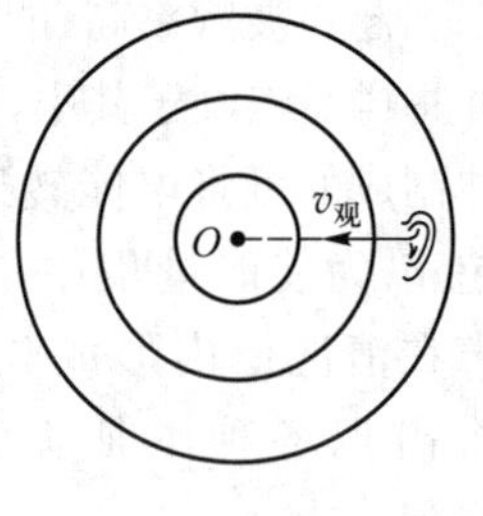

图 10.22 波源静止而观察者运动时的多普勒效应

$$\nu=\frac{v}{\lambda}.$$

观察者观测到的波速 v' 与观测到的波长 λ' 之比称为观测频率,记作 ν',即

$$\nu'=\frac{v'}{\lambda'}. \tag{10.6.1}$$

$\frac{1}{\lambda'}$为单位长度上波的数目,则 ν' 也表示单位时间通过观测仪器的波的数目.

显然,若波源和观察者都相对于介质静止,则 $\nu'=\nu$.

现在设观察者相对于介质以速率 $v_{观}$ 朝波源 O 运动.由于经典力学不考虑相对论效应,即从不同参考系测量同一物体的长度是相同的,所以尽管观察者以 $v_{观}$ 运动,他测量上述球面波的波长 λ' 仍等于 λ.但是观察者相对介质以速率 $v_{观}$ 朝波源运动,所以他观测到的波速应为 $v+v_{观}$.观测频率 ν' 应为

$$\begin{aligned}\nu'&=\frac{v'}{\lambda'}\\&=\frac{v+v_{观}}{\lambda}.\end{aligned}$$

将 $\nu=\frac{v}{\lambda}$ 代入上式,得

$$\nu'=\nu\left(1+\frac{v_{观}}{v}\right). \tag{10.6.2}$$

如果观察者背离波源而运动,仍用 $v_{观}$ 表示观察者的速率,他观测到的波速为 $v-v_{观}$,观测频率 ν' 与波源频率 ν 的关系为

$$\begin{aligned}\nu'&=\frac{v-v_{观}}{\lambda}\\&=\nu\left(1-\frac{v_{观}}{v}\right).\end{aligned} \tag{10.6.3}$$

将上面两式合写在一起,可得

$$\nu'=\nu\left(1\pm\frac{v_{观}}{v}\right). \tag{10.6.4}$$

可见,若观察者朝波源运动,式中取正号,观测频率高于波源频率,即由于观察者迎着

波传来的方向运动，使得单位时间内通过观测仪器的波数增多了；反之，若观察者背离波源即顺着波传播的方向运动，式中取负号，观测频率低于波源频率.之所以产生这种频率变化的效应，是因为相对于观察者与相对于介质的波速不同的缘故.

（二）观察者静止而波源运动

我们仍然假定点波源的振动在均匀各向同性介质中传播，如图 10.23 所示.先设 $t=0$时点波源在 O 点，且静止不动.波源在 $t=0$ 及 $t=T$（相隔一个周期）时的振动状态在时刻 $t=t'$时分别传到大圆及虚线圆处.因为 $t=0$ 及 $t=T$ 时，波源振动的相位差为 2π，所以大圆及虚线圆上各点的相位也差 2π，两圆半径之差等于波长 λ.现在使波源相对于介质以速率 $v_{源}$ 朝观察者运动.$t=0$ 时，波源在 O 点，其振动状态在$t=t'$时仍然传到大圆处.在 $t=T$ 时，波源已运动至O'点，此时波源的振动状态与它在 O 点时的相位差为 2π，而且在 $t=t'$时传到小实线圆处.已知 t'时刻大圆及虚线圆上各点的相位差为 2π，与此对照，同理可知，大圆与小实线圆上各点的相位差也为 2π.从图 10.23 中可以看到，若波源不动，相位相差 2π 的波面是同心圆，而波源运动时，相位之差为 2π 的波面已不是同心圆了.也就是说，由于波源的运动，介质中振动状态的分布与波源静止时相比发生了变化，即波长发生了变化.因在 $t=t'$时小圆半径为 $v(t'-T)$，故观察者观测的波长 λ'应为

$$\begin{aligned}\lambda'&=AB=OA-O'B-OO'\\&=vt'-v(t'-T)-v_{源}T\\&=(v-v_{源})T.\end{aligned}$$

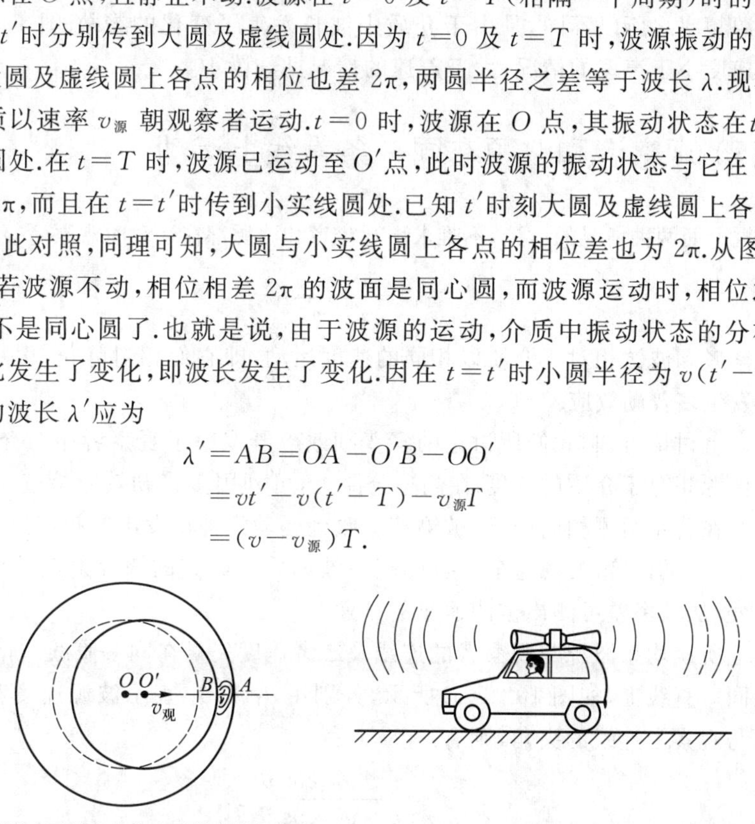

(a) 波源运动而观察者静止时的多普勒效应　　(b) 典型例子

图 10.23

若观察者相对于介质不动，他观测得到的波速就是介质中的波速，即 $v'=v$.于是观测频率

$$\begin{aligned}\nu'&=\frac{v'}{\lambda'}\\&=\frac{v}{(v-v_{源})T}\\&=\frac{v}{v-v_{源}}\nu.\end{aligned}\tag{10.6.5}$$

反之，若波源背离观察者运动，仍用 $v_{源}$ 表示波源速率，则观测频率等于

$$\nu' = \frac{v}{v + v_{源}}\,\nu, \tag{10.6.6}$$

将两种情况合并为一式，得

$$\nu' = \frac{v}{v \mp v_{源}}\,\nu. \tag{10.6.7}$$

这便是波源对于相对介质静止的观察者做相向或相反运动时，观测频率与波源频率的关系式，波源朝观察者运动时，式中取负号，观测频率高于波源频率；反之，波源背离波源运动，取正号，观测频率低于波源频率.通过上面公式的推导可以看到，这里观测频率和波源频率之所以不同，是由于介质中波长发生了变化的缘故.图 10.23 仅限于讨论声源速度小于声速的情况，大于声速的情况见选读 10.5.

(三) 观察者和波源在同一条直线上运动

根据上面两种情况的讨论，不难求出观察者和波源都在运动时观察者接收到的频率为

$$\nu' = \frac{v \pm v_{观}}{v \mp v_{源}}\,\nu. \tag{10.6.8}$$

如果观察者和波源相对于介质以相同的速度运动，即它们相对静止，由上式可得 $\nu' = \nu$，即不发生多普勒效应.

由以上讨论可知，我们所讨论的多普勒效应既取决于观察者相对介质的速度，又取决于波源相对于介质的速度.在高速公路上，可利用多普勒效应检查车速.设警车与被测速车在公路两侧相向而行，被测速车收到运动的警车发出的超声波其频率会发生如(10.6.8)式的改变.被测速车反射此超声波和警车收到的该反射波的频率也发生类似的改变，从频率差可测出被测速车的车速.

以上所谈均系波源与观察者的连线及二者速度矢量在同一直线上的情况.如果它们不在同一直线上，如图 10.24(a)所示，分别用 θ_1 和 θ_2 表示波源速度和观察者速度与波源与观察者连线的夹角，则有

$$\nu' = \frac{v + v_{观}\cos\theta_2}{v - v_{源}\cos\theta_1}\,\nu, \tag{10.6.9}$$

这里不再推导.ν 与 ν' 仍分别表示波源频率与观察者测量的频率.(10.6.4)式、(10.6.7)式和(10.6.8)式可视为上式的特殊情况.例如若波源与观察者相向运动，则 $\theta_1 = \theta_2 = 0$；若彼此相背运动，则 $\theta_1 = \theta_2 = \pi$.

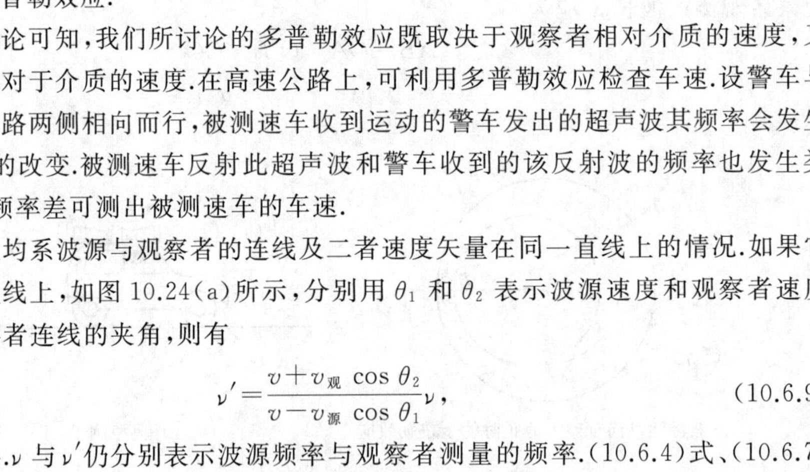

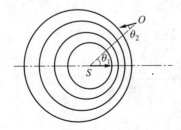

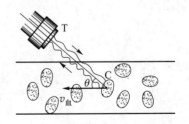

(a) 观察者与波源连线与两者速度不在一条连线上的多普勒效应　　(b) 利用多普勒效应测血球速率

图 10.24

［**例题 1**］ 其图 10.24(b)表示用超声波多普勒效应测血球速率.换能器 T 发射超声波射到血球上，并接收其反射波.试研究如何用此仪器测出血球速率的大小.

［**解**］ 声波从换能器 T 射向血球 C，换能器和血球分别为静止波源和运动的观察者，血球接受到的频率 ν' 为

$$\nu'=(v+v_{血}\cos\theta)\nu/v,$$

v 和 $v_{血}$ 分别表示声波在静止介质中的波速和血球速率，θ 为 T 与血球 C 的连线与血球速度的夹角，ν 为超声波发射频率.对于血球将反射波送至换能器，血球和换能器分别为波源和观察者.用 ν'' 表示换能器接收的频率，则

$$\nu''=v\nu'/(v-v_{血}\cos\theta).$$

由以上两式得

$$\nu''=\frac{v+v_{血}\cos\theta}{v-v_{血}\cos\theta}\nu.$$

用 $\Delta\nu=\nu''-\nu$ **表示换能器发出的和接收的频率之差**，称作**多普勒频移**，又考虑到 $v\gg v_{血}$，有

$$\Delta\nu\approx\frac{2\nu v_{血}}{v}\cos\theta.$$

利用仪器测出多普勒频移，即得血球速率为

$$v_{血}\approx\frac{v}{2\nu\cos\theta}\Delta\nu.$$

选读材料

［选读 10.1］ 孤　　子

关于非线性系统，除去前面谈到的混沌，还有非线性波动.非线性波动有两大类，一类是大家常谈的孤立波(solitary wave)，又称孤子(soliton)[①]，另一类是耗散系统的波动[②]，这类波的波形多种多样，研究方法与前者颇不相同.这里仅介绍前者.

罗素(J.S.Russell)1844 年在《关于波的报道》中谈及他 1834 年在狭窄的爱丁堡-格拉斯哥运河(Edinburgh-Glasgow canal)观察到有两匹马拉着一条船迅速前进.当船突然停下时，在船前面被船推动的水团形成一个光滑孤立的波峰，在河道中行进.波峰的高度逐渐减小直至消失.罗素还在约 30 cm 宽、6 m 长的水槽中做过有关孤立波的实验，从实验研究波速，如图 10.25 所示.罗素的实验研究是初步的，之后还有许多关于水槽中孤子的研究.

直到 1895 年，荷兰的科尔泰沃赫(D.J.Korteweg)和德弗希斯(G. de Vries)才提出该水波的动力学方程，即 KdV 方程：

$$\frac{\partial y}{\partial t}=\frac{3}{2}\sqrt{g/h}\left(\frac{2}{3}\alpha\frac{\partial y}{\partial x}+y\frac{\partial y}{\partial x}+\frac{1}{3}\sigma\frac{\partial^3 y}{\partial x^3}\right),\tag{10.1}$$

式中 $\sigma=h^3/3-Fh/\rho g$，F 和 ρ 分别表示表面张力和液体密度，α 为常量.上面方程的波形解为

---

① Drazin P G., Johnson R S. Solitons: An Introduction. Cambridge: Cambridge University Press, 1989:1—38.

② 漆安慎，王心宜.非线性扩散系统的波动现象.物理学进展，1985，5(3)：398.

$$y(x,t)=a\operatorname{sech}^2\left\{\frac{1}{2}\sqrt{a/\sigma}\left[x-\sqrt{gh}\,(1+a/2h)t\right]\right\},\tag{10.2}$$

而波速为

$$v=\sqrt{gh}\,(1+a/2h).\tag{10.3}$$

从此式可知,振幅越大,波速越高,如图 10.26 所示.

孤立波还有一个重要的性质:两个波形不同的孤立波相碰撞,碰撞后仍保持为孤立波,称作碰撞不变性.正由于这种类似于"粒子"的特征,人们称上述孤立波为孤子.图 10.27 表示两孤子相撞后,各自继续传播的情况.此外,KdV 方程还有无穷多个守恒量.它们之中最前面的两个分别表示动量守恒和能量守恒,这里不做进一步的讨论.

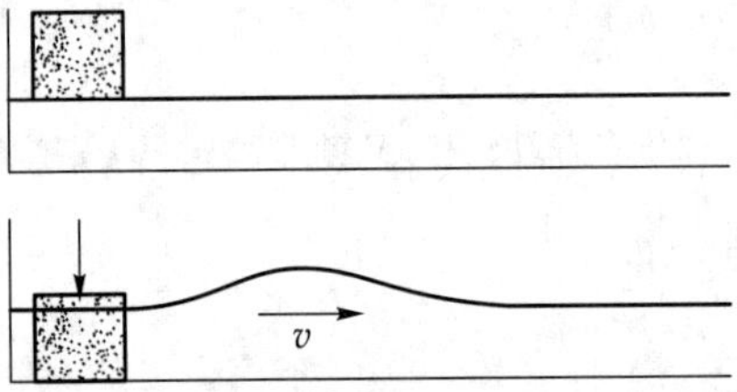

图 10.25 罗素关于孤立波实验的示意图①

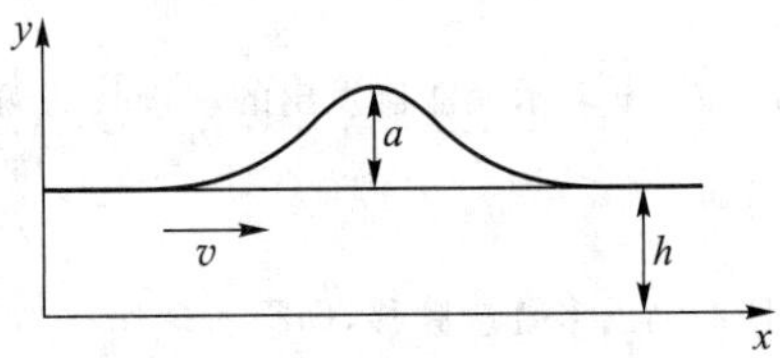

图 10.26 孤立波的振幅

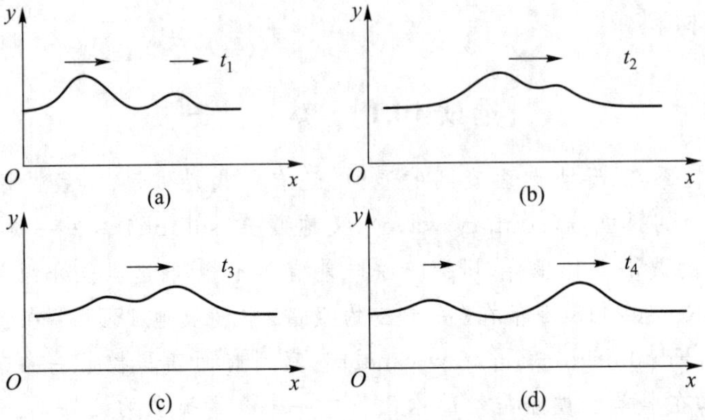

图 10.27 两孤子相互作用的示意图,$t_4>t_3>t_2>t_1$.当它们分开后,仍按原来自己的波形波速传播②

当 KdV 方程被提出后,在很长时间内未引起人们的兴趣.一方面是由于人们还以为孤立波只不过是某种特殊的方程具有的特殊的解,是一种罕见现象.另一方面也是由于非线性数学有待进一步发展以便对非线性方程(10.1)做更深入的研究.20 世纪 60 年代以来,关于孤子的研究有了巨大进展.孤子普遍存在于粒子物理、等离子体物理、超导理论、场论和非线性光学等许多学科中,许多方程有孤子解.在分子生物学领域,DNA 双螺旋结构的孤子提出一种描述结构转变的方法,它可能解决控制基因表达机制的途径.孤子在技术上也得到了应用,例如应用光导纤维传播光学孤子可用来非常迅速地传递信息等.

①② Drazin P G, Johnson R S. Solitons: An Introduction. Cambrige: Cambrige University Press, 1989.

前文谈及的非线性耗散系统的波动普遍存在于物理化学和生物学领域中，其研究方法与孤子不同，它们也不具有碰撞不变性和存在无穷多个守恒量的特征.它们之所以具有稳定波形和波速是扩散和非线性相互影响的结果.

[选读 10.2] 关于声压波方程的推导

如图 10.28 所示，取出与波面平行，底面积为 S、厚度为 dx 的无穷小体元为研究对象，以下直接用 p 表示声压，则两底面处的总压力各为 $(p+p_0)S$ 和 $(p+p_0+dp)S$，dp 表示声压增量.体元所受力在 Ox 轴上的和等于 $(p+p_0)S-(p+p_0+dp)S=-dp\cdot S$.用 ρ 表示介质密度，则体元质量为 $\rho S dx$，又用 u 表示体元速度，其加速度为 $\frac{\partial u}{\partial t}$，则

$$\rho S dx\cdot\frac{\partial u}{\partial t}=-dp\cdot S,$$

即

$$\frac{\partial u}{\partial t}=-\frac{1}{\rho}\frac{\partial p}{\partial x}. \tag{10.4}$$

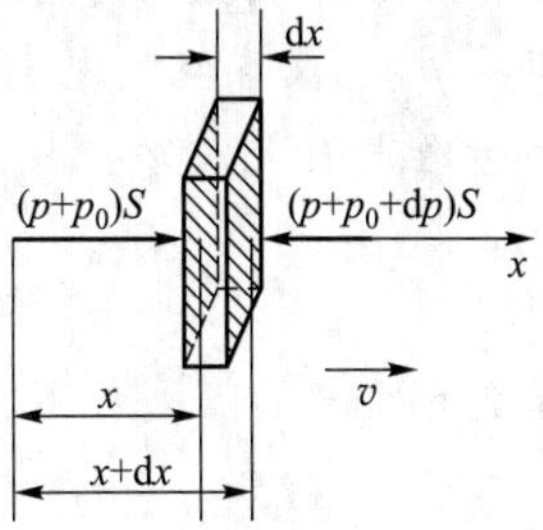

图 10.28 传播声波介质体元受力图.画斜线处为波面

它与波动方程相似，称为声波的动力学方程.将此式用于沿 x 正向传播的平面简谐波 $y=A\cos(\omega t-kx)$，波中体元加速度为

$$\frac{\partial u}{\partial t}=\frac{\partial^2 y}{\partial t^2}=-\omega u_{\max}\sin\left(\omega t-kx+\frac{\pi}{2}\right).$$

假设与位移波伴随的压强波取如下形式：

$$p=p_{\max}\cos(\omega t-kx+\varphi),$$

式中 $p_{\max}$ 为声压的最大值，φ 为坐标原点声压的初相位，是待定常量.将该式求导即得

$$\frac{\partial p}{\partial x}=kp_{\max}\sin(\omega t-kx+\varphi).$$

将上面$\frac{\partial u}{\partial t}$和$\frac{\partial p}{\partial x}$诸式代入(10.4)式得

$$p_{\max}=\rho\,\omega Av,\quad \varphi=\pi/2. \tag{10.5}$$

故声压波方程为

$$p=\rho vu,$$

其中

$$u=\omega A\cos(\omega t-kx+\pi/2).$$

[选读 10.3] 关于声强级与声压级

我们进一步研究声强与声压的关系，以及声强级与声压级的关系.

首先引入有效声压 p_{ms} 或方均根声压，其定义为

$$p_{\mathrm{ms}}=\sqrt{\overline{p^2}}=\left[\frac{1}{T}\int_0^T p^2\,dt\right]^{1/2}$$

$$=\left[\frac{1}{T}\int_0^T \rho^2 v^2 \omega^2 A^2 \sin^2\omega\left(t-\frac{x}{v}\right)\right]^{1/2}$$

$$=\frac{\sqrt{2}}{2}\rho v\omega A$$

即在一个周期内对声压的平方求平均后取其平方根，单位为 N/m^2.根据(10.4.12)式很容易写出有效声压和声强的关系：

$$I=p_{ms}^2/z. \tag{10.6}$$

它比(10.4.12)式更为有用.因空气中人听到的最低声压约为 $2\times10^{-5}\ N/m^2$，取之为标准声压 p_{0ms}，又取空气中声阻为 $400\ N\cdot s/m^3$，代入上式得对应的声强恰为(10.4.7)式中的标准声强 I_0.这样

$$\frac{I}{I_0}=\frac{p_{ms}^2}{p_{0ms}^2}.$$

取对数可得

$$L_I=10\lg\frac{I}{I_0}=20\lg\frac{p_{ms}}{p_{0ms}}.$$

现在定义**声压级** L_p：

$$L_p=20\lg\frac{p_{ms}}{p_{0ms}}. \tag{10.7}$$

可见声压级与声强级相等，均可用分贝为单位.其实，图10.10中纵坐标按原来文献应为声压级.因其与声强级相当才写成声强级.原文献中所用为1961年的测量数据，那时人们只能测声压级.能够直接测量声强级还是近些年来的事.

[选读 10.4] 反射系数、透射系数和半波损失

仍参考图10.12，波阻各为 Z_1 和 Z_2 的介质1和2以 BB 为界面.坐标轴 x 与 BB 垂直.设平面简谐波沿 x 自介质1射向介质2，在界面处发生反射和透射.分别用 $u_i\sin(\omega t-kx)$ 和 $u_r\sin(\omega t+kx-\varphi_r)$ 描述入射波和反射波的振动速度，速度幅 u_r 和 φ_r 为待定常量.入射与反射波叠加后的速度为

$$u_i\sin(\omega t-kx)+u_r\sin(\omega t+kx-\varphi_r).$$

考虑到反射波的波速为负，入射反射声压波叠加为

$$Z_1u_i\sin(\omega t-kx)-Z_1u_r\sin(\omega t+kx-\varphi_r).$$

此外，将介质2中透射波的速度波写作

$$u_t\sin(\omega t-kx-\varphi_t).$$

与此对应的声压波写作

$$Z_2u_t\sin(\omega t-kx-\varphi_t).$$

u_t 和 φ_t 亦待定.

BB 左方的入射反射叠加波与 BB 右方的透射波在 BB 上应引起相同的振动，即若令上面各式中 $x=0$，有

$$u_i\sin\omega t+u_r\sin(\omega t-\varphi_r)=u_t\sin(\omega t-\varphi_t),$$

$$Z_1u_i\sin\omega t - Z_1u_r\sin(\omega t-\varphi_r) = u_tZ_2\sin(\omega t-\varphi_t).$$

将这两个方程展开,因 t 可取任意值,故两个方程左右 $\sin\omega t$ 的系数应相等,$\cos\omega t$ 亦如是,得

$$1+\alpha\cos\varphi_r=\beta\cos\varphi_t,$$

$$1-\alpha\cos\varphi_r=\beta\frac{Z_1}{Z_2}\cos\varphi_t,$$

$$\alpha\sin\varphi_r=\beta\sin\varphi_t,$$

$$\alpha\sin\varphi_r=\beta\frac{Z_1}{Z_2}\sin\varphi_t,$$

式中 $\alpha=u_r/u_i$,$\beta=u_t/u_i$.因速度幅 $u_i=\omega A_i$,$u_r=\omega A_r$,$u_t=\omega A_t$,故 α 和 β 即为(10.4.15)式中的反射与透射系数 γ 与 τ.

从上面四个方程可解出如下结果.对于反射波,

$$\gamma=\left|\frac{Z_1-Z_2}{Z_1+Z_2}\right|;$$

若 $Z_1<Z_2$,

$$\text{则 }\varphi=\pi;$$

若 $Z_1>Z_2$,

$$\text{则 }\varphi=0. \tag{10.8a}$$

此即§10.4 所述结论.对于透射波,有

$$\beta=\frac{2Z_1}{Z_1+Z_2},\quad \varphi_t=0, \tag{10.8b}$$

即透射波和入射波在 BB 上相位总保持相同.显然,透射波和入射波的波长一般是不同的.

[选读 10.5] 马赫锥及激波

我们有这样的经验:看到飞机当空掠过后,才听见震耳的隆隆声,便可推断这是超音速飞机.即飞机的飞行速度 v 比空气中声音传播的速度 v_0 大.作为声源的飞机在空气中引起一系列的扰动,并按球面波向外传播.因 $v>v_0$,这一系列球面的包络面是圆锥面,A'为其顶点,如图 10.29 所示.圆锥面以外,没有声波传播.只要在圆锥之外,不论离飞机多么近,也不会听到隆隆声.这个圆锥称作马赫锥,圆锥波面称为马赫波.如图 10.29 所示,令 $t=0$ 时点波源(飞机)在 $x=0$ 处,$t=t'$时在 A'处.设在 O 与 t'之间任意 t 时刻由 A 点发出球面波,该波在 t'时刻的波面方程为

$$(x-vt)^2+y^2+z^2=v_0^2(t'-t)^2. \tag{10.9}$$

这是一族含参数 t 的球面,消去 t 即得包络面方程.将上式两端对 t 求导,得

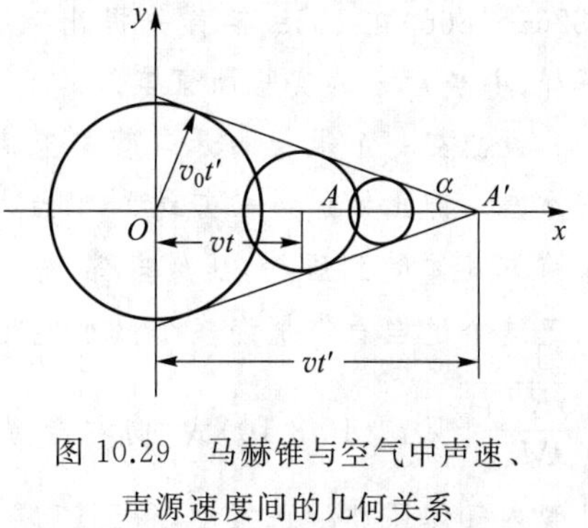

图 10.29 马赫锥与空气中声速、声源速度间的几何关系

$$v(x-vt)=v_0^2(t'-t).$$

$$t=\frac{vx-v_0^2t'}{v^2-v_0^2},$$

$$x-vt=\frac{v_0^2(vt'-x)}{v^2-v_0^2},$$

$$t'-t=\frac{v(vt'-x)}{v^2-v_0^2}.$$

把上述结果代入(10.9)式,得

$$-\frac{v_0^2}{v^2-v_0^2}(vt'-x)^2+y^2+z^2=0. \tag{10.10}$$

移动坐标原点,令 $\xi=vt'-x$,(10.10)式可写作

$$y^2+z^2=\frac{v_0^2}{v^2-v_0^2}\xi^2.$$

已知 $v>v_0$,以上方程描写一个以 A' 为顶点、x 轴为对称轴的圆锥面,即马赫锥.圆锥的半顶角 α 可由下式决定:

$$\sin\alpha=\frac{v_0}{v},$$

$$\alpha=\arcsin\frac{v_0}{v}=\arcsin\frac{1}{Ma}.$$

其中 $Ma=\frac{v}{v_0}$,α 称作马赫角,Ma 称作马赫数.在空气动力学中,Ma 是一个很有用处的参数.例如测得高速飞行炮弹的马赫数,可以相当准确的计算炮弹的飞行速度.因为声波引起空气疏密的变化,对光的折射率改变了,这样就能够拍摄马赫锥照片,图 10.30即高速飞行炮弹照片的临摹图形.

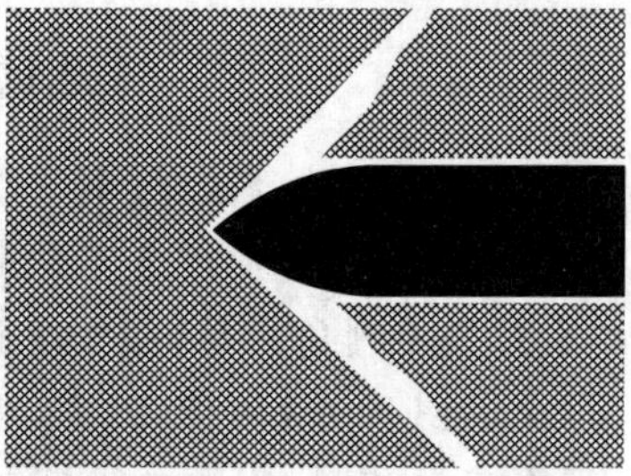

图 10.30 高速飞行炮弹的马赫锥照片(临摹图)

我们进一步谈一谈激波.当气体受到有限大的扰动时,将会出现新的物理现象,即激波.激波也是一种相当普遍的现象,闪电雷击、火山爆发、太阳耀斑等都和激波有关.对激波理论上的研究是19世纪中期开始的.德国几何学家黎曼(G.F.B.Riemann,1826—1866)在1859年首先提出激波形成的理论解释,并被后来的实验所证实.

设想在一个很长的开口管中充满气体,使左端的活塞由静止开始运动并达到相当大的速度,使活塞前方气体受到压缩,压缩非常快,气体来不及向外界传热.如图 10.31 所示,我们可以把这个过程看作是许多个微小绝热压缩过程的叠加:第一个微小压缩波以速率 $v_1=\sqrt{\frac{\gamma RT_1}{Ma}}$[见前(10.3.10)式]向右传播,同时使活塞前方气体温度升高至 $T_1+\Delta T_1$,并且管内气体还被活塞推动,得到速度 Δv;第二个微弱压缩波是在第一个微弱压缩波扫过的气体中传播,显然第二个波的速度为

$$v_2=\sqrt{\frac{\gamma R(T_1+\Delta T_1)}{Ma}}+\Delta v>v_1.$$

同理，第三个微小压缩波的波速 $v_3>v_2>v_1$.依此类推.可见，后面的微小压缩波虽然产生较晚，但传播较快，总会追上先产生的.最后这些微小压缩波彼此相遇，叠在一起，形成一个高压强的波面.波面前的气体未被扰动，压强为 p_1（温度为 T_1、速度为 0)，在波面处压强突然升至 p_2（温度升为 T_2、速度增为 v).这种压强的突变面叫作激波.图 10.31 描述了激波形成的过程，图中 $p-x$ 曲线表示各时刻开口管内气体压强的分布，下方为各时刻对应的活塞位置.激波形成后，突变面以速率 v 向右运动，波后气体受活塞推动与活塞一起以速度 v 向右移动，而激波未到处气体速度仍为零.激波的厚度很小，在标准状态下，其数量级只有 10^{-6} cm.对于强激波（马赫数>10)，其厚度可达 2 cm.

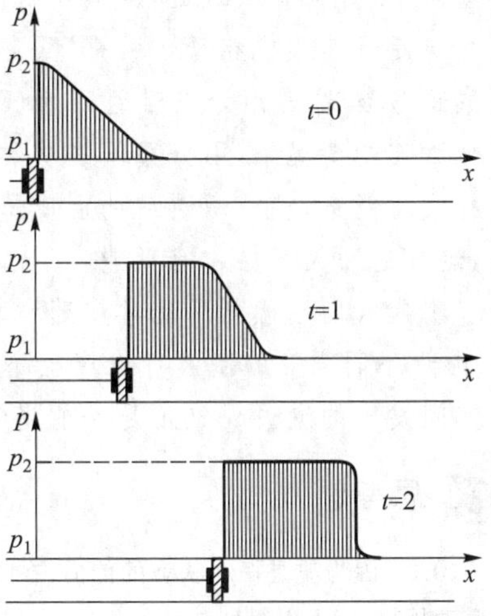

图 10.31　正激波压强突变面的形成

因为产生激波的扰动不是微小的，气体中压强的变化 $\mathrm{d}p$ 与体积应变 $\mathrm{d}V/V$ 之间不再有线性关系，所以激波属于非线性波.激波传播过程还伴随强烈的热过程.因此，求激波的波速不能再引用 §10.3 求波速的方法，而要综合运用质量守恒定律、动量原理、功能原理、理想气体的物态方程及其绝热过程方程.(1) 若 $p_2>p_1$，则 $v_{激}>v_{声}$.这里，$v_{激}$ 表示激波的波速，激波是超音速传播的.例如爆炸产生的激波将会超过爆炸的声音，把远处建筑物的玻璃击碎.(2) 激波越强$\left(\frac{p_2}{p_1}越大\right)$，则 $v_{激}$ 越大.例如，2×10^4 kg 当量级的炸弹产生的激波速度为 480 m/s，而 1×10^5 kg 当量级的炸弹产生的激波速度为 1 000～1 600 m/s.(3) $p_2\approx p_1$ 时，气体仅受到微弱的压缩，这时 $v_{激}\approx v_{声}$.因此可以把声波看成微弱激波的极限.

与气流方向垂直的激波叫正激波（见图 10.31)，和气流方向成一个倾角的称斜激波（见图 10.32).

当物体在气体中做超音速运动，例如飞机做超音速飞行时，也会在机头前方产生一个激波，造成的压强突变，给飞机附加很大的阻力，消耗发动机很多能量.因此减弱激波强度是超音速飞机（包括导弹等）设计中的重大课题.经验表明，机翼的前后缘都做成尖的凸透镜形，能产生斜激波.而斜激波比正激波造成的能量损失要小.因此超音速飞机（包括导弹等）前端均呈尖形.图 10.32 为一透镜状机翼做超音速运动，在前端引起两个斜激波，用黑色实线表示，后缘处的两道激波（尾波）是由两

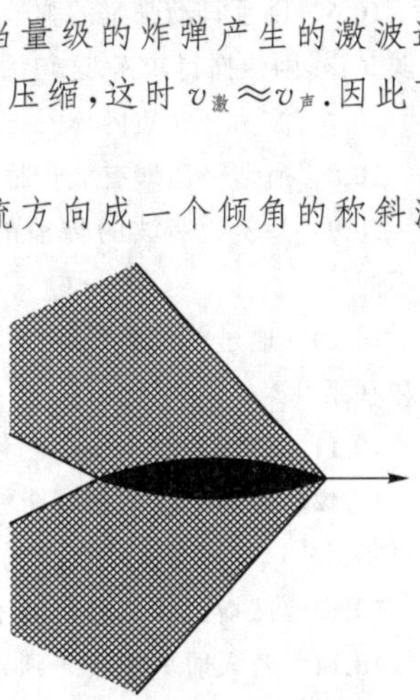
图 10.32　超音速飞行中凸透镜形机翼前后沿的斜激波

侧气流交汇形成的.斜激波离开物体越远,强度越小,才接近于马赫波的锥面,斜激波是压强突变面,马赫波是传播扰动波前的包络面,二者不同.故用照片测炮弹飞行的马赫角时,不可离弹头过近,因其附近为激波而非马赫锥.

与超音速飞机相反,“神舟”飞船用以重返大气层的返回舱却做成钝头形状,以便造成正激波.这是因为飞船返回大气层时,会像流星一样带着熊熊烈火,形成热障,而在强激波的情况下,因分子间多次和激烈的碰撞,使气体分子电离,电子进入激发态,消耗大量能量,使得激波后的温度降低.据估计激波能把返回舱外围99%的热能耗散掉,这样返回大气层才有可能实现.

现代人们已能利用化学炸药和核爆炸产生强激波,并用它来开矿、修路、建造港口等.由于不同强度的激波可以产生不同的高温,激波还在实验技术上得到应用.很多宇宙空间发生的激波现象正是目前尚待探索的新领域.

思考题

10.1 因为波是振动状态的传播,在介质中各体元都将重复波源的振动,所以一旦掌握了波源的振动规律,就可以得到波动的规律.这句话对不对?为什么?

10.2 在有振源和无色散介质的条件下传播机械波.(1)若波源频率增加,问波动的波长、频率和波速哪一个将发生变化?如何变化?(2)波源频率不变但介质改变,波长、频率和波速又如何变化?(3)在声波波源频率一定的条件下,声波先经过温度较高的空气,后又穿入温度较低的空气,问声波的频率、波长和波速如何变化?

10.3 平面简谐波中体元的振动和前一章所谈质点做简谐振动有什么不同?

10.4 平面简谐波方程$y=A\cos\omega\left(t-\frac{x}{v}\right)$中,$x$取某常量,则方程表示位移$y$做简谐振动;若取$t$等于某常量,也表示位移$y$做简谐振动.这句话对不对?为什么?

10.5 波动方程$\frac{\partial^2 y}{\partial t^2}=\frac{G}{\rho}\frac{\partial^2 y}{\partial x^2}$的推导过程用到哪些力学基本规律?其适用范围如何?

10.6 用手抖动张紧的弹性绳的一端,手抖得越快,幅度越大,波在绳上传播得越快,如抖动得又弱又慢,则传播得较慢.这句话对不对?为什么?

10.7 波速和介质内体元振动的速度有什么不同?

10.8 所谓声压即有波传播的介质中的压强,对不对?

10.9 举例说明波的传播的确伴随着能量的传播,并解释波传播能量与粒子携带能量有什么不同?

10.10 通过单位面积波的能量就叫能流密度.这种说法是否正确?能流密度和声强有什么区别和联系?

10.11 你能否想出一个测量声压从而测出声强的方法?

10.12 若两列波不是相干波,则当相遇时相互穿过且互不影响,若为相干波则相互影响.这句话对不对?

10.13 试指出驻波和行波不同的地方.

10.14 若入射平面波遇到界面而形成反射平面波和透射平面波,问入射波和反射波的振幅是否可能相同?并做出解释.

10.15 用手拨动两端固定的弦使其振动,能否分析基频和谐频哪一个衰减得更快些?如何分析?

10.16 为什么用超声波而不是普通声波进行水中探测和医学诊断.

***10.17** 群速与相速有什么不同?

习题

10.2.1 频率在 20～20 000 Hz 的弹性波能使人耳产生听到声音的感觉.0 ℃时,空气中的声速为 331.5 m/s,求这两种频率声波的波长.

10.2.2 一平面简谐声波的振幅为 0.001 m,频率为 1 483 Hz,在 20 ℃的水中传播,写出其波方程.

10.2.3 已知平面简谐波的振幅 $A=0.1$ cm,波长 1 m,周期为 10^{-2} s,写出波方程(最简形式).分别距波源 9 m 和 10 m 两波面上的相位差是多少?

10.2.4 写出振幅为 A,频率 $\nu=f$,波速 $v=c$,沿 x 轴正方向传播的平面简谐波方程 $y(x,t)$.波源在原点 O,且当 $t=0$ 时,波源处质点处于平衡位置 $y=0$,且速度沿 x 轴正方向.

10.2.5 已知波源在原点($x=0$)的平面简谐波方程为

$$y=A\cos(bt-cx),$$

A、b、c 均为常量.(1) 求振幅、频率、波速和波长;(2) 写出在传播方向上距波源 l 处一点的振动方程式,此质点振动的初相位如何?

10.2.6 一平面简谐波沿 x 轴负方向传播,波方程为

$$y=A\cos 2\pi\nu\left(t+\frac{x}{v}+3\right),$$

试利用改变计时起点的方法将波方程化成最简形式.

10.2.7 平面简谐波方程 $y=5\cos 2\pi\left(t+\frac{x}{4}\right)$(国际单位制),试用两种方法画出 $t=\frac{3}{5}$ s 时的波形图.

10.2.8 对于平面简谐波 $S=r\cos 2\pi\left(\frac{t}{T}-\frac{x}{\lambda}\right)$ 中 $r=0.01$ m,$T=12$ s,$\lambda=0.30$ m,画出 $x=0.20$ m 处体元的位移-时间曲线.分别画出 $t=3$ s、6 s 时的波形图.

10.2.9 两图分别表示向右和向左传的两列平面简谐波在某一瞬时的波形图,说明此时 x_1、x_2、x_3,以及 ξ_1、ξ_2、ξ_3 各质元的位移和速度为正还是为负?它们的相位如何?(对于 x_2 和 ξ_2 只要求说明其相位在第几象限.)

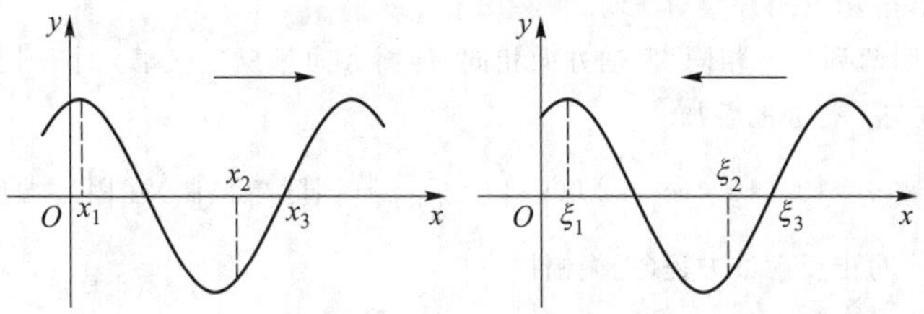

题 10.2.9 图

10.2.10 图(a)、(b)分别表示 $t=0$ 和 $t=2$ s 时的某一平面简谐波的波形图.试写出此平面简谐波波方程.

10.3.1 有一圆形横截面的铜丝,受张力 1.0 N,横截面积为 1.0 mm^2.求其中传播纵波和横波时的波速分别是多少?铜的密度为 8.9×10^3 kg/m^3,铜的弹性模量为 12×10^9 N/m^2.

10.3.2 已知某种温度下水中声速为 1.45×10^3 m/s,求水的体积模量.

10.4.1 在直径为 14 cm 管中传播的平面简谐声波.平均能流密度 9 erg/s·cm^2,$\nu=300$ Hz,$v=300$ m/s.(1) 求最大能量密度和平均能量密度;(2) 求相邻同相位波面间的总能量.

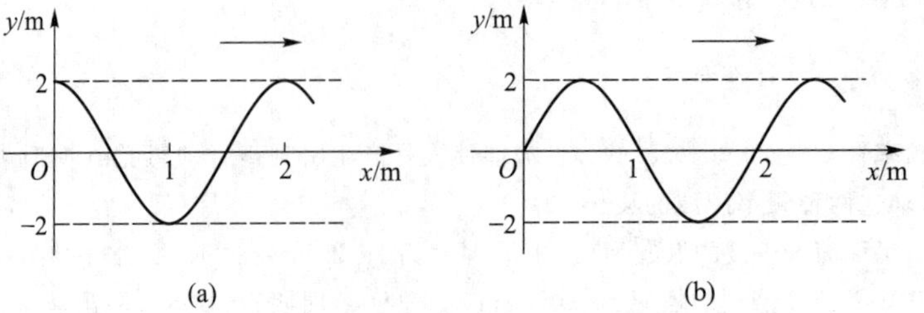

题 10.2.10 图

*10.4.2　空气中声音传播的过程可视作绝热过程，其过程方程式为 $pV^{\gamma}=$常量.求证声压 $p=p_1-p_0$ 可表示为 $p\approx-\gamma p_0\dfrac{v_1-v_0}{v_0}$，其中 p_0 和 v_0 表示没有声波传播时，一定质量空气的压强和体积，v_1 是有声波时空气的体积.

10.4.3　面向街道的窗口面积约 40 m^2，街道上的噪声在窗口的声强级为 60 dB，问有多少声功率传入室内(即单位时间内进入多少声能)？

10.4.4　距一频率为 1 000 Hz 的点声源 10 m 的地方，声音的声强级为 20 dB.求(1) 距声源 5 m 处的声强级；(2) 距声源多远，就听不见声音了？

10.5.1　声音干涉仪用于显示声波的干涉，如图所示.薄膜 S 在电磁铁的作用下振动.D 为声音检测器，SBD 的长度可变，SAD 的长度固定.声音干涉仪内充满空气.当 B 处于某一位置时，在 D 处听到强度为 100 单位的最小声音，将 B 移动则声音加大，当 B 移动 1.65 cm 时听到强度为 900 单位的最强音.(1) 求声波的频率；(2) 求到达 D 处时，两列声波振幅之比.已知声速为 342.4 m/s.

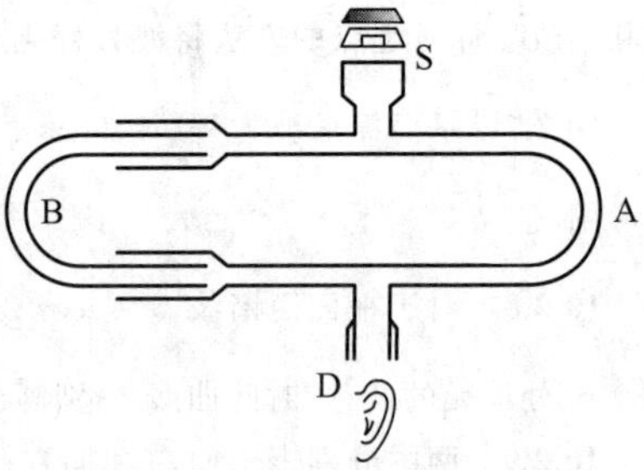

题 10.5.1 图

10.5.2　如图所示，两个波源发出横波，振动方向与纸面垂直，两个波源具有相同的相位，波长0.34 m.(1) 至少求出三个 x 的数值使得在 P 点合振动最强；(2) 求出三个的 x 数值使得在 P 点的合振动最弱.

10.5.3　试证明两列频率相同、振动方向相同、传播方向相反且振幅大小不同的平面简谐波相叠加可形成一驻波与一行波的叠加.

10.5.4　入射波 $y=10\times10^{-4}\cos\left[2\,000\pi\left(t-\dfrac{x}{34}\right)\right]$(国际单位制)在固定端反射，坐标原点与固定端相距 0.51 m.写出反射波方程(无振幅损失).

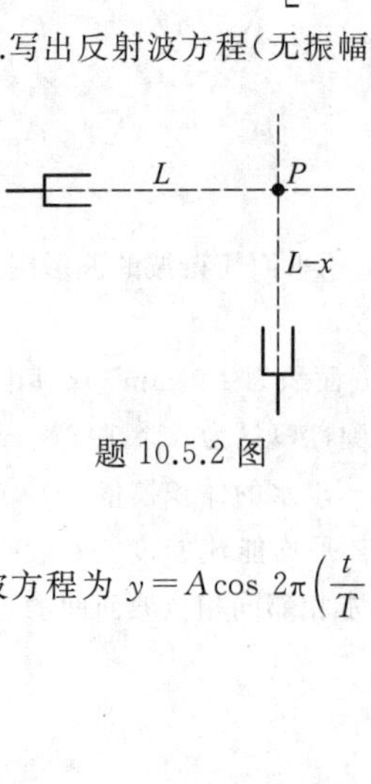

题 10.5.2 图

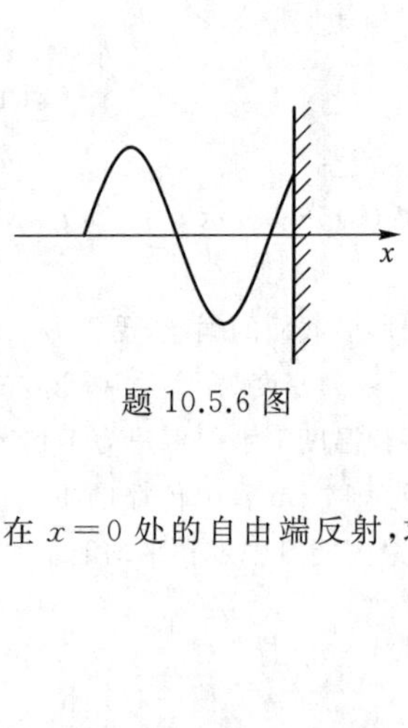

题 10.5.6 图

10.5.5　入射波方程为 $y=A\cos 2\pi\left(\dfrac{t}{T}+\dfrac{x}{\lambda}\right)$，在 $x=0$ 处的自由端反射，求反射波的波方程

(无振幅损失).

10.5.6 图示为某一瞬时入射波的波形图,在固定端反射.试画出此瞬时反射波的波形图(无振幅损失).

10.5.7 若题10.5.6图中为自由端反射,试画出反射波的波形图.

10.5.8 一平面简谐波自左向右传播,在波射线上某质元 A 的振动曲线如图所示.后来此波在前进方向上遇一障碍物而反射,并与该入射平面简谐波叠加而成驻波,相邻波节、波腹的距离为3 m,以质元 A 的平衡位置为 y 轴原点,写出该入射波的波方程.

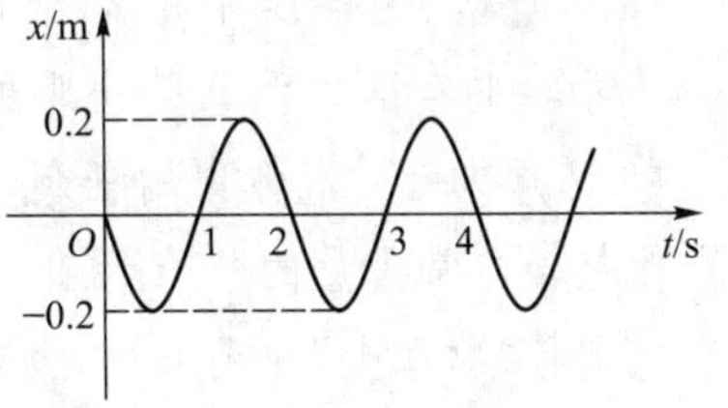

题10.5.8图

10.5.9 同一介质中有两个平面简谐波波源做同频率、同方向、同振幅的振动.两列波相对传播,波长8 m.波射线上 A、B 两点相距20 m.一波在 A 处为波峰时,另一波在 B 处相位为 $-\frac{\pi}{2}$.求 AB 连线上因干涉而静止的各点的位置.

10.5.10 一提琴弦长50 cm,两端固定.不用手指按时,发出的声音是A调:440 Hz.若欲发出C调:528 Hz,手指应按在何处?

10.5.11 张紧的提琴弦能发出某一种音调,若欲使它发生的频率比原来提高一倍,问弦内张力应增加多少倍?

10.6.1 火车以速率 v 驶过,有一个在车站上静止的观察者,火车发出的汽笛声频率为 f.求观察者听到的声音的频率的变化.设声速是 v_0.

10.6.2 两个观察者A和B携带频率均为1 000 Hz的声源.如果A静止,而B以10 m/s的速率向A运动,那么A和B听到的拍是多少?设声速为340 m/s.

10.6.3 一音叉以 $v_s=2.5$ m/s速率接近墙壁,观察者在音叉后面听到拍音频率 $\nu=3$ Hz,求音叉振动频率.声速为340 m/s.

10.6.4 在医学诊断上用多普勒效应测内脏器壁或血球的运动速度.设将频率为 ν 的超声脉冲垂直射向蠕动的胆囊壁,得到回声频率 $\nu'>\nu$,求胆囊壁的运动速率.设胆内声速为 v_0.

第十一章　流体力学

流体动力学研究流体(液体和气体)的运动.因为流体动力学中考察的现象是宏观的,所以把流体看作连续介质.这意味着对流体中的任何小体元,总是假定它大得仍然包含非常大量的分子.因此,当我们谈到无限小体元时,总是指"物理上"的无限小,也就是说,它与所讨论的物体体积相比很小,而与分子间距离相比却很大.[①]

——朗道(L.D.Landau,1908—1968)、栗弗席茨(E.M.Lifshitz,1915—1985)

流体包含气体和液体,可以发生形状和大小的改变,这一点和弹性体类似.但流体主要具备体积压缩弹性,例如用力推动活塞以压缩密闭气缸中的气体,在撤销外力后,气体将恢复原状,将活塞推出.在特殊的物理条件下,液体亦可处于拉伸状态.[②]一般说来,流体不具备保持原来形状的弹性.地面上的水顺沟槽弯弯曲曲地伸展开并分成支流,绝无回到原来形状的可能.这就是流体的流动性.流体力学即研究流动的规律,以及它与固体的相互作用.关于本章常谈的流体微团或体元,应按上边所引的话理解.

关于流体力学,公元前即有阿基米德对流体静力学的研究.我国古代在水利工程方面有突出成就.公元前400年前后,西门豹破除迷信并开渠十二条,变水害为水利,留下西门豹治邺的故事.战国时期,李冰父子在岷江修建都江堰工程,使分水工程、开凿工程和闸坝工程形成一体,又做石人立于水中,测量水位及流量.我国古代持续进行过许多水利工程.隋代开凿大运河,沟通长江、黄河、淮河、海河和钱塘江五大水系,是世界水利史上的重大工程之一.[③]对近代流体力学做出贡献的约翰·伯努利(J. Bernoulli,1667—1784)建立了理想流体稳定流动的动力学方程.欧拉则是流体力学理论的奠基人,他还对船舶的平衡和晃动做了很好的研究.雷诺(O.Reynolds,1842—1912)则通过实验显示水流过平板等物体产生涡流并得出可作为从层流转变为湍流之判据的量纲为1的量,即雷诺数.茹科夫斯基的翼型理论对航空技术影响深远,

---

① 朗道,栗弗席茨.流体力学(上册).孔祥言等译.北京:高等教育出版社,1983:1.

② 郑庆.水的拉伸强度.科学,1992,44(5):35.该文报道液体被拉伸时,处于亚稳态;水的拉伸强度在40 ℃时达−140 MPa,负号表示拉应力.关于"亚稳态"的知识,将在热学中介绍.

③ 杜石然等.中国科学技术史稿(上册).北京:科学出版社,1989:102.

随着航空和火箭技术的进步，亚音速流、跨音速流以致超音速流气体动力学均有大的发展.普朗特(L.Prandtl,1875—1953)在边界层理论、风洞实验技术、机翼理论和湍流方面都有重要成就.美籍匈牙利人冯·卡门(T.von Karman,1881—1963)曾用以他名字命名的卡门涡街解释机翼震颤等，提出湍流的相似原理.周培源(1902—1993)是我国流体力学湍流理论研究的先驱，他早期提出的普通湍流模式理论，在国际上得到发展.钱学森(1911—2009)曾提出跨音速流动相似律，并与卡尔曼共同提出高超音速流的概念.郭永怀(1909—1968)长期从事跨音速动力学研究，他的理论对航空技术突破声障有重要意义.①

现在的流体研究已发展出许多领域，如流体静力学、水力学、气体动力学、磁流体力学、高温流体动力学、湍流理论和相对论流体动力学等.

§11.1 理想流体

无论气体还是液体都是可压缩的.在 $5.066\ 25\times10^7$ Pa 的压强下，压强每增加 1/500，即 101 325 Pa②，水的体积的减少量不到原体积的两万分之一，水银体积的减少量不到原体积的百万分之四.因为压缩量很小，通常可不考虑液体的可压缩性.气体的可压缩性非常明显，譬如用不太大的力推动活塞即可使气缸中的气体明显地被压缩，又如地球表面的大气密度随高度的增加而减小，也说明气体的可压缩性.然而，在一定条件下，我们常常可以把流动着的气体看作是不可压缩的.因为气体密度小，即使压力差不太大，流速不很高，也能够迅速驱使密度较大处的气体流向密度较小的地方，使密度趋于均匀.我们引入一个叫作马赫数的量，定义为 $M=$流速/声速.若 $M^2\ll1$，可视气体不可压缩的.正常呼吸时，鼻腔、气管和肺泡内空气流速低，将空气看作不可压缩的；打喷嚏或咳嗽，气流有可能与声速相比，应计入可压缩性.换言之，若气流速度接近或超过声速，因气体运动所造成的各处的密度差别来不及消失，这时气体的可压缩性会变得非常明显，不能再看作是不可压缩的.总之，在一定问题中，若可不考虑流体的压缩性，便可将它抽象为**不可压缩流体**的理想模型，反之，则需要看作是**可压缩流体**.

流体流动时，将表现出或多或少的黏性，它是当流体运动时，层与层之间有阻碍相对运动的内摩擦力.如河流中心的水流动较快，由于黏性，靠近岸边的水却几乎不动.在某些问题中，若流体的流动性是主要的，黏性居于极次要的地位，可认为流体完全没有黏性，这样的理想模型叫作**非黏性流体**，若黏性起着重要作用，则需要看作**黏性流体**.如果在流体运动的问题中，可压缩性和黏性都处于极为次要的地位，就可以把此流体当作**理想流体**.**理想流体是不可压缩又无黏性的流体**.

① 中国大百科全书(力学).北京，上海：中国大百科全书出版社，1985.

② 101 325 Pa 相当于 1 倍的标准大气压.

§ 11.2 静止流体内的压强

(一) 静止流体内一点的压强

水库里水对水坝施有极大的推力，甚至使水坝发生微小的位移；巨型客机能凭借大气的升力飞行.这些例子表明水或空气均能给物体以力的作用.由此可以想象，流体内部不同部分之间也存在相互作用力.研究流体内部各部分相互作用力的方法和研究弹性体的方法相似.设想在流体内部某一位置沿某一方向取一微小的假想截面，这个假想截面将附近流体分成两部分，并设想将这两部分之间的相互作用力分成与假想截面垂直和与假想截面平行的两个分力，前者对应于正压力，后者对应于应力或称为内摩擦力.

首先讨论静止流体内部与假想截面相切的力.取各种稀薄或黏稠的液体，观察静止在液面上的木板，无论用多小的推力都能使之移动.实际上，黏附在木板表面层的液体随木板与更下层的流体发生相对滑动.这表明，在静止流体内部没有阻碍层与层之间发生相对滑动的阻力.与推动水平桌面上的木块相比，可以说静止流体内部无静摩擦力.在重力场中静止液面总是保持水平也进一步证明了这一点.因若存在层与层间的静摩擦力，一旦液面倾斜，便可能借助下层阻力保持倾斜液面的平衡.大量事实表明，静止流体内任意假想截面两侧的流体间，不会产生沿截面切线方向的作用力，即静止流体不具备弹性体那种抵抗剪切形变的能力或类似于固体之间的静摩擦力.这正是流体具有流动性的原因.

下面研究静止流体内部与假想面元垂直的正压力.在流体内部某点处取一假想面元，用 ΔF 和 ΔS 分别表示通过该面元两侧流体压力的大小和假想面元的面积，则

$$p=\lim_{\Delta S\to 0}\frac{\Delta F}{\Delta S}$$

称为与无穷小假想面元 dS 相对应的压强.

问题是通过一点各不同方位无穷小面元上的压强有什么关系？如图 11.1 所示，在静止流体中某一点的周围，用假想截面围出微小的三棱直角柱体作为隔离体，柱体横截面沿 x 轴边长为 Δx，沿 y 轴边长为 Δy，斜边长为 Δn，另一边长为 Δl.该隔离体在 Oxy 面内受力如图 11.2 所示，其重量等于 $\Delta G=\Delta mg=\frac{1}{2}\rho g\Delta x\Delta y\Delta l$，$\Delta m$ 和 ρ 分别表示隔离体的质量和流体的密度.周围流体作用于各面的力均垂直于各假想截面，设作用于柱面上的压强分别为 p_x、p_y 和 p_n，得平衡方程：

$$p_x\Delta y\Delta l-p_n\Delta n\Delta l\cos\alpha=0,$$

$$p_y\Delta x\Delta l-p_n\Delta n\Delta l\sin\alpha-\frac{1}{2}\rho g\Delta x\Delta y\Delta l=0.$$

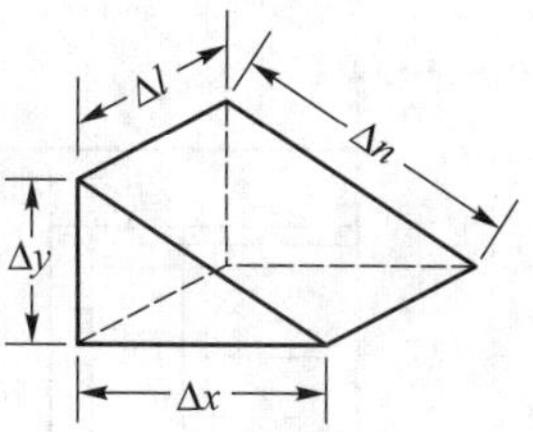

图 11.1 利用假想截面取流体体元

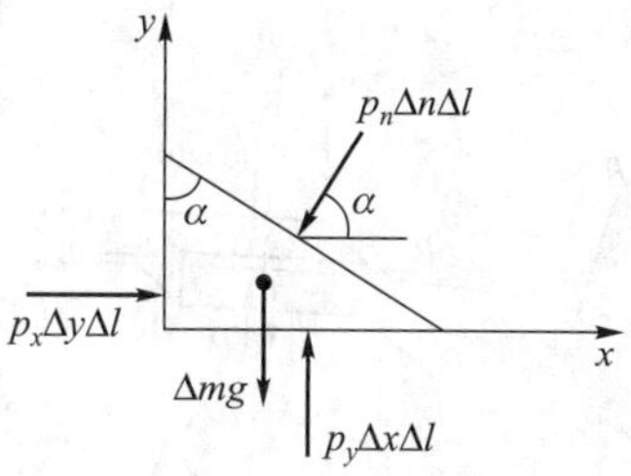

图 11.2 流体体元在 Oxy 面内的受力

因 $\Delta n\sin\alpha=\Delta x$,$\Delta n\cos\alpha=\Delta y$,代入上式得

$$p_x=p_n,\quad p_y=p_n+\frac{1}{2}\rho g\Delta y.$$

令 Δx、Δy、Δl、$\Delta n\to 0$,得

$$p_x=p_n=p_y. \tag{11.2.1}$$

因面元 Δm 的方位是任意选定的,故由此式得出结论:过静止流体内一点各不同方位无穷小面元上的压强大小都相等.因此可认为静止流体内的压强是与一定的空间点相对应而不必强调哪一个假想面元.于是产生静止流体内一点的压强的概念:静止流体内一点的压强等于过此点任意一假想面元上正压力大小与面元面积之比当面元面积趋于零时的极限.

在工程技术上,压强也叫作压力.压强的单位和量纲式与应力相同.即在国际单位制中,压强单位为帕斯卡,简称帕,符号是 Pa,压强的量纲为 $L^{-1}MT^{-2}$.

(二) 静止流体内不同空间点压强的分布

从图 11.1 和图 11.2 可以看到流体微团受到两种力:压力作用于包围微团的假想截面上,称为面积力;万有引力、重力等作用于全部体积上,称为体积力.静止流体内压强分布与体积力分布有关.

如图 11.3(a)所示,BB、$B'B'$……各曲线上各点切线与体积力重合,另取 AA、$A'A'$各曲面上各点切平面与体积力垂直.在流体内取微小正六面体,长宽高分别为 Δl、Δn 和 Δy.其长沿 AA 方向,左右端面积为 $\Delta n\Delta y$,p 和 $p+\Delta p$ 表示作用于它们上的压强.上下底面积为 $\Delta l\Delta n$,压强分别为 p 和 $p+\mathrm{d}p$;体积力与它们作用于同一线上.用 w 表示单位体积流体受到的体积力,称为体积力密度.若仅关心纸面内各力的平衡,沿 Ol 方向有

$$(p+\Delta p)\Delta n\Delta y-p\Delta n\Delta y=0,$$

得

$$\Delta p=0. \tag{11.2.2}$$

表明在与体积力垂直的曲面上相邻两点压强相等.显然,极易推而广之从而得出与体积力垂直的曲面上各点压强相等的结论.压强相等诸点组成的面称为等压面.因此,等压面与体积力互相正交.

沿 y 方向有平衡方程:

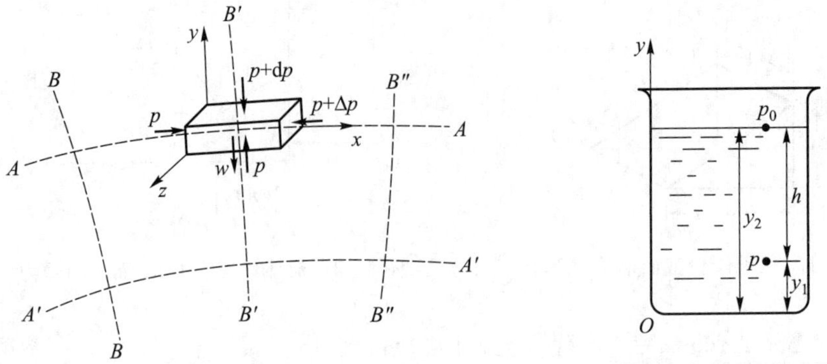

(a) 利用此图证明等压面与体积力垂直而压强梯度与体积力密度有关

(b) 密度均匀的重力场中静止流体的压强分布

图 11.3

$$-(p+\mathrm{d}p)\Delta l\Delta n+p\Delta l\Delta n-w\Delta y\Delta n\Delta l=0.$$

化简并令立方体各边为无穷小量，有

$$\mathrm{d}p=-w\mathrm{d}y$$

或

$$\frac{\mathrm{d}p}{\mathrm{d}y}=-w,\tag{11.2.3}$$

式中 $\mathrm{d}p/\mathrm{d}y$ 反映沿体积力方向压强的变化率，是描述静止流体内压强分布的物理量，称为压强梯度，(11.2.3)式给出压强梯度与体积力密度成正比.(11.2.2)式和(11.2.3)式反映静止流体内压强空间分布的特征.

上面所说的一个重要特例是液体在均匀重力场中平衡.如图 11.4 所示，密度为 ρ 的液体静止于容器中.因重力体积力沿竖直方向，故水平面为等压面，即等高各点压强相等.因体积力密度 $w=\rho g$，根据(11.2.3)式，取 y 轴竖直向上，有

$$\mathrm{d}p=-\rho g\mathrm{d}y.\tag{11.2.4}$$

此式表明，在重力作用下，静止流体内的压强随流体高度的增加而减小.设高度为 y_1 和 y_2 处的压强分别为 p_1 和 p_2，有

$$\int_{p_1}^{p_2}\mathrm{d}p=-\int_{y_1}^{y_2}\rho g\mathrm{d}y,$$

即

$$p_2-p_1=-\int_{y_1}^{y_2}\rho g\mathrm{d}y.\tag{11.2.5}$$

(11.2.5)式即(11.2.4)式的积分形式.考虑到液体近于不可压缩，视 ρ 为常量，又有

$$p_2-p_1=-\rho g(y_2-y_1).\tag{11.2.6}$$

此式给出高度差为 y_2-y_1 时的压强差.图 11.4 中液体有自由表面，此处压强为大气压 p_0.按上式可写出大家熟悉的深度为 h 处的压强：

$$p=p_0+\rho gh.\tag{11.2.7}$$

现在附上关于大气压的说明.托里拆利(E.Torricelli，1608—1647)于 1644 年用他发明的水银气压计测大气压.先将一端封闭的长玻璃管充满水银，倒放于盛水银的盘中，管内水银面下降到一定程度即停止，留下的空间充满水银蒸气，此即所谓的“托里拆利真空”.

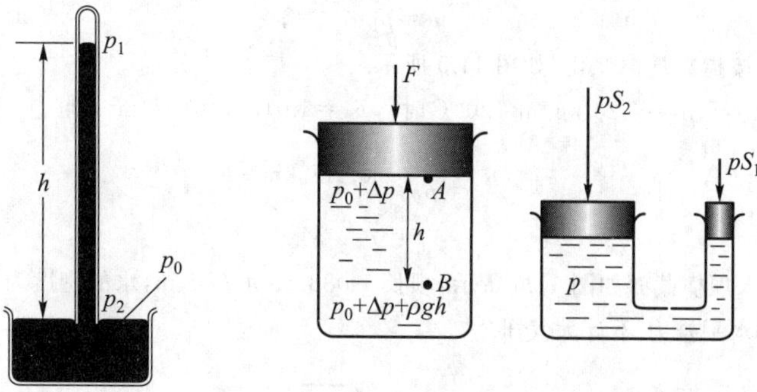

(a) 托里拆利管测大气压　　(b) 帕斯卡原理

图 11.4

在常温下，水银蒸气饱和蒸气压为 76 cm 高水银柱产生的压强，托里拆利真空内的压强可不考虑通常大气压随高度、气候情况而变.在科学技术中，常以物理大气压作为压强的单位.一个物理大气压是在 0 ℃，水银密度为13.595 1 g/cm^3，重力加速度为980.665 cm/s^2 时，760 mm 高水银柱产生的压强.

若在液面上加横截面积为 ΔS 的活塞，并以力 ΔF 向下压活塞，则液面处压强增加 $\Delta p=\dfrac{\Delta F}{\Delta S}$，变成 $p_0+\Delta p$.根据(11.2.7)式，液内各点压强均增加 Δp，变为 $p_0+\Delta p+\rho gh$，好像活塞作用于液体的压强 $\Delta p=\dfrac{F}{S}$大小不变地“传”到其他部分.这正是帕斯卡(B.Pascal，1623—1662)原理.从现在观点看，该原理为上述静液压强分布规律的推论.

因气体密度小，所考虑的高度范围不太大，则(11.2.5)式右方积分与 p_1、p_2 相比可忽略不计，从而气体内各处压强相等.若所关心的高度范围很大，气体密度将随高度明显变化，则不同高度的压强差不能不考虑.

［**例题 1**］ 地球被包围在大气中，若认为大气温度不随高度而变，则大气密度 ρ 与压强 p 成正比，试求大气压随高度的变化.可认为重力加速度 g 为常量.

［**解**］ 取坐标轴 y 方向竖直朝上，原点在海平面.根据(11.2.4)式，

$$dp=-\rho g\,dy,$$

大气密度与大气压成正比，可表示如下：

$$\frac{\rho}{\rho_0}=\frac{p}{p_0},$$

式中 ρ_0、p_0、ρ 与 p 分别表示海平面及某一高度的大气密度和大气压，从此式解出 ρ 并代入前式，得

$$dp=-\rho_0 g\,\frac{p}{p_0}dy.$$

做定积分

$$\int_{p_0}^{p}\frac{dp}{p}=-\int_0^y\frac{\rho_0 g}{p_0}dy,$$

$$\ln\frac{p}{p_0}=-\frac{\rho_0 g}{p_0}y,$$

或

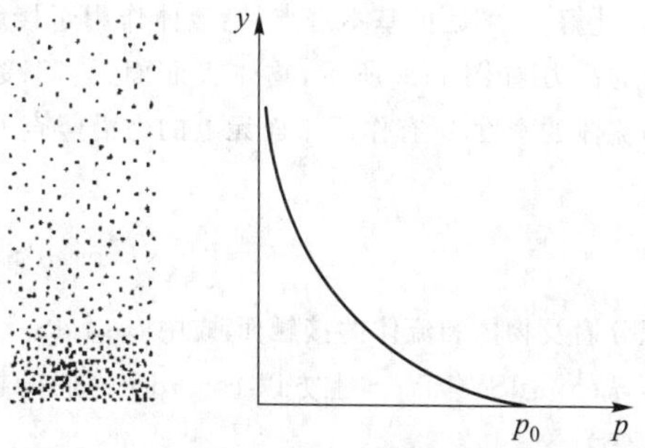

图 11.5　大气密度与大气压随高度的分布

$$p=p_0 e^{-\frac{\rho_0 g}{p_0}y},$$

即大气压随高度按指数规律变化，如图 11.5 所示.

取 $g=9.8\ \mathrm{m/s^2}$，$\rho_0=1.20\ \mathrm{kg/m^3}$（20 ℃时），$p_0=1.013\times10^5\ \mathrm{N/m^2}$，则

$$\alpha=\frac{\rho_0 g}{p_0}=0.117\ \mathrm{km^{-1}}.$$

而

$$p=p_0 e^{-\alpha y}.$$

［**例题 2**］ 水坝横截面如图 11.6 所示，坝长 1 088 m，水深 5 m，水的密度为 $1.0\times10^3\ \mathrm{kg/m^3}$.求水作用于坝身的水平推力.不计大气压.

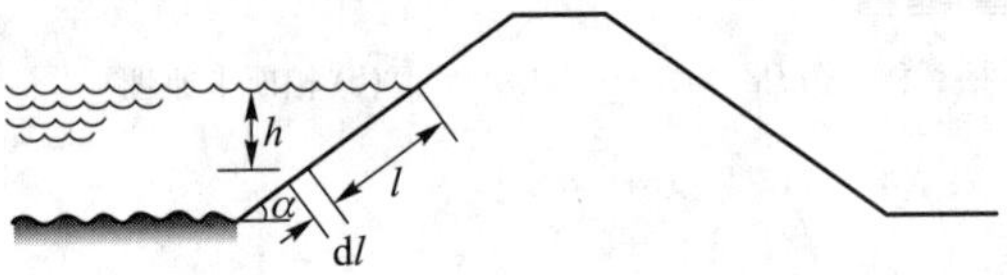

图 11.6 水对坝身压力的研究

［**解**］ 将坝身迎水坡沿水平方向（垂直于纸面）分成许多狭长面元，其中任意面元的长度即坝的长度 L，宽度可用 $\mathrm{d}l$ 表示，长条形面积为 $L\mathrm{d}l$，根据（11.2.4）式，若不计大气压，则水作用于此面元的力为

$$\mathrm{d}F=\rho gh\cdot L\mathrm{d}l.$$

由图可知，倾斜面元对应的高度差为

$$\mathrm{d}h=\mathrm{d}l\cdot\sin\alpha \text{ 或 } \mathrm{d}l=\frac{\mathrm{d}h}{\sin\alpha},$$

α 为斜坡倾角，代入前式得

$$\mathrm{d}F=\rho gLh\cdot\frac{\mathrm{d}h}{\sin\alpha}.$$

力 $\mathrm{d}F$ 与斜面垂直，它沿水平方向的分力为

$$\mathrm{d}F_{水平}=\rho gLh\cdot\frac{\mathrm{d}h}{\sin\alpha}\cdot\sin\alpha.$$

水作用于坝身的水平推力为

$$F_{水平}=\int_0^H \rho gLh\,\mathrm{d}h=\frac{1}{2}\rho gLH^2.$$

H 表示水的深度.将 $H=5\ \mathrm{m}$，$L=1\ 088\ \mathrm{m}$，$\rho=1\times10^3\ \mathrm{kg/m^3}$ 代入上式，得

$$F_{水平}=13.3\times10^7\ \mathrm{N}.$$

［**例题 3**］ 阿基米德原理为：物体在流体中所受浮力等于该物体排开流体的重量.请证明之.

［**解**］ 解题的基本观点是：流体作用于接触表面压力的合力即物体所受的浮力.如图 11.7 所示，物体表面面元 $\mathrm{d}S$ 受到的力等于 $\rho gh\mathrm{d}S$，其中 ρ 为流体的密度.所有作用于面元上的力沿竖直方向分力之和即浮力，故浮力等于

$$F=\int_S \rho gh\cos\alpha\mathrm{d}S,$$

积分遍及物体和流体的接触面.式中 $\cos\alpha\mathrm{d}S$ 等于面元 $\mathrm{d}S$ 在水平面上的投影，$h\cos\alpha\mathrm{d}S$ 等于 $\mathrm{d}S$ 上方以 $\cos\alpha\mathrm{d}S$ 为底的柱体的体积 $\mathrm{d}V$，因此上式积分变为

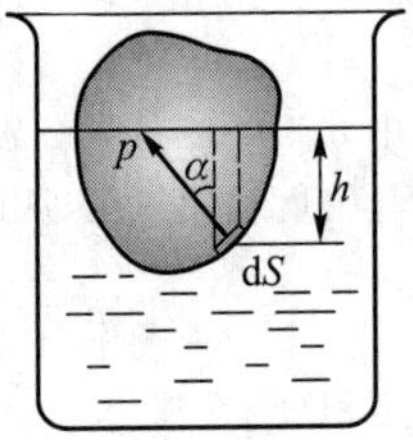

图 11.7 浮力即压力之合力

$$F=\int_V \rho g\,\mathrm{d}V,$$

积分遍及物体排开的流体的体积.这积分正好等于物体排开流体的重量,此重量用 G 表示,则

$$F=G.$$

此即阿基米德原理.

(三) 相对于非惯性系静止的流体

相对于非惯性系静止的流体微团还受到惯性力的作用.惯性力与重力、引力相似,亦属体积力.图 11.8(a)表示油罐车沿水平方向以加速度 a 行驶.从车上这一非惯性系去观察,每一体元的油都受到重力和惯性力两种体积力,总体积力与水平方向的夹角为 α,$\tan\alpha=\dfrac{g}{a}$,等压面应与此方向垂直,如图 11.8(a)中虚线所示.

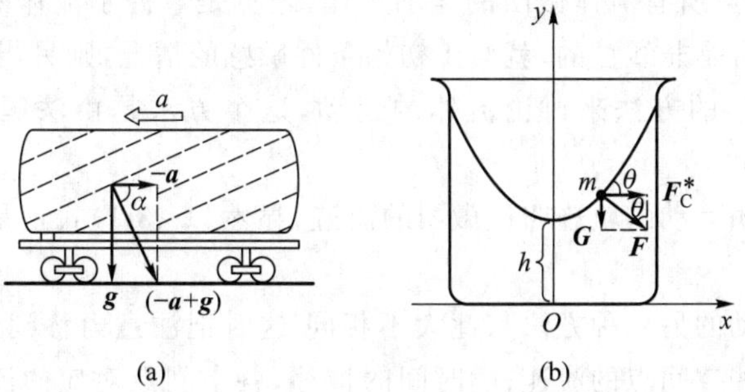

图 11.8 具有场力特征的惯性力与重力引力有相似的特征

［例题 4］ 水桶绕竖直轴以角速度 ω 匀速转动.设水因黏性而完全随桶一起运动.求水的自由表面达到稳定时的形状.

［解］ 以水桶为参考系,在其中固定直角坐标系 Oxy,原点在桶底,y 轴竖直向上,x 轴水平.考虑到水面对于 y 轴的对称性,只要求出水表面与 Oxy 坐标面交线的曲线方程,就算是了解了液面的形状.

水的自由表面与大气接触,故表面处的压强为大气压,自由水面为一等压面.自由水面形状稳定时,流体相对于水桶参考系处于平衡,等压面与水面流体微团所受的体积力垂直.如图 11.8(b)所示,水面某处质量为 m 的流体微团受重力 $G=mg$ 和离心惯性力 $\boldsymbol{F}_C^*=m\omega^2 r\boldsymbol{i}$.这两个体积力的合力如图中 $\boldsymbol{F}$ 所示.流体微团所在处水表面曲线切线的斜率为

$$\frac{\mathrm{d}y}{\mathrm{d}x}=\tan\theta,$$

参考图 11.8(b)可知,

$$\tan\theta=\frac{m\omega^2 x}{mg}=\frac{\omega^2 x}{g}.$$

于是得微分方程

$$\frac{\mathrm{d}y}{\mathrm{d}x}=\frac{\omega^2}{g}x.$$

积分后得

$$y=\frac{\omega^2}{2g}x^2+C.$$

§11.3 流体运动学的基本概念

(一) 流迹、流线和流管

研究流体运动的方法有两种，一种是将流体分成许多无穷小流体微团，并追踪流体微团求出它们各自的运动规律.由质点力学的知识可知，质点的运动规律不仅取决于动力学方程，而且和初始条件 $\boldsymbol{r}_0$ 及 $\boldsymbol{v}_0$ 有关.由于各个流体微团的初始条件不同，它们的运动规律不仅是 t 的函数，而且以初始位置矢量和速度为参量，即

$$\boldsymbol{r}=\boldsymbol{r}(\boldsymbol{r}_0,\boldsymbol{v}_0,t). \tag{11.3.1}$$

根据这种方法，了解所有流体微团的运动规律，才算是掌握了流体的运动情况.当然，流体动力学方程常是非线性的，就对于初始条件敏感的情况，则另当别论.前述方法是沿用质点系动力学的方法来讨论流体的运动，这个方法是由法国人拉格朗日提出来的.

一定流体微团运动的轨迹叫该微团的流迹，显然(11.3.1)式正是以 t 为参量的流迹的参数方程式.

研究流体运动的另一种方法与此大不相同.这时把注意力移到各空间点，观察各流体微团经过这些空间点的流速；随时间的推移，各空间点对应的流速 $\boldsymbol{v}$ 又可能发生变化，因此流速是空间点坐标与时间的函数，即

$$\boldsymbol{v}=\boldsymbol{v}(x,y,z,t). \tag{11.3.2}$$

这就是说，在有流体流动的空间中的每一点均有按一定规律随时间变化的流速矢量与之相对应，任何流过此点的流体微团，都要以该点这个时刻所对应的流速运动.这种描述流体运动的方法是欧拉提出的，比拉格朗日的方法更有效，在流体力学得到更广泛应用.

每一点均有一定的流速矢量与之相对应的空间叫作流速场.为了形象地描述流体的运动状况，我们在流速场中画出许多曲线，使得曲线上每一点的切线方向和位于该点的流体微团的速度方向一致，这种曲线称为流线，如图 11.9 所示.一般说来，空间各点的流速随时间而变，因此流线走向和分布也随时间而变化，流线分布与一定瞬时相对应.此外，值得注意的是，流线不会相交，假设两条流线相交于一点，根据流线定义则位于此点的流体微团便同时具有两个速度，这当然毫无意义.图 11.10(a)给出几种典型情况的流线.

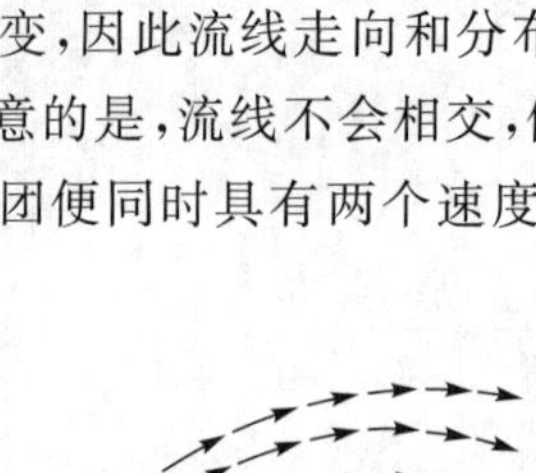

(a) 流速场

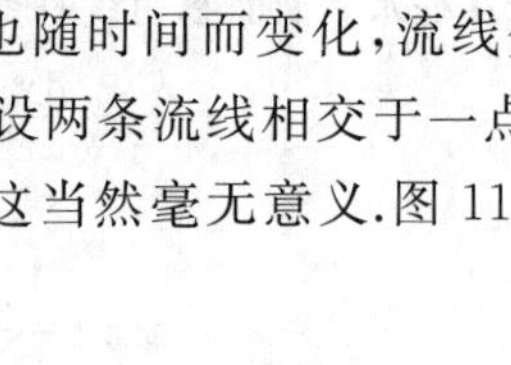

(b) 流线

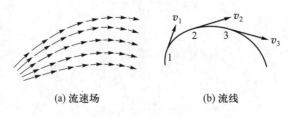

图 11.9

在流体内部画微小的封闭曲线，通过封闭曲线上各点的流线所围成的细管叫作流管，如图 11.10(b)所示.由于流线不会相交，因此流管内外的流体都不会具有穿过流管壁面的速度，换句话说，流管内的流体不能穿至管外，管外的流体也不能穿至管内.

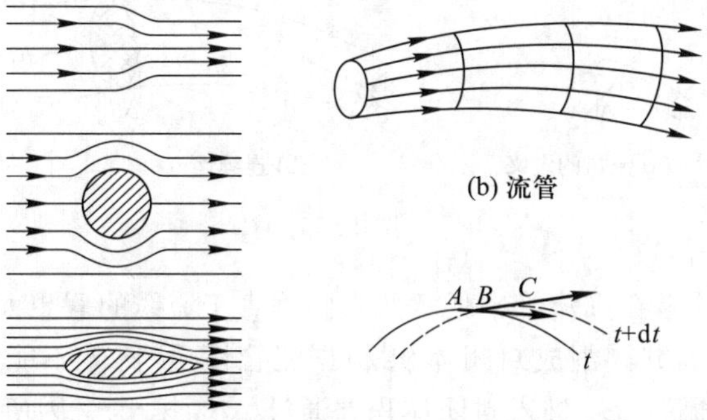

(b) 流管

(a) 几种流线分布情况　(c) 一般说来流迹与流线不重合

图 11.10

一般说来，流迹并不与流线重合.如图 11.10(c)所示，设于瞬时 t，流线如实线所示，可近似认为流线上一流体微团在 t 至 $t+\mathrm{d}t$ 时间内沿切线自 A 运动至 B，到达 B 点时，过 B 点的流线已改为如图虚线所示，流体微团又将沿虚线的切线方向运动，可见在这种情况下流迹和流线是不重合的.

(二) 定常流动

流体内各空间点的流速通常随时间而变化.在特殊情况下，尽管各空间点的流速不一定相同，但任意空间点的流速不随时间而改变，这种流动称为定常流动，可以表示为

$$\boldsymbol{v}=\boldsymbol{v}(x,y,z). \tag{11.3.3}$$

定常流动时的流线和流管均保持固定的形状和位置，这时，流管像是固定的"管道"，而流体在这些由流线所围成的"管道"中运动.

定常流动时，流体既在固定的流管中运动，而流管无限变细即成为流线，这就意味着流体微团是沿流线运动的，换句话说，定常流动时的流线与流迹相重合.

(三) 不可压缩流体的连续性方程

我们首先讲流量的概念.如图 11.11(a)所示，在 Δt 时间间隔内，通过流管某横截面 ΔS 的流体的体积为 ΔV，ΔV 和 Δt 之比当 $\Delta t\to 0$ 时的极限称为该横截面上的流量.如果流管很细，则可认为形成流管的各条流线互相平行，且横截面上各点流速相等，取与这些流线垂直的横截面，用 v 表示该横截面上的流速，用 Q 表示流量，则

$$Q=\lim_{\Delta t\to 0}\frac{\Delta V}{\Delta t}=\lim_{\Delta t\to 0}\frac{\Delta l\cdot\Delta S}{\Delta t}=v\Delta S. \tag{11.3.4}$$

在国际单位制中，流量的单位为 m^3/s.因体积单位常用 L(升)，1 L$=10^{-3}$ m^3，故流量单位亦用 L/s.

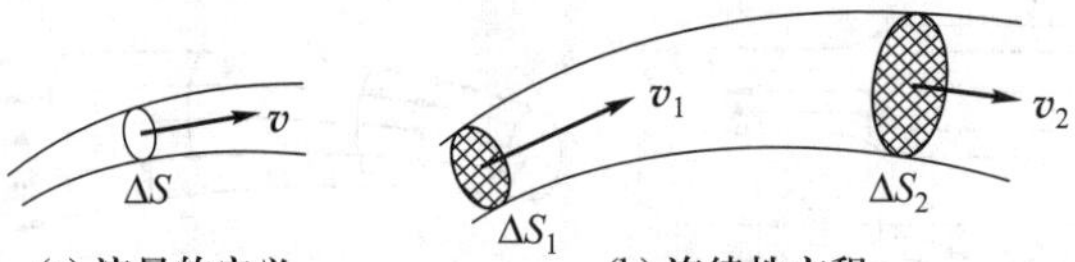

(a) 流量的定义　(b) 连续性方程

图 11.11

参阅图 11.11(b)，在细流管中任意两点画垂直于流线的假想面元 ΔS_1 和 ΔS_2，与它们之间的流管壁面共同围成封闭体积.根据流管性质，流体不能通过流管壁面出入流管，只能顺流管通过 ΔS_1 进入封闭体积并通过 ΔS_2 排出.又因所讨论的流体不可压缩，封闭体积内的质量恒定，根据质量守恒定律，由 ΔS_1 进入和由 ΔS_2 排出的流体质量相等.同样，由于流体不可压缩，密度保持恒定，通过不同截面的质量相等意味进出流管的流量相同，即

$$v_1\Delta S_1=v_2\Delta S_2. \tag{11.3.5}$$

选择 ΔS_1、ΔS_2 时未附加任何条件，故上式对任意两个与流线垂直的截面都是正确的，一般可以写作

$$v\Delta S=\text{常量}, \tag{11.3.6}$$

即对于不可压缩流体，通过流管各横截面的流量都相等，这叫作**不可压缩流体的连续原理**，(11.3.5)式和(11.3.6)式叫作**不可压缩流体的连续性方程**.利用这一方程，若已知细流管上两个横截面积，且知一截面上的流速，即可求出另一截面上的流速.

连续性方程可使我们对于流线的性质有进一步的认识.由(11.3.5)式知，横截面较大处流速较小，横截面较小处流速较大.又由图 11.11(b)可见，横截面较大处流线较疏，横截面较小处流线较密.所以，流线的密疏反映着流速的高低.不过，流线的上述特点对于可压缩流体并不一定正确.例如，超音速流动的气体就不能看作是不可压缩的.对超音速气流，流线较密处流速较小，而流线较疏处流速却较大.

§11.4 伯努利方程

研究流体力学问题，必须注意流体处于静止还是在流动.流体在流动中的压强分布与静液迥然不同.这里研究在惯性系中观察理想流体在重力场中做定常流动时一流线上的压强.流速和高度的关系，即伯努利方程.它是质点系功能原理在流体中的应用.

首先讨论无黏性流体流动时一空间点的压强.设图 11.1 中的隔离体处于运动状态，且加速度为 $\boldsymbol{a}$.根据牛顿第二定律，得

$$p_x\Delta y\Delta l-p_n\Delta n\Delta l\cos\alpha=\Delta ma_x=\frac{1}{2}\rho\Delta x\Delta y\Delta la_x,$$

$$p_y\Delta x\Delta l-p_n\Delta n\Delta l\sin\alpha-\frac{1}{2}\rho g\Delta x\Delta y\Delta l=\Delta ma_y=\frac{1}{2}\rho\Delta x\Delta y\Delta la_y.$$

化简可得

$$p_x-p_n=\frac{1}{2}\rho\Delta xa_x,$$

$$p_y-p_n-\frac{1}{2}\rho g\Delta y=\frac{1}{2}\rho\Delta ya_y.$$

令 Δx、$\Delta y\to 0$，可得到

$$p_x=p_n=p_y,$$

即对于无黏性运动流体，其内部任一点处各不同方位无穷小有向面元上的压强大小可沿用静止流体内一点压强的概念.

下面在惯性系中，讨论理想流体在重力作用下做定常流动的情况.如图 11.12 所示，在理想流体内某一细流管中任取微团 ab，它自位置 1 运动至位置 2，因形状发生变化，在 1 和 2 处的长度分别为 Δl_1 和 Δl_2，底面积分别为 ΔS_1 和 ΔS_2.由于不可压缩，密度 ρ 不变，微团 ab 的质量 $m=\rho\Delta l_1\Delta S_1=\rho\Delta l_2\Delta S_2$.另外，微团 ab 的体积相对于流体流过的空间很小，微团范围内各点的压强和流速也可认为是均匀的，分别用 p_1 与 p_2、v_1 与 v_2 表示.设微团始末位置距重力势能零点的高度分别为 h_1 和 h_2.正是由于考虑到微团 ab 本身的线度和它所经过的路径相比非常小，在应用动力学原理时可将它视为质点.现应用质点系功能原理，有

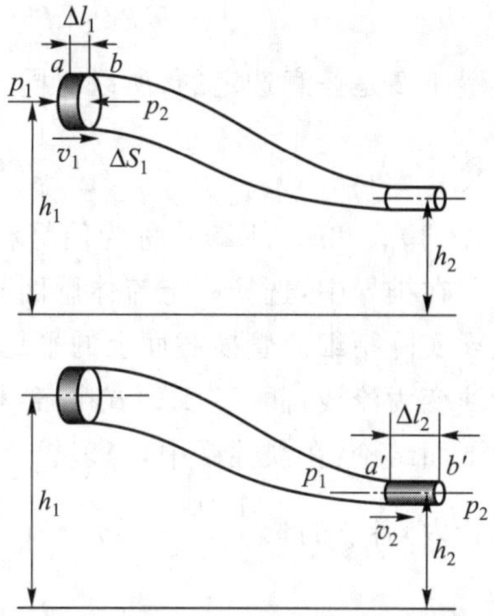

图 11.12

$$A_{外}+A_{内非}=(E_{k}+E_{p})-(E_{k0}+E_{p0}).$$

微团动能增量为

$$\begin{aligned}E_k-E_{k0}&=\frac{1}{2}mv_2^2-\frac{1}{2}mv_1^2\\&=\frac{1}{2}\rho\Delta l_2\Delta S_2v_2^2-\frac{1}{2}\rho\Delta l_1\Delta S_1v_1^2.\end{aligned}$$

微团势能增量为

$$\begin{aligned}E_p-E_{p0}&=mgh_2-mgh_1\\&=\rho g\Delta l_2\Delta S_2h_2-\rho g\Delta l_1\Delta S_1h_1.\end{aligned}$$

因为是理想流体，没有黏性，故不存在黏性力的功，只需考虑周围流体对微团的压力所做的功，但压力总与所取截面垂直，因此作用于柱侧面上的压力不做功，只有作用于微团前、后两底面的压力做功.它包括两部分：作用于后底的压力由 a 至 a' 做的正功及作用于前底面的压力由 b 至 b' 做的负功.值得注意的是，前底和后底都经过路程 ba'.因

为是定常流动，它们先后通过这段路程同一位置时的截面积相同，压强也相等[①]，不同的只是一个力做正功，另一个力做负功，其和恰好为零.所以，只包括压力推后底由 a 至 b 做的正功及压力阻止前底面由 a' 至 b' 做的负功，即

$$A_{外}+A_{非内}=p_1\Delta S_1\Delta l_1-p_2\Delta S_2\Delta l_2.$$

代入功能原理，得

$$\frac{1}{2}\rho v_2^2\Delta l_2\Delta S_2+\rho gh_2\Delta l_2\Delta S_2-\frac{1}{2}\rho v_1^2\Delta l_1\Delta S_1-\rho gh_1\Delta l_1\Delta S_1=p_1\Delta S_1\Delta l_1-p_2\Delta S_2\Delta l_2.$$

因理想流体不可压缩，依连续原理

$$\Delta l_1\Delta S_1=\Delta l_2\Delta S_2=\Delta V,$$

代入前式，并用 ΔV 除等式两端，

$$\frac{1}{2}\rho v_1^2+\rho gh_1+p_1=\frac{1}{2}\rho v_2^2+\rho gh_2+p_2. \tag{11.4.1}$$

位置 1、2 是任意选定的，所以对同一细流管内各不同截面有

$$\frac{1}{2}\rho v^2+\rho gh+p=常量. \tag{11.4.2}$$

(11.4.1)式和(11.4.2)式称为伯努利方程.

在推导中，选择一定流体微团并研究其沿细流管的运动，因此涉及的压强 p 和流速 v 实际指细流管横截面上的平均值.我们可以在推导的最后阶段，令$\Delta S\to 0$，于是流管演变为流线，而(11.4.1)式中各量则表示在同一流线上不同两点 1 和 2 的取值.于是得下面结论：在惯性系中，当理想流体在重力作用下做定常流动时，一定流线上（或细流管内）各点的量$\frac{1}{2}\rho v^2+\rho gh+p$ 为一常量.

一般说来，常量$\frac{1}{2}\rho v^2+\rho gh+p$ 的数值因流线而异.但在特殊情况下，不同流线上的常量相同.其中一种值得提出的情况是，若各流管均来自流体微团以同样速度做匀速直线运动的 A、B 点，AB 沿竖直方向.选择一柱形隔离体，其上、下底面包含 A、B 点，此隔离体必将沿水平方向匀速运动.由于在竖直方向无加速度，根据平衡条件可得出与静止流体中类似的公式：

$$p_B=p_A+\rho gh, \tag{11.4.3}$$

h 表示 A、B 两点高度差.以 B 点所在高度为重力势能零点，则 A 点所在流线上各点有

$$\frac{1}{2}\rho v^2+\rho gh+p_A=C_A, \tag{11.4.4}$$

---

① 这里，我们可把理想流体做定常流动时各空间点对应的压强不随时间改变当作一个假设来看待.然而，这一点在更进一步的理论中是可以得到证实的.描述理想流体在重力场中运动规律的基本方程叫欧拉方程：

$$\frac{\partial \boldsymbol{v}}{\partial t}+\left(v_x\frac{\partial \boldsymbol{v}}{\partial x}+v_y\frac{\partial \boldsymbol{v}}{\partial y}+v_z\frac{\partial \boldsymbol{v}}{\partial z}\right)=-\frac{1}{\rho}\left(\frac{\partial p}{\partial x}\boldsymbol{i}+\frac{\partial p}{\partial y}\boldsymbol{j}+\frac{\partial p}{\partial z}\boldsymbol{k}\right)+\boldsymbol{g}.$$

对于定常流动，各空间点对应的流速不随时间改变，即$\frac{\partial \boldsymbol{v}}{\partial t}=0$，这意味着等号左方不显含 t，故等号右方也不显含 t，所以各空间点的压强不随时间改变.

C_A 为常量；在 B 点所在流线上各点有

$$\frac{1}{2}\rho v^2+p_B=C_B, \tag{11.4.5}$$

C_B 亦为常量.由以上三式得 $C_A=C_B$，故不同流线上伯努利方程中的常量是相等的，图中 A、B、C 和 D 点等处伯努利方程中的守恒量有相同的数值.上文仅论述流速沿水平方向的情况，读者不难证明，只要流线来自这样的空间，该处的流体微团均以相同速率沿同一方向做匀速运动，上面的结论总是正确的.现在看另一种情况.仍见图 11.13，各流线均来自彼此平行的空间，但流速不同.因在竖直方向仍可按平衡问题处理，(11.4.3)式仍成立.然而因(11.4.4)式和(11.4.5)式中的流速不同，故 $C_A\neq C_B$.于是，伯努利方程仍需在一流线上成立.

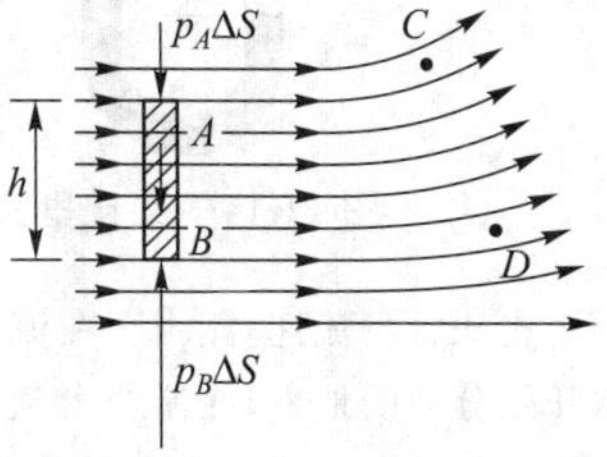

图 11.13　各流线上伯努利方程中常量取相同数值的特例

［**例题 1**］　文丘里(G. B. Venturi，1746—1822)流量计的原理.文丘里流量计常用于测量液体在管中的流量或流速.如图 11.14 所示，在变截面管的下方，装有 U 形管，内装水银.测量水平管道内的流速时，可将文丘里流量计串联于管道中，根据水银表面的高度差，即可求出流量或流速.

已知管道横截面为 S_1 和 S_2，水银与液体的密度各为 $\rho_{汞}$ 与 ρ，水银面高度差为 h，求液体流量.设管中为理想流体做定常流动.

［**解**］　在惯性系中，文丘里流量计内的理想流体在重力作用下做定常流动，可运用伯努利方程.根据伯努利方程的要求，在管道中心轴线处取细流线，对流线上 1、2 两点，有

$$\frac{1}{2}\rho v_1^2+p_1=\frac{1}{2}\rho v_2^2+p_2.$$

在 1 与 2 处取与管道垂直的横截面 S_1 和 S_2，根据连续性方程：

$$v_1S_1=v_2S_2.$$

由于通过 S_1 和 S_2 截面的流线是平行的，横截面上压强随高度分布的规律与静止流体中相同(参考图 11.13 及有关论述).U 形管内显然为静止流体.因此，自 1 点经 U 形管到 2 点，可运用不可压缩静止流体的压强公式，由此得出管道中心线上 1 处与 2 处的压强差为

$$p_1-p_2=(\rho_{汞}-\rho)gh.$$

将以上三式联立，可解出流量

$$Q=v_1S_1=v_2S_2=\sqrt{\frac{2(\rho_{汞}-\rho)ghS_2^2S_1^2}{\rho(S_1^2-S_2^2)}}.$$

等式右方除 h 外均为常量，因此可根据高度差求出流量.

［**例题 2**］　皮托(H. Pitot，1695—1771)管原理.皮托管常用来测量气体的流速.如图 11.15 所示，开口 1 和 1′与气体流动的方向平行，开口 2 则垂直于气体流动的方向.两个开口分别通向 U 形管压强计的两端，根据液面的高度差便可求出气体的流速.

已知气体密度为 ρ，液体密度为 $\rho_{液}$，管内液面高度差为 h，求气体流速.气流沿水平方向，皮托管亦水平放置.空气可视作理想流体，并相对于皮托管做定常流动.

［**解**］　因空气可视作理想流体，又知空气做定常流动，并在惯性系内的重力场中，可应用伯努利方程.

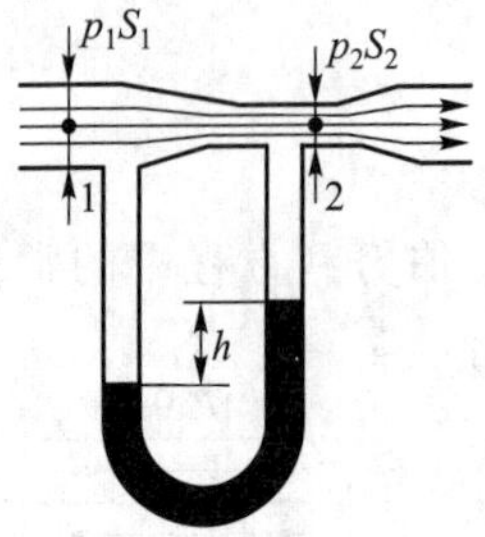

图 11.14 文丘里流量计

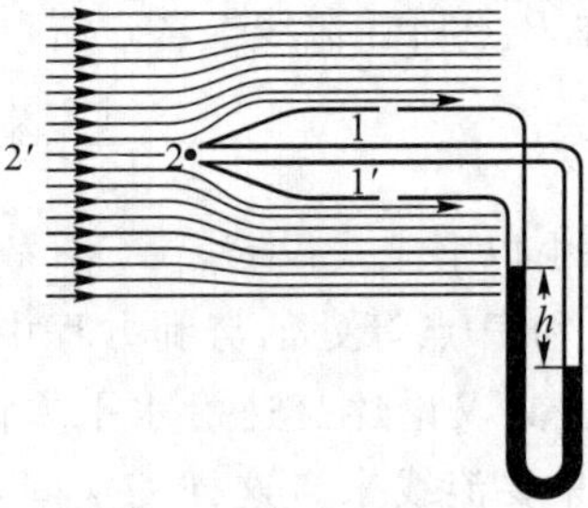

图 11.15 皮托管

用皮托管测流速，相当于在流体内放一障碍物，流体将被迫分成两路绕过此物体，在物体前方流体开始分开的地方，在流线上流速等于零的一点，称为驻点(如图上的 2 点).如图 11.15 所示，通过 1、2 各点的各流线均来自远处，在远处未受皮托管干扰的地方，流体内各部分均相对于仪器以相同的速度做匀速直线运动(例如飞机在空中匀速直线飞行，远处空气相对于机身均以相同速度做匀速直线运动)，空间各点的$\frac{1}{2}\rho v^2+\rho gh+p$ 是一个常量，对于 1、2 两点说来

$$\frac{1}{2}\rho v_1^2+\rho gh_1+p_1=\rho gh_2+p_2.$$

h_1 和 h_2 表示 1、2 两点相对于势能零点的高度，这两点的高度差很小，可不予考虑，因此

$$\frac{1}{2}\rho v_1^2=p_2-p_1.$$

皮托管的大小和气体流动的范围相比是微乎其微的，仪器的放置对流速分布的影响不大，可近似认为 v_1 即为待测流速 v，于是

$$v=\sqrt{\frac{2(p_2-p_1)}{\rho}}.$$

又

$$p_2-p_1=\rho_{液}gh.$$

故流速为

$$v=\sqrt{2\rho_{液}\ gh/\rho}.$$

这里介绍一下驻点压强.将伯努利方程应用于图 11.15 中流线 $2'2$，$2'$点压强为大气压 p_0，流速即 v，即 p_2 表示驻点压强，驻点处流速为零，则

$$p_2=p_0+\frac{1}{2}\rho v^2.$$

由于$\frac{1}{2}\rho v^2>0$，所以 $p_2>p_0$，即驻点处有较高的压强.

将皮托管用在飞机上，可测量空气相对于飞机的航速.但飞机上不宜用 U 形管，而采用金属盒，其内外分别与图 11.15 中 1 和 2 相通，通过金属盒因内外压强差发生变形来测航速.

[例题 3] 水库放水、水塔经管道向城市输水，以及医院为病人输液等，其共同特点是液体自大容器经小孔流出.由此得下面研究的理想模型：大容器下部有一小孔.小孔的线度与容器内液体自由表面至小孔处的高度 h 相比很小.液体可视为理想流体.求在重力场中液体从小孔流出的速度.

[解] 随着液面的下降，小孔处的流速也会逐渐降低，严格说来，并不是定常流动.但因孔径极小，若观测时间较短，液面高度没有明显变化，仍然可以将其看作定常流动.选择小孔中心作为势能零点，并对从自由表面到小孔的流线运用伯努利方程.因可认为液体自由表面的流速为零，故

$$\rho gh+p_0=\frac{1}{2}\rho v^2+p_0.$$

式中 p_0 表示大气压，v 表示小孔处流速，ρ 表示液体密度，解出 v 即得

$$v=\sqrt{2gh}.$$

结果表明，小孔处流速和物体自高度 h 处自由下落的速度是相同的.

图 11.16(a)中若喷嘴与容器内壁的接合处呈圆滑曲线，则流束截面积将与孔口面积相同.如果是直壁孔口，如图 11.16(b)所示，情况就不同了.由于流体微团的惯性，沿壁面流出小孔的流体微团不可能突然改变自己的运动方向而必然沿着光滑的曲线运动.小孔外流管(又称流束)的直径比孔口直径小，叫流束收缩.流束截面积与孔口面积之比叫收缩系数，自薄壁圆孔出来的射流，收缩系数在 0.61 到 0.64 之间.

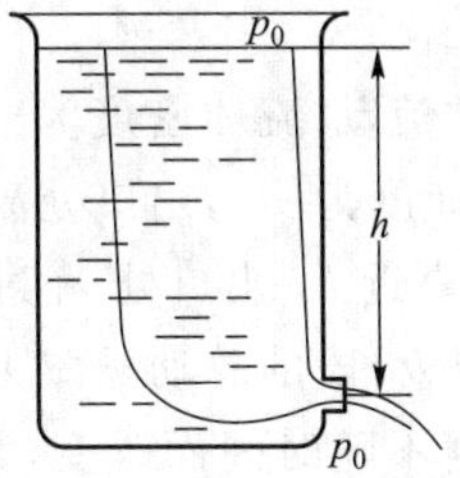

(a) 微孔流速问题的研究

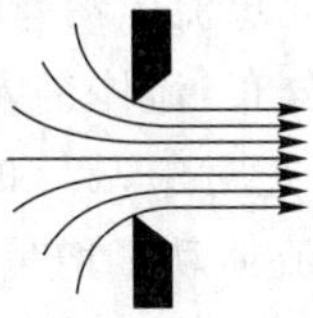

(b) 流束收缩

图 11.16

已知小孔流速，还可求出流量.若无流束收缩，又不计黏性影响，则流量 $Q=v_1S=S\sqrt{2gh}$，S 为孔口截面积.若有流束收缩，又考虑黏性，则应将上式加以改进，$Q=\mu S\sqrt{2gh}$，$\mu<1$，称为流量系数，可由实验测出.根据理想模型推出公式，再根据实验对公式进行修正，这是很常见的方法.

若所研究问题中气体有明显的膨胀压缩而温度的变化必须考虑时，便不适用理想流体的理想模型，需要用其他方程描述流动，并得到与上述小孔流速不同的结论.图 11.17(a)表示高压气体自收缩的小孔喷出.按可压缩流体力学，喷出速度不会超过声速.当需产生超音速流动时，例如研究超音速流，则需自喷气口引出膨胀管.如前所述，超声速流线越疏流速越大，因而可在扩张处得超音速流，如图 11.17(b)所示，该装置称为拉瓦尔(Laval)喷管.

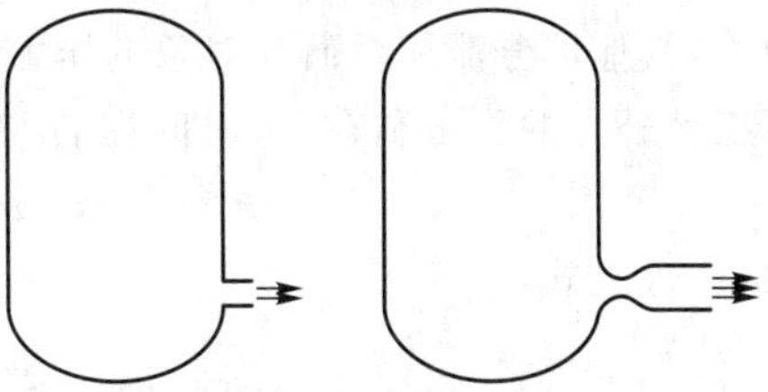

(a) (b)

图 11.17 如在收缩喷口外接扩张管，则可得到超音速流

§11.5 流体的动量和角动量

现将质点系动量和角动量的概念应用于流体力学.我们不准备进行系统的理论研究，仅讨论典型事例.

(一) 流体的动量

如图 11.18(a)所示，设流体沿弯管做定常流动，则流体对弯管产生作用力.这正是

水轮机或水力发电机的基础，并需要用动量概念讨论.

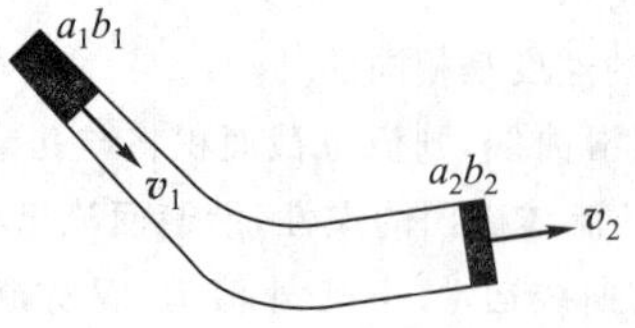

(a) 研究流体动量的变化率

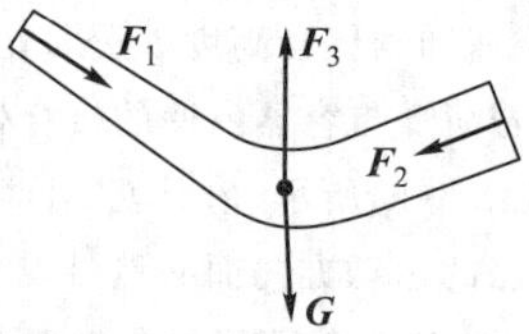

(b) 流体的受力，其反作用施于弯管

图 11.18

图 11.18(a)表示理想流体沿弯管做定常流动.流体密度为 ρ，流量为 Q.设出入口处横截面上流速均匀分布，流体进入弯管的速度为 $\boldsymbol{v}_1$，出口处流速为 $\boldsymbol{v}_2$.取横截面 a_1 和 a_2 间的流体作为研究对象，a_1 和 a_2 分别靠近入、出口处.经过很短时间 Δt 后，流体运动到 b_1 和 b_2 之间.流体动量增量应等于 b_1b_2 段的总动量减去 a_1a_2 段的总动量.不过，由于是稳定流动，a_2b_1 间流体各点的速度不随时间而改变，其动量不会发生变化，因此，研究对象在 Δt 时间内动量的增量等于 a_2b_2 间流体的动量减去 a_1b_2 间流体的动量.这两段液柱的长度都很短，因此可以把它们看作是圆柱体并认为它们各自内部各点的流速相同，于是，研究对象在 Δt 时间内动量增量为

$$\Delta \boldsymbol{I}=\rho \boldsymbol{v}_2 \Delta l_2 \Delta S_2-\rho \boldsymbol{v}_1 \Delta l_1 \Delta S_1.$$

我们可把上述研究对象视作由流体微团组成的质点系，其内部相互作用的压力为内力，其他部分流体对研究对象的压力、重力，以及管壁的压力为外力.若用 $\bar{\boldsymbol{F}}$ 表示后面三种外力的矢量和在 Δt 时间内的平均值，根据质点系的动量定理：

$$\bar{\boldsymbol{F}} \Delta t=\rho \boldsymbol{v}_2 \Delta l_2 \Delta S_2-\rho \boldsymbol{v}_1 \Delta l_1 \Delta S_1.$$

以 Δt 除上式，得

$$\bar{\boldsymbol{F}}=\rho \boldsymbol{v}_2 \Delta S_2 \frac{\Delta l_2}{\Delta t}-\rho \boldsymbol{v}_1 \Delta S_1 \frac{\Delta l_1}{\Delta t}.$$

对此式取 $\Delta t \to 0$ 的极限，$\bar{\boldsymbol{F}}$ 成为瞬时值，而 $\lim\limits_{\Delta t \to 0} \dfrac{\Delta l_2}{\Delta t}=v_2$，$\lim\limits_{\Delta t \to 0} \dfrac{\Delta l_1}{\Delta t}=v_1$，再根据不可压缩流体的连续性方程 $Q=v_1 \Delta S_1=v_2 \Delta S_2$，得

$$\boldsymbol{F}=\rho Q(\boldsymbol{v}_2-\boldsymbol{v}_1).$$

即流体所受合力与入、出口流速、流量和密度有关.因为是定常流动，Q、$\boldsymbol{v}_1$ 和 $\boldsymbol{v}_2$ 都不变，故力 $\boldsymbol{F}$ 为恒力.

流体重力常比其他力小得多，可以不计.这时，$\boldsymbol{F}=\boldsymbol{F}_1+\boldsymbol{F}_2+\boldsymbol{F}_3$，$\boldsymbol{F}_1$ 和 $\boldsymbol{F}_2$ 分别表示入、出口以外的流体对研究对象的压力，如图 11.18(b)所示，而 $\boldsymbol{F}_3$ 为管壁对流体的压力.于是

$$\boldsymbol{F}_3=-\boldsymbol{F}_1-\boldsymbol{F}_2+\rho Q(\boldsymbol{v}_2-\boldsymbol{v}_1).$$

入、出口间水流对弯管的作用力则等于

$$\boldsymbol{F}_3'=-\boldsymbol{F}_3=\boldsymbol{F}_1+\boldsymbol{F}_2+\rho Q(\boldsymbol{v}_1-\boldsymbol{v}_2).$$

此压力与流量的大小、流速的变化，以及入口、出口的压力都有关系.

本例说明流体流经弯管改变流动方向时，将对弯管作用以压力，如将弯管换成可

以绕某轴线转动的弯曲叶片，则当流体穿过叶片时，可推动叶片旋转，这正是水轮机的基本原理，如图 11.19 所示.高速水流因减速而得到的力甚至可以造成奇迹.据《世界知识画报》(1994 年 5 月)，用 0.1～ 0.3 mm 直径的喷嘴射出的高速水流，可达到 $10^8 \sim 4\times10^8$ Pa，能切割合金钢和混凝土等材料.

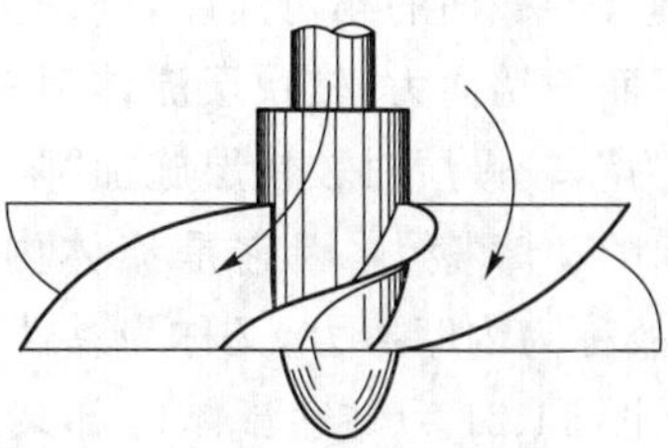

图 11.19 液体自上流下，顺叶片液流改变方向，使叶片受力而旋转

(二) 流体的角动量

如图 11.20 所示，大容器下有小孔.自 A 处向容器内供水，自 B 处泄水口放出，将看到液面呈漏斗状，现在做大略的讨论.

自 A 处进入的流体微团，自外周向中间旋转.因对圆筒形中轴线的角动量守恒，故沿圆周切向的流速越来越大，与图 5.2 发生的现象相似.此外，流体微团向下泄出，因泄水口直径比圆筒直径小得多，故按连续性方程，流体微团向下运动的分速度也越来越大.在液体表面上自 A 处附近至接近 B 处取流线 $A'B'$.因在液面，压强均为大气压，故压强项将在就 $A'B'$ 流线列出的伯努利方程中消失.A' 处流速 $v_{A'}$ 即供水口处流速，B' 处流速 $v_{B'}$ 为较大的周向速度和较大下泄速度的合速度之大小.设液面高度差为 h.按伯努利方程

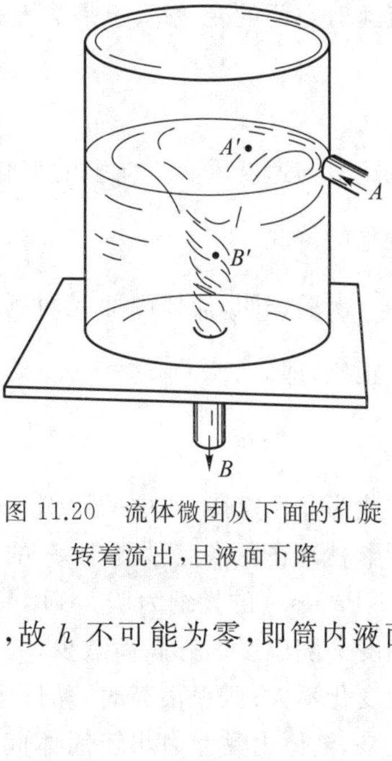

图 11.20 流体微团从下面的孔旋转着流出，且液面下降

$$\frac{1}{2}\rho v_{B'}^2=\frac{1}{2}\rho v_{A'}^2+\rho g h.$$

根据方才分析，因角动量守恒和连续性方程，$v_{B'}>v_{A'}$，故 h 不可能为零，即筒内液面不可能保持水平，故中间必下降并呈漏斗状.

§11.6 黏性流体的运动

不考虑流体的黏性，在不少情况下可对现象做出令人满意的解释.然而，对另外一些情况，流体的黏性起重要作用，甚至某些现象从本质上是由黏性引起的.这时，就不得不考虑流体的黏性.

(一) 黏性定律

在流体中取一假想截面，截面两侧流体沿截面以不同速度运动，即截面两侧的流

体具有沿截面的相对速度，则两侧流体间将互相作用以沿截面的切向力，较快层流体对较慢层流体施加向前的“拉力”，较慢层对较快层施加“阻力”.这一对力相当于固体间的动摩擦力，因它是流体内部不同部分间的摩擦力，故称为内摩擦力，又称为黏性力.

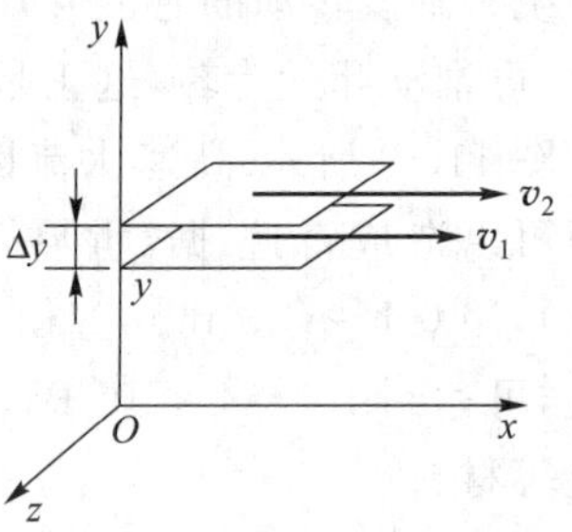

图 11.21 速度梯度的图示

图 11.21 为黏性流体内部某一点附近的流动情况，两部分以不同的速率 v_1 和 v_2 运动.建立直角坐标系 $Oxyz$，y 轴与流速 $\boldsymbol{v}_1$、$\boldsymbol{v}_2$ 的方向垂直，且用 Δy 表示以速率 v_1 和 v_2 运动的两层流体间的距离，用比值

$$\frac{\Delta v}{\Delta y}=\frac{v_2-v_1}{\Delta y}$$

描述在 y 至 $y+\Delta y$ 间流速对空间的平均变化率.不过，它并不能精确地反映在 y 点处流速对空间的变化率.于是取上式当 $\Delta y\to 0$ 的极限，得

$$\frac{\mathrm{d}v}{\mathrm{d}y}=\lim_{\Delta y\to 0}\frac{\Delta v}{\Delta y}. \tag{11.6.1}$$

流速沿与速度垂直方向上的变化率$\dfrac{\mathrm{d}v}{\mathrm{d}y}$称为速度梯度，它反映了速度随空间位置变化缓急的情况.

实验证明，流体内面元两侧相互作用的黏性力 F 与面元面积 ΔS 及速率梯度$\dfrac{\mathrm{d}v}{\mathrm{d}y}$成正比，即

$$F=\eta\frac{\mathrm{d}v}{\mathrm{d}y}\Delta S, \tag{11.6.2}$$

称此为黏性定律，式中的比例系数 η 称为黏度.在国际单位制中，η 的单位为 Pa·s（帕斯卡秒）；在厘米克秒制中，η 的单位为g/(cm·s)（克每厘米秒），即为 P（泊）.1 P = 0.1 Pa·s.η 的量纲为$\mathrm{L}^{-1}\mathrm{MT}^{-1}$.$\eta$ 除与物质材料有关外，还和温度、压强有关.液体的黏度 η 随温度的升高而减少，气体的黏度随温度的升高而增加.压强不太大时，液体黏性变化不大；压强很高时，黏性才急剧增加.气体黏性则基本上不受压强的影响.一般说来，液体内黏性力小于固体间干摩擦力，故在机械上常用机油润滑零件，以减少磨损，延长机器的使用寿命.气体黏性力更小，气垫船就利用了气体的这一特点.在技术上，根据不同需要，对黏度的要求也不同，例如在液压传动中，油液的黏度过高，将增大摩擦和功率的损失；黏度过低，则加重漏油现象，这两方面是互相矛盾的.此外，在液压传动中，还希望在使用范围内黏度不因温度变化而发生显著的改变.因此选择油的型号视具体情况而定.表 11.1 列出若干种物质的黏度的约略值.

表 11.1

物质	温度/℃	η/(Pa·s)
空气	0	1.7×10^{-5}
	20	1.8×10^{-5}

续表

物质	温度/℃	η/(Pa·s)
水蒸气	100	1.3×10^{-5}
乙醇	20	1.2×10^{-3}
血浆	37	1.3×10^{-3}
血液(因流速而变)	37	2.0×10^{-3}
甘油	20	0.83×10^{-3}
水	20	1.0×10^{-3}
	40	0.66×10^{-3}
	80	0.36×10^{-3}

数据来源同表 8.2.

(二) 雷诺数

黏性流体的流动比理想流体流动内容丰富得多.在描述流动的特征方面,英国的雷诺于 1883 年提出用来比较黏性流体流动状态的量纲为 1 的量,其定义为

$$Re=\frac{\rho vL}{\eta} \tag{11.6.3}$$

ρ 和 η 分别表示流体密度和黏度,v 表示特征流速,如在直圆管中流动时中轴线上的流速,绕过机翼的来自无穷远的均匀流动的空气流速等.L 表示流动涉及的特征长度,例如圆管直径或机翼宽度等.

流体流动,有所谓流动边界状况或称为边界条件问题.例如水在圆管中流动,圆管及其粗细即为边界条件.来自无穷远处的均匀流动绕过一圆柱体[见图11.10(a)],圆柱体表面即边界条件.飞机飞行时,机身机翼形状即构成边界条件.

对于雷诺数有如下相似律:若两种流动边界状况或边界条件相似且具有相同的雷诺数,则流体具有相同的动力特征.例如在直圆管中流动但管的粗细不同、流速不同和流体种类不同,或都是来自无穷远的均匀流动绕过圆柱体但流速、圆柱直径和流体种类不同,等等.上面原理表明,若流动相似,只要雷诺数不变,流动性质就不变.亦可称作一类对称性,即标度对称性.①

这类对称性很有实用价值.举个例子,当研究设计水利工程时,可制造远小于实物的模型,并令其中流动的雷诺数与实际情况相近,则模型的流动能反映真实流动的基本特征.在空气动力学的实验中常令气流通过筒形通道,并设置测量设施,称为风洞.设计飞机时,将缩尺模型置于风洞中,选择气体种类和流动,使雷诺数接近实际.这样,风洞中的气流将反映飞机飞行时空气相对飞机流动的特点.研究飞机的性能和设计,都离不开建立在相似性原理基础上的风洞实验.显然,按与实物相同大小制造风洞将

① Ho - Kim Q, Kumar N, Lam C S. Invitation to Contemporary Physics. Singapore: World Scientific, 1991:7.

得到更好的结果.我国是少数几个具有大型风洞的国家之一,我国最大的跨超音速风洞设于人工山洞里,用于飞机和导弹的选型和定型,以及卫星发射、火箭的设计等.

(三) 层流和湍流

图 11.22 为一演示实验,在容器下方装水平玻璃管,管端装阀门控制水的流速,容器内另有细管,内装有色液体自开口 A 流出.实验时,先令容器内的水缓慢流动,这时,从细管中流出的有色液体呈一细线,表明有色液体随水流动.这种各层之间不相混杂的分层流动,叫作层流.如果开大阀门,使管内流速加快,有色液体流动的定常性便被破坏了,流动具有混杂、紊乱的特征时,叫湍流.黏性较大的流体在直径较小的管道中慢慢流动,会出现层流,如石油在管道中的缓慢流动.黏性较小的流体在直径较大的管道中快速流动,就往往形成湍流,例如自来水管中的水流或通风管道中的气流等.有人认为图 3.24 所示木星大红斑周围的流动亦可能为湍流.

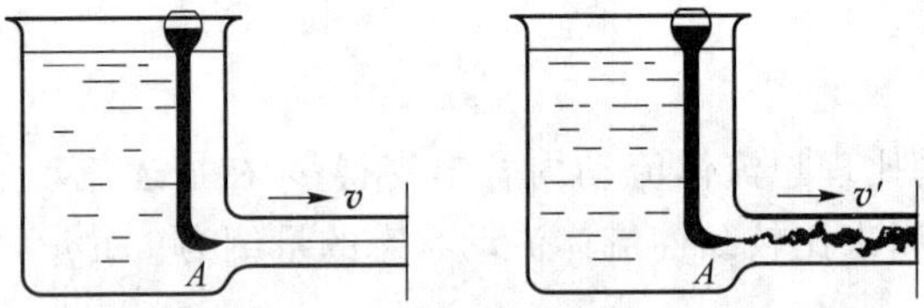

图 11.22 当流速增大时,层流转变为湍流

雷诺数被认为是层流还是湍流的一个判据.从层流向湍流的过渡以一定的雷诺数为标志,叫作临界雷诺数 $Re_{临}$,$Re<Re_{临}$ 时为层流,当 $Re>Re_{临}$ 时则变为湍流.例如在光滑的金属圆管中,$Re_{临}=2\ 000\sim2\ 300$,如通过光滑的同心环状缝隙,则 $Re_{临}=1\ 100$,在滑阀阀口,则 $Re_{临}=260$.

自从非线性系统混沌现象的研究得到发展,许多学者认为湍流即为一种混沌行为,通常还把化学反应和光学等领域中出现的混沌称作化学湍流和光学湍流.

(四) 泊肃叶公式

水平放置的圆管中黏性流体做层流运动时,各流层为自管道中心开始而半径逐渐加大的圆筒形.中心处的流速最大,随着半径的增大而流速变小,靠近管壁的流体黏附于壁面,其流速为零.参考图 11.23(a),可以证明[①],层流流速 v 随半径 r 而变化的规律是

$$v=\frac{p_1-p_2}{4\eta l}(R^2-r^2), \tag{11.6.4}$$

l 表示管内被观测长度,p_1 和 p_2 表示这段长度两端的压强($p_1>p_2$),R 表示圆管的内半径.根据此式可用图 11.23(b)形象地表示管内的流速分布,速度矢端的曲线是抛

① 参阅本章选读材料.

物线，还可以计算通过圆管横截面的流量 Q.1839 年，哈根(G.Hagen)从实验得出 $Q\propto(p_1-p_2)R^4$.1840 年，泊肃叶(J.L.M.Poiseuille，1799—1869)发现了如下公式：

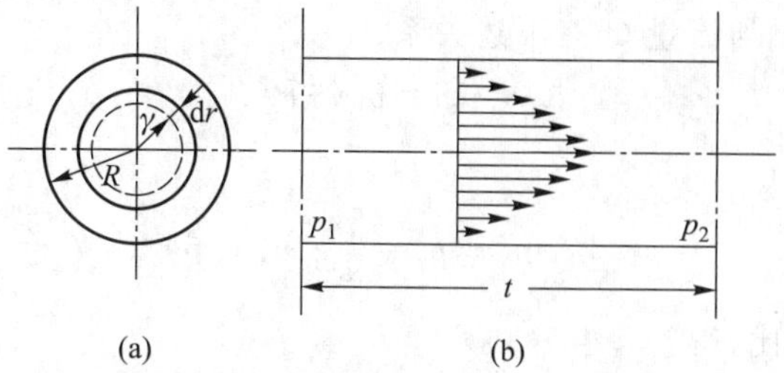

图 11.23　圆管内黏性流体层流的速度分布

$$Q=\frac{\pi R^4}{8\eta l}(p_1-p_2) \tag{11.6.5}$$

上述泊肃叶公式和伯努利方程都用于研究水平圆管内的流动：水平圆管内不同截面上的流速相等，高度相同，由伯努利方程，各截面上的压强相等，即在水平管内维持流动不需要压强差.按泊肃叶公式，若无压强差，则流量等于零，即需要压强差维持水平管内的流动.究竟哪个结论正确？无疑泊肃叶公式更正确些，因为流体确有黏性，为保证流体的流动必须利用压力差来克服内摩擦力.这个例子反映了伯努利方程的局限性，由于考虑到黏性的影响，泊肃叶公式比伯努利方程前进了一步.

在细管内缓慢的流动常常可以看作层流.例如血液在支血管和微血管中的流动就可以看作层流并可应用泊肃叶公式.心肌梗死患者血液的黏性将增加，急性炎症和其他许多病症也会不同程度地引起血液黏性的变化.研究血液的黏性流动对于病理学、诊断学和药学等都是很有价值的.

在流体动力学中，泊肃叶公式有相当重要的意义.我们知道，在细管内缓慢的流动往往属于层流，这时，泊肃叶公式与实验很符合，因此它是关于研究流体黏性的重要公式.这一公式还提供了测定黏度的方法，已知细管的半径和长度，并测出这一长度上的压强差和流量，即可由(11.6.5)式算出黏度.

(五) 不可压缩黏性流体定常流动的功能关系

理想流体做定常流动时，量 $\frac{1}{2}\rho v^2+\rho gh+p$ 沿流线守恒.对于不可压缩流体的定常流动，则应计入黏性力做负功造成的能量损失，用 w_{12} 表示单位体积流体微团沿流管自点 1 运动至点 2 的能量损失，则应将伯努利方程改正如下：

$$\frac{1}{2}\rho v_1^2+\rho gh_1+p_1$$
$$=\frac{1}{2}\rho v_2^2+\rho gh_2+p_2+w_{12}, \tag{11.6.6}$$

此即不可压缩黏性流体做定常流动的功能关系式.

现在分别讨论沿水平圆管的层流与湍流的能量损失 w_{12}.将(11.6.6)式应用于等

截面水平管道的定常流动，因 $h_1=h_2$，$v_1=v_2$，所以

$$p_1-p_2=w_{12}. \tag{11.6.7}$$

圆管内的平均流速 $\bar{v}$ 与流量 Q 有下述关系：

$$Q=\bar{v}S=\bar{v}\cdot\pi R^2.$$

代入泊肃叶公式，得

$$p_1-p_2=\frac{8\eta l}{R^2}\bar{v}.$$

将它与(11.6.7)式对比，得

$$w_{12}=\frac{8\eta l}{R^2}\bar{v}, \tag{11.6.8}$$

表明对于圆管内的层流，单位体积流体流经一定长度的能量损失与平均流速成正比.

如管内为湍流，则实验证明

$$w_{12}=\Psi\,\bar{v}^2, \tag{11.6.9}$$

即单位体积的流体流经一定长度的能量损失与平均流速的平方成正比，式中 Ψ 取决于管的长度、直径、雷诺数及管壁的粗糙程度.

以上由(11.6.8)式与(11.6.9)式说明的能量损失是均匀地分配在全部流动路程上的，叫作**沿程能量损失**；此外，当流体通过弯管、截面积突然膨胀或收缩的管道及阀门时，造成额外的能量损失，集中发生于某些局部位置的能量损失，叫作**局部能量损失**.

§11.7 固体在流体中受到的阻力

固体在流体中与流体相对运动，受到流体的浮力、压力和阻力.其中阻力包括因摩擦引起的黏性阻力、由压力差引起的压差阻力和激起波浪的兴波阻力.

(一) 黏性阻力、密立根油滴实验

物体在流体中相对流体运动，物体表面有附面层.该层靠近物体的微团相对于物体静止，靠该层外侧的流体微团则有流体的速度.因此附面层内存在速度梯度和黏性力，表现为对物体的阻力.比较小的物体在黏性较大的流体中缓慢地运动，即雷诺数很小的情况下，该阻力是主要因素，叫**黏性阻力**.著名的斯托克斯(G.G.Stokes，1819—1903)公式描述球形物体受到的黏性阻力为

$$F=6\pi\eta vr, \tag{11.7.1}$$

r 为球体半径，v 为球体运动速度，η 为黏度.该公式在雷诺数比 1 小很多时才正确.例如雾中水滴降落时所受阻力即适用此式.血细胞在血浆中下沉的快慢在临床分析中有重要意义，血沉过快意味可能患风湿、结核或肿瘤等病.血细胞受重力、浮力和阻力平衡时匀速下降，速度仅约 5 cm/h，可用斯托克斯公式算阻力.密立根(R.A.Millikan，1868—1953)在用实验研究离子所带电荷量和证明电荷量有最小单位时应用了(11.7.1)

式并改进了它,使该式更出名.

密立根于1913年关于证明电子所带电荷量为电荷最小单位的实验如图11.24(a)所示,自窗口 W_1 输入电子束,使自 O 滴入的油滴带电.带电油滴在由极板 P_1 和 P_2 形成的均匀电场中匀速运动.现测得液滴不带电时匀速下降速度为 v,带电时为 v'.速度通过窗口 W_2 测出.又知电场强度大小为 E,空气黏度为 η.油滴与空气密度各为 $\rho_{油}$ 与 ρ.油滴带电荷量即可得出.

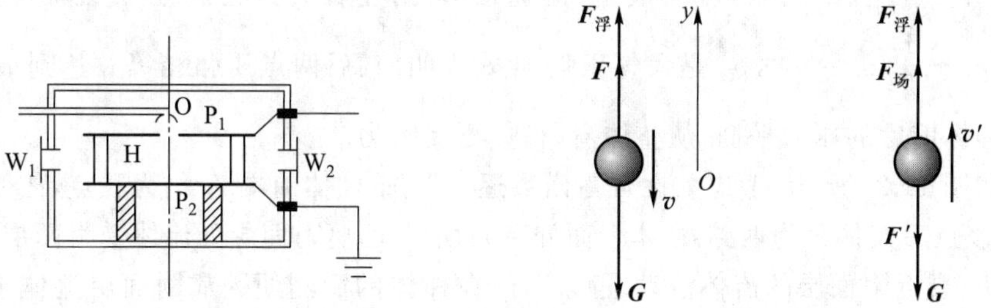

(a) 密立根油滴实验装置，仅表示原文献中图的局部　(b) 无电场时油滴受力图　(c) 有电场时油滴受力图

图 11.24

当油滴不带电时,受力如图11.24(b)所示,$\boldsymbol{F}$、$\boldsymbol{F}_{浮}$ 和 $\boldsymbol{G}$ 分别表示黏性阻力、浮力和重力.在三力平衡时油滴做匀速运动.设速度为 $\boldsymbol{v}$,并取 y 轴向上,有

$$6\pi\eta rv+\frac{4}{3}\pi r^3\rho g-\frac{4}{3}\pi r^3\rho_{油}g=0. \tag{11.7.2}$$

把油滴看作球体,半径为 r.油滴带电时,设电荷量为 q.油滴受力如图11.24(c)所示.$\boldsymbol{F}_{场}$ 表示静电场力,该力使油滴向上运动.在四力平衡时,油滴做匀速运动,设速度为 $\boldsymbol{v}'$,有

$$-6\pi\eta rv'+\frac{4}{3}\pi r^3\rho g-\frac{4}{3}\pi r^3\rho_{油}g+Eq=0. \tag{11.7.3}$$

从(11.7.2)式得

$$r=3\sqrt{\frac{\eta v}{2(\rho_{油}-\rho)g}},$$

再从(11.7.3)式得

$$q=\frac{18\pi}{E}\left[\frac{\eta^3 v}{2(\rho_{油}-\rho)g}\right]^{1/2}(v+v')^{①}. \tag{11.7.4}$$

测出右边诸量即可得 q.密立根发现油滴电荷量总是某基本值的整数倍,于是他认为该值即电子的电荷量.经过空气黏性的精确测定,又考虑到上述实验中油滴的大小,需对黏性阻力公式做如下修正:

$$F=\frac{6\pi\eta vr}{1+b/pr}, \tag{11.7.5}$$

① Millikan R A. The isolation of an ion, a precision measurement of its charge, and the correction of Stokes's Law.Physical Review, 1911, 32(4):349.

式中 p 为空气压强，b 为由经验确定的常量.经这些改进，密立根得电子电荷量为

$$e=(1.601\pm0.002)\times10^{-19}\ \text{C}.$$

（二）涡旋的产生、压差阻力

圆柱体在接近于理想流体的情况下向左运动，流线分布对称.前、后两点流速为零，为驻点在上、下两点，流线最密，流速最大.到柱后又为驻点.驻点处流速为零，故 $p_{前}=p_0+\frac{1}{2}\rho v^2=p_{后}$，$p_0$ 是大气压强.此式表明前、后两点压强相等并达到最大值.作用于物体前后的压力平衡，从整体看，柱体不受阻力.

如图 11.25 所示，考虑黏性且雷诺数逐步增加.柱体前端 A 仍为驻点，故受较大压力.自该点后流体分为两路.柱体表面处有附面层.远离附面层处流体受附面层影响小，流动快；靠近附面层的流体流动缓慢.因而在柱体的后侧便因靠附面层流体未及时赶到而留下空间，于是外层流体便回旋过来补充从而形成涡旋.图 11.25 中的流动仍是稳定的，且具空间周期性.随着流速的增加，涡旋不断被主流带走，又不断形成新的涡旋，涡旋的存在阻碍流体在柱后汇合.于是，在圆柱体后面出现分离区，交替逝去的涡旋形成所谓卡门涡街.水流过桥墩，定常风吹过烟囱或电线时会形成卡门涡街.卡门涡街仅在不太宽的雷诺数区间内存在，大体在几十至二三百之间.随着流速的增加和雷诺数的加大，流动进入湍流.它存在于很大的雷诺数范围.

自有涡旋产生，圆柱体前面的压强便大于后面压强.压强差构成对圆柱体的阻力，称为**压差阻力**.从本质上讲，它由黏性引起，但与斯托克斯公式描述的那类黏性阻力有不同的机制.它们同时存在，但涡旋产生后，黏性阻力不占重要地位.

在流速较大的情况下，圆柱体所受黏性阻力和压差阻力的综合阻力 F 与速度平方成正比：

$$F=\frac{1}{2}C_D\,\rho dlv^2 \tag{11.7.6}$$

ρ、d 和 l 表示流体密度、柱体直径和长度，C_D 是阻力系数，是一个量纲为 1 的常量，它随不同雷诺数取不同数值.上式右方为保存伯努利方程中的“$\frac{1}{2}\rho v^2$”作为因子从而出现系数 1/2.(11.7.6)式亦可用于其他物体，仅需将 dl 换为与流速垂直的最大横截面积，此式已在§7.5 用于研究汽车的极限速度.

*（三）兴波阻力

船舶在水中航行，在水面上激起水波，使船舶受到另外一种阻力，叫作**兴波阻力**.在重力作用下，水的自由表面在水平时保持平衡，若由于船舶和其他物体的运动使得水面的流体微团离开平衡位置，重力便会力图使自由表面恢复到原来的平衡状态，由此形成振动，振动的传播便是波.

随着波的传播不断有能量传播开去，这个能量是靠船舶克服兴波阻力做功而得到的.船形与波速都对兴波阻力有显著的影响.与前述两种阻力不同，兴波阻力与黏性无关.

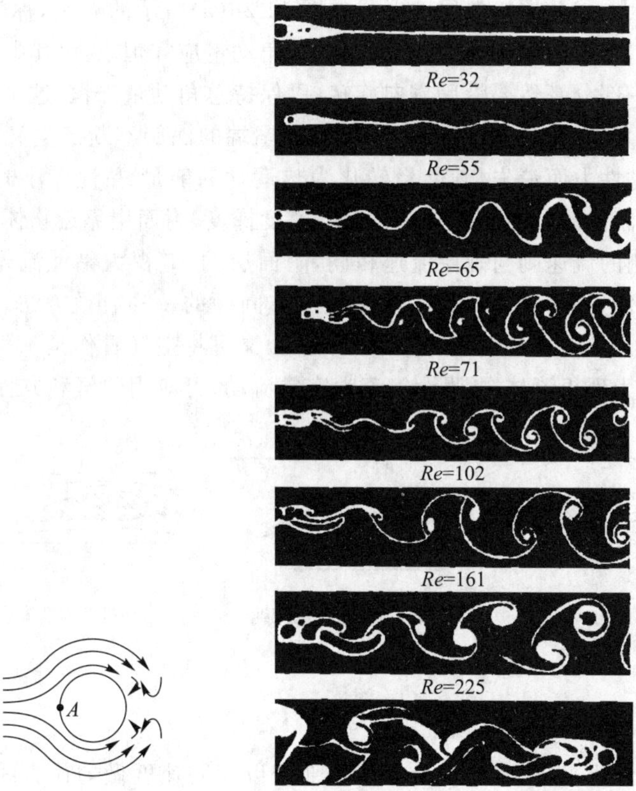

(a) 涡旋的形成　　(b) 不同雷诺数绕过圆柱体的流动形成卡门涡街；*Re*给出不同流动情况的雷诺数[①]

图 11.25

§ 11.8　机翼的升力

讨论飞机受力的问题时，则往往以飞机为参考系，而空气以飞机飞行的速度流动．因此，我们实际上是讨论气流对静止机翼的作用力．

描写飞行快慢用马赫数 $Ma=v/v_0$，v 和 v_0 分别表示飞行速率和飞行处的声速．亚音速飞行时 $Ma<1$，如波音 747 的马赫数为0.88，在 13.7 km 的高度声速约 295 m/s，飞行速度约 260 m/s．战斗机常以超音速飞行，马赫数可达到 2 甚至更高．现在讨论亚音速飞机的升力．图 11.26(a)表示机翼的横截面，机翼前缘到后缘的距离 AB 叫作翼弦，以机身为参考系，空气相对于飞机而流动，翼弦与气流方向的夹角 α 叫**冲角**．由于机翼特有的横截面形状，以及微小的冲角，气流经过机翼上、下两侧流动的情况不同．紧靠上侧绕过机翼的气流通过较长的距离，黏性力影响较大，紧靠机翼下侧气流通过的路程较短，黏性力的影响小些．于是，两股气流在机翼尾部汇合时的流速不同，上侧流速较

① 中国大百科全书(力学)．北京，上海：中国大百科全书出版社，1985．

小而下侧流速较大，因此在机翼尾部形成如图 11.26(a)所示的涡旋，称为起动涡旋.流体最初没有角动量，又未受到外力矩的作用，其角动量应守恒.既然其中一部分出现旋涡，则流体的另一部分必然要沿反方向旋转，以保持总角动量守恒，这个反方向的旋转便是围绕机翼的环流，如图 11.26(a)所示.机翼尾端的涡旋不断产生又不断被气流带走，并因流体的黏性力而消失，其能量转化为热运动的能量.黏性较小时，只有物体表面附近很薄一层流体的黏性作用具有较大的速度梯度，附面层靠近物体一侧黏附于壁面上，附面层外侧的流速则与外层流速相同，附面层内，应视为黏性流体，附面层以外可当作无黏性流体处理，这是讨论某些黏性流体问题的一种有效方法.现在把机翼附面层以外的流体当作没有黏性.空气低速流动时，又可将空气看作是不可压缩的，即附面层以外的空气为理想流体.再假设气流为定常流动，可应用伯努利方程.

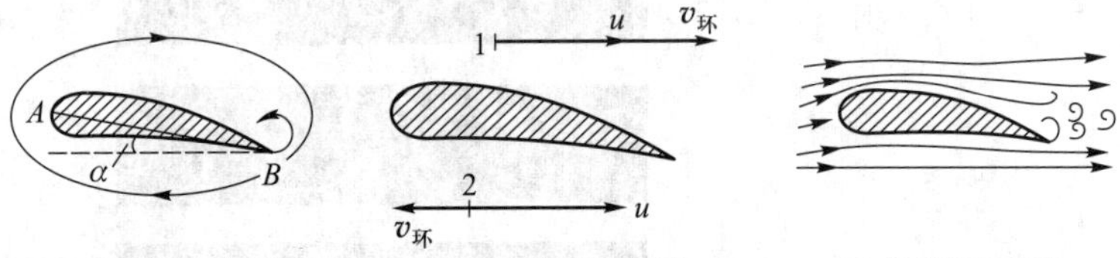

(a) 机翼冲角α，起动涡旋和环流　(b) 机翼上下的流速　(c) 机翼周围流线

图 11.26

机翼附近的流线来自相当远处，大气各部分以相同速度做匀速直线运动，机翼上下的$\frac{1}{2}\rho v^2+\rho gh+p$ 相同.如不考虑机翼上下的高度差，对于图 11.26(b)中点 1 和点 2 来说，

$$\frac{1}{2}\rho v_1^2+p_1=\frac{1}{2}\rho v_2^2+p_2.$$

用 u 表示未经扰动的气流速度，并粗略地认为机翼上、下因环流而引起的速度的大小相等并等于 $v_环$，且与气流 u 方向平行，由速度合成得

$$v_1=u+v_环,$$

$$v_2=u-v_环.$$

代入上式有

$$p_2-p_1=2\rho uv_环. \tag{11.8.1}$$

式中的 $v_环$ 与机翼的形状有关.这一公式已表明机翼上、下有压强差，足以说明升力的来源.机翼周围流线如图 11.26 所示.

下面进一步求升力的表达式.在机翼上选取图 11.27 所示的坐标系 Oyz，曲线 y 为 z 的函数，其具体函数形式由机翼形状而定.自 z 至 $z+\mathrm{d}z$ 机翼的面积等于 $y\mathrm{d}z$，作用于此面上的升力称为自 z 至 $z+\mathrm{d}z$ 的元升力，现用 $\mathrm{d}F$ 表示，根据(11.8.1)式，

$$\mathrm{d}F=(p_2-p_1)y\mathrm{d}z=2\rho uv_环 y\mathrm{d}z.$$

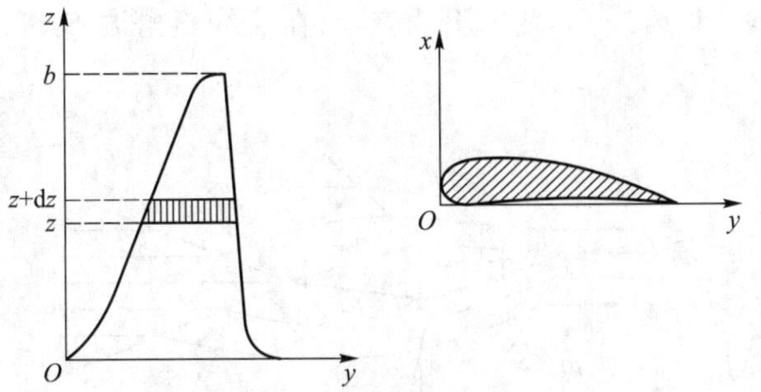

图 11.27 关于亚音速飞机机翼升力的研究

式中 $2v_{环}\ y$ 是 z 的函数，叫作机翼 z 处的环流，现用 $K=K(z)$ 表示，

$$K=K(z)=2v_{环}y.$$

至于图上整个机翼受到的升力则等于

$$F=\int_0^b \rho u K(z)\mathrm{d}z.$$

b 表示机翼长度.将上式中常量 ρu 提出，得

$$F=\rho u\int_0^b K(z)\mathrm{d}z. \tag{11.8.2}$$

这就是著名的茹科夫斯基公式，是俄国物理学家茹科夫斯基提出的.如机翼是长为 b、宽为 a 的长方形，则上式为

$$F=\rho ubK,$$

而

$$K=2v_{环}\ a.$$

根据(11.8.2)式可知，升力与飞机速度有关，飞机必须达到一定速度，才能产生足够的升力与飞机的重量平衡.升力大小还与空气密度有关，高空空气密度较小，为保证在高空亦能产生足够的升力，则需采取其他措施，例如提高飞行速度等.升力还和环流有关，而环流则又与翼型和冲角等有关.在其他条件一定的情况下，冲角自零开始增加，升力亦增加，冲角大到一定数值后若继续增加，升力反而下降，可以设想，若冲角达到 90°，机翼只受阻力而没有升力.

超音速飞行机翼升力机制与上述不同.超音速飞行所受升力阻力的理论最早是由阿克莱(J. Ackeret，1898—1981)于 1925 年提出.对于亚音速飞行，机翼对前方空气的扰动以声速向前传播.超音速飞行时，扰动不可能向前传播，故不能形成环流.超音速飞机的机翼上、下呈对称状，如菱形或对称弧形等.图 11.28 表示菱形的情况.图中机翼冲角 α 小于菱形半顶角 θ.参考第十章末讲的，机翼前后方均产生斜激波，如图中 SS 和 $S'S'$所示.机翼前半部上、下的压强均大于不受机翼扰动时该处的大气压，

但 $p_2>p_1$.绕过菱形上下凸起,空气相对机翼的速率因膨胀而加大,压强减小,但仍有 $p_4>p_3$.因 $p_2>p_1$ 且 $p_4>p_3$,故有升力产生.在后缘斜击波 $S'S'$ 以外,气流又归于正常①.

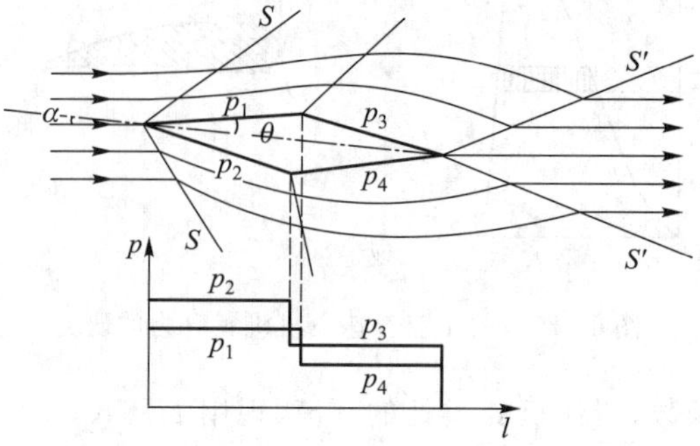

图 11.28 超声速菱形机翼周围压强的分布②

选读材料

推导泊肃叶公式

首先推导§11.6中关于黏性流体在水平管道中做层流时的流速公式(11.6.4).

参看图11.23,首先分析水平圆管中长度为 l,半径为 r,厚度为 $\mathrm{d}r$ 的薄圆筒形流体的受力情况.它只做水平方向的层流运动,我们也只考虑水平方向的外力:由于各层流速不同,圆筒层内、外壁面分别受到黏性力 $\boldsymbol{F}_1$ 和 $\boldsymbol{F}_2$;前部和后部流体作用于前、后端面的压力为 $\boldsymbol{F}_3$ 和 $\boldsymbol{F}_4$.下面分别求解这四个力.

$\boldsymbol{F}_1$ 是较快流层作用在圆筒流体内壁面上的力,与运动方向一致,流速 v 随半径 r 增大而减小,所以速度梯度 $\dfrac{\mathrm{d}v}{\mathrm{d}r}<0$;而内壁面积 $=2\pi rl$.根据黏性定律(11.6.2)式

$$F_1=2\pi rl\eta\,\frac{\mathrm{d}v}{\mathrm{d}r}. \tag{11.1}$$

F_2 是较慢流层作用在外壁面上的力,与运动方向相反.外壁面处的速度梯度 $\dfrac{\mathrm{d}v}{\mathrm{d}r}+\mathrm{d}\left(\dfrac{\mathrm{d}v}{\mathrm{d}r}\right)=\dfrac{\mathrm{d}v}{\mathrm{d}r}+\dfrac{\mathrm{d}^2v}{\mathrm{d}r^2}\mathrm{d}r$(不计高阶项).代入黏性定律(11.6.2)式,得

$$F_2=2\pi(r+\mathrm{d}r)l\eta\left(\frac{\mathrm{d}v}{\mathrm{d}r}+\frac{\mathrm{d}^2v}{\mathrm{d}r^2}\mathrm{d}r\right). \tag{11.2}$$

薄圆筒形流体两端的压强分别是 p_1、p_2,端面积为 $2\pi r\mathrm{d}r$,所以两端面所受压力为

$$F_3=p_1 2\pi r\mathrm{d}r, \tag{11.3}$$

$$F_4=p_2 2\pi r\mathrm{d}r. \tag{11.4}$$

由于薄圆筒形流体做匀速直线运动,所受合力为零,所以

①② 马恩春.飞机空气动力学.北京:高等教育出版社,1991.

$$-F_1+F_2+F_3-F_4=0.$$

将(11.1)式—(11.4)式代入上式，得

$$-2\pi r l\eta\frac{\mathrm{d}v}{\mathrm{d}r}+2\pi(r+\mathrm{d}r)l\eta\left(\frac{\mathrm{d}v}{\mathrm{d}r}+\frac{\mathrm{d}^2v}{\mathrm{d}r^2}\mathrm{d}r\right)+$$

$$p_1 2\pi r\,\mathrm{d}r-p_2 2\pi r\,\mathrm{d}r=0.$$

合并同类项，略去高阶项，并约简，可得

$$l\eta\frac{\mathrm{d}v}{\mathrm{d}r}+l\eta r\frac{\mathrm{d}^2v}{\mathrm{d}r^2}+p_1 r-p_2 r=0.$$

而$\frac{\mathrm{d}v}{\mathrm{d}r}+r\frac{\mathrm{d}^2v}{\mathrm{d}r^2}=\frac{\mathrm{d}}{\mathrm{d}r}\left(r\frac{\mathrm{d}v}{\mathrm{d}r}\right)$，所以

$$l\eta\frac{\mathrm{d}}{\mathrm{d}r}\left(r\frac{\mathrm{d}v}{\mathrm{d}r}\right)=-(p_1-p_2)r,$$

$$\mathrm{d}\left(r\frac{\mathrm{d}v}{\mathrm{d}r}\right)=-\frac{p_1-p_2}{\eta l}r\,\mathrm{d}r.$$

对上式积分，得

$$\frac{\mathrm{d}v}{\mathrm{d}r}=-\frac{p_1-p_2}{2\eta l}r+\frac{C_1}{r},$$

C_1 是积分常量.再积分，又得

$$v=-\frac{p_1-p_2}{4\eta l}r^2+C_1\ln r+C_2, \tag{11.5}$$

C_2 是积分常量.下面定积分常量.在 $r\to 0$ 时，速度 v 仍是有限值，所以 $C_1=0$.设水平圆管内径为 R，在 $r=R$ 处，$v=0$，因此 $C_2=\frac{p_1-p_2}{4\eta l}R^2$.把 C_1 和 C_2 的值代入(11.5)式，即得到流速公式(11.6.4)：

$$v=\frac{p_1-p_2}{4\eta l}(R^2-r^2).$$

现在计算通过圆管内某横截面上的流量.将垂直于圆管轴线的圆形截面分成许多细圆环，如图 11.23(a)所示，根据上式及流量公式可写出通过半径为 r、宽度为 $\mathrm{d}r$ 的细圆环的流量：

$$\begin{aligned}\mathrm{d}Q&=v\,\mathrm{d}S\\&=\frac{p_1-p_2}{4\eta l}(R^2-r^2)\cdot 2\pi r\,\mathrm{d}r\\&=\frac{p_1-p_2}{2\eta l}(R^2-r^2)\pi r\,\mathrm{d}r.\end{aligned}$$

总流量为

$$Q=\int_0^R\frac{p_1-p_2}{2\eta l}(R^2-r^2)\pi r\,\mathrm{d}r$$

$$Q=\frac{\pi R^4}{8\eta l}(p_1-p_2).$$

上式就是(11.6.5)式给出的泊肃叶公式.

思考题

11.1 用选取隔离体、利用平衡方程的方法证明图 11.13 中 A 点和 B 点的压强差为 $\rho g h_{AB}$.ρ 是液体密度,g 是重力加速度,h_{AB} 是 A、B 两点的高度差.

11.2 如图所示,容器的底面积相同,液面高度相同,液体作用于底面积的总压力是否相同?若把其中任意两个容器分别放在天平两端托盘中,天平是否保持平衡?为什么?

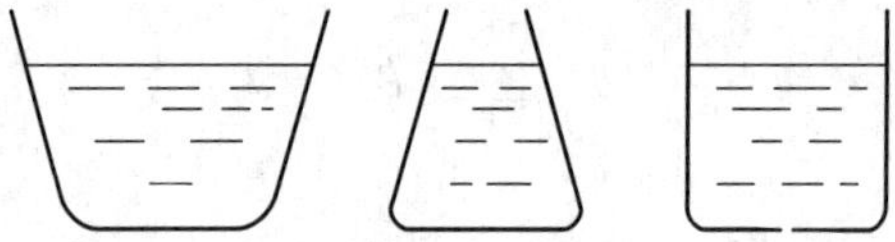

题 11.2 图

11.3 天平的一端放一杯水,另一端放砝码使天平达到平衡.手提下面悬挂铅块的线,令铅块完全没入水中,问天平是否仍然保持平衡?若不能,需在另一端加多少砝码才能重新达到平衡?

11.4 天平两个全同的托盘,恰好可以用以密封住两个形状不同的管子使其成为两个容器,如图所示.托盘与管壁间无作用力,管子分别被固定在桌上.在两个容器中分别注入水,使两水面等高,这时天平是否保持平衡?此后,同时在两容器内各放入一个全同的球,天平是否保持平衡?为什么?此后,再同时在两容器中加入同样重量的水,天平是否保持平衡?为什么?

11.5 如图所示,互成角度的玻璃管内盛水且可绕竖直轴转动.大小相同的黑白两球分别为铁制和木制的.玻璃管静止时,铁球在下、木球在上.高速转动时,木球沉底,铁球浮起.这是为什么?

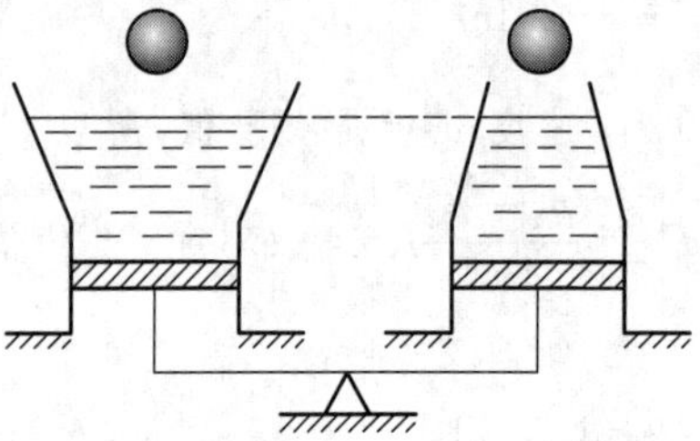

题 11.4 图

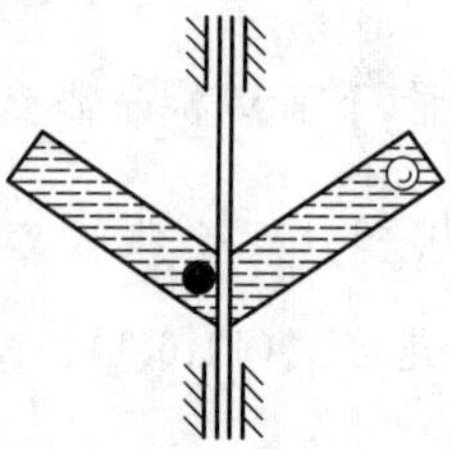

题 11.5 图

11.6 流迹和流线有什么区别?流体做定常流动,流迹与流线是否重合?流体做不定常流动,流迹与流线是否重合?为什么?

11.7 不同流线上的 $\frac{1}{2}\rho v^2+\rho gh+p$ 相同否?讨论如下情况:(1) 诸流线水平,但上、下流线流速不同;(2) 诸流线围成同心圆,各微团有共同角速度,不计重力.

11.8 在关于皮托管的例题中,以皮托管为参考系.若飞机上装有皮托管,以地球为参考系,它也是惯性系,可否应用伯努利方程?

11.9 图示下面接有不同截面漏管的容器,内装理想流体,下端堵住.某同学这样分析 B、C 两点的压强:"过 B、C 两点作一条流线如图所示.根据伯努利方程 $\frac{1}{2}\rho v_B^2+\rho g h_B+p_B=\frac{1}{2}\rho v_C^2+\rho g h_C+p_C$,而 $v_B=v_C=0$,所以 $p_C-p_B=\rho g(h_B-h_C)>0$,即 $p_B<p_C$."他说得对不对?为什么?若去掉下端的塞子,液体流动起来,C 点的压强是否一定高于 B 点的压强?

11.10 从茶壶倒出的水流,越来越粗还是越来越细?为什么?

11.11 如图所示,虹吸管截面均匀,水自开口处泄出.有人说:"1、2 和 3 点因位于同一高度,压强相等,即 $p_1=p_2=p_3$,2、4 两点的压强差为 $\rho g(h_2-h_4)$".此判断是否正确?试着进行分析.

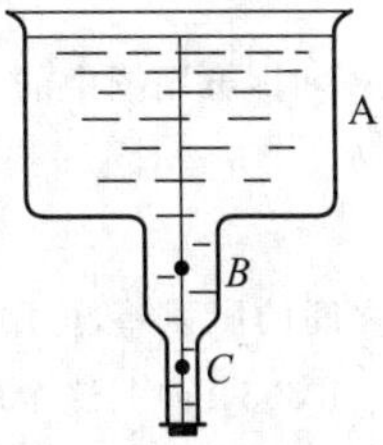

题 11.9 图

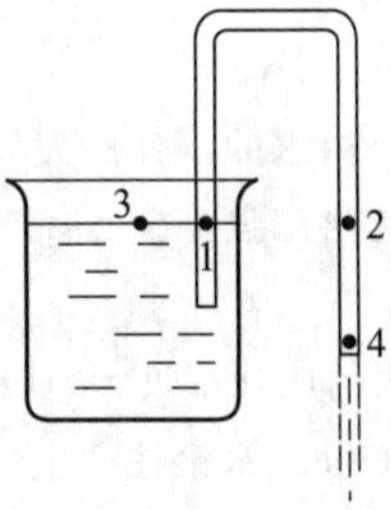

题 11.11 图

11.12 图示管道中的理想流体做定常流动.自左方流入时,横截面上各点的流速相同.试问在虚线所示截面上各点的压强和流速是否相同,若不同,请说明压强和流速大小的分布情况.

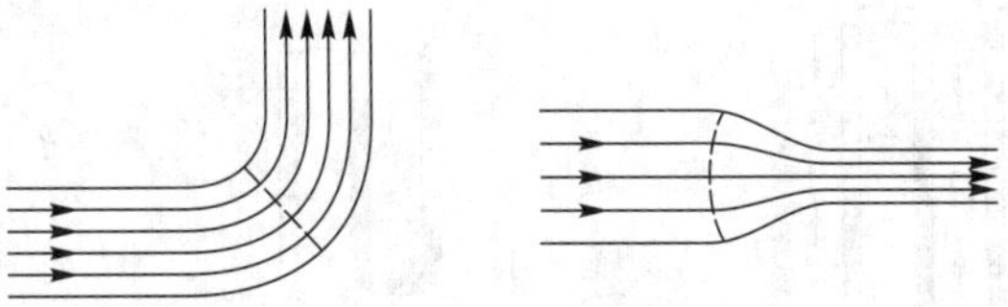
题 11.12 图

11.13 两艘轮船相距很近而并行前进,则可能彼此相撞,试用伯努利方程解释这个现象.

11.14 图示为实验室用喷灯.细孔 A 喷出燃料,能否从周围窗孔 B 吸入空气? 为什么? 这种装置对燃烧有什么好处?

11.15 有些化学反应需在低气压下进行.图中 R 管通化学反应容器,P 为压强计,由 W 引入水流,通过细颈可将气抽出,为什么?

11.16 在如图所示的演示实验中,右侧大桶内装满染了颜色的水,大桶下部连通一左侧带开关的水平管.水平管中部横截面较小,它的两侧横截面相等,三处各与一竖直细管相通.最初,关闭开关,三个竖直细管内液面高度相等.然后打开开关,水由左侧橡皮管流出,三个竖直细管内液面高度变成如图所示.你能解释上述实验现象吗?

11.17 足球、乒乓球等的侧旋球或弧圈球之所以沿弧线运动是由于马格努斯(H.G.Magnus,1802—1870)于 1852 年发现的马格努斯效应,它指出黏性不可压缩流体中转动的圆柱受到升力的现象.试用流体因黏性随圆柱转动与圆柱体整体运动导致气体对圆柱体速度的叠加解释马格努斯效应.

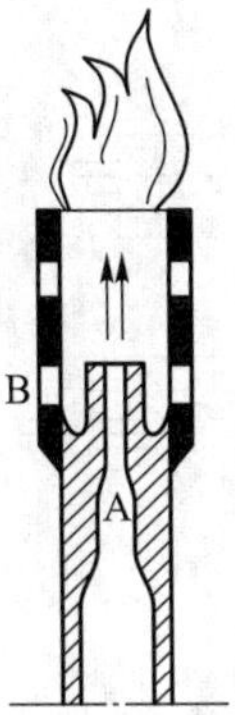

题 11.14 图

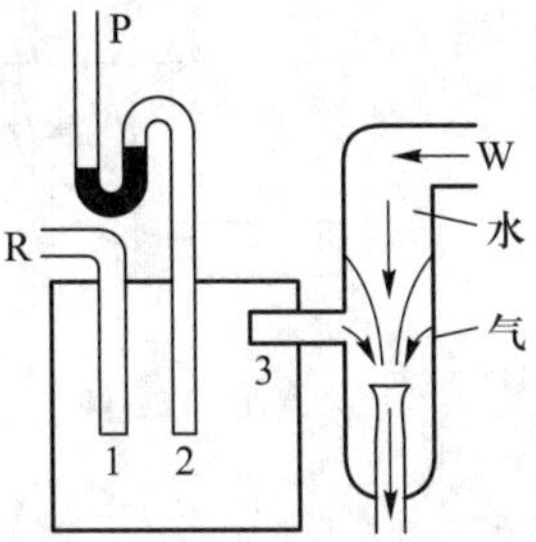

题 11.15 图

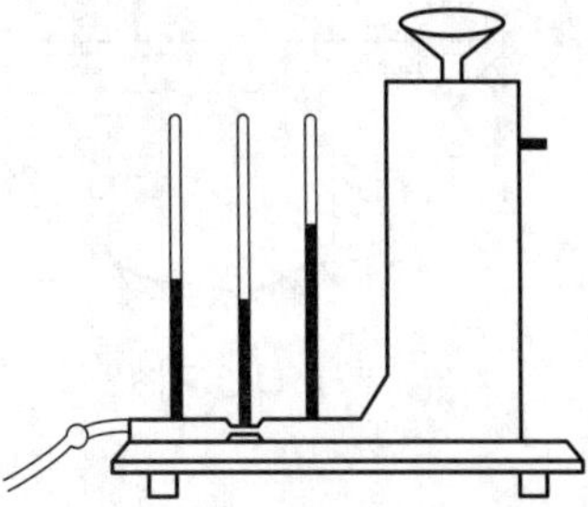
题 11.16 图

习题

11.2.1 若被测容器 A 内水的压强比大气压强大很多时，可用图中的水银压强计.(1) 此压强计的优点是什么？(2) 如何读出压强？设 $\Delta h_1=50$ cm，$\Delta h_2=45$ cm，$\Delta h_3=60$ cm，$\Delta h_4=30$ cm.问容器内的压强是多少帕？

11.2.2 A、B 两容器内的压强都很大，现欲测它们之间的压强差，可用图中装置.$\Delta h=50$ cm，问 A、B 内的压强差是多少帕(1 cm 水银柱产生的压强约为 1 333 Pa)？这个压强计的优点是什么？

11.2.3 游泳池长 50 m，宽 25 m，设各处水深相等且等于 1.50 m，求游泳池各侧壁上的总压力.不考虑大气压.

11.2.4 所谓流体内的真空度，指该流体内的压强与大气压的差.水银真空计如图所示，设 $h=$ 50 cm，问容器 B 内的真空度是多少帕？

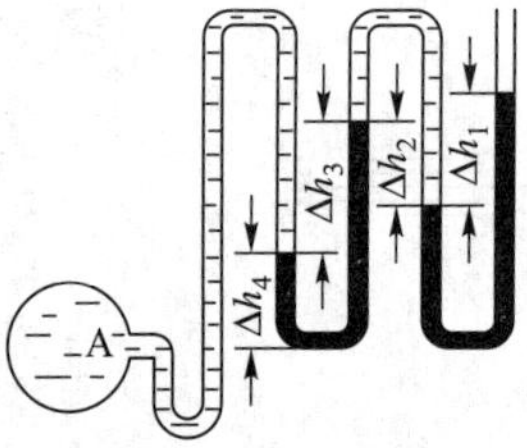

题 11.2.1 图

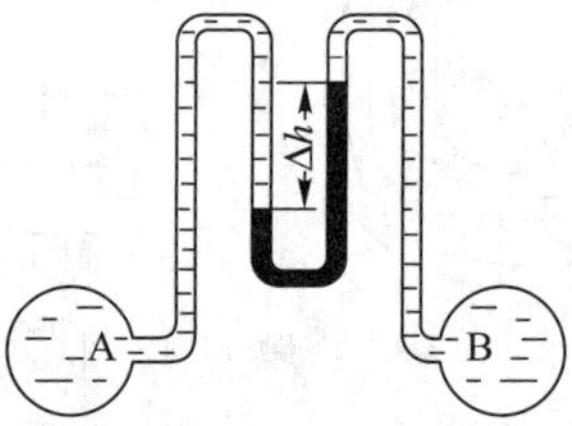

题 11.2.2 图

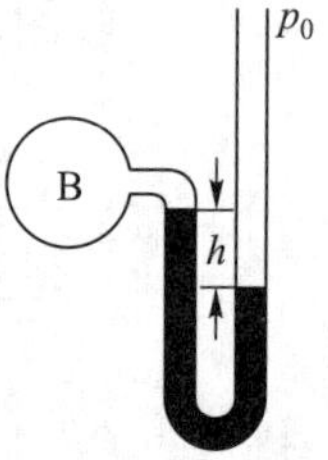

题 11.2.4 图

11.2.5 (1) 海水的密度为 $\rho=1.03\ \mathrm{g/cm^3}$，求海平面以下 300 m 处的压强.(2) 求海平面以上 10 km 高处的压强.参考 § 11.2 例题 1 的数据.

11.2.6 (1) 盛有液体的容器以重力加速度自由下落，求液体内各点的压强；(2) 若容器以竖直向上的加速度 a 上升，求压强随深度的分布；(3) 若容器以竖直向下的加速度 $a(<g)$ 下落，求液内压强随深度的分布.

11.2.7 河床的一部分为长度等于 b、半径为 a 的四分之一柱面，柱面的上沿深度为 h，如图所示，求水作用于柱面的总压力的大小、方向和在柱面上的作用点.

11.2.8 如图所示，船的底舱处开一窗，可借此观察鱼群，窗长为 1 m、半径为 $R=0.6$ m的四分之一圆柱面，水面距窗的上沿 $h=0.5$ m，求水作用于窗面上总压力的大小、方向和作用点.

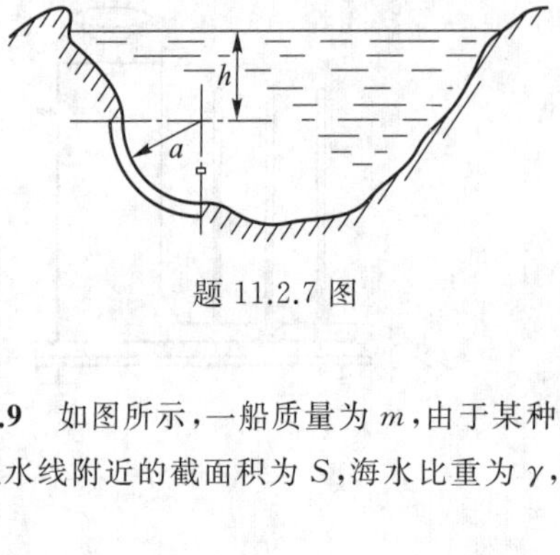

题 11.2.7 图

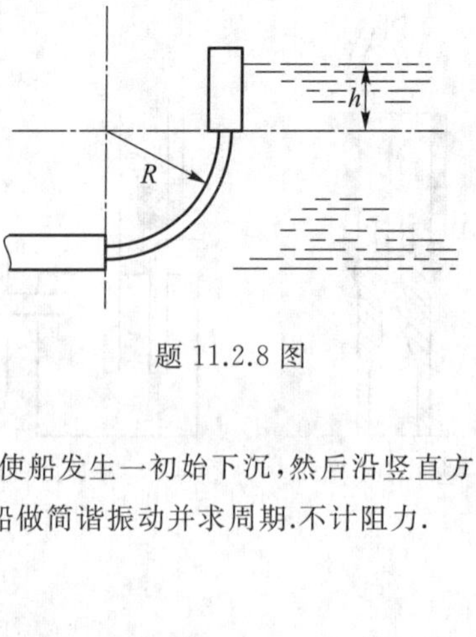

题 11.2.8 图

11.2.9 如图所示，一船质量为 m，由于某种原因，使船发生一初始下沉，然后沿竖直方向振动，设船在吃水线附近的截面积为 S，海水比重为 γ，证明船做简谐振动并求周期.不计阻力.

11.2.10 西藏布达拉宫的海拔高度为 3 756.5 m,试求该处的大气压强,并问为海平面大气压的几分之几?

11.4.1 如图所示,容器内水的高度为 h_0,水自离自由表面 h 深的小孔流出.(1) 求水流达到地面的水平射程 x;(2) 在水面以下多深的地方另开一孔可使水流的水平射程与前者相等?

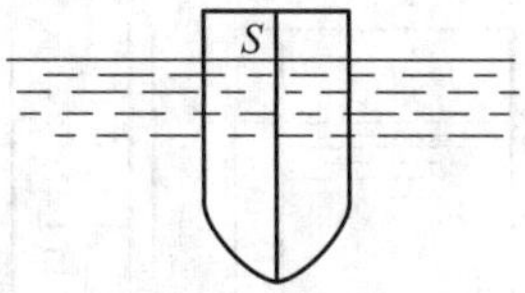

题 11.2.9 图

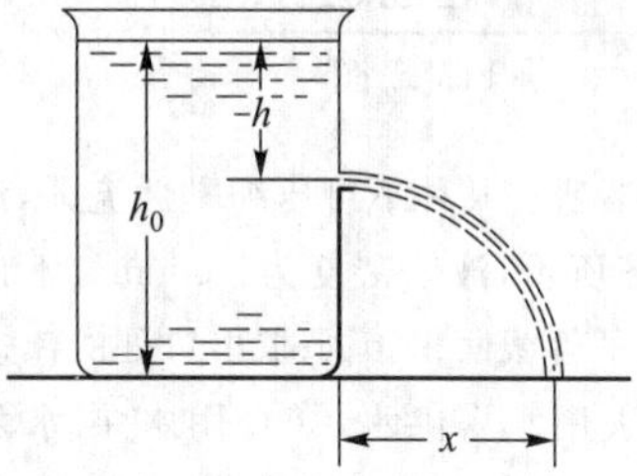

题 11.4.1 图

11.4.2 参阅 11.4.1 题图,水的深度为 h_0.(1) 在多深的地方开孔,可使水流具有最大的水平射程?(2) 最大的水平射程等于多少?

11.4.3 如图所示,在关于流动流体的吸力的研究中,若在管中细颈处开一小孔,用细管接入容器 A 中液体内,流动液体不但不漏出,而且 A 中液体可以被吸上去.为研究这个现象,做如下计算:设左上方容器很大,流体流动时,液面无显著下降,液面与出液孔高度差为 h.S_1 和 S_2 表示管横截面,用 ρ 表示液体密度,液体为理想流体,试证:

$$p_1-p_0=\rho gh\left(1-\frac{S_2^2}{S_1^2}\right)<0,$$

即 S_1 处有一定真空度,因此可将 A 内液体吸入.

11.4.4 如图所示,容器 A 和 B 中装有同种液体,可视为理想流体.水平管横截面 $S_C=\frac{1}{2}S_D$,容器 A 的横截面 $S_A\gg S_D$.求 E 管中的液柱高度($\rho_{液}\gg\rho_{空气}$).

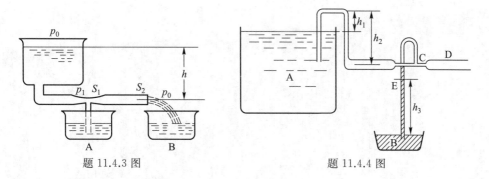

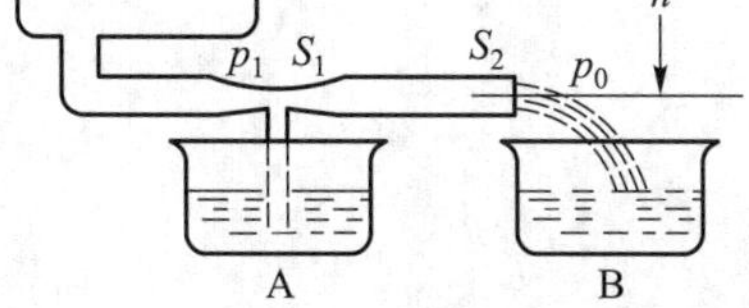

题 11.4.3 图

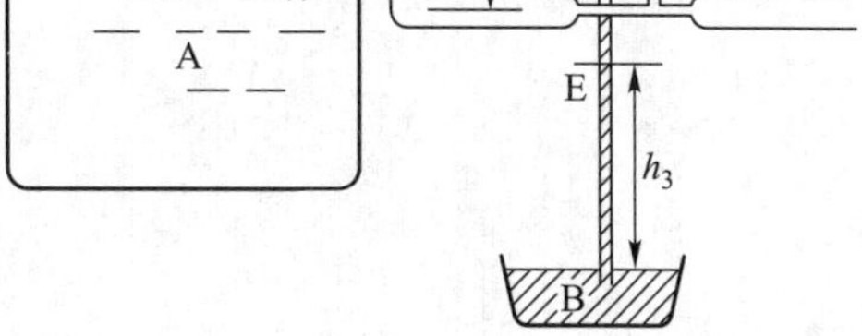

题 11.4.4 图

11.4.5 装置如图所示,出水口堵塞时,竖直管内和容器内的水面在同一高度,打开塞子后,水即流出,视水为理想流体,等截面的水平管直径比筒径小很多,求直管内的液面高度.

11.5.1 如图所示,研究射流对挡壁的压力.射流流速为 v,流量为 Q,流体密度等于 ρ,求图中(a)(b)两种情况下射流作用于挡壁的压力.

11.6.1 设血液的密度为 $1.05\times10^3\ \mathrm{kg/m^3}$,其黏度为 2.7×10^{-3} Pa·s.问当血液流过直径为 0.2 cm的动脉时,估计流速多大则变为湍流.视血管为光滑金属圆管,不计其变形.

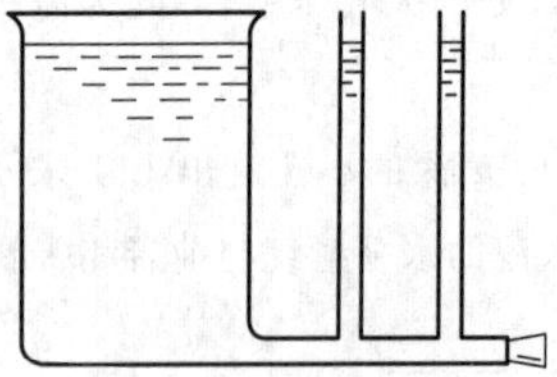

题 11.4.5 图

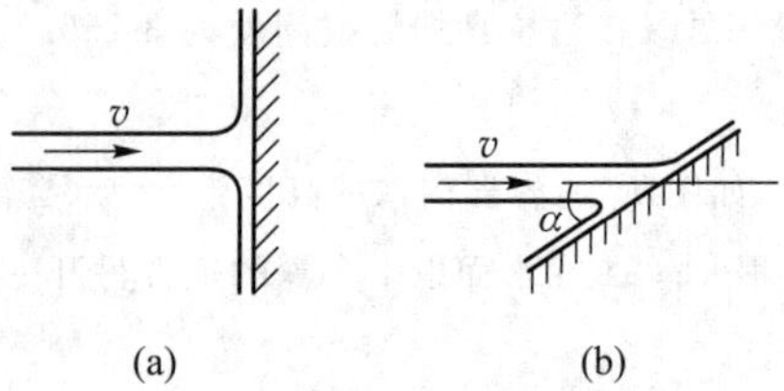

题 11.5.1 图

11.6.2 容器盛有某种不可压缩黏性流体，流动后各管内液柱高如图所示，液体密度为1 g/cm^3，不计大容器内能量损失，水平管截面积相同.求出口处的流速.

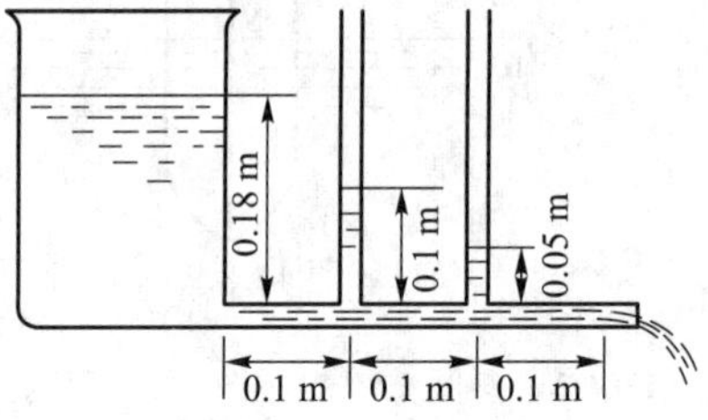

题 11.6.2 图

* **11.6.3** 过去用水塔供水，如今用水泵.水泵泵水能力亦可用相当于多高水塔水面高度说明.将水龙头拧开至流量最大时，设想水流在管道中能量损失一半，设法做实验和计算，估计水塔水面的高度.

* **11.7.1** 设想你按 4.2.1 题骑车.自己设计实验估计传动能量损失(可支起后轮用砝码测克服多大阻力矩才能让轮转起来以估计能量损失).设车匀速行驶，问受多大空气阻力？估计你的迎风横截面积并估算(11.7.6)式中的系数 C_D[参考§7.5(五)](如无砝码可设链传动机械效率为 0.9).

第十二章　相对论简介

我要说爱因斯坦最大的贡献，这一点没有得到充分强调，即指出了不变性的重要性.什么是不变性？最重要的不变性，爱因斯坦所认识的不变性本身，是容易描述的，即首要的是自然定律到处都一样.①

——维格纳(E.P.Wigner，1902—1995)

现在我们来讨论洛伦兹、庞加莱、爱因斯坦的三项贡献.这些贡献包含着推理的方法和成为相对论基础的一些发展.就年代来讲，洛伦兹的文章发表得最早，尤其是他证明了，假定在带撇的系统中适当地选择场强，则麦克斯韦方程对坐标变换(洛伦兹变换——作者注)是不变的.……庞加莱弥补了洛伦兹工作中遗下的形式上的缺陷，他指出相对性原理是普遍而严格地成立的.……最后，爱因斯坦完成了这一新原理的基本的表述，他的1905年的论文几乎是和庞加莱的文章同时发表的，但他写此论文时，事先并不知道洛伦兹1904年的论文.爱因斯坦的论文不仅包括了其他两篇论文中的主要结果，并揭露了一些新的东西，而且更深刻地了解到整个问题.②

——泡利(W.Pauli)

§12.1　狭义相对论的历史背景

(一) 麦克斯韦方程建立引起的问题

麦克斯韦于1865年在《哲学报告》(155卷)上发表了《电磁场的动力学理论》一

① Wigner E P.The Role and Value of the Symmetry Principles and Einstein's Contribution to Their Recognition.In：Eds Q Ho-Kim，ed.Invitation to Contemporary Physics.Singapore：World Scientific，1991，13.

② 泡利.相对论.凌德洪，周万生译.上海：上海科学技术出版社，1979.

文,后来又出版了《电磁学》一书,之后形成了以他名字命名的麦克斯韦方程组.它概括了各种电磁现象,认为电磁效应以有限速度传播,并预言了电磁波的存在;麦克斯韦写道:"……我们有充分理由得出结论说,光本身(包括辐射热和其他辐射)是一种电磁干扰,它是波的形式,并按照电磁定律通过电磁场传播."[①]声波是在介质中传播的,人们很自然会想到,电磁波也应在某种介质中传播.以前就有物理学家考虑到光在以太中传播.麦克斯韦在上述文章中又谈道:"从光和热的现象看来,我们有理由相信,有一种以太介质可以填塞空间和渗入物体;它能运动,并将该运动从一部分传到另一部分."[②]由于光和热已和预言中的电磁波统一起来,通过实验检验以太是否存在成为实验物理学家十分感兴趣的课题.

大家已熟知,若一个研究对象经某种操作——例如坐标变换等——保持不变,则称该研究对象对该操作具有不变性或对称性;这里的研究对象可以是某物理量也可以是某物理规律.著名的例子是加速度和牛顿运动定律对于伽利略变换的不变性和对称性.后者被称作力学或伽利略的相对性原理.人们很容易想到新出现的麦克斯韦方程经过伽利略变换的表现如何?结论是该方程组不具备对伽利略变换的不变性.到底发生了什么?究竟是麦克斯韦方程不满足相对性原理,还是应当对麦克斯韦方程引入另一种变换?

以太是否存在和麦克斯韦方程是否满足相对性原理是当时物理学界关心的问题.

(二) 斐索与迈克耳孙-莫雷实验

先谈斐索(A.H.L.Fizeau,1819—1896)早在1851年即做过流水对光速影响的实验.如图12.1所示,光源S发出的光在半透镜B处因反射和透射分成两束进入沿相反方向流动的水流,又交会于B处.光相对以太之速率为c/n,n为折射率,c为真空中光速.设以太被流水部分曳引,曳引系数为k,$k=0$时表示不被拖动,$k=1$表示完全被拖动,$0<k<1$表示部分拖动,而以太相对于地面的速率为kv,v表示水速.设上、下两水管长度均为l.又设光在水中相对于以太的速度和以太对地的速度符合经典的速度合成公式.两束光回至M的时间差为

$$\Delta t=2l\left(\frac{1}{\frac{c}{n}-kv}-\frac{1}{\frac{c}{n}+kv}\right)$$

$$=\frac{4lkv}{\left(\frac{c}{n}\right)^2-k^2v^2}$$

考虑到$v\ll c$,有

$$\Delta t\approx 4kvln^2/c^2 \tag{12.1.1}$$

若水不流动,则无此时间差.从水静至水动,两束光重新相遇时间差的出现意味二者相位差的改变并出现干涉条纹的移动.根据条纹的移动又可进一步推出曳引系数k.斐索

①② 威·弗·马吉.物理学原著选读.北京:商务印书馆,1986:549.

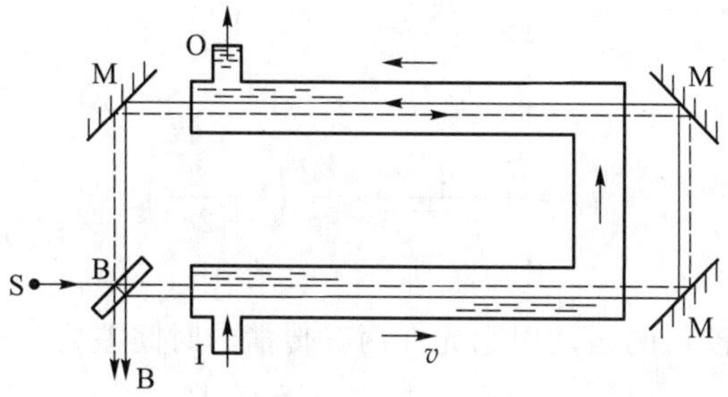

图 12.1　M 为反射镜，I 和 O 分别为入、出水口.沿相反方向的光线分别用虚、实线表示.v 表示水流速

实验确能测出 k，从而认为以太确被部分拖曳.对于空气，k 极小，故可认为不被曳引.

麦克斯韦的理论建立以后，最著名的意欲证明以太存在的是迈克耳孙(A.A.Michelson，1852—1931)和莫雷(E.W.Morley，1838—1923)的实验，完成于 1887 年.如图 12.2(a)所示，从某一单色光源 S 发出的光束到达半镀镜 G 后分为两束，一束透射至反射镜 M_2 折回，又在 G 处反射并到达望远镜 T；另一束在 G 处反射后到达反射镜 M_1 后折回至 G，透射后亦到达 T.两束光重新相遇时会由于相位差而发生振幅相加或相消的干涉现象，从而出现明暗相间的干涉条纹；如果相位差发生变化，则将出现干涉条纹的移动.这就是迈克耳孙-莫雷实验的基本原理.

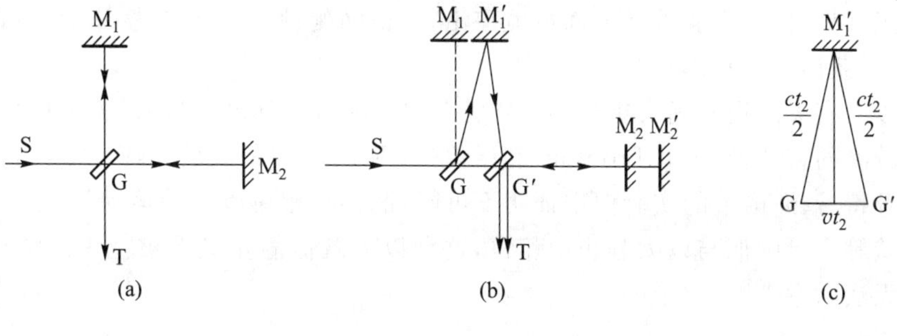

图 12.2　迈克耳孙-莫雷实验

如图 12.2(b)所示，将迈克耳孙干涉仪的 GM_2 臂沿地球公转运动的方向放置，GM_1 臂与之垂直，两臂长度均为 l.设与斐索实验结果一致，以太不被空气拖曳.以干涉仪为参考系，应有速率等于地球公转速率 v 的“以太风”.设光相对于以太的传播和以太风两者按经典的相对运动合成.光沿 GM_2 往返一次的时间为

$$t_1=\frac{l}{c-v}+\frac{l}{c+v}=\frac{2l}{c}\ \frac{1}{1-\dfrac{v^2}{c^2}}\approx\frac{2l}{c}\left(1+\frac{v^2}{c^2}\right).$$

用 t_2 表示光经路径 $GM_1'G'$ 的时间，考虑到对干涉仪光对以太和以太风的合运动，参考图 12.2(c)有

$$l^2+\left(\frac{vt_2}{2}\right)^2=\left(\frac{ct_2}{2}\right)^2,$$

解出 t_2,

$$t_2=\frac{2l}{c\sqrt{1-\frac{v^2}{c^2}}}\approx\frac{2l}{c}\left(1+\frac{v^2}{2c^2}\right).$$

于是,由于光源和干涉仪的运动引起光在两臂传播的时间差为

$$\Delta t=t_1-t_2=\frac{l}{c}\frac{v^2}{c^2},$$

将图 12.2 的装置顺时针转 45°,因两臂对称,Δt 变为零.若再转 45°,时间差又变为 $lv^2/(c\cdot c^2)$.时间差总改变量为

$$2\Delta t=\frac{2l}{c}\frac{v^2}{c^2}. \tag{12.1.2}$$

时间差的改变意味着两束光在相遇处相位差改变,并引起干涉条纹的移动.尽管地球公转速率 $v=3\times10^4$ m/s,仅为光速的万分之一,时间差改变极小,但干涉仪系精心设计,干涉条纹的移动完全能够观察到.

然而实验结果出乎意料:在预言中应观察到 0.4 个条纹的移动,但实际观察到的不超过 0.01.以后又有其他学者做实验,均得到类似结果,实际上意味着条纹无移动,否定了以太相对于太阳静止而光的传播满足经典速度合成公式的基本假设.于是,似乎应当认为以太被空气拖曳.但这又和斐索的实验结果相左.迈克耳孙-莫雷实验虽未达到预想结果,但在实验设计方面成就突出,可精确测量 v^2/c^2[参考(12.1.2)式]的数量级,因而获诺贝尔物理学奖.

与以太有关的观测尚有更早的布雷德利(J.Bradley,1692—1762)关于星光偏差的观测和较晚的特劳顿(F.T.Trouton)和诺伯(H.R.Noble)的实验.然而,“迈克耳孙-莫雷实验及特劳顿-诺伯的实验似乎证明不可能观测到‘相对以太的运动’.不过,斐索及星光偏差等实验则似与以太静止说相符,这种以太既似静止又像被拖曳的情形,实令人完全无法满意.”①

(三) 关于相对性原理的思考

自从发现牛顿运动定律经伽利略变换保持不变,保证了经典力学满足相对性原理,以及尔后物理学的发展,使人们较为信赖对称性在物理学中的重要性.庞加莱(J.H.Poincaré,1854—1912)于 1903 至 1904 年间曾经指出过:“以任何动力学或电磁学的观测去检查绝对的匀速运动,是不可能的.”② 这实际上肯定了电磁学规律应满足相对性原理.况且,从伽利略变换和以太假设出发所设计的各种实验结果又互相矛盾,更使得长于思考的物理学家重新考虑是否存在另一种变换,麦克斯韦方程对它具有不变性,从而使之满足相对性原理.

---

①② 吴大猷.相对论(理论物理第四册).北京:科学出版社,1983:17.

1894 年，菲兹杰惹(G.F.Fitzgerald，1851—1901)为解释迈克耳孙-莫雷实验，在认为以太不被拖曳的条件下，提出一个设想：物体沿运动方向缩短，即等于原长乘以因子 $\sqrt{1-v^2/c^2}$，v 为物体速度.这一设想确能解释迈克耳孙-莫雷实验.1893 年，洛伦兹(H.A.Lorentz，1853—1928)独立地提出了同样的设想并运用电子论导出一个与伽利略变换不同的崭新的时空变换关系，称为洛伦兹变换.麦克斯韦方程对该变换保持形式不变.然而，问题并没有完全得到解决.其实，不抛弃以太，它便是一个特殊的参考系，便没有彻底的相对性原理.物理学发展中遇到巨大困难时，往往预示着将出现新的突破.爱因斯坦之所以能完成这新的突破就在于他重新看待人们头脑中根深蒂固的伽利略变换所蕴含的绝对时空观，并建立了崭新的相对论的时空观.

§ 12.2　洛伦兹变换

(一) 狭义相对论的基本假设

1905 年，爱因斯坦提出的狭义相对论建立在下面两条基本假设的基础上.

光速不变原理：在所有相对于光源静止或做匀速直线运动的惯性参考系中观察，真空中的光速都相同.换句话说，真空中的光速 c 是对任何惯性参考系都适用的普适常量.

狭义相对性原理：对于描述一切物理过程(包括物体位置变动、电磁，以及原子过程)的规律，所有惯性系都是等价的.这里的物理过程包括光现象在内.爱因斯坦的狭义相对性原理是伽利略力学相对性原理的推广.在伽利略力学相对性原理的伽利略变换中，空间坐标和时间的关系是线性关系.爱因斯坦的狭义相对性原理中时空坐标变换亦假设为线性关系.

其中，第一条假设使我们看到一幅与传统观念截然不同的物理图像.设想从一点光源发出一光脉冲，如从光源在其中保持静止的参考系中观察，波前为以光源为中心的球面；如在相对于光源做匀速直线运动的另一参考系观察，波前将同样是以光源为中心的球面.这预示着与伽利略变换不同的时空观.第二条假设将对称性推广于全部基础物理学.

(二) 洛伦兹变换

基于以上论述，现在需要寻找一组新的时间空间坐标变换关系，该变换关系应当满足两个条件：

满足光速不变原理和狭义相对性原理这两条基本假设；

当质点速率远小于真空中光速时，新的变换关系应能使伽利略变换重新成立.

如图 12.3 所示，假设当两惯性参考系 S′与 S 的坐标原点 O' 与 O 重合时，S′系相对于 S 系的速度为 $\boldsymbol{u}$.位于原点 O 处的点光源发出一光脉冲，并将此时刻看作在 S 系和 S′系中的计时起点.在 S 系中,光脉冲以速率 c 向各方向传播,波前到达(x,y,z)各点所需的时间间隔为

$$t=\sqrt{x^2+y^2+z^2}/c,$$

此式可写作

$$x^2+y^2+z^2-c^2t^2=0. \tag{12.2.1}$$

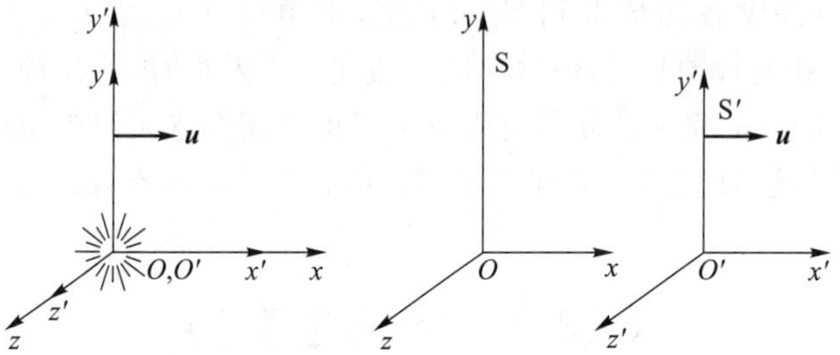

(a) (b)

图 12.3 S′和 S 为二惯性系,O'和 O 重合时,$O(O')$处出现一光脉冲

实际上,这正是描写光脉冲波前的球面方程,根据第一条假设,在 S′系中亦同样观测到光脉冲以速率 c 自 O'点向各方向传播,用(x',y',z')表示在 S′系中于时刻 t'波前所达到的各点,得 S′系中光脉冲波前的球面方程:

$$x'^2+y'^2+z'^2-c^2t'^2=0. \tag{12.2.2}$$

上面两式显然不符合伽利略变换.现在分别用 x,y,z,t 和 x',y',z',t'表示同一事件发生在 S 系和 S′系中的时空坐标.为简单计,假设图 12.3 中 S 与 S′系的 x 与 x'轴完全重合.从上面两式出发,又假设新旧坐标满足线性关系,可以推出

$$\begin{aligned} x'&=\frac{x-ut}{\sqrt{1-\beta^2}},\\ y'&=y,\\ z'&=z,\\ t'&=\frac{t-\frac{u}{c^2}x}{\sqrt{1-\beta^2}}, \end{aligned} \tag{12.2.3}$$

式中 $\beta=u/c$.(12.2.3)式即**洛伦兹变换**.显然,$\beta\to0$ 时,该变换又回到伽利略变换.$\beta\to0$ 可解释为将 S 与 S′系间的相对速率视作有限值,将光速视作无限大.故伽利略变换隐含着光速无穷大,即光在瞬时传播的观点.用它去讨论光以有限速率传播的问题,自然暴露出弱点.

从洛伦兹变换还可看出,为使 x'和 t'保持为实数,u 必须不大于 c.这表明在相对论中,任何物体的速率均不会超过光速.

因在电动力学中要学习洛伦兹变换的推导,为避免重复,这里不提供这一内容.有兴趣的读者可以阅读参考文献[①],那里提供了从普通物理角度进行的推导,还可参考

① 赵凯华,罗蔚茵.新概念物理教程 力学.第二版.北京:高等教育出版社,2019.

具有理论物理色彩的文献①.

(三) 洛伦兹变换蕴含的时空观

现在分三方面谈(12.2.3)式蕴含的时空观.

1. 同时的相对性

按伽利略变换,S 系中观察者观测到两事件同时发生,则 S′系中观察者亦测到该两事件同时发生,即同时是绝对的.现在讨论洛伦兹变换的情况.设在 S 系观察到两同时事件的时空坐标分别为(x_1, y_1, z_1, t)和(x_2, y_2, z_2, t),在 S′系中测得这两个事件的时空坐标分别为(x'_1, y'_1, z'_1, t'_1)和(x'_2, y'_2, z'_2, t'_2).根据洛伦兹变换,

$$t'_1=\frac{t-\dfrac{u}{c^2}x_1}{\sqrt{1-\beta^2}},$$

$$t'_2=\frac{t-\dfrac{u}{c^2}x_2}{\sqrt{1-\beta^2}},$$

两式相减,得

$$t'_2-t'_1=\frac{\dfrac{u}{c^2}(x_1-x_2)}{\sqrt{1-\beta^2}}. \tag{12.2.4}$$

不难看出,若 S 系中的观察者发现两事件不仅同时且在同样的 x 坐标处发生,即 $x_1-x_2=0$,则 $t'_2-t'_1=0$,即在 S′系中的观察者亦将发现这两个事件是同时发生的.如果在 S 系中测得两同时事件发生于不同地点,即 $x_1-x_2\neq 0$,则 $t'_2-t'_1\neq 0$,即在 S′系中的观察者将发现这两个事件并不同时发生.仅当两个事件在 S 系中同时且在同样 x 坐标发生时,才可能使 S′系中的观察者见到两个事件同时发生.在洛伦兹变换下,同时是相对的.

2. 运动的杆缩短

如图 12.4 所示,在 S′系中沿 x'轴放置一长杆,此杆在 S′系中静止,但在 S 系中则沿 x 轴以速率 u 运动.在伽利略变换下,从两个参考系中测出的杆的长度相同.现在根据洛伦兹变换重新研究这个问题.

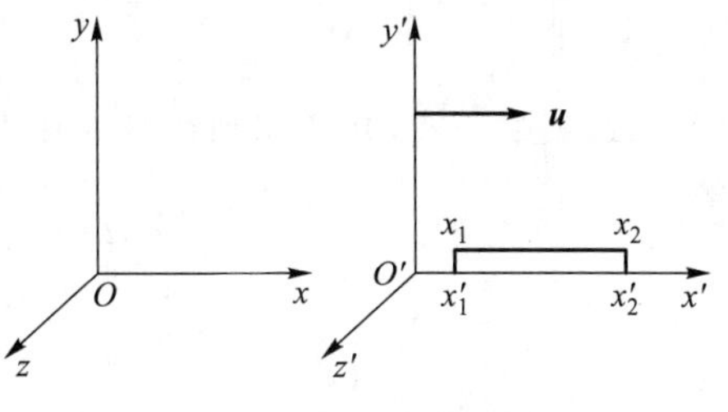

图 12.4 $x_2-x_1<x'_2-x'_1$,确乎是时空观的变革

在 S′系中,测得此杆的"静长度",它在相对于杆静止的参考系中测得,又称固有长度,为

$$\Delta x'=x'_2-x'_1,$$

① 蔡伯濂.狭义相对论.北京:高等教育出版社,1991.

在 S 系中测得杆的“动长度”为

$$\Delta x = x_2 - x_1.$$

根据洛伦兹变换，

$$x_1' = \frac{x_1 - ut}{\sqrt{1-\beta^2}},$$

$$x_2' = \frac{x_2 - ut}{\sqrt{1-\beta^2}},$$

于是

$$\Delta x' = \frac{\Delta x}{\sqrt{1-\beta^2}}.$$

用 l_0 和 l 分别表示杆的静长度和动长度 $\Delta x'$ 与 Δx，则有

$$l = l_0\sqrt{1-\beta^2}. \tag{12.2.5}$$

如果杆在 S 系中静止而相对于 S$'$系以速率 u 沿 x 轴反方向运动，则在 S 系测得的是杆的静长度，在 S$'$系中是动长度.根据洛伦兹变换，同样能得到(12.2.5)式.

(12.2.5)式中 β 为杆与观察者相对速率的函数.在相对论中，杆长不是绝对的，它和杆与观察者之间沿杆长方向的相对运动速率有关.由于因子 $\sqrt{1-\beta^2}<1$，即 $l<l_0$，表明在相对于杆沿杆长方向运动的参考系中测得的长度，小于杆的固有长度，即运动的杆变短了.

3. 运动的时钟变慢

现在比较在 S 系中测得相继两事件发生的时间间隔与在 S$'$系中测得的结果.根据洛伦兹变换讨论这个问题.用 $(x_1,0,0,t_1)$ 和 $(x_2,0,0,t_2)$ 分别表示上面两个事件在 S 系中的时空坐标，用 $(x_1',0,0,t_1')$ 和 $(x_2',0,0,t_2')$ 分别表示这两个事件在 S$'$系的时空坐标.于是

$$t_1 = \frac{t_1' + \frac{u}{c^2}x_1'}{\sqrt{1-\beta^2}},$$

$$t_2 = \frac{t_2' + \frac{u}{c^2}x_2'}{\sqrt{1-\beta^2}},$$

用第二式减第一式，并考虑到在 S$'$系中两事件在同一地点发生，

$$t_2 - t_1 = \frac{t_2' - t_1'}{\sqrt{1-\beta^2}},$$

$$t_2' - t_1' = \sqrt{1-\beta^2}\,(t_2 - t_1).$$

令 $\Delta t' = t_2' - t_1'$ 和 $\Delta t = t_2 - t_1$，有

$$\Delta t' = \sqrt{1-\beta^2}\,\Delta t. \tag{12.2.6}$$

由此可见，在 S$'$系中测得在同一位置相继发生的两事件的时间间隔为 $\Delta t'$，则在 S 系中测得同样两事件的时间间隔 Δt 比 $\Delta t'$ 长，或者说，相对于 S 系运动的时钟比较慢.反之，在 S 系中测出在某固定位置发生的两事件的时间间隔为 Δt，则在 S$'$系测出的 $\Delta t'$

比 Δt 长.这就是相对论中运动时钟变慢.在相对钟静止的参考系中测出的时间称为固有时,测出的时间间隔称为固有时间间隔.运动的钟指示的时间比固有时间间隔少即意味动钟变慢.

(四) 尺缩钟慢的实验检验

有许多实验能检验相对论的尺缩钟慢效应①.

例如因铯原子钟能够精确地计时,哈弗勒(J.C.Hafele)曾设想调准两个原子钟,将其中一个置于地球上,另一随飞机绕地球航行一周后降落于地面,然后对两个钟的读数做比较以检验动钟变慢②.1971 年,哈弗勒与基廷(R.E.Keating)完成了该实验,发现向东飞时,铯钟比地球上的钟慢 59×10^{-9} s,向西飞的钟快了273×10^{-9} s.因飞机在地球引力场中不同高度飞行,又涉及引力变化,故该实验的理论基础不仅涉及狭义相对论,还涉及广义相对论.根据同样道理,设一对双生子,一人停在地面,另一人乘飞船飞行,当回到原地时,两人站在一起,后者比前者年轻.这称作双生子效应.

1941 年,罗西(B.Rossi)和霍尔(D.B.Hall),1963 年,弗里施(D.H.Frisch)和史密斯(J.H.Smith)均曾研究 μ 子的寿命随动量而变化和用实验检验运动的钟变慢.以下就 μ 子的寿命讨论狭义相对论的尺缩钟慢③.

20 世纪早期,科学家即发现即使没有放射性材料亦能检测到辐射.后来发现这个辐射来自宇宙,称为宇宙射线.外来的宇宙粒子与大气分子的原子核相碰,某些因相碰撞和反应产生的次级粒子,例如 μ 子,寿命比较长,能达到海平面.μ 子会衰变为电子、中微子和反中微子.设 n_0 表示原来 μ 子的数目,经时间 t 后,余 n 个,有

$$n=n_0e^{-\alpha t}. \tag{12.2.7}$$

α 为常量.数目减少一半经过的时间叫半衰期,记作 τ_0,可推知

$$\alpha=\ln 2/\tau_0. \tag{12.2.8}$$

例如静止 μ 子的半衰期为 $\tau_0=2.2\times10^{-6}$ s.下面的例题应用狭义相对论研究到达海平面尚余多少 μ 子.若理论与实验符合,则能验证狭义相对论.

[例题 1] 有文献报道在高为 1 981 m 的山顶上测得 563 个 μ 子进入大气层.在海平面测得 408 个④.示意如图 12.5.已知 μ 子下降速率为 0.995 c,c 表示真空中光速.试解释上述所测结果.

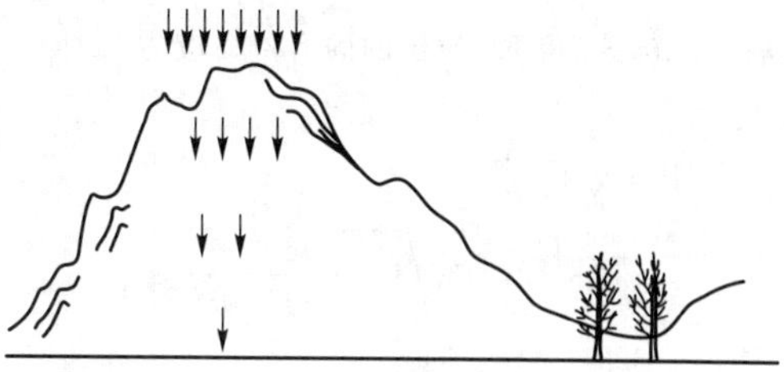

图 12.5 μ 子自高山上向海平面下落,因衰变而数量减少

[解] μ 子速率已达 0.995c,非常接近光速,应当用相对论进行分析.但为了与经典观点比较,先按经典的时空观求解.按非相对论的时空观,时间是绝对的,因而 μ 子运动时

① 张元仲.狭义相对论实验基础.北京:科学出版社,1979:61.

② Hafele.Relativistic Time for Terrestrial Circumnavigations. American J.of Physics, 1972,40:81.

③ 张元仲.狭义相对论实验基础.北京:科学出版社,1979:61.

④ Wallace P R. Physics: Imagination and Reality.Singapore:World Scientific, 1991:83.

和静止的半衰期相同，即亦为 τ_0.μ 子降落时间为 $t=1\,981\ \mathrm{m}/0.995\,c$，代入(12.2.7)式，得

$$n=563\times e^{-(\ln 2/2.2\times 10^{-6}\,\mathrm{s})\times 1\,981\ \mathrm{m}/0.995c}\approx 27.$$

即仅有 27 个 μ 子到达海平面，与实验结果不符.

现在运用相对论研究.首先以地球为参考系，μ 子运动时间仍为 $t=1\,981\ \mathrm{m}/0.995c$.但因动钟变慢，根据(12.2.6)式，运动的 μ 子的半衰期应为

$$\tau=\tau_0/\sqrt{1-\beta^2}.$$

将 τ 代替(12.2.8)式中的 τ_0，得

$$\begin{aligned}n&=n_0\times e^{-(\ln 2\times\sqrt{1-\beta^2}/\tau_0)t}\\&=563\times e^{-(\ln 2\times\sqrt{1-(0.995)^2}/2.2\times 10^{-6}\,\mathrm{s})\times 1\,981\ \mathrm{m}/0.995c}\\&\approx 415.\end{aligned}$$

此结果与实验基本符合.

再从与 μ 子一起运动的参考系研究.此参考系中 μ 子静止，故其半衰期仍为 τ_0；但因动尺缩短，根据(12.2.5)式，山的高度成为 $1\,981\sqrt{1-0.995^2}$ m.故得

$$\begin{aligned}n&=n_0 e^{-(\ln 2/2.2\times 10^{-6}\,\mathrm{s})\times 1\,981\sqrt{1-0.995^2}\ \mathrm{m}/0.995c}\\&\approx 415.\end{aligned}$$

与前面结果相同.

［**例题 2**］ 图 12.6 表示气泡室中一些粒子的轨迹.其中表示一 π 介子与质子相碰产生其他粒子，图中 K^+ 即碰撞处.我们仅考虑它们之中的 K^0 粒子.它经 $d=1\times 10^{-1}$ m 的距离便衰变为两个具有相反电荷量的 π 介子.若 K^0 的速率为 $v=2.24\times 10^8$ m/s，试求其固有寿命.

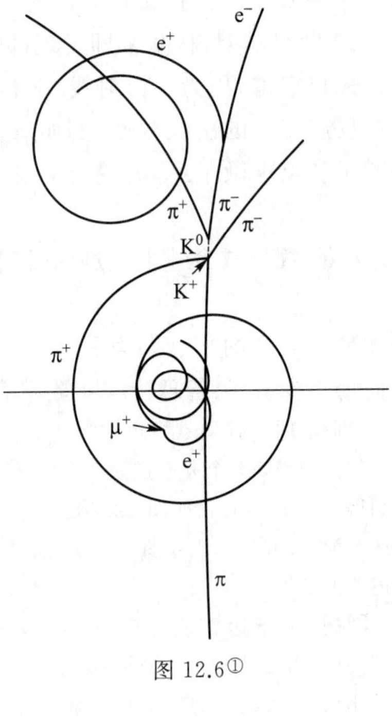

图 12.6①

［**解**］ K^0 粒子的速率为 2.24×10^8 m/s，达光速 70%以上，应当用相对论计算.题中 d 和 v 显然是实验室中测得的.从实验室测得的粒子运动的时间间隔为

$$t=\frac{d}{v}=\frac{1\times 10^{-1}}{2.24\times 10^8}\ \mathrm{s}=4.5\times 10^{-10}\ \mathrm{s}.$$

根据(12.2.6)式，得 K^0 粒子的固有寿命应为

$$\begin{aligned}t_0&=t\sqrt{1-\beta^2}\\&=4.5\times 10^{-10}\sqrt{1-\frac{5.02\times 10^{16}}{8.99\times 10^{16}}}\ \mathrm{s}\\&\approx 3.0\times 10^{-10}\ \mathrm{s}.\end{aligned}$$

$t_0<t$ 表明固有时间间隔短.

---

① 此图选自 Inman，Miller.Contemporary Physics.New York：Macmillan Publishing Co.，Inc；London：Collier Macmillan Publishers，1975：318(该图系按布鲁克海文国家实验室的照片绘制).

§ 12.3 相对论的速度变换

设想一恒星际站相对于日心-恒星参考系以速率 $0.9c$ 飞行,在它上面的宇航员测得另一火箭相对于该站沿其前进方向以速率 $0.9c$ 离去.根据伽利略变换,火箭相对于日心-恒星参考系将以 $1.8c$ 的速率飞行.这当然不可能,因任何物体的速度不能超过光速.现在根据洛伦兹变换求相对论的速度变换.

现用(x,y,z,t)和(x',y',z',t')分别表示同一运动质点在 S 系在 S′系中的时空坐标,用(v_x,v_y,v_z)和(v'_x,v'_y,v'_z)分别表示该质点在上述两个参考系中的速度,根据速度定义,在 S 系中,

$$v_x=\frac{\mathrm{d}x}{\mathrm{d}t},\quad v_y=\frac{\mathrm{d}y}{\mathrm{d}t},\quad v_z=\frac{\mathrm{d}z}{\mathrm{d}t}.$$

在 S′系中,

$$v'_x=\frac{\mathrm{d}x'}{\mathrm{d}t'},\quad v'_y=\frac{\mathrm{d}y'}{\mathrm{d}t'},\quad v'_z=\frac{\mathrm{d}z'}{\mathrm{d}t'}.$$

我们从 v'_x 开始讨论.对洛伦兹变换(12.2.3)式中第一式求导数,

$$v'_x=\frac{\mathrm{d}x'}{\mathrm{d}t'}=\frac{1}{\sqrt{1-\beta^2}}\left(v_x\frac{\mathrm{d}t}{\mathrm{d}t'}-u\frac{\mathrm{d}t}{\mathrm{d}t'}\right).\tag{12.3.1}$$

现在讨论$\frac{\mathrm{d}t}{\mathrm{d}t'}$.在式

$$t'=\frac{t-\frac{u}{c^2}x}{\sqrt{1-\beta^2}}$$

在等号两侧对 t 求导数,

$$\frac{\mathrm{d}t'}{\mathrm{d}t}=\frac{1-\frac{u}{c^2}v_x}{\sqrt{1-\beta^2}}\quad 或\quad \frac{\mathrm{d}t}{\mathrm{d}t'}=\frac{\sqrt{1-\beta^2}}{1-\frac{u}{c^2}v_x}.$$

代入(12.3.1)式,得

$$v'_x=\frac{v_x-u}{1-\frac{u}{c^2}v_x}.\tag{12.3.2}$$

关于 v'_y 和 v'_z,我们有

$$v'_y=\frac{\sqrt{1-\beta^2}}{1-\frac{u}{c^2}v_x}v_y,\tag{12.3.3}$$

$$v'_z=\frac{\sqrt{1-\beta^2}}{1-\frac{u}{c^2}v_x}v_z.\tag{12.3.4}$$

以上三式就是由 S 系至 S′系的相对论速度变换公式.利用同样方法,能够得到上述变

换的逆变换，

$$v_x=\frac{v'_x+u}{1+\frac{u}{c^2}v'_x},\quad v_y=\frac{\sqrt{1-\beta^2}}{1+\frac{u}{c^2}v'_x}v'_y,\quad v_z=\frac{\sqrt{1-\beta^2}}{1+\frac{u}{c^2}v'_x}v'_z. \tag{12.3.5}$$

显然，当 $u\ll c$ 时，又回到伽利略速度变换式.现在利用它来研究本节开始提出的火箭速率问题.设恒星际站和火箭均沿 S 系和 S′系的 x 轴与 x' 轴运动.利用(12.3.5)式中第一式，v'_x 表示火箭相对于恒星际站的速度，v_x 表示火箭相对于日心-恒星参考系的速度，u 表示恒星际站相对于日心-恒星参考系的速度，得

$$v_x=\frac{0.9c+0.9c}{1+\frac{0.9c\times0.9c}{c^2}}=0.994\ 5c,$$

并未超过光速.

菲涅耳(A.J.Fresnel，1788—1827)研究运动介质对其中光速的影响，将光在以太中传播与声在弹性介质中传播类比，他的实验结果是

$$c'=\frac{c}{n}\pm kv,\quad k=1-1/n^2, \tag{12.3.6}$$

n 为折射率，v 为介质速度，c' 和 c 分别表示光在运动介质中的传播速度和在真空中的速度，k 即曳引系数."±"号分别表示介质运动和波传播同向或反向.在 1851 年，斐索通过实验验证了菲涅耳的实验结果是正确的.现在，抛弃以太假说，实验结果完全可用狭义相对论的速度合成公式说明.从而菲涅耳和斐索得出的(12.3.6)式也成为狭义相对论运动学的实验验证之一.例如，对于水，有 $n=1.333$，由(12.3.6)式得 $k=0.437$，与实验符合很好①，详情见下面例题.

［**例题 1**］ 试用狭义相对论证明(12.3.6)式.

［**解**］ 按折射率与光速的关系，光在静止介质中的速度为 c/n.又因介质运动和光传播同方向或反方向，由(12.3.2)式得

$$c_n=\frac{\frac{c}{n}\pm v}{1\pm\frac{v}{nc}}=\left(\frac{1\pm nv/c}{1\pm v/nc}\right)\frac{c}{n},$$

又可写作

$$c_n=\frac{c}{n}\left(1\pm\frac{nv}{c}\mp\frac{v}{nc}\mp\frac{v^2}{c^2}\pm\cdots\right),$$

略掉 v^2/c^2 及更高阶小量，即得(12.3.6)式.

§ 12.4 相对论的动量和能量

动量和能量守恒定律是自然界各种过程中的普遍规律，在狭义相对论中仍旧成立.经典力学中，动力学规律具有对于伽利略变换的不变性或对称性.相对论中的动力

① Norwood. Twentieth Century Physics.Englewood Cliffs，New Jersey：Prentice - Hall，Inc.，1976：31.

学规律应具有对洛伦兹变换的对称性.洛伦兹变换是四维的,与此相对应,相对论动力学则引入了四维动量.洛伦兹变换中三个是关于空间坐标变换而另外一个是关于时间的变换关系.与之相对应,四维动量之中的三个分量称为空间分量,给出动量;另一个为时间分量,即能量.这当然有系统的理论去说明,将在理论物理课程中做详细讨论,现在不深究.对于初学者,则现在应当知道有一个颇为新颖的四维动量,了解主要结论.下面介绍有关的基本内容.

(一) 相对论的动量

相对论的四维动量为

$$(p^0,p^1,p^2,p^3)=(m_0u^0,m_0u^1,m_0u^2,m_0u^3), \tag{12.4.1}$$

其中 $p^\mu(\mu=1,2,3)$ 为动量的三个空间分量;

$$u^1=v_x/\sqrt{1-\beta^2},\quad u^2=v_y/\sqrt{1-\beta^2},\quad u^3=v_z/\sqrt{1-\beta^2}$$

写作矢量形式,有

$$\boldsymbol{p}=\frac{m_0\boldsymbol{v}}{\sqrt{1-\beta^2}}.$$

为在形式上保留与经典力学的动量有相同的数学形式,则有

$$\boldsymbol{p}=m\boldsymbol{v}. \tag{12.4.2}$$

而速度为 $\boldsymbol{v}$ 的粒子的质量为

$$m=\frac{m_0}{\sqrt{1-\beta^2}}. \tag{12.4.3}$$

这便是大家已熟知的相对论的质量-速率公式.式中 m_0 表示静止质量.可见,在相对论中不仅同时性、时间间隔、空间间隔具有相对性,物体质量也有相对性.

设想光子为一粒子,其速率为 c.代入(12.4.3)式,又因质量 m 为有限值,则得光子的静止质量为零.

粒子的电荷与质量之比为荷质比,狭义相对论出现以前的 1901 年,考夫曼(W. Kaufmann)在研究 β 射线(电子束)的荷质比 $-e/m$ 的实验中,发现荷质比与电子的速度有关.他认为,电子的电荷量 $-e$ 不因速度变化而变化,后来的实验也表明,电荷量确与速度无关.于是发现电子的质量是随速度增加而增加的.布塞勒(A.H.Bucherer)于 1909 年,即狭义相对论出现之后,重新测量 β 射线荷质比,其结果与(12.4.3)式符合①(见图 12.7).布塞勒的实验有很高的精确度.

第四章曾谈及按经典力学的相关理论,两粒子发生非对心完全弹性散射,两粒子的末速度互成直角.查平(F.C. Champion)于 1932 年经实验发现两电子弹性散射时,末速度夹角小于 90°,该结果恰与能量守恒和相对论的质量-速率公式符合,亦可作为(12.4.3)式的验证.

---

① 张元仲.狭义相对论实验基础.北京:科学出版社,1979:124.

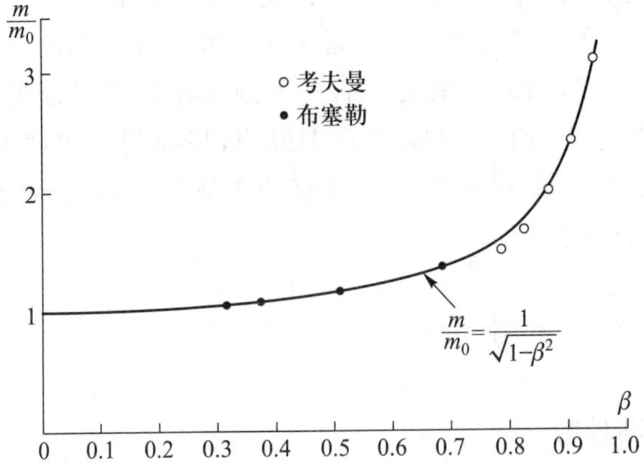

图 12.7 关于质量-速度公式实验与理论的比较[①]

在回旋加速器的设计中,应考虑带电粒子质量随速度增加而不断降低加速电压频率(参考§3.5).同步回旋加速器设计之成功提供了相对论质速公式的另一验证.

相对论的动量是四维动量,前三个分量是动量(第四个分量见后文),它和力之间(取动量对固有时的导数)有动力学方程:

$$\boldsymbol{F}=\frac{\mathrm{d}}{\mathrm{d}t}m\,\boldsymbol{v}=\frac{\mathrm{d}}{\mathrm{d}t}\left(\frac{m_0\boldsymbol{v}}{\sqrt{1-\beta^2}}\right)$$

这一方程能够保证即使在恒力持续作用下,质点的速率也不会超过光速,因质点质量将随速度接近光速而趋于无穷.

要到其他恒星去旅行,火箭的速率必须接近光速,这时经典力学中描述火箭运动的齐奥尔科夫斯基公式不再适用.阿克莱给出了相对论力学修正的齐奥尔科夫斯基公式.当火箭速率很高时,用阿克莱公式计算出的质量将比用齐奥尔科夫斯基公式给出的质量比小得多,从而对于发射火箭所需动力提出更高的要求[②].

(二) 相对论的质能公式

四维动量的时间分量为虚部,暂不管详情,它实际表示能量[③]

$$p^0=m_0u^0=\frac{\mathrm{i}}{c}\ \frac{m_0c^2}{\sqrt{1-\beta^2}}=\frac{\mathrm{i}}{c}mc^2.$$

这里的 mc^2 即运动粒子的总能量,用 E 表示,即

$$E=mc^2=\frac{m_0c^2}{\sqrt{1-\beta^2}}. \tag{12.4.4}$$

这就是著名的质能关系式.它表明只要有质量 m,物体本身必有 $E=mc^2$ 的能量.反

---

① 张元仲.狭义相对论实验基础.北京:科学出版社,1979:124.

② 钱学森.星际航行概论.北京:科学出版社,1963:25.

③ 蔡伯濂.狭义相对论.北京:高等教育出版社,1991.

之,只要有能量 E,必有质量 E/c^2.它把惯性质量和能量密不可分地联系在一起;有人也称质量和能量有等价性.这是 20 世纪物理学的重要成果之一.有质量意味着物质的存在,而能量通常描述物质的运动状态.我们可做如下理解:"不存在没有运动的物质,也不存在没有物质的运动,物质和运动之间存在着不可分割的联系."①由于两者的密不可分,常用能量单位描述质量,例如 1 u=931.494 MeV/c^2.

如粒子静止,由上式知粒子的静止能量或静能为

$$E_0=m_0c^2. \tag{12.4.5}$$

例如 1 g 静止物体即蕴藏 9×10^{14} J 的能量,1 kg TNT 炸药爆炸所释放的解离化学键的能量为 454×10 kJ.故 1g 物质蕴藏着相当于 2×10^4 t TNT 炸药释放的能量!

从总能 $E=mc^2$ 减掉静止能量 $E_0=m_0c^2$,即得粒子动能:

$$E_{\mathrm{k}}=m_0c^2\left(\frac{1}{\sqrt{1-\beta^2}}-1\right), \tag{12.4.6}$$

若 $v\ll c$,根据二项式定理,设粒子速度很小,有

$$(1-\beta^2)^{-\frac{1}{2}}=1+\frac{1}{2}\beta^2.$$

代入前式即回到经典力学的动能公式$\frac{1}{2}mv^2$.进一步又可将(12.4.6)式写作

$$mc^2=m_0c^2+E_{\mathrm{k}}, \tag{12.4.7}$$

即总能等于动能加静能.如正负电子对湮没成光子,全部静止质量转化为光子运动的质量,其静能转化为光子运动的能量.

对(12.4.4)式取增量,得

$$\Delta E=(\Delta m)c^2,$$

这是质量-能量关系的另一种表述形式,它表明物体吸收或放出能量时,必伴随以质量的增加或减少.这里 ΔE 不仅表示机械能的改变,也可以代表因物体吸热或放热、吸收或辐射光子等各种原因所引起的能量变化.

最早对相对论质量-能量关系提供的实验证明之一,是 1932 年由考克罗夫特(J. D.Cockcroft)和瓦尔顿(G.T.S.Walton)提供的.他们利用加速器加速质子并轰击锂(Li)靶.锂原子核吸收质子形成不稳定的核,随即蜕变为两个 α 粒子,它们以高速沿相反的方向运动.在这一核反应中能量守恒,根据(12.4.7)式,

$$E_{\mathrm{kH}}+(m_{0\mathrm{H}}+m_{0\mathrm{Li}})c^2=2E_{\mathrm{k}\alpha}+2m_{0\alpha}c^2,$$

$m_{0\mathrm{H}}$、$m_{0\mathrm{Li}}$和 $m_{0\alpha}$分别表示质子、锂原子核,以及 α 粒子的静质量,E_{kH}和 $E_{\mathrm{k}\alpha}$则分别表示质子和 α 粒子的动能.上式又可写作

$$2E_{\mathrm{k}\alpha}-E_{\mathrm{kH}}=(m_{0\mathrm{H}}+m_{0\mathrm{Li}}-2m_{0\alpha})c^2. \tag{12.4.8}$$

根据相对论公式(12.4.5),反应前后静质量和静止能量的减少伴随在一起.而反应前后的总质量和总能量必定守恒.因而减少的静质量和静止能量必定转化为动能.因最初锂靶静止,故体系获得的动能应等于后来 α 粒子的动能与最初质子的动能之差;这正

① 朱洪元.20 世纪的科学先驱——物理学.物理,1991,20(1):2.

是(12.4.8)式的含义.考克罗夫特-瓦尔顿实验测得静止能量减少了 $0.763\,8\times10^{-11}$ J.该实验所用入射质子的动能为 $0.400\,5\times10^{-13}$ J.反应后根据 α 粒子的射程,得其动能为 $0.137\,8\times10^{-11}$ J,动能增加量为 $2\times0.137\,8\times10^{-11}\ \text{J}-0.400\,5\times10^{-13}\ \text{J}=0.271\,6\times10^{-11}$ J.在考克罗夫特-瓦尔顿的文献中,用 MeV 作为能量单位.静能损失17.25 MeV,测得动能增加 16.95 MeV,二者相差很少.1939 年,史密斯(N.M.Smith)做了更精密的实验,测得动能增加(17.28±0.03)MeV,更接近静能损失.这些实验验证了(12.4.8)式,从而验证了质能关系.

原子弹和氢弹技术都是狭义相对论质能关系的应用,而它们的成功也成为狭义相对论的验证.

(三) 动量-能量公式

由动量表达式 $\boldsymbol{p}=m\boldsymbol{v}$ 可得 $p^2=m^2v^2$,从中解出 v^2,代入质量-速率公式,即得

$$m^2c^2=p^2+m_0^2c^2$$

用 c^2 乘以双方,则有

$$E^2-c^2p^2=E_0^2 \tag{12.4.9}$$

此即相对论的能量-动量公式.$E_0=m_0c^2$ 为粒子的静止能量.因 m_0 和 c 都是从 S 系到 S′系的不变量,故 E_0 亦为不变量.上式表明,粒子能量的平方与 c^2 乘以动量平方之差是洛伦兹变换下的不变量.上式对任何惯性参考系都成立.

将上式用于光子.因对光子 $m_0=0$,故有 $p=E/c$.光子能量为 $E=h\nu$,ν 为频率,于是

$$p=h\nu/c=h/\lambda.$$

λ 为波长.德布罗意提出粒子也有波动性,他除了受 § 10.5 所谈驻波的启发,也应用了相对论.他正是应用 $E=h\nu$ 和 $p=h/\lambda$ 将粒子性和波动性联系在一起的.

现在证明当 $v\ll c$ 时,相对论的能量-动量关系又回到经典力学.因粒子动能为 $E-E_0$,按(12.4.9)式得

$$E_k=E-E_0=\frac{c^2p^2}{E+E_0}$$

右方分母、分子分别除以 c^2,则

$$E_k=\frac{p^2}{m+m_0}$$

因 $v\ll c$,故得

$$E_k=\frac{p^2}{2m_0} \tag{12.4.10}$$

这就是经典力学的动能-动量关系.

碰撞是物理学研究的典型问题.在经典力学中,总是运用动量守恒定律,事实上质量也是守恒的;此外,能量守恒定律仍旧成立.至于质点组动能是否改变,需视碰撞类型而定.仅当碰撞前后动能不发生变化时才是完全弹性碰撞,否则为非弹性碰撞.

在狭义相对论中，同样是碰撞前后能量守恒、动量守恒，但动能可能发生变化.与经典力学相似，碰撞前后动能不变者为完全弹性碰撞，否则为非弹性碰撞.因完全弹性碰撞前后动能不变，故静能亦不变，因而质量也不变.

现在研究一完全非弹性碰撞.设两个粒子静止质量均为 m_0，速率均为$\frac{3}{5}c$.它们的动量 $\boldsymbol{p}_1$ 和 $\boldsymbol{p}_2$ 大小相等、方向相反，故 $\boldsymbol{p}_1+\boldsymbol{p}_2=\boldsymbol{0}$，碰撞后连成一体，如图 12.8 所示.因碰撞过程动量守恒，故碰撞后处于静止.用 $E_1=E_2$ 表示各自的能量.根据能量守恒得后来的能量为

$$E=E_1+E_2=\frac{2m_0c^2}{\sqrt{1-(3/5)^2}}=\frac{5}{2}m_0c^2.$$

因最终结合体静止，用 m_0' 表示结合体的静质量，有

$$m_0'=\frac{5}{2}m_0.$$

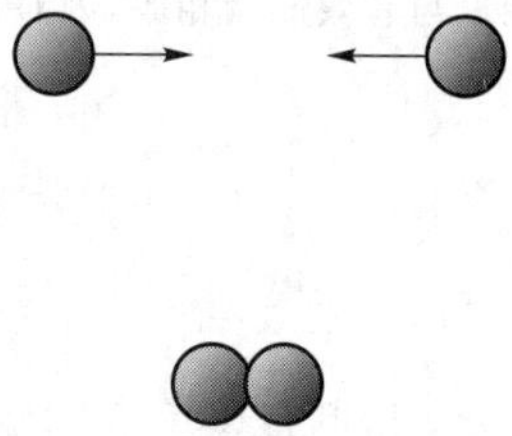

图 12.8 完全非弹性碰撞

碰撞前两个粒子的静能为 $2m_0c^2$，碰撞后变为$\frac{5}{2}m_0c^2$，表明动能转化为静能.原来静止质量为 $2m_0$，碰撞后运动的质量亦转化为静止质量，故质量增加了，这与弹性碰撞不同.由此可知，相对论力学中的碰撞与经典力学中的碰撞有不同的特征.

（四）动量中心系

在牛顿力学中，质量中心系（即质心系）有重要作用.围绕它有质量中心定理和克尼希定理等.在质心的概念中有质点系中各质点的质量.在狭义相对论中，质点的质量是随着质点速度的变化而变化的，牛顿力学中的质心和质心参考系就不再有意义，克尼希定理也不再成立.然而，我们却有一个与质心参考系相对应的概念，即动量中心系.在狭义相对论中，若相对于某参考系，质点系中各质点动量的矢量和为零，即

$$\sum m_i v_i=0 \tag{12.4.11}$$

则称该参考系为**动量中心系**.

因我们常用狭义相对论研究微观粒子的运动，质点系不受外力的作用，质点系应保持动量守恒.于是，动量中心系通常是惯性系.

［**例题 1**］ 正负电子对撞机的原理：§4.8 曾在牛顿力学范围内谈及正负电子对撞机.电子运动速度接近光速，现在应用狭义相对论讨论这个问题.设有效能量分别为 1 GeV、10 GeV 和 100 GeV，求所需束流能量.

［**解**］ 因为要应用狭义相对论，不能再用克尼希定理.这里不涉及力的问题，选择动量-能量公式比较适合.首先讨论图 4.22 中固定靶且仅涉及两个单个电子相碰的情况.在实验室参考系中观察到运动电子的能量 E_1，静止靶上电子能量为 m_0c^2.用 p_1 表示运动电子的动量.在动量中心系中，仅观察到碰撞时的有效能量 E'，根据动量-能量公式，有

$$(E_1+m_0c^2)^2-c^2p^2=E'^2$$

对于运动电子，又有 $E_1^2-c^2p_1^2=(m_0c^2)^2$.代入上式，得

$$E_1=\frac{E'^2}{2m_0c^2}-m_0c^2\approx\frac{E'^2}{2m_0c^2}$$

已知 $m_0=0.51\ \mathrm{MeV}/c^2$，并假想 $E'^2=1$ GeV，10 GeV 和 100 GeV，代入上式，即分别得 $E_1\approx10^3$ GeV、10^5 GeV 和 10^7 GeV，表明运动电子的能量比有效能量分别多 10^3、10^4 和 10^5 倍.这是单个电子的情况.实际上，运动电子和固定靶上的电子都非常多.我们想象每个运动电子都和一个靶上的电子相碰，并设想上式适用于每对电子.若许多对电子的有效能量为 $E_e=1$ GeV、10 GeV 和100 GeV，则运动电子的束流能量亦将分别是它们的 10^3、10^4 和 10^5 倍，即所需束流能量 $E_b\approx10^3$ GeV、10^5 GeV 和 10^7 GeV.

现在考虑对撞机的情况.这时实验室参考系和动量中心系相同，总动量均为零，可得 $E_b^2=E_e^2$.束流能量与有效能量相等，因对撞机有两束流，其能量各占一半.这也和表 4.1 所列结果相同.

*§ 12.5 广义相对性原理

爱因斯坦于 1905 年完成狭义相对论，认识到一切物理规律在惯性系中具有坐标变换不变性.在历史上，这是首次把对称性原理运用于最基本的物理学当中.随后，他想把对称性在基本物理学的作用再做推广，历经“在黑暗中焦急地探索着的年代里，怀着热烈的向往，时而充满自信，时而精疲力竭，而最后终于看到了光明”.①在 1915 年，他提出了广义相对论.这是 20 世纪物理学另一次大革命.“广义相对论包含了新的引力理论，在我们对宇宙结构的认识上开辟了新境界.”②

广义相对性原理是爱因斯坦广义相对论的基本假设.

（一）关于惯性系和引力的思考

狭义相对性原理表明，对于一切物理过程的规律的表述，一切惯性系都是等价的.然而在惯性系中物理规律的数学表达形式在非惯性系就不再成立了.“为什么要认定某些参考物体（或它们的运动状态）比其他参考物体（或它们的运动状态）优越呢？此种偏爱的理由何在？”③况且，当时基于牛顿绝对空间观建立的惯性系观念已受到马赫等人的质疑、批判，而在现实中要找到一个真正的惯性系又非常困难.大家熟知，地球在太阳系中转动，太阳又在银河系里转动，而银河系在宇宙中也在做加速运动.尽管它们的加速度不大（例如，地球自转加速度$\approx3.4\times10^{-2}\ \mathrm{m/s^2}$，太阳公转加速度$\approx3\times10^{-10}\ \mathrm{m/s^2}$），在研究不同的具体问题时，可分别把它们近似地“当作”惯性系，可终究并不是严格的惯性系.看来自然界不存在真正的惯性系，那么是否可以把物理规律从对惯性系的依赖中解脱出来，建立一种对任何参考系都有效的物理学？爱因斯坦的回答是肯定的，并做了大胆的假设：把狭义相对性原理推广为广义相对性原理.

对于引力，狭义相对论没有涉及.乍看，引力和库仑力很像，都和距离平方成反比，而与相互作用的质点的质量的乘积或点电荷电荷量之积成正比.其实，二者有重大区别：其一，库仑力可以是互相吸引，也可以互相排斥，而引力只互相吸引；其二，引力是普遍的，而电中性的物体间没有库仑力.那么，适用于库仑力的洛伦兹变换对引力还适合吗？爱因斯坦说：“但是牛顿引力定律我们无论如何

---

① 爱因斯坦.广义相对论的来源.许良英，范岱年编译.爱因斯坦文集（第一卷）.北京：商务印书馆，1976：319.

② 玻恩.爱因斯坦的相对论.彭石安译.贺准城校.石家庄：河北人民出版社，1981：2.

③ 爱因斯坦.狭义与广义相对论浅说.杨润殷译.胡刚复校.上海：上海科学技术出版社，1979：60.

费尽心机也无法将其简化用到狭义相对论的范畴中去."[①]他另辟蹊径,重新认识引力,把引力和非惯性系中的惯性力联系起来,建立了概括性最强的新的引力理论.

(二) 等效原理和广义相对性原理

爱因斯坦天才地运用理想实验,这是一种非常有用的思维模式.他设想了一个密封舱,舱内人观察不到舱对于外部世界的运动,被称作爱因斯坦舱(或爱因斯坦升降机).舱内人想通过力学实验判断舱的运动状态,进而鉴别舱是惯性系还是非惯性系.虽然他发现舱内所有物体都可以自由下落,其加速度和下落物体的质量无关,但他不能根据这个实验结果肯定该舱是惯性系.因为在相对地球静止(或做匀速直线运动)的惯性系中,物体受引力作用,可观察到上述现象,即

$$\boldsymbol{F}_{引}=-\frac{GMm_{引}}{r^3}\boldsymbol{r}=m_{惯}\boldsymbol{a},$$

所以

$$\boldsymbol{a}=-\frac{GM}{r^3}\boldsymbol{r},$$

加速度 $\boldsymbol{a}$ 与质量 m 无关.然而,对于远离恒星的直线加速参考系,虽无引力场,但在惯性力作用下,也能发生上述现象:

$$\boldsymbol{F}_{惯}=-m_{惯}\boldsymbol{a}'=m_{惯}\boldsymbol{a},$$

所以

$$\boldsymbol{a}=-\boldsymbol{a}',$$

加速度 $\boldsymbol{a}$ 只取决于参考系的加速度 $\boldsymbol{a}'$,$\boldsymbol{a}$ 与质量 m 无关.它却是非惯性系.

惯性系和非惯性系都能对自由落体实验做出合理的解释,显然,是基于承认 $m_{引}=m_{惯}$.爱因斯坦回忆道:"……惯性质量和引力质量相等的定律,它当时就使我认识到它的全部重要性.我以它的存在感到极为惊奇,并猜想其中必定有一把可以更加深入地了解惯性和引力的钥匙,甚至在我还不知道厄缶的令人钦佩的实验结果之前[②]——如果我没有记错,我是到后来才知道这些实验的——我也未曾认真怀疑过这定律的严格可靠性."[③]最终,他天才地提出引力和惯性力效果完全一样.

以任何力学实验都不可区分引力和惯性力的效果,引力和惯性力存在等效性,这称作**弱等效原理**.推广一步,假定任何物理实验(包括力学、电磁学和其他等)都不能区分引力和惯性力的效果,称为**强等效原理**.引力和惯性力不可区分意味着惯性系和非惯性系不可用物理实验来区分.这样就把相对性原理由惯性系推广到非惯性系:**对于表述各种物理规律来说,所有的参考系都是等价的**,这称作**广义相对性原理**.当然,这要引用新的数学语言来重新描述物理规律(这里不谈论新的数学语言怎样表述物理规律).虽然付出"数学工具较为复杂"(或说较为陌生)的代价,而得到的却是"物理规律是和谐、统一的"认识.

有了广义相对性原理,就可以找到真正的惯性系了.设想爱因斯坦舱朝向恒星自由下落,舱内人观察不到引力却能观察到物体的惯性运动,他得到了一个惯性系——他所在的舱.由于引力场是不均匀的,严格说来,只有在舱下落过程中,某充分小的空间范围和充分小的时间间隔舱才是真正的惯性系.这种参考系是局域惯性系.那么,相对于地心-恒星参考系或日心-恒星参考系静止(或匀速直线运动)的参考系就是非惯性系了.

---

① 爱因斯坦.狭义与广义相对论浅说.杨润殷译.胡刚复校.上海:上海科学技术出版社,1979:175.

② 指厄缶所做惯性质量与引力质量相等的实验,见 § 6.2.

③ 爱因斯坦.广义相对论的来源.许良英,范岱年编译.爱因斯坦文集(第一卷).北京:商务印书馆,1976:320.

*§ 12.6 引力场与弯曲时空

由于惯性力和引力等效，广义相对论实质是关于引力场的理论.在广义相对论中，引力的唯一效果就是引起了背景时空的弯曲.

我们熟悉的欧几里得几何是表述平直空间几何性质的，如两点之间直线最短.对于弯曲空间，几何性质就不同了.如在球面上，两点间的最短线是过此两点的大圆弧，三角形内角之和大于 180°，等等.不同的弯曲空间，几何性质也各异.下面考察几个参考系的时空性质.

设想在一个时空区域 Ω 中对于圆盘 K 不存在引力场，K 就是惯性参考系，其中狭义相对论成立.另一圆盘 K′，与 K 盘周边恰能重合，K′绕垂直于盘面过圆心的轴以匀角速率 ω 旋转，构成一非惯性系.K′上的静观者感受到一沿径向向外的力，他认为这是一种引力效应，引力大小为 $F_{引}=m\omega^2 r$，r 是质量为 m 的受力物体与轴的距离.现有两个结构完全相同的钟，A 钟放在 K′的中心，B 钟放在 K′盘边缘.K 上的静观者看到 B 钟因与 K′一起运动而比 A 钟慢.快慢程度与钟所在位置有关，r 越大，引力越强，钟就更慢.下面通过比较 K′及 K 上的静观者用尺测量各自圆盘的半径及周长的结果，来考察 K′的空间性质.在 K 上测周长得 c，在 K′上测周长得 c'.由于沿 K′盘周边放置的尺缩短，用它测得的 c' 必大于用静尺测同样的圆周所得的长度 c，$c'>c$.在 K′上测圆盘半径得 R'，因尺子沿半径放置无缩短，与在 K 上测半径得到 R 数值相等.惯性系 K 中空间平直，$c/R=2\pi$.在 K′系中，或说在引力场里 $c'/R'=c'/R>2\pi$，欧几里得几何不再成立，空间不再平直，空间变弯曲了.

我们还可以做理想实验.令爱因斯坦舱在地面附近自由下落.舱内无引力场，为惯性系.舱左壁 A' 处发一束光，如图 12.9(a)所示.舱内人观察到光笔直地打到右壁 A 处.光线走最短路线，在舱内光走直线，正表明惯性系内空间平直.地面上静观者看到光走抛物线，即在引力场中光走曲线，空间不再平直，而是弯曲的，如图 12.9(b)所示.

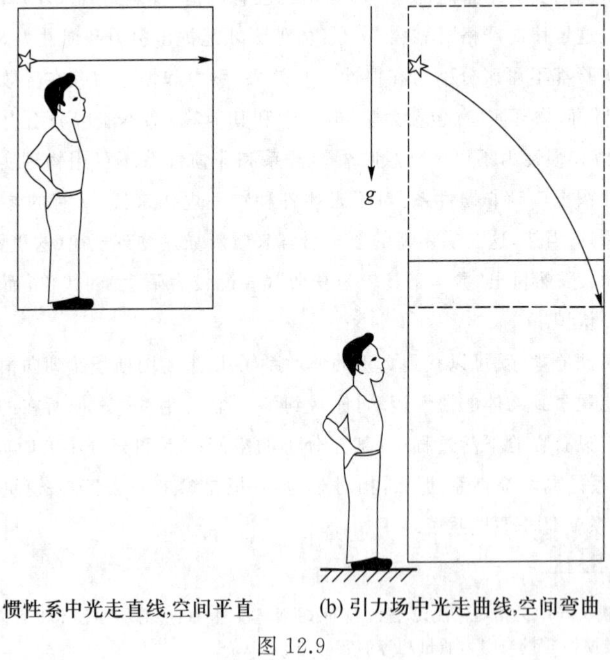

(a) 惯性系中光走直线，空间平直　　(b) 引力场中光走曲线，空间弯曲

图 12.9

按照广义相对论，引力效应可看作是背景时空发生了弯曲，而在引力场中物体的运动就是物体在弯曲的背景时空上的运动.爱因斯坦认为，是物质使它附近的时空由平直变为弯曲，称为弯曲的黎曼空间.而物质的分布及运动影响弯曲时空的几何形态(如曲率等).图 12.10 粗略、形象地描绘出爱因斯坦的思想：省去引力概念，而代之以空间的弯曲.想象在一张紧的橡皮膜上放置一个球，会使其附近的膜凹陷，而远处仍保持平直.质量较小的球在这弯曲的膜上运动，就像受到大球的吸引.在我们的宇宙中，可以认为物质是均匀分布的，平均密度很小，引力场很弱，所以空间是平缓的均匀弯曲的.某些天体(如中子星、白矮星)的物质密度很大，引力场很强，它附近的空间弯曲得就厉害.

经多年努力，爱因斯坦完成了对于“物质分布如何决定时空性质”的定量描述，该描述被称为爱因斯坦引力场方程.虽然涉及尚未学到的数学知识而不能做具体的深入的讨论，我们仍然把它写出来，给读者留下一个初步的印象：

$$G_{ac}=8\pi T_{ac}.$$

其中 T_{ac} 是依赖于物质分布及运动的张量(我们所学到的矢量是张量的一种特殊情况)；G_{ac} 是描述时空弯曲性质的曲率所决定的张量.1916 年，施瓦西(K.Schwarzschild，1873—1916)求得在特定条件下——静止球对称质量分布、在质量分布以外的空间——爱因斯坦引力场方程的严格解.图 12.11为示意图.

太阳可看作是球对称质量分布，把行星、光子当作在施瓦西场中的质点，得出与观测值符合很好的结果(见下节).

用施瓦西解讨论密度很高的物质——某种恒星演化的归宿——周围的时空性质，可得到黑洞的概念.在其外部光和其他物质都只能落向引力中心，而不可能停止或返回.这种特殊的时空区称为黑洞.远处外部的静观者 S 看到动观者 S′落向引力中心的过程中，它的时钟越走越慢，直至停止.此处距引力中心 r_S，称为引力半径.S′携带沿运动方向的尺越来越短，直至为零(r_S 处).S′发出的光的频率也越来越小，最终(r_S 处)“看不到了”.理论证明从动观者 S′自己观测并没有在 r_S 处停止，而是在有限时间内落到引力中心.以上是施瓦西黑洞.对于其他类型，此处不做介绍了.中子星等致密星的发现推动了对黑洞的物理数学性质、形成机制和存在的效应等方面的研究.天文学家以极大兴趣搜寻宇宙中的黑洞.Cyg X-1(天鹅座 X-1)被许多天体物理学家看作是黑洞，大麦哲云中的LMC-X_3 也很可能是黑洞.无论是理论模型，还是实际观测都还在探索中.

纵观前五节，狭义相对论使我们认识到时间、空间是不可分割的.现在，我们又了解到广义相对论把时空和物质联系在一起了.

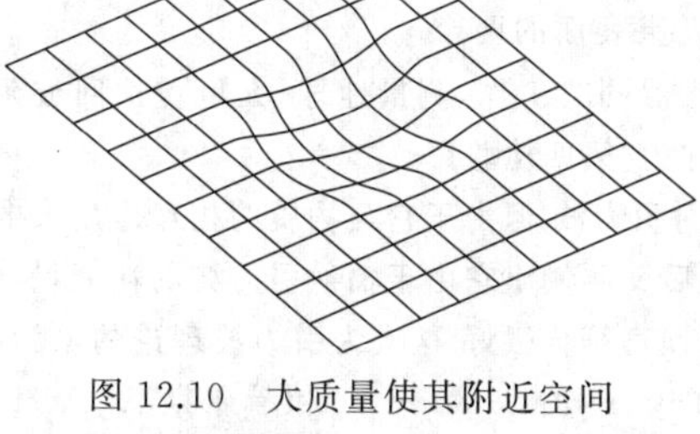

图 12.10 大质量使其附近空间弯曲，远处渐渐平直

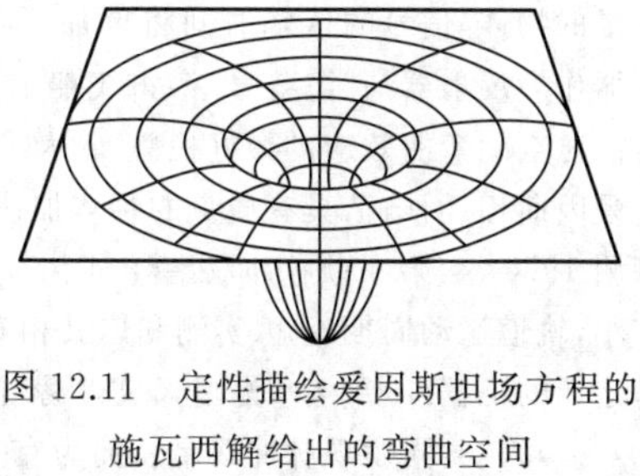

图 12.11 定性描绘爱因斯坦场方程的施瓦西解给出的弯曲空间

*§12.7 广义相对论的实验验证

任何一个物理理论都要接受实验的检验，广义相对论当然也不例外.只是引力太弱(一个电子和一个质子之间的电磁力与万有引力之比约为 10^{39}!)，有关引力现象的观测检验很是困难.自20世纪60年代，高科技成果的应用(如高精度计时器、雷达和激光测距、长基射电和激光干涉仪、高 Q 值材料、低温技术、空间技术及低噪声电子技术等)，使检验工作得到长足发展.

下面先介绍"三大经典检验"，验证爱因斯坦场方程的正确性，使读者领略广义相对论的强大概括能力.

1859年，法国天文学家勒维耶(U. J. J. Le Verrier，1811—1877)探测到水星在近日点的进动比用牛顿力学计算的理论值大 42.9″/百年，这用牛顿理论无法解释.然而根据广义相对论，在太阳周围空间发生弯曲，使行星轨道在近日点处进一步弯向太阳.水星离太阳最近，轨道弯曲效应最大.用爱因斯坦方程施瓦西解计算出水星近日点每百年比牛顿力学计算结果多进动 43.0″！牛顿理论的偏差，正是爱因斯坦理论的必然结果.有趣的是，虽然广义相对论并不是专门为研究这个问题而发展的，却在这里取得了首次成功，成为广义相对论的第一个经典检验.20世纪70年代后，人们使用星际雷达测量技术并计入太阳物理因素(如太阳扁度的影响)，对行星近日点进动的观测仍在不断深入.

爱因斯坦还建议了两个实验来考验他的引力理论.

一个是星光在太阳引力场中的弯曲.依爱因斯坦理论，光线在太阳附近的弯曲时空中将被弯折，我们看到的是星体的虚像，如图12.12所示.用爱因斯坦场方程施瓦西解得出光弯折 $\Delta\theta=1.75''$.而牛顿引力理论计算的结果只是其一半.1919年，英国天文学家爱丁顿(A.S.Eddington，1882—1944)趁日全食观测了位于太阳背后星体发出的光的偏折，虽然它只在30%的精度内符合广义相对论的预言，但已使爱因斯坦和他的引力论名声大振.20世纪60年代后，由于射电干涉仪的使用，观测结果在3%以内越来越接近广义相对论的预言值.

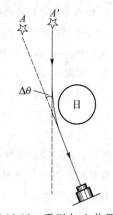

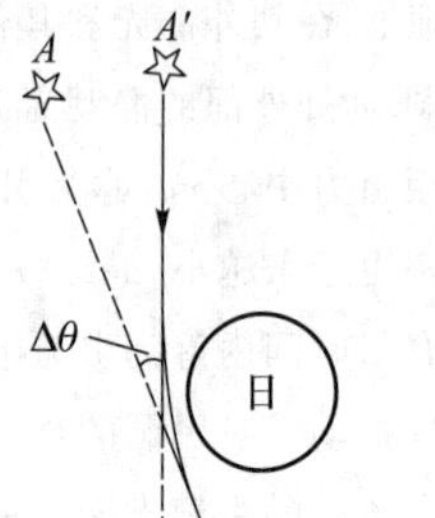

图12.12 看到在 A 位置的星体，它的实际位置在 A'

另一个是光频引力红移.依广义相对论，光经弯曲时空传播，离引力中心愈远，静观者测得的频率愈小.光的谱线将会愈向红端移动.1911年，爱因斯坦预言太阳谱线的引力红移.由于太阳大气对流产生的多普勒效应使实际观测较为困难.利用晶体共振吸收的穆斯堡尔效应(R.L.Mössbaur，1929—2011)测量引力频移量，实验值和理论值相符到1%以内.测量人造卫星里携带的氢原子钟或超导稳频振荡器发出谱线的引力频移，实验值与理论值已符合到 10^{-6}.

此外，广义相对论还预言，在两点间电磁波传播路径上若有一个大质量的物体，信号的传输时间将增加.利用固定在火星表面的两个应答器作为反射器与"海盗号"宇宙飞船上的两个应答器同时工作，测量地球-火星雷达回波延迟，是目前对空间弯曲效应的最好检验.雷达回波延迟被称为"第四检验".

爱因斯坦还预言，具有质量的物体加速运动应辐射引力波.但由于它与物质的相互作用太弱，极难探测.1974年，第一颗脉冲双星($PSR_{1913+16}$)被发现，后又测量出它由于辐射引力波消耗能量，使轨道缩小，轨道运动周期变短.实测和广义相对论的理论预言符合很好.这成为引力波理论的虽为间接但是定量的证据.1993年，美国天文学家泰勒(J.H.Taylor，Jr.，1941—)和赫尔斯(R.A.Hulse，1950—)因"共同发现脉冲双星从而为有关引力研究提供了新机会"获诺贝尔物理学奖.

继爱因斯坦建立广义相对论之后，又有其他引力理论提出.20世纪70年代以来，类星体、脉冲星、致密X射线源的发现一方面激起科学家应用各种引力理论去构造宇宙模型，探求天体、宇宙现象的规律（如黑洞、宇宙大爆炸等），另一方面推动引力理论有了长足的发展；也带动了实验检验工作的开展.那些致密星（如中子星）之间可忽略非引力相互作用而成为“理想的引力实验室”.实验工作艰巨而富有魅力.引力波的探测仍是当今最重要的课题.①应当注意，引力理论除与天体物理还和粒子物理、场论及纯数学形成相互促进、蓬勃发展的形势.而目前广义相对论仍然是与实验符合最好、最有前途的引力理论（被认为最有希望实现大统一的超引力理论也源于广义相对论）.②③

具有深邃洞察力而又明智的爱因斯坦把牛顿力学作为建立广义相对论的基本考虑之一，使得在弱场和低速情况下，牛顿力学是广义相对论的极限.如此，牛顿力学的坚实、广泛、大量的实验基础也成为广义相对论的基石，而牛顿力学也在新的理论中找到了自己的位置.

选读材料

［选读12.1］ 爱因斯坦简介

阅读材料：爱因斯坦

爱因斯坦1879年3月14日生于德国乌尔姆（Ulm），因为当工程师的叔父的影响，受到科学与哲学的早期教育.1896年，他入苏黎世联邦工业大学师范系学习物理学，并表现出独立思考的能力.1902年，他在伯尔尼（Bern）瑞士专利局当技术员，从事于发明专利的鉴定工作.他利用业余时间从事科学研究，1905年以《分子大小的新测定法》的论文获苏黎世大学博士学位.同年，他在三个不同领域均取得了历史性的突破.

1905年3月，他发表了论文《关于光的产生和转化的一个推测性的观点》，提出光量子假说；同年6月写出了《论动体的电动力学》，提出了狭义相对论；9月写出短文《物体的惯性同它所含的能量有关吗？》，提出质能关系式.这是原子核物理学和粒子物理学的理论基础，为原子能的利用开辟了道路.

1906年，爱因斯坦把量子的概念应用于固体内部的原子振动，以说明低温条件下固体比热与温度的关系.1916年，他发表了《关于辐射的量子理论》，提出原子受激辐射的概念，这成为后来激光技术的理论基础.20世纪20年代，他和印度物理学家玻色（S.N.Bose，1894—1974）提出单原子气体的量子统计理论，即玻色-爱因斯坦统计.

在提出狭义相对论以后，爱因斯坦又进一步谋划将相对性原理推广于非惯性系.1907年，他提出等效原理，即认为引力和参考系的加速度导致的惯性力等效.1912年，爱因斯坦回到苏黎世联邦工业大学工作，在数学家格罗斯曼的帮助下，学习了黎曼几何与张量分析.1913年，他发表了论文《广义相对论纲要和引力理论》，提出描述引力场需要用度规张量.1915年，他根据新的引力场方程算出光线经太阳表面的偏折为1.75″，又得水星近日点轨迹的进动比用牛顿力学计算的结果大43″/百年，与观测结果

① 美国的引力波天文台（LIGO）于2015年9月14日首次直接探测到引力波，相关论文于2016年2月11日发表在Physical Review Letters上.

② 秦荣先，阎永廉.广义相对论与引力理论实验检验.上海：上海科学技术文献出版社，1987.

③ ［美］引力、宇宙学和宇宙线物理学专门小组等.引力、宇宙学和宇宙线物理学.赵志强等译.黄无量等校.北京：科学出版社，1994.

一致.1915 年 11 月,他提出了引力的场方程,标志着广义相对论终于完成.此后,爱因斯坦通过对引力场方程的研究,预言了引力波的存在.

爱因斯坦还开创了宇宙学这个科学领域,大胆地提出了宇宙究竟是有界的,还是无界的问题.20 世纪 20 年代,弗里德曼根据爱因斯坦的理论得出宇宙膨胀的理论.爱因斯坦起初并不赞成,过了一年,他又撤回自己的意见,承认弗里德曼的理论.1946 年后,这个理论被伽莫夫发展为大爆炸宇宙学.

在广义相对论提出之后,爱因斯坦力图推广广义相对论,把引力场和电磁场统一起来,把相对论和量子论统一起来.在统一场论方面,爱因斯坦偏离了当时物理学发展的主流,并没有取得成功.20 世纪 70 至 80 年代,别的物理学家成功地将电磁相互作用和弱相互作用统一起来.统一场论从另一条途径显示了其发展前景.

爱因斯坦具有高尚的品德和社会良知.在第二次世界大战期间,他反对德国法西斯,并支持中国人民的抗日战争.

爱因斯坦于 1955 年 4 月 18 日在美国逝世.

[选读 12.2] 闵可夫斯基空间

(一) 闵可夫斯基空间

洛伦兹变换与伽利略变换确乎不同——它把时间和空间联系在一起了.(12.2.1)式中将光速和时间乘在一起;而在现代物理学中,c 为常量,通过 ct 将时间的计量转变成了空间的计量.既然将时间空间联系在一起,就不应分别讨论一维的时间和三维的空间.1907 年,闵可夫斯基(H.Minkowski,1864—1909)提出用四维空间描述相对论.该空间的坐标为 $x^0=ct$,$x^1=x$,$x^2=y$ 且 $x^3=z$.x^0 在虚轴上,$x^\mu(\mu=1,2,3)$ 在实轴上.该空间称为**闵可夫斯基空间**.空间中一点(x^0,x^1,x^2,x^3)或 $x^\mu(\mu=0,1,2,3)$表示粒子的状态,在相对论中称为**事件**或**世界点**.若仅取 Ox^0 和 Ox^1 轴,闵可夫斯基空间如图 12.13(a)所示.

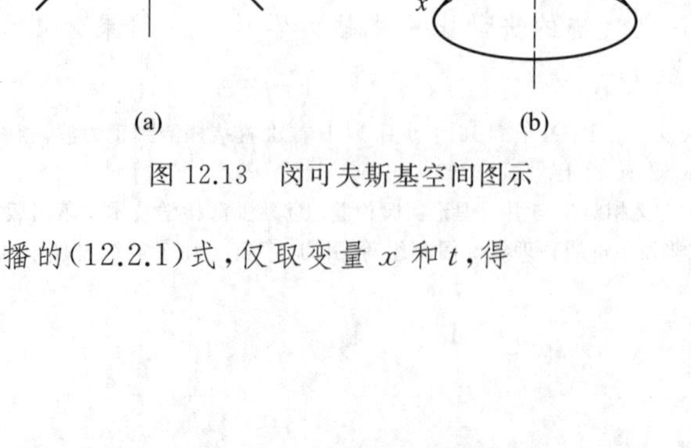

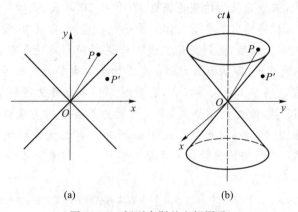

图 12.13 闵可夫斯基空间图示

根据描述光传播的(12.2.1)式,仅取变量 x 和 t,得

$$c^2t^2-x^2=0. \tag{12.1}$$

从中得出 $x-ct=0$ 和 $x+ct=0$，它们分别代表光子沿 x 轴和逆 x 轴的传播，称描述它们的两条直线[见图 12.13(a)]为光的世界线.在该图基础上加上 y 轴以至 z 轴，便得到三维或四维的闵可夫斯基空间.其中三维的如图 12.13(b)所示.光的世界线便演化为图(b)中的锥面，称为光锥.

在光锥面上或其内部取 P 点[见图 12.13(a)]，坐标为(ct,x)，将 OP 连接成世界线.因在光锥内，故有

$$c^2t^2-x^2>0 \tag{12.2}$$

$ct+x>0$ 和 $ct-x>0$ 分别对应 ct 轴的左右侧.从此二式均得出 $t>0$，表明如 O 点代表现在，P 则代表将来.同理可知，O 点以下的光锥内部代表过去.既然有先后，就可能自某事件通过信息或其他方式传至另一事件，称这两个事件间可有因果关系.闵可夫斯基空间的这一区域称为类时区域.

若在光锥外取 P' 点，则有

$$c^2t^2-x^2<0. \tag{12.3}$$

这时不可能解出作为实数的 t，因而在这一区域内两事件间没有因果关系.闵可夫斯基空间的这一区域称为类空区域.由洛伦兹变换知，不同惯性系中观测两个事件的时间间隔可能不同.在类空区域的两个事件，可能发生在一个惯性系中观测到事件 1 在前而 2 在后，而相对于另一惯性系，则 2 在前、1 在后，这正是两个事件无因果关系的表现.

(二) 闵可夫斯基时空的间隔

设在三维空间中，相距无穷小的两点的坐标差为 $\mathrm{d}x$、$\mathrm{d}y$ 和 $\mathrm{d}z$，两点间的间隔可用 $\mathrm{d}s^2=\mathrm{d}x^2+\mathrm{d}y^2+\mathrm{d}z^2$ 量度.现将此间隔的概念推广于闵可夫斯基空间.仍用 $\mathrm{d}s^2$ 表示无穷小间隔，其定义为

$$\mathrm{d}s^2=c^2\mathrm{d}t^2-\mathrm{d}x^2-\mathrm{d}y^2-\mathrm{d}z^2. \tag{12.4}$$

在狭义相对论中，有关于间隔的具有特色的表示方法.无穷小坐标差可写作 $\mathrm{d}x^\mu$ 或 $\mathrm{d}x^\nu$，$\mu,\nu=0,1,2,3$，而 $\mathrm{d}x^0=c\mathrm{d}t$，$\mathrm{d}x^1=\mathrm{d}x$，$\mathrm{d}x^2=\mathrm{d}y$ 和 $\mathrm{d}x^3=\mathrm{d}z$.我们熟悉对若干项取和的式子，例如质心式中有$\sum m_ix_i$ 的和式.也可设法将(12.4)式写为和式.定义 $\eta_{00}=1$，$\eta_{11}=\eta_{22}=\eta_{33}=-1$ 且 $\eta_{\mu\nu}(\mu\neq\nu)=0$，$\eta_{\mu\nu}$ 称为闵可夫斯基度规，于是，(12.4)式写作

$$\mathrm{d}s^2=\sum\eta_{\mu\nu}\mathrm{d}x^\mu\mathrm{d}x^\nu.$$

爱因斯坦发明一求和约定，若式中有重复的上、下标即意味求和，可省去“$\sum$”，故

$$\mathrm{d}s^2=\eta_{\mu\nu}\mathrm{d}x^\mu\mathrm{d}x^\nu. \tag{12.5}$$

设两个事件在惯性系 S 中的间隔如(12.4)式所示，这两个事件在另一惯性系 S′中的间隔为

$$\mathrm{d}s'^2=c^2\mathrm{d}t'^2-\mathrm{d}x'^2-\mathrm{d}y'^2-\mathrm{d}z'^2. \tag{12.6}$$

根据洛伦兹变换，有

$$dt'^2=\left(dt-\frac{v}{c^2}dx\right)^2\Big/(1-\beta^2),$$

$$dx'^2=(dx-vdt)^2/(1-\beta^2),$$

$$dy'=dy,\quad dz'=dz.$$

将它们代入(12.6)式，又考虑到(12.1)式，得

$$ds'^2=ds^2. \tag{12.7}$$

这表明，在洛伦兹变换下，间隔为不变量.这是闵可夫斯基时空的重要性质，是§12.2中狭义相对论的基本假设“光速不变原理”的推论.

前文谈及闵可夫斯基空间的类时区域和类空区域.现在谈间隔，称 $ds^2>0$ 为类时间隔，$ds^2<0$ 为类空间隔，而 $ds^2=0$ 为类光间隔.因间隔为洛伦兹变换下的不变量，故间隔为零、为负或为正的性质也是不变的.而其中类光间隔的不变性正体现光速不变原理这一相对论的基本出发点.

自从有了闵可夫斯基空间，人们发现用它能够更为简明地描述相对论的运动学和动力学.这节的目的仅是使读者对闵可夫斯基空间有一个初步的认识.

思考题

12.1 迈克耳孙-莫雷实验结果说明什么问题？

12.2 狭义相对论的基本假设是什么？为什么在光速不变原理中强调真空中的光速？洛伦兹变换与伽利略变换有什么不同？

12.3 在S′系中 $O'x'y'$ 坐标面内置一圆盘，在另一惯性参考系S系中的观察者是否也测到一圆盘？

12.4 有两个静长度相等的杆分别置于S系和S′系中且处于静止.从S系观察，哪根杆较长？从S′系观察的结果又如何？它们的观测结果是否相同？如果不相同，究竟谁正确？

12.5 在相对论中对于两个事件同时的理解和在经典力学中的有什么不同？

12.6 相对论的质量-速率关系为 $m=\dfrac{m_0}{\sqrt{1-\beta^2}}$，它是否违背质量守恒？

12.7 你如何理解 $E=E_k+m_0c^2$ 的物理意义？如何理解相对论质量-能量关系？“在相对论中，质点的动能亦可写作 $\dfrac{1}{2}mv^2$，只是其中 $m=\dfrac{m_0}{\sqrt{1-\dfrac{v^2}{c^2}}}$.”这是否正确？

12.8 什么叫作四维动量？

12.9 什么是伽利略相对性原理、狭义相对性原理及广义相对性原理？你如何从对称性来理解它们？

12.10 学习本章后，你对引力及惯性力有什么新认识？

12.11 学习本章后，你对惯性系有什么新认识？

习题

12.2.1 若某量经洛伦兹变换不发生变化，则称该量为洛伦兹不变量.试证明 $x^2-c^2t^2$ 为洛伦兹不变量，即

$$x^2-c^2t^2=x'^2-c^2t'^2.$$

12.2.2 μ 子静止时的平均寿命 $\tau \approx 2\times10^{-6}$ s.宇宙射线与大气因发生核反应产生的 μ 子以 $0.99c$ 向下运动并衰变，到 t 时刻剩余的粒子数为 $N(\tau)=N(0)\mathrm{e}^{-t/\tau}$.(1) 若能到达地面的 μ 子为原来的 1%，求原来相对于地球的高度；(2) 求在与 μ 子相对静止的参考系中测得的高度.

12.2.3 设在 S′系中静止立方体的体积为 L_0^3，立方体各边与坐标轴平行.求证在 S 系测得其体积为 $L_0^3\sqrt{(1-\beta^2)}$.

12.2.4 一人在地球上观察另一同龄人到半人马座 α 星去旅行.该恒星距地球 4.3 l.y.(光年)，火箭速率为 $0.8c$.当他到达该星时，地球上的观察者发现他的年龄增长为自己年龄的几分之几？(设地球参考系中的人可直接观测宇宙飞船上的钟，并设出发时二人均为 20 岁.)

12.3.1 杆的静长度为 l_0，在 S 系中平行于 x 轴且以速率 u 沿 x 轴正向运动.求相对于 S 沿 x 轴正向以速率 v 运动的 S′系中观测者测得的棒长.

12.3.2 试证明若质点在 S′系中的速度为

$$v_x'=c\cos\theta,\qquad v_y'=c\sin\theta.$$

则在 S 系中有

$$v_x^2+v_y^2=c^2.$$

12.3.3 处于恒星际站上的观察者测得二宇宙火箭以 $0.99c$ 的速率沿相反方向离去，求自一火箭测得另一火箭的速率.

12.4.1 (1) 冥王星绕太阳公转的线速率为 4.83×10^3 m/s.问其静质量为运动质量的百分之几？(2) 星际火箭以 $0.8c$ 的速率飞行，其运动质量为静止质量的多少倍？

12.4.2 质子、Σ^+ 超子和 Π^+ 介子的静质量各为 938.3 MeV、1 189 MeV 和 139.6 MeV，各相当于多少千克？

12.4.3 伯克利的回旋加速器可使质子获得 5.4×10^{-11} J 的动能.其质量可达其静质量的多少倍？质子的速度可达多少？

12.4.4 质量为 1 u 的粒子的等价能量是多少兆电子伏？

12.4.5 四维动量为

$$(p^0,p^1,p^2,p^3)=\left(\gamma m_0v_x,\gamma m_0v_y,\gamma m_0v_z,\frac{\mathrm{i}}{c}\gamma m_0c^2\right)$$

式中 $\gamma=(\sqrt{1-\beta^2})^{-1}$.试证对任何二惯性系有

$$(p^0)^2+(p^1)^2+(p^2)^2+(p^3)^2=(p^{0'})^2+(p^{1'})^2+(p^{2'})^2+(p^{3'})^2,$$

即四维动量的模方为不变量.

数学知识

为使读者对物理课的学习比高中提高一步，使他们更深入地理解概念和规律，学习和补充一些数学知识是必要的.因为读者还将通过高等数学课程进一步系统地学习，这里仅介绍微积分初步和矢量的基本概念和运算方法，不要求内容的完整性和推证的严密性.

第一部分　微积分初步

(一) 函数、导数与微分

我们首先学习导数和微积分等概念和有关的基本运算方法.

1. 变量、常量和函数

在某现象或过程中本身的取值会发生变化的量叫作变量.例如随着时间的流逝，时间为变量；随着一年四季气温的变化，温度是变量；随着物体的运动，物体位置坐标是变量.在某现象或过程中，凡取值保持一定的量叫作常量.有些常量在任何问题中均以确定的数值出现，称为绝对常量，例如 3.5、100、e、π 等.有些常量的数值需要在具体问题中给定，称为任意常量或待定常量，例如匀速直线运动位移公式 $s=vt$ 中的 v 就需在具体问题中确定其数值.我们常常用字母 x、y、z 和 t 等表示变量，用 a、b、c、x_0、y_0、z_0 或 t_0 等表示常量.

现有相互联系的两个变量 x 和 y，当 x 在其变域 $\mathscr{D}$ 内任意取定一数值时，y 都有确定的值与之对应，则称 y 是 x 的函数.x 叫作自变量，函数 y 又称作因变量，写作

$$y=f(x),$$

变域 $\mathscr{D}$ 为自变量的变化范围，称作函数 $f(x)$ 的定义域，而所有的数值则构成 y 的值域 $\mathscr{R}$.例如，物体运动时，自某一确定时刻开始的位移为时间的函数，记作 $s=s(t)$；在体积一定时，气体压强为温度的函数，记作 $p=p(T)$，等等.

若 y 为 z 的函数，$y=f(z)$；而 z 又是变量 x 的函数，即 $z=g(x)$，则称 y 为 x 的复合函数，记作

$$y=\phi(x)=f[g(x)].$$

其中 $z=g(x)$ 则称为中间变量.例如简谐振动可表示为 $x=A\cos\omega t$，这里可将 x 视为 t 的复合函数，将 ωt 视为中间变量.

2. 导数

设函数 $y=f(x)$ 在 $x=x_0$ 处有增量 Δx，与此相应，函数 y 也发生一增量 $\Delta y=$

$f(x_0+\Delta x)-f(x_0)$，则 Δy 与 Δx 之比

$$\frac{\Delta y}{\Delta x}=\frac{f(x_0+\Delta x)-f(x_0)}{\Delta x}$$

叫作函数 $y=f(x)$ 在 x_0 到 $x_0+\Delta x$ 之间的平均变化率.

若当 $\Delta x\to 0$ 时，$\frac{\Delta y}{\Delta x}$ 有极限，则称 $f(x)$ 在 x_0 处可导，并把该极限称作 $f(x)$ 在 x_0 处的导数，记作 $f'(x_0)$，也可写作 $y'|_{x=x_0}$ 或 $\left.\frac{\mathrm{d}y}{\mathrm{d}x}\right|_{x=x_0}$，即

$$f'(x_0)=\lim_{\Delta x\to 0}\frac{\Delta y}{\Delta x}=\lim_{\Delta x\to 0}\frac{f(x_0+\Delta x)-f(x_0)}{\Delta x}.$$

实际上，函数 $y=f(x)$ 在 x_0 处的导数，就是函数在 x_0 附近的平均变化率当自变量增量趋于零时的极限，它反映在 x_0 处，函数 $f(x)$ 随自变量而变的增减趋势和变化快慢.

若函数在某一区间内各点均可导，则在该区间内每一点都有函数的导数与之对应，于是导数也成为自变量的函数，称作导函数，可记作 $f'(x)$、y' 或 $\frac{\mathrm{d}y}{\mathrm{d}x}$，

$$f'(x)=\lim_{\Delta x\to 0}\frac{\Delta y}{\Delta x}=\lim_{\Delta x\to 0}\frac{f(x+\Delta x)-f(x)}{\Delta x}.$$

今后在不致引起混淆的场合下，导函数也简称导数.

数图 1 中曲线表示 $y=f(x)$ 的函数图像.在区间 $[x_0,x_0+\Delta x]$ 上取函数增量 Δy，$\frac{\Delta y}{\Delta x}$ 为函数在 Δx 上的平均变化率，当 Δx 趋近于 0 时，在数值上等于与 Δx 相对应的函数曲线切线 PQ 的斜率.进一步说，函数 $f(x)$ 在点 x_0 处的导数等于 $[x_0,f(x_0)]$ 处 $f(x)$ 曲线切线的斜率，这就是导数的几何意义.

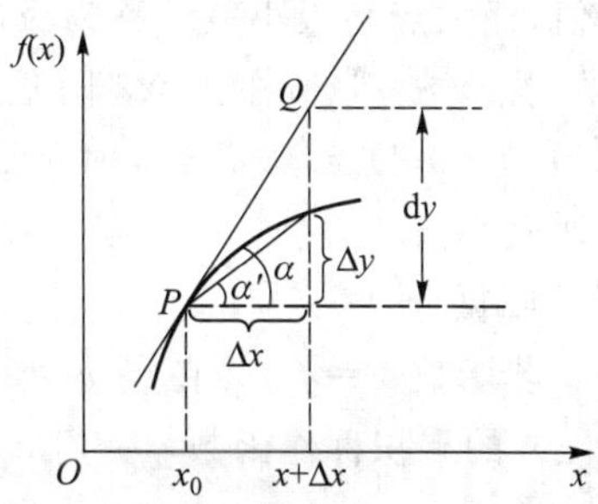

数图 1

我们通常可以借助已建立的导数基本公式和运算法则来计算导数.基本导数公式如下所示：

(1) $(c)'=0$　（c 为常数）.

(2) $(x^n)'=nx^{n-1}$　（n 为实数）.

(3) $(\sin x)'=\cos x$.

(4) $(\cos x)'=-\sin x$.

(5) $(\tan x)'=\sec^2 x$.

(6) $(\cot x)'=-\csc^2 x$.

(7) $(\log_a x)'=(x\ln a)^{-1}$.

(8) $(\ln x)'=x^{-1}$.

(9) $(a^x)'=a^x\ln a$.

(10) $(\mathrm{e}^x)'=\mathrm{e}^x$.

(11) $(\arcsin x)'=(\sqrt{1-x^2})^{-1}$　　$(-1<x<1)$.

(12) $(\arccos x)'=-(\sqrt{1-x^2})^{-1}$　　$(-1<x<1)$.

(13) $(\arctan x)'=(1+x^2)^{-1}$ $(-\infty<x<+\infty)$.

(14) $(\operatorname{arccot} x)'=-(1+x^2)^{-1}$ $(-\infty<x<+\infty)$.

导数的基本运算法则如下所示，其中 u、v 均为 x 的函数：

(1) $(u\pm v)'=u'\pm v'$.

(2) $(uv)'=u'v+v'u$；$(cu)'=cu'$ （c 为常数）.

(3) $\left(\dfrac{u}{v}\right)'=\dfrac{u'v-v'u}{v^2}$ $(v\neq 0)$.

(4) $x=\phi(y)$为 $y=f(x)$的反函数时，$f'(x)=\dfrac{1}{\phi'(y)}$，$\phi'(y)\neq 0$.

(5) $y=f(u)$，$u=\phi(x)$，即 y 为 x 的复合函数，$y=f[\phi(x)]$，$\dfrac{\mathrm{d}y}{\mathrm{d}x}=\dfrac{\mathrm{d}y}{\mathrm{d}u}\dfrac{\mathrm{d}u}{\mathrm{d}x}$.

如 $y=f(x)$的导数 $f'(x)$对 x 可导，则$[f'(x)]'$叫作$f(x)$的**二阶导数**，记作 $f''(x)$、y''或$\dfrac{\mathrm{d}^2y}{\mathrm{d}x^2}$.例如速度是坐标的一阶导数，加速度是坐标的二阶导数.

3. 函数的极值点和极值

若函数 $y=f(x)$在点 x_0 的附近，即在 x_0 某一邻域内有定义，且 $f(x_0)$比在 x_0 某邻域内所有各点 $f(x)$的值都大（或都小），则称 $f(x_0)$是函数 $f(x)$的一个**极大值**（或**极小值**）.点 x_0 称为函数 $f(x)$的一个**极大点**（或**极小点**）.极大值与极小值统称作**极值**，极大点与极小点统称为**极值点**.

若函数 $f(x)$在点 x_0 附近有连续的导函数 $f'(x)$、$f''(x)$，且 $f'(x_0)=0$ 而 $f''(x_0)\neq 0$，则 $f''(x_0)<0$ 时 $f(x)$在 x_0 处取极大值；$f''(x_0)>0$ 时函数 $f(x)$在点 x_0 处取极小值.

4. 微分

若函数 $y=f(x)$在点 x 处可导，则 $y=f(x)$在点 x 处的导数 $f'(x)$与自变量增量 Δx 的乘积称作函数 $y=f(x)$在点 x 处的**微分**，记作 $\mathrm{d}y$，

$$\mathrm{d}y=f'(x)\Delta x.$$

将 Δx 记作 $\mathrm{d}x$，称作自变量的微分，于是

$$\mathrm{d}y=f'(x)\mathrm{d}x,$$

即函数的微分是自变量增量或微分 $\mathrm{d}x$ 的线性函数；另一方面，当 $\mathrm{d}x$ 足够小时，微分近似等于函数的增量，故函数的微分为函数增量的线性主要部分.数图 1 表示当自变量改变 Δx 时，函数增量 Δy 等于函数曲线纵坐标的增量；而 $\mathrm{d}y$ 则为函数曲线切线纵坐标的增量.

（二）不定积分

1. 原函数

当物体沿坐标轴 x 运动时，已知物体的坐标函数 $x=x(t)$，可通过计算该函数对时间的导数求出物体运动的速度.现在我们提出一个相反的命题：若已知速度函数 $v(t)$，怎样求该物体运动的坐标函数.换句话说，已知某函数的导数，如何求这个函数？

设 $f(x)$是定义在某一区间上的函数，若存在函数 $F(x)$，使得在这个区间上的每一点有

$$F'(x)=f(x),$$

则称 $F(x)$为 $f(x)$在该区间上的一个原函数.例如：$\left(\frac{1}{2}x^2\right)'=x$，则$\frac{1}{2}x^2$ 为 x 的一个原函数；$(\sin x)'=\cos x$，故 $\sin x$ 为 $\cos x$ 的一个原函数.

若 $F(x)$是 $f(x)$的一个原函数，又若 C 为一任意常数.由于 C 的导数为零，故 $F(x)+C$ 也是 $f(x)$的原函数.由此可见，只要函数 $f(x)$有一个原函数$F(x)$，它就有无穷多个原函数，彼此间只差一个常数，并可统一用 $F(x)+C$ 来表示.

2. 不定积分

现在引入不定积分的概念.函数 $f(x)$的所有原函数叫作$f(x)$的**不定积分**，记作$\int f(x)\mathrm{d}x$.用 $F(x)$表示 $f(x)$的一个原函数，则 $f(x)$的不定积分可写作

$$\int f(x)\mathrm{d}x=F(x)+C.$$

$f(x)$称作**被积函数**，$f(x)\mathrm{d}x$ 称为**被积式**，x 叫作**积分变量**，$\int$ 称为**积分符号**，而 C 则叫作**积分常数**.

我们应当这样去理解不定积分$\int f(x)\mathrm{d}x$，它代表无穷多个 x 的函数，所有这些函数之间都只差一个常数，它们的导数都等于被积函数 $f(x)$.

我们把函数 $f(x)$的一个原函数 $F(x)$的函数图线叫作 $f(x)$的一条**积分曲线**.于是，不定积分$\int f(x)\mathrm{d}x=F(x)+C$ 的几何意义应为无穷多条积分曲线，称作函数 $f(x)$的**积分曲线族**.因为一切 $F(x)+C$ 的导数均等于 $f(x)$，所以在一定的 x 处，所有积分曲线的切线有相同的斜率，如数图 2 所示.

根据不定积分的定义，我们可以直接写出不定积分的两条性质：

(1) $\left(\int f(x)\mathrm{d}x\right)'=f(x)$；

(2) $\int F'(x)\mathrm{d}x=F(x)+C$.

前面一式表明先对函数 $f(x)$做不定积分再求导数，结果仍为 $f(x)$；后面一式则指出先对 $F(x)$求导数再做不定积分，所得结果将只与原 $F(x)$差一个常数.这两条性质说明求不定积分实际上是求导数的逆运算.

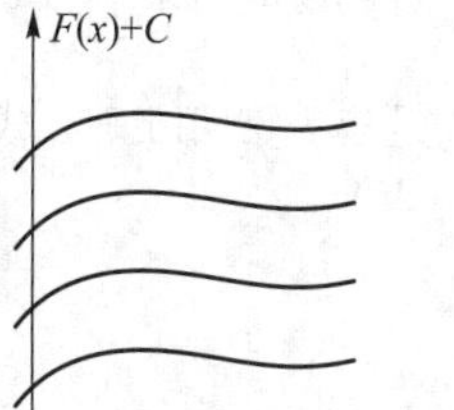

数图 2

我们不难根据导数逆运算直接看出一些简单函数的不定积分，例如

$$\int 3x^2\mathrm{d}x=x^3+C,$$

$$\int \cos x\mathrm{d}x=\sin x+C.$$

但计算一些较复杂的积分则需要借助于基本的积分公式和不定积分的运算法则及某些运算技巧.顺便指出,对于某些不定积分还需要用无穷级数才能精确地表示.

下面列出一些基本的积分公式,C 为积分常数.

(1) $\int 0\mathrm{d}x=C$.

(2) $\int a\,\mathrm{d}x=ax+C$.

(3) $\int x^n\,\mathrm{d}x=\dfrac{x^{n+1}}{n+1}+C \quad (n\neq -1)$.

(4) $\int \dfrac{1}{x}\mathrm{d}x=\ln|x|+C$.

(5) $\int a^x\,\mathrm{d}x=\dfrac{a^x}{\ln a}+C$ (其中 $a>0$,且 $a\neq 1$).

(6) $\int \mathrm{e}^x\,\mathrm{d}x=\mathrm{e}^x+C$.

(7) $\int \sin x\,\mathrm{d}x=-\cos x+C$.

(8) $\int \cos x\,\mathrm{d}x=\sin x+C$.

(9) $\int \dfrac{1}{\cos^2 x}\mathrm{d}x=\int \sec^2 x\,\mathrm{d}x=\tan x+C$.

(10) $\int \dfrac{1}{\sin^2 x}\mathrm{d}x=\int \csc^2 x\,\mathrm{d}x=-\cot x+C$.

(11) $\int \dfrac{1}{\sqrt{a^2-x^2}}\mathrm{d}x=\arcsin \dfrac{x}{a}+C$.

(12) $\int \dfrac{1}{a^2+x^2}\mathrm{d}x=\dfrac{1}{a}\arctan \dfrac{x}{a}+C$.

[**例题 1**] 求 $\int \sqrt[3]{x}\,\mathrm{d}x$.

[**解**] 利用上面公式 3,因 $n=\dfrac{1}{3}$,故

$$\int \sqrt[3]{x}\,\mathrm{d}x=\frac{x^{1+\frac{1}{3}}}{1+\frac{1}{3}}+C=\frac{3}{4}x^{\frac{4}{3}}+C.$$

[**例题 2**] 求 $\int 3^t\,\mathrm{d}t$.

[**解**] $\int 3^t\,\mathrm{d}t=\dfrac{3^t}{\ln 3}+C$.

3. 不定积分的运算法则

这里提供几条不定积分的运算法则但不做推证.它们将有助于我们更有效地计算不定积分.

(1) 被积式的常数因子可以提到积分号前面.若常数 $k\neq 0$,有

$$\int kf(x)\mathrm{d}x=k\int f(x)\mathrm{d}x.$$

作矢量.力、速度、加速度、电场强度和磁感应强度等均为矢量.实际上,矢量概念正是由于研究物理问题的需要而产生出来的.

从几何观点看,矢量可表示为有方向的线段,如数图6所示,在选定单位后,线段的长短(含有几个单位长度)即矢量的大小,箭头方向表示矢量的方向.矢量起点称为矢尾,箭头处称作矢端.矢量的印刷符号常用黑体字 **A**.书写时常以 $\vec{A}$ 表示矢量,书写时莫忘上面的箭头.

矢量 **A** 的大小称作矢量 **A** 的模,即有向线段的长度,它是一正实数.记作 |**A**| 或斜体字 A.

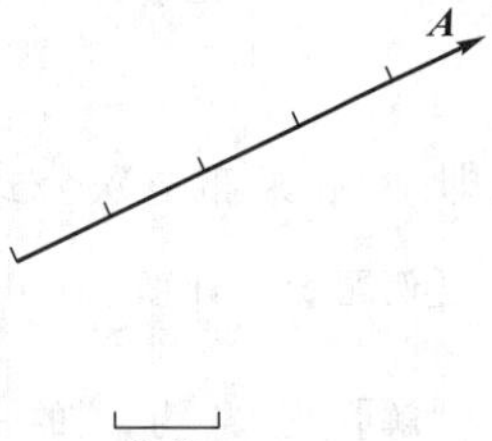

数图 6

模等于1的矢量称作单位矢量,以 $\boldsymbol{e}_A$ 表示.在直角坐标系 $Oxyz$ 中沿 x,y,z 轴的单位矢量分别记作 $\boldsymbol{i}$、$\boldsymbol{j}$ 和 $\boldsymbol{k}$.

模等于零的矢量称作零矢量.其方向可认为是任意的.记作 **0**,手写为 $\vec{0}$.

若矢量 **A** 和矢量 **B** 的大小相等方向相同,则称这两个矢量相等,即 **A**=**B**.矢量和标量属于不同范畴,它们之间既不能谈相等,也不能谈不相等.

(二) 矢量的加法与减法

1. 矢量加法

矢量 **A** 与矢量 **B** 相加遵从平行四边形法则,如数图7所示,记作

$$\boldsymbol{A}+\boldsymbol{B}=\boldsymbol{C}.$$

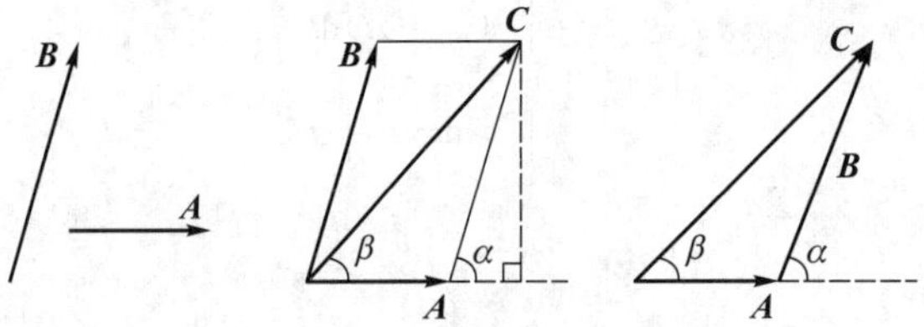

数图 7

C 称为 **A** 与 **B** 的矢量和,**A** 与 **B** 则称为 **C** 的分矢量.矢量的加法也称为矢量的合成.这种运算还可以简化为三角形法则,即将矢量 **B** 的起点与矢量 **A** 的终点相连,以 **A** 的起点作为起点、以 **B** 的终点作为终点的矢量即是所求的矢量和 **C**.**A**、**B** 和 **C** 构成三角形.如数图7右图所示.根据三角形的边角关系可解出 **C** 的大小及方向:

$$\left.\begin{aligned} C&=\sqrt{A^2+B^2+2AB\cos\alpha} \\ \tan\beta&=\frac{B\sin\alpha}{A+B\cos\alpha} \end{aligned}\right\} \tag{4}$$

式中 α 为矢量 **A** 和 **B** 间的夹角,β 是矢量和 **C** 与矢量 **A** 间的夹角.

在两矢量相加的基础上可以讨论多矢量求和的问题.如数图8(a)所示,求 **A**、**B** 和 **C** 的和,可以按平行四边形法则先求出 **A** 与 **B** 的矢量和 **E**,再求 **E** 与 **C** 的矢量和 **F**,

(读者可考虑一下,$k=0$ 时,会发生什么现象).

(2) 两个函数的和(或差)的不定积分等于这两个函数的不定积分的和(或差),即

$$\int[f(x)\pm g(x)]\mathrm{d}x=\int f(x)\mathrm{d}x\pm\int g(x)\mathrm{d}x.$$

(3) 对于 $\int f(x)\mathrm{d}x$,如能找到 $u=u(x)$ 使 $\int f(x)\mathrm{d}x=\int g(u)\mathrm{d}u$,则只要算出 $\int g(u)\mathrm{d}u=F(u)+C$ 即可得 $\int f(x)\mathrm{d}x=F[u(x)]+C$.

[**例题 3**]　求 $\int\frac{\mathrm{d}x}{1+x}$.

[**解**]　根据运算法则 3,令 $u(x)=1+x$, $\mathrm{d}u=\mathrm{d}x$,代入被积式,得

$$\int\frac{\mathrm{d}x}{1+x}=\int\frac{\mathrm{d}u}{u}=\ln|u|+C=\ln|1+x|+C.$$

[**例题 4**]　求 $\int[\mathrm{e}^x+\sin(ax+b)]\mathrm{d}x$, a、b 为常量, $a\neq0$.

[**解**]　根据运算法则 2,

$$\int[\mathrm{e}^x+\sin(ax+b)]\mathrm{d}x=\int\mathrm{e}^x\mathrm{d}x+\int\sin(ax+b)\mathrm{d}x,$$

其中

$$\int\mathrm{e}^x\mathrm{d}x=\mathrm{e}^x+C.$$

根据运算法则 3,令 $u(x)=ax+b$, $\mathrm{d}u=a\mathrm{d}x$ 或 $\mathrm{d}x=\frac{1}{a}\mathrm{d}u$,代入被积式并应用运算法则 1,得

$$\begin{aligned}\int\sin(ax+b)\mathrm{d}x&=\int\sin u\cdot\frac{1}{a}\mathrm{d}u=\frac{1}{a}\int\sin u\mathrm{d}u\\&=-\frac{1}{a}\cos u+C\\&=-\frac{1}{a}\cos(ax+b)+C.\end{aligned}$$

故

$$\int[\mathrm{e}^x+\sin(ax+b)]\mathrm{d}x=\mathrm{e}^x-\frac{1}{a}\cos(ax+b)+C.$$

(三) 定积分

1. 定积分的概念

在引入定积分的概念之前,先讨论两个具体例子.

(1) 关于曲边梯形的面积

在数图 3 中,由 $y=f(x)$ 的函数曲线以及直线 $x=a$、$x=b$ 和 x 轴所围成的图形叫作曲边梯形.

为了求曲边梯形的面积,将区间$[a,b]$分成 n 等分,每一等分叫作一个子区间,并用 $\Delta x=\frac{b-a}{n}$表示各子区间自变量的增量.每一个子区间均对应一个狭长条面积,这

一狭长条面积近似等于对应的矩形面积.用 $f(\xi_i)$ 表示在第 i 个子区间内函数 $y=f(x)$ 在某一点 $x=\xi_i$ 的取值，则狭长条的面积可用下式近似表示：

$$\Delta_i S\approx f(\xi_i)\Delta x.$$

对所有矩形面积求和，则得到数图 3 中台阶形的面积，它可作为曲边梯形面积的近似描述，

$$\Delta S\approx\sum_{i=1}^{n}f(\xi_i)\Delta x.$$

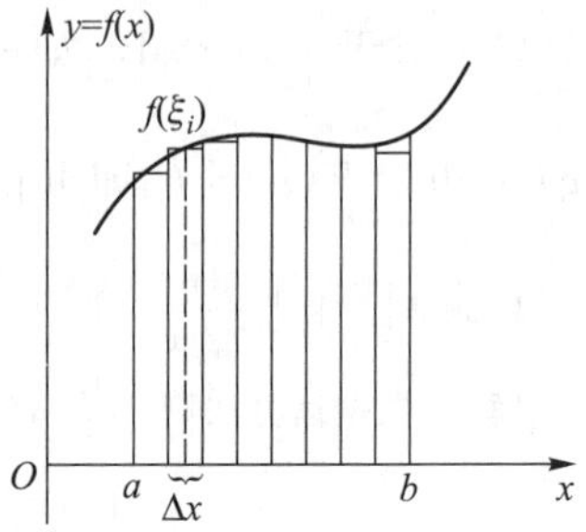

数图 3

显然，$[a,b]$区间包含的子区间数目 n 越多，子区间内自变量的增量越小，则台阶形面积越接近于曲边梯形的面积.不难设想，当 $n\to\infty$ 而 $\Delta x\to 0$ 时，和式的极限将精确地描述曲边梯形的面积 ΔS，即

$$\Delta S=\lim_{n\to\infty}\sum_{i=1}^{n}f(\xi_i)\Delta x.$$

(2) 关于物体的位移

当物体做匀速直线运动时，我们很容易根据物体速度 v 求出物体在时间 $t=a$ 至 $t=b$ 内经过的位移 $v(b-a)$.数图 4 表示物体做变速直线运动时速度随时间的变化情况，这时应怎样计算物体在时间 $b-a$ 内的位移？

我们也把区间$[a,b]$分成 n 个相等的子区间，用 $\Delta t=\dfrac{b-a}{n}$ 表示子区间内时间的增量，在每一时间间隔 Δt 内，可近似地认为物体做匀速直线运动，物体的位移 $\Delta_i s$ 近似等于

$$\Delta_i s\approx v(\xi_i)\Delta t,$$

ξ_i 表示在第 i 个时间间隔内的某一时刻.物体在时间 $b-a$ 内的总位移可以用下式近似描述

$$\Delta s\approx\sum_{i=1}^{n}v(\xi_i)\Delta t,$$

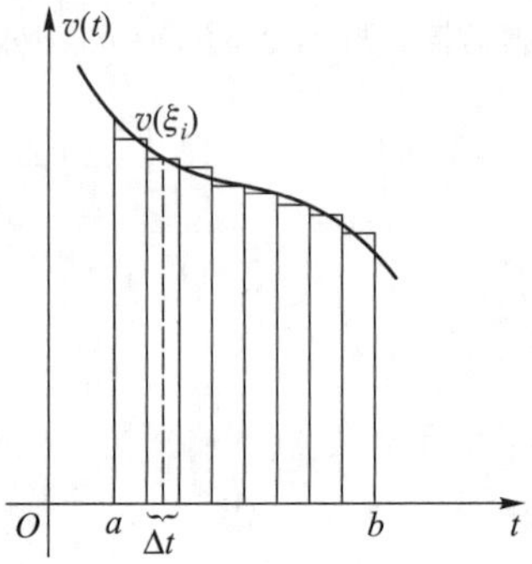

数图 4

这个式子的几何意义就是物体运动的 $v-t$ 图中台阶形的面积.子区间的数目 n 越多，各子区间对应的时间增量 Δt 越短，该和式越能精确地反映物体的位移.显然，当 $n\to\infty$ 而 $\Delta t\to 0$ 时，和式的极限能够精确描述物体的位移 Δs，即

$$\Delta s=\lim_{n\to\infty}\sum_{i=1}^{n}v(\xi_i)\Delta t.$$

上面两个问题的实际意义不同，但解决问题的指导思想、方法和步骤是相同的，都可归结为在一定区间内求某一函数和式的极限问题.在力学和物理学中有很多实际问题，例如求变力的功或冲量等，都可以归纳为同样性质的数学问题.正是从这类实际问题中抽象出定积分的概念.

设函数 $y=f(x)$ 在区间$[a,b]$上连续，用一系列分点

$$a=x_1<x_2<\cdots<x_{i-1}<x_i<x_{i+1}\cdots<x_{n+1}=b \tag{1}$$

将区间$[a,b]$等分为 n 个子区间，在每一小区间$[x_i,x_{i+1}]$上任取一点 ξ_i $(i=1,2,\cdots,n)$，和式

$$I_n=\sum_{i=1}^{n}f(\xi_i)\Delta x,$$

当 $n\to\infty$ 即 $\Delta x\to 0$ 时，和式 I_n 的极限叫作函数 $f(x)$ 在区间$[a,b]$的定积分，记作 $\int_a^b f(x)\mathrm{d}x$，即

$$\int_a^b f(x)\mathrm{d}x=\lim_{n\to\infty}\sum_{i=1}^{n}f(\xi_i)\Delta x.$$

这里，$f(x)$、$f(x)\mathrm{d}x$ 和 x 分别称作被积函数、被积式和积分变量，$\int$ 叫作积分符号，a 和 b 分别叫作积分下限和积分上限，区间$[a,b]$称为积分区间.

显然，定积分的几何意义就是由函数曲线、自变量坐标轴以及积分上、下限所决定的曲边梯形的面积.然而，这里所说的面积不同于通常意义下的面积，根据定积分的定义，表示定积分的面积是可取正值或负值的量.例如，若所论区间内函数值为正，但积分上限小于积分下限，这时，(1)式中所有不等号均须改变方向，所有子区间内自变量增量 $\Delta x=\dfrac{b-a}{n}$ 均取负值，这时，定积分也将是负的.又如，虽然积分上限大于积分下限，$\Delta x=\dfrac{b-a}{n}$ 为正，但函数值为负，同样会使定积分取负值.

2. 定积分的主要性质

(1) 对调积分上下限则定积分改变符号：

$$\int_a^b f(x)\mathrm{d}x=-\int_b^a f(x)\mathrm{d}x.$$

(2) 被积函数的常数因子可以提到积分符号前面，即

$$\int_a^b kf(x)\mathrm{d}x=k\int_a^b f(x)\mathrm{d}x \quad (\text{常数 } k\neq 0).$$

(3) 两个函数的和(或差)在$[a,b]$上的定积分，等于这两个函数在$[a,b]$上的定积分的和(或差)，即

$$\int_a^b [f(x)\pm g(x)]\mathrm{d}x=\int_a^b f(x)\mathrm{d}x\pm\int_a^b g(x)\mathrm{d}x.$$

(4) 如果将区间$[a,b]$分成两个区间$[a,c]$及$[c,b]$，则

$$\int_a^b f(x)\mathrm{d}x=\int_a^c f(x)\mathrm{d}x+\int_c^b f(x)\mathrm{d}x.$$

3. 牛顿-莱布尼茨公式

根据定积分的定义，即和式的极限，以及定积分的主要性质，直接去计算定积分往往比较麻烦.这里介绍一个把定积分和不定积分联系起来的公式，使我们能够通过计算不定积分求得定积分.

一般来说，设 $F(x)$ 为函数 $f(x)$ 在区间$[a,b]$的一个原函数，即 $F'(x)=f(x)$，则

$$\int_a^b f(x)\mathrm{d}x=F(b)-F(a). \tag{2}$$

这个公式就叫作牛顿-莱布尼茨公式.它把某函数在一定区间上的定积分和该函数的原函数在该区间的增量联系起来了.(2)式给我们提供了计算定积分的基本方法.

我们常把原函数 $F(x)$ 在区间 $[a,b]$ 的增量写作 $F(x)\Big|_a^b$,故上式又可写为

$$\int_a^b f(x)\mathrm{d}x=F(x)\Big|_a^b=F(b)-F(a).$$

关于牛顿-莱布尼茨公式的推证

我们分两步讨论这一问题：

(1) 积分对上限的导函数等于被积函数

现在把定积分的下限看作是常量,而把上限看作是变量.若上限取某一数值,则对应一定的积分值,因此这时积分是上限的函数.若用和积分变量一样的符号 x 表示上限,可写出

$$I(x)=\int_a^x f(x)\mathrm{d}x.$$

当然,作为上限的 x 与作为积分变量的 x 在本质上是不同的.令积分上限获得一个增量,有

$$I(x+\Delta x)=\int_a^{x+\Delta x} f(x)\mathrm{d}x.$$

以上两式相减,得

$$\Delta I=I(x+\Delta x)-I(x)=\int_a^{x+\Delta x} f(x)\mathrm{d}x-\int_a^x f(x)\mathrm{d}x.$$

将等式右方第二个积分的上下限易位,根据前文定积分性质(1),又有

$$\Delta I=\int_x^a f(x)\mathrm{d}x+\int_a^{x+\Delta x} f(x)\mathrm{d}x.$$

根据定积分的性质(4),得

$$\Delta I=\int_x^{x+\Delta x} f(x)\mathrm{d}x.$$

参考数图 3:对于区间 Δx 上的曲边梯形,总可以找到一个适当的 ξ 值,使得 $f(\xi)\Delta x$ 等于该微小曲边梯形的面积,即

$$\Delta I=f(\xi)\Delta x.$$

根据导数的定义可得

$$I'(x)=\lim_{\Delta x\to 0}\frac{\Delta I}{\Delta x}=\lim_{\Delta x\to 0}\frac{f(\xi)\Delta x}{\Delta x}=\lim_{\Delta x\to 0}f(\xi).$$

但当 $\Delta x\to 0$ 时,$\xi\to x$,因为 $f(x)$ 是连续函数,故

$$\lim_{\Delta x\to 0}f(\xi)=f(x).$$

所以

$$I'(x)=f(x). \tag{3}$$

此式表明,积分对其上限的导函数等于被积函数.

(2) 对牛顿-莱布尼茨公式的推证

根据(3)式，$f(x)$既为$I(x)$的导数，故$I(x)$为$f(x)$的一个原函数，且必然被包括在$f(x)$的不定积分$F(x)+C$之中.设

$$I(x)=F(x)+C_1,$$

其中C_1是一确定的常数.将$x=a$代入此式，因$I(a)=0$，故有$F(a)+C_1=0$，即$C_1=-F(a)$.于是有

$$I(x)=\int_a^x f(x)\mathrm{d}x=F(x)-F(a).$$

若$x=b$，此式变为

$$\int_a^b f(x)\mathrm{d}x=F(b)-F(a).$$

此即牛顿-莱布尼茨公式.

［**例题 5**］ 计算$\int_0^1 x^2\mathrm{d}x$.

［**解**］ $\frac{1}{3}x^3$为x^2的一个原函数，故

$$\int_0^1 x^2\mathrm{d}x=\frac{1}{3}x^3\bigg|_0^1=\frac{1}{3}.$$

这一定积分的几何意义是在区间[0,1]内抛物线$y=x^2$与x轴间所夹的面积，结果表明，此面积为数图 5 中边长为 1 单位的正方形面积的$\frac{1}{3}$.

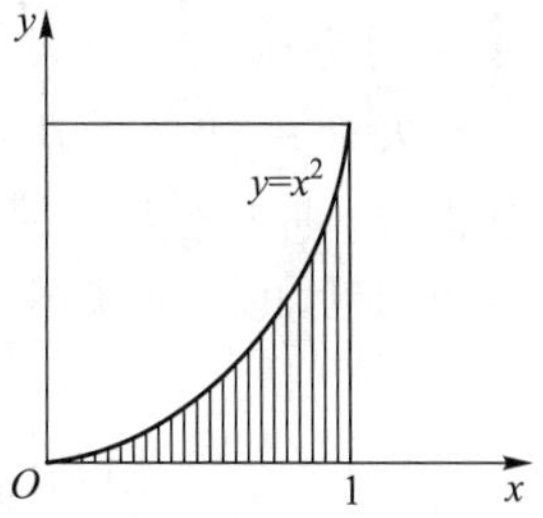

数图 5

［**例题 6**］ 已知物体速度为$v=v_0+at$，其中v_0和a为常量.求物体在$t=0$至$t=t$时间内的位移.

［**解**］ 用s表示所求位移，则

$$\begin{aligned}s&=\int_0^t(v_0+at)\mathrm{d}t\\&=\int_0^t v_0\mathrm{d}t+a\int_0^t t\mathrm{d}t\\&=v_0t\bigg|_0^t+a\frac{t^2}{2}\bigg|_0^t,\end{aligned}$$

所以

$$s=v_0t+\frac{1}{2}at^2.$$

第二部分　矢　　量

(一) 矢量

在力学和物理学中常常遇到两种不同性质的量：标量和矢量.仅用数值即可充分描述的量叫作标量.这里，数值的含义包含正负在内.路程、质量、时间、密度、电量、电压、能量等物理量都是标量.具有一定大小和方向且加法遵从平行四边形法则的量叫

作矢量.力、速度、加速度、电场强度和磁感应强度等均为矢量.实际上,矢量概念正是由于研究物理问题的需要而产生出来的.

从几何观点看,矢量可表示为有方向的线段,如数图 6 所示,在选定单位后,线段的长短(含有几个单位长度)即矢量的大小,箭头方向表示矢量的方向.矢量起点称为矢尾,箭头处称作矢端.矢量的印刷符号常用黑体字 $\boldsymbol{A}$.书写时常以 $\vec{A}$ 表示矢量,书写时莫忘上面的箭头.

矢量 $\boldsymbol{A}$ 的大小称作矢量 $\boldsymbol{A}$ 的模,即有向线段的长度,它是一正实数.记作 $|\boldsymbol{A}|$ 或斜体字 A.

模等于 1 的矢量称作单位矢量,以 $\boldsymbol{e}_A$ 表示.在直角坐标系 $Oxyz$ 中沿 x,y,z 轴的单位矢量分别记作 $\boldsymbol{i}$、$\boldsymbol{j}$ 和 $\boldsymbol{k}$.

模等于零的矢量称作零矢量.其方向可认为是任意的.记作 $\boldsymbol{0}$,手写为 $\vec{0}$.

若矢量 $\boldsymbol{A}$ 和矢量 $\boldsymbol{B}$ 的大小相等方向相同,则称这两个矢量相等,即 $\boldsymbol{A}=\boldsymbol{B}$.矢量和标量属于不同范畴,它们之间既不能谈相等,也不能谈不相等.

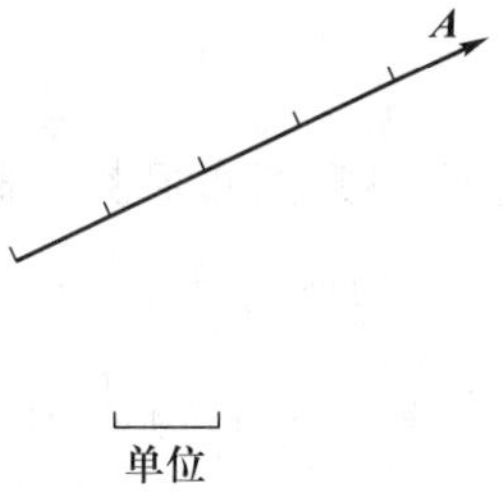

数图 6

(二) 矢量的加法与减法

1. 矢量加法

矢量 $\boldsymbol{A}$ 与矢量 $\boldsymbol{B}$ 相加遵从平行四边形法则,如数图 7 所示,记作

$$\boldsymbol{A}+\boldsymbol{B}=\boldsymbol{C}.$$

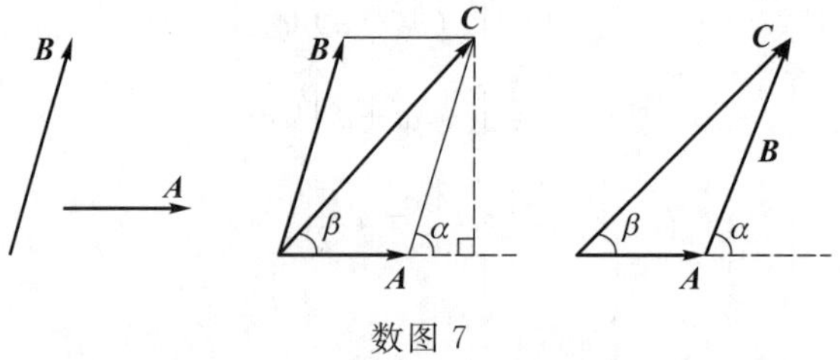

数图 7

$\boldsymbol{C}$ 称为 $\boldsymbol{A}$ 与 $\boldsymbol{B}$ 的矢量和,$\boldsymbol{A}$ 与 $\boldsymbol{B}$ 则称为 $\boldsymbol{C}$ 的分矢量.矢量的加法也称为矢量的合成.这种运算还可以简化为三角形法则,即将矢量 $\boldsymbol{B}$ 的起点与矢量 $\boldsymbol{A}$ 的终点相连,以 $\boldsymbol{A}$ 的起点作为起点、以 $\boldsymbol{B}$ 的终点作为终点的矢量即是所求的矢量和 $\boldsymbol{C}$.$\boldsymbol{A}$、$\boldsymbol{B}$ 和 $\boldsymbol{C}$ 构成三角形.如数图 7 右图所示.根据三角形的边角关系可解出 $\boldsymbol{C}$ 的大小及方向:

$$\left.\begin{aligned} C&=\sqrt{A^2+B^2+2AB\cos\alpha} \\ \tan\beta&=\frac{B\sin\alpha}{A+B\cos\alpha} \end{aligned}\right\} \tag{4}$$

式中 α 为矢量 $\boldsymbol{A}$ 和 $\boldsymbol{B}$ 间的夹角,β 是矢量和 $\boldsymbol{C}$ 与矢量 $\boldsymbol{A}$ 间的夹角.

在两矢量相加的基础上可以讨论多矢量求和的问题.如数图 8(a)所示,求 $\boldsymbol{A}$、$\boldsymbol{B}$ 和 $\boldsymbol{C}$ 的和,可以按平行四边形法则先求出 $\boldsymbol{A}$ 与 $\boldsymbol{B}$ 的矢量和 $\boldsymbol{E}$,再求 $\boldsymbol{E}$ 与 $\boldsymbol{C}$ 的矢量和 $\boldsymbol{F}$,

如数图 8(b)所示，记作

$$\boldsymbol{A}+\boldsymbol{B}+\boldsymbol{C}=\boldsymbol{F}.$$

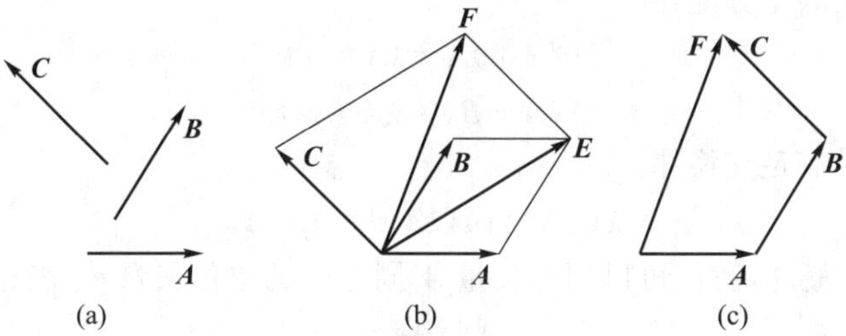

数图 8

还可以将三角形法则推广为多边形法则，比较简便，即令 $\boldsymbol{A}$、$\boldsymbol{B}$、$\boldsymbol{C}$ 诸矢量依次首尾相接即可找出矢量和 $\boldsymbol{F}$ 的矢端.参考数图 8(c)，用同样的办法可求得多个矢量之和 $\boldsymbol{F}=\sum_{i=1}^{n}\boldsymbol{F}_i$.

容易证明，矢量的加法满足交换律，即

$$\boldsymbol{A}+\boldsymbol{B}=\boldsymbol{B}+\boldsymbol{A}. \tag{5}$$

并且，矢量的加法满足结合律，即

$$(\boldsymbol{A}+\boldsymbol{B})+\boldsymbol{C}=\boldsymbol{A}+(\boldsymbol{B}+\boldsymbol{C}). \tag{6}$$

2. 矢量减法

若有 $\boldsymbol{A}$ 与 $\boldsymbol{B}$ 的矢量和 $\boldsymbol{C}$，即 $\boldsymbol{A}+\boldsymbol{B}=\boldsymbol{C}$，则矢量 $\boldsymbol{B}$ 可称作矢量 $\boldsymbol{C}$ 与矢量 $\boldsymbol{A}$ 的矢量差，记作

$$\boldsymbol{B}=\boldsymbol{C}-\boldsymbol{A}.$$

矢量减法 $\boldsymbol{B}=\boldsymbol{C}-\boldsymbol{A}$ 是矢量加法 $\boldsymbol{A}+\boldsymbol{B}=\boldsymbol{C}$ 的逆运算.在数图 7 中利用三角形法则，同样可由 $\boldsymbol{C}$ 和 $\boldsymbol{A}$ 画出矢量差 $\boldsymbol{B}$，方法是：自某点出发画出被减矢量 $\boldsymbol{C}$ 与减矢量 $\boldsymbol{A}$，由减矢量 $\boldsymbol{A}$ 矢端引向被减矢量 $\boldsymbol{C}$ 矢端，这个矢量即为矢量差 $\boldsymbol{B}$.作图时要注意分清矢量差的起末端.

另外，当 $m=-1$ 时，$m\boldsymbol{B}=-\boldsymbol{B}$，即 $-\boldsymbol{B}$ 是与 $\boldsymbol{B}$ 大小相等、方向相反的矢量.所以矢量 $\boldsymbol{C}$ 与 $\boldsymbol{B}$ 之差 $\boldsymbol{C}-\boldsymbol{B}$，可以看作是 $\boldsymbol{C}$ 与 $-\boldsymbol{B}$ 之和，即 $\boldsymbol{C}-\boldsymbol{B}=\boldsymbol{C}+(-\boldsymbol{B})$.这样，我们就可以用求矢量和的方法求矢量差.如数图 9 所示，以 $\boldsymbol{C}$ 与 $-\boldsymbol{B}$ 为邻边作平行四边形，得对角线 $\boldsymbol{A}$ 即为 $\boldsymbol{C}$ 与 $\boldsymbol{B}$ 之差.

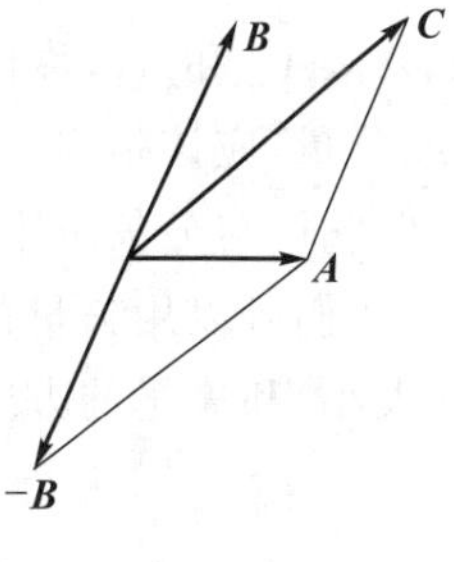

数图 9

(三) 矢量的数乘

矢量也可以做乘法运算，我们先介绍矢量的数乘.

矢量 $\boldsymbol{A}$ 与实数 m 的乘积仍是一矢量，记作 $m\boldsymbol{A}$.其模等于 $|m|$ 乘以 $|\boldsymbol{A}|$.所求矢量的方向这样决定：若 $m>0$，则与 $\boldsymbol{A}$ 同向；若 $m<0$，则与 $\boldsymbol{A}$ 反向；若 $m=0$，则 $m\boldsymbol{A}$ 为零矢量.

矢量的数乘有下面的一些性质(这里不做证明):

设 $\boldsymbol{A}$ 和 $\boldsymbol{B}$ 为任意两个矢量,λ 和 μ 为任意实数,则

1. 矢量数乘满足分配律

$$\left.\begin{aligned}(\lambda+\mu)\boldsymbol{A}=\lambda\boldsymbol{A}+\mu\boldsymbol{A}.\\ \lambda(\boldsymbol{A}+\boldsymbol{B})=\lambda\boldsymbol{A}+\lambda\boldsymbol{B}.\end{aligned}\right\} \tag{7}$$

2. 矢量数乘满足交换律

$$\lambda(\mu\boldsymbol{A})=\mu(\lambda\boldsymbol{A})=(\lambda\mu)\boldsymbol{A}. \tag{8}$$

有了数乘的概念,我们可以用与矢量 $\boldsymbol{A}$ 同方向的单位矢量 $\boldsymbol{e}_A$ 表述 $\boldsymbol{A}$,即

$$\boldsymbol{A}=A\boldsymbol{e}_A, \tag{9}$$

或

$$\boldsymbol{A}=|\boldsymbol{A}|\boldsymbol{e}_A.$$

(四) 矢量的正交分解

几个矢量合成后得到一个合矢量.一个矢量也可以分解为若干分矢量.一般说来,矢量分解的结果不是唯一的.若将一个矢量分解为两个分矢量,仅当指定某些条件时,分解结果才是唯一的.例如:指定两个分矢量的方向,或已知一个分矢量的方向和大小,或给定两个分矢量的大小等.人们常常把某一矢量分解为沿直角坐标系各坐标轴的分矢量,这种分解方法往往给矢量运算带来很多方便.

数图 10 表示矢量 $\boldsymbol{A}$ 与直角坐标系 $Oxyz$,$\boldsymbol{A}$ 的矢尾与坐标原点重合.自 $\boldsymbol{A}$ 的矢端向 Oxy 坐标平面作垂线,自垂足再向 x 和 y 轴作垂线,将这两个垂足的 x 坐标和 y 坐标分别记作 A_x 和 A_y.再自 $\boldsymbol{A}$ 的矢端向 z 轴作垂线,该垂足的 z 坐标记作 A_z,A_x、A_y 和 A_z,称作矢量 $\boldsymbol{A}$ 在 x、y 和 z 轴的投影或分量,应该指出,尽管投影或分量可取正或负值,但它们与分矢量不同,它们是标量而不是矢量.

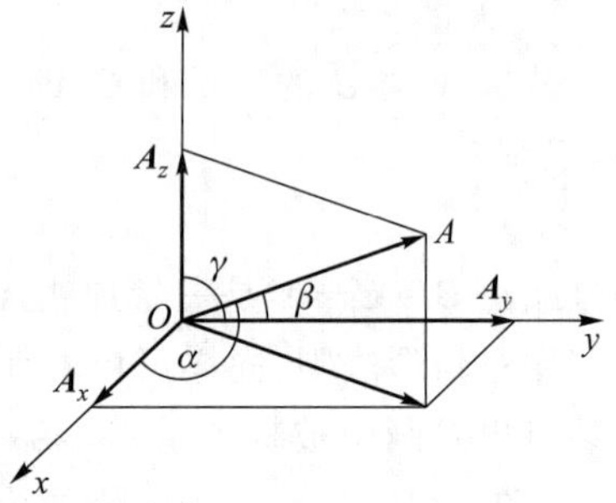

数图 10

我们可以用矢量的投影或分量来表示矢量的模(大小)和矢量的方向.显然,矢量 $\boldsymbol{A}$ 的模等于

$$A=\sqrt{A_x^2+A_y^2+A_z^2} \tag{10}$$

矢量的方向通常用矢量与各坐标轴的夹角 α、β 和 γ 表示,叫作方向角,如数图 1.10 所示.此外,矢量方向还可用矢量的方向余弦 $\cos\alpha$、$\cos\beta$ 和 $\cos\gamma$ 表示,显然

$$\cos\alpha=\frac{A_x}{A},\quad \cos\beta=\frac{A_y}{A},\quad \cos\gamma=\frac{A_z}{A}. \tag{11}$$

各方向余弦间有下列关系:

$$\cos^2\alpha+\cos^2\beta+\cos^2\gamma=1.$$

利用矢量的投影或分量,可将矢量表示为几个分矢量的和.例如对于矢量 $\boldsymbol{A}$,有

$$\boldsymbol{A}=A_x\boldsymbol{i}+A_y\boldsymbol{j}+A_z\boldsymbol{k}. \tag{12}$$

式中 $A_x\boldsymbol{i}$、$A_y\boldsymbol{j}$ 和 $A_z\boldsymbol{k}$ 分别表示 $\boldsymbol{A}$ 沿 x、y 和 z 轴的分矢量,(12)式称为矢量 $\boldsymbol{A}$ 在

$Oxyz$ 直角坐标系中的正交分解式.

我们现在利用矢量在直角坐标系中的正交分解式进行矢量的和、差运算.现有矢量 $\boldsymbol{A}$ 与 $\boldsymbol{B}$：

$$\boldsymbol{A}=A_x\boldsymbol{i}+A_y\boldsymbol{j}+A_z\boldsymbol{k},$$
$$\boldsymbol{B}=B_x\boldsymbol{i}+B_y\boldsymbol{j}+B_z\boldsymbol{k}.$$

试求 $\boldsymbol{C}=\boldsymbol{A}+\boldsymbol{B}$，

$$\boldsymbol{A}+\boldsymbol{B}=A_x\boldsymbol{i}+B_x\boldsymbol{i}+A_y\boldsymbol{j}+B_y\boldsymbol{j}+A_z\boldsymbol{k}+B_z\boldsymbol{k}.$$

根据矢量数乘的分配律即得

$$\boldsymbol{A}+\boldsymbol{B}=(A_x+B_x)\boldsymbol{i}+(A_y+B_y)\boldsymbol{j}+(A_z+B_z)\boldsymbol{k}. \tag{13}$$

将矢量和 $\boldsymbol{C}$ 也表示为正交分解式：

$$\boldsymbol{C}=C_x\boldsymbol{i}+C_y\boldsymbol{j}+C_z\boldsymbol{k}.$$

若两个矢量相等，它们在同一坐标轴上的投影必相等.比较以上两式，得

$$C_x=A_x+B_x,\quad C_y=A_y+B_y,\quad C_z=A_z+B_z.$$

同理，对于矢量差 $\boldsymbol{D}=\boldsymbol{A}-\boldsymbol{B}$，有

$$D_x=A_x-B_x,\quad D_y=A_y-B_y,\quad D_z=A_z-B_z. \tag{14}$$

上面两式表明：两个矢量和或差在一定坐标轴上的投影等于两个矢量在同一坐标轴上投影的和或差.根据这个道理，我们就可以把求矢量和或差的矢量运算方便地转变为求矢量投影的和或差的代数运算.

（五）矢量的标积和矢积

矢量的乘法运算除去数乘外，还有矢量与矢量相乘的问题，下面介绍矢量相乘的两种运算：矢量的标积及矢积.

1. 矢量的标积

矢量 $\boldsymbol{A}$ 和 $\boldsymbol{B}$ 的标积是一个标量，它等于 $\boldsymbol{A}$ 和 $\boldsymbol{B}$ 的模与其夹角余弦的乘积，记作 $\boldsymbol{A}\cdot\boldsymbol{B}$.$\boldsymbol{A}$ 和 $\boldsymbol{B}$ 的标积运算符号用“·”表示，所以标积也称为点积.由上面的定义可得

$$\boldsymbol{A}\cdot\boldsymbol{B}=|\boldsymbol{A}|\,|\boldsymbol{B}|\cos(\widehat{\boldsymbol{A},\boldsymbol{B}}). \tag{15}$$

根据上述定义，矢量在坐标轴上的投影也可表示为该矢量与沿坐标轴正方向的单位矢量的标积，如数图 10 所示.矢量 $\boldsymbol{A}$ 在 x 轴上的投影为

$$A_x=A\cos\alpha=A\cos(\widehat{\boldsymbol{A},\boldsymbol{i}})=\boldsymbol{A}\cdot\boldsymbol{i}$$

同理，

$$A_y=\boldsymbol{A}\cdot\boldsymbol{j},\quad A_z=\boldsymbol{A}\cdot\boldsymbol{k}.$$

矢量与其自身的标积为

$$\boldsymbol{A}\cdot\boldsymbol{A}=A^2.$$

因此我们可以用标积表示矢量的模：

$$A=\sqrt{\boldsymbol{A}\cdot\boldsymbol{A}}.$$

对于单位矢量 $\boldsymbol{i}$、$\boldsymbol{j}$ 和 $\boldsymbol{k}$，则有

$$\boldsymbol{i}\cdot\boldsymbol{i}=\boldsymbol{j}\cdot\boldsymbol{j}=\boldsymbol{k}\cdot\boldsymbol{k}=1. \tag{16}$$

矢量的标积有下述性质：

(1) 当且仅当两矢量之一为零矢量或两矢量垂直时，即 $|\boldsymbol{A}|=0$ 或 $|\boldsymbol{B}|=0$ 或 $\cos(\widehat{\boldsymbol{A},\boldsymbol{B}})=0$ 时，两矢量的标积才等于零.

$$\boldsymbol{A}\cdot\boldsymbol{B}=|\boldsymbol{A}|\ |\boldsymbol{B}|\cos(\widehat{\boldsymbol{A},\boldsymbol{B}})=0$$

反之，若 $\boldsymbol{A}\cdot\boldsymbol{B}=0$，但 $\boldsymbol{A}$ 和 $\boldsymbol{B}$ 皆不为零矢量，则 $\boldsymbol{A}\perp\boldsymbol{B}$.

例如

$$\boldsymbol{i}\cdot\boldsymbol{j}=\boldsymbol{i}\cdot\boldsymbol{k}=\boldsymbol{j}\cdot\boldsymbol{k}=0 \tag{17}$$

(2) 矢量标积满足交换律，$\boldsymbol{A}\cdot\boldsymbol{B}=\boldsymbol{B}\cdot\boldsymbol{A}$. (18)

(3) 矢量标积满足分配律，$(\boldsymbol{A}+\boldsymbol{B})\cdot\boldsymbol{C}=\boldsymbol{A}\cdot\boldsymbol{C}+\boldsymbol{B}\cdot\boldsymbol{C}$. (19)

(4) 矢量标积满足结合律，$(\boldsymbol{A}\cdot\boldsymbol{B})\lambda=\boldsymbol{A}\cdot(\boldsymbol{B}\lambda)$，$\lambda$ 为一实数. (20)

矢量的标积也可用矢量在直角坐标系中的投影来计算.在同一直角坐标系中 $\boldsymbol{A}\cdot\boldsymbol{B}$ 可表示为

$$\begin{aligned}\boldsymbol{A}\cdot\boldsymbol{B}&=(A_x\boldsymbol{i}+A_y\boldsymbol{j}+A_z\boldsymbol{k})\cdot(B_x\boldsymbol{i}+B_y\boldsymbol{j}+B_z\boldsymbol{k})\\&=A_xB_x\boldsymbol{i}\cdot\boldsymbol{i}+A_xB_y\boldsymbol{i}\cdot\boldsymbol{j}+A_xB_z\boldsymbol{i}\cdot\boldsymbol{k}+\\&\quad A_yB_x\boldsymbol{j}\cdot\boldsymbol{i}+A_yB_y\boldsymbol{j}\cdot\boldsymbol{j}+A_yB_z\boldsymbol{j}\cdot\boldsymbol{k}+\\&\quad A_zB_x\boldsymbol{k}\cdot\boldsymbol{i}+A_zB_y\boldsymbol{k}\cdot\boldsymbol{j}+A_zB_z\boldsymbol{k}\cdot\boldsymbol{k}\\&=A_xB_x+A_yB_y+A_zB_z.\end{aligned} \tag{21}$$

矢量的标积应用很广，例如，功的概念就是以力与位移的标积来表述的；磁通量用磁感应强度与有向面元的标积来计算，等等.

2. 矢量的矢积

矢量 $\boldsymbol{A}$ 和 $\boldsymbol{B}$ 的矢积为一矢量，记作

$$\boldsymbol{C}=\boldsymbol{A}\times\boldsymbol{B}. \tag{22}$$

其大小等于以 $\boldsymbol{A}$ 和 $\boldsymbol{B}$ 为邻边所决定的平行四边形面积.其方向垂直于 $\boldsymbol{A}$ 和 $\boldsymbol{B}$ 所决定的平面，而且 $\boldsymbol{A}$、$\boldsymbol{B}$ 和 $\boldsymbol{C}$ 组成右手螺旋系统(由 $\boldsymbol{A}$ 转向 $\boldsymbol{B}$ 的角度应小于 π)如数图 11 所示.$\boldsymbol{A}$ 和 $\boldsymbol{B}$ 的矢积 $\boldsymbol{C}$ 的大小可表示为

$$C=AB\sin\varphi.$$

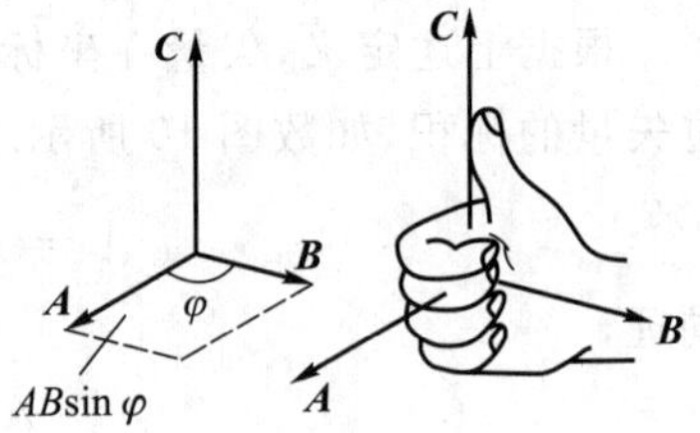

数图 11

矢积用记号"×"表示，所以矢量的矢积又叫作矢量的叉积.

矢积运算具有如下性质：

(1) $\boldsymbol{A}\times\boldsymbol{A}=\boldsymbol{0}$. (23)

(2) 两非零矢量 $\boldsymbol{A}$ 和 $\boldsymbol{B}$ 平行的充要条件是 $\boldsymbol{A}\times\boldsymbol{B}=\boldsymbol{0}$. (24)

(3) $\boldsymbol{A}\times\boldsymbol{B}=-\boldsymbol{B}\times\boldsymbol{A}$. (25)

(4) $(\lambda\boldsymbol{A})\times\boldsymbol{B}=\lambda(\boldsymbol{A}\times\boldsymbol{B})=\boldsymbol{A}\times(\lambda\boldsymbol{B})$，$\lambda$ 为实数. (26)

(5) $\boldsymbol{C}\times(\boldsymbol{A}+\boldsymbol{B})=\boldsymbol{C}\times\boldsymbol{A}+\boldsymbol{C}\times\boldsymbol{B}$. (27)

用矢量在直角坐标系中的投影计算矢积也较方便.设矢量 $\boldsymbol{A}$ 及 $\boldsymbol{B}$ 在同一直角坐标系中，这两个矢量的矢积可表示为

$$\begin{aligned}\boldsymbol{A}\times\boldsymbol{B}&=(A_x\boldsymbol{i}+A_y\boldsymbol{j}+A_z\boldsymbol{k})\times(B_x\boldsymbol{i}+B_y\boldsymbol{j}+B_z\boldsymbol{k})\\&=A_xB_x\boldsymbol{i}\times\boldsymbol{i}+A_xB_y\boldsymbol{i}\times\boldsymbol{j}+A_xB_z\boldsymbol{i}\times\boldsymbol{k}+\\&\quad A_yB_x\boldsymbol{j}\times\boldsymbol{i}+A_yB_y\boldsymbol{j}\times\boldsymbol{j}+A_yB_z\boldsymbol{j}\times\boldsymbol{k}+\\&\quad A_zB_x\boldsymbol{k}\times\boldsymbol{i}+A_zB_y\boldsymbol{k}\times\boldsymbol{j}+A_zB_z\boldsymbol{k}\times\boldsymbol{k}\end{aligned}$$

而

$$\boldsymbol{i}\times\boldsymbol{i}=\boldsymbol{j}\times\boldsymbol{j}=\boldsymbol{k}\times\boldsymbol{k}=0; \tag{28}$$

$$\left.\begin{aligned}&\boldsymbol{i}\times\boldsymbol{j}=\boldsymbol{k},\quad \boldsymbol{k}\times\boldsymbol{i}=\boldsymbol{j},\quad \boldsymbol{j}\times\boldsymbol{k}=\boldsymbol{i}\\&\boldsymbol{j}\times\boldsymbol{i}=-\boldsymbol{k},\quad \boldsymbol{i}\times\boldsymbol{k}=-\boldsymbol{j},\quad \boldsymbol{k}\times\boldsymbol{j}=-\boldsymbol{i}\end{aligned}\right\} \tag{29}$$

所以

$$\begin{aligned}\boldsymbol{A}\times\boldsymbol{B}&=(A_yB_z-A_zB_y)\boldsymbol{i}+(A_zB_x-A_xB_z)\boldsymbol{j}+\\&\quad(A_xB_y-A_yB_x)\boldsymbol{k}.\end{aligned}$$

如果运用行列式表述，更为简捷，

$$\begin{aligned}\boldsymbol{A}\times\boldsymbol{B}&=\begin{vmatrix}\boldsymbol{i}&\boldsymbol{j}&\boldsymbol{k}\\A_x&A_y&A_z\\B_x&B_y&B_z\end{vmatrix}\\&=(A_yB_z-A_zB_y)\boldsymbol{i}+(A_zB_x-A_xB_z)\boldsymbol{j}+\\&\quad(A_xB_y-A_yB_x)\boldsymbol{k}.\end{aligned} \tag{30}$$

力矩、角动量、运动电荷在磁场中所受的洛伦兹力等都可表述为矢积形式.

*3. 三个矢量的混合积

先对两个矢量取矢积，再将计算结果与第三个矢量做标积，称作三个矢量的混合积，其结果为一标量，可写作

$$V=(\boldsymbol{A}\times\boldsymbol{B})\cdot\boldsymbol{C} \tag{31}$$

如数图 12 所示，$|\boldsymbol{A}\times\boldsymbol{B}|$ 等于以矢量 $\boldsymbol{A}$、$\boldsymbol{B}$ 和 $\boldsymbol{C}$ 为边的平行六面体的底面积，$\boldsymbol{A}\times\boldsymbol{B}$ 与 $\boldsymbol{C}$ 的标积在绝对值上等于以该底面积乘以平行六面体的高.可见上述混合积的绝对值即等于以 $\boldsymbol{A}$、$\boldsymbol{B}$ 和 $\boldsymbol{C}$ 为边的平行六面体的体积.由于在计算平行六面体体积时，可利用任意底面积乘以高，故有

$$(\boldsymbol{A}\times\boldsymbol{B})\cdot\boldsymbol{C}=(\boldsymbol{C}\times\boldsymbol{A})\cdot\boldsymbol{B}=(\boldsymbol{B}\times\boldsymbol{C})\cdot\boldsymbol{A}.$$

另一方面，根据矢量矢积的性质，$\boldsymbol{A}\times\boldsymbol{B}=-(\boldsymbol{B}\times\boldsymbol{A})$，可得

$$\left.\begin{aligned}&(\boldsymbol{A}\times\boldsymbol{B})\cdot\boldsymbol{C}=-(\boldsymbol{B}\times\boldsymbol{A})\cdot\boldsymbol{C},\\&(\boldsymbol{C}\times\boldsymbol{A})\cdot\boldsymbol{B}=-(\boldsymbol{A}\times\boldsymbol{C})\cdot\boldsymbol{B},\\&(\boldsymbol{B}\times\boldsymbol{C})\cdot\boldsymbol{A}=-(\boldsymbol{C}\times\boldsymbol{B})\cdot\boldsymbol{A}.\end{aligned}\right\} \tag{32}$$

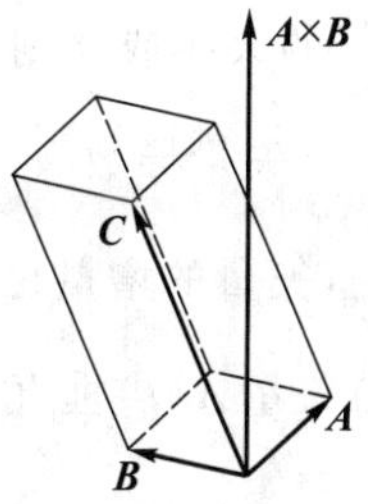

数图 12

显然，$\boldsymbol{A}$、$\boldsymbol{B}$ 和 $\boldsymbol{C}$ 中的两个矢量相等或三个矢量共面均能使混合积等于零.

（六）矢量的导数

1. 矢量函数

当物体运动时，其速度及所受的力是可以发生变化的，电场强度矢量也能随时间而变，所以速度、力、电场强度等都是大小或方向可以发生变化的变矢量.

如果对于标量变量 t 的每一数值都相应地存在变矢量 $\boldsymbol{A}$ 的一个确定的矢量，则称矢量 $\boldsymbol{A}$ 是标量变量 t 的矢量函数，记作

$$\boldsymbol{A}=\boldsymbol{A}(t).$$

在直角坐标系 $Oxyz$ 中，矢量函数还可以表述为

$$\boldsymbol{A}(t)=A_x(t)\boldsymbol{i}+A_y(t)\boldsymbol{j}+A_z(t)\boldsymbol{k},$$

其中 $A_x(t)$、$A_y(t)$和 $A_z(t)$是变量 t 的标量函数.

在我们的讨论中，标量变量 t 通常指时间.

2. 矢量函数的导数

类比于标量函数的导数，我们引入矢量函数的导数.参考数图 13，与 t 时刻对应的矢量为$\boldsymbol{A}(t)$，经过 Δt 时间后，矢量变为 $\boldsymbol{A}(t+\Delta t)$，对应于 Δt，矢量函数的增量为

$$\Delta\boldsymbol{A}=\boldsymbol{A}(t+\Delta t)-\boldsymbol{A}(t).$$

我们把矢量增量 $\Delta\boldsymbol{A}$ 与发生这一增量所用时间 Δt 之比称为该矢量函数在该时间内的平均变化率，即

$$\frac{\Delta\boldsymbol{A}}{\Delta t}=\frac{\boldsymbol{A}(t+\Delta t)-\boldsymbol{A}(t)}{\Delta t}.$$

矢量函数对时间的平均变化率也是矢量，与矢量增量的方向相同.

当时间趋于零时，即当 $\Delta t\to 0$ 或 $t+\Delta t\to t$ 时，若矢量函数的平均变化率$\dfrac{\Delta\boldsymbol{A}}{\Delta t}$有极限存在，则该极限称作该矢量函数 $\boldsymbol{A}(t)$在 t 时刻的导数，记作

$$\frac{\mathrm{d}\boldsymbol{A}(t)}{\mathrm{d}t}=\lim_{\Delta t\to 0}\frac{\Delta\boldsymbol{A}}{\Delta t}=\lim_{\Delta t\to 0}\frac{\boldsymbol{A}(t+\Delta t)-\boldsymbol{A}(t)}{\Delta t}.\tag{33}$$

矢量函数的导数$\dfrac{\mathrm{d}\boldsymbol{A}}{\mathrm{d}t}$仍为一个矢量，其方向即为当 $\Delta t\to 0$ 时 $\Delta\boldsymbol{A}$ 的极限方向，由数图 14 可见，$\Delta\boldsymbol{A}$ 将趋于沿 $\boldsymbol{A}(t)$矢端曲线的切线且指向与时间增加相对应的方向；另一方面$\dfrac{\mathrm{d}\boldsymbol{A}}{\mathrm{d}t}$的大小或模则等于$\lim\limits_{\Delta t\to 0}\dfrac{|\Delta\boldsymbol{A}|}{\Delta t}$.

矢量导数有一个重要的特征，如数图 14 所示，即使矢量的模不改变而仅仅方向改变，矢量的增量也不等于零，因而导数也不为零.不难看出，在这种情况下，$\dfrac{\mathrm{d}\boldsymbol{A}}{\mathrm{d}t}$将恰好与矢量$\boldsymbol{A}(t)$垂直；这一事实可表示为

$$\boldsymbol{A}\cdot\frac{\mathrm{d}\boldsymbol{A}}{\mathrm{d}t}=0,$$

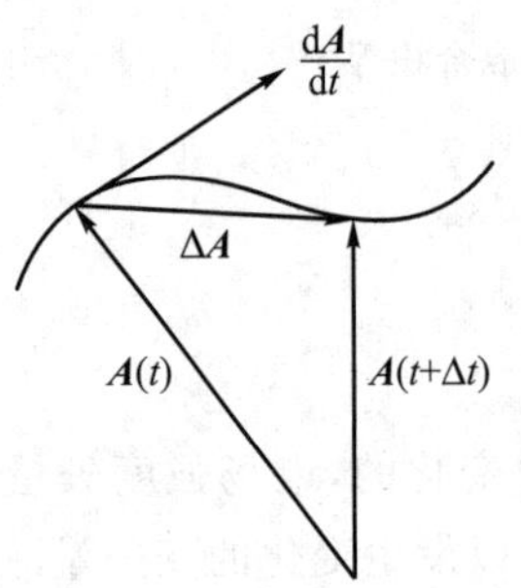

数图 13

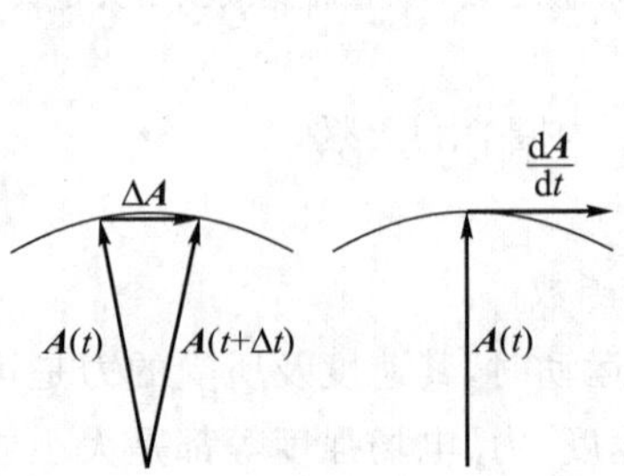

数图 14

或

$$\boldsymbol{A}\cdot \mathrm{d}\boldsymbol{A}=0. \tag{34}$$

这是一个有用的公式.

现在讨论矢量函数导数的正交分解形式.在直角坐标系 $Oxyz$ 中,

$$\boldsymbol{A}(t+\Delta t)=A_x(t+\Delta t)\boldsymbol{i}+A_y(t+\Delta t)\boldsymbol{j}+A_z(t+\Delta t)\boldsymbol{k},$$

$$\boldsymbol{A}(t)=A_x(t)\boldsymbol{i}+A_y(t)\boldsymbol{j}+A_z(t)\boldsymbol{k},$$

所以

$$\begin{aligned}\frac{\mathrm{d}\boldsymbol{A}(t)}{\mathrm{d}t}&=\lim_{\Delta t\to 0}\frac{\boldsymbol{A}(t+\Delta t)-\boldsymbol{A}(t)}{\Delta t}\\&=\lim_{\Delta t\to 0}\frac{A_x(t+\Delta t)-A_x(t)}{\Delta t}\boldsymbol{i}+\\&\quad\lim_{\Delta t\to 0}\frac{A_y(t+\Delta t)-A_y(t)}{\Delta t}\boldsymbol{j}+\\&\quad\lim_{\Delta t\to 0}\frac{A_z(t+\Delta t)-A_z(t)}{\Delta t}\boldsymbol{k}\\&=\frac{\mathrm{d}A_x(t)}{\mathrm{d}t}\boldsymbol{i}+\frac{\mathrm{d}A_y(t)}{\mathrm{d}t}\boldsymbol{j}+\frac{\mathrm{d}A_z(t)}{\mathrm{d}t}\boldsymbol{k}.\end{aligned} \tag{35}$$

依据矢量的模与其分量的关系,矢量函数 $\boldsymbol{A}(t)$ 的导数大小为

$$\left|\frac{\mathrm{d}\boldsymbol{A}(t)}{\mathrm{d}t}\right|=\sqrt{\left[\frac{\mathrm{d}A_x(t)}{\mathrm{d}t}\right]^2+\left[\frac{\mathrm{d}A_y(t)}{\mathrm{d}t}\right]^2+\left[\frac{\mathrm{d}A_z(t)}{\mathrm{d}t}\right]^2}.$$

而 $\frac{\mathrm{d}A_x(t)}{\mathrm{d}t}$、$\frac{\mathrm{d}A_y(t)}{\mathrm{d}t}$ 和 $\frac{\mathrm{d}A_z(t)}{\mathrm{d}t}$ 可按标量函数的求导运算求得.

3. 矢量函数求导的法则

设 $\boldsymbol{A}(t)$ 和 $\boldsymbol{B}(t)$ 都是可微的变矢量,则

$$\left.\begin{aligned}&(1)\ \frac{\mathrm{d}}{\mathrm{d}t}(\boldsymbol{A}+\boldsymbol{B})=\frac{\mathrm{d}\boldsymbol{A}}{\mathrm{d}t}+\frac{\mathrm{d}\boldsymbol{B}}{\mathrm{d}t}.\\&(2)\ \frac{\mathrm{d}}{\mathrm{d}t}(f\boldsymbol{A})=f\frac{\mathrm{d}\boldsymbol{A}}{\mathrm{d}t}+\frac{\mathrm{d}f}{\mathrm{d}t}\boldsymbol{A}\quad(f\text{ 为标量函数}).\\&(3)\ \frac{\mathrm{d}}{\mathrm{d}t}(\boldsymbol{A}\cdot\boldsymbol{B})=\frac{\mathrm{d}\boldsymbol{A}}{\mathrm{d}t}\cdot\boldsymbol{B}+\boldsymbol{A}\cdot\frac{\mathrm{d}\boldsymbol{B}}{\mathrm{d}t}.\\&(4)\ \frac{\mathrm{d}}{\mathrm{d}t}(\boldsymbol{A}\times\boldsymbol{B})=\frac{\mathrm{d}\boldsymbol{A}}{\mathrm{d}t}\times\boldsymbol{B}+\boldsymbol{A}\times\frac{\mathrm{d}\boldsymbol{B}}{\mathrm{d}t}.\\&(5)\ \frac{\mathrm{d}}{\mathrm{d}t}\boldsymbol{C}=0\quad(\boldsymbol{C}\text{ 是常矢量}).\end{aligned}\right\} \tag{36}$$

某些力学量在数学上就表述为某一矢量的导数,例如速度是位置矢量对时间的导数,加速度是速度矢量对时间的导数,等等.

从上述矢量知识可以看到,作为一种数学工具,用矢量来描写那些既有大小又有方向且遵从平行四边形加法法则的物理量及其变化规律,十分简明和方便.例如,牛顿运动定律的数学形式为 $\boldsymbol{F}=m\boldsymbol{a}$.如果换成标量方程就需要有三个:$F_x=ma_x$,$F_y=$

ma_y 及 $F_z=ma_z$.这两种表述方式除了有繁简之分外，更重要的是写出三个标量方程就必须建立直角坐标系.而一个物理规律是不应该依赖于坐标系的，或者说在坐标系的变换中物理规律应当保持形式不变.因此引用坐标系表述物理规律时，还需要证明；而矢量概念及其运算可以不依赖于任何坐标系，所以用矢量形式表述物理定理和定律即反映物理规律时，不依赖于所选的坐标系.基于矢量的上述优点，研究某些物理规律的一般性质时常采用矢量形式.当运用这些物理规律的矢量形式解决实际问题时，如果借助三角或几何运算，有时颇不方便，但如选择适当的坐标系，运用矢量的分量或投影进行计算，往往要方便得多.

习题

1. 求下列函数的导数：

(1) $y=3x^2-4x+10$；　(2) $y=\dfrac{1}{\sqrt{x}}+7\sin x+8\cos x-100$；

(3) $y=(ax+b)/(a+bx)$；　(4) $y=\sin\sqrt{1+x^2}$；

(5) $y=e^{\sin x}$；　(6) $y=e^{-x}+100x$.

2. 已知某地段地形的海拔高度 h 因水平坐标 x 而变，$h=100-0.000\,1x^2(1-0.005x^2)$，度量 x 和 h 的单位为 m.问何处的高度将取极大值和极小值，在这些地方的高度为何？（用微分法解.）

3. 求下列不定积分：

(1) $\int(x^3-3x+1)\mathrm{d}x$；　(2) $\int(2^x+x^2)\mathrm{d}x$；

(3) $\int\left(\dfrac{3}{x}+2e^x-\dfrac{1}{x\sqrt{x}}\right)\mathrm{d}x$；　(4) $\int(\sin x-\cos x)\mathrm{d}x$；

(5) $\int\dfrac{x^2}{1+x^2}\mathrm{d}x$；　(6) $\int\sin(ax+b)\mathrm{d}x$；

(7) $\int e^{-2x}\mathrm{d}x$；　(8) $\int\dfrac{\mathrm{d}x}{\sqrt{ax+b}}$；

(9) $\int\sin^2x\cos x\mathrm{d}x$；　(10) $\int xe^{-x^2}\mathrm{d}x$；

(11) $\int\cos^2x\mathrm{d}x$；　(12) $\int\dfrac{\ln x}{x}\mathrm{d}x$.

4. 求下列定积分：

(1) $\int_1^2(\sqrt{x}-1)\mathrm{d}x$；　(2) $\int_0^1(e^x-1)^4e^x\mathrm{d}x$；

(3) $\int_{-\frac{1}{2}}^{\frac{1}{2}}\dfrac{\mathrm{d}x}{\sqrt{1-x^2}}$；　(4) $\int_1^e\dfrac{1+\ln x}{x}\mathrm{d}x$；

(5) $\int_1^2\left(e^x+\dfrac{1}{x}\right)\mathrm{d}x$；　(6) $\int_{\frac{\pi}{6}}^{\frac{\pi}{4}}\cos 2x\mathrm{d}x$；

(7) $\int_0^1\dfrac{1}{1+x^2}\mathrm{d}x$；　(8) $\int_0^{\frac{\pi}{2}}(3x+\sin^2x)\mathrm{d}x$.

5. 计算 $\int_0^{\frac{\pi}{2}}\sin x\mathrm{d}x$、$\int_{-\frac{\pi}{2}}^0\sin x\mathrm{d}x$ 及 $\int_{-\frac{\pi}{2}}^{\frac{\pi}{2}}\sin x\mathrm{d}x$，并在 $f(x)=\sin x$ 的函数图形上用面积表示这些定积分.

6. 计算由 $y=3x$ 和 $y=x^2$ 所围成的平面图形的面积.

7. 求曲线 $y=x^2+2$，$y=2x$，$x=0$ 和 $x=2$ 诸线所包围的面积.

8. 一个物体沿直线运动的速度为 $v=v_0+at$，v_0 和 a 为常量，求物体在 t_1 至 t_2 时间内的位移.

9. 判断下列表述的正误：

(1) 位移 $\boldsymbol{s}$ 和速度 $\boldsymbol{v}$ 都是矢量，对匀速直线运动，有 $\dfrac{\boldsymbol{s}}{\boldsymbol{v}}=t$；

(2) 力为矢量，某力 $\boldsymbol{F}=5\ \mathrm{N}$；

(3) $\boldsymbol{F}_1$、$\boldsymbol{F}_2$ 为 $\boldsymbol{F}$ 的分力，则 $F=F_1+F_2$；

(4) 力 $\boldsymbol{F}$ 在 x 和 y 轴上的分力为 $\boldsymbol{F}_x=F\cos\alpha$，$\boldsymbol{F}_y=F\sin\alpha$.

10. 给定两个矢量.$\boldsymbol{A}$：$|\boldsymbol{A}|=27$ 且指向正东，$\boldsymbol{B}$：$|\boldsymbol{B}|=15$ 且指向东偏北 40°.求(1) $\boldsymbol{A}+\boldsymbol{B}$，(2) $\boldsymbol{B}-\boldsymbol{A}$，(3) $\boldsymbol{A}-5\boldsymbol{B}$.

11. 矢量 $\boldsymbol{A}$、$\boldsymbol{B}$、$\boldsymbol{C}$ 和 $\boldsymbol{D}$.$|\boldsymbol{A}|=10$ 指向北，$|\boldsymbol{B}|=13$ 指向东偏北 45°，$|\boldsymbol{C}|=27$ 指向东偏南 30°，$|\boldsymbol{D}|=18$指向北偏西 15°.

(1) 求 $\boldsymbol{A}+\boldsymbol{B}-\boldsymbol{C}$；　　(2) 已知 $\boldsymbol{A}+\boldsymbol{B}-\boldsymbol{C}+\boldsymbol{E}=\boldsymbol{D}$，求 $\boldsymbol{E}$.

12. 在坐标系 Oxy 和 $Ox'y'$ 中表示力 $\boldsymbol{F}$，$|\boldsymbol{F}|=150\ \mathrm{N}$. $F_x=100\ \mathrm{N}$，$\angle xOx'=30°$.

13. 某物体位移为 $\boldsymbol{s}$(如图所示)，$s=200\ \mathrm{m}$.写出它在非正交坐标系 Oxy 中的分解式 $\boldsymbol{s}=s_x\boldsymbol{i}+s_y\boldsymbol{j}$.

14. 将第 12、13 题用正交分解法求解.

15. 判断下述公式的正误：

(1) $|\boldsymbol{A}|A=\boldsymbol{A}\cdot\boldsymbol{A}$；

(2) $(\boldsymbol{A}\cdot\boldsymbol{B})(\boldsymbol{A}\cdot\boldsymbol{B})=(\boldsymbol{A}\cdot\boldsymbol{A})(\boldsymbol{B}\cdot\boldsymbol{B})$；

(3) $(\boldsymbol{A}\cdot\boldsymbol{B})\boldsymbol{C}=\boldsymbol{A}(\boldsymbol{B}\cdot\boldsymbol{C})$；

(4) $(\boldsymbol{A}+\boldsymbol{B})\cdot(\boldsymbol{A}-\boldsymbol{B})=A^2-B^2$；

(5) 若 $\boldsymbol{A}\cdot\boldsymbol{B}=0$，则 $\boldsymbol{A}=\boldsymbol{0}$ 或 $\boldsymbol{B}=\boldsymbol{0}$.

16. 两个矢量如图所示 $A=4$，$B=5$，$\alpha=25°$，$\beta=36.87°$，直接根据矢量标积定义和正交分解法求$\boldsymbol{A}\cdot\boldsymbol{B}$.

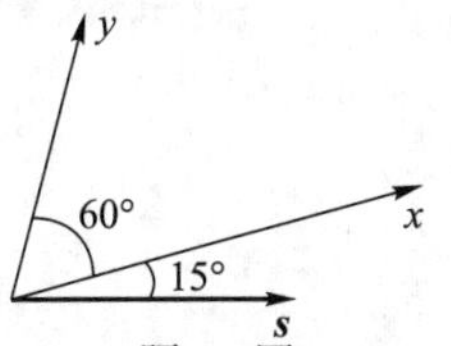

题 13 图

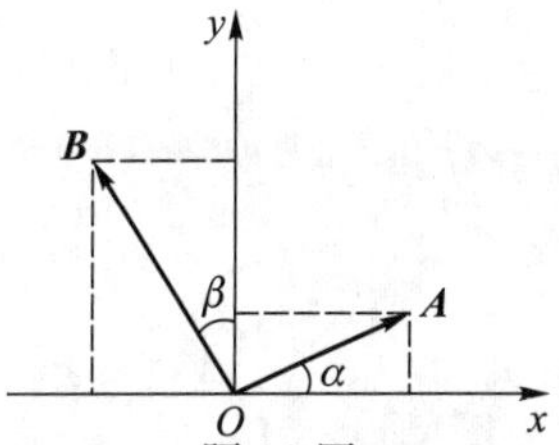

题 16 图

17. 已知 $\boldsymbol{A}=-\boldsymbol{i}+\boldsymbol{j}$，$\boldsymbol{B}=\boldsymbol{i}-2\boldsymbol{j}+2\boldsymbol{k}$，求 $\boldsymbol{A}$、$\boldsymbol{B}$ 的夹角.

18. 已知 $\boldsymbol{A}+\boldsymbol{B}=3\boldsymbol{i}+5\boldsymbol{j}-\boldsymbol{k}$ 和 $\boldsymbol{A}-\boldsymbol{B}=4\boldsymbol{i}-4\boldsymbol{j}+\boldsymbol{k}$，求 $\boldsymbol{A}$ 与 $\boldsymbol{B}$ 的夹角.

19. 已知 $\boldsymbol{A}+\boldsymbol{B}+\boldsymbol{C}=\boldsymbol{0}$，求证 $\boldsymbol{A}\times\boldsymbol{B}=\boldsymbol{B}\times\boldsymbol{C}=\boldsymbol{C}\times\boldsymbol{A}$.

20. 计算由 $P(3,0,8)$、$Q(5,10,7)$ 和 $R(0,2,-1)$为顶点的三角形的面积.

21. 化简下面各式：

(1) $(\boldsymbol{A}+\boldsymbol{B}-\boldsymbol{C})\times\boldsymbol{C}+(\boldsymbol{C}+\boldsymbol{A}+\boldsymbol{B})\times\boldsymbol{A}+(\boldsymbol{A}-\boldsymbol{B}+\boldsymbol{C})\times\boldsymbol{B}$；

(2) $\boldsymbol{i}\times(\boldsymbol{j}+\boldsymbol{k})-\boldsymbol{j}\times(\boldsymbol{i}+\boldsymbol{k})+\boldsymbol{k}\times(\boldsymbol{i}+\boldsymbol{j}+\boldsymbol{k})$；

(3) $(2\boldsymbol{A}+\boldsymbol{B})\times(\boldsymbol{C}-\boldsymbol{A})+(\boldsymbol{B}+\boldsymbol{C})\times(\boldsymbol{A}+\boldsymbol{B})$.

22. 计算下面各式：

(1) $\boldsymbol{i}\cdot(\boldsymbol{j}\times\boldsymbol{k})+\boldsymbol{k}\cdot(\boldsymbol{i}\times\boldsymbol{j})+\boldsymbol{j}\cdot(\boldsymbol{k}\times\boldsymbol{i})$；

*(2) $\boldsymbol{A}\cdot(\boldsymbol{B}\times\boldsymbol{A})$.

*23. 求证$(\boldsymbol{A}+\boldsymbol{B})\cdot[(\boldsymbol{A}+\boldsymbol{C})\times\boldsymbol{B}]=-\boldsymbol{A}\cdot(\boldsymbol{B}\times\boldsymbol{C})$.

24. 已知$\boldsymbol{A}=(1+2t^2)\boldsymbol{i}+\mathrm{e}^{-t}\boldsymbol{j}-\boldsymbol{k}$,求$\dfrac{\mathrm{d}\boldsymbol{A}}{\mathrm{d}t}$,$\dfrac{\mathrm{d}^2\boldsymbol{A}}{\mathrm{d}t^2}$.

25. 已知$\boldsymbol{A}=3\mathrm{e}^{-t}\boldsymbol{i}-(4t^3-t)\boldsymbol{j}+t\boldsymbol{k}$,$\boldsymbol{B}=4t^2\boldsymbol{i}+3t\,\boldsymbol{j}$,求$\dfrac{\mathrm{d}}{\mathrm{d}t}(\boldsymbol{A}\cdot\boldsymbol{B})$.

习题答案

附录Ⅰ　名词索引

附录Ⅱ　人名索引

作者简介

漆安慎(1935—2005),索尔维国际物理化学研究所博士.北京师范大学物理系教授、博士生导师.教学工作:力学、热学、自组织理论与非平衡统计物理.科研工作:非线性系统与理论生物学.

杜婵英(1939—2010),1962年北京师范大学物理系本科毕业.北京师范大学教授、硕士生导师.教学工作:力学、热学、自组织理论和非线性动力学.科研工作:非线性动力系统、理论生物力学.